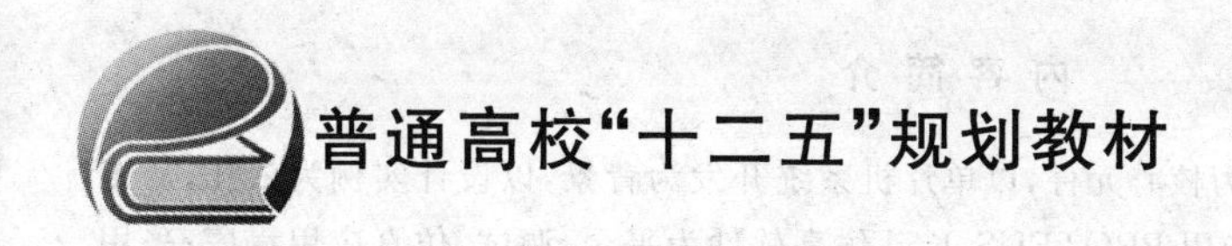

51单片机系统开发与实践

张丽娜　刘美玲　姜新华　编著

北京航空航天大学出版社

内 容 简 介

本书以 AT89S 系列单片机为核心元件，以单片机系统开发为背景，以设计实例为依托，从工程需求讲解单片机的相关知识；选用 PROTEUS、Keil 仿真软件为平台，调试、仿真应用程序；采用通用板制作和 Protel 99 SE 制板相结合的方式焊接电路。实例包括单片机 I/O 接口的应用、中断的使用、定时器/计数器的应用、串行接口的应用、看门狗的应用等，外围设备包括 LED、点阵、键盘、数码管、LCD、DS1302、AT24C02、DS18B20、直流电机、步进电机等，同时给出了单片机作为下位机与上位机通信以便扩展应用的方法。

本书以工程应用为背景，内容针对性强，可以作为电子信息类专业本科及研究生学习单片机的教材，也可供相关的科研人员和从事单片机系统开发的技术人员阅读和参考。

图书在版编目(CIP)数据

51 单片机系统开发与实践 / 张丽娜，刘美玲，姜新华编著. -- 北京 ：北京航空航天大学出版社，2013.10

ISBN 978-7-5124-1136-4

Ⅰ. ①5… Ⅱ. ①张… ②刘… ③姜… Ⅲ. ①单片微型计算机—基本知识 Ⅳ. ①TP368.1

中国版本图书馆 CIP 数据核字(2013)第 093827 号

51 单片机系统开发与实践

张丽娜　刘美玲　姜新华　编著

责任编辑　刘晓明

*

北京航空航天大学出版社出版发行

北京市海淀区学院路 37 号(邮编：100191)　http://www.buaapress.com.cn

发行部电话：(010)82317024　传真：(010)82328026

读者信箱：emsbook@gmail.com　邮购电话：(010)82316936

涿州市新华印刷有限公司印装　各地书店经销

*

开本：710mm×1 000mm　1/16　印张：36.25　字数：773 千字

2013 年 10 月第 1 版　2013 年 10 月第 1 次印刷　印数：4 000 册

ISBN 978-7-5124-1136-4　定价：75.00 元

若本书有倒页、脱页、缺页等印装质量问题，请与本社发行部联系调换。联系电话：(010)82317024

前言

单片机小巧灵活、成本低、易于产品化。各种仪器仪表中广泛应用单片机,不仅提高了仪器仪表的使用功能和精度,而且简化了仪器仪表的硬件结构。在机电一体化产品的开发中,单片机也发挥着重要的作用,如机器人、点钞机、医疗设备、打印机等。单片机还可应用于各种物理量的采集和控制,如电流、电压、温度、液位等物理参数的采集和控制均可利用单片机方便地实现。典型应用有:电子转速控制、温度测控、自动生产线等。家用电器也是单片机的重要应用领域,如空调、电冰箱、洗衣机、电动玩具等。此外,在交通领域,如自动驾驶系统、航天测控系统等都有单片机的应用。单片机的应用非常广泛。

8051 单片机最早由 Intel 公司推出,随后 Intel 公司将 8051 内核使用权以专利互换或出让的形式给世界许多著名 IC 制造厂商。在保持与 8051 单片机兼容的基础上,这些公司融入了自身的优势,扩展了针对不同测控对象要求的外围电路,如 A/D、PWM、I^2C、WDT、Flash ROM 等,开发出上百种功能各异的新品种,这样 8051 单片机就变成了众多芯片制造商支持的大家族。当前,8051 已成为 8 位单片机的主流,其中 AT89S51 就是目前非常活跃的一款。

AT89S51 是 Atmel 公司生产的具有 Flash ROM 的增强型 51 系列 8 位单片机,片内含 4 KB ISP(In - System Programmable)Flash 存储器,器件采用 Atmel 公司的高密度、非易失性存储技术制造,兼容标准 MCS - 51 指令系统及 80C51 引脚结构,芯片内集成了通用 8 位中央处理器和 ISP Flash 存储单元。功能强大的 AT89S51 可为许多嵌入式控制应用系统提供高性价比的解决方案。

本书基于 AT89S51 讲解单片机系统开发与实践的方法,从原理到实现，依据工程需要讲解技术——学习目标明确；以特定应用案例讲解设计方法——针对性强；结合应用要求配置外设——有因有果；实物制作——学以致用。本着理论指导实践、实践检验理论的理念讲解单片机系统开发方法。书中主要包含以下内容：

① 针对单片机系统开发讲解各工具的使用方法，包含单片机系统仿真软件 PROTEUS、C 语言编译软件 Keil 及电路板制作软件 Protel。

② 详细讲解单片机系统开发流程，介绍单片机系统开发的步骤及相关的概念。

③ 含有多个单片机系统开发实例，包括单片机 I/O 口的应用、LED 外设的驱动、点阵汉字的显示、定时器/计数器的应用、传感器测量系统的构建、LCD 显示器的使用、EEPROM 存储器的使用、直流电机的驱动、步进电机的驱动、串行通信系统的应用等，从硬件电路的设计、软件程序的编写、电路板的制作及启发式设计四个角度讲解。

④ 详细讲解看门狗电路的应用。

⑤ 讲解单片机系统开发中的常见问题，如 I/O 口的驱动能力、接口电路、系统可靠性及抗干扰方法。

本书共 15 章，其中第 2、7、9 章由姜新华编写，第 4、6、11 章由刘美玲编写，其余章节由张丽娜编写。阿木古楞、王维、卢永波、龙臻明、侯建平、周珍、张力文参与了本书的大量示例验证工作。全书由张丽娜统稿、定稿。

本书在编写过程中借鉴了国内外单片机开发方面的经验，在这里特别感谢参考文献中所列各位作者，包括众多未能在参考文献中一一列出的作者和网友，正是因为他们提供了宝贵的参考资料，使得编者形成本书完整的编写思路。

在本书的编写过程中，作者虽然力求完美，但由于水平有限，仍会有不足之处，敬请指正。

编 者

2013 年 3 月

目录

第 1 章

基于 PROTEUS 的单片机系统仿真

PROTEUS VSM(虚拟系统模型)将处理器模型、Prospice 混合电路仿真、虚拟仪器、高级图形仿真、动态器件库和外设模型、处理器软仿真器、第三方的编译器和调试器等有机结合起来,真正实现了在计算机上完成从原理图设计、电路分析与仿真、处理器代码调试及实时仿真、系统测试及功能验证,到形成 PCB 的整个开发过程。

在基于微处理器系统的设计中,即使没有物理原型,PROTEUS VSM 也能够进行软件开发。模型库中包含 LCD 显示、键盘器、按钮、开关等通用外设,提供的 CPU 模型有 ARM7、PIC、Atmel AVR、Motorola HCXX 以及 8051/8052 系列。单片机系统仿真是 PROTEUS VSM 的一大特色。同时,该仿真系统将源代码的编辑和编译整合到同一设计环境中,这样使得用户可以在设计中直接编译代码,并且很容易地查看到用户对源程序修改后对仿真结果的影响。

1.1 PROTEUS ISIS 编辑环境

PROTEUS 组合了高级原理布图、混合模式 SPICE 仿真、PCB 设计以及自动布线来实现一个完整的电子设计系统。其中,ISIS 智能原理图输入系统是 PROTEUS 系统的核心。该编辑环境具有友好的人机交互界面,而且设计功能强大,使用方便,易于上手。

1.1.1 PROTEUS ISIS 操作界面

PROTEUS ISIS 运行于 Windows 98/2000/XP 环境,对 PC 机的配置要求不高,一般的配置就能满足要求。

运行 PROTEUS ISIS 的执行程序后,将启动 PROTEUS VSM 编辑环境,如图 1-1 所示。

点状的栅格区域①为编辑窗口;区域②为电路图浏览窗口;区域③为元器件列表区。其中,编辑窗口用于放置元件,进行连线,绘制原理图。浏览窗口用来显示全部原理图。蓝框表示当前页的边界,绿框表示当前编辑窗口显示的区域。当从对象选择器中选中一个新的对象时,浏览窗口可以预览选中的对象。

在预览窗口上单击,将会以单击位置为中心刷新编辑窗口。

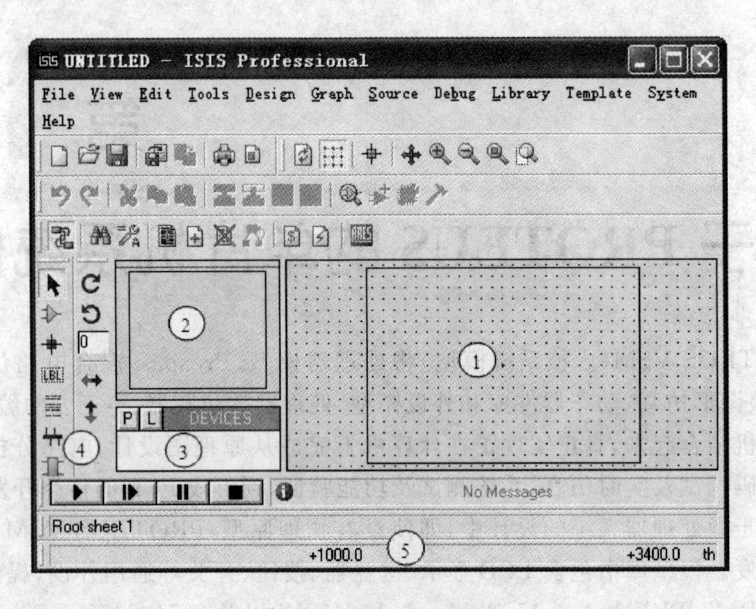

图1-1　ISIS绘制环境

其他情况下，预览窗口显示将要放置对象的预览。这种“放置预览”特性在下列情况下被激活：

✧ 当使用旋转或镜像按钮时。

✧ 当一个对象在选择器中被选中时。

✧ 当为一个可以设定朝向的对象选择类型图标时（例如：Component 图标、Device Pin 图标等）。

✧ 当放置对象或者执行其他非以上操作时，“放置预览”特性会自动消除。

点选相应的工具箱（见区域④）图标按钮，将提供不同的操作工具。对象选择器(Object Selector)根据由图标决定的当前状态显示不同的内容。显示对象的类型包括：设备、终端、引脚、图形符号、标注和图形。

✧ 单击 Component 按钮，在此模式下，可选择元件。

✧ 单击 Junction dot 按钮，在此模式下，可在原理图中标注连接点。

✧ 单击 Wire label 按钮，在此模式下，可标识一条线段（为线段命名）。

✧ 单击 Text script 按钮，在此模式下，可在电路图中输入一段文本。

✧ 单击 Bus 按钮，在此模式下，可在原理图中绘制一段总线。

✧ 单击 Sub-circuit 按钮，在此模式下，可以绘制一个子电路块。

✧ 单击 Instant edit mode 按钮，在此模式下，可以单击任意元件并编辑元件的属性。

✧ 单击 Inter-sheet Terminal 按钮，在此模式下，对象选择器列出各种终端。（输入、输出、电源、地等。）

✧ 单击 Device Pin 按钮，在此模式下，对象选择器将出现各种引脚。（普通引脚、时钟引脚、反电压引脚、短接引脚等。）

✧ 单击 Simulation Graph 按钮，在此模式下，对象选择器出现各种仿真分析所需的图表。（如：模拟图表、数字图表、噪声图表、混合图表、AC 图表等。）

✧ 单击 Tape Recorder 按钮，在此模式下，可仿真声音波形。

✧ 单击 Generator 按钮，在此模式下，对象选择器列出各种信号源。（正弦信号源、脉冲信号源、指数信号源、文件信号源等。）

✧ 单击 Voltage probe 按钮，在此模式下，可在原理图中添加电压探针。电路进入仿真模式时，可显示各探针处的电压值。

✧ 单击 Current probe 按钮，在此模式下，可在原理图中添加电流探针。电路进入仿真模式时，可显示各探针处的电流值。

✧ 单击 Virtual Instrument 按钮，在此模式下，对象选择器列出各种虚拟仪器。（示波器、逻辑分析仪、定时器/计数器、模式发生器、示波器等。）

除上述模块图标外，系统还提供了 2D 图形模式图标。

✧ 2D graphics line 按钮，为直线图标，用于创建元件或表示图表时画线。

✧ 2D graphics box 按钮，为方框图标，用于创建元件或表示图表时绘制方框。

✧ 2D graphics circle 按钮，为圆图标，用于创建元件或表示图表时画圆。

✧ 2D graphics arc 按钮，为弧线图标，用于创建元件或表示图表时绘制弧线。

✧ 2D graphics path 按钮，为任意形状图标，用于创建元件或表示图表时绘制任意形状图标。

✧ 2D graphics text 按钮 A，为文本编辑图标，用于插入各种文字说明。

✧ 2D graphics symbol 按钮，为符号图标，用于选择各种符号器件。

✧ Markers for component origin, etc 按钮，为标记图标，用于产生各种标记图标。

对于具有方向性的对象，系统还提供了各种块旋转按钮。

✧ 方向旋转按钮（Set Rotation），以 90°的偏置改变元件的放置方向。

✧ 水平镜像旋转按钮（Horizontal Reflection），以 Y 轴为对称轴，按 180°的偏置旋转元件。

✧ 垂直镜像旋转按钮（Virtical Reflection），以 X 轴为对称轴，按 180°的偏置旋转元件。

在某些状态下，对象选择器有一个 Pick 切换按钮，单击该按钮，可以弹出 Pick Devices、Pick Port、Pick Terminals、Pick Pins 或 Pick Symbols 窗体。通过不同的窗体，可以分别添加元器件、端口、终端、引脚或符号到对象选择器中，以便在今后的绘图中使用。

区域⑤为状态栏,用于显示鼠标状态及坐标。

1.1.2 主菜单和主工具栏

主菜单和主工具栏如图1-2所示。PROTEUS ISIS的主菜单栏包括File(文件)、View(视图)、Edit(编辑)、Tools(工具)、Design(设计)、Debug(调试)、Library(库)和Help(帮助)等。这些菜单都有下拉式菜单,单击任一菜单后都将弹出其下拉式菜单,完全符合Windows菜单风格。

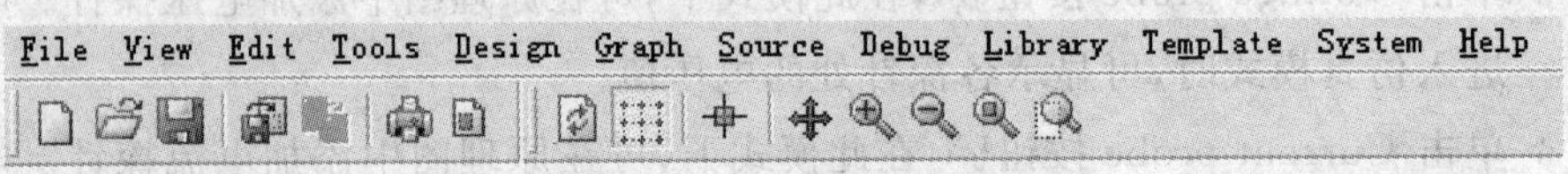

File View Edit Tools Design Graph Source Debug Library Template System Help

图1-2 主菜单和主工具栏

文件菜单(File):包括常用的文件功能,如打开新的设计、加载设计、保存设计、导入/导出文件,也可进行打印、显示最近使用过的设计文档及退出PROTEUS ISIS系统等操作。

视图菜单(View):包括网格的显示与否、格点的间距设置、电路图的缩放及各种工具条的显示与隐藏等。

编辑菜单(Edit):包括操作的撤销/恢复、元件的查找与编辑、剪切/复制/粘贴及多个对象的叠层关系设置等。

工具菜单(Tools):包括实时标注、实时捕捉、自动布线等。

设计菜单(Design):包括编辑设计属性、编辑图纸属性、进行设计注释等。

图形菜单(Graph):包括编辑图形、添加Trace、仿真图形、一致性分析等。

源菜单(Source):包括添加/删除源文件、定义代码生成工具、建立外部文本编辑器等。

调试菜单(Debug):包括启动调试、执行仿真、单步执行、弹出窗口重新排布等。

库菜单(Library):包括元件/图标的添加、创建及库管理器的调用。

模板菜单(Template):包括图形格式、文本格式、设计颜色、线条连接点大小和图形等。

系统菜单(System):包括设置自动保存时间间隔、图纸大小、标注字体等。

帮助菜单(Help):包括版权信息、PROTEUS ISIS教程学习、示例等。

主工具栏的按钮图标包括新建一个设计、加载设计、刷新屏幕等。

1.1.3 PROTEUS ISIS编辑环境设置

PROTEUS ISIS编辑环境的设置主要指模板的选择、图纸的选型与光标的设置。绘制电路图首先要选择模板,所选择的模板控制电路图外观的信息,比如图形格式、文本格式、设计颜色、线条连接点大小和图形等。然后设置图纸,如设置纸张的型号、标注的字体等。图纸上的光标为放置元件、连接线路带来很多方便。

1. 设置模板

选择 Template→Set Design Defaults 菜单，设置设计默认模板风格，如图 1-3 所示。

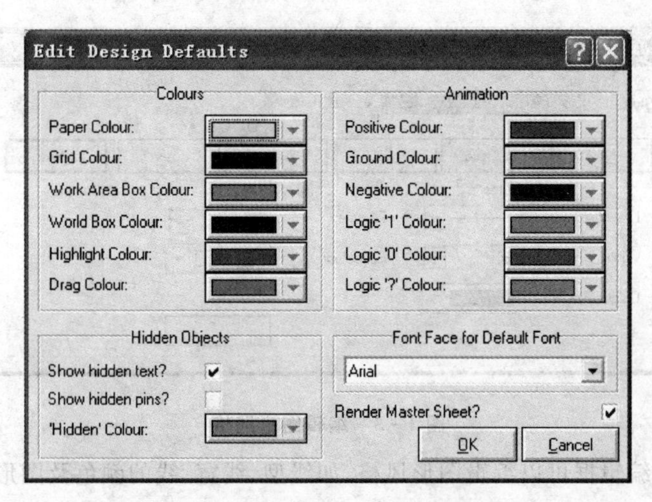

图 1-3　编辑设计的默认选项

为了满足不同设计者的需要，可以通过这一对话框设置纸张颜色（Paper Colour）、格点颜色（Grid Colour）等项目的颜色，以及电路仿真时正、负、地、逻辑高/低等项目的颜色，同时还可设置隐藏对象的显示与否及其颜色，还可通过 Font Face for Default Font 的下拉式按钮设置编辑环境的默认字体等。

2. 设置仿真图表

选择 Template→Set Graph Colours 菜单，编辑仿真图表风格，如图 1-4 所示。

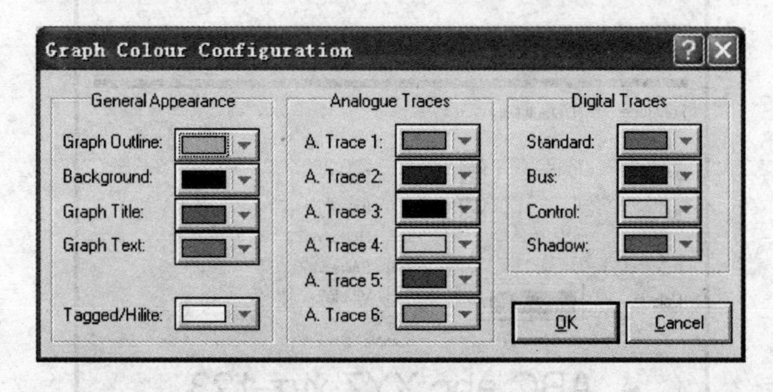

图 1-4　编辑仿真图表风格

通过上述对话框可对仿真图表的轮廓线（Graph Outline）、底色（Background）、图形标题（Graph Title）、图形文本（Graph Text）等按用户期望的颜色进行设置，同时也可对模拟跟踪曲线(Analogue Traces)、不同类型的数字跟踪曲线(Digital Traces)进行设置。

3. 设置图形

选择 Template→Set Graphics Styles 菜单,编辑图形风格,如图 1-5 所示。

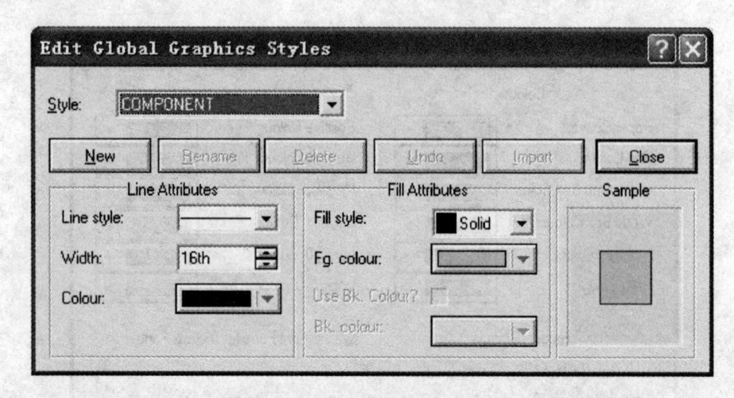

图 1-5　编辑图形风格

使用这一编辑框可以编辑图形风格,如线型、线宽、线的颜色及图形的填充色等。点选 Style 可选择不同的系统图形风格。使用 New、Rename、Delete 等按钮,可新建图形风格,或命名、删除已存在的图形风格。在这一窗口,用户可自定义图形的风格,如颜色、线型等。

4. 设置全局文本

选择 Template→Set Text Styles 菜单,编辑全局文本风格,如图 1-6 所示。

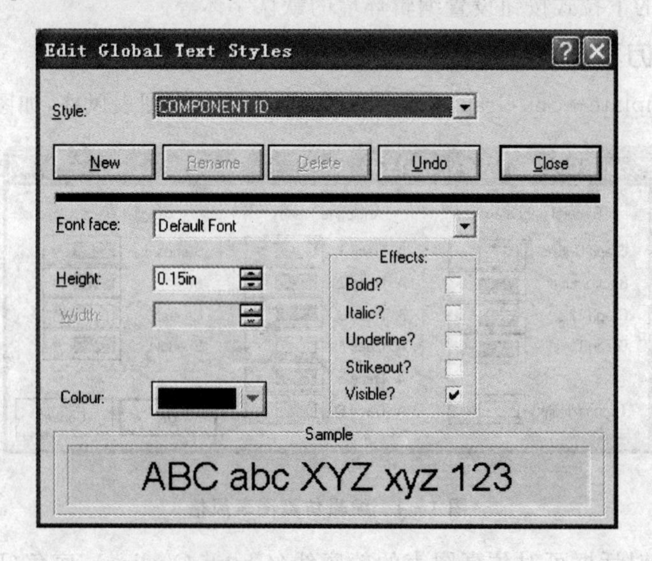

图 1-6　编辑全局文本风格

单击 Font face 的下拉式列表，可从中选择期望的字体，还可设置字体的高度、颜色及是否加粗、倾斜、加下划线等。在 Sample 区域可以预览更改设置后文本的风格。

同理，单击 New 按钮，可创建新的图形文本风格。

5. 设置图形文本

选择 Template→Set Graphics Text 菜单，编辑图形字体，如图 1-7 所示。

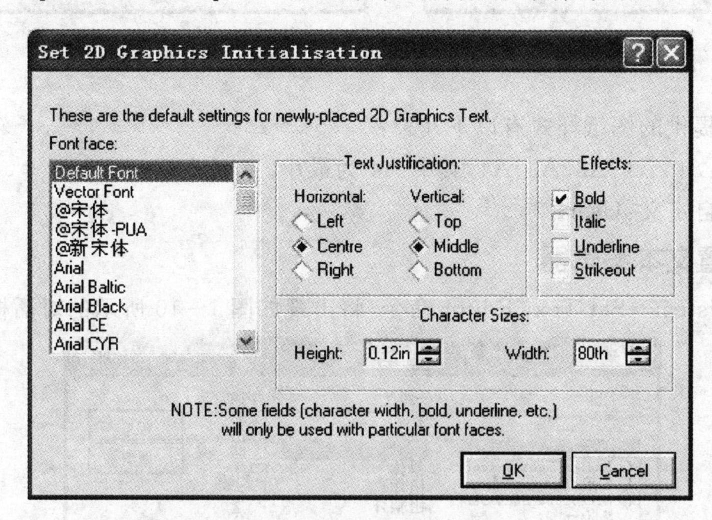

图 1-7 编辑图形字体

出现这一编辑框后，可在 Font face 中选择图形文本的字体类型，在 Text Justification 选择区域可选择字体在文本框中的水平位置、垂直位置，在 Effects 选择区域可选择字体的效果，如加粗、倾斜、加下划线等，而在 Character Sizes 设置区域，可以设置字体的高度和宽度。

6. 设置交点

选择 Template→Set Junction dots 菜单，编辑交点，如图 1-8 所示。

可以设置交点的大小及其形状。单击 OK 按钮，即可完成对交点的设置。

注意模板的改变仅仅只影响到当前运行的 ISIS，尽管这些模板有可能被保存并且在别的设计中调用。为了使下次开始一个设计的时候这个改变依然有效，用户必须用保存为默认模板命令去更新默认的模板，这个命令在模板菜单下为 Template→Save Default Template。

7. 图纸选择

单击 System→Set Sheet Sizes 命令，将出现如图 1-9 所示的对话框。

对于各种不同应用场合的电路设计，图纸的大小也不一样。比如用户要将图纸大小更改为标准 A4 图纸，将 A4 的复选框选中，单击 OK 按钮确认即可。

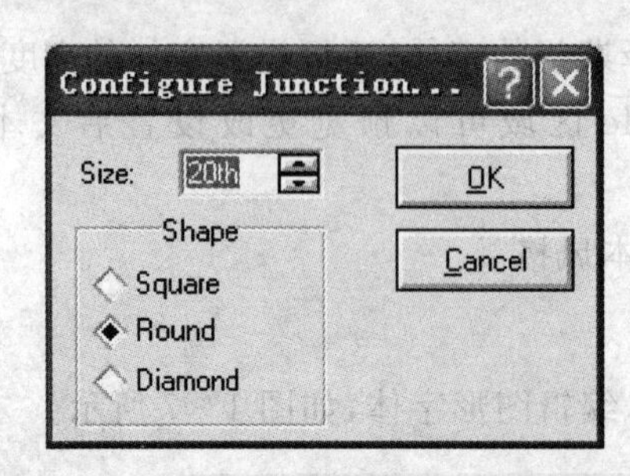

图 1-8 编辑交点

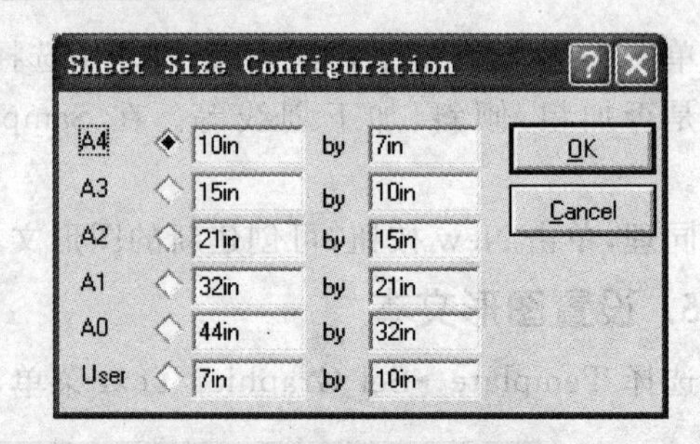

图 1-9 设置图纸大小

系统所提供的图纸样式有以下几种：

✧ 美制：A0、A1、A2、A3、A4，其中 A4 为最小。

✧ 用户自定义：User。

8. 设置文本编辑器

单击 System→Set Text Editor 命令，将出现如图 1-10 所示的对话框。

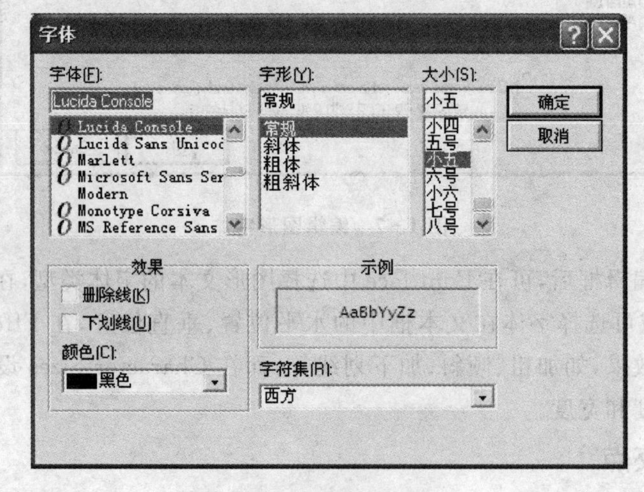

图 1-10 设置文本格式

可以对文本的字体、字形、大小、效果、颜色等进行设置。

9. 设置格点

在设计电路图时，图纸上的格点为放置元件和连接线路带来了很大的帮助，也使电路图中元件的对齐、排列更加方便。

(1) 使用 View 菜单设置格点的显示或隐藏

选择 View→Grid (快捷键：G)设置窗口中点格的显示或隐藏，如图 1-11 所示。

(2) 使用 View 菜单设置格点的间距

选择 View→Snap 10th，或 Snap 50th，或 Snap 100th，或 Snap 500th，来调整间距(默认值为 100th)。

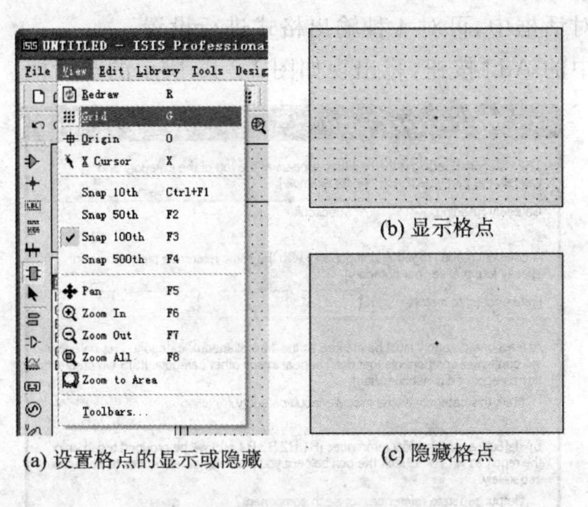

(a) 设置格点的显示或隐藏　(b) 显示格点　(c) 隐藏格点

图1-11　格点的显示与隐藏

1.1.4　PROTEUS ISIS系统参数设置

设置Bill Of Materials(BOM)：在PROTEUS ISIS中可生成Bill Of Materials(BOM)，BOM用于列出当前设计中所使用的所有元器件。

ISIS可生成4种形式的BOM：HTML(Hyper Text Mark-up Language)格式、ASCII格式、Compact Comma-Separated Variable(CSV)格式和Full Comma-Separated Variable(CSV)格式。单击Tool→Bill Of Materials命令，可选择BOM的不同输出形式。

单击System→Set BOM Scripts命令，即可打开BOM脚本设置对话框，如图1-12所示。

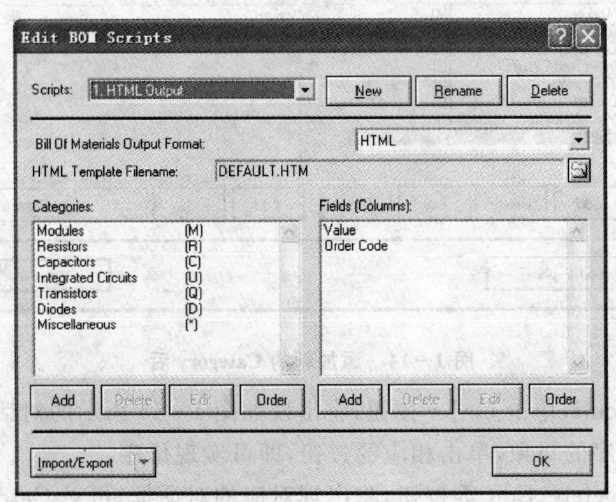

图1-12　Bill Of Materials(BOM)设置对话框

在这一设置对话框中,可对4种输出格式进行设置。

单击对话框中的Add按钮,将出现如图1-13所示的对话框。

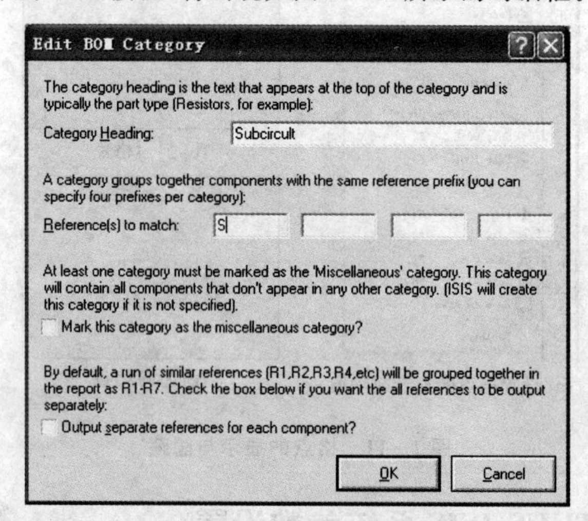

图1-13　添加Category

在Category Heading中键入Subcircult,并在Reference(s) to match中键入S,然后单击OK按钮,则可将新的Category添加到MOB中,如图1-14所示。

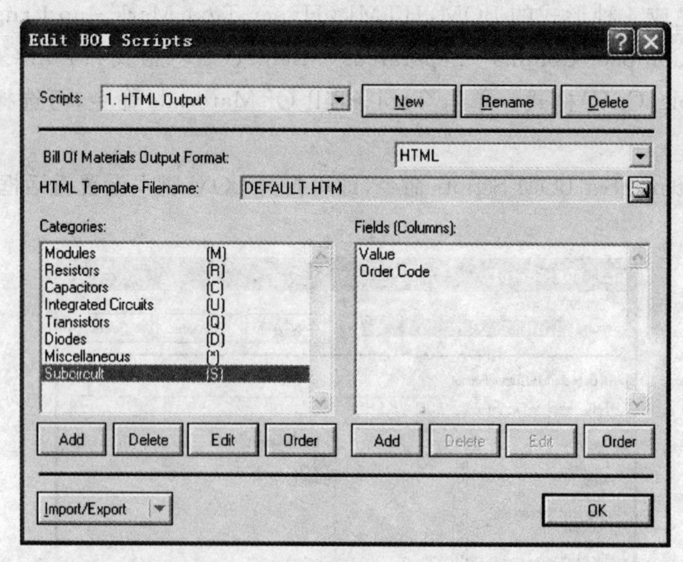

图1-14　添加新的Category后

选中Subcircult,单击Order按钮,将出现如图1-15所示的对话框。

选中期望排序的对象,单击相应的按钮,即可实现排序。

同理,点选Delete、Edit等按钮,将出现对应的对话框,可对Categories及Fields进行添加、删除等操作。

1. 设置系统运行环境

单击 System→Set Environment 命令，即可打开系统环境设置对话框，如图 1－16 所示。

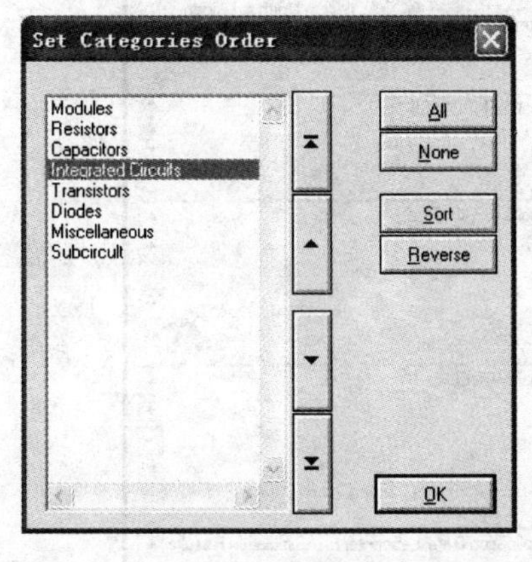

图 1－15 BOM 的 Order 窗口

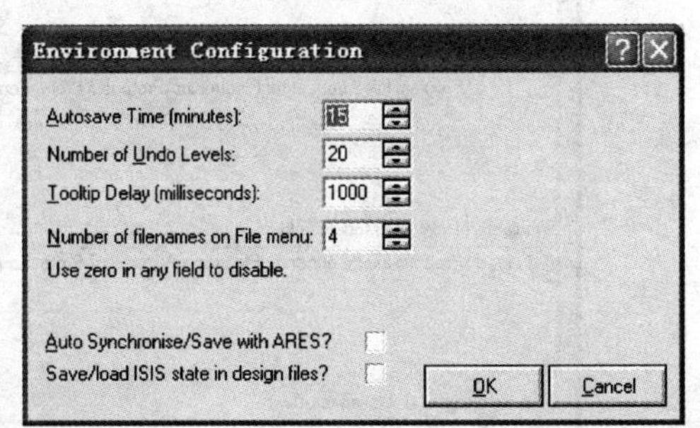

图 1－16 系统环境设置对话框

选项区域主要包括如下设置：

✧ Autosave Time(minutes)：系统自动保存时间设置(分)。

✧ Number of Undo Levels：可撤销操作的数量设置。

✧ Tooltip Delay(milliseconds)：工具提示延时(毫秒)。

✧ Number of filenames on File menu：文件菜单中可列文件数量。

✧ Auto Synchronise/Save with ARES? 自动同步/保存 ARES。

✧ Save/load ISIS state in design files? 在设计文档中加载/保存 ISIS 状态。

2. 设置 Paths

单击 System→Set Paths 命令，即可打开路径设置对话框，如图 1－17 所示。

Path Configuration 选项区域主要包括如下设置：

✧ Initial folder is taken from windows：从窗口中选择初始文件夹。

✧ Initial folder is always the same one that was used last：初始文件夹为最后一次所使用过的文件夹。

✧ Initial folder is always the following：初始文件夹路径为下面的文本框中键入的路径。

✧ Template folders：模板文件夹路径。

✧ Library folders：库文件夹路径。

✧ Simulation Model and Module Folders：仿真模型及模块文件夹路径。

✧ Path to folder for simulation results：仿真结果的存放文件夹路径。

✧ Limit maximum disk space used for simulation results to(Kilobytes)：仿真结果占用的最大磁盘空间(千字节)。

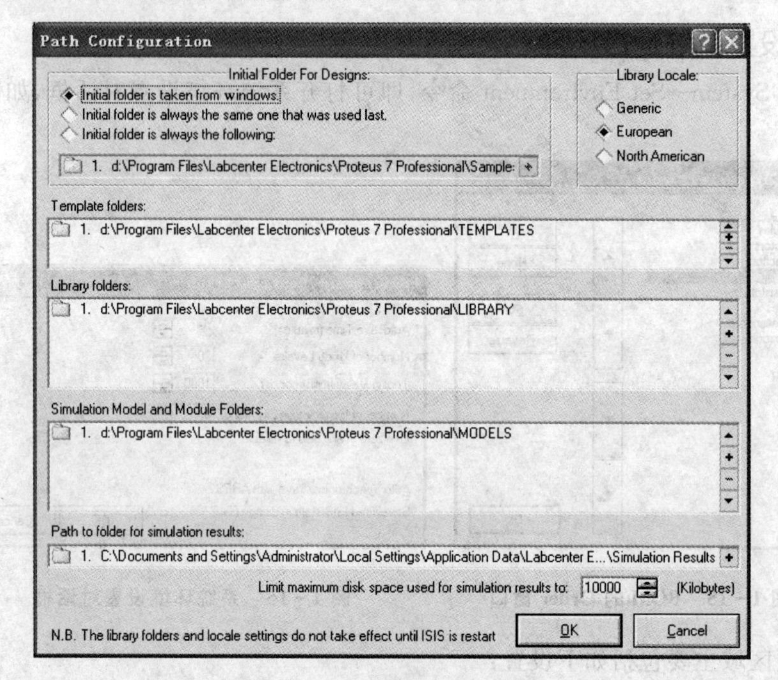

图 1-17　路径设置对话框

3. 设置键盘快捷方式

单击 System→Set Keyboard Mapping 命令，即可打开键盘快捷方式设置对话框，如图 1-18 所示。

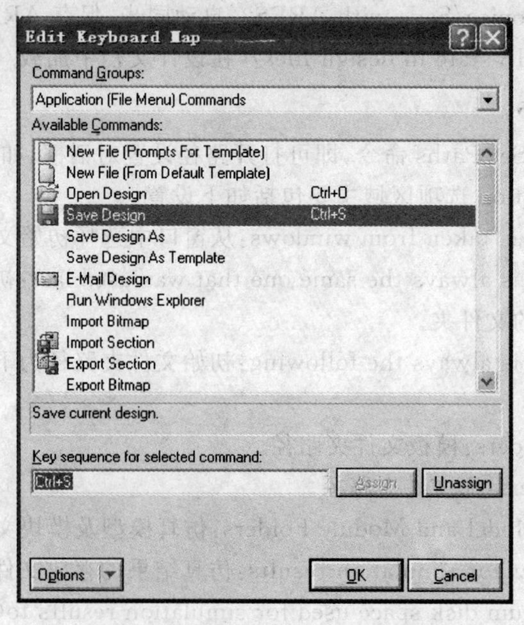

图 1-18　键盘快捷方式设置对话框

使用这一对话框可修改系统所定义的菜单命令的快捷方式。

其中，单击 Command Groups 栏中的箭头，可选择相应的菜单，同时在列表栏中显示菜单下可用的命令（Available Commands）。在列表栏下方的说明栏中显示所选中的命令的意义。而 Key sequence for selected command 栏中显示所选中命令的键盘快捷方式。使用 Assign 和 Unassign 按钮可编辑或删除系统设置的快捷方式。

同时点选 Optings 选项卡，将出现如图 1-19 所示的菜单。

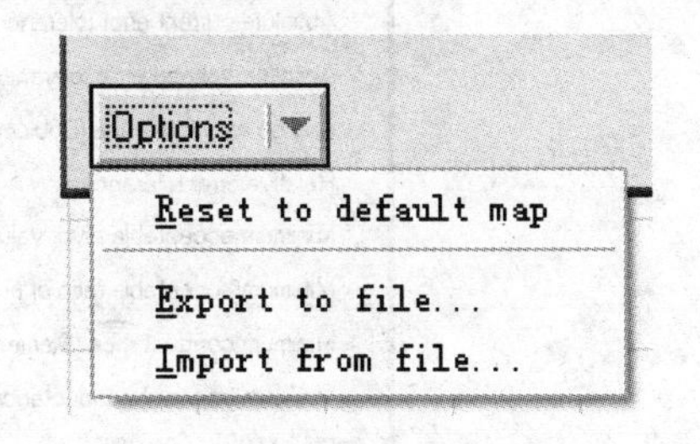

图 1-19 Optings 选项卡菜单

使用其中的 Reset to default map 选项，即可恢复系统的默认设置。而 Export to file 可将上述键盘快捷方式导出到文件，Import form file 为从文件导入。

4. 设置 Animation 选项

单击 System→Set Animation Options 命令，即可打开设置 Animation 选项对话框，如图 1-20 所示。

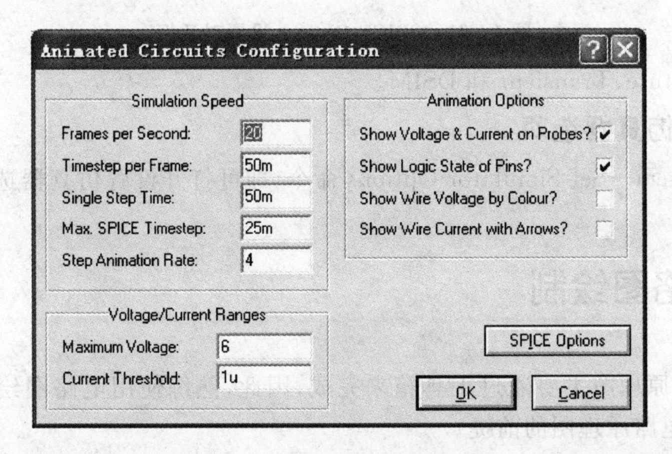

图 1-20 仿真电路设置对话框

在这一电路配置对话框中可以设置仿真速度、电压/电流的范围，同时还可设置仿真电路的其他功能：

✧ Show Voltage & Current on Probes? 是否在探测点显示电压和电流？

✧ Show Logic State of Pins? 是否显示引脚的逻辑状态？

✧ Show Wire Voltage by Colour? 是否用颜色表示线的电压？

✧ Show Wire Current with Arrows? 是否用箭头表示线的电流？

此外，单击 SPICE Options 按钮，还可进一步对仿真电路进行设置，如图 1-21 所示。

在这一交互仿真设置对话框中，可设置以下项目：Tolerances、MOSFET、Itera-

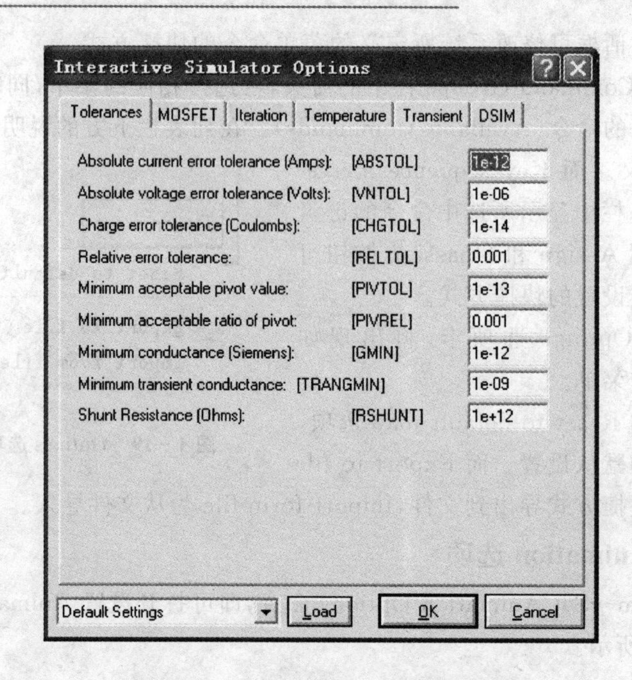

图 1-21 SPICE Options 设置对话框

tion、Temperature、Transient 和 DSIM。

5. 设置仿真器选项

单击 System→Set Simulator Options 命令,即可打开设置仿真器选项对话框设置仿真器。

1.2 电路图绘制

绘制电路原理图主要通过工具箱来完成,因此,熟练使用电路图绘制工具是快速、准确绘制电路原理图的前提。

1.2.1 绘图工具

1. Component 工具

当启动 ISIS 的一个空白页面时,对象选择器是空的。因此需要使用 Component 工具调出器件到选择器。使用 Component 工具的步骤如下:

① 从工具箱中选择 Component 图标。

② 单击对象选择器中的 P 按钮,此时将弹出 Pick Devices 窗口,如图 1-22 所示。

③ 在 Keywords 中键入一个或多个关键字,或使用导航工具目录(Category)和子目录(Sub-category),在滤掉不期望出现的元件的同时定位期望的库元件。

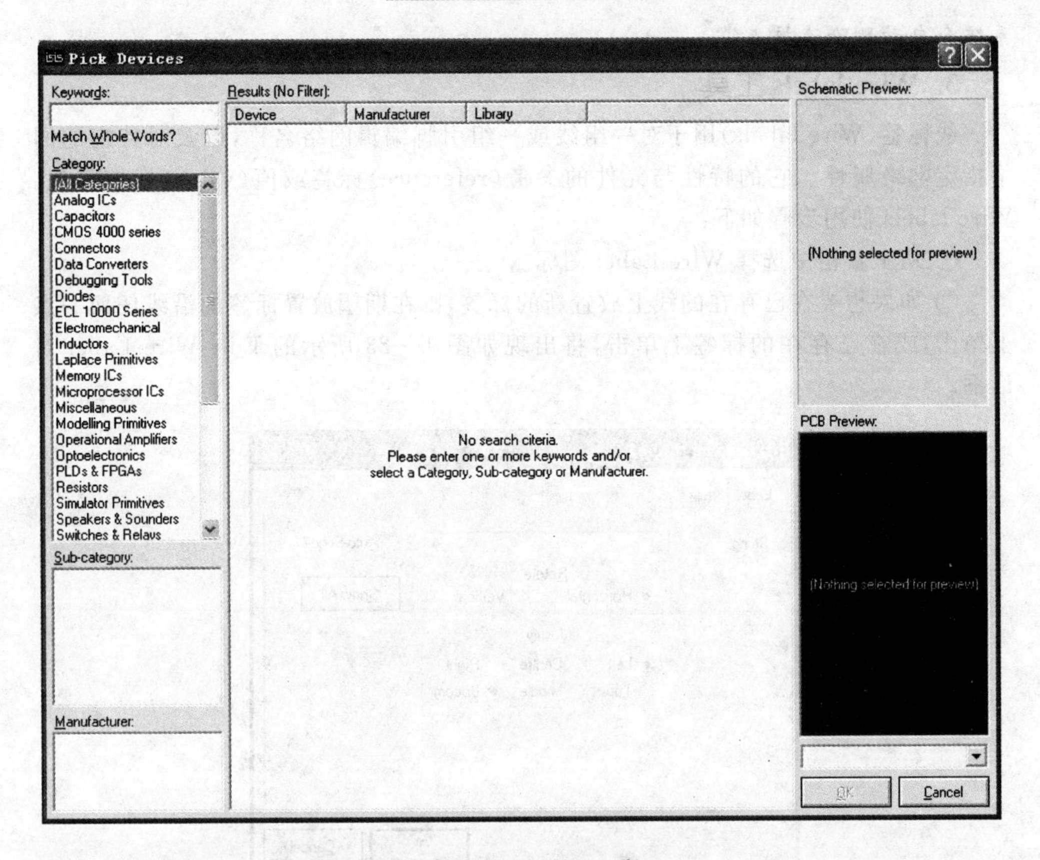

图 1－22　Pick Devices 窗口

④ 在结果列表中双击元件，即可将元件添加到设计中。

⑤ 当完成元件的提取时，使用 OK 按钮关闭对话框，并返回 ISIS。

注：有些器件是由多个元件组成的，在有些情形下，原理图中的多个元件在 PCB 中属于一个物理元件。在这一状况下，逻辑元件自动被标注为 U1:A，U1:B，U1:C，……，以表示它们属于同一物理元件。这一标注格式，也使得 ISIS 可以为每一个元件分配正确的引脚编号。

2. Junction dot 工具

连接点(Junction dot)用于表示线之间的互连。通常，ISIS 将根据具体情形自动添加或删除连接点。但是，在有些情形下，可先放置连接点，再将线连接到已放置的连接点或从这一连接点引线。放置连接点的步骤如下：

① 从 Mode selector toolbar 选择 Junction dot 图标。

② 在编辑窗口期望放置连接点的位置单击，即可放置连接点。

注：当用户从已存在的线上引出另外一条线时，ISIS 将自动放置连接点；当一条线或多条线被删除时，ISIS 将检测留下的连接点是否有连接线。若没有连接线，则

系统会自动删除连接点。

3. Wire labels 工具

线标签(Wire labels)用于对一组线或一组引脚编辑网络名称,以及对特定的网络指定网络属性。它的特性与元件的参考(reference)标签或值(value)标签类似。Wire labels 使用步骤如下:

① 从工具箱中选择 Wire Label 图标。

② 如果想要在已存在的线上放置新的标签,则在期望放置标签的沿线任何一点上单击,或在已存在的标签上单击,将出现如图 1-23 所示的 Edit Wire Label 对话框。

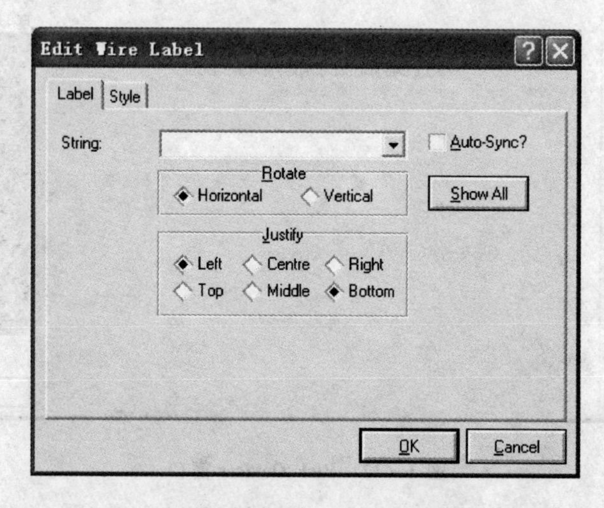

图 1-23 Edit Wire Label 对话框

③ 在对话框的文本框中键入相应的文本。

④ 单击 OK 按钮,或按下 Enter 键关闭对话框,完成线标签的放置与编辑。

注:

➢ 不可以将线标签放置在线以外的对象上。
➢ 一条线可放置多个线标签。但想要线上的标签具有同样的名称,并当其中任意一名称改变时,其他名称自动更新,须选中 Auto-Sync 复选框。
➢ ISIS 将自动根据线或总线的走向调整线标签的方位。线标签的方位也可通过 Edit Wire Label 对话框进行调整。
➢ 在 Edit Wire Label 对话框中选中 Label→String 中的文本,并按下 Delete 键,即可删除线标签。
➢ 在 Edit Wire Label 对话框中点选 Style 制表符即可改变线标签的风格。

4. Text scripts 工具

ISIS 的一个重要特色为支持自由格式的文本编辑(text scripts),对它的使用包括以下方式：

✧ 定义变量，用于表达式或作为参数；

✧ 标注设计；

✧ 当某一元件被分解时，用于保存属性和封装信息。

放置和编辑“脚本”的步骤如下：

① 从工具箱中选择 Script 图标。

② 在编辑窗口期望 Script 左上角出现的位置单击，将出现如图 1-24 所示的 Edit Script Block 对话框。

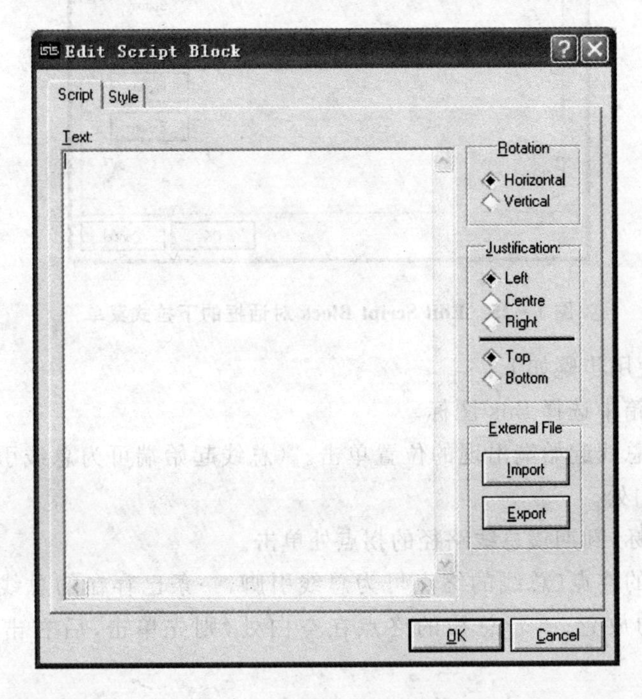

图 1-24 Edit Script Block 对话框

③ 在 Text 区域键入文本。同时，点选 Style 制表符，用户还可在此对话框中调整“脚本”的属性。

④ 单击 OK 按钮，完成“脚本”的放置与编辑。单击 Cancel 按钮，关闭对话框，并取消对“脚本”的放置与编辑。

注：用户可重新设置 Edit Script Block 对话框的尺寸，从而使得 Text 变得更大，然后在 Edit Script Block 对话框左上角 ISIS 标志处单击，将弹出如图 1-25 所示下拉式菜单。

使用 Save Window Size 命令保存这一重置的尺寸。

5. Bus 工具

ISIS 支持在层次模块间运行总线，同时还支持定义库元件为总线型引脚的功

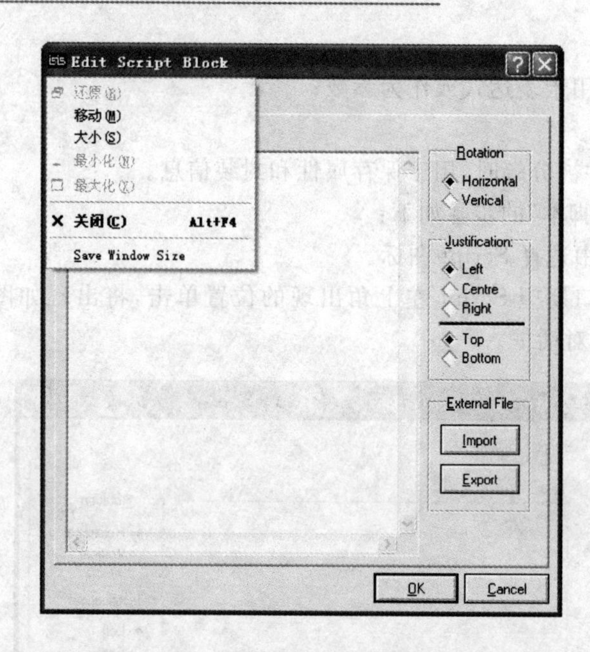

图1-25　Edit Script Block对话框的下拉式菜单

能。Bus工具使用步骤如下：

① 从工具箱中选择Bus图标。

② 在期望总线起始端出现的位置单击。（总线起始端可为总线引脚、一条已存在的总线或空白处。）

③ 拖动鼠标，到期望总线路径的拐点处单击。

④ 在总线的终点（总线的终点可为总线引脚、一条已存在的总线或空白处）单击，结束总线的放置。（若总线的终点在空白处，则先单击，后右击，结束总线的放置。）

6. Sub-Circuit工具

子电路（Sub-Circuit）用于在层次设计中连接低层绘图页和高层绘图页。每一个子电路都有一个标识名，用于标识子绘图页（child sheet）；同时，还有一个电路名，用于标识子电路（child circuit）。在任一给定的绘图页中，所有的子绘图页具有不同的图页名，但是其电路名称可能都相同。子电路有属性表，这一性质保证了它是一参数电路，即给定电路的不同实体具有不同的元件值，同时具有独立的标注。

使用"子电路"绘图工具绘制子电路的步骤如下：

① 从工具箱中选择Sub-Circuit图标。

② 在期望矩形框左上顶点出现的位置单击。

③ 拖动鼠标到期望的位置，然后释放鼠标。放置过程如图1-26所示。

④ 从对象选择器中选择期望的端口类型。

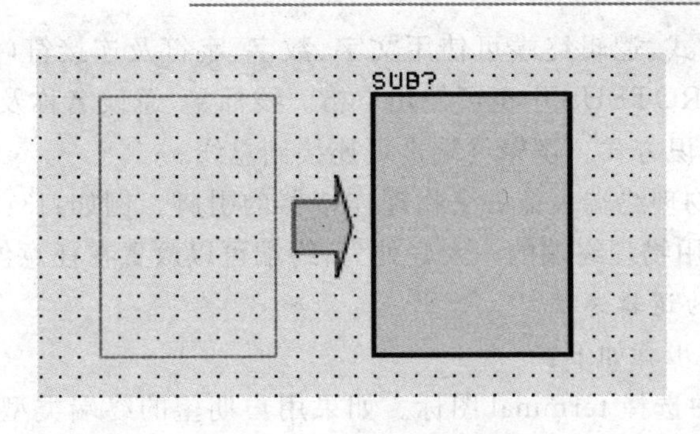

图1-26 子电路的放置

⑤ 在期望端口放置的位置单击。(通常将端口放置在子电路边界的左侧或右侧。)ISIS将会自动根据所选择的端口类型调整端口方向。

⑥ 选中子电路,单击,打开"子电路"属性对话框编辑子电路属性,如图1-27所示。

其中,Name项用于标识子绘图页,Circuit项用于标识子绘图页电路。

⑦ 编辑好的子电路如图1-28所示。

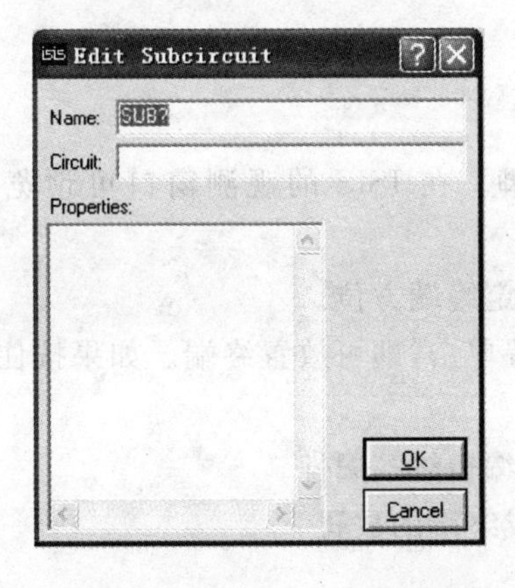

图1-27 Edit Subcircuit对话框

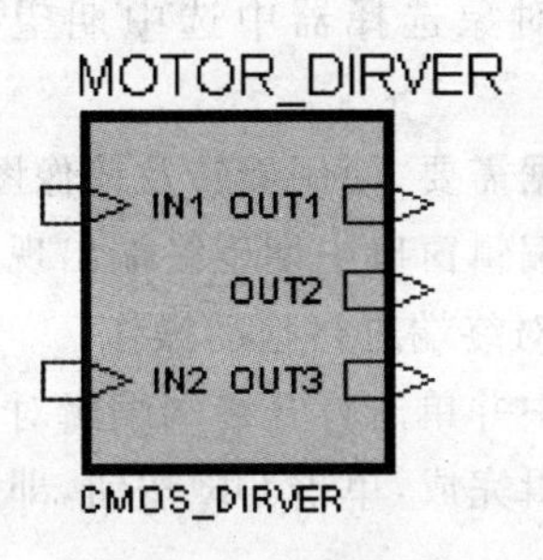

图1-28 子电路

注:

➢ 层次设计中,父绘图页的端口与子绘图页的逻辑终端通过名称连接。因此在系统设计中要求端口名称和终端名称必须一致。

➢ 鼠标置于子电路中,使用Ctrl+C快捷方式进入子绘图页;使用Ctrl+X快捷方式退出子绘图页。

7. Inter-sheet terminal工具

ISIS提供两种终端:逻辑终端和物理终端。这两种终端以其标签的语法来区分。

✧ 逻辑终端:逻辑终端仅仅用做网络标号。特别是在层次设计中作为绘图页之间的连接方式，逻辑终端可使用文字、数字、字符及连接符(-)、下划线(_)等标识。在PROTEUS中也可使用空格。线标签、总线名称及网络名称均使用逻辑终端标识方式。逻辑终端也可连接到总线。

✧ 物理终端：物理终端表征一个物理连接器的引脚。例如：J3:2是连接器J3的引脚2。使用物理终端的一大好处为：终端可以放置在任意位置。

注：总线终端为逻辑终端。

逻辑终端操作步骤如下：

① 从工具箱中选择terminal图标。如果用户期望的终端类型不在对象选择器中，则可点选P按钮，打开符号库，取出期望的终端。

通常在对象选择器中列出下列终端：

✧ DEFAULT：默认端口；
✧ INPUT：输入端口；
✧ OUTPUT：输出端口；
✧ BIDIR：双向端口；
✧ POWER：电源；
✧ GROUND：地；
✧ BUS：总线。

② 在对象选择器中选中期望的引脚。在ISIS的观测窗口可预览所选中的引脚。

③ 根据需要，使用旋转及镜像图标确定终端方位。

④ 在编辑窗口中期望终端出现的位置单击，即可放置终端。如果按住鼠标左键不放，则可对终端进行拖动操作。

⑤ 选中并单击打开终端编辑对话框，编辑终端属性。

⑥ 编辑完成，单击OK按钮，即可完成终端的放置。

注：

➢ ISIS允许将总线连接到终端。在此情形下，终端的名称应定义为总线形式，例如D[0..7]。如果没有给出范围，则ISIS默认连接到端口的总线的范围为终端的范围。当连接到端口的总线的范围也没有给出时，将把总线引脚所连接的总线的范围作为终端的范围。

➢ 使用通用的属性编辑方法即可编辑终端。此外，因为终端常以组的形式出现，故可使用Property Assignment Tool工具设置终端的电气类型。

8. Device pin 工具

器件引脚工具操作步骤如下：

① 从工具箱中选择pin图标。如果用户期望的引脚类型不在对象选择当中，则首先须从符号库中取出期望的引脚。

② 在对象选择器中选中期望的引脚。在ISIS的观测窗口可预览所选中的引脚。

③ 根据需要,使用旋转及镜像图标确定引脚方位。

④ 在编辑窗口中期望引脚出现的位置单击,即可放置引脚。如果按住鼠标左键不放,则可对引脚进行拖动操作。

⑤ 选中并单击打开引脚编辑对话框,编辑引脚名称、引脚编号及其电器类型。

⑥ 编辑完成,单击OK按钮,即可完成引脚的放置。

注:如果某一引脚表示数据总线或地址总线,则用户可使用总线引脚。在这种情形下,引脚编号只能使用虚拟封装工具来编辑。同样,如果某一器件由多个元件组成(例如7400),则用户只能再次使用封装为每一引脚重新分配引脚编号。在上述情形下,用户应使引脚的编号为空。

9. 2D graphics 工具

ISIS支持以下类型的2D图形对象:线、矩形框、圆、圆弧、闭合线、图形文本框及元件修饰符号等。这些图形对象可直接用于画图,例如用于创建新的库元件。

1.2.2 导线的操作

1. 两个对象间绘制导线

① 左击第一个对象连接点。

② 左击另一个连接点,ISIS将自动确定走线路径;如果用户想自己决定走线路径,则只需在想要的拐点处单击直至另一个连接点即可。

2. 使用连接点连接多条导线

单击工具箱中的+按钮,可在电路图中添加圆点。一个连接点可以精确地连到一根线。在元件和终端的引脚末端都有连接点。而一个圆点从中心出发有四个连接点,可以连四根线,如图1-29所示。

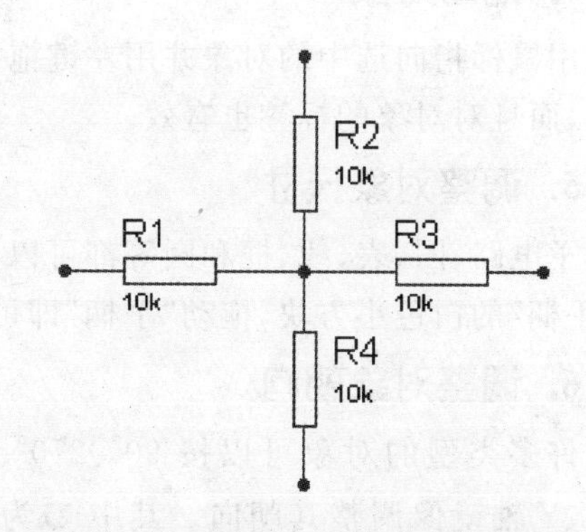

图1-29 使用连接点连接多条导线

3. 拖 线

- 用鼠标拖动线的一个角,则该角就随鼠标指针移动;如果鼠标指向一个线段中的任意一点拖动,则整条线段随鼠标移动。
- 按住鼠标右键,选中想移动的线段,单击主工具栏"移动"按钮,并使用鼠标左键拖动,即可实现块移动。

1.2.3 对象的操作

1. 选中对象

✧ 用鼠标指向对象并右击即可选中该对象。选中对象将以高亮方式显示。

✧ 要选中一组对象,可以通过依次右击选中每个对象的方式,也可以通过右键拖出一个选择框的方式,但只有完全位于选择框内的对象才可以被选中。

注:

➢ 选中对象时该对象上的所有连线同时被选中。

➢ 在空白处单击可以取消所有对象的选择。

2. 删除对象

用鼠标指向选中的对象并右击,可以删除该对象,同时删除该对象的所有连线。

3. 放置对象

ISIS支持多种类型的对象,虽然类型不同,但放置对象的基本步骤都是一样的。放置对象的步骤如下:

① 根据对象的类别在工具箱选择相应模式的图标。

② 如果对象类型是元件、端点、引脚、图形、符号或标记,则首先从对象选择器里选择期望的对象。

③ 如果对象是有方向的,将会在预览窗口显示出来,用户可以通过单击旋转和镜像图标来调整对象的朝向。

④ 指向编辑窗口并单击,放置对象。

4. 拖动对象

用鼠标指向选中的对象并用左键拖曳可以拖动该对象。该方式不仅对整个对象有效,而且对对象的标签也有效。

5. 调整对象尺寸

子电路、图、表、线、框和圆等都可以调整其尺寸。选中对象,对象周围会出现叫做“手柄”的白色小方块,拖动“手柄”即可调整对象尺寸。

6. 调整对象朝向

许多类型的对象可以按90°、270°、360°或X轴、Y轴镜像调整其朝向。其中↺为逆时针旋转按钮,↻为顺时针旋转按钮,↕为X轴镜像按钮,↔为Y轴镜像按钮。同时还可使用工具栏旋转工具按钮■调整对象朝向。单击■按钮,将出现如图1-30所示对话框。

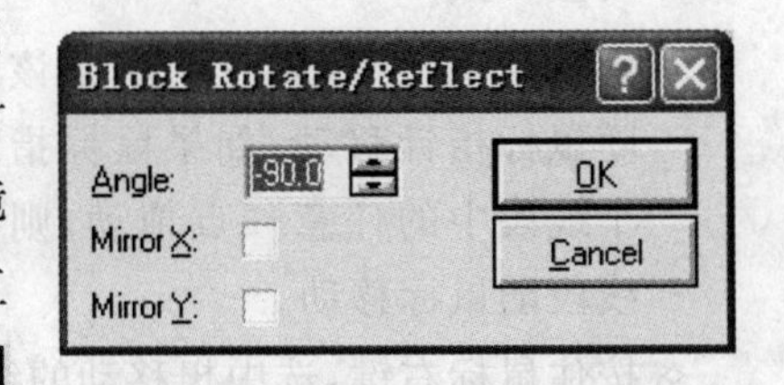

图1-30 旋转工具按钮对话框

其中,Angle:设置旋转角度;

Mirror X:X镜像;

Mirror Y:Y镜像。

7. 编辑对象

✧ 选中对象,单击,打开编辑对话框进行编辑;

✧ 点选 Instant Edit 图标,依次单击并打开编辑对话框进行编辑,此方法可实现连续编辑多个对象;

✧ 选中对象,按下键盘 Ctrl+E 键,启动外部的文本编辑器编辑对象。如果鼠标没有指向任何对象,则该命令将对当前的图进行编辑。

✧ 按下键盘 Ctrl+E 键,再按下键盘 E 键,将弹出查找并编辑元件对话框,如图 1-31 所示。在弹出的对话框中输入元件的参考号即可对元件进行编辑。

图 1-31　查找并编辑元件对话框

8. 复制所有选中的对象

选中要复制的对象,单击工具栏 Copy 按钮,把复制的对象拖到期望的位置,单击放置复制对象(重复上述操作可放置多个复制的对象),右击结束。

注:当一组元件被拷贝后,它们的标注自动重置为随机态,用来为下一步的自动标注做准备,防止出现重复的元件标注。

1.2.4　PROTEUS 电路绘制实例

以 AT90S8535 的某一应用为例(电路图如图 1-32 所示),说明基于 PROTEUS 的电路图的绘制。

绘制电路图步骤如下:

① 从工具箱中选择 Component 图标。

② 单击对象选择器中的 P 按钮,此时将弹出 Pick Devices 窗口。

③ 按照主电路元件列表(见表 1-1)添加元件到编辑环境。

表 1-1　主电路元件列表

元件名称	所属类	所属子类
AT90S8535	Microprocessor ICs	AVR Family
7SEG-COM-CAT-GRN	TTL 74LS series	Flip-Flops & Latches
KEYPAD-SMALLCALC	Switches & Relays	Keypads

④ 接地符号的放置:单击工具箱中的 Inter-sheet Terminal 按钮,使用鼠标左键选中对象选择器中的 GND,在原理图中单击,即可在原理图中添加接地符号。

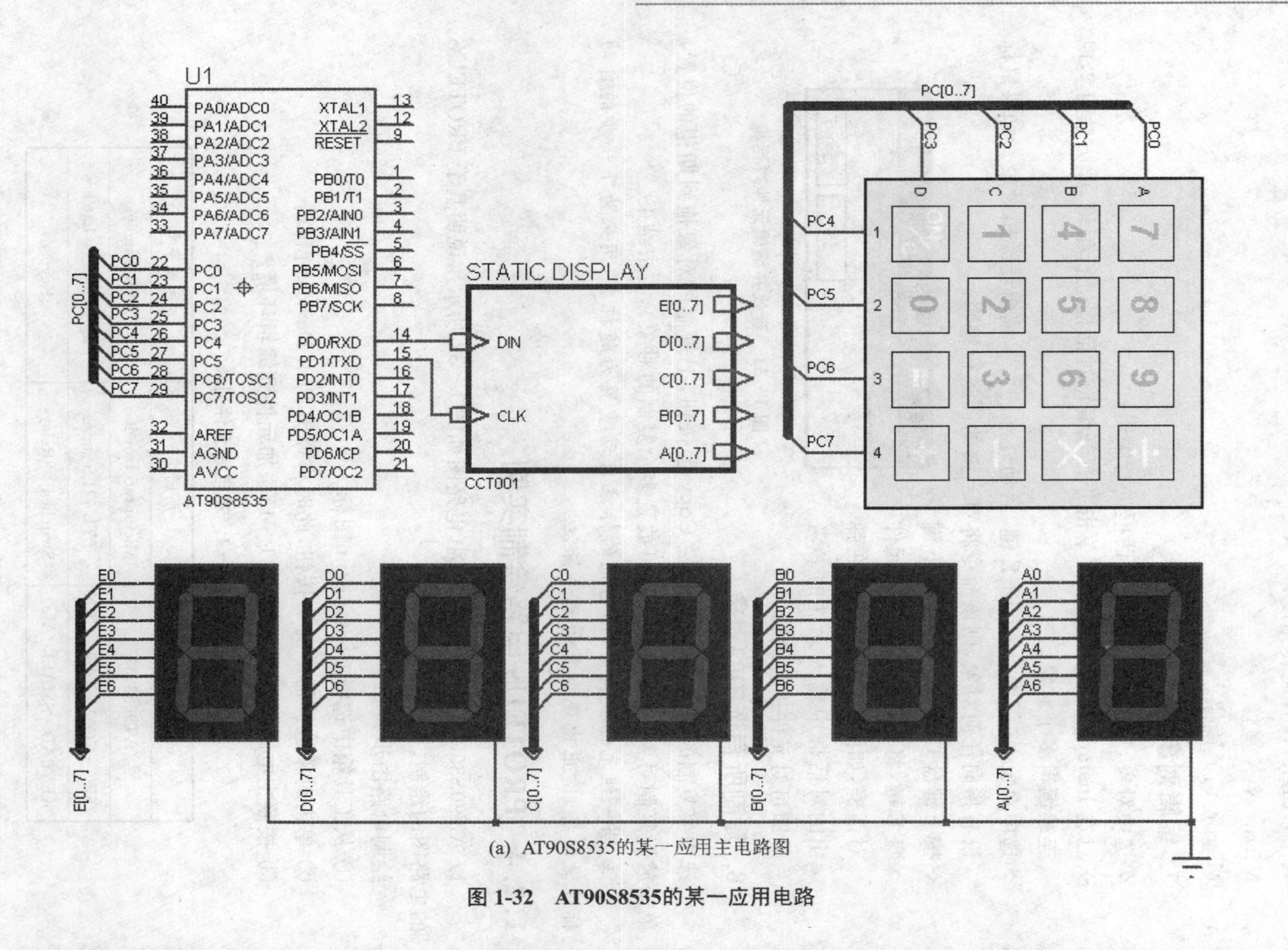

(a) AT90S8535的某一应用主电路图

图1-32 AT90S8535的某一应用电路

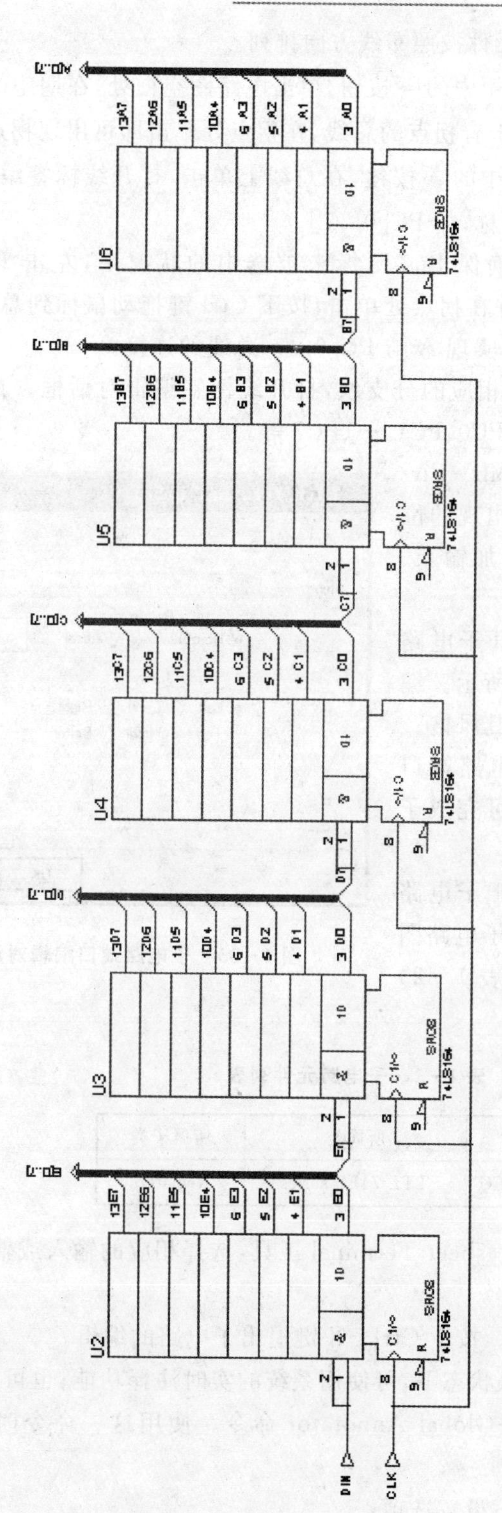

(b) AT90S8535的某一应用子电路图

图 1-32 AT90S8535的某一应用电路(续)

⑤ 将添加到原理图中的元件按照布线方向排列。

⑥ 总线的绘制：单击工具箱中的按钮，单击电路图空白处，在期望的结束点双击即可完成总线的绘制。（对于有拐点的总线，在拐点处单击即可出现拐点。）

⑦ 标注总线：单击工具箱中的按钮，在总线上单击，打开线标签编辑对话框。在相应的文本框中键入总线名称，如PC[0..7]。

⑧ 总线分支的绘制：在确保Bus图标未被选中的状况下，左击KEYPAD－SMALLCALC的A连接点，并在拐点处单击，按下Ctrl键拖动鼠标到总线上一点，此时将出现一斜线，单击，即可实现A与PC[0..7]总线的连接。

⑨ 总线分支的标注：单击相应的分支线，打开线标签编辑对话框。在对话框的文本框中键入分支线标识，如PC0、PC1、…、PC7等。

⑩ 子电路的绘制：点选Sub－Circuit工具，在期望子电路图框出现的位置放置子电路图框，并为其添加输入、输出端口。

⑪ 编辑子电路端口：打开子电路端口编辑对话框，如图1－33所示。编辑端口名称、名称放置位置及其风格。

⑫ 连接子电路：左击子电路端口连接点，左击目标连接点，即可完成子电路端口与外电路的连接。

⑬ 编辑子电路：鼠标置于子电路图框中，按下Ctrl＋C键进入子电路图页，按照子电路元件列表（见表1－2）添加元件到编辑环境。

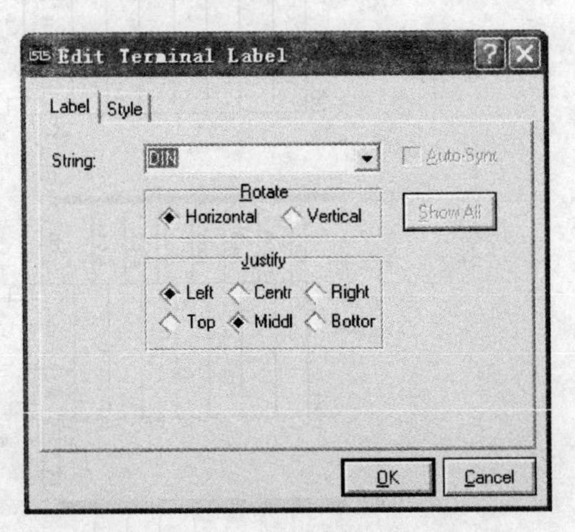

图1－33 子电路端口编辑对话框

表1－2 子电路元件列表

元件名称	所属类	所属子类
74LS164.IEC	TTL 74LS series	Registers

⑭ 放置引脚：点选Inter－sheet Terminal工具，选择相应的输入或输出端口，添加到电路。

⑮ 按上述方式连接电路。按下Ctrl＋X键退出子电路的编辑。

⑯ 元器件的标注：在默认状态下，可使用系统的实时注释功能；也可手动进行标注。在这里我们使用Tolls→Global Annotator命令。使用这一命令时，将出现如图1－34所示的对话框。

在这一对话框中包含如下设置选项：

Scope(范围):Whole Design(整个设计);

Current Sheet(当前页)。

Mode(模式):Total(总合式);

Incremental(增量式)。

Initial Count:初始计数值。

在本设计中,按照表1-3所列设置标注方式。

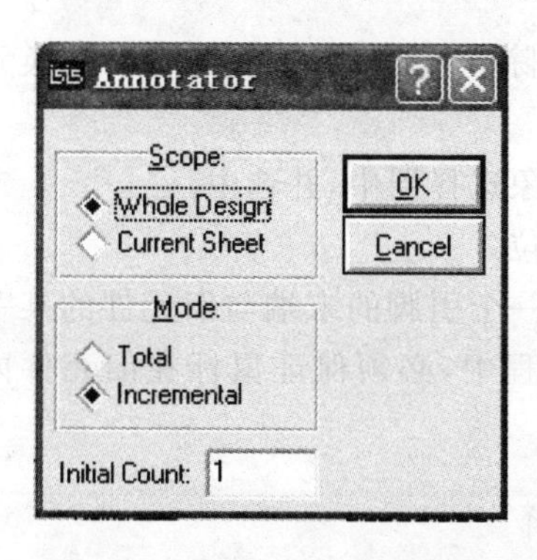

图1-34 Global Annotator对话框

表1-3 Global Annotator标注方式列表

Scope		Mode		Initial Count
Whole Design	√	Total		1
Current Sheet		Incremental	√	

⑰ 元件值的设置:右键选中对象后,左击,即可打开相应的属性编辑对话框。以AT90S8535属性编辑对话框为例。AT90S8535属性对话框如图1-35所示。

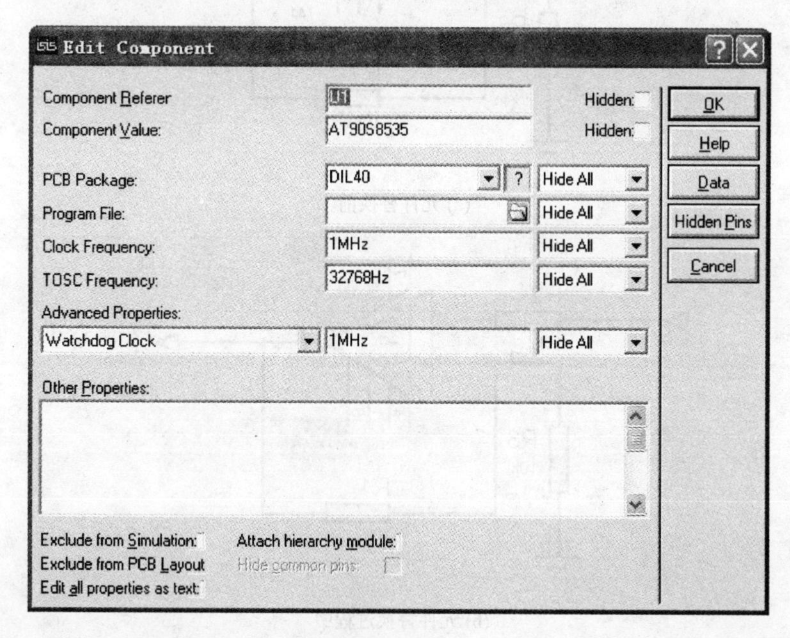

图1-35 电路元件值设置(以AT90S8535为例)

如Clock Frequency用于设置系统工作时钟、Program File用于设置系统程序文件等。

⑱ 按照电路要求设置相应的属性值。

至此，电路图的绘制完成。

1.2.5 电路图绘制进阶

1. 元件替换

因为在删除元件的同时也会将与其连接的线删除，所以ISIS提供了一种替换元件的方法。

① 从元件库中调出一个新类型元件，添加到对象选择器中，并选中。

② 根据需要，使用旋转及镜像图标确定元件方位。

③ 在旧的元件内部左击，并保证新元件至少有一个引脚的末端与旧元件的某一引脚重合。当自动替换被激活时，在放置新元件过程中，必须保证鼠标在旧元件内部。操作过程如图1-36所示。

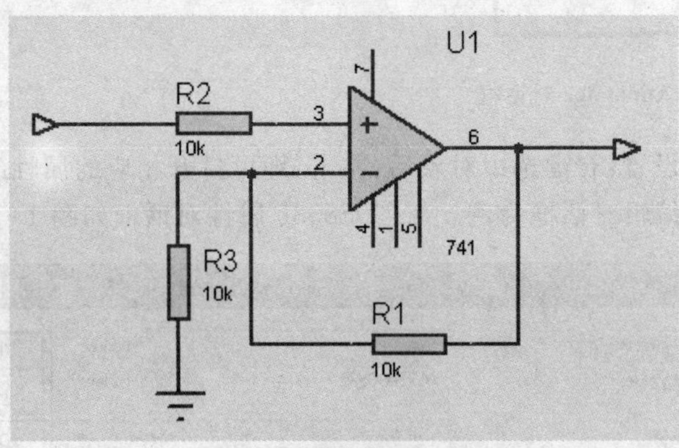

(a) 元件替换前

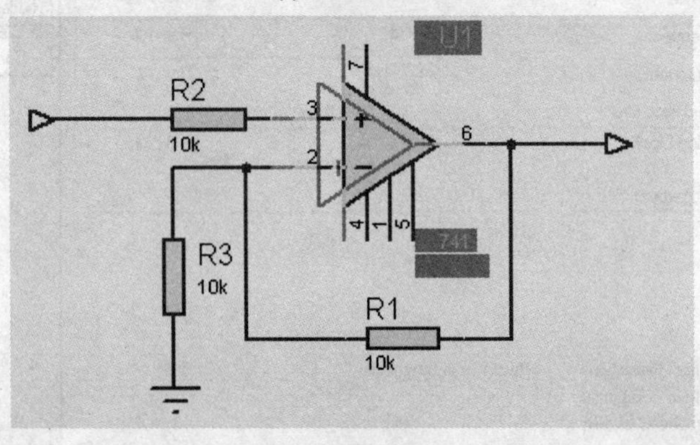

(b) 元件替换过程中

图1-36 元件替换

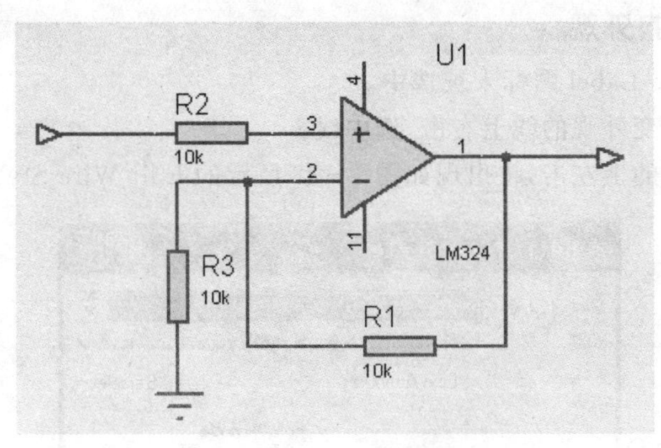

(c) 将741替换为LM324后的电路

图 1-36 元件替换(续)

注：ISIS 在替换元件的同时保留了连线。在替换过程中，先匹配位置，然后匹配引脚名称。不同元件进行上述替换操作可能得不到理想的结果，但可使用撤销(Undo)命令进行恢复。

2. 隐藏电源引脚

在 Edit Component 对话框中，通过单击 Hidden Pins 按钮，可查看或编辑隐藏的电源引脚，如图 1-37 所示。

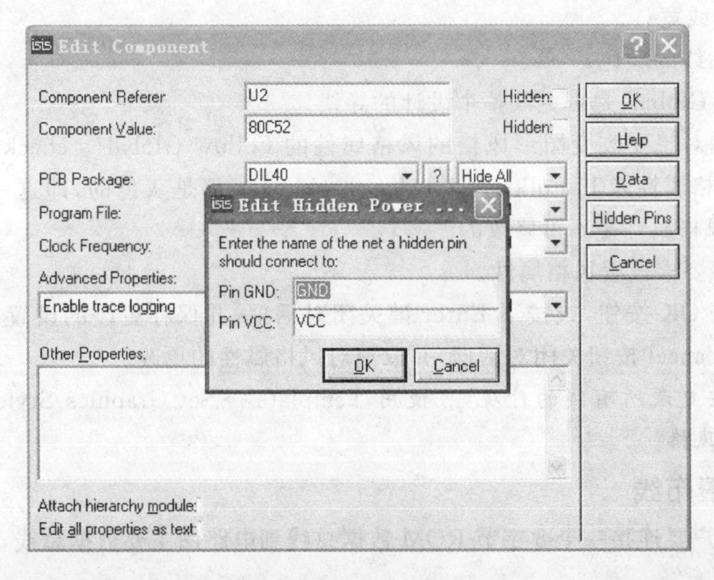

图 1-37 Edit Hidden Power 对话框

在默认状态下，隐藏引脚将会被连接到同名网络。例如：隐藏引脚 VDD 将被连接到 VDD，隐藏引脚 VSS 将被连接到 VSS。

3. 改变线的外观

① 确保 Wire Label 图标未被选中。

② 在期望改变外观的线上右击,选中线。

③ 在选中线的上左击,将出现如图 1－38 所示的 Edit Wire Style 对话框。

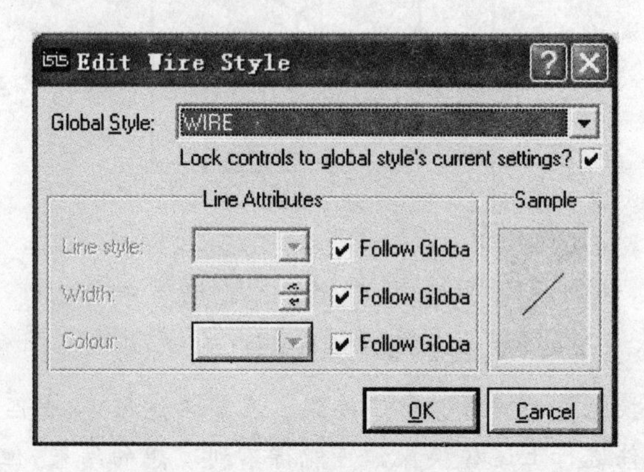

图 1－38 Edit Wire Style 对话框

在这一对话框中,可编辑导线的以下项目：

Global Style:全局导线风格;

Line Style:线型;

Width:线宽;

Colour:线的颜色;

Follow Global:是否更改整个设计的导线。

④ 取消对想要改变图形风格的风格属性的 Follow Global's checkboxes 的选定。如果风格属性及其 Follow Global's checkboxes 都是灰色的,即这一选项不可用,或这一风格属性是不可修改的。

⑤ 按照要求设置风格属性。

⑥ 单击 OK 按钮,或按下 Enter 键关闭对话框,并保存更改的设置。按下 Esc 键,或单击 Cancel 按钮关闭对话框,并取消对风格属性的更改。

注:想要更改所有线的外观,可使用 Template →Set Graphics Style 命令编辑 WIRE 图形风格。

4. 重复布线

假设用户要连接一个 8 字节 ROM 数据总线到电路图主要数据总线,如图 1－39 所示。

① 单击工具箱中的▭按钮,右击总线,后左击总线,即可弹出 Edit Wire Label 对话框。

② 在对话框的 String 一栏中键入 A,使用 Rotate、Justify 选项,调整标注的位

置。调整完成后，单击OK按钮，则为总线插入标号A。

③ 同理，按照图1-39所示，仿照上述步骤，依次为总线插入标号B、C、D、E、F。

④ 首先左击A，然后左击B，在AB间画一根水平线。

⑤ 双击C，重复画线功能会被激活，自动在CD间画线。

⑥ 双击E，以下类同。

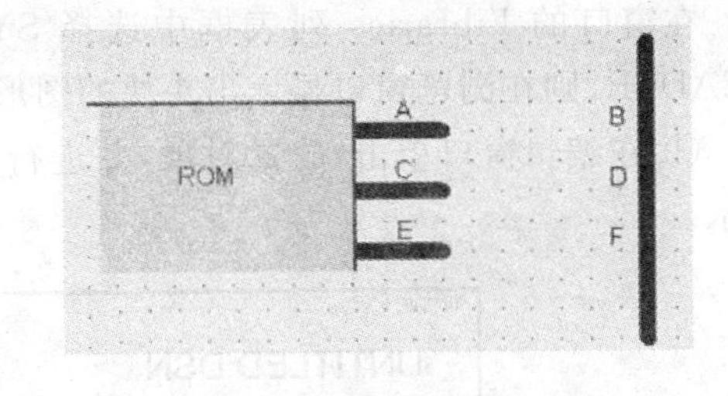

图1-39　重复布线电路原理图

注：重复画线完全复制了上一根线的路径。如果上一根线已经是自动重复，画线将仍旧自动复制该路径；如果上一根线为手工画线，那么画线将精确复制用于新的线。

5. 头块的放置

按照惯例，设计图的每页应该有一个头块来说明诸如设计名、页名、文档数、页数和作者等细节。下面介绍头块的设置：

① 单击工具箱中的2D graphics symbol按钮。

② 单击对象选择器窗口中的P按钮，将出现Pick Symbols对话框，如图1-40所示。

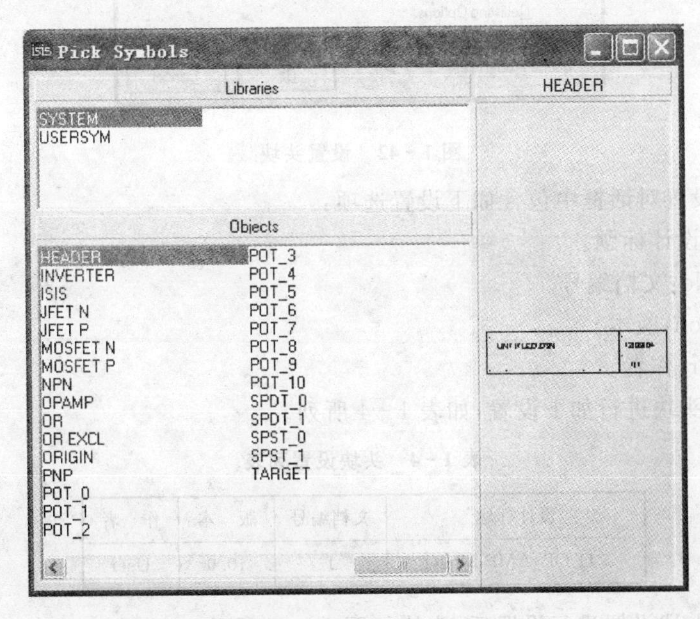

图1-40　Pick Symbols对话框

在窗口的 Libraries 列表框中选择 SYSTEM，然后在 Objects 列表框中选择 HEADER，则在浏览窗口显示出头块的图形。

③ 在编辑窗口单击，放置对象，并进行拖动，将其放在合适的地方，如图 1-41 所示。

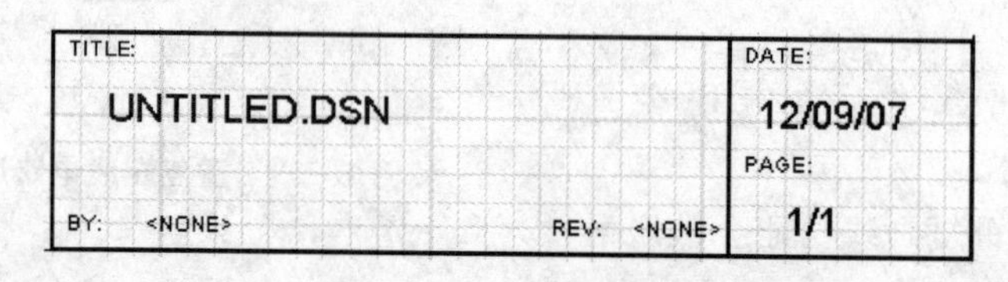

图 1-41　放置头块

④ 选择 Design→Edit Design Properties，可弹出相关项设置对话框，如图 1-42 所示。

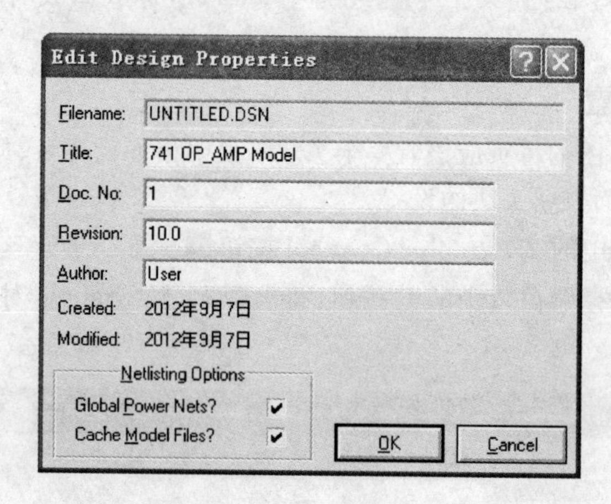

图 1-42　设置头块

在这一设置对话框中包含如下设置选项：

✧ Title：设计标题。

✧ Doc. No：文档编号。

✧ Revision：版本。

✧ Author：作者。

例如，对头块进行如下设置，如表 1-4 所列。

表 1-4　头块设置列表

设计标题	文档编号	版　本	作　者
741 OP_AMP Model	1	10.0	User

⑤ 按照上述设置进行设置后，头块如图 1-43 所示。

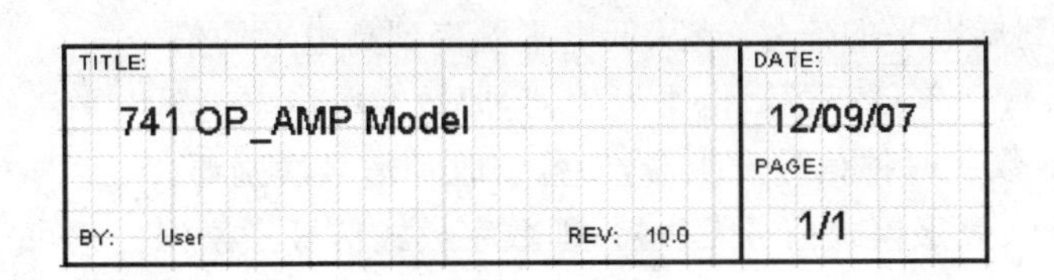
TITLE: 741 OP_AMP Model		DATE: 12/09/07
		PAGE:
BY: User	REV: 10.0	1/1

图1-43 设置后的头块

1.3 电路分析与仿真

PROTEUS VSM中的整个电路分析是在ISIS原理图设计模块下延续下来的。原理图中,电路激励、虚拟仪器、曲线图表以及直接布置在线路上的探针一起出现在电路中,任何时候都能通过按下运行按钮或空格对电路进行仿真。

在PROTEUS VSM中存在两种仿真方式:交互式仿真和基于图表的仿真。交互式仿真检验用户所设计的电路是否能正常工作;基于图表的仿真用来研究电路的工作状态和进行细节的测量。

1.3.1 激励源

激励源提供激励,并允许使用者对它的参量进行设置。这类元件属于有源器件,在Active库中。ISIS提供了以下类型的激励源:

- ✧ DC:直流信号发生器,即直流激励源,用于产生模拟直流电压或电流。该激励源只有单一的属性——电压值或电流值。
- ✧ Sine:幅值、频率、相位可控的正弦波发生器,即正弦波激励源,用于产生固定频率的连续正弦波。
- ✧ Pulse:幅值、周期和上升/下降沿时间可控的模拟脉冲发生器,即模拟脉冲激励源,用于为仿真分析产生各种周期输入信号,包括方波、锯齿波、三角波及单周期短脉冲。
- ✧ Exp:指数脉冲发生器,即指数脉冲激励源,产生与RC充电/放电电路相同的脉冲波。
- ✧ SFFM:单频率调频波信号发生器,即单频率调频波激励源。
- ✧ Pwlin:Pwlin信号发生器,即分段线性激励源,产生任意分段线性信号。
- ✧ File:File信号发生器,即File信号激励源。该发生器的数据来源于ASCII文件。
- ✧ Audio:音频信号发生器,即音频信号激励源。它使用Windows WAV文件作为输入文件。结合音频分析图表,可以听到电路对音频信号处理后的声音。
- ✧ DPulse:单周期数字脉冲发生器,即单周期数字脉冲激励源。
- ✧ DEdge:数字单边沿信号发生器,即数字单边沿信号激励源,用于产生从高电平跳变到低电平的信号,或从低电平跳变到高电平的信号。

- ✧ DState:数字单稳态逻辑电平发生器,即数字单稳态逻辑电平激励源。
- ✧ DClock:数字时钟信号发生器,即数字时钟信号激励源。
- ✧ DPattern:数字模式信号发生器,即数字模式信号激励源。它可产生任意频率的逻辑电平,是最灵活且功能最强的一种激励源,可产生上述所有数字脉冲。
- ✧ SCRIPTABLE:简易硬件描述语言输入窗口,可产生硬件描述语言描述的信号。

1.3.2 虚拟仪器

1. 虚拟示波器

用于显示模拟波形。

2. 逻辑分析仪

逻辑分析仪通过将连续记录的输入数字信号存入到大的捕捉缓存器进行工作,它具有可调的分辨率;在触发期间,驱动数据捕捉处理暂停,并监测输入数据;捕捉由仪器的Arming信号启动;触发前后的数据都可显示;支持放大/缩小显示和全局显示。

3. 定时器/计数器

PROTEUS VSM提供的定时器与计数器Counter Timer是一个通用的数字仪器,可用于测量时间间隔、信号频率和脉冲数。

4. 虚拟终端

PROTEUS VSM提供的虚拟终端允许用户通过PC的键盘、经由RS232V异步发送数据到仿真的微处理系统,同时也可通过PC的屏幕、经由RS232V异步接收来自仿真的微处理系统的数据。这一功能在调试中是非常有用的,在调试中,用户可以使用这一虚拟仪器显示所编制程序发出的调试信息/曲线信息。

5. SPI调试器

SPI(Serial Peripheral Interface,串行设备接口)总线系统是Motorola公司推出的一种同步串行外设接口,允许MCU与各种外围设备以同步串行通信方式交换信息。其外围设备种类繁多,从简单的TTL移位寄存器到复杂的LCD显示驱动器、网络控制器等,可谓应有尽有。SPI总线可直接与厂家生产的多种标准外围器件直接接口。

SPI调试器监测SPI接口,同时允许用户与SPI接口交互,即允许用户查看沿SPI总线发送的数据,同时也可向总线发送数据。

6. I^2C调试器

I^2C(Intel IC)总线是Philips公司推出的芯片间串行传输总线。它只需要两根线(串行时钟线SCL和串行数据线SDA)就能实现总线上各器件的全双工同步数据传送,可以极为方便地构成系统和外围器件扩展系统。I^2C总线采用器件地址的硬件设置方法,避免了通过软件寻址器件片选线的方法,使硬件系统的扩展简单灵活。按照I^2C总线规范,总线传输中的所有状态都生成相应的状态码,系统的主机能够依照状态码自动地进行总线管理,用户只要在程序中装入标准处理模块,根据数据操作要求完成I^2C总线的初始化,启动I^2C总线就能自动完成规定的数据传送操作。由于I^2C总线接口已集成在片内,用户无需设计接口,使设计时间大为缩短,且从系统中直接移去芯片对总线上的其他芯片没有影响,这样便于产品的改性或升级。

I^2C调试器模型允许用户监测I^2C接口,同时允许用户与I^2C接口交互,即允许用户查看沿I^2C总线发送的数据,同时也可向总线发送数据。

7. 信号发生器

PROTEUS VSM所提供的信号发生器模拟了一个简单的音频函数发生器,可输出方波、锯齿波、三角波和正弦波,分8个波段,提供频率范围从0～12 MHz的信号;分4个波段,提供幅值范围从0～12 V的信号;具有调幅输入和调频输入功能。

8. 模式发生器

PROTEUS VSM所提供的模式发生器是模拟信号发生器的数字等价物。它支持8位1 KB的模式信号;支持内部或外部时钟模式或触发模式;使用游标调整时钟刻度盘或触发器刻度盘;十六进制或十进制栅格显示模式;在需要高精度设置时,可直接输入指定的值;可以加载或保存模式脚本文件等。

9. 电压表和电流表

PROTEUS VSM提供了AC电压表、DC电压表、AC电流表和DC电流表。这些虚拟仪器可直接连接到电路进行实时操作。当进行电路仿真时,它们以易读的数字格式显示电压值或电流值。

1.3.3 探　针

探针用于记录所连接网络的状态。ISIS系统提供了两种探针:电压探针(voltage probes)和电流探针(current probes)。

- ✧ 电压探针:既可在模拟仿真中使用,也可在数字仿真中使用;在模拟电路中记录真实的电压值,而在数字电路中,记录逻辑电平及其强度。
- ✧ 电流探针:仅可在模拟电路中使用,并可显示电流方向。
- ✧ 探针既可用于基于图表的仿真,也可用于交互式仿真。

1.3.4 图　表

图表分析可以得到整个分析结果,并且可以直观地对仿真结果进行分析。同时,图表分析能够在仿真过程中放大一些特别的部分,进行一些细节上的分析。另外,图表分析也是唯一一种能够显示在实时中难以做出分析的方法，比如交流小信号分析、噪声分析和参数扫描。

图表在仿真中是一个最重要的部分。它不但是结果的显示媒介，而且还定义了仿真类型。通过放置一个或若干个图表，可以观测到各种数据（数字逻辑输出、电压、阻抗等），即通过放置不同的图表来显示电路在各方面的特性。

对瞬态仿真需要放置一个模拟（analogue）图表；另一种数字（digital）仿真也是一种特殊的瞬态仿真——从数字的角度分析结果。这两种分析的结果可同时在混合（mixed）图表中显示结果。

1. 模拟分析图表

模拟分析图表用于绘制一条或多条电压或电流随时间变化的曲线。

2. 数字分析图表

数字分析图表用于绘制逻辑电平值随时间变化的曲线，图表中的波形代表单一数据位或总线的二进制电平值。

3. 混合分析图表

混合分析图表可以在同一图表中同时显示模拟信号和数字信号的波形。

4. 频率分析图表

频率分析图表的作用是分析电路在不同频率工作状态下的运行情况，但不像频谱分析仪那样所有频率一起考虑，而是每次只能分析一个频率。所以，频率特性分析相当于在输入端接一可改变频率的测试信号，在输出端接一交流电表测量不同频率所对应的输出，同时可得到输出信号的相位变化情况。频率特性分析还可以用来分析不同频率下的输入、输出阻抗。

此功能在非线性电路中使用时是没有实际意义的。因为频率特性分析的前提是假设电路为线性的，就是说，如果在输入端加一标准的正弦波，在输出端也相应地得到一标准的正弦波。实际中完全线性的电路是不存在的，但是大多数我们认为线性的电路都是在此分析允许的范围内。另外，由于系统是在线性情况下，且引入复数算法（矩阵算法）进行的运算，因此其分析速度要比瞬态分析快许多。对于非线性电路，则可使用傅里叶分析。

PROTEUS ISIS的频率分析用于绘制小信号电压增益或电流增益随频率变化的曲线，即绘制波特图。可描绘电路的幅频特性和相频特性，但它们都是以指定的输入发生器为参考的。在进行频率分析时，图表的X轴表示频率，两个纵轴可分别显示幅值和相位。

5. 转移特性分析图表

转移特性分析图表用于测量电路的转移特性。

6. 噪声分析图表

由于电阻或半导体元件会自然而然地产生噪声，这对电路的分析工作会产生相当程度的影响。系统提供噪声分析就是将噪声对输出信号所造成的影响给以数字化,以供设计师评估电路性能。

在分析时,SPICE模拟装置可以模拟电阻器及半导体元件产生的热噪声,各元件在设置电压探针(因为该分析不支持噪声电流,PROSPICE将对电流探针不做考虑)处产生的噪声将在该点作和,即为该点的总噪声。分析曲线的横坐标表示的是该分析的频率范围,纵坐标表示的是噪声值(分左、右Y轴,左Y轴表示输出噪声值,右Y轴表示输入噪声值。以 $V/\sqrt{Hz}$ 为单位,也可通过编辑图表对话框设置为dB,0 dB对应 $1\ V/\sqrt{Hz}$)。电路工作点将按照一般处理方法计算,在计算工作点之外的各时间,除了参考输入信号外,系统不考虑其他信号发生装置,因此分析前不必移除各信号发生装置。PROSPICE在分析过程中将计算所有电压探针噪声的同时,考虑了它们相互间的影响,所以无法知道单纯的某个探针的噪声分析结果。分析过程将对每个探针逐一处理,所以仿真时间大概与电压探针的数量成正比。应当注意的是,噪声分析是不考虑外部电、磁影响的,而且如果一个电路用Tape(▣)功能分块,分析时只对当前部分作处理。

PROTEUS ISIS的噪声分析可显示随时间变化的输入和输出噪声电压,同时可产生单个元件的噪声电压清单。

7. 失真分析图表

失真是由电路传输函数中的非线性部分产生的,仅由线性元件组成的电路(如:电阻、电感、线性可控源)不会产生任何失真。SPICE distortion analysis可仿真二极管、双极型晶体管、场效应管、JFETs和MOSFETs。

PROTEUS ISIS的失真分析用于确定由测试电路所引起的电平失真的程度,失真分析图表用于显示随频率变化的二次和三次谐波失真电平。

8. 傅里叶分析图表

傅里叶分析方法用于分析一个时域信号的直流分量、基波分量和谐波分量,即把被测节点处的时域变化信号作离散傅里叶变换,求出它的频域变换规律,将被测节点的频谱显示在分析图窗口中。在进行傅里叶分析时,必须首先选择被分析的节点,一般将电路中的交流激励源的频率设为基频,若在电路中有几个交流电源,则可将基频设在这些电源频率的最小公因数上。

PROTEUS ISIS系统为模拟电路频域分析提供了傅里叶分析图表,使用该图表,可以显示电路的频域分析。

9. 音频分析图表

PROTEUS VSM包含许多特性,使用者可从设计的电路中听电路的输出(要求系统具有声卡)。实现这一功能的主要元件为音频分析图表。这一分析图表与模拟分析图表在本质上是一样的,只是在仿真结束后,会生成一个时域的WAV文件窗

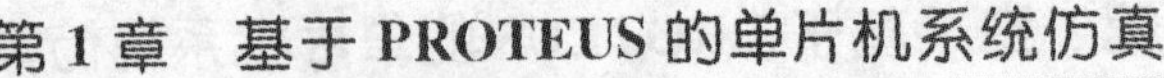

口，并且可通过声卡输出声音。

10. 交互分析图表

交互式分析结合了交互式仿真与图表仿真的特点。仿真过程中，系统建立交互式模型，但分析结果却是用一个瞬态分析图表记录和显示的。交互分析特别适用于观察电路中的某一单独操作对电路产生的影响（如变阻器阻值变化对电路的影响），相当于将一个示波器和一个逻辑分析仪结合在一个装置上。

分析过程中，系统按照混合模型瞬态分析的方法进行运算，但仿真是在交互式模型下运行的。因此，像开关、键盘等各种激励的操作将对结果产生影响。同时，仿真速度也取决于交互式仿真中设置的时间步长（timestep）。应当引起注意的是，在分析过程中，系统将获得大量数据，处理器每秒将会产生数百万个事件，产生的各种事件将占用许多兆内存，这就很容易使系统崩溃。所以不宜进行长时间仿真。这就是说，在短时间仿真不能实现目的的时候，应当用逻辑分析仪。另外，和普通交互式仿真不同的是，许多成分电路不被该分析支持。

通常情况下，可以借助交互式仿真中的虚拟仪器实现观察电路中的某一单独操作对电路产生的影响，但有时需要将结果用图表的方式显示出来以便进行更详细的分析，这就需要用交互式分析实现。

11. 一致性分析图表

一致性分析用于比较两组数字的仿真结果。这一分析图表可以快速测试改进后的设计是否带来了不期望的副作用。一致性分析作为测试策略的一部分，通常应用于嵌入式系统的分析。

12. 直流扫描分析图表

直流扫描分析可以观察电路元件参数值在用户定义范围内发生变化时对电路工作状态（电压或电流）的影响（如观察电阻值、晶体管放大倍数、电路工作温度等参数变化对电路工作状态的影响），也可以通过扫描激励元件参数值实现直流传输特性的测量。

PROTEUS ISIS系统为模拟电路分析提供了直流扫描图表，使用该图表，可以显示随扫描变化的定态电压或电流值。

13. 交流扫描分析图表

交流扫描分析可以建立一组反映元件在参数值发生线性变化时的频率特性曲线，主要用来观测相关元件参数值发生变化时对电路频率特性的影响。扫描分析时，系统内部完全按照普通的频率特性分析计算有关值；不同的是，由于元件参数不固定而增加了运算次数，每次相应地计算一个元件参数值对应的结果。

和频率特性分析相同，左、右Y轴分别表示幅度、相位值（可在编辑图表对话框中设置或直接拖动图线名到相应位置），并且也必须为系统计算幅度值而设置参考点。

PROTEUS ISIS系统为模拟电路分析提供了交流扫描图表，使用该图表，可以显示扫描变化的每一个值所对应的频率曲线而组成的一组曲线，同时显示幅值和相位。

1.3.5 基于图表的仿真

以基于模拟图表的仿真为例，说明基于图表的仿真方法。

① 单击工具箱中的Simulation Graph按钮，在对象选择器中将出现各种仿真分析所需的图表（如：模拟、数字、噪声、混合、AC变换等），如图1-44所示。

② 选择ANALOGUE仿真图形。

③ 鼠标指向编辑窗口，按下左键，拖出一个方框，松开左键确定方框大小，则模拟分析图表被添加到原理图中，如图1-45所示。

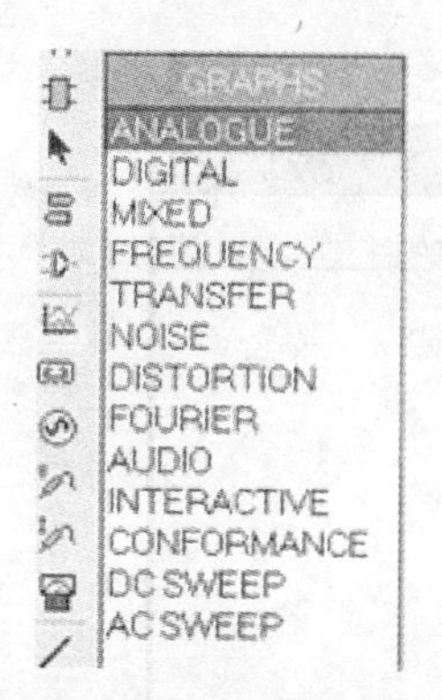

图1-44 Simulation Graph工具箱

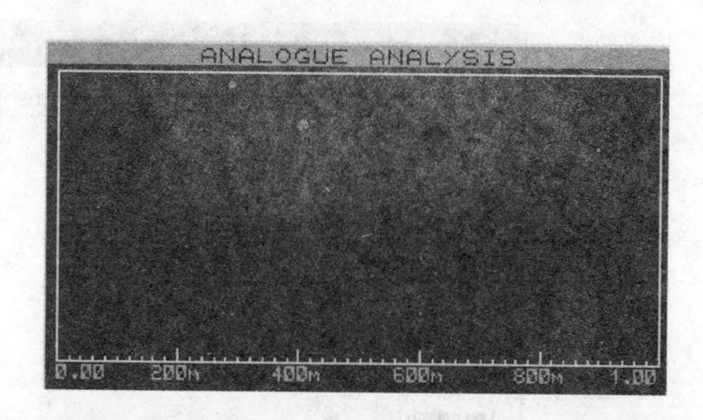

图1-45 添加模拟仿真图表

✧ 图表与其他元件在移动、删除、编辑等方面的操作相同。

✧ 图表的大小可以进行调整：右击图表，图表被选中，四边出现小黑方框，拖动鼠标指向方框即可调整图表大小。

④ 把发生器和探针放到图表中。每个发生器都默认自带一个探针，所以不需要再为发生器放置探针。有三种方法可加入发生器和探针：

✧ 依次选中探针或发生器，按下鼠标左键拖动它们到图表中，松开左键，即可放置。图表有左右两条竖轴，探针/发生器靠近哪边被拖入，它们的名字就被放置在哪条轴上，图表中的探针/发生器名与原理图中的名字相同。

✧ 当原理图中没有被选中的探针或发生器时，选Graph/Add Trace，出现增加探针对话框，从探针清单中选择一个探针，单击OK按钮即可。注意这种方法每次只能加一个探针，图表中的探针以加入的先后顺序排序。

✧ 当原理图中有被选中的探针或发生器时，选Graph/Add Trace，出现OK和Cancel按钮，选OK按钮则把所有选中的探针放置到图表中，以字母顺序排序；选Cancel按钮将取消添加发生器或探针操作。

- 探针和发生器的选中方法：探针和发生器可以逐一选中，也可以用鼠标右键确定一个元件块（包含探针和发生器）来选中探针和发生器（块中的其他元件自动被忽略，不被加到图表中）。
- 可以看到，不同的探针名和发生器由不同的颜色表示。
- 和其他元件一样，右击探针名（或发生器名）选中探针名（或发生器名），探针名（或发生器名）变为白色，按下左键可拖动探针名（或发生器名）来调整顺序，也可以把左边竖轴的探针名（或发生器名）放到右边的竖轴。
- 选中探针名（或发生器名）再左击它，出现属性对话框；双击探针名（或发生器名）可删除探针名（或发生器名）；在图表上右击可释放探针名（或发生器名）。

⑤ 设置仿真图表。运行时间由X轴的范围确定。先右击再左击图表，出现编辑瞬时图表对话框，设置相应的开始时间和停止时间即可。编辑瞬时图表对话框如图1-46所示。

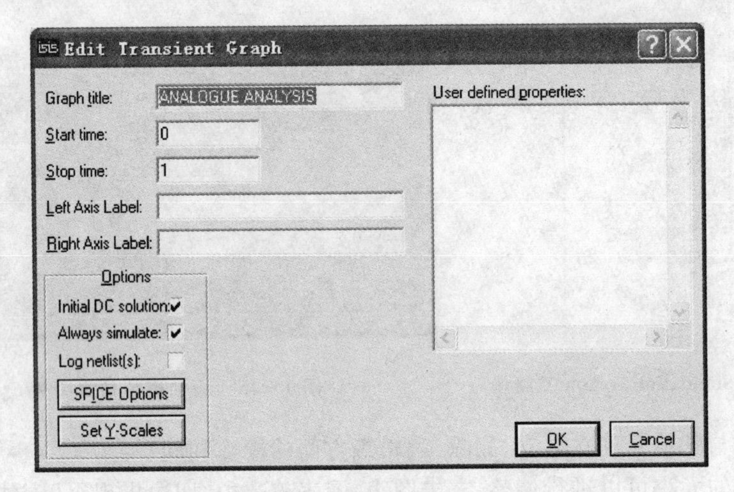

图1-46 编辑瞬时图表对话框

对话框中包含如下设置内容：

Graph title：图表标题。

Start time：仿真起始时间。

Stop time：仿真终止时间。

Left Axis Label：左边坐标轴标签。

Right Axis Label：右边坐标轴标签。

设置完成后，单击OK按钮，结束设置。可以在窗口中看到编辑好的图表。本例中添加的发生器和探针为INPUT和OUTPUT两信号，设置停止时间为1 ms，如图1-47所示。

⑥ 进行仿真。选Graph/Simulate（快捷键：空格）即可。仿真命令使电路开始仿真，图表也随仿真的结果进行更新。

◇ 仿真日志记录。仿真日志记录最后一次的仿真情况，用 Graph/View Log（快捷键：Ctrl + V）可查看仿真日志。

◇ 当仿真中出现错误时，日志中可显示详细的出错信息。

◇ 如果再一次执行仿真，则可看到图表并没有发生变化，可在编辑瞬时图表对话框中选择 Always simulate，此时，就可看到图表在动态刷新。

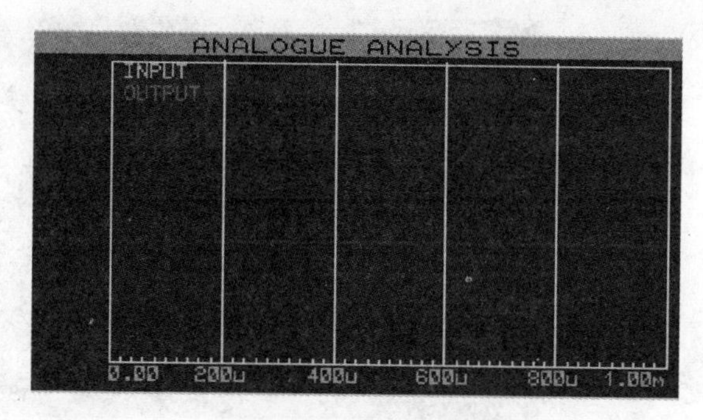

图 1-47　编辑后的图表

◇ 当可以看到图表上的波形，但并不能看清细节时，左击图表的标题栏，可把图表最大化(全编辑窗口显示)。

◇ 分析完成后，左击图表标题栏可恢复原编辑窗口。

◇ 模拟图表仿真电路图如图 1-48 所示。当显示窗口中两条曲线幅值相差太大时，例图如图 1-49 所示。

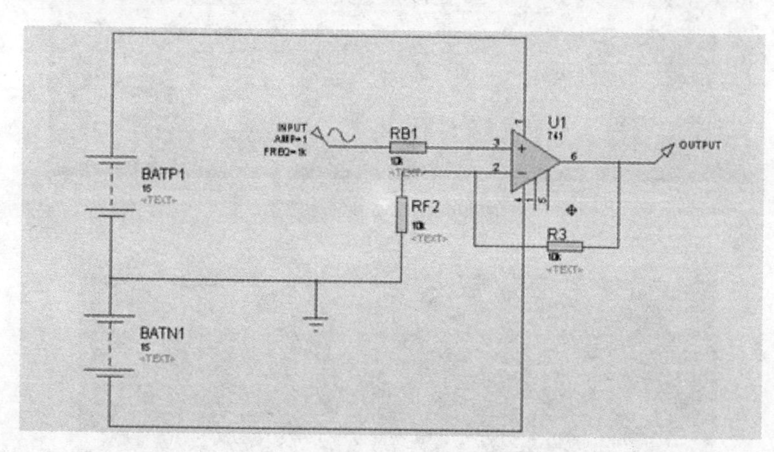

图 1-48　模拟图表仿真电路图

可以用分离的方法：选中 OUTPUT 信号，按下鼠标左键拖动到右边的竖轴，看到如图 1-50 所示的显示窗口。

注意到两边的竖轴的单位是不同的。

◇ 测量时，需放置两条测量线(平行于竖轴)：在图表中左击，出现一条绿线(基本指针)，按下 Ctrl 键，在图表中左击，出现另一条红线(参考指针)，如图 1-51 所示。

◇ 移动测量线时也一样：左击移动绿线，按下 Ctrl 键左击则移动红线。删除测量线：鼠标指向任一竖轴的标值(如左轴的－200 m、400 m 等)左击删除绿线；

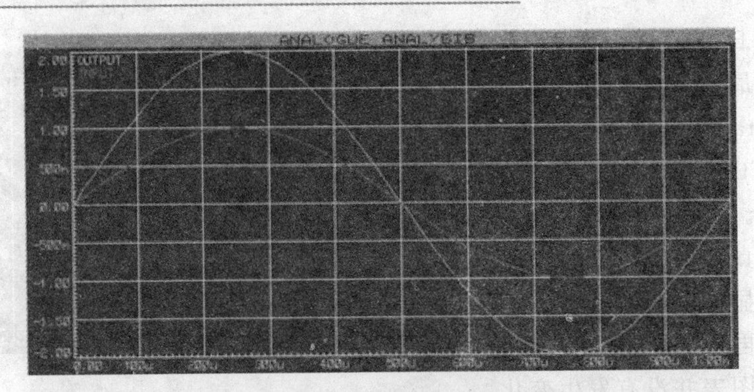

图1-49 例图(两条曲线幅值相差偏大时)

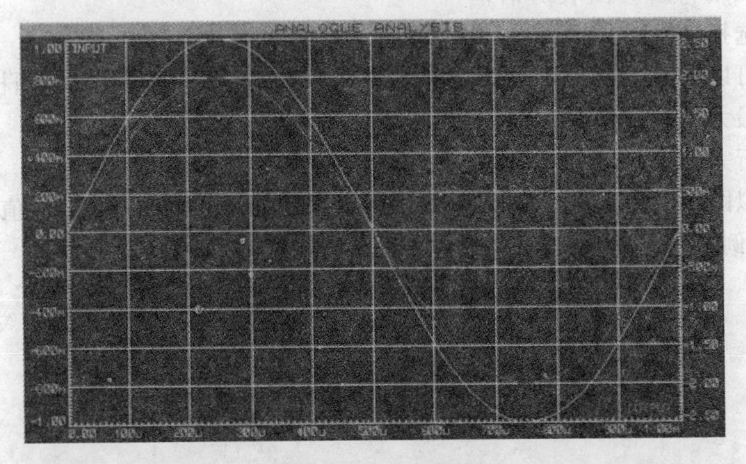

图1-50 分离曲线

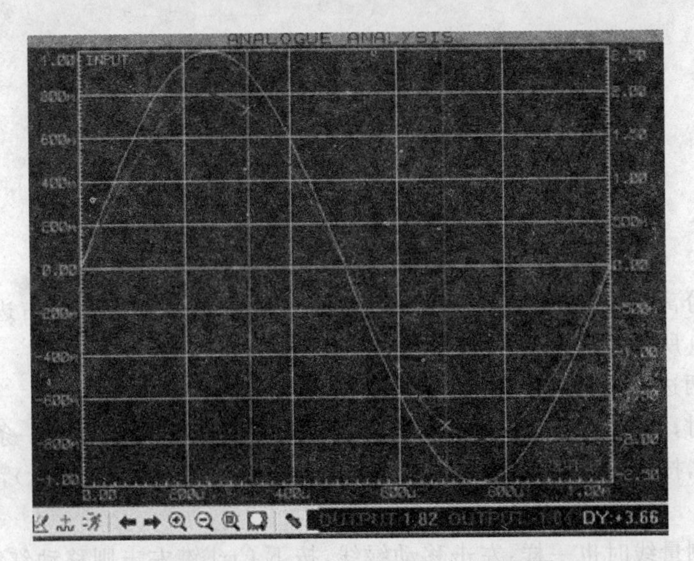

图1-51 使用指针与参考指针进行测量

鼠标指向任一竖轴的标值，按下Ctrl键，左击，删除红线。

✧ 每个图表中只能出现两条测量线，对两个量进行测量。

✧ 此时图表底部为状态栏，显示的数据都是绝对值。其中DX显示时间相对量，DY显示幅值相对量。

1.3.6　交互式仿真

交互式电路仿真是电路分析的一个最重要的部分。输入原理图后，通过在期望的观测点放置电流/电压探针，或虚拟仪器，单击运行按钮，即可观测到电路的实时输出。

1. 控制按钮

交互式仿真是由一个貌似播放机操作按钮的控制按钮控制，这些控制按钮位于屏幕底端，如果没有显示，则需要通过Graph→Circuit Animation的选择调节才可见。控制按钮如图1-52所示。

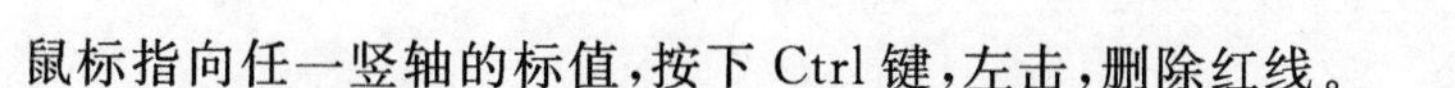

图1-52　控制按钮

功能依次为：

① 工作按钮：开始仿真。

② 步进按钮：此按钮可以使仿真按照预设的时间步长（单步执行时间增量）进行仿真。单击一下，仿真进行一个步长时间后停止。若按键后不放开，仿真将连续进行，直到按停止键为止。步长可通过System→Set Animation Options的Animation Circuits Configuration对话框进行设置，默认值为50 ms。

这一功能可更为细化地监控电路，同时也可以使电路放慢动作工作，从而更好地了解电路各元件间的互相关系。

③ 暂停按钮：暂停按钮可延缓仿真的进行，再次按下可继续暂停的仿真。也可在暂停后接着进行步进仿真。暂停操作也可通过键盘的Pause键完成，但要恢复仿真则需用控制面板按钮操作。

④ 停止按钮：可使PROSPICE停止实时仿真，所有可动状态停止，模拟器不占用内存。除激励元件（开关等）外，所有指示器重置为停止时的状态。停止操作也可通过键盘组合键Shift＋Break完成。

2. 人性化测量方法

① 器件引脚逻辑状态。此功能可使连接在数字或混合网络的元件引脚显示一个有色小正方形，如图1-53所示。

默认的蓝色表示逻辑0，红色表示逻辑1，灰色表示不固定。以上三种颜色可通过Template→Set Design Defaults改变。编辑器件引脚状态的对话框如图1-54所示。

② 可利用不同颜色电路连线显示相应的电压。默认的蓝色表示－6 V，绿色表

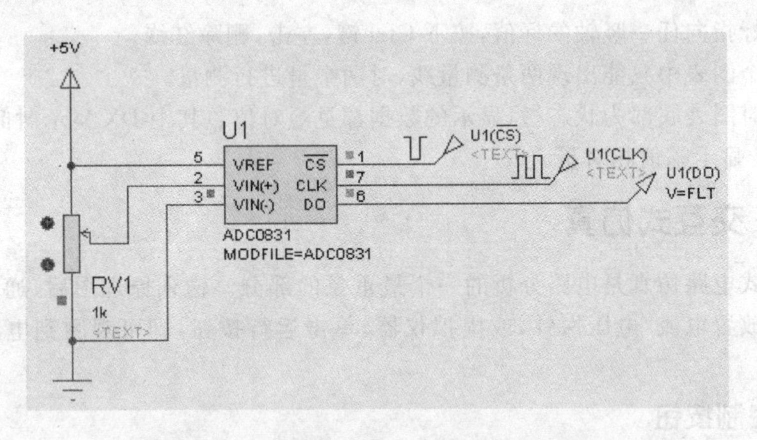

图 1-53 交互式仿真时电路器件引脚状态

Edit Design Defaults

Colours		Animation	
Paper Colour:		Positive Colour:	
Grid Dot Colour:		Ground Colour:	
Work Area Box Colou		Negative Colour:	
World Box Colour:		Logic '1' Colour:	
Highlight Colour:		Logic '0' Colour:	
Drag Colour:		Logic '?' Colour:	

Hidden Objects

Show hidden text? ✓

Show hidden pins?

'Hidden' Colour:

Font Face for Default Font

Arial

OK Cancel

图 1-54 编辑器件引脚状态对话框

示 0 V,红色表示+6 V。连线颜色按照从蓝到红的颜色深浅及电压由小到大的规律渐变。同样,上述颜色可通过图界面进行设置。单击 System→Set Animation Options 命令,将弹出如图 1-55 所示的对话框,即可进行电压的上下限设置。

③ 利用箭头显示电流方向,如图 1-56 所示。

此功能可使电路连线显示出电流的具体流向。(应当注意,当线路电流小于设置的起始电流(默认值为 1 μA)时,箭头不显示。起始电流可通过如图 1-55 所示的对话框进行修改。)

✧ 以上三种功能的开启与否,可通过如图 1-55 所示右侧的三个选项控制。

④ 显示元件参数信息。

✧ 使用控制按钮使电路在想要观察的时刻暂停。(若想要观察起始状态参数信息,则直接点暂停按钮)。

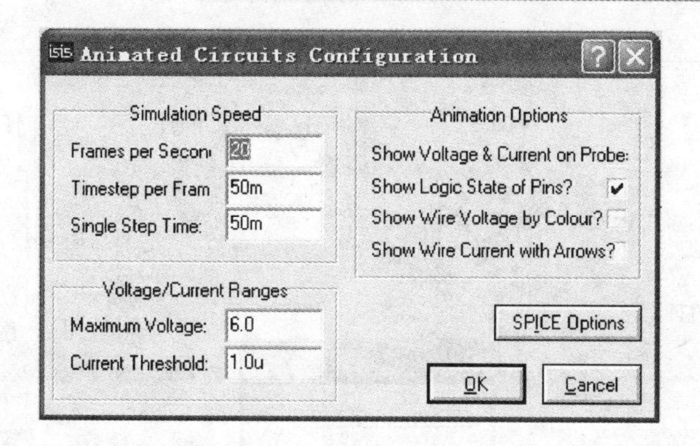

图 1-55 设置电压的上下限

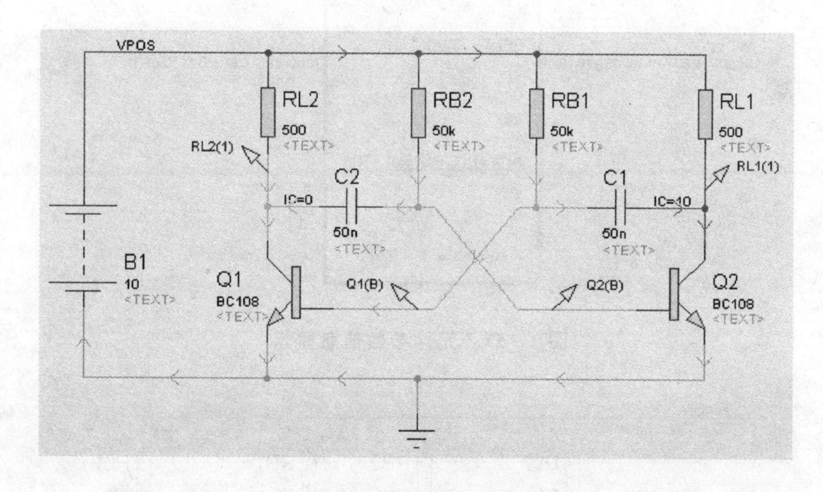

图 1-56 交互式仿真中电压颜色显示及电流方向显示

✧ 单击 Virtual Instruments( )按钮。

✧ 单击想要观察的元件即出现参数信息。一般情况显示节点电压或(和)引脚逻辑状态,有些元件也可显示相对电压和耗散功率。显示的参数信息如图 1-57 所示。

⑤ 使用电压和电流探针。利用探针可实时显示接探针节点的电压或电流,如图 1-58 所示。

✧ 应注意,电流探针是有方向的,一定要通过转动操作使其箭头方向与连接线平行。

✧ 这一功能的开启与否,可通过图 1-59 右侧的第一个选项控制。

⑥ 虚拟仪器使用。单击 Virtual Instruments 按钮,可显示出仪器清单,选择合适的仪器加入原理图中,就可向实际仪器一样使用。前面已经提到,这里不再讲述。

3. 设置仿真帧频及每帧仿真时间

(帧频(Frames per Second)即每秒屏幕更新次数)一般取默认值即可,但有时在

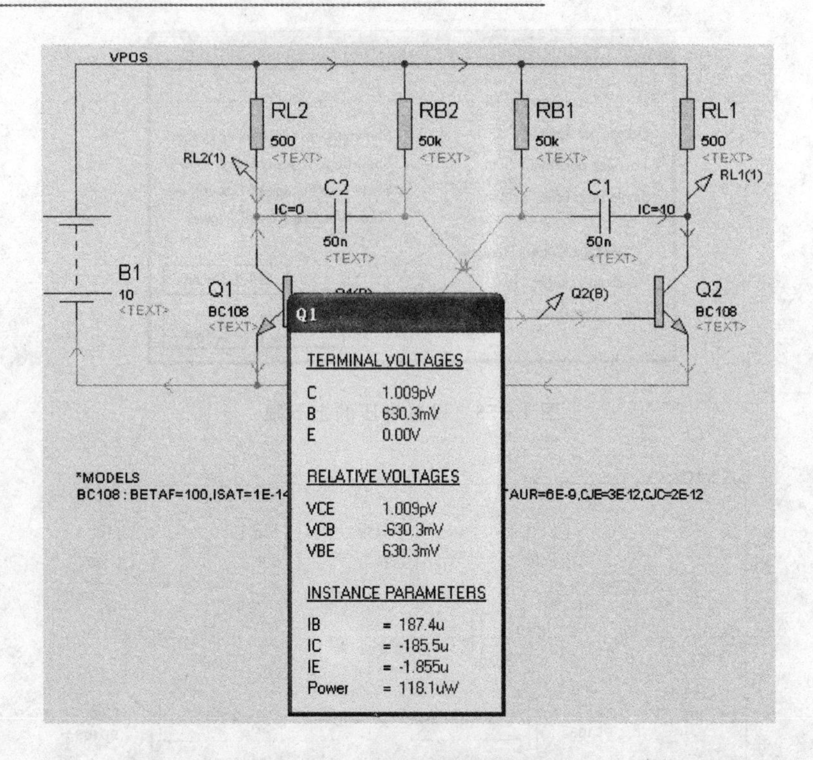

图1-57　元件参数信息显示

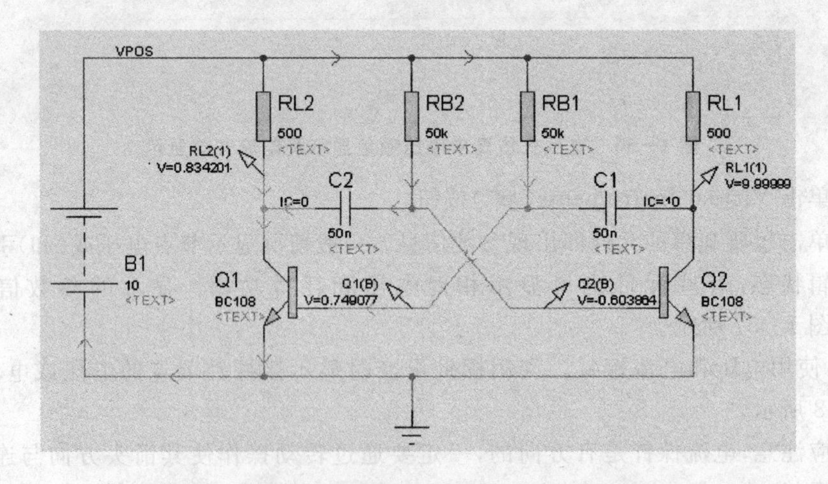

图1-58　电压/电流探针实时电压/电流值显示

调试过程中可适当减小。每帧仿真时间(Timestep per Frame)可使电路运行更慢或更快,必要时可根据具体需要更改数值,通过图1-59即可设置。

✧ 运行时间方面:在增加每帧仿真时间时应保证CPU能够实现。另外,模拟分析要比数字分析慢得多。

✧ 电压范围:如果想要用连线颜色来显示节点电压,则需要预先估计电路中可能

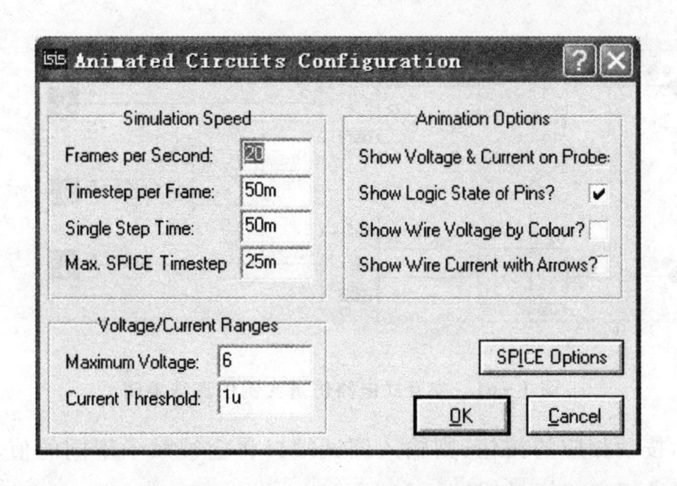

图 1-59 Animated Circuits Configuration 实时电路仿真配置对话框

出现的电压范围，因为默认范围仅为±6 V，因此，必要时需要重新设置。

✧ 接地：使用交流电压源时可设置接地点，但使用连接器按钮（ ）中的电源时，因为其为单端输出，系统默认参考点（参考点电压是变化的，与地不同），所以不必设置接地点，设置后仿真会出错。

✧ 高阻抗点：电路中若有未连接处，则系统仿真时自动加入高阻抗电阻代替，而不会提示连线错误，所以将产生错误结果而不容易被发现，连线时应特别注意。

4. 交互式仿真实例

本例中使用图 1-60 所示电路进行交互式仿真。

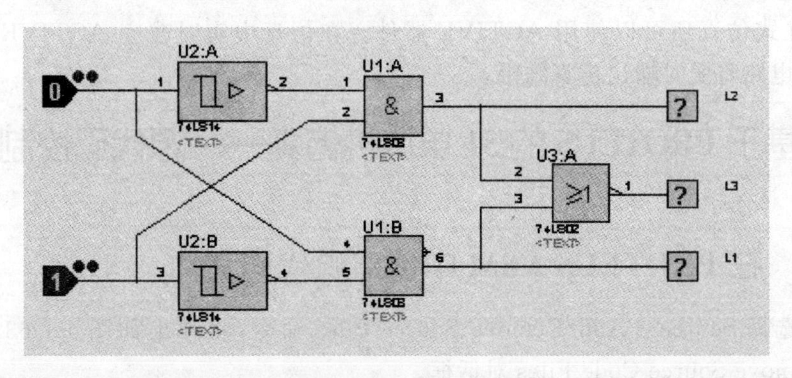

图 1-60 交互式电路仿真实例(1 位数值比较器)

① 电路输入。

② 电路仿真。单击运行按钮，电路开始仿真。仿真图如图 1-61 所示。

③ 本电路采用调试工具进行交互式仿真。将鼠标指针放置在输入调试端口，左击，电路就会在输出端给出相应的值；或将鼠标指针放置在输入调试端口旁的增、减

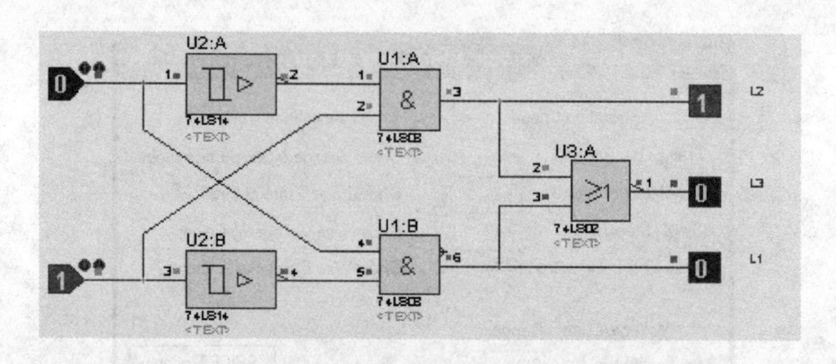

图 1-61 交互式电路仿真实例仿真结果图

按钮(⬆⬇),按动相应的按钮,则输入调试端口将会被赋予不同的值,从而电路在输出端也会输出相应的值,如图 1-62 所示。

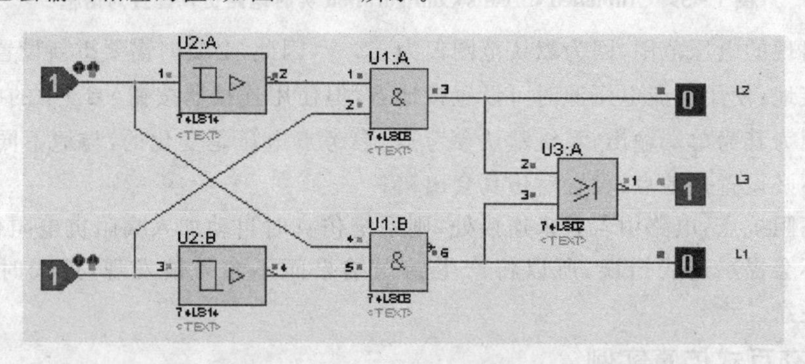

图 1-62 交互式仿真中电路的调试输出

交互式仿真还可以使用 ACTIVE 器件。在仿真中实时改变 ACTIVE 器件的值,仿真电路将实时输出仿真结果。

1.4 基于 PROTEUS 的 51 单片机仿真——源代码控制系统

1.4.1 在 PROTEUS VSM 中创建源代码文件

① 选择 Source→Add/Remove Source Files 命令,将弹出如图 1-63 所示的 Add/Remove Source Code Files 对话框。

② 单击 Code Generation Tool 下方的下拉式菜单,将出现系统已定义的源代码工具,如图 1-64 所示,为源文件选择代码生成工具。本文中选择 ASEM51 代码生成工具。

✧ 如果用户第一次使用某一新的汇编程序或编译器,则首先需要使用 Source→Define Code Generation Tools 进行注册。

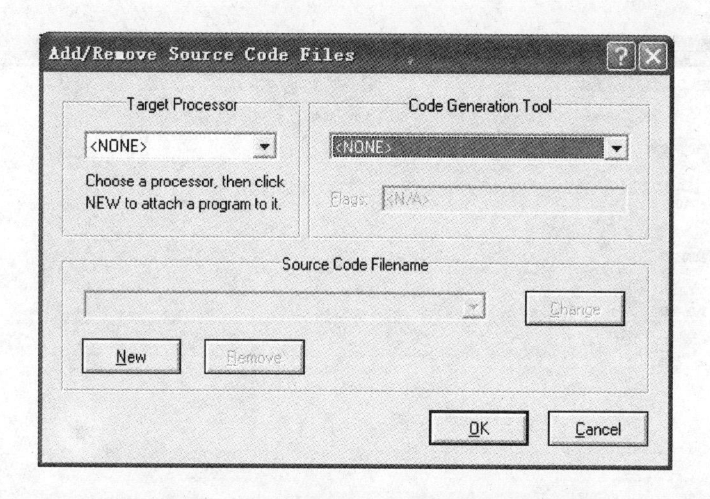

图1-63 Add/Remove Source Code Files 对话框

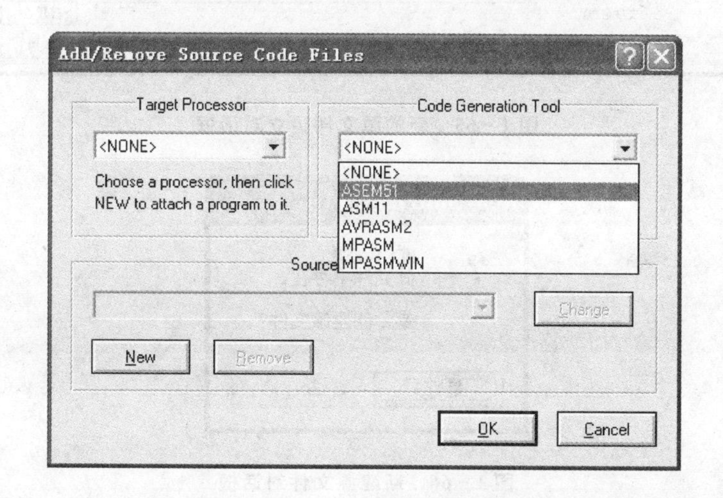

图1-64 代码生成工具的选择

③ 单击 New 按钮，将出现如图1-65所示的新的源文件建立对话框。

在文件名一栏中为源代码文件键入文件名，或使用鼠标选择文件名。如果期望的文件名不存在，则用户可在文本框中键入期望的文件名。在本例中新建源文件MCS1.ASM，并为新建源文件选择目标存放地址。

④ 在文件类型中指定新建源文件的类型。本例指定为 ASEM51 source files (*.ASM)。

⑤ 单击打开按钮，若源文件已存在，则添加完成；若为新建源文件，将出现如图1-66所示的对话框。

⑥ 单击“是”按钮，即可完成新源文件的创建和添加。

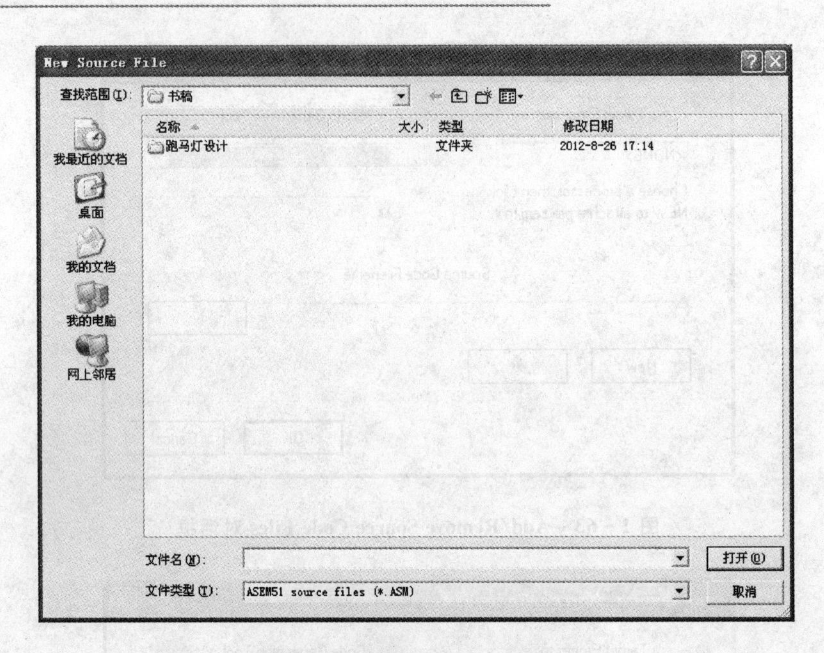

图 1-65　新的源文件建立对话框

图 1-66　新建源文件对话框

1.4.2　编辑源代码程序

① 按下组合键 Alt+S,打开 Source 菜单,如图 1-67 所示。

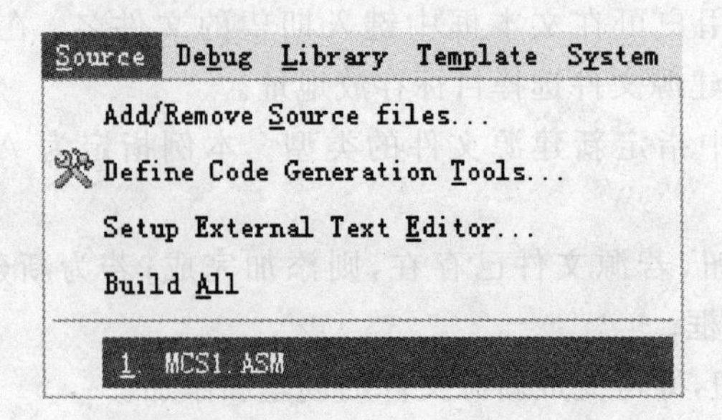

图 1-67　打开 Source 菜单

② 按动 Source 菜单中相应源文件的序号。本例中点选 1. AVR1. ASM，即可打开源文件编辑窗口，如图 1-68 所示。

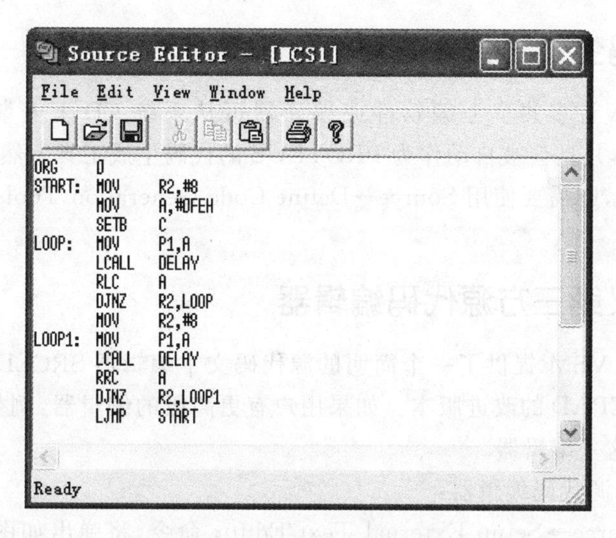

图 1-68 源文件编辑窗口

在编辑环境中键入程序。

③ 程序编辑结束，单击 File→Save 命令，保存源文件。

1.4.3 生成目标代码文件

1. 代码调试

按下 F12 键执行程序，或按下 Ctrl＋F12 键开始调试。同时，ISIS 将调用代码生成工具编译源代码文件为目标代码，并进行链接。

2. 重新编译、链接所有的目标代码

① 选择 Source→Build All 命令。

执行这一命令后，ISIS 将会运行相应的代码生成工具，对所有源文件进行编译、链接，生成目标代码。同时，弹出 BUILD LOG 窗口，如图 1-69 所示。

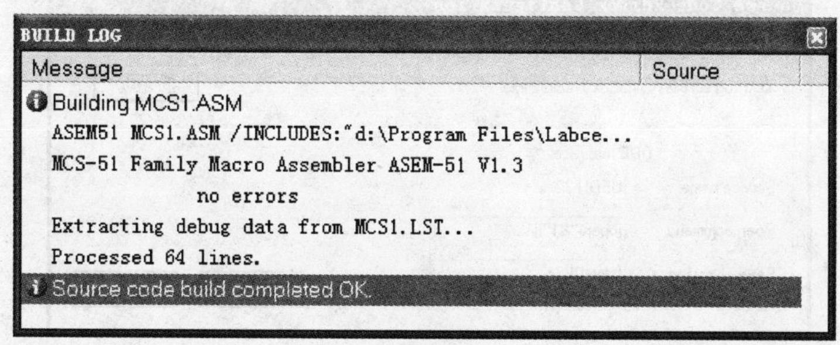

图 1-69 BUILD LOG 日志输出窗口

② 单击 Close 按钮，将关闭对话框。也可选择 Clipboard 或 Save As 按钮，对编译日志进行相应的操作。

1.4.4　代码生成工具

PEORWUA 许多共享汇编软件或编译器可从系统 CD 上安装到 PROTEUs TOOLS 目录下，并且会被自动作为 PROTEUS 的代码生成工具。然而，如果用户想要使用其他工具，则需要使用 Source→Define Code Generation Tools 命令注册新的代码生成工具。

1.4.5　定义第三方源代码编辑器

PROTEUS VSM 提供了一个简明的源代码文本编辑器 SRCEDIT。SRCEDIT 本质上是 NOTEPAD 的改进版本。如果用户有更高级的编辑器，例如 UltraEdit，则可在 ISIS 使用这一编辑器。

建立第三方源代码编辑器：

① 点选 Source→Setup External Text Editor 命令，将弹出如图 1－70 所示的 Source Code Editor Configuration 对话框。

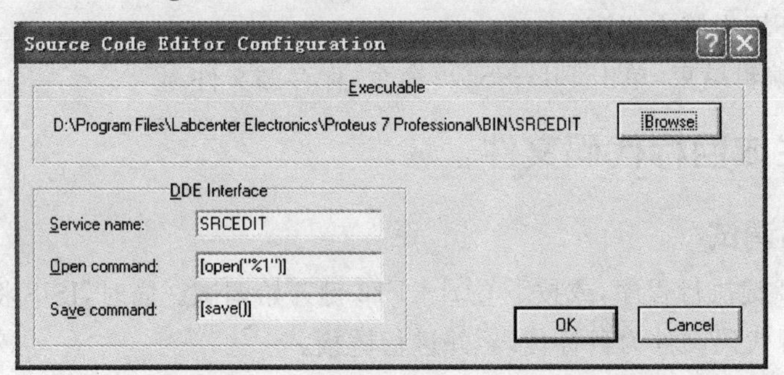

图 1－70　Source Code Editor Configuration 对话框

② 单击 Browse 按钮，并使用文件选择器定位文本编辑器的可执行文件。此时文件路径将显示在 Executable 中，如图 1－71 所示。

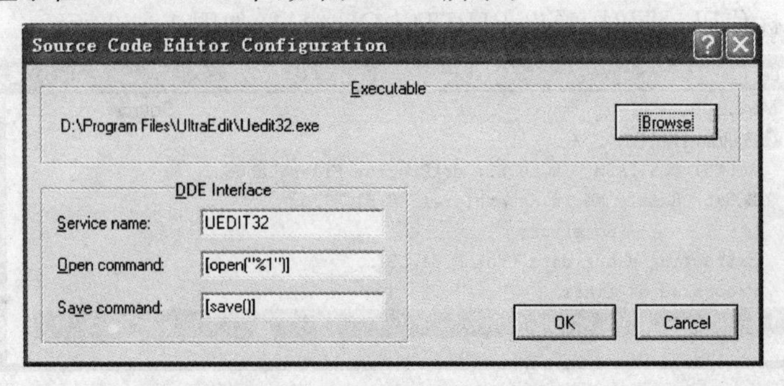

图 1－71　建立外部源代码编辑器

③ 单击OK按钮,外部源代码编辑器与PROTEUS成功链接。

此时打开AVR1.ASM,其编辑界面如图1-72所示。

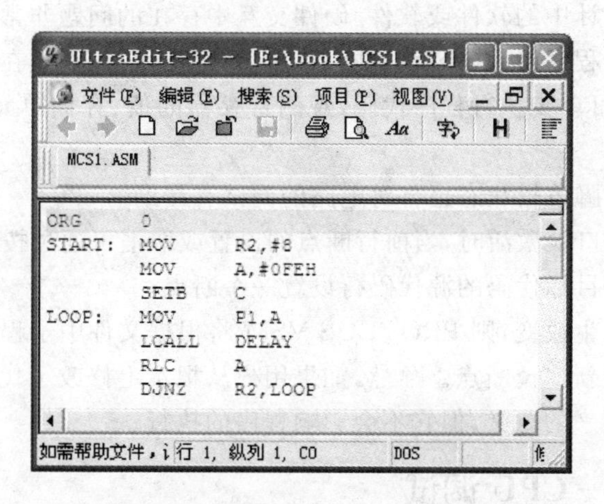

图1-72 使用UltraEdit作为源代码编辑环境

1.4.6 使用第三方IDE

大多数专业编译器和汇编程序都有完整的开发环境或IDE。例如Keil's μVision、Microchip's MP-LAB和Atmel's AVR Studio等。如果用户使用上述任意一种工具开发源代码,则可以很容易地在IDE中进行编辑,生成可执行文件(如HEX或COD文件)后切换到PROTEUS VSM,然后进行仿真。

在本书中使用Keil's μVision开发环境编辑AVR单片机C语言程序,并生成后缀名为.hex的文件,加载到PROTEUS中进行调试与仿真。

1.5 基于PROTEUS的51单片机仿真——源代码调试

PROTEUS VSM支持源代码调试。对于系统支持的汇编程序或编译器,PROTEUS VSM为设计项目中的每一个源代码文件创建一个源代码窗口,并且这些代码将会在Debug菜单中显示。在进行代码调试时,须先在微处理器属性编辑中的Program File项配置目标代码文件名(通常为HEX、S19或符号调试数据文件(symbolic debug data file))。ISIS不能自动获取目标代码,因为在设计中可能有多个处理器。

1.5.1 单步调试

单击仿真控制面板中的 ▮▶ 按钮,进入单步调试。系统为单步执行提供了许多选项,源文件窗口中的工具栏和调试窗口中的工具栏都可用。

1.5.2 使用断点调试

断点对发现设计中的软件或软件/硬件交互中存在的问题非常有用。通常,用户可在存在问题的子程序的起始点设置断点,然后开始运行仿真。在断点处,仿真将会暂停。此后,用户可单步执行程序代码,观测寄存器的值、存储单元及电路中其他部分的状况。

✧ 开启显示引脚逻辑状态也将对电路的调试有帮助。

✧ 当源代码窗口被激活时,当前行断点的设置或取消可通过按动F9键实现。用户只可在有目标代码的源代码行设置一个断点。

如果源代码发生改变,则PROTEUS VSM将根据文件中子程序地址、目标代码字节的模式匹配重新定位断点。显然,如果用户从根本上修改了代码,则断点的重新定位将不再具有原来的意义,但它不会影响程序的执行。

1.5.3 Multi-CPU调试

PROTEUS VSM可仿真Multi-CPU设计项目。每个CPU都将生成一组包括源代码窗口、变量窗口的弹出式窗口,并且全部放置在Debug菜单中。

当单步执行代码时,光标所在的源代码窗口的处理器将作为主处理器,其他的CPU将自由运行;当主CPU完成一条指令时,将延缓从CPU的执行。如果用户将光标从源代码窗口退出,则最后光标所在的源代码窗口的处理器为主CPU;单击其他任意处理器的源代码窗口,则改变主CPU。

1.6 基于PROTEUS的51单片机仿真——弹出式窗口

PROTEUS VSM中的大多数微处理器模型可创建许多弹出式窗口。这些窗口的显示或隐藏可通过Debug菜单进行设置。这些窗口具有以下类型:

✧ 状态窗口:一个处理器通常使用一个状态窗口显示寄存器的值。

✧ 存储器窗口:处理器的每一个存储空间将会创建一个存储器窗口。存储器件(RAM和ROM)也将创建存储窗口。

✧ 源代码窗口:原理图中的每一个处理器都将创建一个源代码窗口。

✧ 变量窗口:若程序的loader程序支持变量的显示,则原理图中的每一个处理器都将创建一个变量窗口。

1.6.1 显示弹出式窗口

① 按下Ctrl+F12键,进入调试模式;或在正在运行的系统中,单击控制面板中的Pause按钮,使仿真暂停。

② 按下Alt+D键,将弹出Debug的下拉式菜单,如图1-73所示。

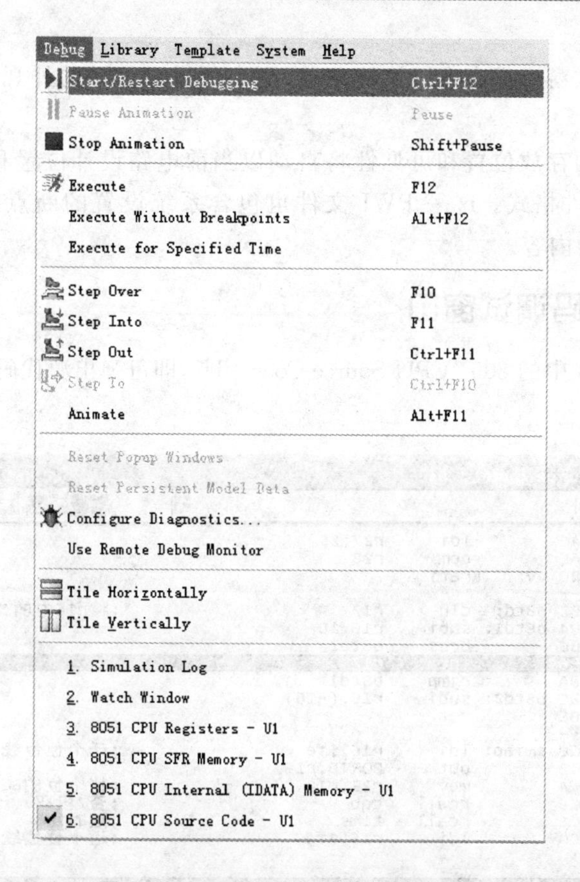

图 1-73　Debug 菜单下的弹出式窗口

③ 点选菜单中需要显示的窗口的序号，即可显示相应的窗口。本例中点选 1. Simulation Log 窗口，则在 ISIS 中出现如图 1-74 所示的窗口。

```
Simulation Log
PROSPICE Release 6.9 SP5 (C) Labcenter Electronics 1993-2006.
SPICE Kernel Version 3f5. (C) Berkeley University ERL.
Reading netlist...
Reading SPICE models...
Building circuit...
Warning: Net #00034 has no DC path to ground.
Check pins: U1-AVCC
Warning: Net #00035 has no DC path to ground.
Check pins: U1-AREF, X0179B878#38-*
Warning: Net #00036 has no DC path to ground.
Check pins: U1-AGND
Instantiating SPICE models...
[U1] AVR model release 6.8 SP4.
[U1] Loaded 512 bytes of persistent EEPROM data.
[U1] [UBROF] Loading UBROF file '..\IAR AVR应用程序\Debug\Exe\exp3.d90'
[U1] [UBROF] Cannot open source file 'F:\zln\AVR与PROTEUS\IAR AVR应用程序\
```

图 1-74　Simulation Log 窗口

✧ 这些类型的窗口只能在仿真暂停时显示；在仿真运行期间，这些窗口将自动隐藏。在仿真暂停（手动使系统暂停，或由于程序执行遇到断点）期间，窗口将重新显示。

✧ 所有的调试窗口都有右键快捷菜单,用户可设置窗口的外观和窗口内数据的显示格式。

✧ 调试窗口的存放位置和可见性将自动以当前电路设计位置和名称保存,存储为PWI文件格式。这一PWI文件也包含系统设置的断点的位置及Watch Window的内容。

1.6.2 源代码调试窗口

单击图1-73中的8051 CPU Source Code-U1,即可弹出源代码窗口,如图1-75所示。

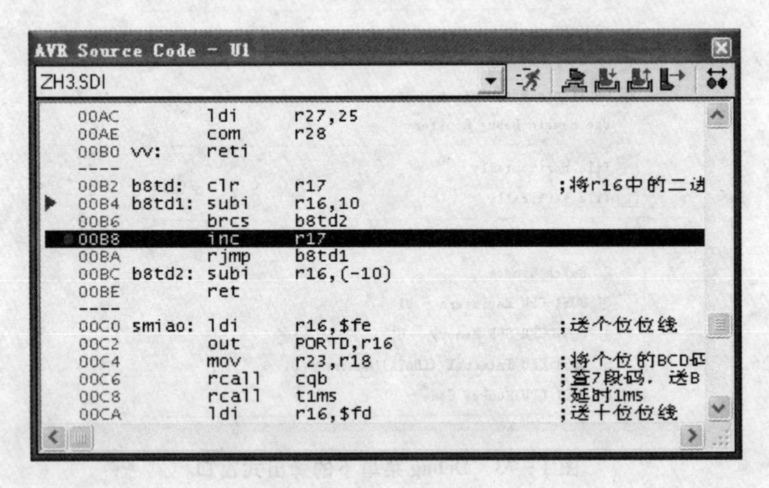

图1-75 源代码窗口

① 源代码窗口具有以下特性:

✧ 源代码窗口为一组合框,允许用户选择组成项目的其他源代码文件。用户也可使用快捷键Ctrl+1、Ctrl+2、Ctrl+3等切换源代码文件。

✧ 蓝色的条代表当前命令行,在此处按下F9键,可设置断点;如果按下F10键,则程序将会单步执行。

✧ 红色箭头表示处理器程序计数器的当前位置。

✧ 红色圆圈标注的行说明系统在这里设置了断点。

② 在源代码窗口系统提供了如下命令按钮:

✧ Step Over:执行下一条指令。在执行到子程序调用语句时,整个子程序将被执行。

✧ Step Into:执行下一条源代码指令。如果源代码窗口未被激活,则系统将执行一条机器代码指令。

✧ Step Out:系统一直在执行,直到当前的子程序返回。

✧ Step To：系统一直在执行，直到程序到达当前行。这一选项只在源代码窗口被激活的状况下可用。

注：除 Step To 选项外，单步执行命令可在源代码窗口不出现的状况下使用。

③ 源代码窗口中的右键快捷菜单：

在源代码窗口右击，将出现如图 1-76 所示的右键快捷菜单。

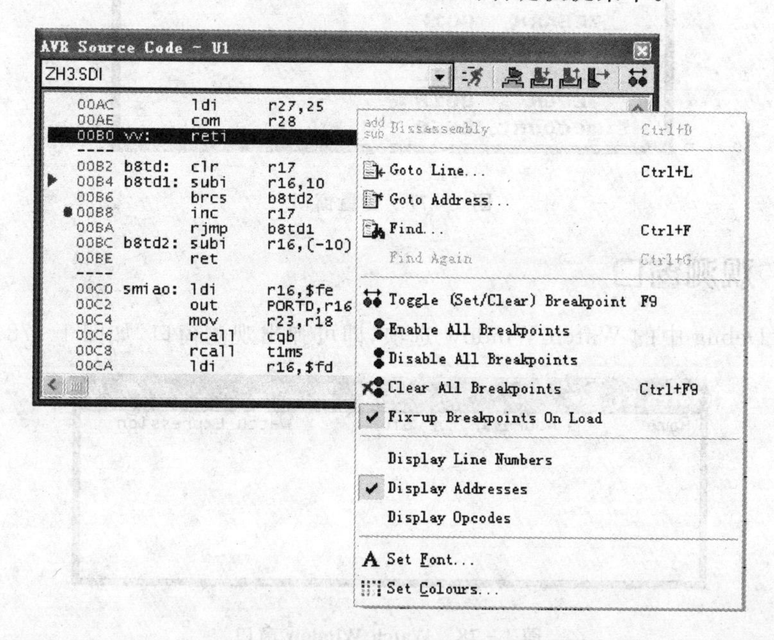

图 1-76 源代码窗口中的右键快捷菜单

右键快捷菜单提供了许多功能选项：Goto Line（转到行）、Goto Address（转到地址）、Find Text（查找文本）和 toggles for displaying line numbers（显示行号）、addresses（显示地址）和 object code bytes（现实目标代码）。

当调试高级语言时，用户也可以在显示源代码行和显示系统可执行实际机器代码的列表间切换。机器代码的显示或隐藏可通过 Ctrl＋D 键进行设置。

1.6.3 变量窗口

PROTEUS VSM 提供的多数 loaders 可提取程序变量的位置，同时，可显示变量窗口。单击 AVR Varialbes - U1，即可弹出变量窗口，如图 1-77 所示。

关于变量窗口，需要注意以下事项：

✧ 当单步执行时，值发生改变的变量会高亮显示。

✧ 每一变量的显示格式可通过在其上右击时弹出的下拉式菜单进行调整。

✧ 在程序运行期间，变量窗口会隐藏，但用户可拖动变量到观测窗口。在观测窗口，变量会保持可见。

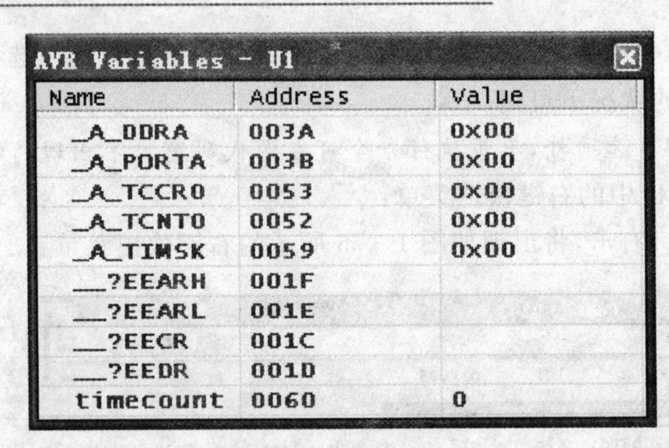

图 1-77 变量窗口

1.6.4 观测窗口

单击 Debug 中的 Watch Window 选项，即可弹出观测窗口，如图 1-78 所示。

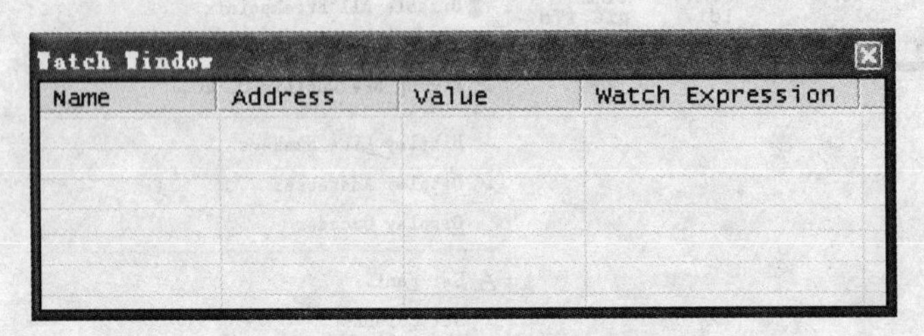

图 1-78 Watch Window 窗口

处理器的变量、存储器和寄存器窗口只在仿真暂停时显示，而观测窗口则可实时更新显示值。

1. 在观测窗口中添加项目

① 按下 Ctrl+F12 键开始调试；或系统正处于运行状态时，按下 Pause 按钮，暂停仿真。

② 单击 Debug 菜单中的窗口序号，显示包含期望查看的项目的存储器窗口、Watch Window 窗口。

③ 使用鼠标左键标记或选定存储单元，所选定的单元以反色显示，如图 1-79 所示。

④ 从存储器窗口拖动所选择的项目到观测窗口，如图 1-80 所示。

✧ 用户可使用观测窗口的右键快捷菜单，如 Add Item by Name 、Add Item by Address 命令添加项目到观测窗口。如点选 Add Item by Name，将出现如图 1-81 所示的对话框。

可点选 Memory 的下拉式按钮，选择存储器。然后选择 Watchable Items 中的项目，本例选择 TIMSK、TCNT0，双击 TIMSK、TCNT0，可将 TIMSK、TCNT0 添加

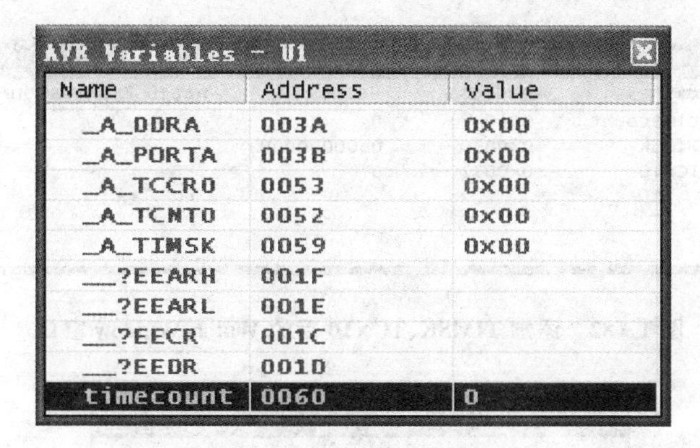

图 1-79 选定存储单元

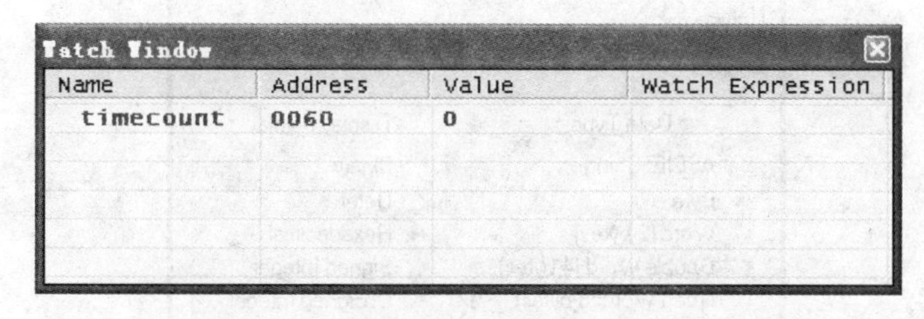

图 1-80 添加项目后的 Watch Window

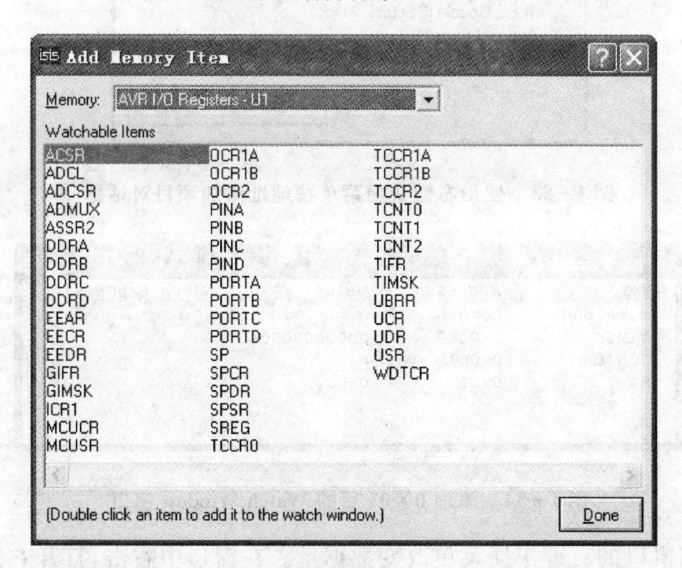

图 1-81 使用右键快捷菜单按名称添加项目对话框

到 Watch Window 窗口,如图 1-82 所示。

✧ 若使用 Add Item by Address 命令添加项目到观测窗口,将出现如图 1-83 所示的对话框。

在 Name 中键入名称,在 Address 中键入地址,即可将项目添加到 Watch Window 窗口。本例中,Name:R1,Address:0×01,如图 1-84 所示。

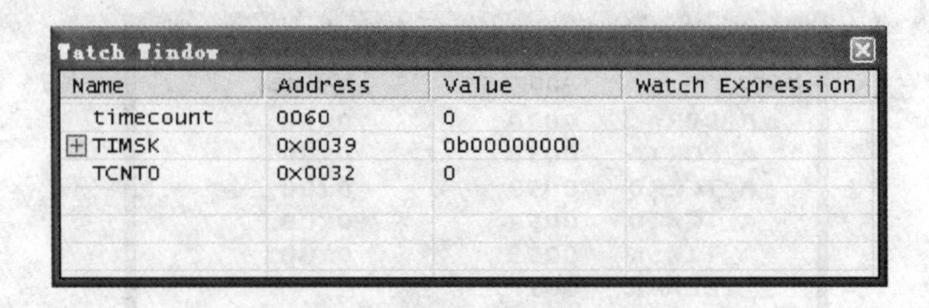

图1-82 添加TIMSK、TCNT0后的Watch Window窗口

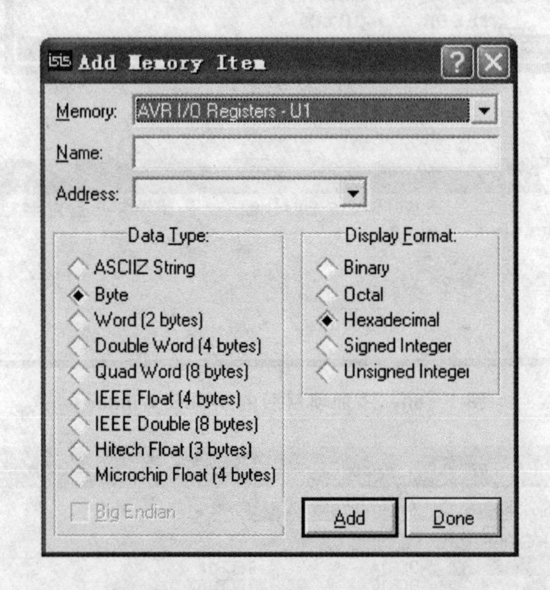

图1-83 使用右键快捷菜单按地址添加项目对话框

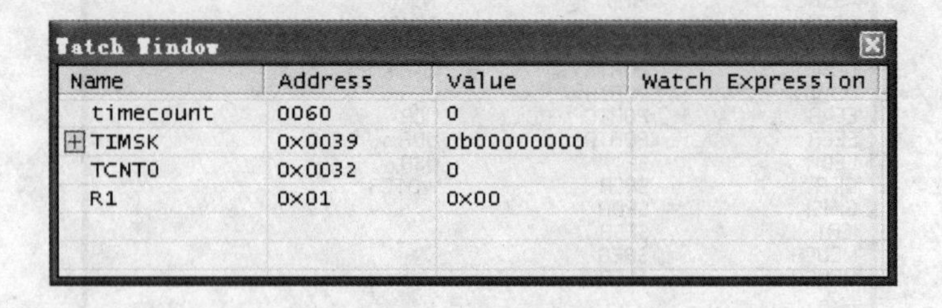

图1-84 添加0×01后的Watch Window窗口

使用观测窗口的右键快捷菜单改变数据量。在窗口中右击，打开右键快捷菜单，可看到系统提供了多种数据类型，如字节byte、字word、或双字double word等，点选期望的数据类型，即可在窗口中看到期望的数据显示结果。

2. 观测点

当项目的值出现特殊情形时，Watch Window可延缓仿真；当特定项目的值发生改变时，Watch Window可延缓仿真。当然，用户也可定义更加复杂的情形。

指定观测点情形：

① 按 Ctrl＋F12 键开始调试；或系统正处于运行状态时，按 Pause 键暂停仿真。

② 单击 Debug 菜单中的窗口序号，显示 Watch Window。

③ 添加需要观测的点。

④ 点选观测点，右击，在快捷菜单中选择 Watchpoint Condition 命令，将出现如图 1-85 所示的观测点设置窗口。

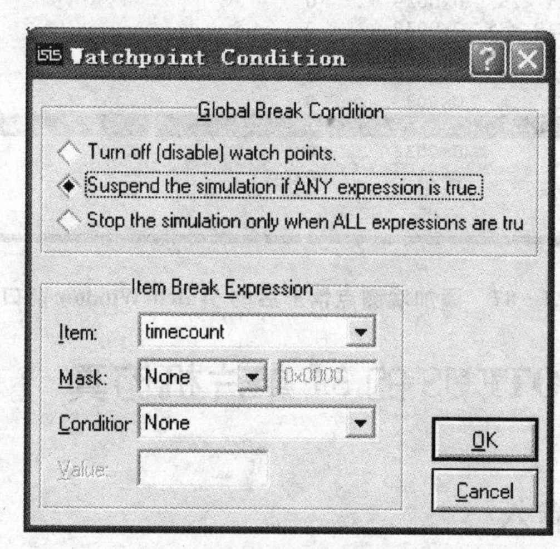

图 1-85　观测点设置对话框

⑤ 指定 Global Break Condition。这一设置确定了当任一项目表达式为真时，或所有项目表达式为真时，系统是否延缓仿真。

⑥ 指定一个或多个项目断点表达式。其中 Item Break Expression 由项目(item)、屏蔽方式(mask)、条件操作符(conditional operator)和值(value)构成。

⑦ 按如图 1-86 所示设置观测条件。

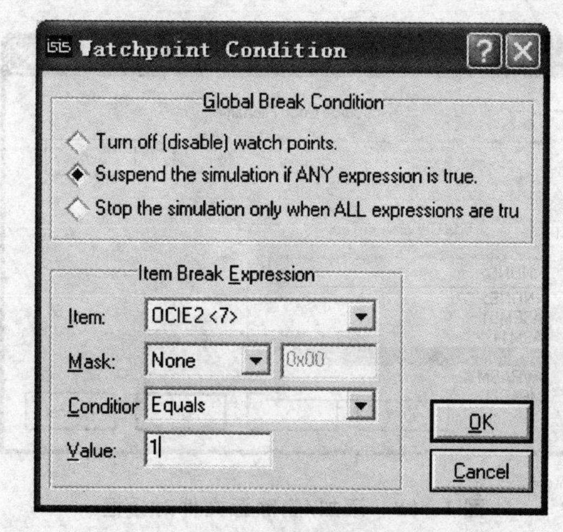

图 1-86　设置观测条件

⑧ 设置完成后单击OK按钮,即可完成设置,如图1-87所示。使用PROTEUS中的各种窗体,可方便地调试程序。

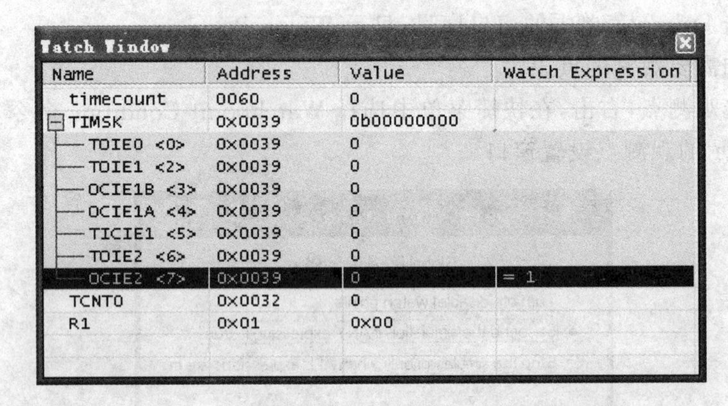

图1-87 添加观测点情形后的Watch Window窗口

1.7 基于PROTEUS的51单片机仿真

1.7.1 原理图输入

按照前面章节所述,绘制电路原理图。

1.7.2 编辑源代码

程序的编制方法如下:

① 选择Source→Add/Remove Source Code Files命令,将出现添加/删除源文件对话框,如图1-88所示。

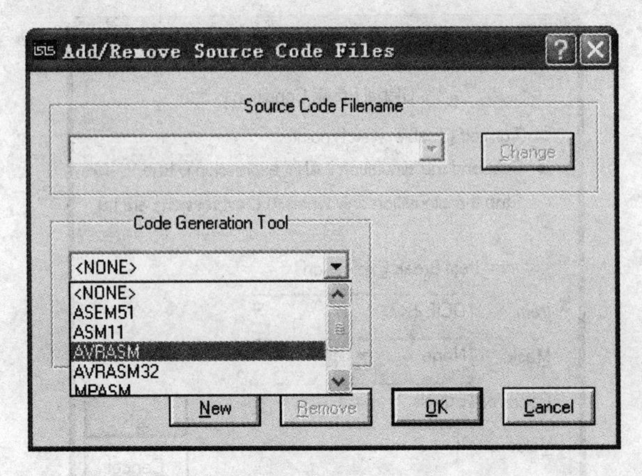

图1-88 添加/删除源文件对话框

在 Code Generation Tool 一栏中，点选下拉式按钮，选择 ASEM 工具，单击 New 按钮，将弹出如图 1－89 所示对话框。

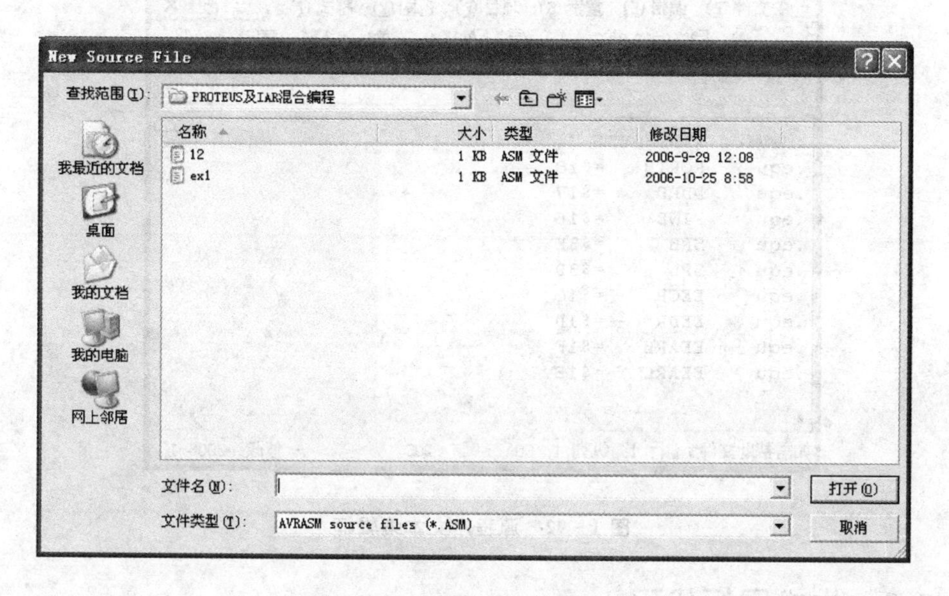

图 1－89　创建源文件对话框

在“查找范围”一栏中选择源文件的保存目录，同时在“文件名”一栏中键入 SG1 文件名。

② 单击“打开”按钮，将出现如图 1－90 所示的对话框。

③ 单击“是”按钮，则完成了原文件的创建。

在 PROTEUS 中单击 Source 菜单栏，在菜单栏中将出现文件名 sg1. ASM，如图 1－91 所示。

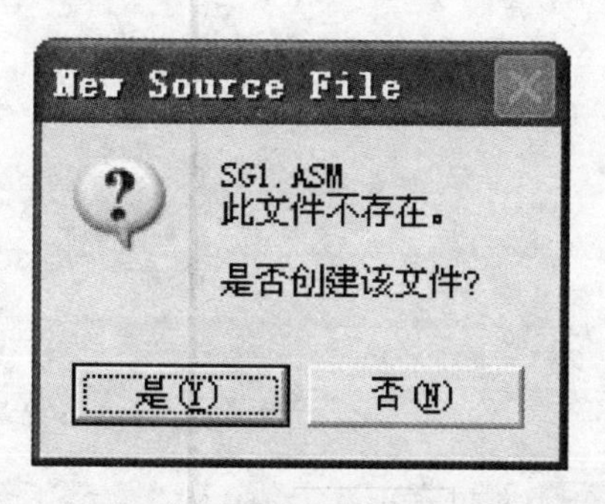

图 1－90　创建源文件对话框

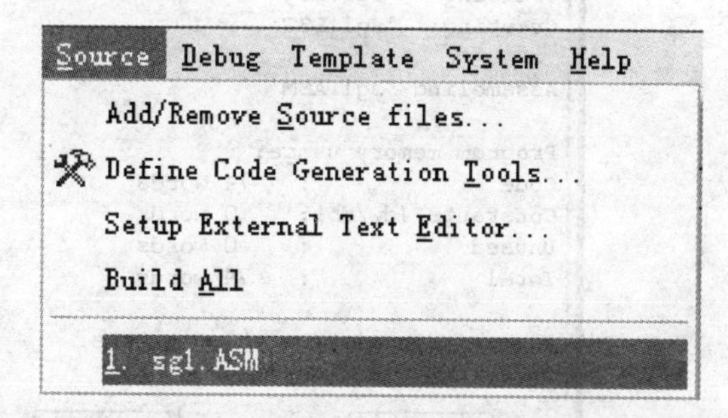

图 1－91　源文件名添加到菜单

单击此文件名，出现源程序文本编辑框，如图 1－92 所示。

可在此编辑框中进行编辑。这样就把源文件连接到原理图中。

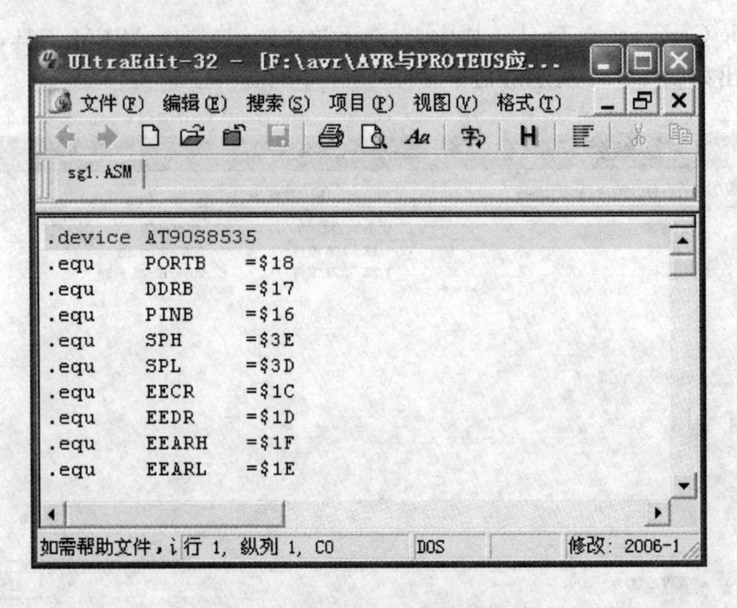

图1-92 源程序文本编辑框

1.7.3 生成目标代码

选择 SOURCE→BUILD ALL 编译程序文件，即将由.ASM文件生成.HEX文件。编译完成后，系统给出编译日志，如图1-93所示。

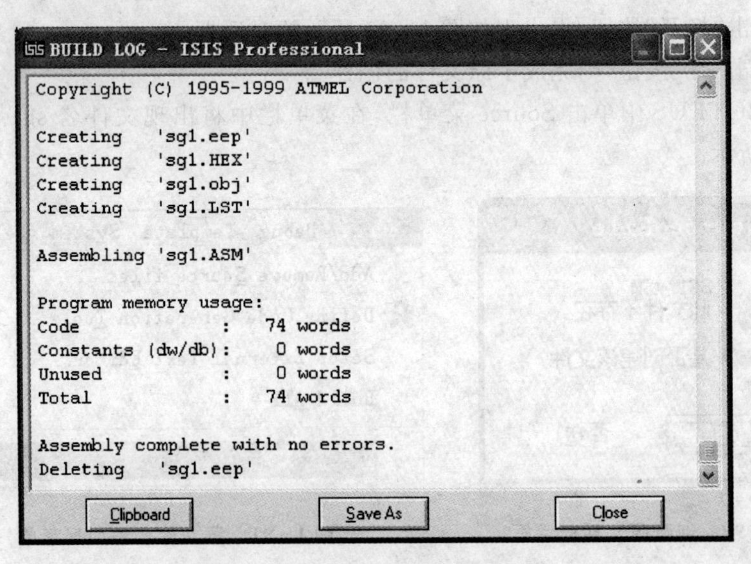

图1-93 编辑后系统输出的编译日志

从编译日志中，可以看到系统输出如下信息：Build completed OK，即程序编译通过。系统生成.HEX文件。

1.7.4 调 试

选中微处理器,左击,打开编辑元件对话框,如图 1-94 所示。

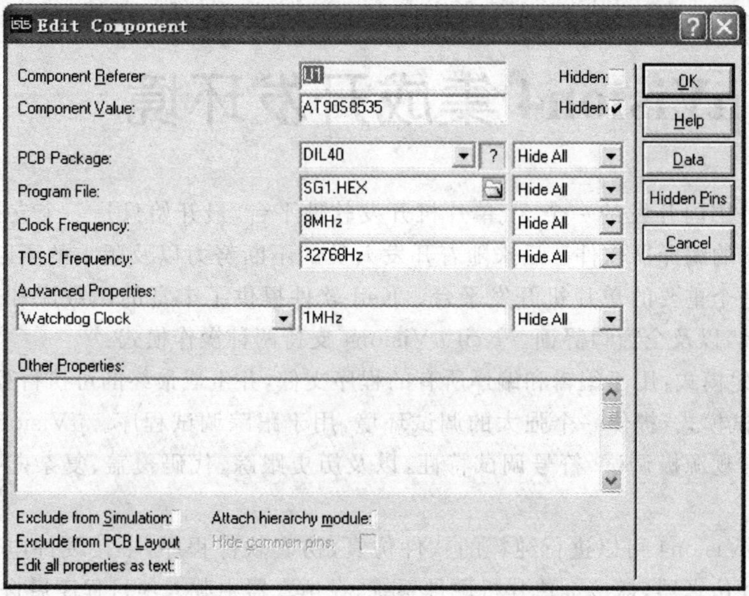

图 1-94 编辑元件对话框

在元件属性的 Program File 中添加目标代码文件,此文件的目标代码文件为 LCDDEMO. Hex。

单击运行按钮,电路开始仿真。

在对系统调试的过程中,可使用各种弹出式窗口调试程序。

第 2 章

Keil μVision4 集成开发环境

Keil 是德国开发的一个 51 单片机开发软件平台，最开始只是一个支持 C 语言和汇编语言的编译器软件。后来随着开发人员的不断努力以及版本的不断升级，使它成为了一个重要的单片机开发平台。Keil 软件提供了丰富的函数库和功能强大的除错工具，以及全窗口界面。Keil μVision4 支持两种操作模式：

① 构建模式：用于编辑和编译所有的程序文件，并生成最终的可执行程序。

② 调试模式：提供一个强大的调试环境，用于跟踪调试程序。μVision4 调试器具备所有常规源极调试、符号调试特性，以及历史跟踪、代码覆盖、复杂断点设置等功能。

Keil μVision4 可以进行纯粹的软件仿真（仿真软件程序，不接硬件电路）；也可以利用硬件仿真器，搭接上单片机硬件系统，在仿真器中载入项目程序后进行实时仿真；还可以使用 μVision4 的内嵌模块 Keil Monitor - 51，在不需要额外硬件仿真器的条件下，搭接单片机硬件系统对项目程序进行实时仿真。μVision4 支持所有的 Keil8051 工具，包括 C 编译器、宏汇编器、连接/定位器、目标代码到 HEX 的转换器。μVision4 通过以下特性加速用户嵌入式系统的开发过程：

- ✧ 全功能的源代码编辑器；
- ✧ 器件库用来配置开发工具设置；
- ✧ 项目管理器用来创建和维护用户的项目；
- ✧ 集成的 MAKE 工具可以汇编、编译和连接用户嵌入式应用；
- ✧ 所有开发工具的设置都是对话框形式的；
- ✧ 真正源代码级的对 CPU 和外围器件的调试器；
- ✧ 高级 GDI（AGDI）接口用来在目标硬件上进行软件调试以及和 Monitor - 51 进行通信；
- ✧ 与开发工具手册、器件数据手册和用户指南有直接的链接。

2.1 μVision4 开发环境

μVision4 界面的主窗口如图 2 - 1 所示。

主窗口提供一个菜单栏、一个工具条，以便用户快速选择命令按钮、源代码的显

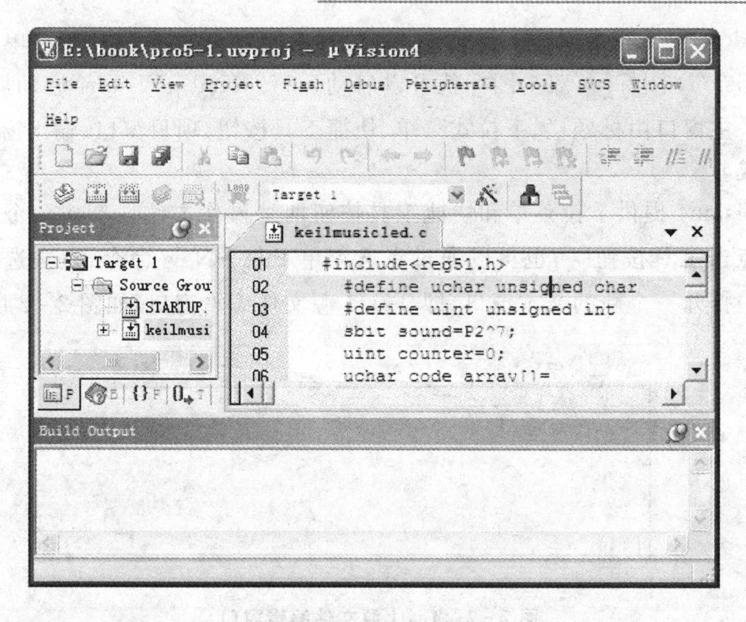

图 2-1　μVision4 界面

示窗口、对话框和信息显示。μVision4 允许同时打开浏览多个源文件。

1. 建立应用

采用 Keil C51 开发 8051 单片机应用程序一般需要以下步骤：

① 在 μVision4 集成开发环境中创建一个新项目文件(Project)，并为该项目选定合适的单片机 CPU 器件。

② 利用 μVision4 的文件编辑器编写 C 语言(或汇编语言)源程序文件，并将文件添加到项目中去。一个项目可以包含多个文件，除源程序文件外，还可以有库文件或文本说明文件。

③ 通过 μVision4 的各种选项，配置 C51 编译器、A51 宏汇编器、BL51 连接/定位器以及 Debug 调试器的功能。

④ 利用 μVision4 的编译(Build)功能对项目中的源程序文件进行编译、链接，生成绝对目标代码和可选的 HEX 文件。如果出现编译、链接错误，则返回第②步，修改源程序中的错误后重新构造整个项目。

⑤ 将没有错误的绝对目标代码装入 μVision4 调试器进行仿真调试，调试成功后将 HEX 文件写入到单片机应用系统的 EPROM 中。

2. 创建项目

μVision4 具有强大的项目管理功能，一个项目由源程序文件、开发工具选项以及编程说明三部分组成，通过目标创建(Build Targe)选项很容易实现对一个 μVision4 项目进行完整的编译链接，直接产生最终的应用目标程序。

① 启动 μVision4 并建立一个源文件。μVision4 是一个标准 Windows 应用程

序，在 Window 中安装了 Keil C51 软件包之后，会自动在桌面和开始菜单中生成一个 Keil μVision4 图标，双击图标就可以启动运行。Keil μVision4 启动后，屏幕出现主窗口。主窗口由标题栏、下拉式菜单、快捷工具按钮、项目窗口、输出窗口以及状态栏等组成。

② μVision4 提供下拉菜单和快捷工具按钮两种操作方法。新建一个源文件时可以通过点击工具按钮，也可以通过点选菜单 File→New 命令，点击选项后将在项目窗口中打开一个新的文本窗口，即 Text1 源文件编辑窗口，如图 2-2 所示。

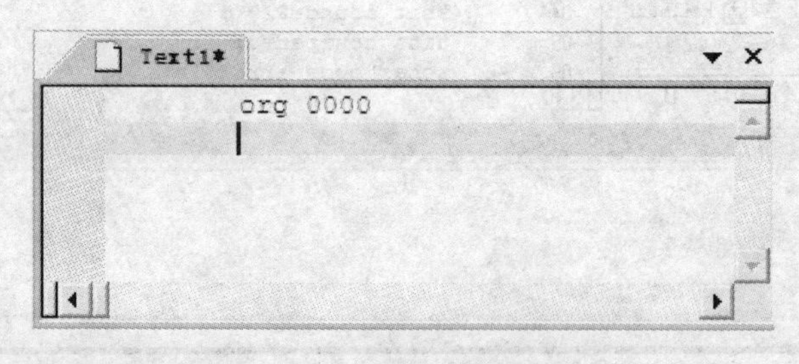

图 2-2　Text1 源文件编辑窗口

在该窗口中可以进行源程序文件的编辑，还可从键盘输入 C 源程序、汇编源程序、混合语言源程序。源程序输入完毕，保存文件，点选菜单 File→Save as 命令，出现如图 2-3 所示对话框，输入文件名，如 Text1.a 后，选择保存路径，单击“保存”按钮，即可保存源文件。

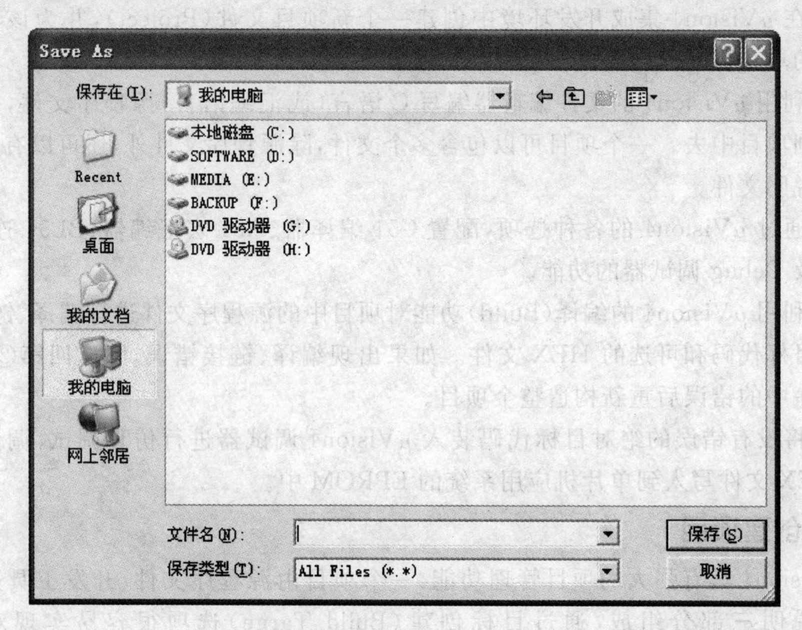

图 2-3　保存源文件窗口

✧ 注意，源程序文件必须加上扩展名(*.c，*.h，*.a*，*.inc，*.txt)。

✧ 源程序文件就是一般的文本文件，不一定使用 Keil 软件编写，可以使用任何文本编辑器编写。可把源文件，包括 Microsoft Word 文件中的源文件复制到 Keil C51 文件窗口中，使 Word 文档变成为 TXT 文档。这种方法最好，可方便对源文件输入中文注释。

3. 创建一个项目

源程序文件编辑好后，要进行编译、汇编、链接。Keil C51 软件只能对项目而不能对单一的源程序进行编译、汇编、链接等操作。μVision4 集成环境提供了强大的项目(project)管理功能，通过项目文件可以方便地进行应用程序的开发。一个项目中可以包含各种文件，如源程序文件、头文件、说明文件等。因此，当源文件编辑好后，要为源程序建立项目文件。

以下是新建一个项目文件的操作。点选 Project→New Project 命令，弹出一个标准的 Windows 对话框，此对话框要求输入项目文件名；输入项目文件名 max(不需要扩展名)，并选择合适的保存路径(通常为每个项目建立一个单独的文件夹)，单击“保存”按钮，这样就创建了文件名为 max. uvproj 的新项目，如图 2-4 所示。

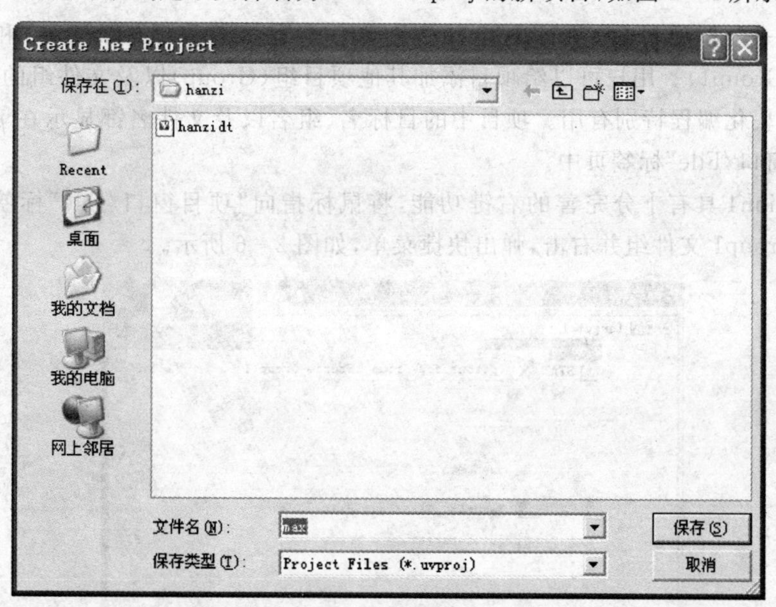

图 2-4　在 μVision4 中新建一个项目

项目文件名保存完毕后，弹出如图 2-5 所示器件数据库对话框窗口，用于为新建项目选择一个 CPU 器件。Keil C51 支持的 CPU 器件很多，在选择对话框中选 Ateml 公司的 89S51 芯片，选定 CPU 器件后，μVision4 按所选器件自动设置默认的工具选项，从而简化了项目的配置过程。选好器件后单击“确定”按钮，新建项目完成。

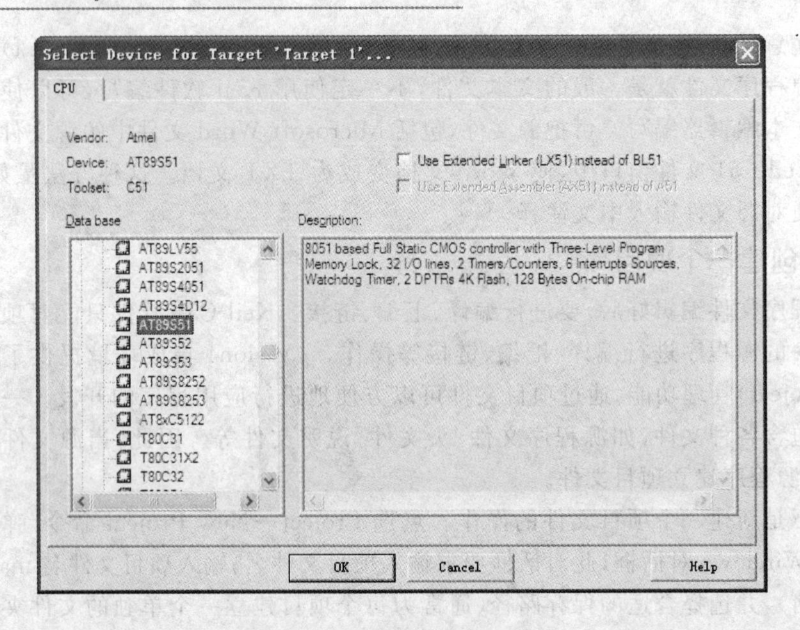

图 2-5　为项目选择 CPU 器件

创建一个新项目后，项目中会自动包含一个默认的目标(Target1)和文件组(Source Group1)。用户可以给项目添加其他项目组(Group)以及文件组的源文件，这对于模块化编程特别有用。项目中的目标名、组名以及文件名都显示在 μVision4 的"项目窗口/File"标签页中。

μVision4 具有十分完善的右键功能，将鼠标指向"项目窗口/File"标签页中的 Source Group1 文件组并右击，弹出快捷菜单，如图 2-6 所示。

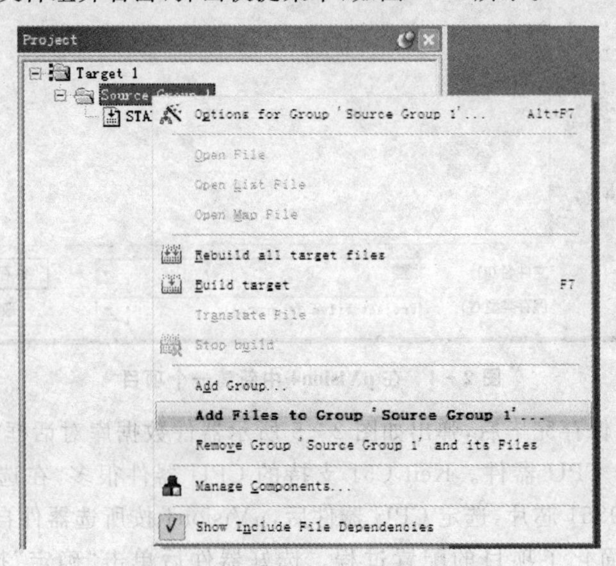

图 2-6　项目窗口的右键快捷菜单

单击右键快捷菜单中的 Add Files to Group ‘Source Group 1’选项，弹出如图 2 - 7 所示的添加文件选项窗口，要求寻找源文件。

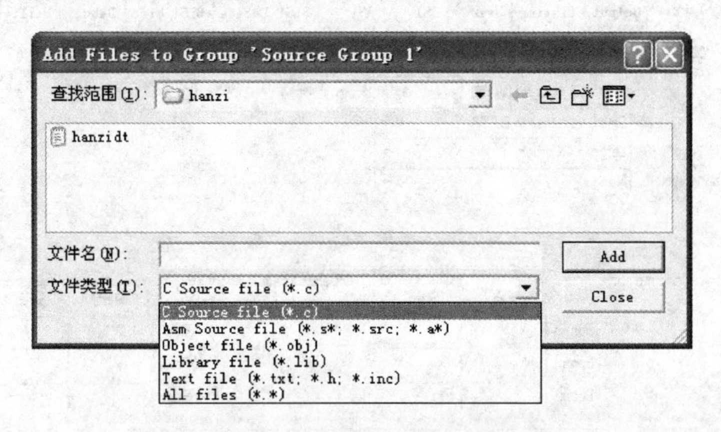

图 2 - 7 添加源文件选择窗口

✧ 注意，该对话框下面的“文件类型”默认为.c(C 语言源程序)，若选择的文件是以.a(汇编语言源程序)为扩展名的文件，则需要将对话框下面的文件类型改掉。点选对话框中的“文件类型”后的下拉式列表，找到并选中 Asm Source file(* . a, * . sor)选项，这样，在列表中就可以找到“ * . a”文件。双击选中的“ * . a”文件，就可以将汇编语言文件加到新创建的项目中去。

4. 项目的设置

项目建立好后，还要根据需要设置项目目标硬件 C51 编译器、A51 宏汇编器、BL51 链接/定位器以及 Debug 调试器的各项功能。单击 Project→Options for Target‘Target 1’选项，弹出如图 2 - 8 所示窗口。

这是一个十分重要的窗口，包括 Device、Target、Output、Listing、C51、A51、BL51 Locate、BL51 Misc、Debug 等多个选项标签页，其中许多选项可以直接用其默认值，必要时可进行适当调整。

5. 整体创建

项目的编译、链接。设置好项目后，即可对当前项目进行整体创建(Build target)。将鼠标指向项目窗口中的文件“ * . a”并右击，从弹出的快捷菜单中单击 Build target 选项，如图 2 - 9 所示，μVision4 将按 Options for Target 窗口内的各种选项设置，自动完成对当前项目中所有源程序模块的编译、链接。

上述操作也可通过 Project 窗口上方工具栏按钮 直接进行。

同时 μVision4 的输出窗口(Output Windows)将显示编译、链接过程中的提示信息，如图 2 - 10 所示。如果源程序中有语法错误，将鼠标指向窗口内的提示信息并双击，光标将自动跳到编辑窗口源程序出错位置，以便于修改；如果没有编译错误，则生成绝对目标代码文件。

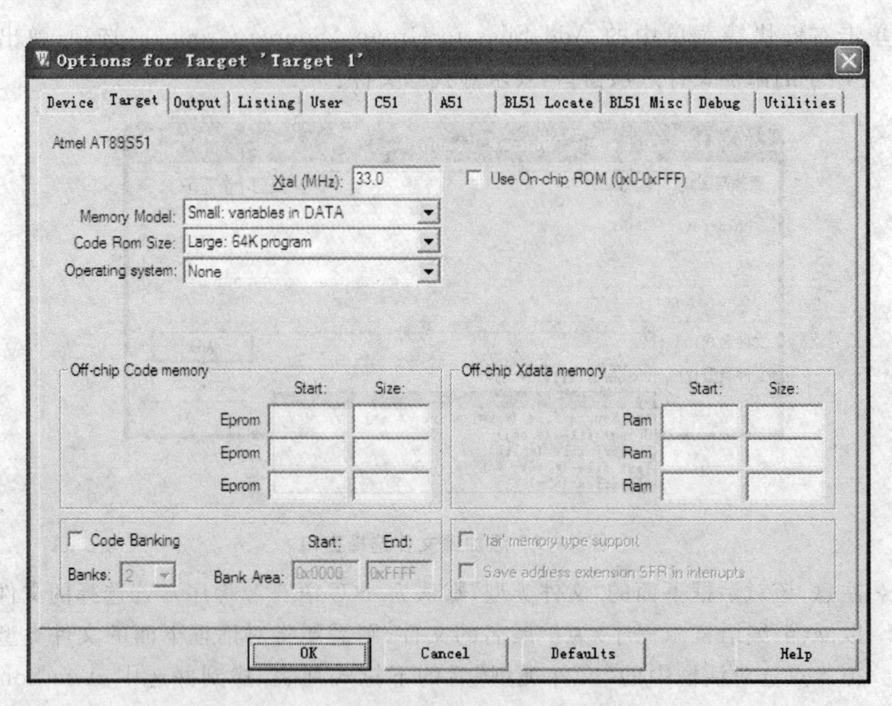

图 2-8 Options 选项中的 Targe 标签页

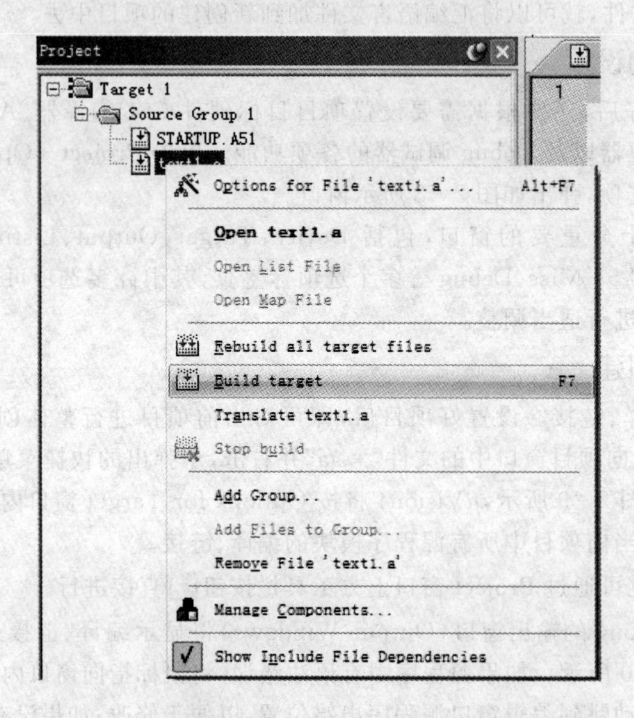

图 2-9 利用右键快捷菜单对当前项目进行编译、链接

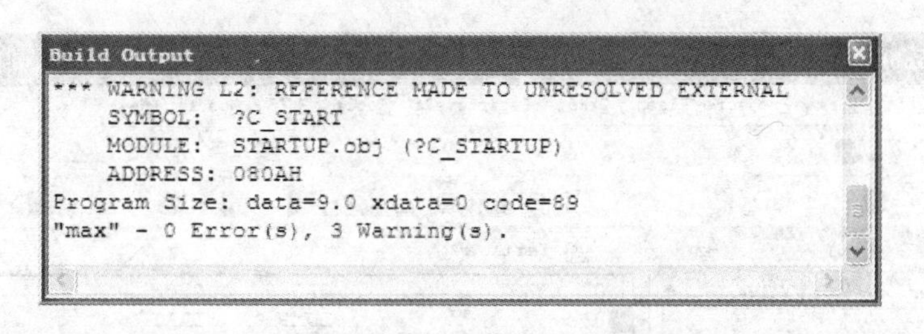

图 2-10 编译、链接完成后输出窗口的提示信息

6. 程序调试

在对项目成功地进行汇编、链接以后，将 μVision4 转入仿真调试状态，点选菜单 Debug→Start/Stop Debug Session 命令，即可进入调试状态，如图 2-11 所示。在此状态下的“项目窗口”自动转换到 Register 标签页，显示调试过程中单片机内部工作寄存器 R0～R7、累加器 A、堆栈指针 SP、数据指针 DPTR、程序计数器 PC 以及程序状态字 PSW 等的值。

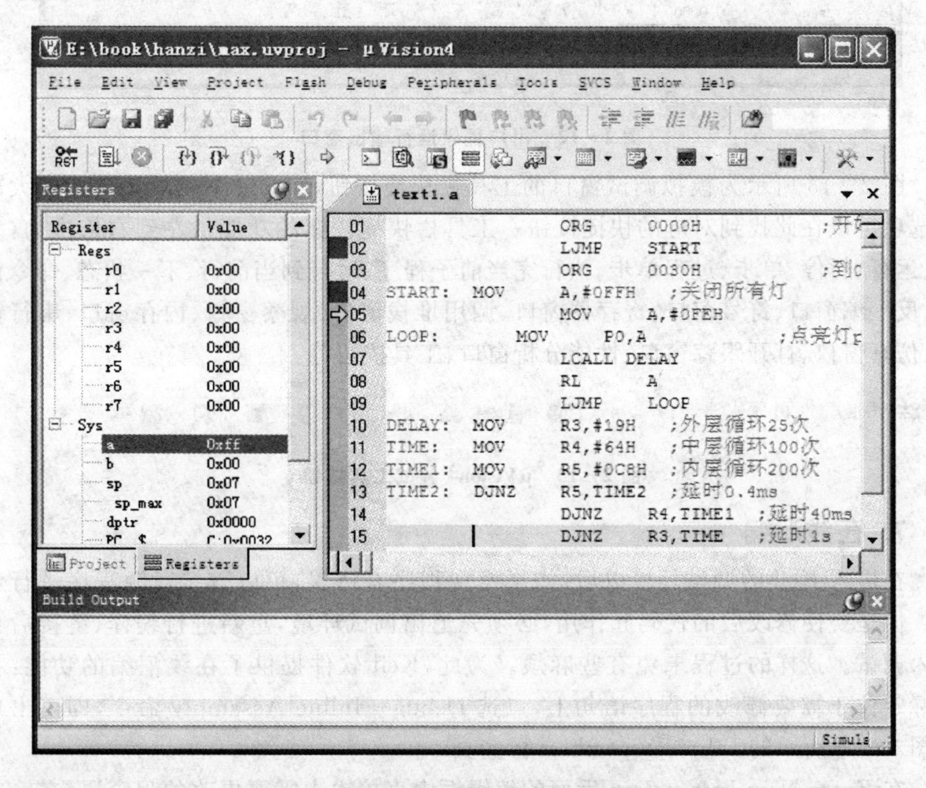

图 2-11 μVision4 仿真调试状态窗口

在仿真调试状态下，点选菜单 Debug→Run 命令，启动用户程序全速运行，如图 2-12 所示。

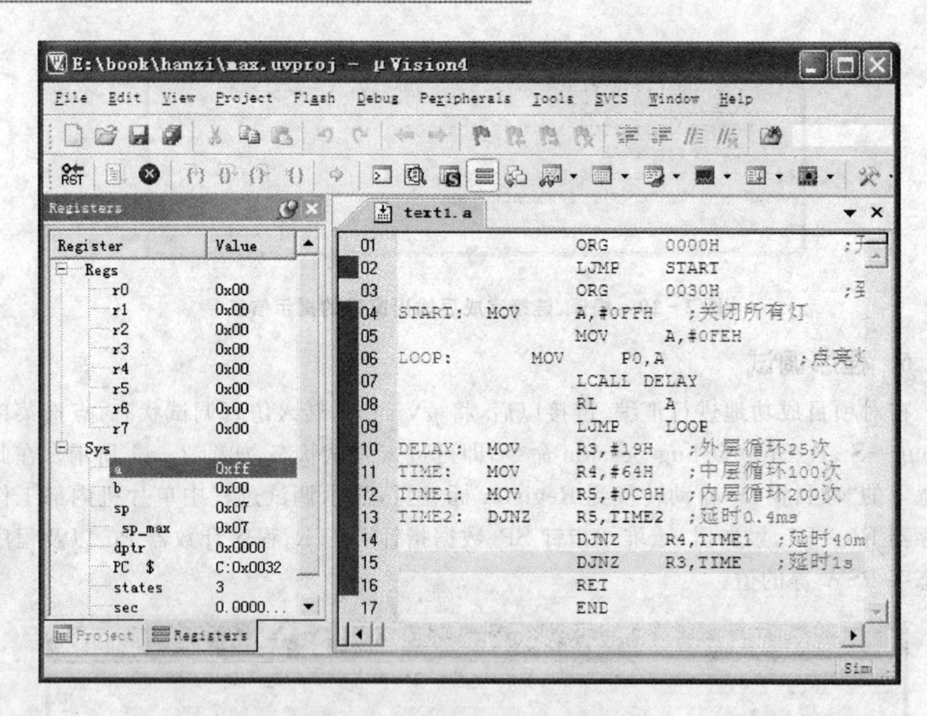

图 2-12　用户程序运行输出窗口

图 2-13 所示为模拟调试窗口的工具栏快捷按钮，Debug 下拉式菜单上的大部分选项可以在此找到对应的快捷按钮。工具栏快捷按钮的功能从左到右依次为：复位、运行、暂停、单步、过程单步、执行完当前子程序、运行到当前行、下一状态、命令窗口、反汇编窗口、符号窗口、寄存器窗口、调用堆栈窗口、观察窗口、内存窗口、串行窗口、仿真窗口、打开跟踪窗口、性能分析窗口、工具按钮等。

图 2-13　μVision4 调试工具按钮

7. 在线汇编

在进入 Keil 的调试环境以后，如果发现程序有错误，可以直接对源程序进行修改。但是要使修改后的代码起作用，必须先退出调试环境，重新进行编译、链接后再进入调试。这样的过程未免有些麻烦。为此，Keil 软件提供了在线汇编的功能：将光标定位于需要修改的程序语句上，点选 Debug→Inline Assambly 命令，即可出现如图 2-14 所示的 Inline Assembler 标签页。

在 Enter New Instruction 后面的编辑框内直接输入需要更改的程序语句，输入完成后按下回车键将自动指向源程序的下一条语句，继续修改；如果不需要继续修改，则可以单击窗口右上角的关闭按钮，关闭窗口。

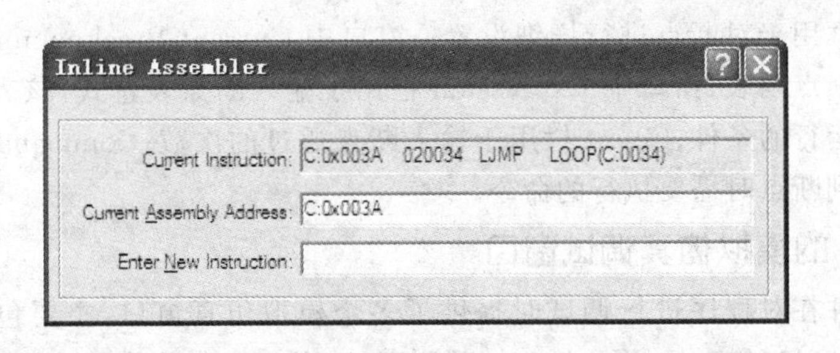

图 2-14　Debug 菜单在线汇编的功能窗口

8. 断点管理

断点功能对于用户程序的仿真调试是十分重要的，利用断点调试，便于观察了解程序的运行状态，查找或排除错误。Keil 软件在 Debug 调试命令菜单中提供了设置断点的功能。在程序中设置、移除断点的方法是：在编辑窗口将光标定位于需要设置断点的程序行，点选 Debug→Insert/Remove Breakpoint 命令，可在编辑窗口当前光标所在行上设置/移除一个断点（也可用鼠标在该行双击，实现同样的功能）；点选 Debug→Enable/Disable Breakpoint 选项，可激活/禁止当前光标所指向的一个断点；点选Debug→Disable All Breakpoint 选项，将禁止所有已经设置的断点；点选 Debug→Kill All Breakpoint 选项，将清除所有已经设置的断点；点选 Debug→Show Next Statement 选项，将在编辑窗口显示下一条将要被执行的用户程序指令。

除了在程序行上设置断点这一基本方法外，Keil 软件还提供了通过断点设置窗口来设置断点的方法。点选 Debug→Breakpoint 选项，将弹出如图 2-15 所示的对话框。

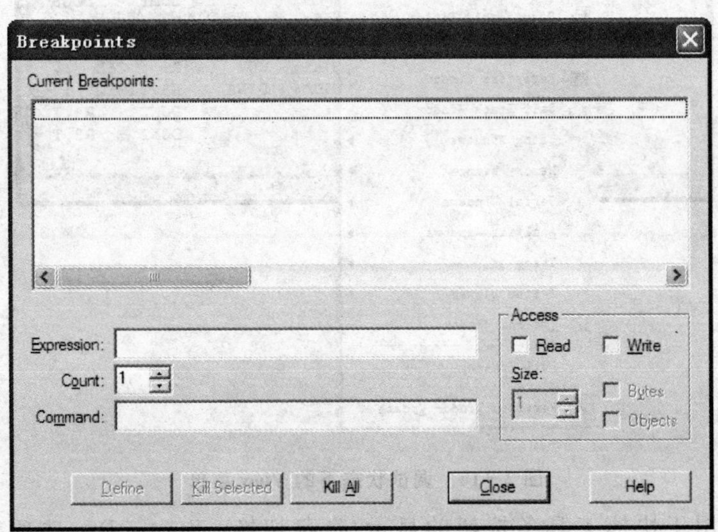

图 2-15　断点设置窗口

该对话框用于对断点进行详细设置。窗口中 Current Breakpoints 栏显示当前已经设置的断点列表；窗口中 Expression 栏用于输入断点表达式，该表达式用于确定程序停止运行的条件；Count 栏用于输入断点通过的次数；Command 栏用于输入当程序执行到断点时需要执行的命令。

9. Keil 的模拟仿真调试窗口

Keil 软件在对程序进行调试时提供了多个模拟仿真窗口，主要包括主调试窗口、输出调试窗口（Output Windows）、观测窗口（Watch & Call Statck Windows）、存储器窗口（Memory Windows）、反汇编窗口（Dissambly Windows）、串行窗口（Serial Windows）等。进入调试模式后，通过单击 View 菜单中的相应选项（或单击工具条中相应按钮），可以更方便地实现窗口的切换。

调试状态下的 View 菜单如图 2-16 所示。

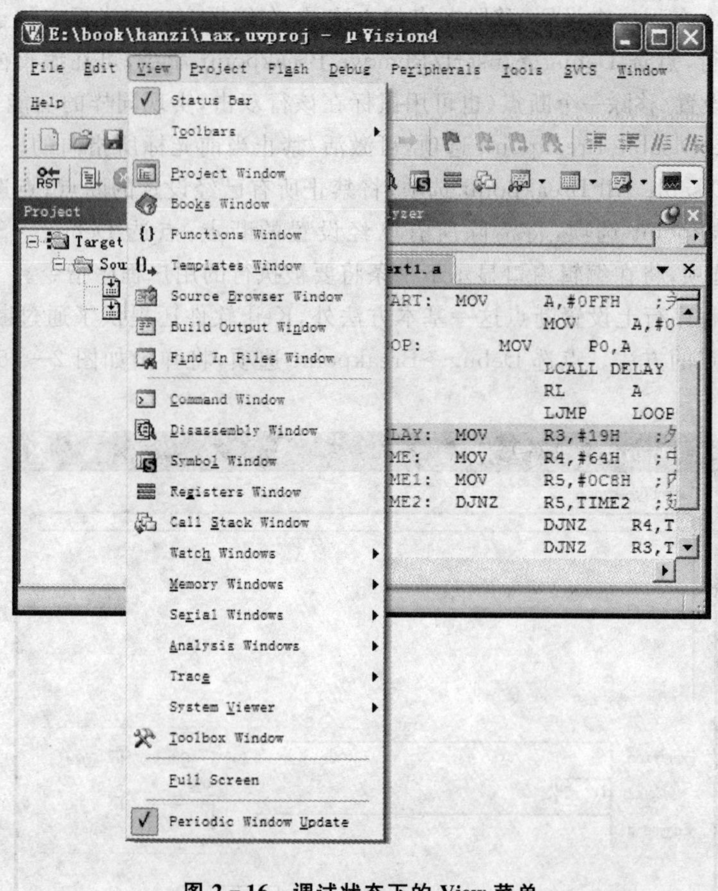

图 2-16 调试状态下的 View 菜单

第一栏用于快捷工具条按钮的显示/隐藏切换。Status Bar 选项为状态栏；Toolbars 选项为调试工具条按钮。

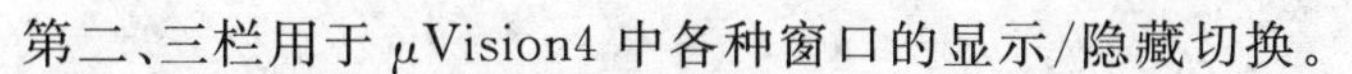

第二、三栏用于 μVision4 中各种窗口的显示/隐藏切换。

第四栏用于窗口的全屏显示设置。

第五栏用于选定是否定期更新窗口。

(1) 存储器窗口

View 菜单的 Memory Windows 选项用于系统存储器空间的显示/隐藏切换，如图 2－17 所示。

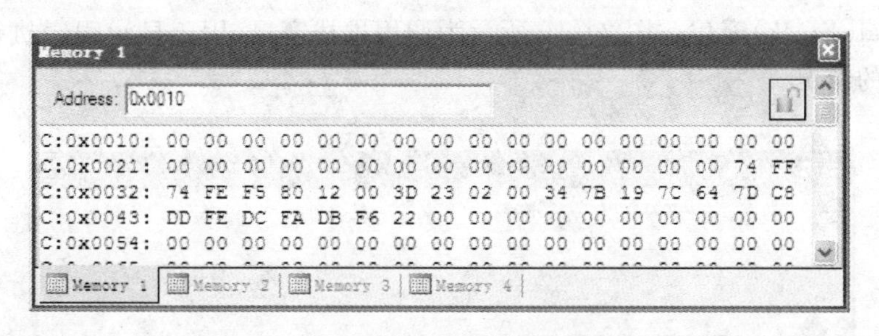

图 2－17　存储器窗口

存储器窗口用于显示程序调试过程中单片机各类存储器中的值，在窗口 Address 的编辑框内键入存储器地址（"字母：数字"），将立即显示对应存储空间的内容。

需要注意的是，键入地址时要指定存储器的类型 C、D、I、X 等，其含义分别是：C 为代码（ROM）存储空间；D 为直接寻址的片内存储空间；I 为间接寻址的片内存储空间；X 为扩展的外部 RAM 空间。数字的含义为要查看的地址值。例如键入 D:0，可查看地址 0 开始的片内 RAM 单元的内容；键入 C:0，可查看地址 0 开始的 ROM 单元中的内容，也就是查看程序的二进制代码。若为缺省态，则默认为查看 ROM 存储空间。

存储器窗口的显示值可以是十进制、十六进制、字符型等多种形式，改变显示形式的方法是：在存储器窗口右击，弹出如图 2－18 所示的快捷菜单，用于改变存储器内容的显示方式。

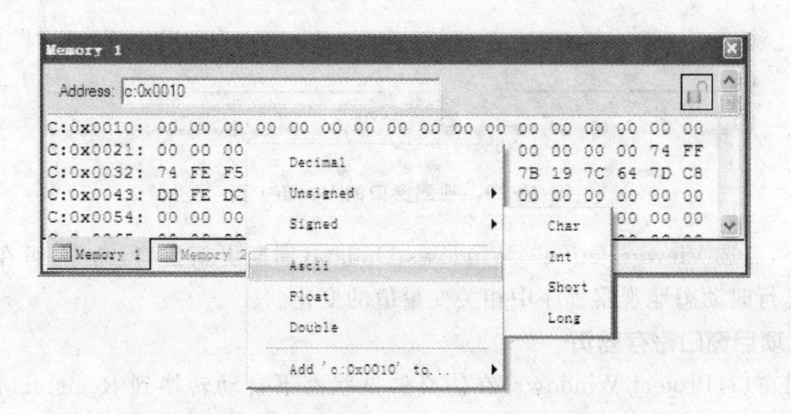

图 2－18　存储器窗口右键快捷菜单

(2) 观测窗口

观测窗口(Watch Windows、Call Statck Windows)也是调试程序中的一个重要窗口。在项目窗口(Project Windows)中仅可以观察到工作寄存器和有限的寄存器内容,如寄存器A、B、DPTR等,若要观察其他寄存器的值或在高级语言程序调试时直接观察变量,则需要借助于观测窗口。点击工具栏上观测窗口的快捷按钮可打开观测窗口。观测窗口有三个标签,分别是观测1(Watch 1)、观测2(Watch 2)以及调用堆栈(Call Stack)窗口。图2-19所示为调用堆栈窗口,用于显示程序执行过程中调用堆栈的情况。

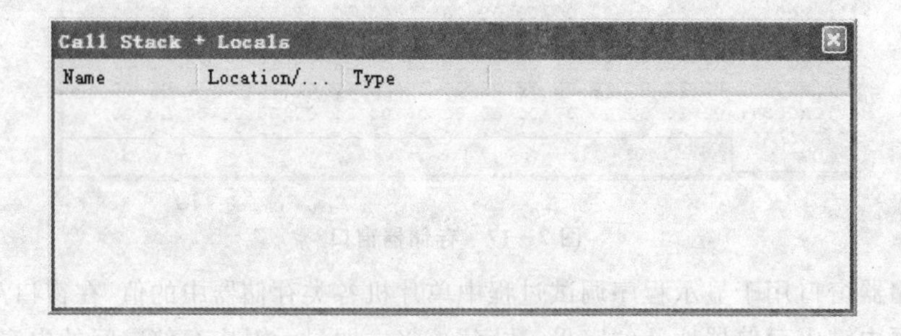

图2-19 调用堆栈窗口

图2-20所示为观测窗口的"Watch 1"页,显示用户程序中已经设置了的观测点在调试中的当前值;在页面中右击可改变局部变量或观测点的值按十六进制(Hex)或十进制(Decimal)方式显示。

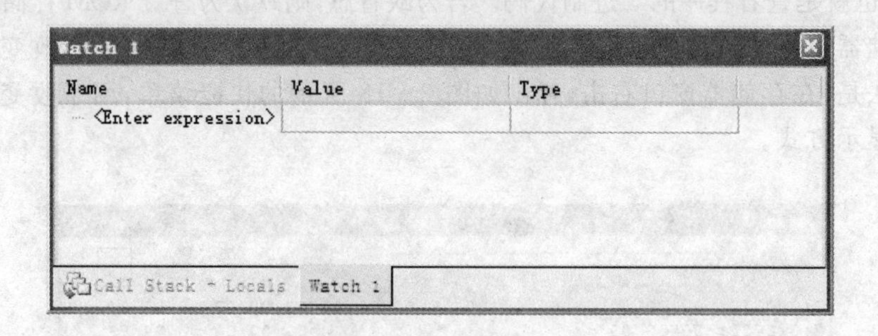

图2-20 观测窗口的 Watch 1 页

另外,点选 View→Periodic Windows Updata(周期更新窗口)命令,可在用户程序全速运行时动态地观察程序中相关变量值的变化。

(3) 项目窗口寄存器页

项目窗口(Project Windows)在仿真调试状态下自动转换到 Register(寄存器)标签页。在调试中,当程序执行到对某个寄存器操作时,该寄存器会以反色(蓝底白字)显示。单击窗口某个寄存器页,然后按F2键,即可修改寄存器的内容。

(4) 反汇编窗口

点选 View→Disassembly Windows 命令,或单击调试工具条上的反汇编快捷图标按钮,可打开如图 2-21 所示的反汇编窗口,用于显示已装入到 μVision4 的用户程序汇编语言指令、反汇编代码及其地址。

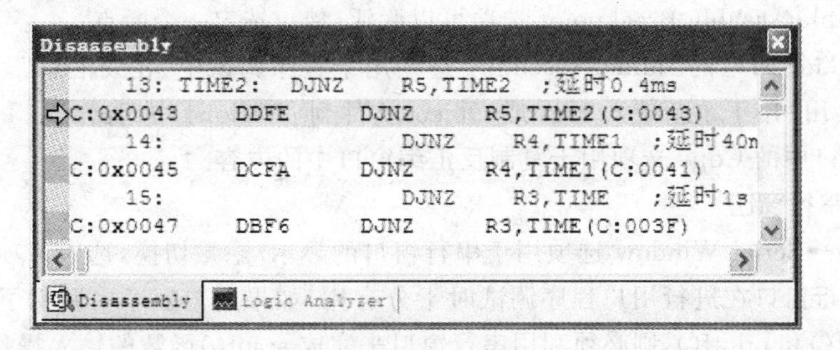

图 2-21 反汇编窗口

当采用单步或断点方式运行程序时,反汇编窗口的显示内容会随指令的执行而滚动。在反汇编窗口中可以使用右键功能,方法是将鼠标指向反汇编窗口并右击,可弹出如图 2-22 所示的窗口。

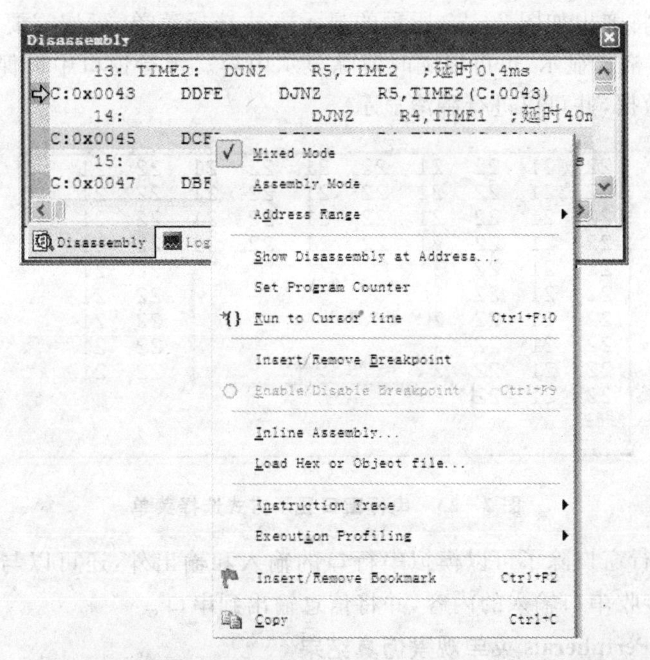

图 2-22 反汇编窗口中右键快捷菜单

该窗口第一栏中的选项用于选择窗口内反汇编内容的显示方式,其中 Mixed Mode 选项采用高级语言与汇编语言混合方式显示;Assembly Mode 选项采用汇编语言方式显示;Address Range 用于显示用户程序的地址范围。

该窗口第二栏的 Show Disassembly at Address 选项用于设置反汇编的显示地址范围；Set Program Counter 用于设置程序计数器；而 Run to Cursor line 选项用于将程序执行到当前光标所在的那一行。

该窗口第三栏的 Insert/Remove Breakpoint 选项用于插入/删除程序执行时的断点；Enable/Disable Breakpoint 选项可以激活/禁止选定一个断点。

该窗口第四栏的 Inline Assembly 选项用于程序调试中"在线汇编"，Load Hex or Object file 用于重新装入 Hex 或 Object 文件到 μVision4 中调试。

该窗口中的 Copy 选项用于复制反汇编窗口中的内容。

(5) 串行窗口

View→Serial Window 选项用于串行窗口的显示/隐藏切换，选中该项弹出串行窗口。串行窗口在进行用户程序调试时十分有用，如果用户程序中调用了 C51 的库函数 scanf()和 printf()，则必须利用串行窗口来完成 scanf()函数的输入操作，printf()函数的输出结果也将显示在串行窗口中。利用串行窗口可以在用户程序仿真调试过程中实现人机交互对话，可以直接在串行窗口中键入字符。该字符不会被显示出来，但却能传递到仿真 CPU 中。如果仿真 CPU 通过串口发送字符，那么，这些字符会在串行窗口显示出来。串行窗口可以在没有硬件的情况下用键盘模拟串口通信。在串行窗口右击将弹出如图 2-23 所示的显示方式选择菜单，可按需要将窗口内容以 Hex 或 ASCII 格式显示，也可以随时清除显示内容。串行窗口中可保持近 8 KB 串行输入/输出数据，并可以进行翻滚显示。

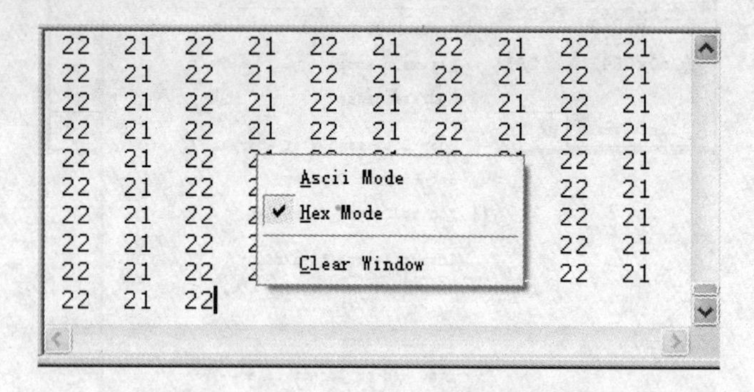

图 2-23　串行窗口显示方式选择菜单

Keil 的串行窗口除了可以模拟串行口的输入和输出外，还可以与 PC 机上实际的串口相连，接收串口输入的内容，并将信息输出到串口。

(6) 通过 Peripherals 菜单观察仿真结果

μVision4 通过内部集成器件库实现对各种单片机外围接口功能的模拟仿真，在调试状态下可以通过 Peripherals 下拉式菜单来直观地观察单片机的定时器、中断、并行端口、串行端口等常用外围接口的仿真结果。Peripherals 下拉式菜单如图 2-24 所示。

该下拉式菜单的内容与建立项目时所选的CPU器件有关,如果选择的是89S51这一类"标准"的51单片机,则有Interrupt(中断)、I/O Ports(并行I/O口)、Serial Ports(串行口)、Timer(定时器/计数器)这四个外围接口菜单选项。打开这些对话框,系统列出了这些外围设备当前的使用情况以及单片机对应的特殊功能寄存器各标志位的当前状态等。

单击Peripherals菜单第一栏Reset CPU选项,可以对模拟仿真的8051单片机进行复位。

Peripherals菜单第二栏中I/O-Ports选项用于仿真8051单片机的I/O接口Port0～Port3。选中Port1后将弹出如图2-25所示窗口,其中P1栏显示8051单片机P1口锁存器状态,Pins栏显示P1口各引脚状态。

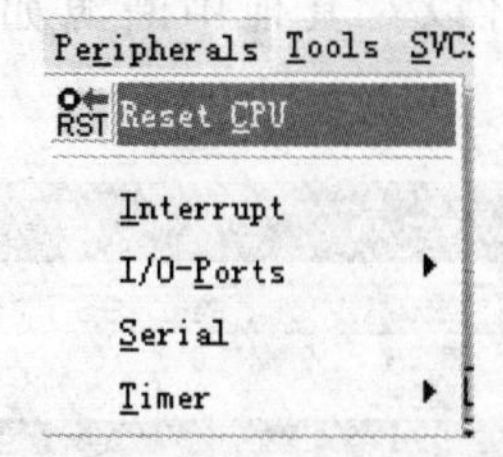

图2-24 Peripherals下拉式菜单

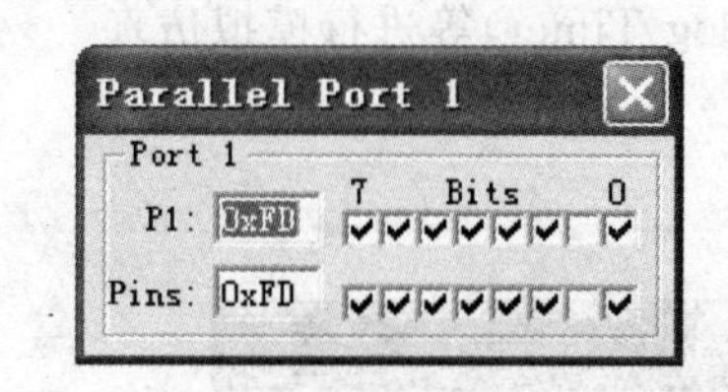

图2-25 Port1窗口

Peripherals菜单最后一栏Timer选项用于仿真8051单片机内部定时器/计数器。选中其中Timer0后弹出如图2-26所示的窗口。

图2-26 Timer0窗口

窗口中Mode栏用于选择工作方式,可选择定时器/计数器工作方式,单击其中箭头很容易实现选择。图2-26所示为13位定时器工作方式。选定工作方式后,相应的特殊寄存器TCON和TMOD控制字也显示在窗口中,可以直接写入命令字;窗口中的TH0和TL0项,用于显示定时器/计数器0的定时器/计数初值;T0 Pin和TF0复选框用于显示T0引脚和定时器/计数器0的溢出状态。窗口中的Control栏用于显示和控制定时器/计数器0的工作状态(Run或Stop),TR0、GATE、INT0#复选框是启动控制位,通过对这些状态位的置位或复位操作(选中或不选中)很容易实现对8051单片机内部定时器/计数器的仿真。单击TR0,启动定时器/计数器0开始工作,这时tatus后的Stop变成Run。如果全速运行程序,则可观察到TH0、TL0后的值也在快速变化。

Peripherals菜单第三栏中Serial选项用于仿真8051单片机的串行口。单击该选项弹出如图 2-27 所示的窗口。

窗口中 Mode 栏用于选择串行口的工作方式,选定工作方式后相应的特殊寄存器 SCON 和 SBUF 的控制字也显示在窗口中。通过对特殊控制位 SM2、REN、TB8、RB8、TI、RI 复选框的置位或复位操作(选中或不选中),很容易实现对 8051 单片机内部串行口的仿真。Baudrate 栏用于显示串行口的工作波特率,SMOD 位置位时将使波特率加倍。IRQ 栏用于显示串行口发送和接收中断标志。

Peripherals 菜单第一栏中 Interrupt 选项用于仿真 8051 单片机的中断系统状态。单击该选项弹出如图 2-28 所示的中断窗口,选中不同的中断源,窗口中的 Selected Interrupt 栏将出现与之相对应的中断允许和中断标志位的复选框,通过对这些标志位的置位或复位操作(选中或不选中),很容易实现对 8051 单片机中断系统的仿真。除了 8051 几个基本的中断源以外,还可以对其他中断源如监视定时器(Watchdog Timer)等进行模拟仿真。

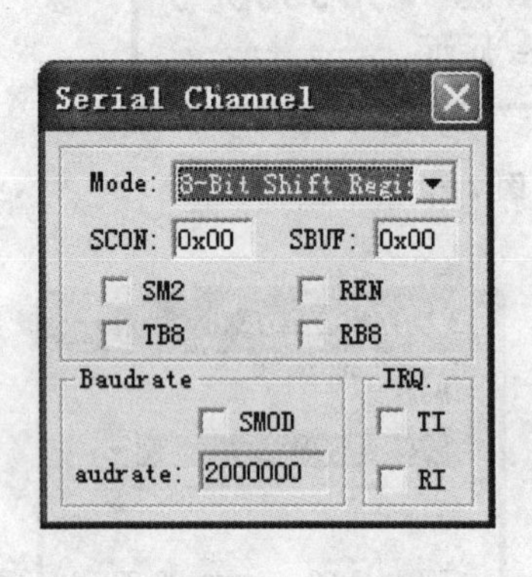

图 2-27 串行口窗口

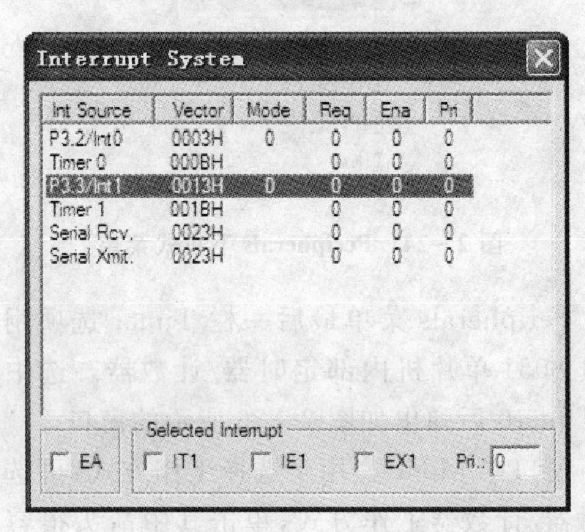

图 2-28 中断窗口

2.2 创建基于 Keil 的 C 语言程序

Keil μVision4 支持许多公司的 MCS-51 构架的芯片,它集编辑、编译、仿真于一体,提供常用的标准库函数,可供用户直接使用;有严格的句法检查,错误很少。基于 Keil 的 C 语言程序建立过程如下:

① 打开 Keil μVision4 后,单击 Project 菜单,选择下拉式菜单中的 New μVision Project,接着弹出一个标准 Windows 对话窗口,选择工程存储的位置并确定文件名后,保存类型使用默认方式,即 Project Files(*. uvproj),单击"保存"按钮,即可创建新的项目。

② 创建新项目后,系统弹出目标器件选择对话框,如图 2-29 所示。

系统支持多款单片机,在此选择 Atmel 公司的 AT89S51 单片机,同时选定的单

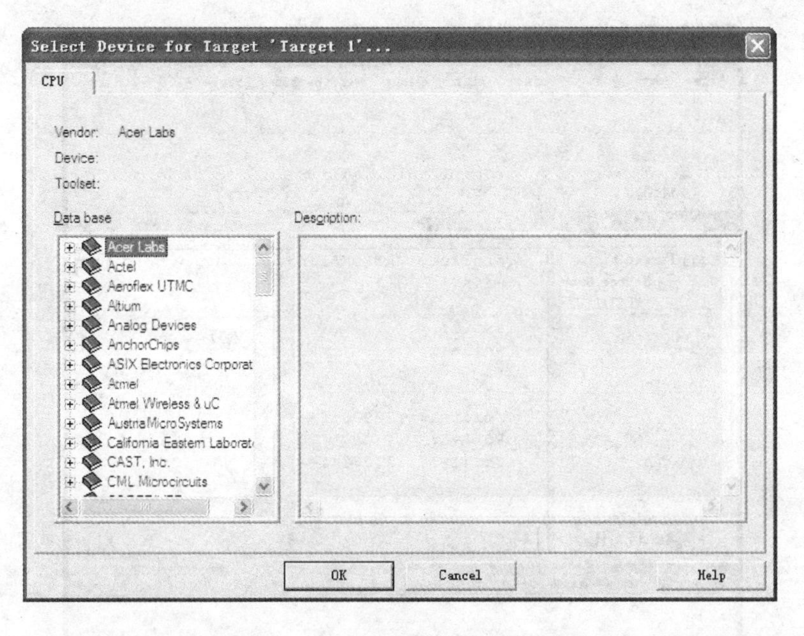

图 2-29 目标器件选择对话框

片机的信息将在描述窗口显示。单击 OK 按钮后,系统弹出询问对话框,询问"是否需要拷贝标准的 8051 启动码程序(STARTUP. a51)到项目资料夹,并且将文件加入项目",点选"是"后,目标器件的选择完成,进入程序编写阶段。

其中:STARTUP. a51 的主要工作是把包含 idata、xdata、及 pdata 在内的内存区块清 0,并且初始化递归指标。注意,若是编写汇编程序,则不需加入此启动程序。在完成上述的初始化程序之后,8051 的控制权才会交给 main()主程序,开始执行用户的程序。

③ 点选菜单命令:文件→新建,即可创建一个新的文字编辑窗口,如图 2-30 所示。

④ 程序编辑完成后,点选文件→保存,此时将弹出保存设置对话框。确定文件存放位置后,输入文件名如 clock1. c,单击"保存"按钮,此时会发现程序单词有了不同的颜色,这表示 Keil 的 C 语法检查功能开启。

⑤ 在 Project 窗口,右击 Source Group1 文件夹,在弹出的右键快捷菜单中选择 Add Files to Group 'Source Group 1'命令,选择刚刚保存的 clock1. c 文件,单击 Add 按钮,将此 C 文件加入到项目中,如图 2-31 所示。单击 Close 按钮,关闭窗口。

若用户写的是汇编语言程序,则必须存成 *. a51 或 *. asm 文档,然后将汇编语言文件加入到项目中。

⑥ 接下来需要设定工作选项。在 Target 1 文件夹上右击,在弹出的快捷菜单中选择 Options for Target 'Target 1'命令,系统弹出如图 2-32 所示的对话框。

⑦ 在图 2-32 的 Target 标签页中,更改所选用单片机的工作频率为 12 MHz。

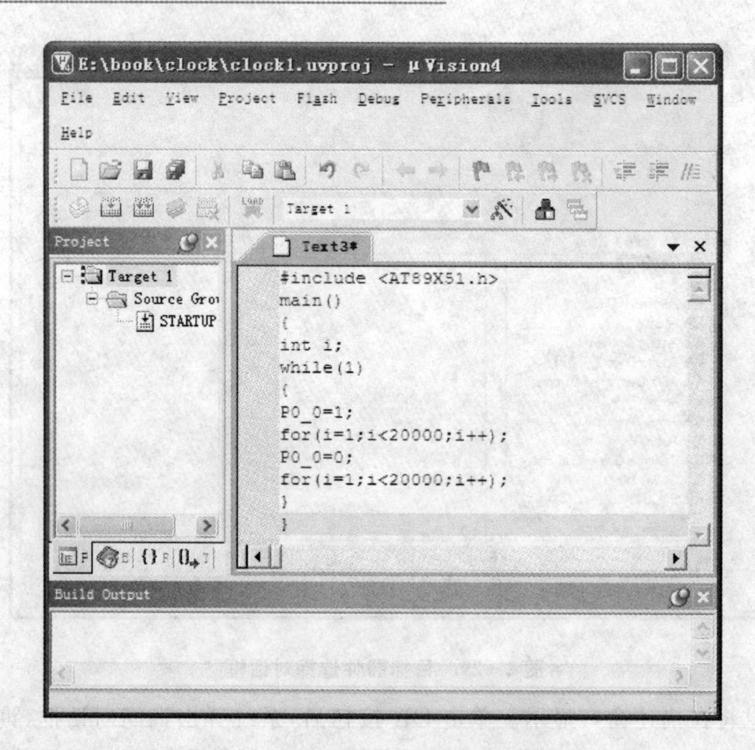

图 2-30 创建一个新的文字编辑窗口

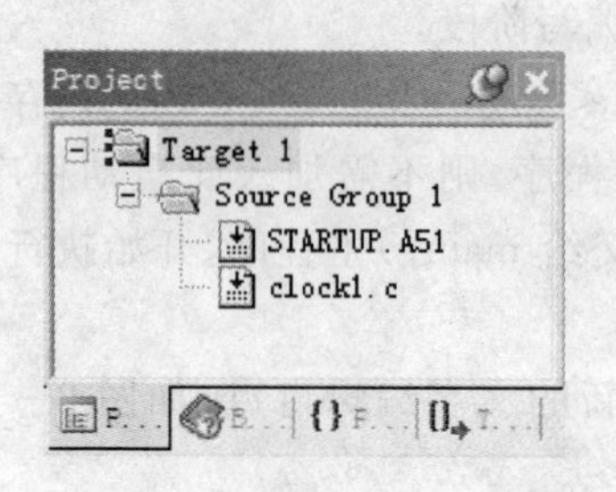

图 2-31 将 clock1.c 文件添加到项目中

MCS-51 系列单片机一般常选用 11.059 MHz 或 12 MHz。前者适用于产生各种标准的波特率，后者的一个机器周期为 1 μs，便于产生精确延迟时间。本程序中假设使用频率为 12 MHz 的晶体振荡频率。另外，勾选 Use On-chip ROM(0x0-0xFFF)，以使用单片机的 Flash ROM。

⑧ 接着将选项卡切换到 Output 标签页，如图 2-33 所示。勾选 Create HEX File，以产生烧录文件，若要更改编译后的文档名，则在“Name of Executable:”右边的空格内输入文件名即可。

⑨ 完成基本的选项设定后，进入程序编译阶段。系统提供了 3 个编译工具、、。按钮用于编译目前工作区的文件但不做链接(Link)。按钮用于编译整个项目文件并链接，如果之前编译过一次但档案没有做任何编辑，那么这个时候再点击是不会再次重新编译的。按钮是重新编译整个项目文件并链接，每点击一次均会再次编译链接一次，不管程序是否有改变。是停止编译按钮，只有点击了前三个中的任意一个，停止按钮才会生效。使用菜单命令也可对程序进行编译。编译完成后，在下方的 Build Output 区域中，可看到编译的消息，如图 2-34 所示。若出

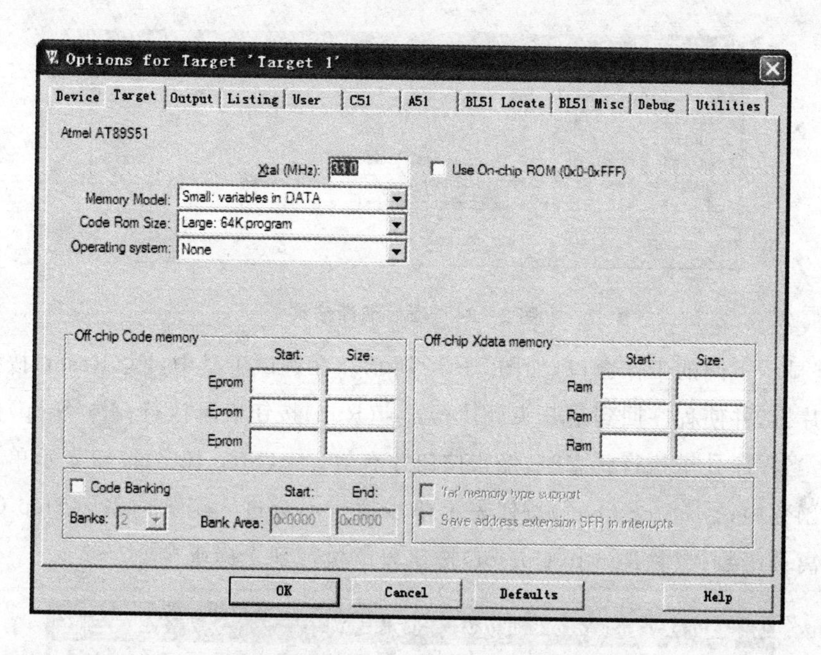

图 2－32　目标选项对话框

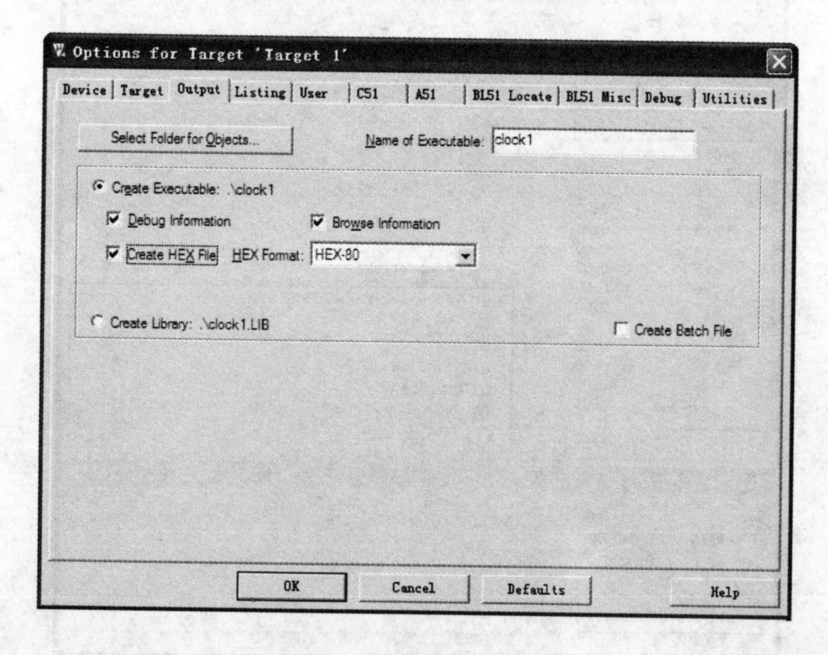

图 2－33　Output 标签页

现错误，则再根据错误提示，回到程序中修改。编译完全正确后，才能产生正确的烧录文件 test1. hex。

⑩ 点选菜单 Debug→Start→Stop Debug Session 命令，系统进入调试(Debug)

```
Build Output
Build target 'Target 1'
assembling STARTUP.A51...
compiling clock1.c...
linking...
Program Size: data=9.0 xdata=0 code=56
creating hex file from "clock1"...
"clock1" - 0 Error(s), 0 Warning(s).
```

图 2－34　项目编译结果

模式，并显示不同的工作窗口，如图 2－35 所示。在调试工具中，(Reset)按钮表示复位单片机，并使程序回到最开头处执行；(Run)按钮表示执行；(Stop)按钮表示停止，当程序处于执行状态时，停止按钮才有效；(Step Into)按钮表示单步执行会进入函数内；(Step Over)按钮表示单步执行不会进入函数内；(Step Out)按钮表示离开函数；(Run to Cursor)按钮表示执行到光标所在处。

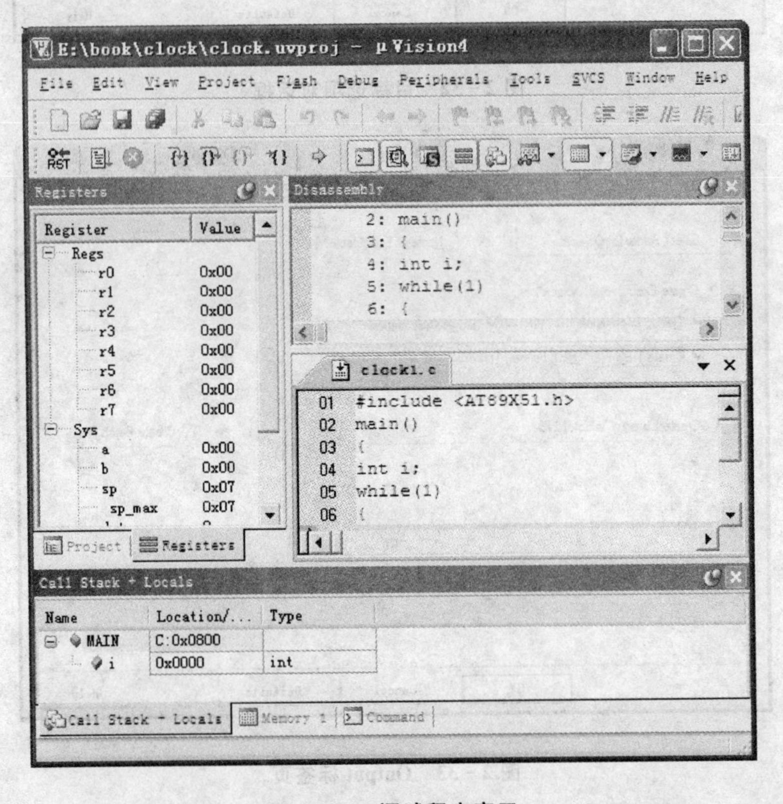

图 2－35　调试程序窗口

⑪ 为了测试输出结果是否正确，可调出 P0 输出，观察输出结果。点选菜单 Peripherals→I/O－Ports→Port 0 命令，P0 输出结果如图 2－36 所示。

⑫ 执行此程序。先单击复位按钮,让单片机及程序回到最初状态,再按下执行按钮,则程序开始执行。可以看到Parallel Port 0窗口中的P0_0位元不断地被设定与清除,如图2-37所示。

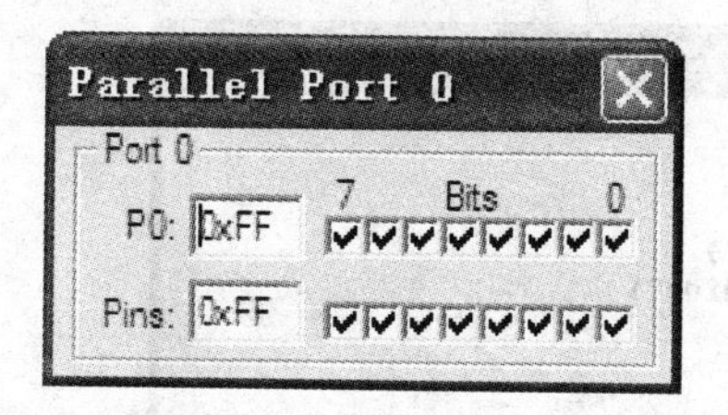

图2-36 P0输出结果

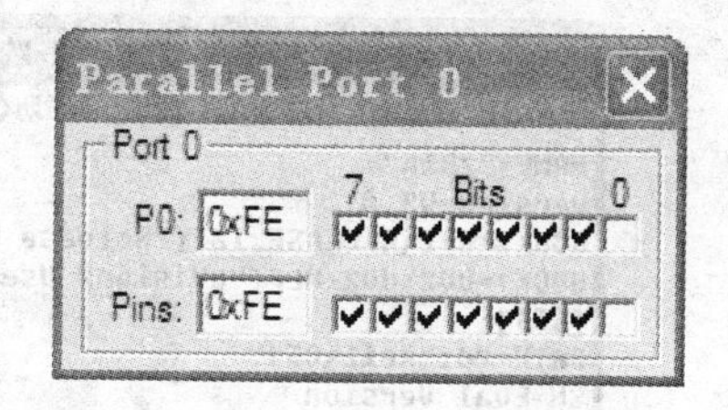

图2-37 P0_0位元不断地被设定与清除

⑬ 编译后所产生的编译文件,可使用菜单命令View→Memory Windows→Memory 1查看其在ROM中的存放情形。在Address文本框中输入0x800或0800h,则Memory 1窗口从0x0800开始显示数据,如图2-38所示。

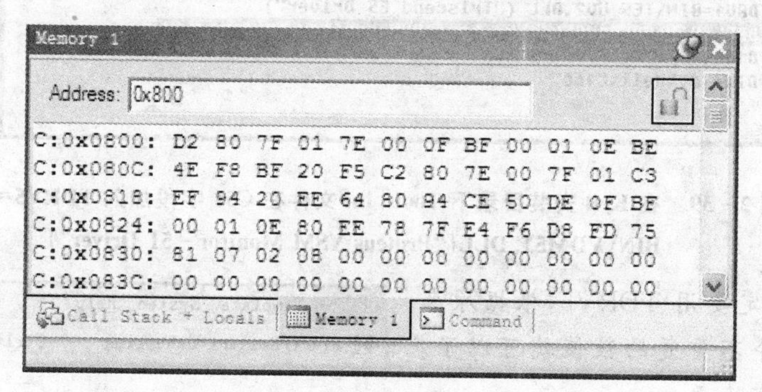

图2-38 查看编译文件在ROM中的存放结果

当调试程序正确后,退出调试模式。

至此,基于Keil的C程序可下载到单片机。

基于Keil的汇编程序的创建与基于Keil的C程序的创建方法相同。

2.3 PROTEUS与Keil整合的实现

PROTEUS具有结果直观的优点,但不支持C语言的编译;Keil软件编译功能强大,但调试结果不直观,因此,可以将两者联合使用。

2.3.1 在Keil中调用PROTEUS进行MCU外围器件的仿真

在Keil中调用PROTEUS进行MCU外围器件仿真的步骤如下:

① 安装Keil与PROTEUS。

② 把安装在PROTEUS\MODELS目录下的VDM51.dll文件复制到Keil安装

目录的\C51\BIN 目录下。

③ 修改 Keil 安装目录下的 Tools. ini 文件，在 C51 字段加入 TDRV5＝BIN\VDM51. DLL (“Proteus VSM Monitor－51 Driver”)，并保存，如图 2－39 所示。

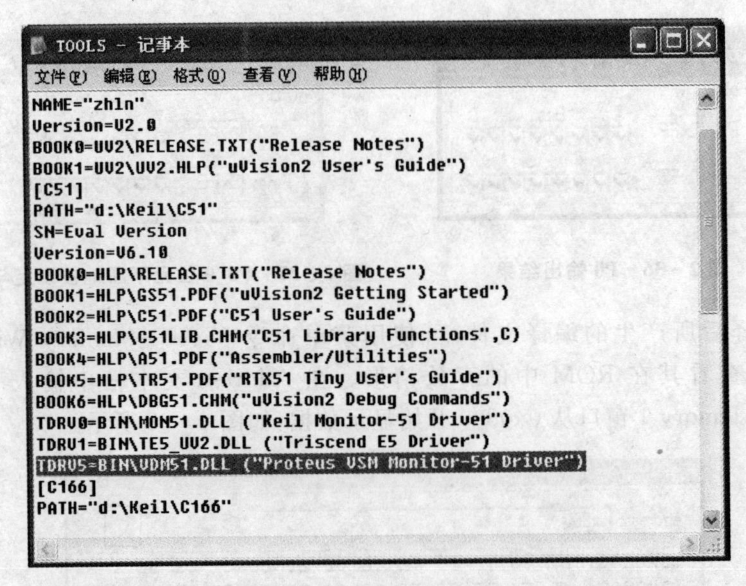

图 2－39　在 Keil 安装目录下 Tools. ini 文件在 C51 字段加入 TDRV5＝BIN\VDM51. DLL(“Proteus VSM Monitor－51 Driver”)

注：不一定要用 TDRV5，根据原来字段选用一个不重复的数值就可以了。引号内的名字随意。

④ 打开 PROTEUS，画出相应电路，在 PROTEUS 的 Debug 菜单中选中 Use Remote Debug Monitor，如图 2－40 所示。

⑤ 在 Keil 中编写 MCU 的程序。

⑥ 进入 Keil 的 Project 菜单 Option for Target‘Target 1’。

⑦ 在弹出的对话框中，点选 Debug 选项中右栏上部的下拉菜单，选中 Proteus VSM Monitor－51 Driver，如图 2－41 所示。

⑧ 单击 Settings，进入如图 2－42 所示的对话框。

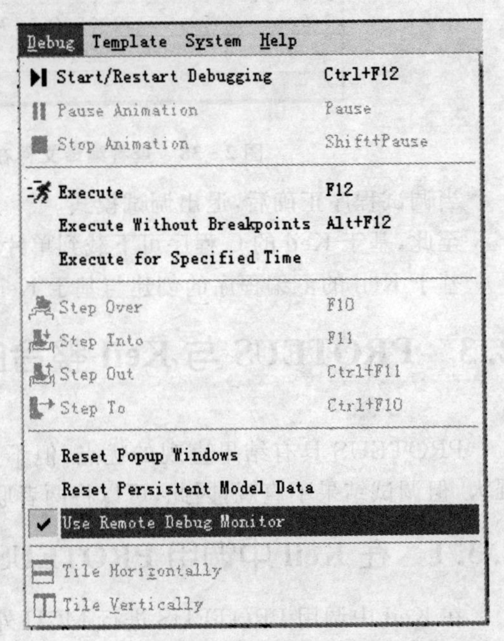

图 2－40　在 PROTEUS 的 Debug 菜单中选中 Use Remote Debug Monitor

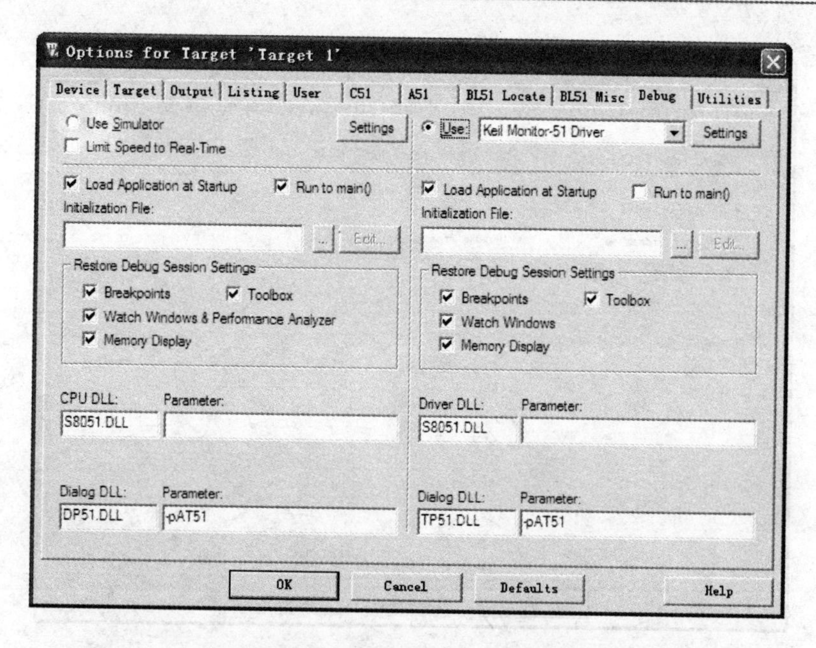

图 2-41　在 Debug 中选择 PROTEUS VSM Monitor-51 Driver

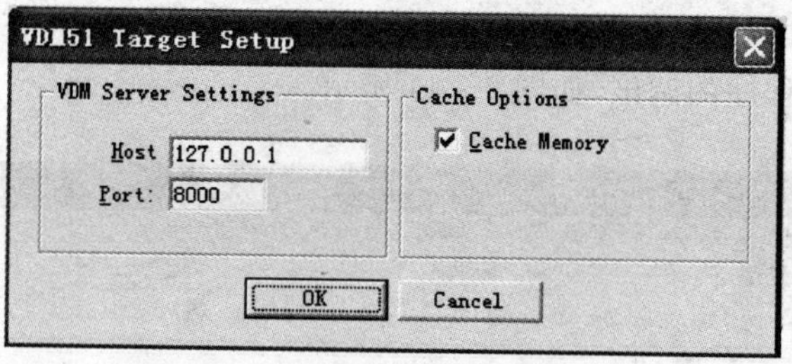

图 2-42　Settings 对话框

如果 Keil 程序与 PROTEUS 程序是在同一台计算机上，则 IP 名为 127.0.0.1；如果不是在同一台计算机上，则填另一台计算机的 IP 地址。端口号一定为 8000。

注：可以在一台计算机上运行 Keil，在另一台计算机上运行 PROTEUS 进行远程仿真。

⑨ 在 Keil 中进行 Debug，同时在 PROTEUS 中查看直观的结果（如 LCD 显示等）。

2.3.2　在 Keil 中生成 *.OMF 文件

基于 PROTEUS 与 Keil 的联调可以实现 C 程序的仿真调试，但初次使用时，过程相对繁琐，此时可使用 Keil 生成可供仿真器调试的 *.OMF 文件。

在设定 Keil 中项目的工作选项时，将 Output 选项卡中的 Name of Executable 设置为 *.OMF 文件，如图 2-43 所示。

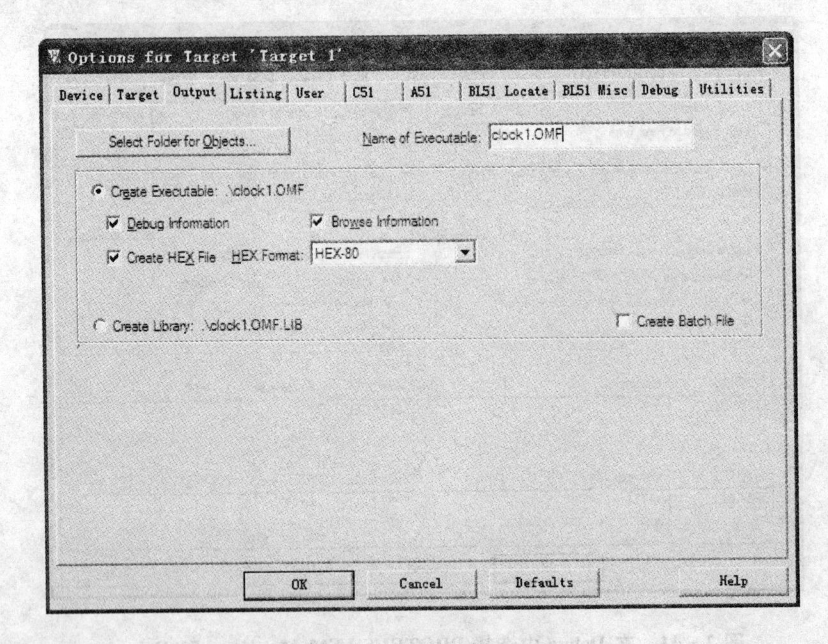

图 2-43　创建 *.OMF 文件

设置完成后，重新编译文件，即可产生 *.OMF 文件，将其在 PROTEUS 中调用，即可实现对 C 程序的调试，如图 2-44 所示。

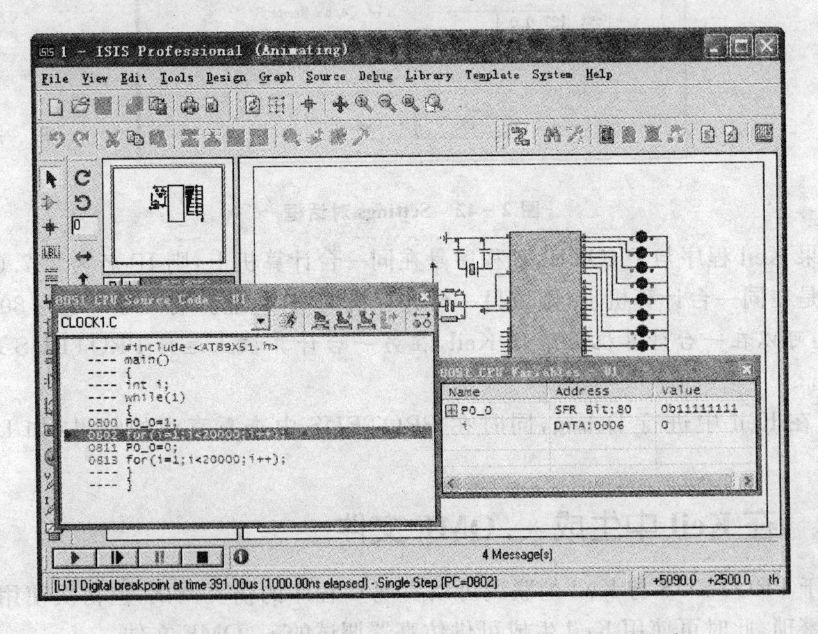

图 2-44　在 PROTEUS 中调用 *.OMF 文件调试程序

2.3.3 Keil中断源的矢量位置

Keil中断源的矢量位置如表2-1所列。

表2-1 Keil中断源的矢量位置表

中断源	Keil中断编号	矢量地址	中断源	Keil中断编号	矢量地址
最高优先级	6	0x0033	定时器2溢出	5	0x002B
外部中断0	0	0x0003	DMA	7	0x003B
定时器0溢出	1	0x000B	硬件断点	8	0x0043
外部中断1	2	0x0013	JTAG	9	0x004B
定时器1溢出	3	0x001B	软件断点	10	0x0053
串口	4	0x0023	监视定时器	12	0x0063

interrupt和using都是C51的关键字。C51中断过程通过使用interrupt关键字和中断号(0～31)来实现。中断号指明编译器中断程序的入口地址,中断号对应着8051中断使能寄存器IE中的使能位,对应关系如表2-2所列。

表2-2 中断号与8051中断使能寄存器IE中使能位的对应关系

IE寄存器的使能位	C51中的中断号	8051的中断源
IE.0	0	外部中断0
IE.1	1	定时器0
IE.2	2	外部中断1
IE.3	3	定时器1
IE.4	4	串口中断
IE.5	5	定时器2

有了这一声明,编译器不需理会寄存器组参数的使用和对累加器A、状态寄存器、寄存器B、数据指针和默认的寄存器的保护。只要在中断程序中用到,编译器就会把它们压栈,在中断程序结束时将它们出栈。C51支持所有5个8051标准中断(0～4)和在8051系列(增强型)中多达27个中断源。

using关键字用来指定中断服务程序使用的寄存器组。用法是:using后跟一个0～3的数,对应着4组工作寄存器。一旦指定工作寄存器组,默认的工作寄存器组就不会被压栈,这将节省32个处理周期,因为入栈和出栈都需要2个处理周期。这一做法的缺点是所有调用中断的过程都必须使用指定的同一个寄存器组,否则参数传递会发生错误。因此对于using,在使用中需灵活取舍。

第3章

Protel 99 SE 入门

Protel 软件是澳大利亚 Protel Technology 公司研制的普及型电路辅助设计软件，它的发展经历了如下过程：

① 1985 年——诞生 Dos 版 EDA 工具 Tango 系列；

② 1991 年——诞生首个基于 Windows 平台的 EDA 工具 Protel；

③ 1998 年——Protel 98 这个 32 位产品是第一个包含 5 个核心模块的 EDA 工具；

④ 1999 年——Protel 99 SE 产生，构成从电路设计到真实板分析的完整体系。

Protel 99 SE 是 Protel 公司 2000 年推出的最新版产品，它基于 Windows 平台，集强大的设计能力、复杂工艺的可生产性到生成物理生产数据的全过程，以及这中间的所有分析、仿真和验证，既满足了产品的高可靠性，又极大地缩短了设计周期，降低了设计成本。

3.1 Protel 99 SE 概述

3.1.1 Protel 99 SE 的 Client /Server 结构

Protel 99 SE 软件包含 5 大功能模块：原理图编辑器 Schematic 99 SE、PCB 编辑器 PCB 99 SE、无网格布线器 Route 99 SE、数/模混合仿真器 SIM 99 SE 和可编程逻辑设计器 PLD 99 SE。以 Client/Server 结构组织各功能块，它的主程序是 Client99. exe，如图 3-1 所示。

Client99. exe 是 Protel 99 SE 的用户接口，其个功能块作为主程序的服务器来使用。服务器可以看作主程序的插件，Protel 99 SE 的所有功能都是由这些服务器提供的，点击 Client99. exe 应用程序即可进入 Protel 99 SE 设计导航界面，如图 3-2 所示。

注：Protel 独特的设计导航(Design Explorer)提供强大的工具整合环境、文件管理和团队分工合作的特性。Protel 99 SE 的 Design Explorer 已加快用户设计文档开启及关闭的速度，并减少网络拥塞与过多的网络广播(broadcast)与接收(receive)动作，并向用户提供了两种存储 DDB 设计文档选项，让用户可将设计文档存成简单的

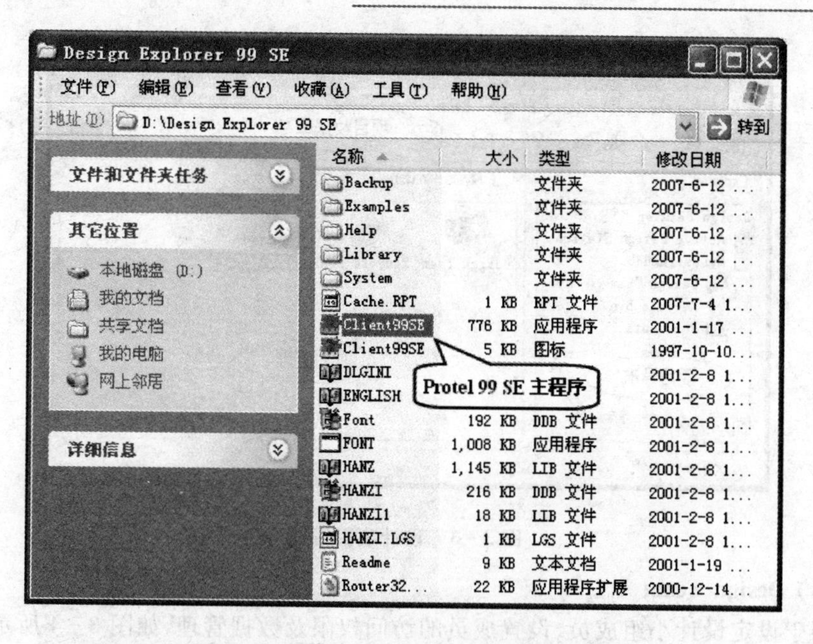

图 3-1 Protel 99 SE 的主程序 Client99.exe

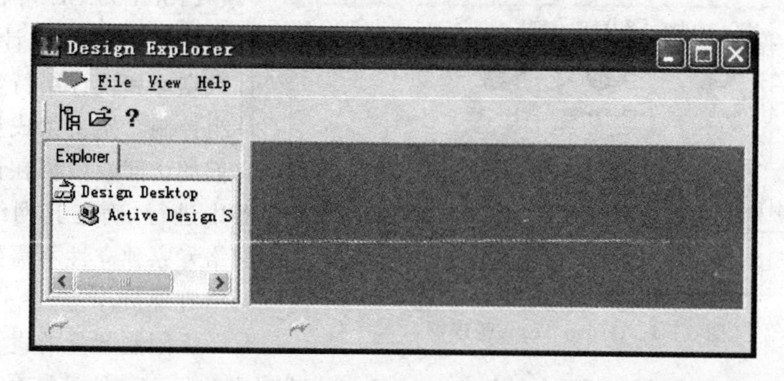

图 3-2 Protel 99 SE 设计导航界面

Windows 系统格式或 Microsoft Access 资料库格式。

当在 Windows 环境中运行 Client99.exe 时，所有的 Protel 99 SE 服务器都可以自动启动。Client/Server 结构使软件具有很好的功能扩展性。用户自己开发的服务器可以和 Protel 99 SE 自带的服务器一样使用。

3.1.2 项目管理

Protel 99 SE 设计项目管理如图 3-3 所示。

Protel 99 SE 将新项目的数据全部存储到项目数据库中，并且系统还提供了相应的管理工具：Design Team（设计组）管理器、Recycle Bin（回收站）管理器及 Documents（文档）管理器。其中各管理器的功能如下。

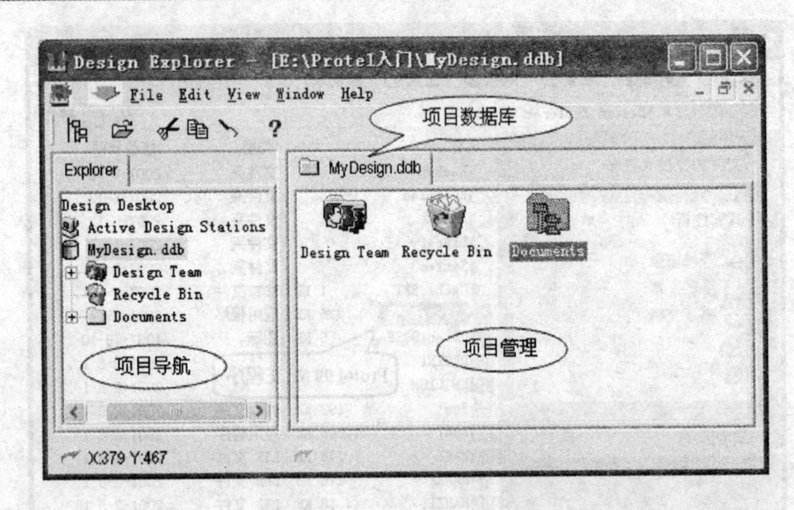

图3-3 设计项目管理

(1) Design Team

用于设定设计小组成员、设置成员的访问权限及数据管理，如图3-4所示。

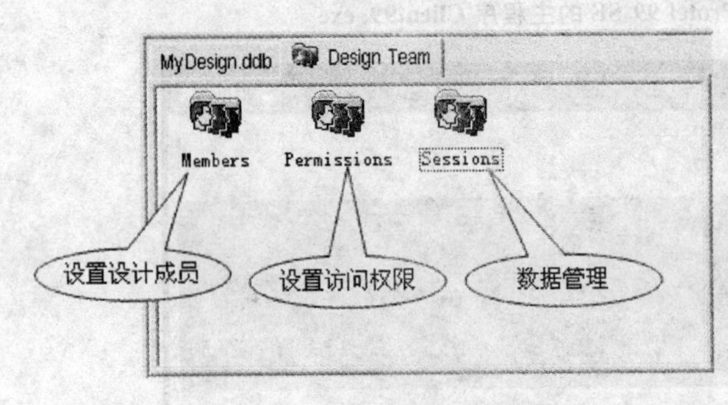

图3-4 Design Team管理器

Protel 99 SE可在一个设计组中进行协同设计，所有设计数据库和设计组特性都由设计组控制。定义组成员和设置它们的访问权限都在设计管理器中进行，确定其网络类型和网络专家独立性不需要求助于网络管理员。

无限制数量的设计组成员能同时访问相同的设计数据库。每个组成员都能看到当前什么文件是打开的以及谁在编辑，并能锁定文件以防止意外重写。

访问设计数据库可以通过建立设计组成员和指定其权限来控制。设计组成员建立在成员文件夹中。在成员文件夹中右击就会弹出浮动菜单，选择新成员。

为保证设计安全，需为管理组成员设置一个口令。这样，如果没有注册名字和口令就不能打开设计数据库。

(2) Recycle Bin

用于回收设计数据库中删除的文件，这样可以为用户找回由于误操作而删除的文件，如图3-5所示。

在Recycle Bin管理器中列出了被删除的文件的文件名、原始地址、类型等信息。

(3) Documents

用于存储设计文件，如图3-6所示。

MyDesign.ddb
Recycle Bin
Documents
Name
Original Location
Deleted...
Deleted By
Type
Size
CAM Ou...
\Documents\
2008-1-...
Admin
CAMManager
5KB
exp.cfg
\Documents\
2008-1-...
Admin
Text
1KB
exp.xls
\Documents\
2008-1-...
Admin
SPREAD
10KB

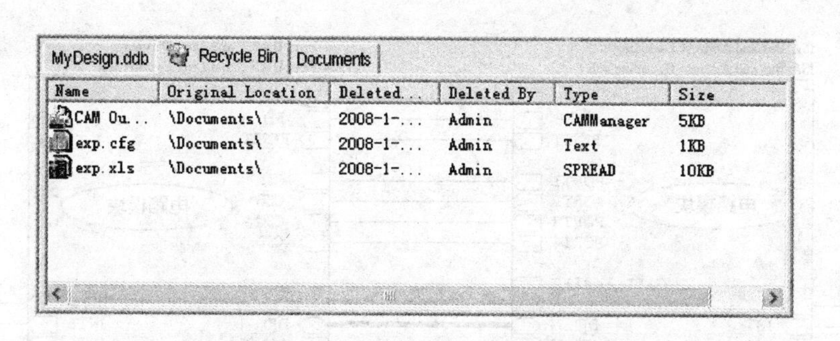

图 3-5　Recycle Bin 管理器

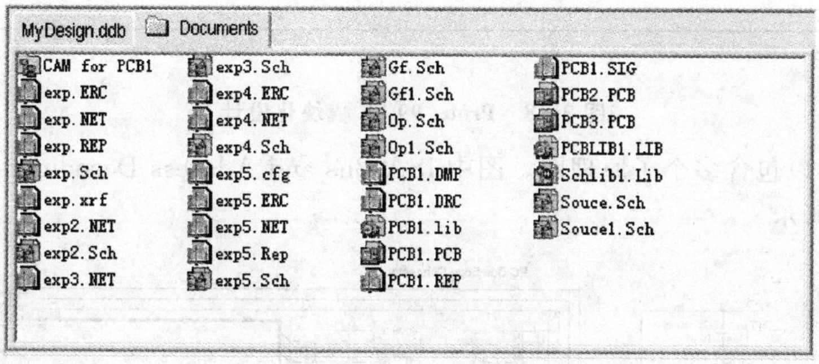

MyDesign.ddb
Documents
CAM for PCB1
exp.ERC
exp.NET
exp.REP
exp.Sch
exp.xrf
exp2.NET
exp2.Sch
exp3.NET
exp3.Sch
exp4.ERC
exp4.NET
exp4.Sch
exp5.cfg
exp5.ERC
exp5.NET
exp5.Rep
exp5.Sch
Gf.Sch
Gf1.Sch
Op.Sch
Op1.Sch
PCB1.DMP
PCB1.DRC
PCB1.lib
PCB1.PCB
PCB1.REP
PCB1.SIG
PCB2.PCB
PCB3.PCB
PCBLIB1.LIB
Schlib1.Lib
Souce.Sch
Souce1.Sch

图 3-6　Documents 管理器

使用文件管理器，可以对设计文件进行管理编辑、设置设计组的访问权限和监视对设计文件的访问。

项目导航以树状结构显示，如图 3-7 所示。

Protel 99 SE 项目导航树不仅仅显示一个原理图方案各文件间的逻辑关系，也显示了在设计数据库中文件的物理结构。

Explorer
Design Desktop
Active Design Stations
MyDesign.ddb
Design Team
Members
Permissions
Sessions
Recycle Bin
Documents
exp.ddb
Design Team
Recycle Bin
Documents
Documents.rep

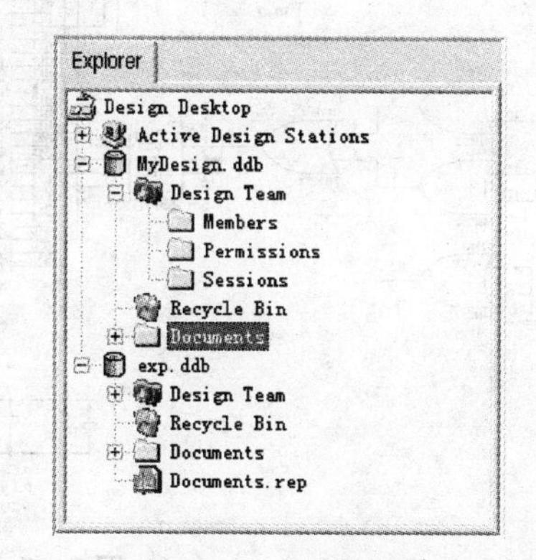

图 3-7　项目导航

3.1.3　多图纸设计

一个原理图的设计有多种组织图纸方案的方法。可以由单一图纸组成或由多张关联的图纸组成，不必考虑图纸号，SCH99 将每一个设计当作一个独立的方案。设计可以包括模块化元件，这些模块化元件可以建立在独立的图纸上，然后与主图连接。作为独立的维护模块允许几个工程师同时在同一方案中工作，模块也可被不同的方案重复使用。便于设计者利用小尺寸的打印设备（如激光打印机）。Protel 99 SE 支持模块化设计，如图 3-8 所示。

图 3-8 中的矩形框称为原理图模块，每个原理图模块中包含一张图纸。一个总

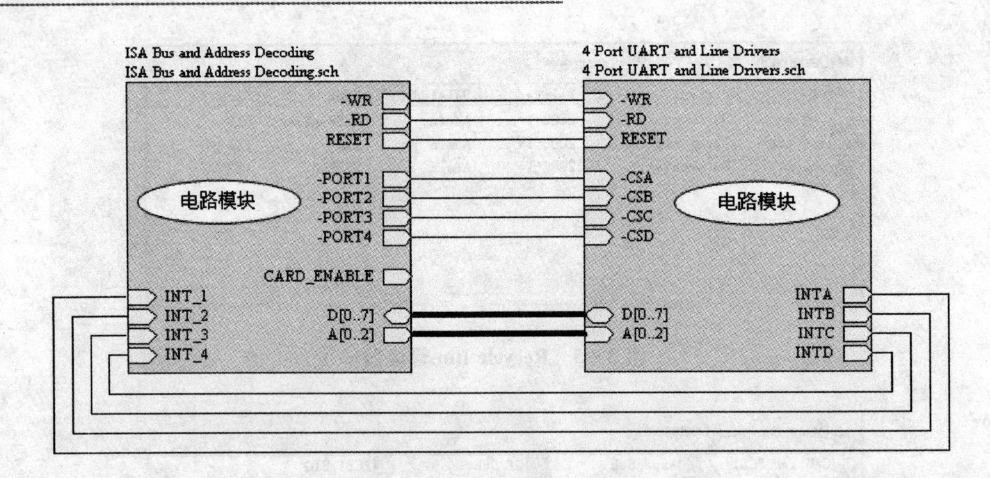

图3-8　Protel 99 SE模块化设计

的原理图可以包含多个子原理图。图中ISA Bus and Address Decoding. sch的电路如图3-9所示。

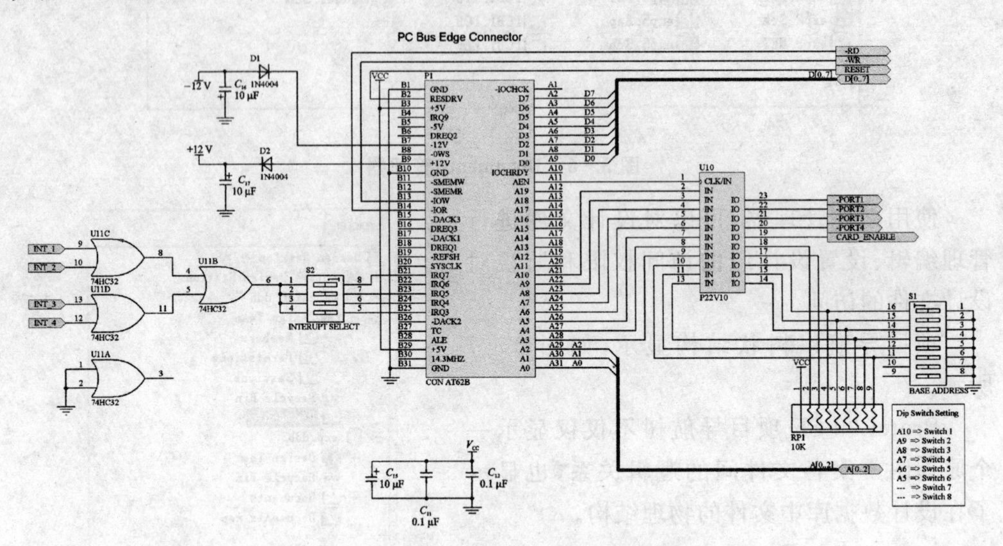

图3-9　原理图模块的电路图

3.1.4　原理图与PCB同步设计

Protel 99 SE包含一个强大的设计同步工具，可实现原理图和PCB之间设计信息的转移。同步设计是更新目标文件的过程，它基于参考文件中上一次的设计信息。当用户执行同步时，可实现从原理图到PCB的更新，如图3-10所示。

此外，系统还提供了从PCB到原理图的更新命令，如图3-11所示。

另外，同步设计执行设计信息的初始化转移，还有正向和反向标注处理、替换创

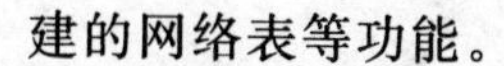
建的网络表等功能。

Protel 99 SE 提供了创建材料清单的功能，以便用户查看、统计电路设计中用到的材料，如图 3－12 所示。

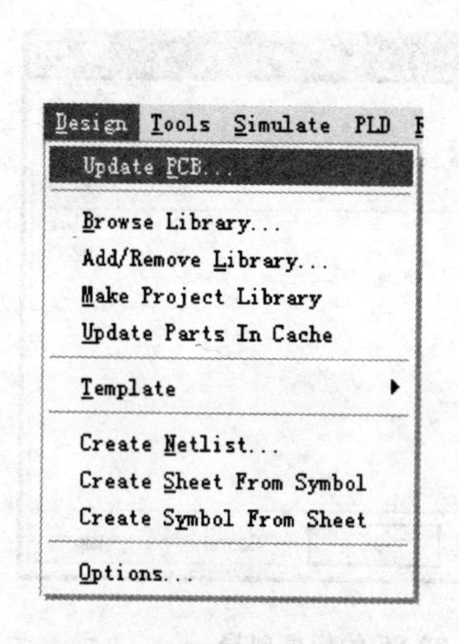

图 3－10　原理图到 PCB 的更新命令

Design Tools Auto Route Re
Rules...
Load Nets...
Netlist Manager...
Update Schematic...
Layer Stack Manager...
Split Planes...
Mechanical Layers...
Classes...
From-To Editor...
Browse Components...
Add/Remove Library...
Make Library
Aperture Library...
Options...

图 3－11　从 PCB 到原理图的更新命令

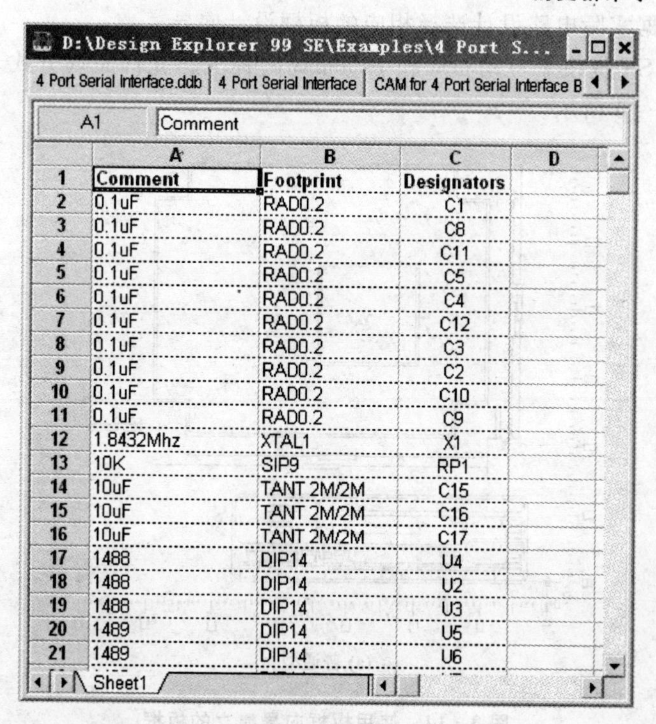
D:\Design Explorer 99 SE\Examples\4 Port S...

4 Port Serial Interface.ddb | 4 Port Serial Interface | CAM for 4 Port Serial Interface B

A1 Comment

	A	B	C	D
1	Comment	Footprint	Designators	
2	0.1uF	RAD0.2	C1	
3	0.1uF	RAD0.2	C8	
4	0.1uF	RAD0.2	C11	
5	0.1uF	RAD0.2	C5	
6	0.1uF	RAD0.2	C4	
7	0.1uF	RAD0.2	C12	
8	0.1uF	RAD0.2	C3	
9	0.1uF	RAD0.2	C2	
10	0.1uF	RAD0.2	C10	
11	0.1uF	RAD0.2	C9	
12	1.8432Mhz	XTAL1	X1	
13	10K	SIP9	RP1	
14	10uF	TANT 2M/2M	C15	
15	10uF	TANT 2M/2M	C16	
16	10uF	TANT 2M/2M	C17	
17	1488	DIP14	U4	
18	1488	DIP14	U2	
19	1488	DIP14	U3	
20	1489	DIP14	U5	
21	1489	DIP14	U6	

Sheet1

图 3－12　材料清单

3.1.5 PCB制板

进入PCB制作后，用户首先需要解决板框尺寸的问题。在Protel 99 SE中提供了板框向导工具，如图3-13所示。

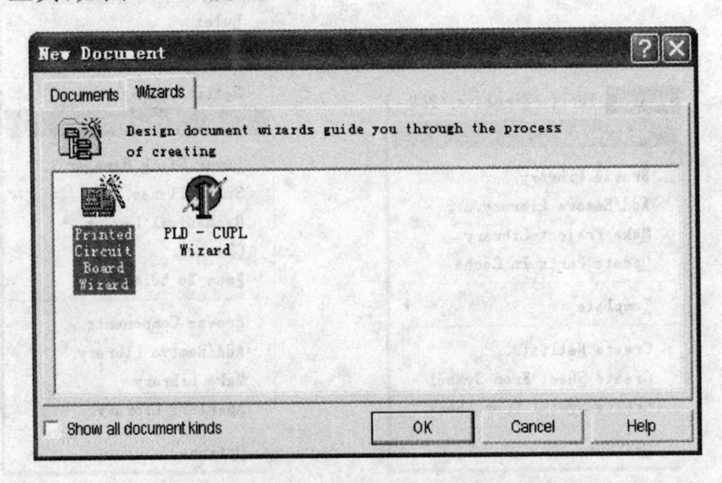

图3-13 Protel 99 SE的板框向导

使用这一向导工具，用户可设计期望的板框，如图3-14所示。

用户可根据实际电路设计选择相应的板框设计向导。

Protel 99 SE提供了自动布局和手动布局两种电路元件布局方式。电路自动布局结果如图3-15所示。

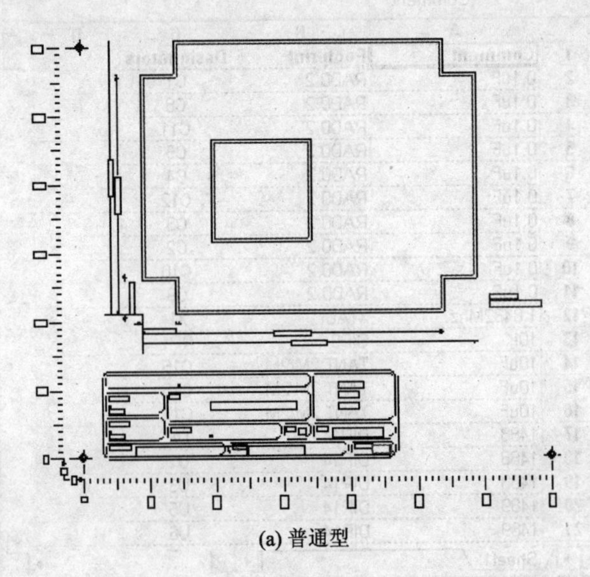

(a) 普通型

图3-14 使用板框向导建立的板框

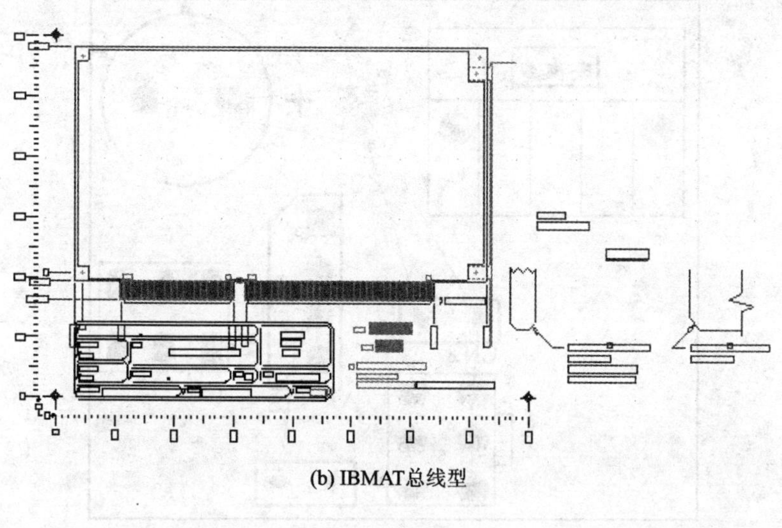

(b) IBMAT总线型

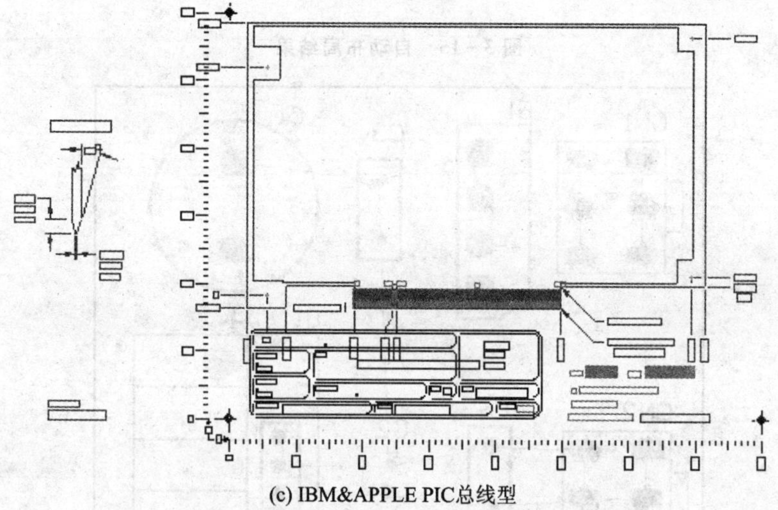

(c) IBM&APPLE PIC总线型

图3-14 使用板框向导建立的板框(续)

自动布局时,系统需要一定的布局时间,因此用户需要有足够的耐心等待;并且自动布局对一些特殊元件,如发热元件的摆放一般不合理,因此多数设计者采用手动布局的形式。手动布局的结果如图3-16所示。

手动布局可以充分考虑特殊元件的特性,从而使电路板的设计趋于合理。

Protel 99 SE有三种布线方式:忽略障碍布线(ignore obstacle)、避免障碍布线(avoid obstacle)、推挤布线(push obstacle)。用户可以根据需要选用不同的布线方式。各种布线方式布线结果如图3-17所示。

Protel 99 SE提供了自动布线和手动布线两种方式。Protel 99支持多种自动布线方式,可以对全板自动布线,也可以对某个网络、某个元件布线,还可手动布线。用

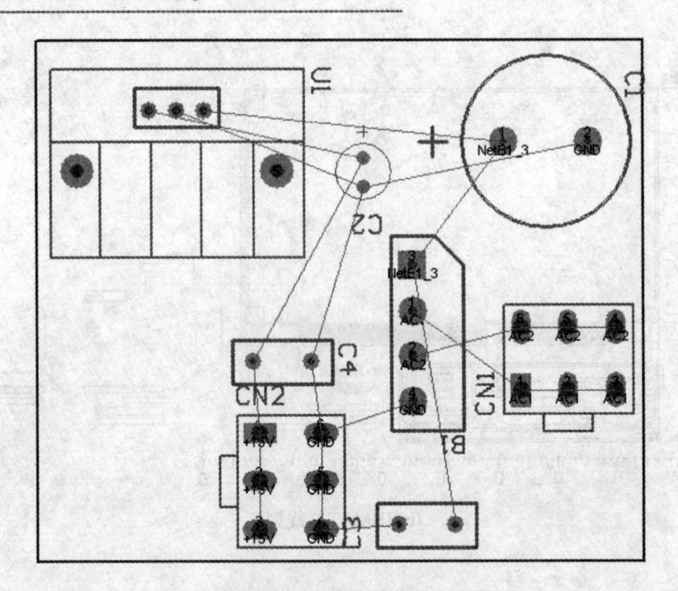

图 3-15 自动布局结果

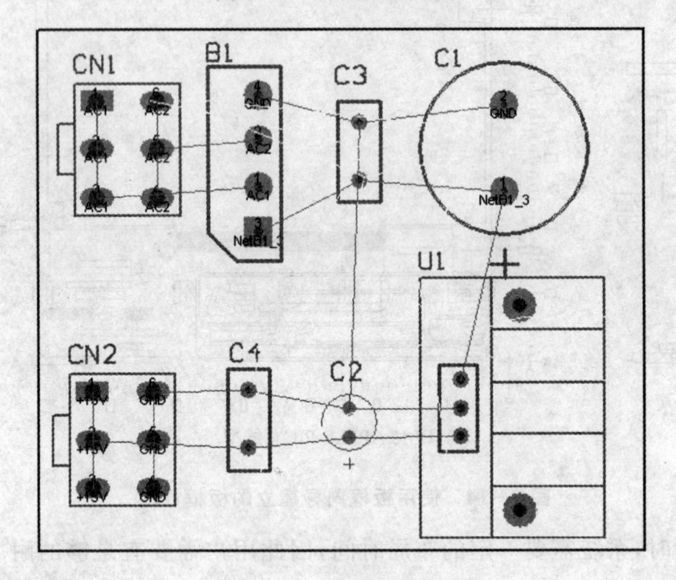

图 3-16 手动布局结果

户在布线时,可采用自动布线与手动布线相结合的方式进行布线。自动布线与手动布线相结合的布线结果如图 3-18 所示。

当用户将所有设计完成之后,需要把 PCB 文件拿到制板厂家去做印制板。如果厂家有 Protel 98 或 Protel 99,则可以直接导出 PCB 文件给厂家;如果厂家没有这两种版本文件,则需生成 Gerber 文件给厂家。Protel 99 SE 提供了生成 Gerber 文件的功能,如图 3-19 所示。

用户可使用这一向导创建 Gerber 文件。

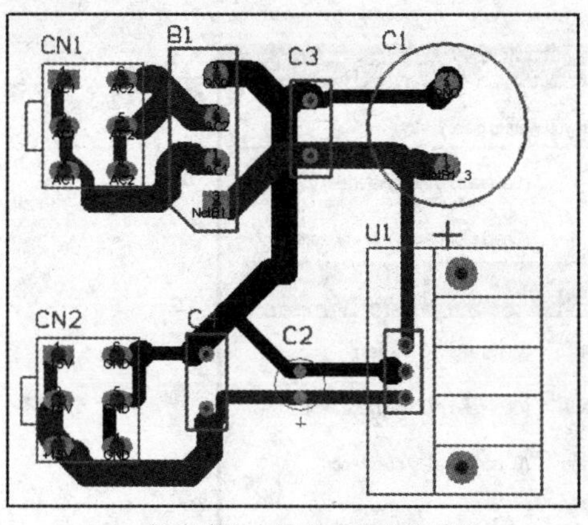

(a) 忽略障碍布线方式的布线结果

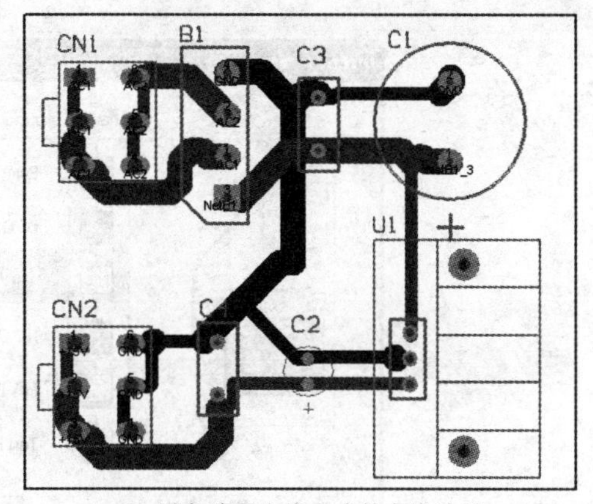

(b) 避免障碍布线方式的布线结果

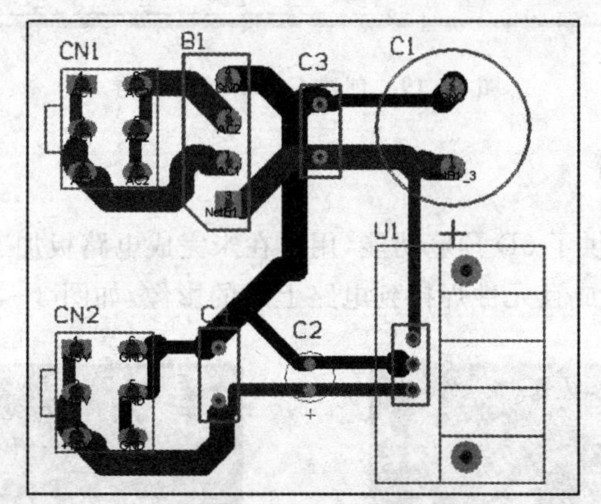

(c) 推挤布线方式的布线结果

图 3－17　各种布线方式的布线结果

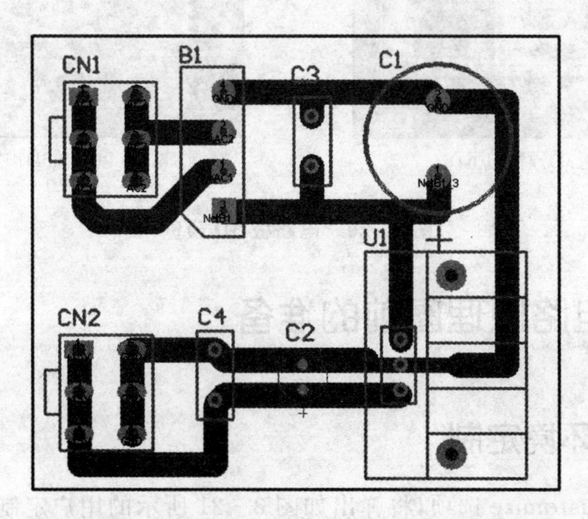

图 3－18　自动布线与手动布线相结合的布线结果

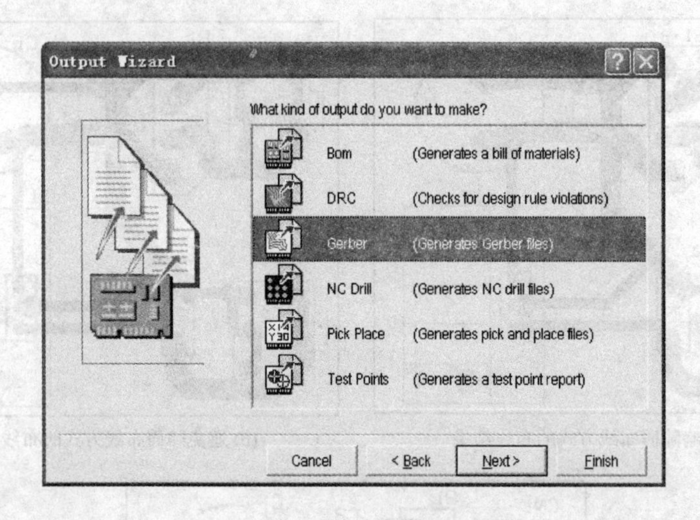

图 3-19 创建 Gerber 文件向导

3.1.6 3D 预览

Protel 99 SE 提供了 3D 预览功能，用户在未完成电路板加工、元件焊接之前，即可直观地看到加工完成且元件焊接到电路上后的影像，如图 3-20 所示。

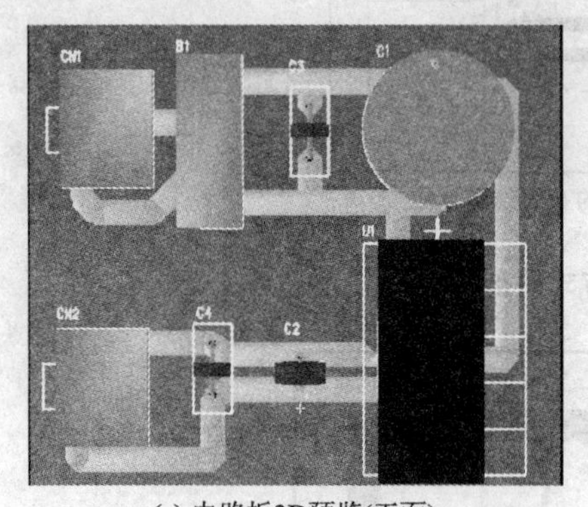

(a) 电路板3D预览(正面)

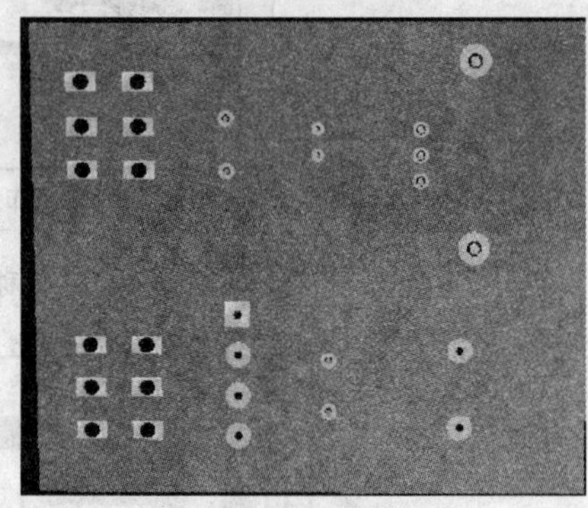

(b) 电路板3D预览(背面)

图 3-20 电路板 3D 预览

3.2 绘制电路原理图前的准备

3.2.1 设计环境定制

点选→Customize 选项，将弹出如图 3-21 所示的用户定制对话框。

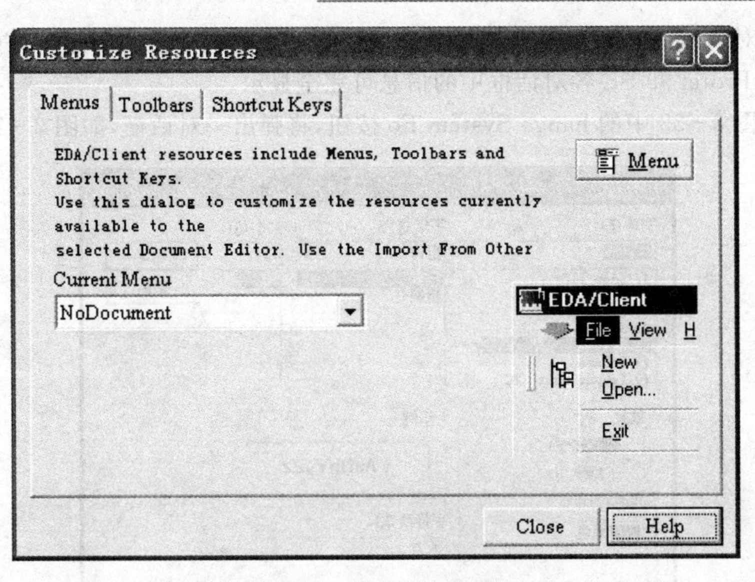

图3-21 用户定制对话框

注：

- Menus 选项卡：定制菜单；
- Toolbars 选项卡：定制工具栏；
- Shortcut Keys 选项卡：定制快捷键。

Protel 99 SE 为用户定制菜单、工具栏及快捷键提供界面。一般可采用系统的默认设置。设置完成后单击 Close 按钮即可。

点选→Preferences 选项，将弹出如图3-22所示的参数选择对话框。

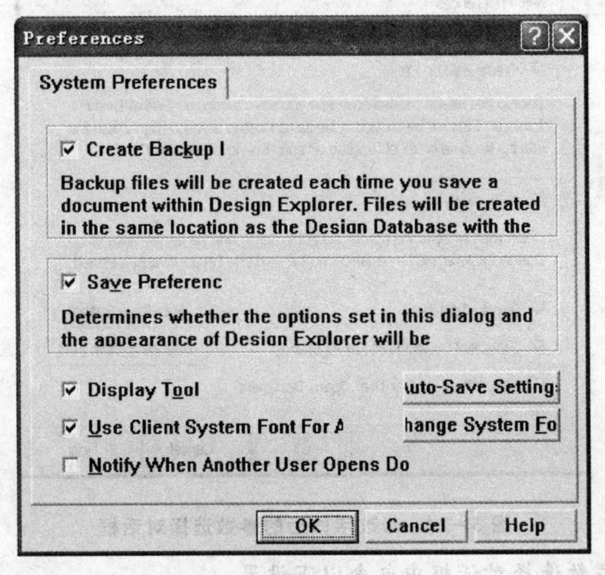

图3-22 参数选择对话框

弹出对话框中的内容被切掉了，用户无法看到完整的信息。因此，用户此时的任务就是使Protel 99 SE各对话框中的信息可完全显示。

单击图3-22中的hange System Fo按钮，将弹出一对话框，如图3-23所示。

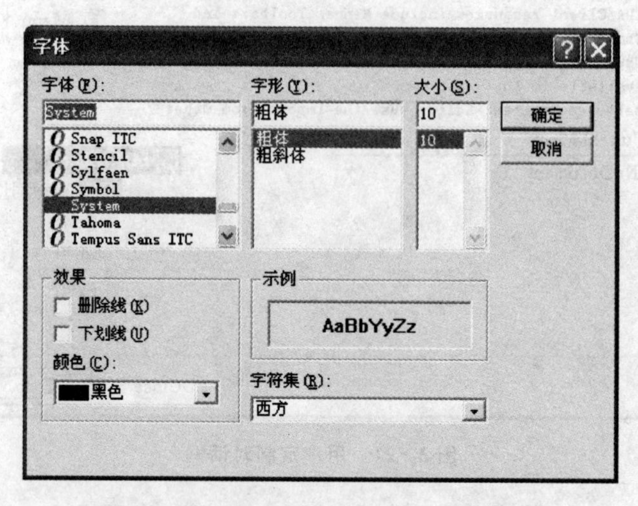

图3-23 hange System Fo按钮对应的对话框

从图3-23中可知，这一对话框为设置字体对话框。修改完成后单击"确定"按钮，同时关闭"参数选择"对话框。

再次点选→Preferences选项，此时的参数选择对话框如图3-24所示。

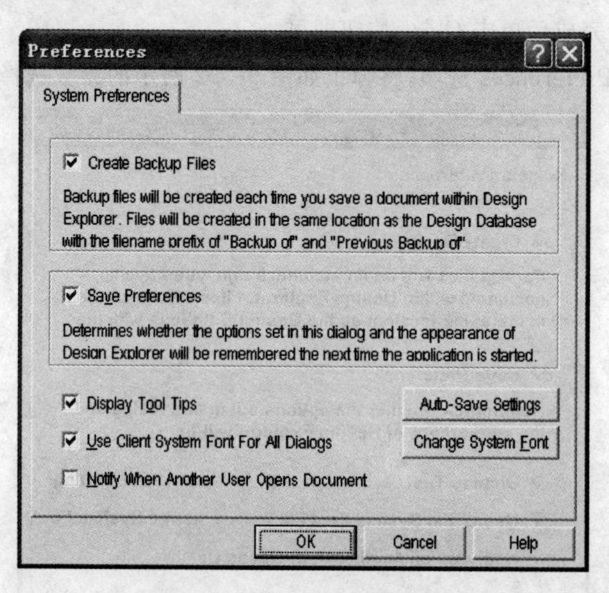

图3-24 修改字体后的参数选择对话框

注：在系统参数选择对话框中包含以下设置：

➢ Create Backup Files:创建备份文件;

➢ Save Preferences:保存设置;

➢ Display Tool Tips:工具提示信息是否显示设置选项;

➢ Use Client System Font For All Dialogs:所有的对话框使用用户设置的字体选项;

➢ Notify When Another User Opens Document:当其他用户打开设计时是否提示选项。

参数选择对话框设置多个设置选项,用户通过这一界面可以设置是否备份文件、是否保存设置等。

3.2.2 创建设计数据库文件

点选 File→New 菜单,将弹出如图 3-25 所示的设计向导。

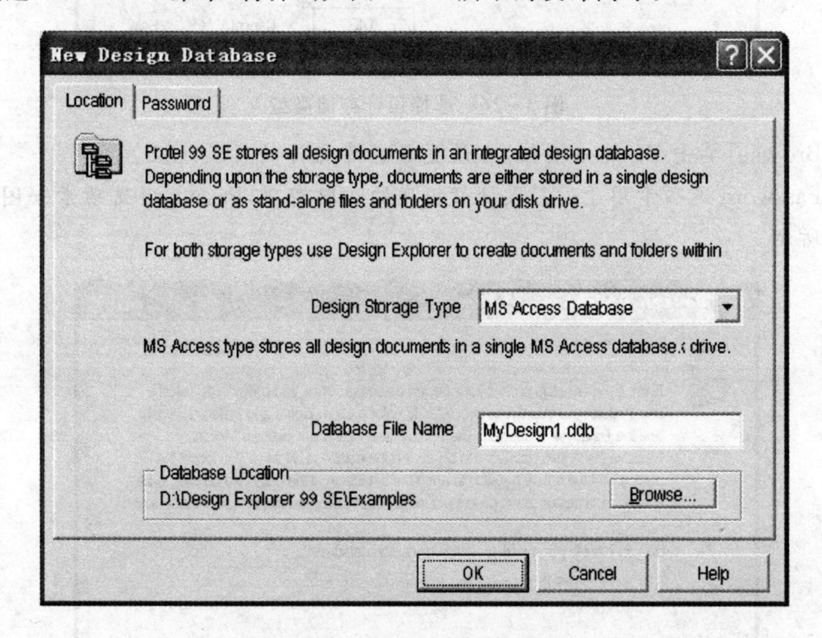

图 3-25 Protel 99 SE 设计向导

注:Protel 99 SE 设计向导包含 Location 及 Password 两个选项卡。其中 Location 选项卡中包含以下内容:

➢ Design Storage Type:设计存储类型。在 Protel 99 SE 中,用户可以选择将不同类型文件以 Windows 文件格式分别存储在硬盘上,也可选择将不同类型的文件存储为 Microsoft Access 类型的.Ddb 设计数据库文件。点选下拉式按钮,即可弹出选择列表,如图 3-26 所示。

➢ Database File Name:设计数据库文件名称。默认文件名为 MyDesign1.ddb,用户也可对数据库文件重命名,系统默认的数据库文件后缀名为.ddb。

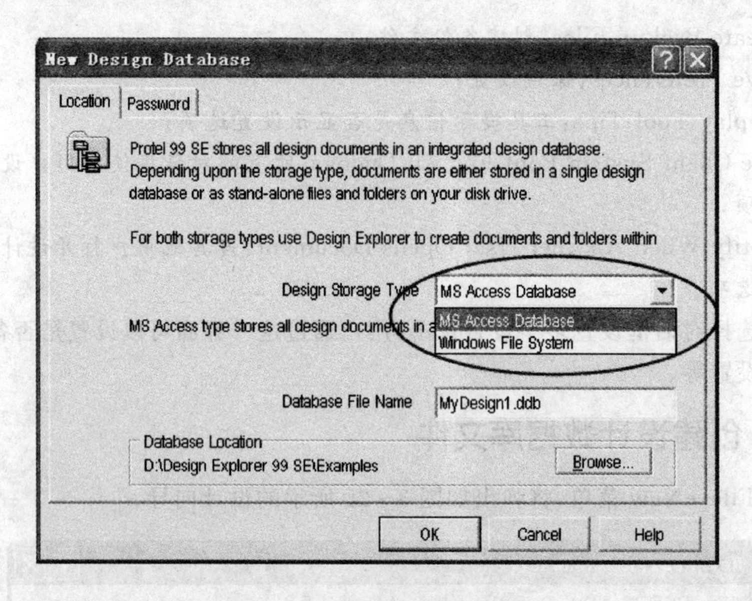

图3-26 选择设计存储类型

➢ Browse：单击 Browse 按钮，可设置数据库文件的存放地址。

Password 选项卡用于设置设计数据库的存取密码，Password 选项卡如图3-27所示。

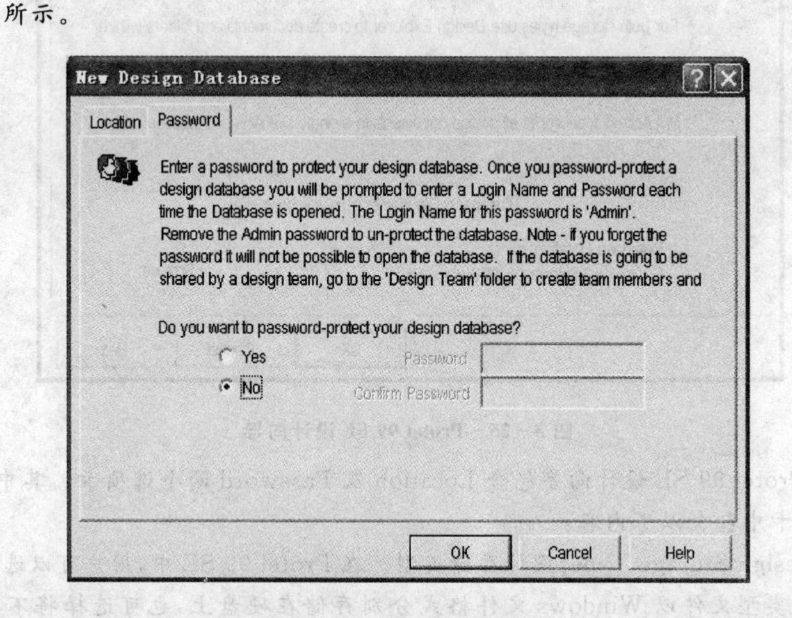

图3-27 Password 选项卡

点选 Do you want to password-protect your design database?（想要使用密码保护功能保护你的设计数据库吗?）下方的 Yes 复选框，如图3-28所示。

在 Password 文本框中键入密码，在 Confirm Password 文本框中再次键入密码，

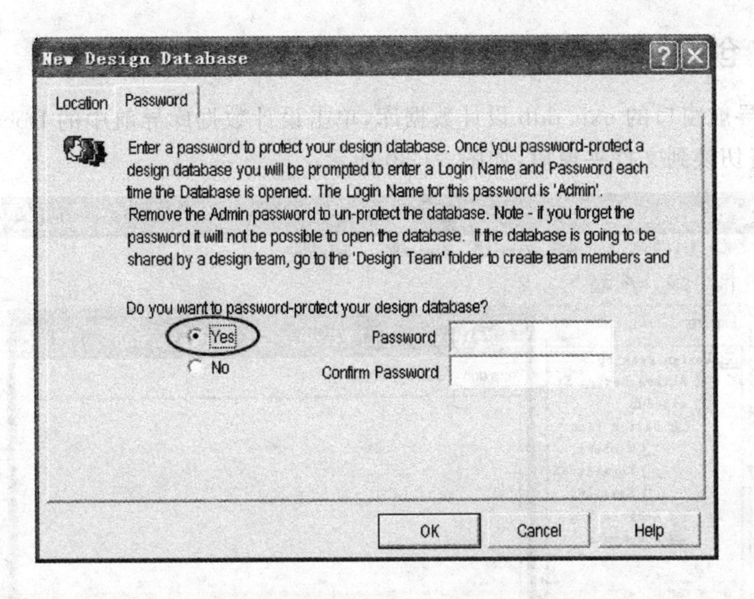

图 3-28　选择使用密码保护方式保护设计数据库

用以确认密码设置，后单击 OK 按钮完成设置。此后，当用户要打开这一设计文档时，须键入密码方可打开设计文档。

选择 MS Access Database 设计存储类型，在 Database File Name 中键入文件名 exp. ddb，并将设计数据库存放在 F 盘下 Protel 入门教程中的 Protel Exp 文件夹中，点选 Password 选项卡，设置设计保护密码为 123，设置完成后单击 OK 按钮即可完成设置，此时 Protel 99 SE 将进入 Protel 新建设计数据库文件系统窗口，如图 3-29 所示。

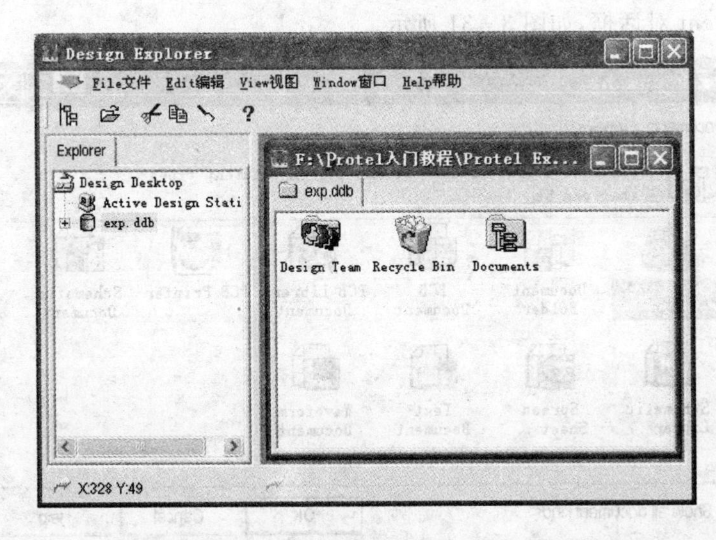

图 3-29　Protel 新建设计数据库文件系统窗口

3.2.3 创建设计绘图页

打开导航窗口的exp.ddb设计数据库，单击设计数据库导航中的Documents文件，系统将切换到文件夹窗口，如图3-30所示。

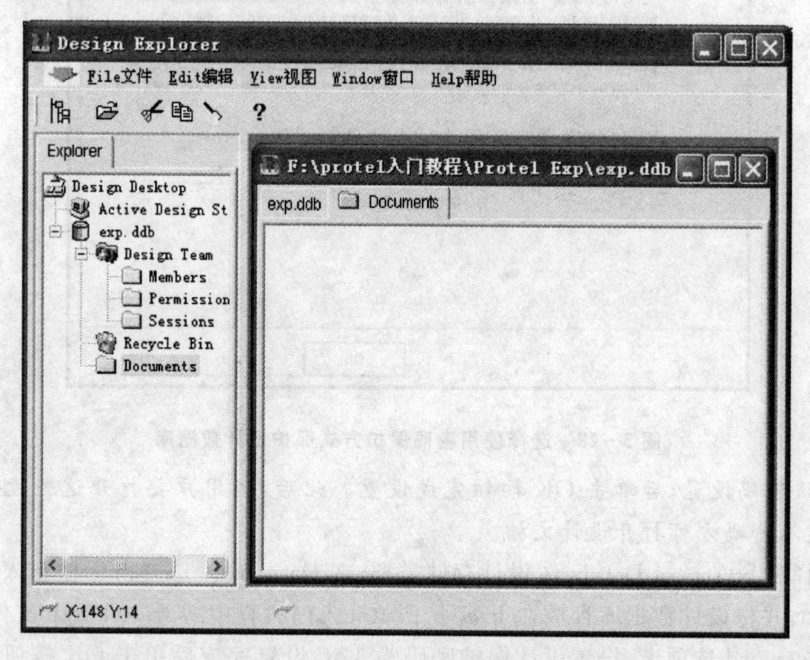

图3-30 文件夹窗口

在Documents窗口右击，选中右键快捷菜单中的New选项，此时系统将弹出New Document对话框，如图3-31所示。

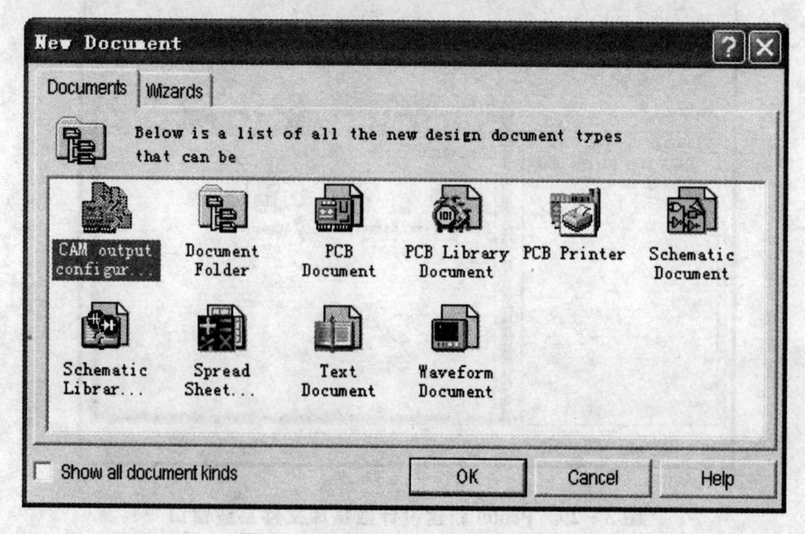

图3-31 New Document对话框

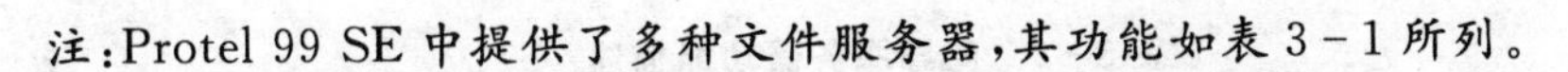

注:Protel 99 SE 中提供了多种文件服务器,其功能如表 3-1 所列。

表 3-1 Protel 99 SE 中各文件服务器功能描述

图 标	功能描述	图 标	功能描述
CAM output configur...	生成 CAM 制造输出文件,可以连接电路图和电路板生产制造的各个环节	Schematic Document	原理图设计编辑器
Document Folder	建立设计文档或文件夹	Schematic Librar...	原理图元件编辑器
PCB Document	印刷电路板设计编辑器	Spread Sheet...	表格处理编辑器
PCB Library Document	印刷电路板元件分装编辑器	Text Document	文字处理编辑器
PCB Printer	印刷电路板打印编辑器	Waveform Document	波形处理编辑器

点选 New Document 中的 Wizards 选项卡,将显示 Protel 99 SE 提供的向导服务器,如图 3-32 所示。

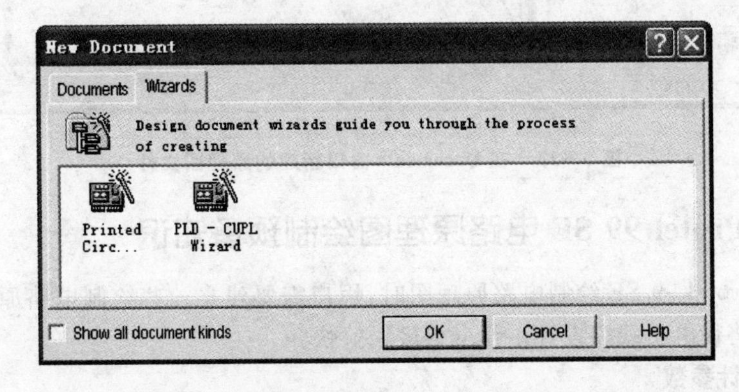

图 3-32 向导服务器窗口

各向导服务器功能描述如表 3-2 所列。

表3-2 向导服务器功能描述

图 标	功能描述
Printed Circuit Board Wizard	印刷电路板设计向导,用于创建一个新的PCB板框
PLD - CUPL Wizard	PLD-CUPL设计向导,用于创建一个新的CUPL源文件

双击New Document对话框中Documents选项卡中的Schematic Document图标,系统将在Documents窗口新建一个原理图文档,如图3-33所示。

至此,设计绘图页创建完成。用户可修改文档的文件名。

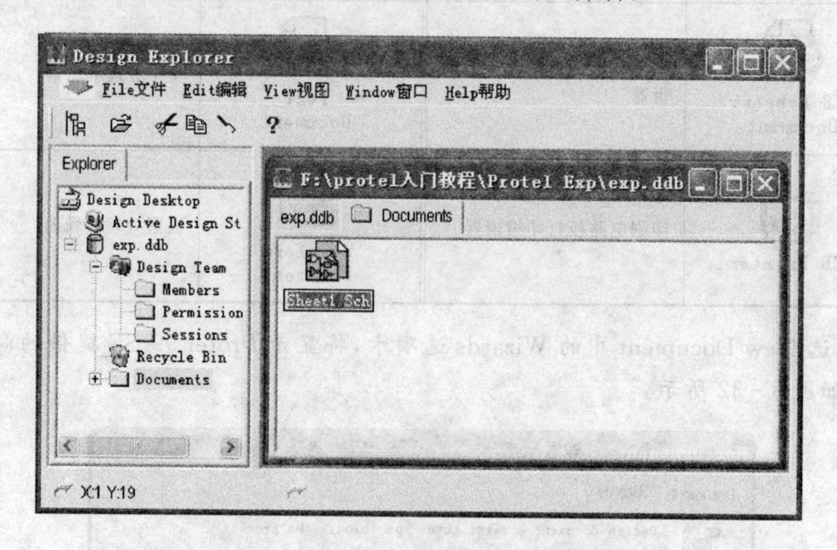

图3-33 在Documents窗口新建的原理图文件

3.2.4 Protel 99 SE电路原理图绘制预备知识

使用Protel 99 SE绘制电路原理图时,用户需要建立一些绘制电路原理图的基本知识,这将使电子线路设计工作变得轻松愉快。

(1) 设计参数

参数的设定一般采取默认设置,需要改动的只在软件安装时设定一次,以后就可以沿用了。这里有两处设定:

✧ Tools/Preferences…命令；

✧ Design/Options…命令。

其中有三处需要注意：

➢ 图纸的大小：默认值是B纸，(15×9.5) in^2，鉴于A4纸适合大多数打印机，所以一般图纸选定都是A4纸，(11.5×7.6) in^2，以免设计完成后却无法打印出来；

➢ 原理图部分或全部向Word文档中的剪贴问题：在Tools/Preferences…命令中的Graphical Editing选项卡里不选Add Template to Clipboard复选框，这样，就不会在复制所选电路时将图纸的图边、标题栏等也复制进去了，如图3-34所示。

➢ 单位问题：最好使用英制单位，避免老是在英制和公制单位之间不停地换算。

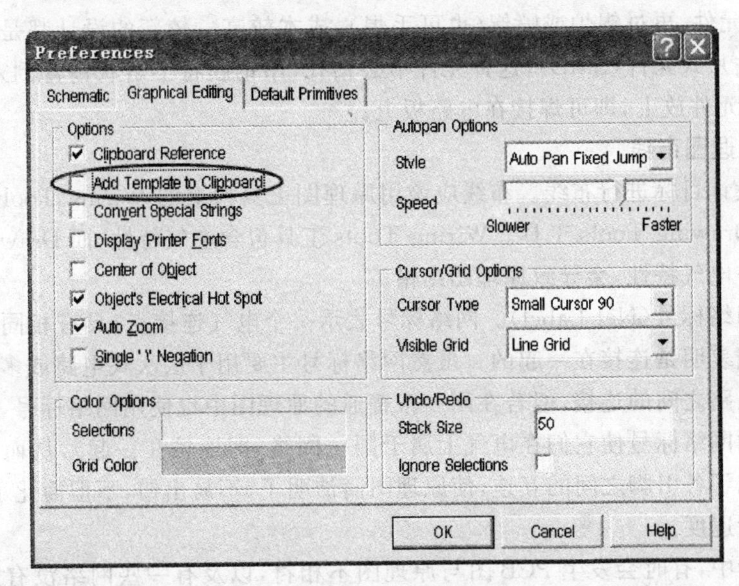

图3-34 设置在剪贴方式

(2) Tab键应用

放置元器件是绘制电路原理图的一个重要步骤，在放置元器件时按Tab键可以更改元器件的参数，包括元器件的名称、大小、封装等。通常在一个原理图中会有相同的元器件，如果在放置元器件时用Tab键更改属性，那么其他相同元器件的属性系统会自动更改，特别是元器件的名称和封装，这样会很方便；同时，还会减少不必要的错误，比如元器件的属性忘记更改等。如果等放完元器件再统一更改属性，则既费时费力，还容易出现错误。

(3) 库元件的创建与放置

利用元件库浏览器放置元件，对于元件库内未包括的元件，用户要自己创建。在创建元件时还要注意，一定要在工作区的中央(0,0)处(即"十"字形的中心)绘制库元件，否则可能会出现在原理图中放置(place)制作的元件时，鼠标指针总是与要放置的元件相隔很远的现象。

在画原理图时，有时一不小心，使元件(或导线)掉到了图纸外面，却怎么也清除不了。这是由于 Protel 在原理图编辑状态下，不能同时用鼠标选中工作面内外的元件。要清除图纸外的元件，可点选 Edit→Select→Outside Area 命令。

元件放置好后，最好及时设置好其属性，若找不到其相应的封装形式，也要及时为其创建适当的封装形式。

(4) 元件封装

零件封装是指实际零件焊接到电路板时所指示的外观和焊点的位置，是纯粹的空间概念。因此不同的元件可共用同一零件封装，同种元件也可有不同的零件封装。像电阻，有传统的针插式，这种元件体积较大，电路板必须钻孔才能安置元件；完成钻孔后，插入元件，再过锡炉或喷锡(也可手焊)，成本较高。较新的设计都是采用体积小的表面贴片式元件(SMD)，这种元件不必钻孔，用钢膜将半熔状锡膏倒入电路板，再把 SMD 元件放上，即可焊接在电路板上。

(5) 原理图布线

根据设计目标进行布线。布线应该用原理图工具栏上的 Wiring Tools 工具，不要误用了 Drawing Tools 工具。Wiring Tools 工具包含电气特性，而 Drawing Tools 工具不具备电气特性，会导致原理图出错。

利用网络标号(Net Label)。网络标号表示一个电气连接点，具有相同网络标号的电气接线表明是连接在一起的。虽然网络标号主要用于层次式电路或多重式电路中各模块电路之间的连接，但若在同一张普通的原理图中也使用网络标号，则可通过命名相同的网络标号使它们在电气上属于同一网络(即连接在一起)，从而不用电气接线就实现了各引脚之间的互连，使原理图简洁明了，不易出错，不但简化了设计，还提高了设计速度。

在设计中，有时会发生 PCB 图与原理图不相符，以及有一些网络没有连上的问题。这种问题的根源在原理图上。原理图的连线看上去是连上了，但实际上并没有连上。由于画线不符合规范，而导致生成的网络表有误，从而 PCB 图出错。

不规范的连线方式主要有：

- ✧ 超过元器件的端点连线；
- ✧ 连线的两部分有重复。

解决方法是在画原理图连线时，应尽量做到：

- ✧ 在元件端点处连线；
- ✧ 元件连线尽量一线连通，少用以直接将其端点对接上的方法来实现。

(6) 原理图编辑与调整

编辑和调整是保证原理图设计成功很重要的一步。

当电路较复杂或是元器件的数目较多时，用手动编号的方法不仅慢，而且容易出现重号或跳号。重号的错误会在 PCB 编辑器中载入网络表时表现出来，跳号也会导致管理不便，所以 Protel 提供了很好的元件自动编号功能，应该好好地利用，即利用 Tools→Annotate 命令。

在原理图画好后，许多细节之处可能存在疏漏，所以必须进行其属性(attributes)检查，特别是封装形式(package)的遗漏检查，否则不能生成有效的网络表。Protel 提供了表格编辑器用来快速检查元件的属性遗漏，即执行 Edit→Export to spread 命令，生成电子表格。通过电子表格可直接看出各元件的属性设置情况，并可在表格内直接进行属性的修改，然后用 File→Update 命令更新电路原理图文件。

最后还要对电路进行电气法则测试：选择 Tools→ERC 命令。它可以检测出用户设计过程中的疏漏之处和电气连接错误，如未连接的电源实体、悬空的输入引脚、输出引脚连接在电源上等，但不要把它当成电气功能检查。执行测试后，可以得到各种可能存在的错误报告，并且会在电路原理图中有错误之处打上记号，以便设计者进行修改。

(7) 层次电路图

对于一个庞大的电路原理图，作为一个项目，不可能一次完成，也不可能将这个原理图画在一张图纸上，更不可能一个人完成。因此，在 Protel 99 SE 中提供了一个很好的项目设计工作环境。项目主管的主要工作是将整张原理图划分为各个功能模块。这样，由于网络的应用，整个项目可以分层次进行并行设计，使得设计进程大大加快。

层次设计的方法为用户将系统划分为多个子系统，子系统下面又可以划分为若干功能模块，功能模块又可以再细分为若干基本模块。设计好基本模块，定义好模块之间的连接关系，即可完成整个电路的设计过程。设计时，用户可以从系统开始逐级向下进行，也可以从基本的模块开始逐级向上进行，调用的原理图可以重复使用。

(8) 网络表

Protel 能提供电路图中的相关信息，如元件表、阶层表、交叉参考表、ERC 表、网络比较表等，最重要的还是网络表。网络表是连接原理图和 PCB 图的桥梁，网络表正确与否直接影响着 PCB 的设计。对于复杂方案的设计文件，产生正确的网络表更是设计的关键。

网络表的格式很多，通常为 ACLII 码文本文件。网络表的内容主要为原理图中各器件的数据以及元件之间网络连接的数据。Protel 格式的网络表分两部分，第一部分为元件定义，第二部分为网络定义。

由于网络表是纯文本文件，所以用户可以利用一般的文本文件编辑程序自行建立或是修改存在的网络表。如用手工方式编辑网络，则在保存文件时必须以纯文本格式保存。

3.3 绘制电路原理图

Protel 99 SE绘制电路原理图的流程如图3-35所示。

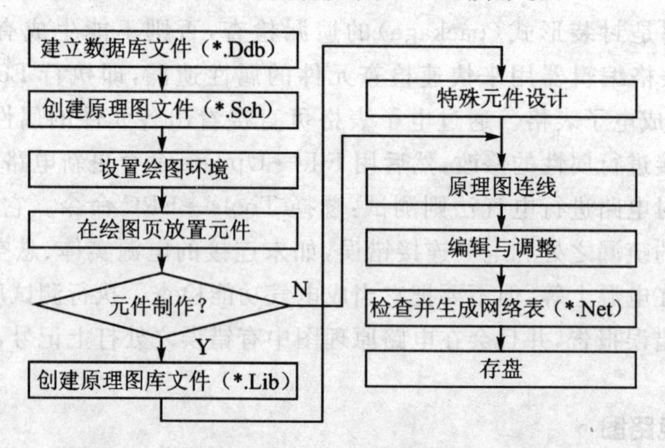

图3-35 Protel 99 SE绘制电路原理图流程图

3.3.1 Protel 99 SE绘制电路原理图——放置元件

Protel 99 SE的原理图器件库有60 000多个器件，用户只需将元件所在的库加载到设计管理器中，浏览条上就会显示出器件的形状，双击器件就可放到界面上。

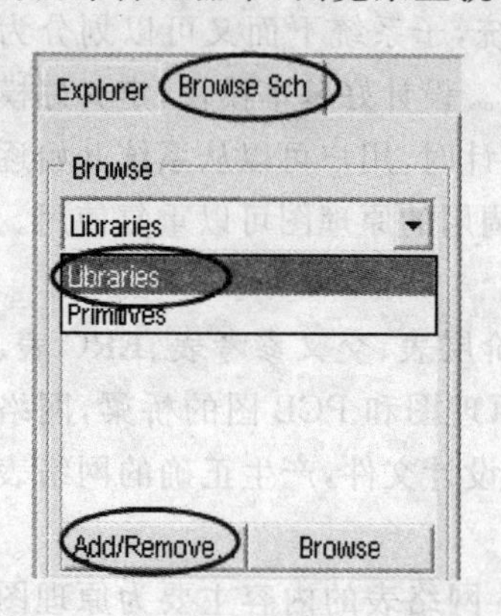

图3-36 启动添加/删除元件库进程

首先添加元件库到设计中。在设计管理器中选择Browse Sch选项卡，在Browse区域中的下拉框中选择Libraries，然后点选Add/Remove按钮，如图3-36所示。

此时系统将弹出添加/删除元件库对话框，在窗口中寻找Protel 99 SE子目录，在该目录中选择Library\Sch路径，如图3-37所示。

注：Sch库为原理图元件库，包含119个子元件库，且子元件库以“生产厂商+元件类型”命名，其包含Allegro、AMD、Atmel、Dallas等公司生产的元件。通常用户使用Protel DOS Schematic Libraries元件库、Miscellaneous Devices元件库、Spice元件库与Sim元件库居多，其中常用到的分立元件可在Miscellaneous Devices元件库中找到，而TTL和CMOS等集成电路可在Protel DOS Schematic Libraries元件库中找到。

以添加Protel DOS Schematic Libraries库为例，点选Protel DOS Schematic Libraries，然后单击Add按钮，此时系统将会把元件库添加到Selected Files栏中，如图3-38所示。

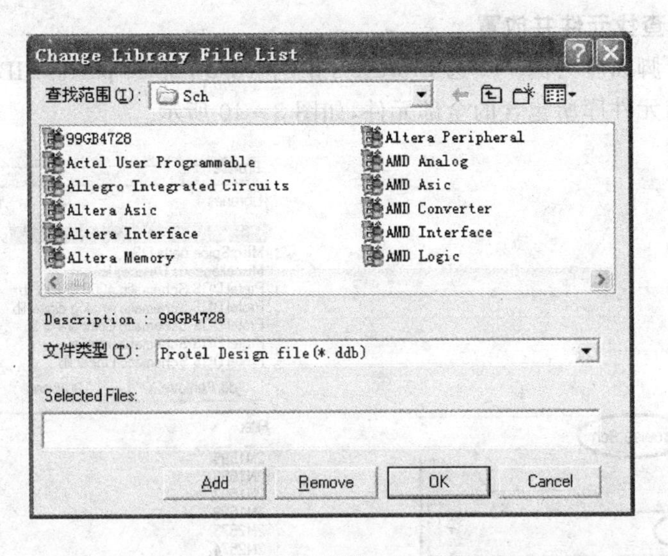

图 3-37 添加/删除元件库对话框

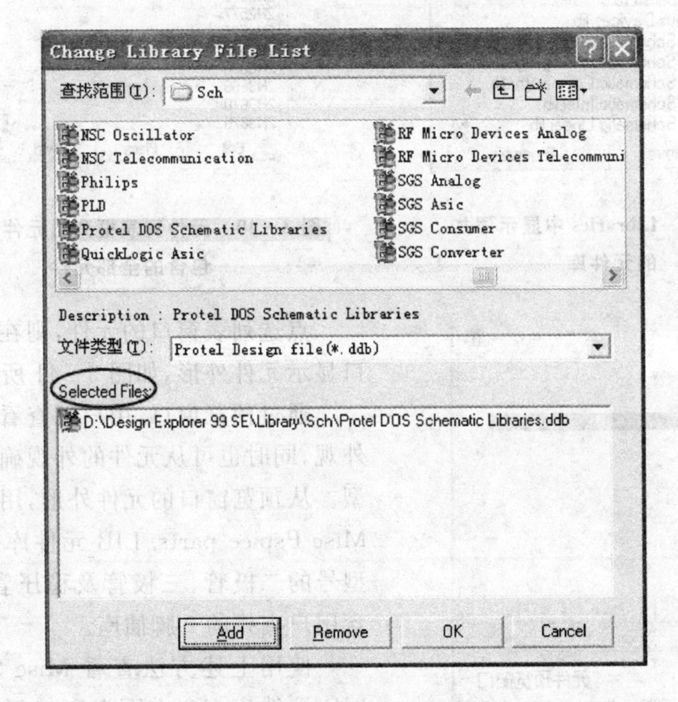

图 3-38 添加元件库到 Selected Files 中

同理，按照上述方式将 Miscellaneous Devices 元件库和 Spice 元件库添加到 Selected Files 中，元件库添加完成后，单击 OK 按钮完成添加。此时设计管理器 Browse Sch 选项卡页 Libraries 中显示所添加的元件库，如图 3-39 所示。

元件库中元件的查找方法如下。

(1) 逐库查找元件并放置

以放置2脚插座为例。点选 Libraries 中的 Misc Pspice parts. LIB 元件库，则在列表框中列出元件库所包含的全部元件，如图3-40所示。

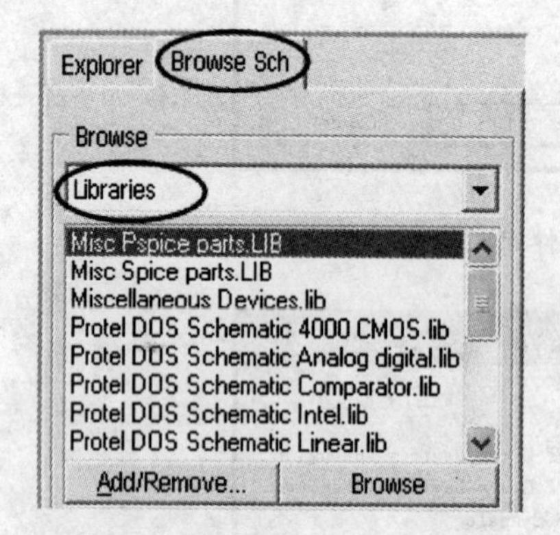

图3-39　Libraries 中显示添加的元件库

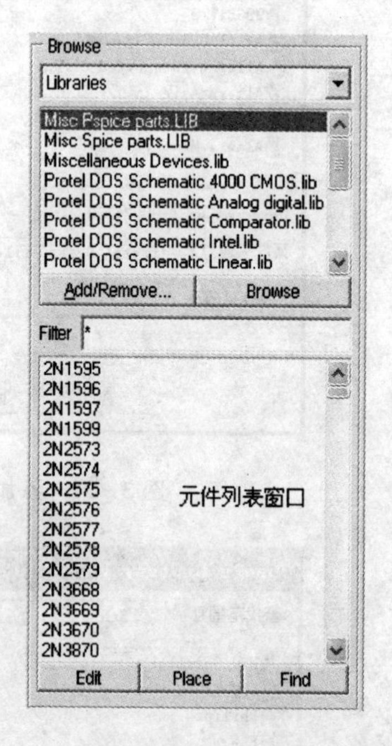

图3-40　元件列表框列出元件库所包含的全部元件

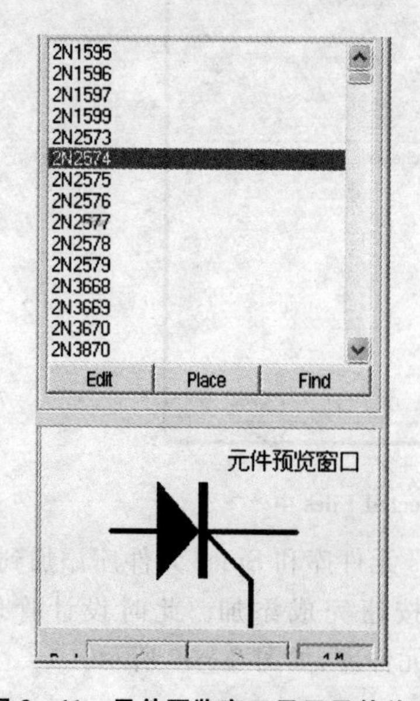

图3-41　元件预览窗口显示元件外形

点选列表窗口的元件，则在元件预览窗口显示元件外形，如图3-41所示。

通过预览窗口，用户可查看各种元件的外观，同时也可从元件的外观确定元件的类型。从预览窗口的元件外形，用户可确定在 Misc Pspice parts. LIB 元件库中包含各种型号的二极管、三极管及稳压管等，而不包含用户查找的2脚插座。

使用上述方法查看 Misc Spice parts. LIB 元件库，通过预览窗口可知，在 Misc Spice parts. LIB 元件库中除包含如电阻、电容、电感等基本元件外，还包含保险丝、电流源、电压源等，但不包含用户查找的2脚插座。

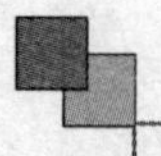

再次使用上述方法查看 Miscellaneous Devices. lib 元件库中的元件，如图 3-42 所示。

在预览窗口，用户可看到 2 脚插座的外观，单击 Place 按钮，并移动鼠标到绘图区域，可以看到元件随鼠标的移动而移动。单击即可将元件放置到绘图页，如图 3-43 所示。

(2) 采用“过滤”方式查找元件并放置

以放置桥堆 18DB05 为例。在设计管理器 Browse Sch 选项卡的 Filter 中键入元件型号，如图 3-44 所示。

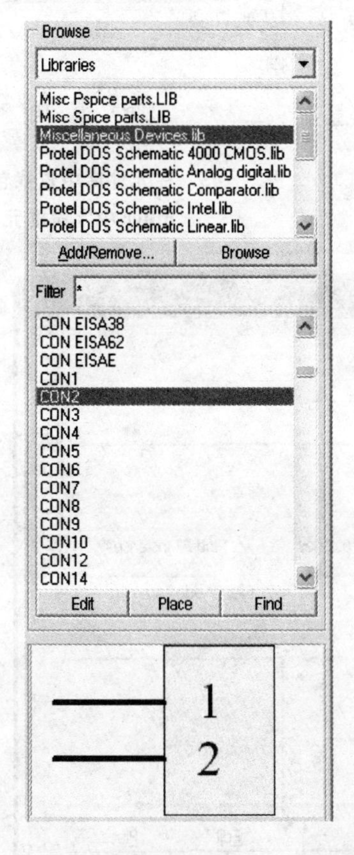

图 3-42 查看 Miscellaneous Devices. lib 元件库

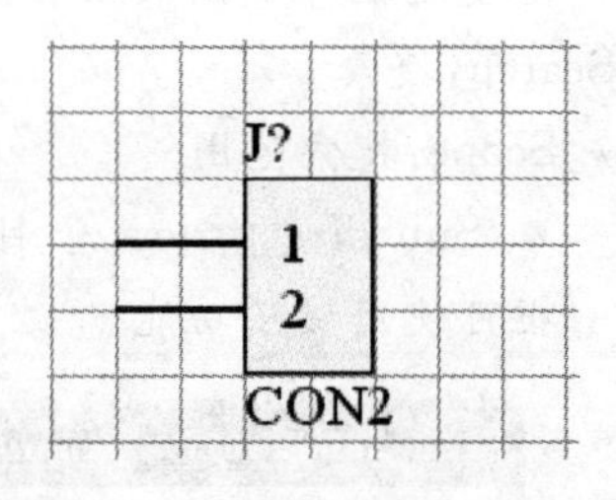

图 3-43 将元件放置到绘图页

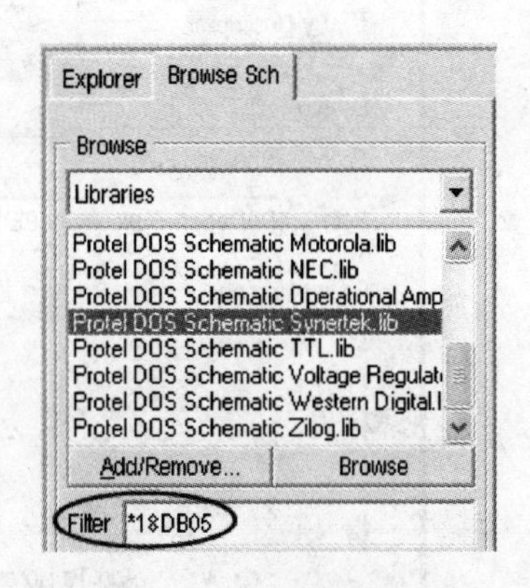

图 3-44 使用 Filter 查找元件

在元件库列表中点击元件库，则在元件列表中列出所有包含 18DB05 字段的元件。以 Miscellaneous Devices. lib 为例，点选这一元件库，则在元件列表中列出包含 18DB05 字段的所有元件，如图 3-45 所示。

从列表中可知，在 Miscellaneous Devices. lib 元件库中不包含含有 18BD05 字段的元件。按照上述方式，查找元件库列表中的其他元件库是否包含 18BD05 字段的元件。经查找，我们所添加的元件库均不包含含有 18BD05 字段的元件。那么我们未添加到元件库列表的元件库中是否包含这一元件呢?

单击元件列表下方的 Find 按钮,将弹出如图 3-46 所示的查找元件对话框。

注:在 Find 选项卡中包含如下内容:

Find Component:查找元件

➢ By Library Reference:通过元件名称查找。点选复选框可使用该项功能。

➢ By Description:通过元件描述查找。点选复选框可使用该项功能。

Search:搜索

➢ Scope:搜索范围

● Sub directories:子目录。点选复选框可使用该项功能。

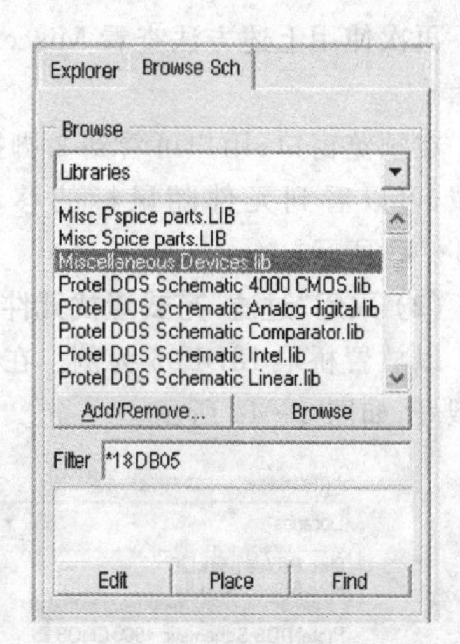

图 3-45　在元件库中查找包含 Filter 中字段的元件

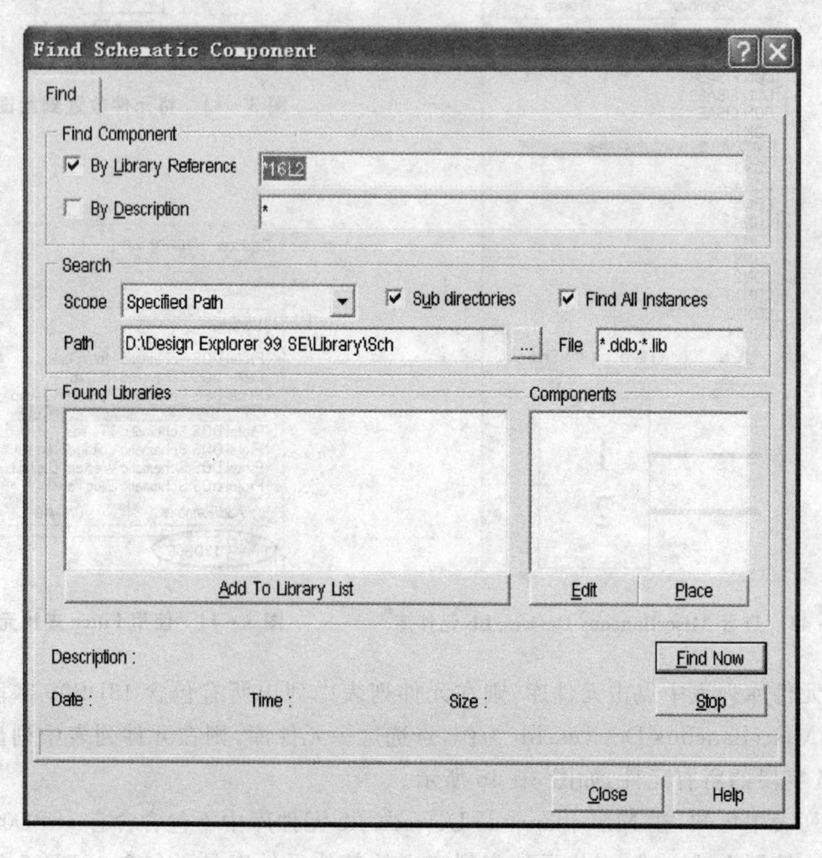

图 3-46　查找元件对话框

- Find All Instances：查找所有实体。点选复选框可使用该项功能。

点选Scope文本框的下拉式按钮，将弹出如图3-47所示的下拉式菜单。

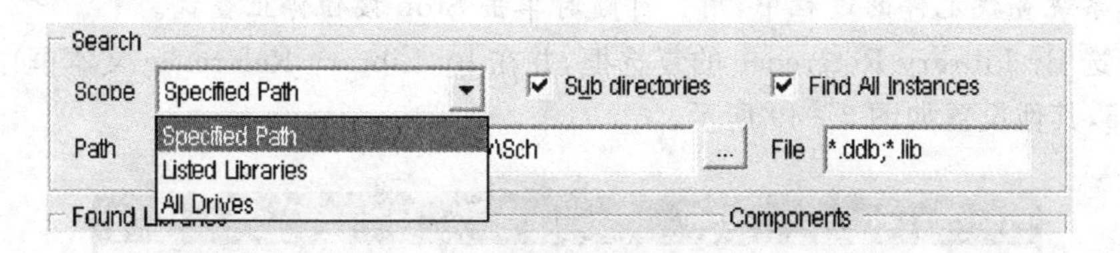

图3-47 Scope下拉式菜单

其中，Specified Path：在指定路径的文件中查找；

Listed Libraries：在元件库列表的元件库中查找；

All Drives：在所有驱动盘中查找。

只有选择Specified Path为查找范围时，Path设置才有效。

➢ Path：搜索路径。

- File：在何种类型的文件中搜索：在＊.ddb及＊.lib类型文件中搜索。单击Path文本框之后的按钮，将弹出如图3-48所示的设置路径对话框。

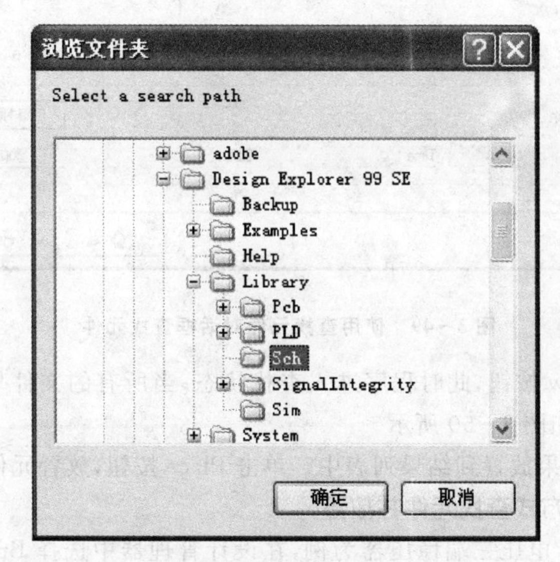

图3-48 设置路径对话框

在设置路径对话框中选择期望查找的文件后，单击"确定"按钮即可完成设置。

在完成上述设置后，单击Find Now按钮，系统开始在设置范围内查找元件，并将查找到元件的隶属库放置到Found Libraries列表中，而将元件列出到Components列表中。单击Found Libraries列表下方的Add To Library List按钮，即可添加 Found Libraries 列表中的元件库到元件库列表中；而单击 Components 列表下方的 Edit 按钮，即可对元件进行编辑；单击 Place 按钮，即可将元件放置到绘图页。

在系统查找元件的过程中，用户可随时单击 Stop 按钮停止查找。

点选 By Library Reference 的复选框，并在 By Library Reference 文本框中键入 18DB05，其他设置如图 3-49 所示。

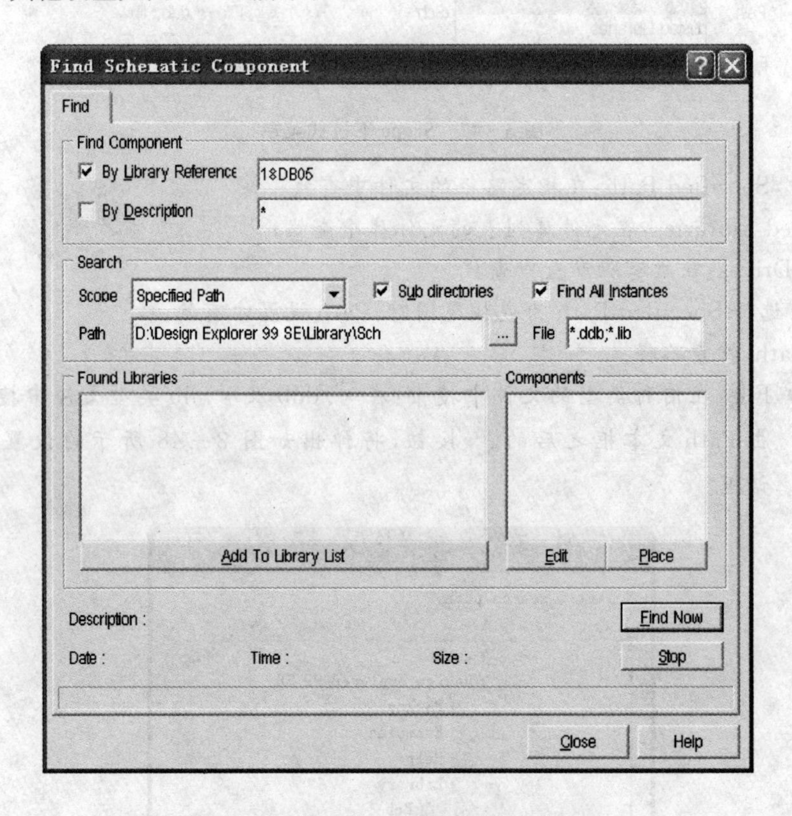

图 3-49 使用查找元件对话框查找元件

单击 Find Now 按钮，此时程序进入查找状态；当所有的文件均查找完成后，系统自动停止查找，如图 3-50 所示。

系统将查找结果放置到结果列表中。单击 Place 按钮，放置元件。

(3) 模糊查询方式查找元件并放置

以查找－15 V 电压三端稳压器为例，在设计管理器中选择 Browse Sch 选项卡中的 Find 按钮，在弹出的查找对话框中设置查找项，其中查找元件中元件名可用通配符“*”替代，以模糊形式查找系统中包含的所有三端稳压器，如图 3-51 所示。

单击 Find Now 按钮，程序进入查找元件状态，查找结束后系统显示查找结果，如图 3-52 所示。

点选 Found Libraries 列表中的元件库，在 Components 列表框中显示含有 7915 字段的元件。选择期望的元件添加到原理图文件即可。

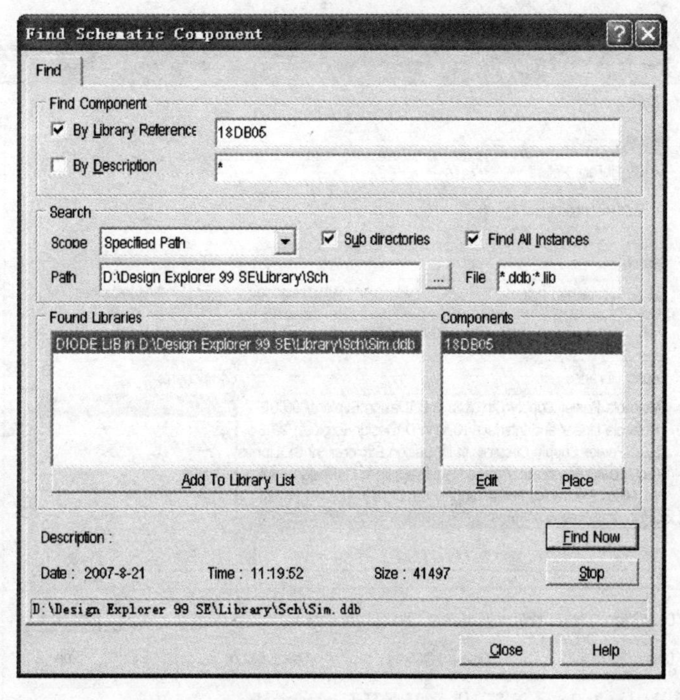

图3-50 查找完成

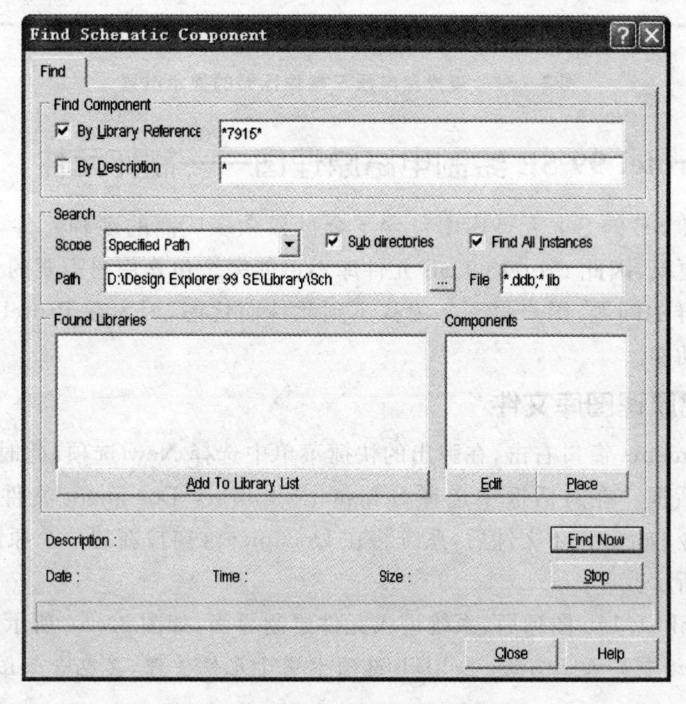

图3-51 查找负电压三端稳压器

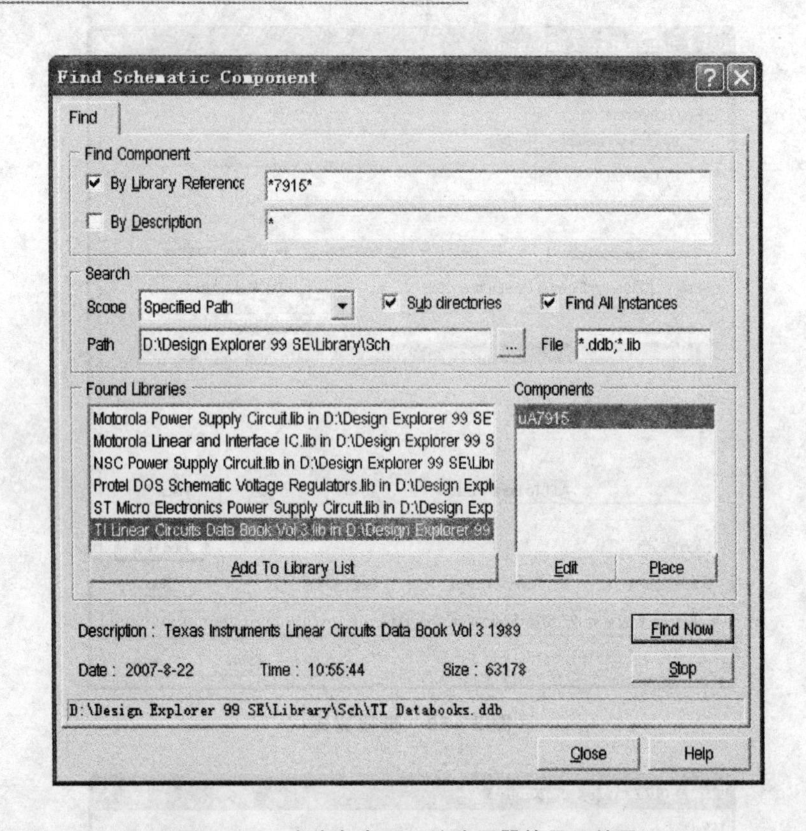

图3-52 查找负电压三端稳压器的显示结果

3.3.2 Protel 99 SE绘制电路原理图——制作元件

Protel 99 SE的Sch元件库中包含了全世界众多厂商的多种元件，但由于电子元件在不断更新，因此Protel 99 SE元件库不可能完全包含用户需要的元件。不过，即使存在这样的问题，用户也不必为找不到元件而忧虑，因为在Protel中提供了创建新元件的功能。

1. 创建原理图库文件

在Documents窗口右击，在弹出的快捷菜单中选择New选项，此时系统将弹出新建文件对话框。在对话框中选择Schematic Library Document文件，双击Schematic Library Document文件后，系统将在Documents窗口新建一个原理图库文件，如图3-53所示。

双击Schlib1.Lib图标后，系统进入元件绘制界面，如图3-54所示。

注：元件绘制界面Browse SchLib选项卡用于元件管理，其包含如图3-55所示的信息。

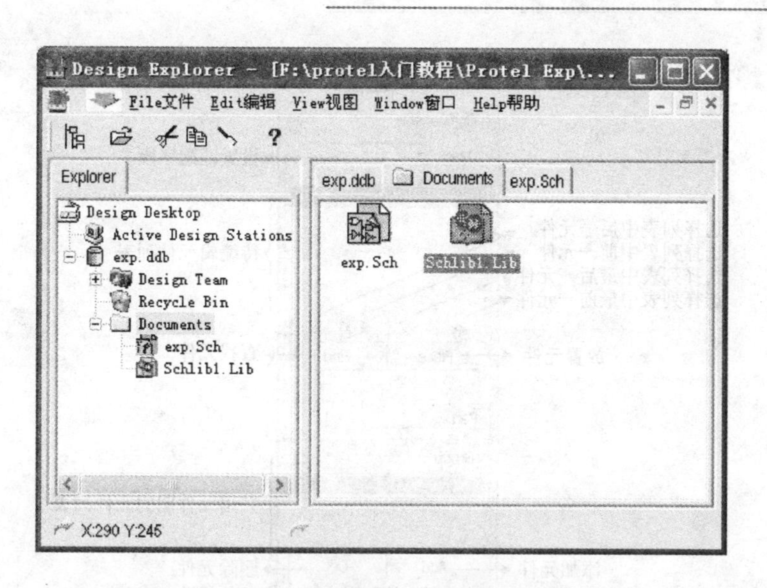

图3-53 系统新建一个原理图库文件

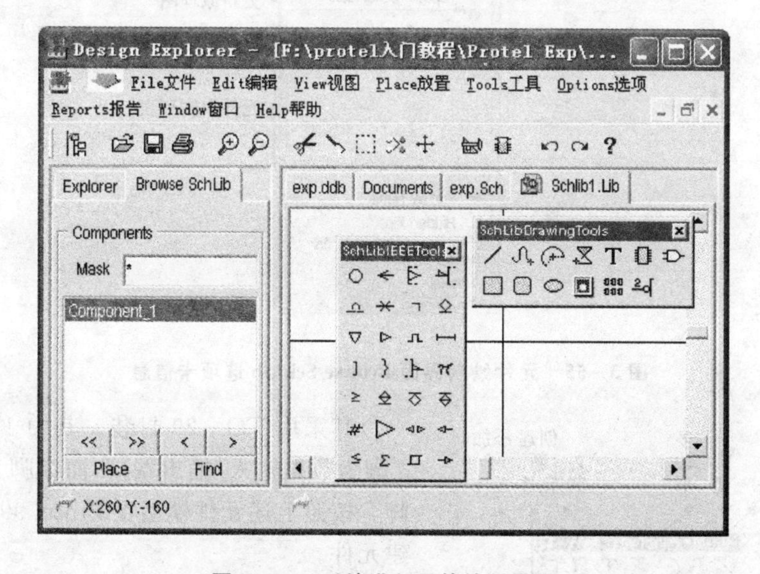

图3-54 系统进入元件绘制界面

此外，用户可看到在元件绘制界面包含SchLibIEEETools的IEEE符号工具栏及SchLibDrawingTools画图工具栏。IEEE符号工具栏用于放置信号方向符号、阻抗状态符号等，而画图工具提供绘制元件的基本元素，如直线、圆形、矩形等基本图形，如图3-56所示。

2. 创建元件

以创建单总线数字温度传感器DS18B20为例。DS18B20的元件外观如图3-57所示。

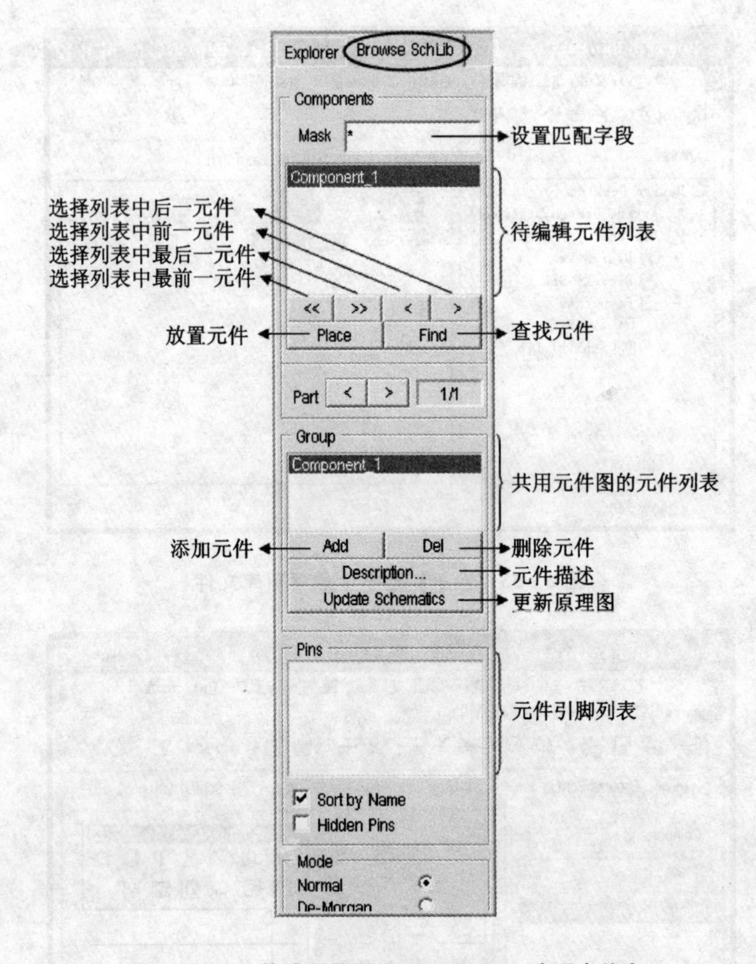

图 3-55 元件绘制界面 Browse SchLib 选项卡信息

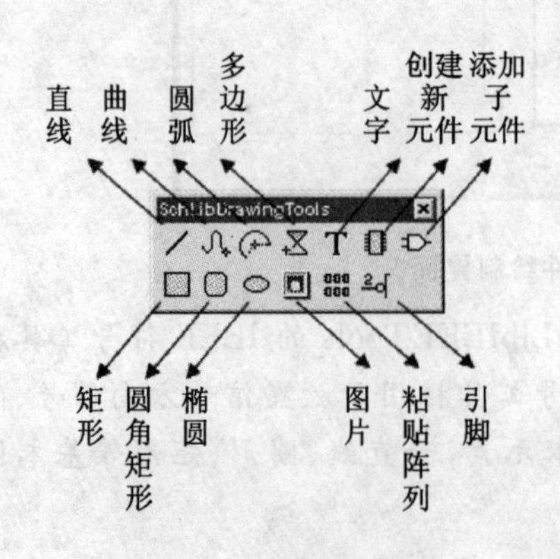

图 3-56 画图工具栏

其采用 TO-29 封装。其中1脚接地，2脚为数据输入/输出端口，而3脚为电源引脚。按照上述元件模型在 Protel 99 SE 中创建元件。

在绘制元件窗口点选 Add 按钮，在弹出的编辑新元件名称窗口的 Name 选项卡的文本框中键入新元件名称 DS18B20，编辑完成后单击 OK 按钮完成编辑，同时系统将新建元件添加到元件列表，如图 3-58 所示。

点选 Protel 菜单栏的 View→Visible Grid 命令，此时编辑窗口将显示网格，如图 3-59 所示。

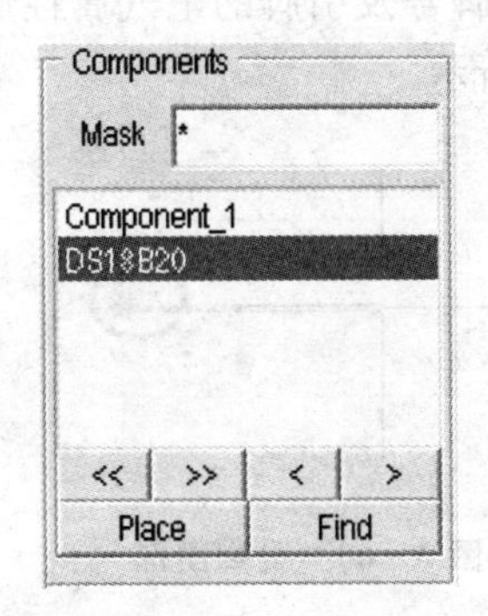

图3-57 DS18B20元件外观　　图3-58 系统将新建元件添加到元件列表

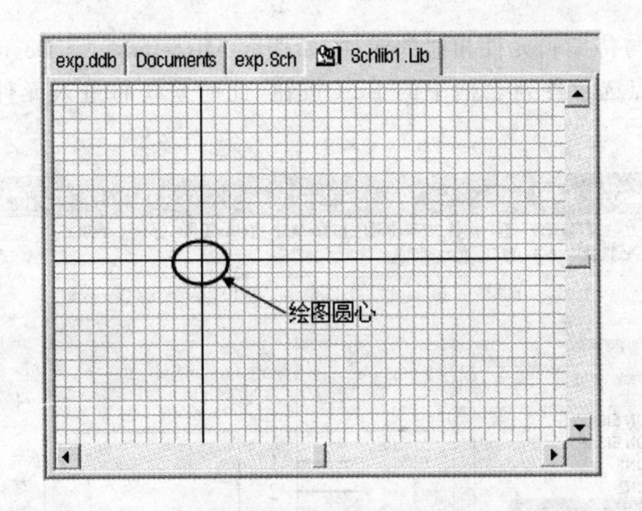

图3-59 编辑窗口显示网格

注：在绘制元件时，要从绘图圆心开始绘制元件，否则在原理图中放置新创建的元件时，可能会出现鼠标指针总是与元件相隔很远的现象。

点选绘图工具栏的绘制矩形图标，在绘图圆心左击后，拖动鼠标到期望的矩形大小，直到绘图页出现期望的矩形框时，左击确认，此时矩形框被放置到绘图页。

放置完成后，右击退出放置矩形框状态。

选取绘图工具栏的引脚图标，并移动鼠标到编辑窗口，可以看到鼠标下跟随一引脚图形，如图3-60所示。

注：图中带有点状的端口应该放在元件的外部，因为它具有节点的作用，导线只有与它相连，才能使电路导通。

按下Space键，引脚将以90°为步长逆时针旋转，调整到合适的位置后，左击放置引脚。

将鼠标放置到引脚上，按下鼠标左键，同时按下 Tab 键，系统将弹出引脚编辑对话框，设置引脚号及引脚的电气属性后，单击 OK 按钮完成设置。编辑好的元件引脚如图 3-61 所示。

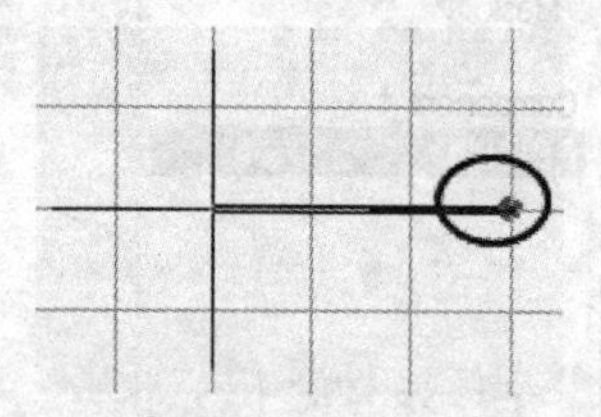

图 3-60　引脚图形

图 3-61　编辑好的元件引脚

此外，用户还可利用 Protel 99 SE 元件库中现有的元件，利用复制法创建目标元件。

首先选取与待编辑元件相似的元件，如选取 Miscellaneous Devices. lib 库中的 CON3 元件。点选元件列表框中的 Edit 按钮，此时系统将进入元件编辑窗口，如图 3-62 所示。

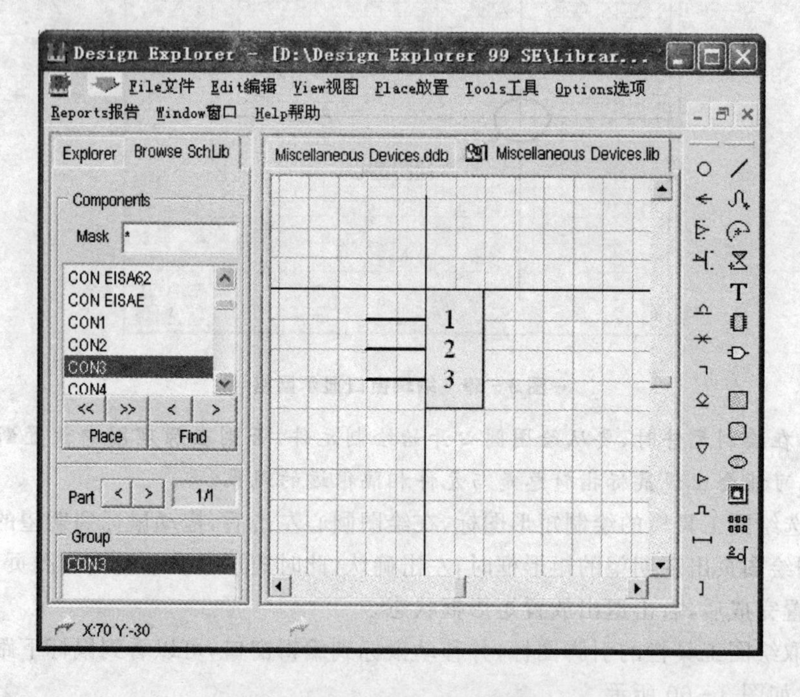

图 3-62　系统进入元件编辑窗口

选中元件列表框中的 CON3 元件，并右击，在弹出的快捷菜单中选择 Copy 选项，然后再次将鼠标放置到元件列表框中，右击，在弹出的快捷菜单中选择 Paste 选项，此时在元件列表框中出现 CON3_1 元件，如图 3-63 所示。

点选菜单 Tools→Rename Component 命令，将 CON3_1 修改为 DS18B20，然后根据 DS18B20 的需要修改元件即可。

3. 放置新建元件

采用新建法创建的元件，可在绘制元件窗口选中，然后单击 Place 按钮放置。

采用复制法创建的元件，可在元件“源”库中查找。以 DS18B20 为例，在原理图绘制窗口的库浏览窗口选择 Miscellaneous Devices. lib 库，则在元件列表中可查看到 DS18B20 元件，如图 3-64 所示。

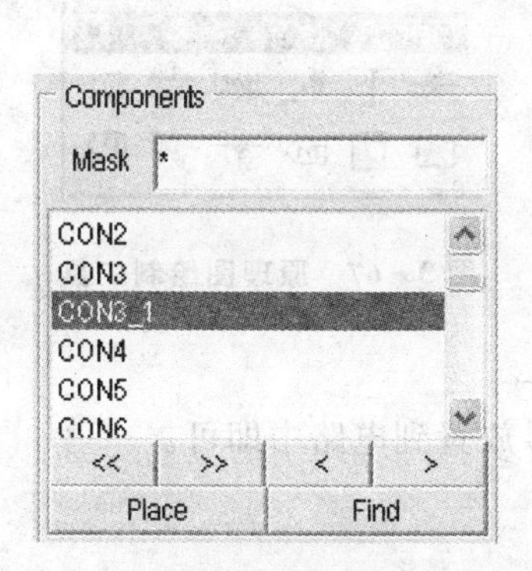

图 3-63 复制后的元件

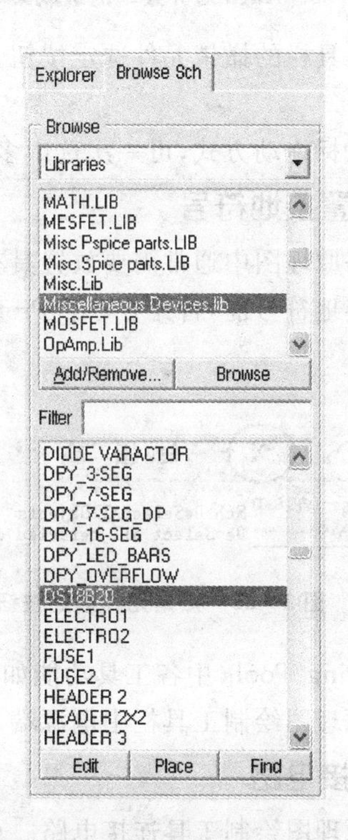

图 3-64 在 Miscellaneous Devices. lib 库中查找 DS18B20 元件

3.3.3 Protel 99 SE 绘制电路原理图——连线

1. 元件的位置调整

在连接电路原理图之前，首先需要调整元件的位置。在 Protel 99 SE 中，将鼠标放置到元件上，按下鼠标左键的同时按下 X 键，元件即发生水平镜像；按下鼠标左键的同时按下 Y 键，元件即发生垂直镜像；按下鼠标左键的同时按下 Space 键，元件即以 90°为步长进行逆时针旋转。

在调整元件位置的过程中，用户还需要掌握元件选定与取消选定的方法、元件的

Align... 对齐
Align Left 左对齐　Ctrl+L
Align Right 右对齐　Ctrl+R
Center Horizontal 水平中心对齐　Ctrl+H
Distribute Horizontally 水平均布　Ctrl+Shift+H
Align Top 顶部对齐　Ctrl+T
Align Bottom 底部对齐　Ctrl+B
Center Vertical 垂直中心对齐　Ctrl+V
Distribute Vertically 垂直均布　Ctrl+Shift+V

图3-65　Align对齐菜单的级联菜单

对齐方法及元件的排列方法。将鼠标放置到元件上，按下左键拖动元件，此时元件将随着鼠标的移动而移动；双击元件，在弹出电容编辑对话框中使能Selection属性，即可选定元件，利用菜单命令Edit→Align，可实现多个元件的对齐。系统提供的对齐命令如图3-65所示。

点选工具栏的撤销元件选定按钮，如图3-66所示。选定的元件即可取消被选定状态。

使用鼠标拖动方式，可一次选中多个元件。

2. 放置接地符号

在电路原理图中通常需要放置具有电气特性的电源符号及接地符号，在放置电源符号或接地符号前，首先看一下Protel 99 SE中提供的原理图绘制工具，如图3-67所示。

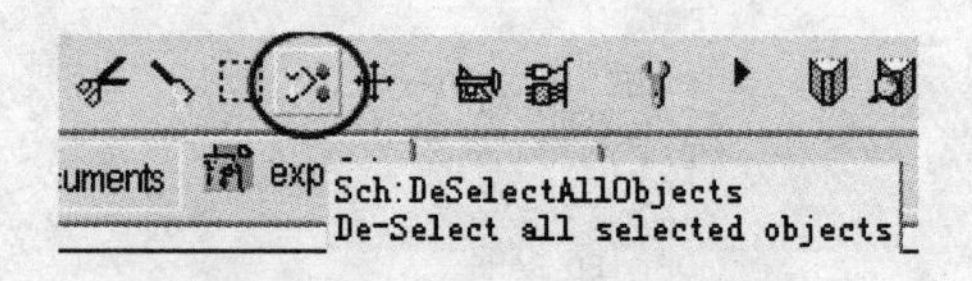

图3-66　撤销元件选定按钮

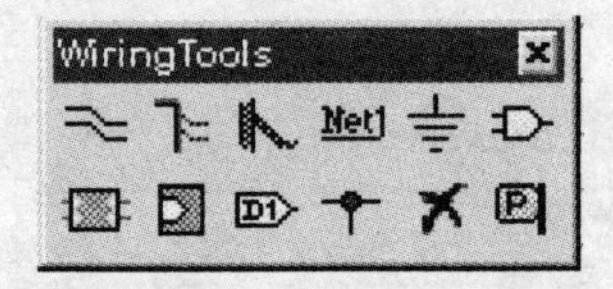

图3-67　原理图绘制工具

在Wiring Tools中各工具功能如表3-3所列。

点选原理图绘制工具栏中电源端口或接地符号放置到电路中即可。

3. 连接电路

使用原理图绘制工具连接电路。点选原理图绘制工具中的画线工具，移动鼠标到期望的连线处，此时鼠标将自动在搜索范围内搜索电气连接点，并以黑色原点的形式显示电气连接点，在检测到的电气连接点处单击，并移动鼠标，在目标连接点处单击，即可放置直线。

当连线具有一个或多个拐点时，每次遇到拐点左击，即可放置拐点，创建折线。

当电路中出现T形或“+”形连线时，系统将自动放置连接点；在绘制电路原理图时，用户也可手动放置连接点。

4. 电路中不断线拖动元件

当移动电路中已经连线的元件时，用户多期望在移动元件的同时可以不断线。点选Edit→Move菜单，在级联菜单中点选Drag选项，即可实现元件的不断线拖动。

表3-3 Wiring Tools中各工具功能

图标	功能	描述
	画线	在原理图文件中放置具有电气意义的连线
	画总线	在原理图文件中放置具有电气意义的总线
	画总线分支线	在原理图文件中放置具有电气意义的总线分支
Net1	放置网络标号	在原理图中放置网络标号
	放置电源端口	在原理图中放置电源、接地符号等
	放置元件	在原理图中放置元件
	放置块电路符号	在原理图中放置层次电路块符号
	放置块电路端口	为层次电路块符号添加网络连接端口
D1	放置端口	在电路原理图中放置端口
	放置连接点	在电路原理图中放置连接点
	放置不进行ERC检测标识	当电路进行ERC检测时，放置不进行ERC检测标识的端口，系统不给出无连接错误警告
	放置PCB指示符	在需要特殊布线的导线处放置指示符，在自动布线的时候会按照用户的要求布线

3.3.4 Protel 99 SE绘制电路原理图——编辑与调整

连接好电路原理图后，需要设置元件的类型或标称值、元件标号，以及设置元件的封装形式。

1. 设置元件标号

当用户将原理图导出到PCB图时，原理图中的每一个元件必须有唯一的元件标号，因此设置元件标号为制作PCB做准备。双击元件，在弹出的元件属性编辑对话框的Designator文本框中设置元件的标号。

上述标注元件标号的方式称为手动标注。手动标注元件标号有诸多缺点，如当电路复杂或电路元件数量较多时，手动方式编辑元件标号不仅速度慢，而且容易出现重号或跳号的错误。若原理图中出现重号，则在PCB编辑器中载入网络表时会出现错误，而跳号将给设计管理带来不便，因此，用户可以使用Protel 99 SE中提供的自动编号功能。

点选 Tools→Annotate 命令可实现自动标注。自动标注设置对话框如图 3-68 所示。

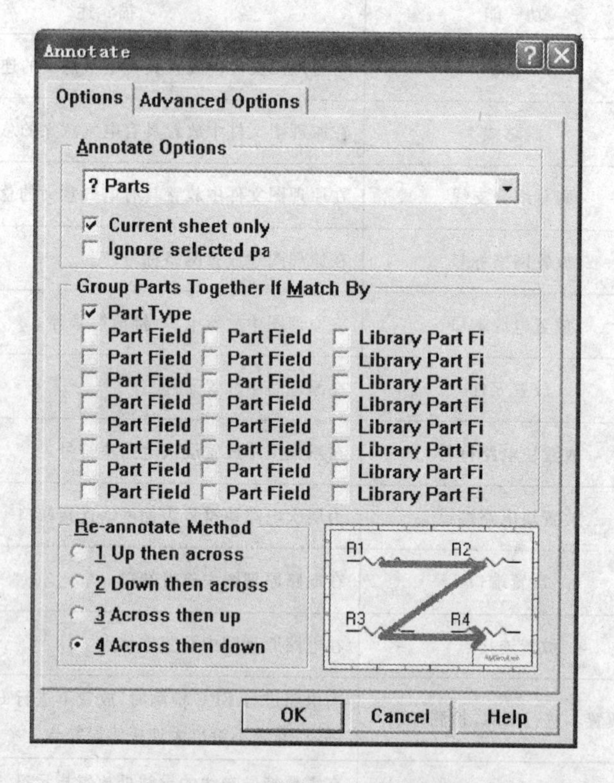

图 3-68　自动标注设置对话框

注：自动标注设置对话框中包含 Options 选项卡及 Advanced Options 选项卡。在 Options 选项卡中包含以下内容：

Annotate Options：标注选项，用于设置标注的方式及范围等。点选文本框中的下拉式按钮，将出现如图 3-69 所示的下拉式选项。

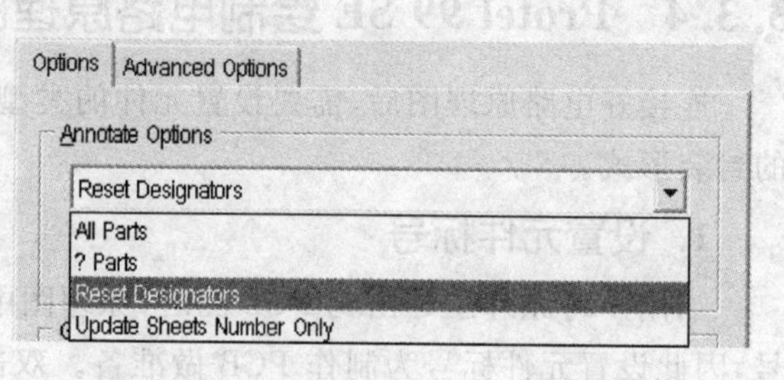

图 3-69　Annotate Options 下拉式选项

- All Parts：对整个设计中的所有元件标号。
- ? Parts：对整个设计中以 R?、C?、U? 等带有"?"形式标注的元件标号。
- Reset Designators：将设计中所有的元件以 R?、C?、U? 等形式标注，这一功能用于重新以 1 为起始对元件进行标号。
- Update Sheets Number Only：更新原理图中的元件标号。

Current sheet only：仅对当前原理图绘图页进行编辑。

Ignore selected parts：忽略已选中的元件。

Group Parts Together If Match By：使用列表中的匹配项目识别元件组。

Re－annotate Method：重新标注的标注方向：

- Up then across：自下而上、从左到右；
- Down then across：自上而下、从左到右；
- Across then up：从左到右、自下而上；
- Across then down：从左到右、自上而下。

2. 设置元件类型或标称值及其元件封装

打开元件属性对话框设置元件类型或标称值及其元件封装。以电解电容属性编辑对话框为例，如图3－70所示。

在 Part Type 中键入元件标称值：1 000 μF，在 Footprint 文本框中键入 RB－.2/.4，单击 OK 按钮完成设置。

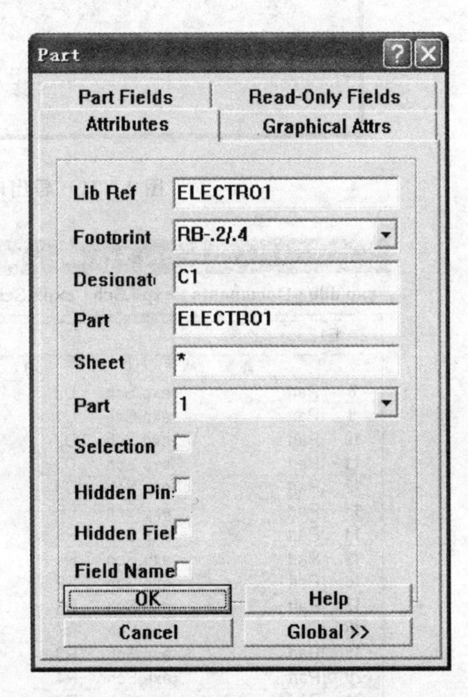

图3－70　电解电容属性编辑对话框

3. 电路元件属性检查

在编辑调整电路完成后，设计者须对电路元件属性进行检查，特别是对封装的遗漏检查。如果电路中某个元件为设置元件封装，则 Protel 99 SE 无法生成有效的网络表。

在 Protel 99 SE 中提供了表格编辑器，用来快速检查元件的属性遗漏。点选菜单 Edit→Export to spread 命令，此时系统将弹出如图3－71所示的导出电子表格向导。

根据向导提示设置属性检查项，本例中检查元件的 Designator、Footprint、LibraryName 及 LibRef 属性，此时系统显示导出的电子表格窗口，如图3－72所示。

从系统生成的电子表格可知，在电路图中有多个元件未标注元件封装。

Protel 99 SE 提供的这一电子表格可直接对元件属性进行修改。点选未编辑元件封装的单元格，如选中 C3 的封装单元格，在其中键入 RB－.1/.2 封装值，按照上述方式设置其他未编辑的元件封装，编辑完成后，单击保存按钮保存修改后的电子表格。然后点选 File→Updata 命令，C3 元件的封装值便更新到原理图中。

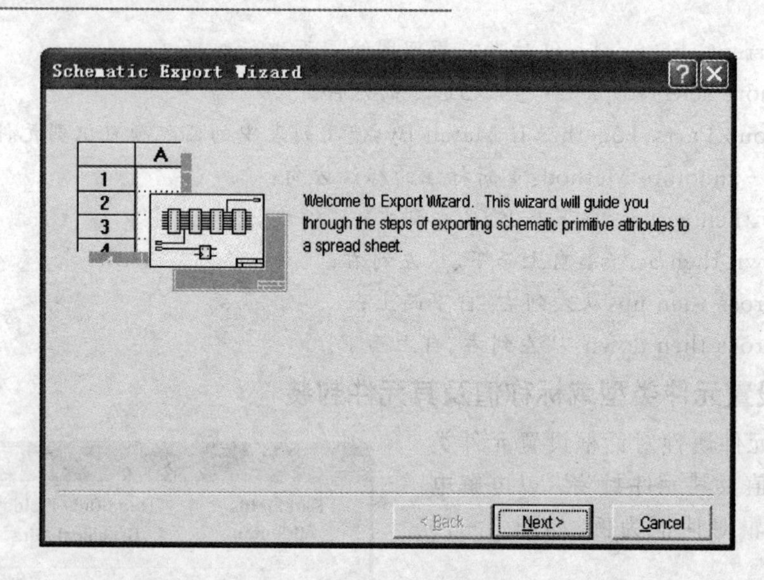

图 3-71　导出电子表格向导

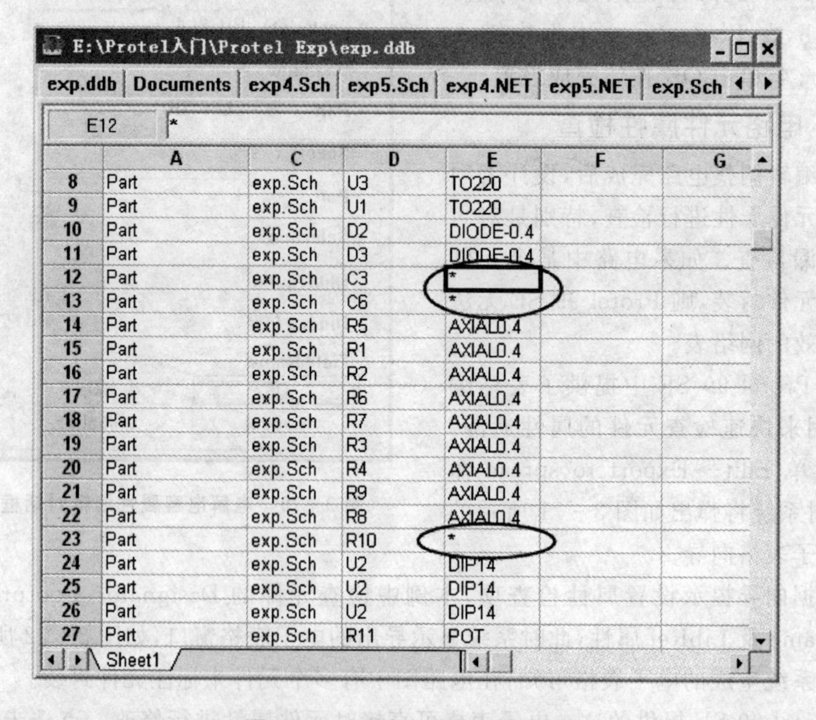

	A	C	D	E	F	G
8	Part	exp.Sch	U3	TO220		
9	Part	exp.Sch	U1	TO220		
10	Part	exp.Sch	D2	DIODE-0.4		
11	Part	exp.Sch	D3	DIODE-0.4		
12	Part	exp.Sch	C3	*		
13	Part	exp.Sch	C6	*		
14	Part	exp.Sch	R5	AXIAL0.4		
15	Part	exp.Sch	R1	AXIAL0.4		
16	Part	exp.Sch	R2	AXIAL0.4		
17	Part	exp.Sch	R6	AXIAL0.4		
18	Part	exp.Sch	R7	AXIAL0.4		
19	Part	exp.Sch	R3	AXIAL0.4		
20	Part	exp.Sch	R4	AXIAL0.4		
21	Part	exp.Sch	R9	AXIAL0.4		
22	Part	exp.Sch	R8	AXIAL0.4		
23	Part	exp.Sch	R10	*		
24	Part	exp.Sch	U2	DIP14		
25	Part	exp.Sch	U2	DIP14		
26	Part	exp.Sch	U2	DIP14		
27	Part	exp.Sch	R11	POT		

图 3-72　系统生成的电子表格

3.3.5 规则检查与网络表生成

规则检查用于检测设计者在设计过程中的疏漏之处和电气连接错误，如未连接电源实体、悬空输入引脚、输入引脚连接在电源上等；而网络表用于 PCB 制板。

1. 电气规则检测

点选菜单 Tools→ERC 命令,此时系统将弹出启动设计规则检查窗口,如图 3-73 所示。

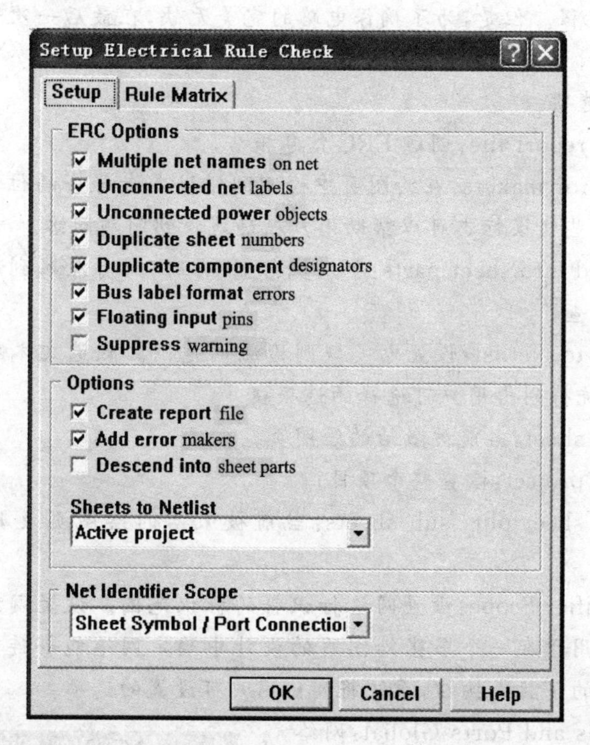

图 3-73 启动设计规则检查窗口

注:启动设计规则检查窗口包含 Setup 和 Rule Matrix 两个选项卡,其中 Setup 选项卡包含如下内容:

➢ ERC Options:ERC 选项。

- Multiple net names on net:检查同一个网络上是否拥有多个不同名称的网络标号。
- Unconnected net labels:检查电路中是否有未实际连接的网络标号。
- Unconnected power objects:检查是否有未连接到电气对象的电源符号。
- Duplicate sheet numbers:检查项目中是否有绘图页号码发生重号。
- Duplicate component designators:检查绘图页中是否有元件标号重号发生。
- Bus label format errors:检查总线标号的格式是否非法。当总线标号格式发生错误时,将无法正确地反映出信号的名称与方位。由于总线的逻辑连贯性是由放置于总线上的网络标签来指定的,所以总线的网络标签应该能够描绘全部信号。

- Floating input pins：检查是否有输入引脚浮接的情况。
- Suppress warning：设置在执行ERC时，忽略警告登记的情况，而只对错误等登记情况进行标识。这种做法主要是为了让设计时省略一部分，以加速ERC流程。但是，为了确保电路的完美无缺，在最后一次进行的电气规则检查时，千万不要设置这个选项。

➢ Options：选项。

- Create report file：创建ERC信息报告。
- Add error makers：在绘图页中检测到错误或者警告的位置上放置错误标志。这些错误标志可以帮助用户精确地找到问题网络。
- Descend into sheet parts：要求执行ERC时，同时深入到元件的内部电路进行检查。
- Sheets to Netlist：设置电气规则检测的范围。点选文本框中的下拉式按钮，系统将列出用户可选择的选项：

  Active sheet：当前被激活的绘图页；

  Active project：检查整个项目；

  Active sheet plus sub sheets：当前被激活的绘图页及其所包含的子绘图页。

➢ Net Identifier Scope：设置网络标识符的标识范围。设置网络标识符的标识范围主要用于在一个多张绘图页的设计中确定网络能够连通的范围。点选文本框中的下拉式按钮，系统将列出用户可设置的选项：

Net Labels and Ports Global：网络标号及端口；

Only Ports Global：端口；

Sheet Symbol/Port Connections：原理图符号/端口连接。

本例采用系统的默认设置，单击OK按钮，系统将弹出电气规则检测报告。

2. 生成网络表

点选菜单Design→Create Netlist命令，此时系统将弹出网络表创建对话框，如图3-74所示。

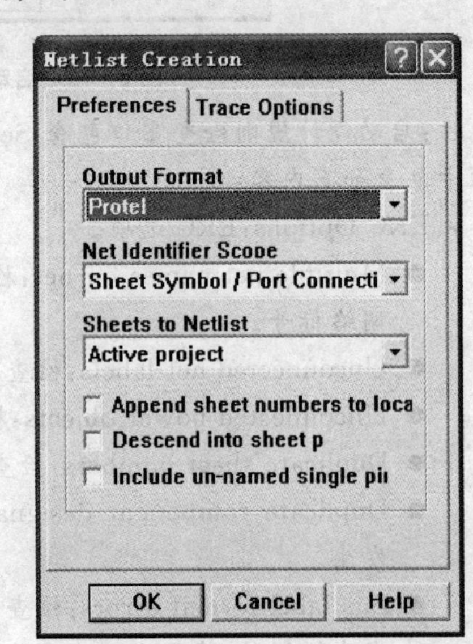

图3-74 网络表创建对话框

注：网络表创建对话框中包含Preferences选项卡及Trace Options选项卡。其中Preferences选项卡包含如下内容：

➢ Output Format：输出格式，通常以

Protel 格式输出;

➢ Net Identifier Scope:网络标识的标识范围;

➢ Sheets to Netlist:设置生成网络表的范围;

➢ Append sheet numbers to location:设置在产生网络表时,为每个网络编号附加绘图页号码数据。例如用户在 Net Identifier Scope 栏中选择 Only Ports Global 项,那么不同绘图页中的网络标签为区域性的。也就是说,在不同的绘图页中可能有名称相同的网络标签。通过附加绘图页号码的功能,用户可以确保在产生的网络表中每个网络的编号都是独一无二的。

➢ Descend into sheet parts:当电路原理图中存在电路图式元件时,激活这个选项,系统在产生的网络表中将电路图式元件的绘图页也包含在内。电路图式元件应该在其 Part 对话框的 Sheet Path 数据中标识出其对应的子绘图页文件路径与名称。

➢ Include un - named single pins net:当使能这一功能后,系统生成的网络表中包含没有名称的元件引脚。

点选网络表创建对话框中的 Trace Options 选项卡,如图 3 - 75 所示。

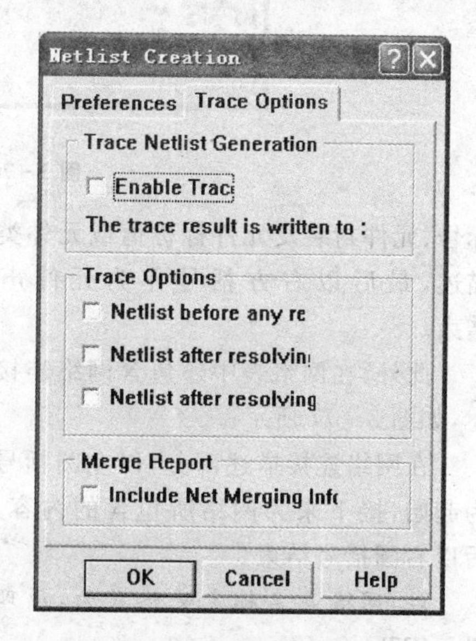

图 3 - 75 网络表创建对话框中的 Trace Options 选项卡

在 Trace Options 选项卡中包含以下内容:

➢ Trace Netlist Generation:跟踪网络表的产生。

- Enable Trace:使能跟踪功能;
- The trace result is written to:系统将跟踪结果写入 *. tng 文件中。

➢ Tarce Options:跟踪选项。

- Netlist before any resolving:在生成网络表时,将任何动作都写入跟踪文件;
- Netlist after resolving sheets:当电路图中的内部网络结合到项目网络后,系统加以跟踪,并形成跟踪文件;
- Netlist after resolving project:当整个项目转换完成后才记录跟踪文件。

➢ Merge Report:合并报告。

- Include Net Merging Information:指定跟踪文件内包含网络合并信息。

在本设计中,采用系统的默认设置。

单击 OK 按钮,系统将生成设计的网络表,如图 3 - 76 所示。

在网络表中,前一部分为元件描述,以左方括号为元件声明的起始,接着为元件

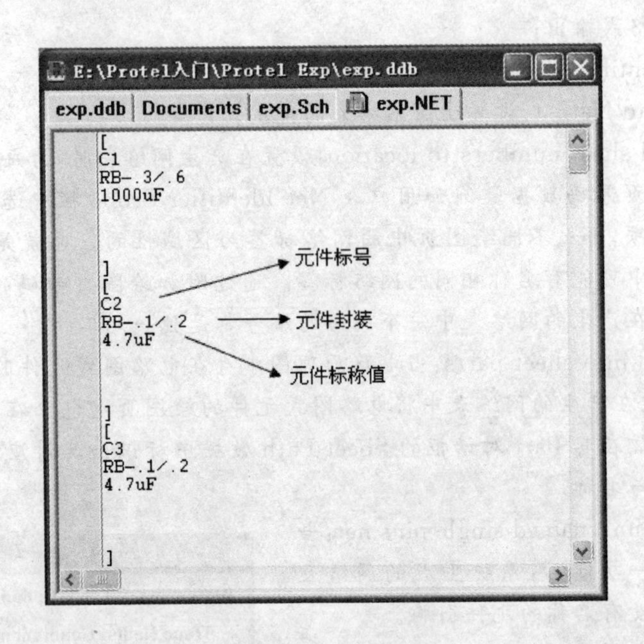

图3-76 设计网络表

标号、元件封装及元件标称值或元件类型描述，最后以右方括号作为元件声明结束。

此外，在网络表中还包含网络连接描述，如图3-77所示。

在网络连接描述部分，以左圆括号作为起始，接下来为网络所包含的内容，最后以右圆括号结束。

注：网络表名称定义格式为：原理图名.NET。

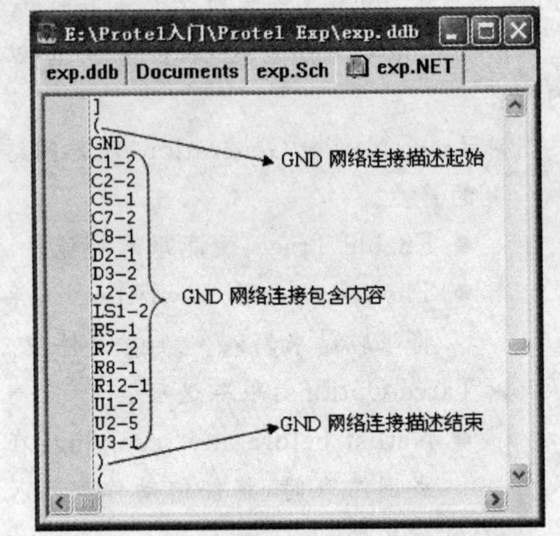

图3-77 网络表中的网络连接描述

3.3.6 其他报表的输出

除网络表外，Protel 99 SE还可生成多种报表，如元件列表、元件交叉参考表等。

点选菜单Report→Bill of Material命令，此时系统将弹出如图3-78所示的生成元件列表向导。

根据向导提示设置元件列表内容。在本例中设置生成整个项目的元件列表（点选Project选项），在元件列表中包含元件类型值或标称值及元件标号，以电子表格格式输出。系统生成的元件列表如图3-79所示。

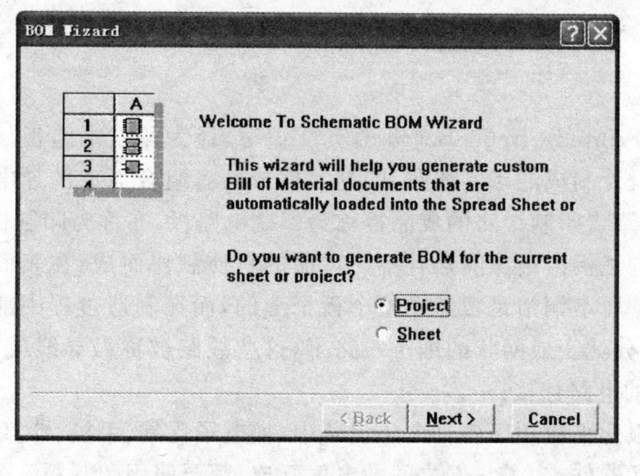

图 3-78 生成元件列表向导

E:\Protel入门\Protel Exp\exp.ddb

exp.ddb | Documents | Souce1.Sch | Op1.Sch | Gf

A1 Part Type

	A	B	C
1	Part Type	Designator	Footprint
2	0.1uF	C7	RAD-0.1
3	0.1uF	C8	RAD-0.1
4	1K	R9	AXIAL0.4
5	1N4001	D3	DIODE-0.4
6	1N4001	D2	DIODE-0.4
7	1N4148	D4	DO-35
8	1N4148	D5	DO-35
9	1uF	C6	RB-.1/.2
10	2K	R4	AXIAL0.4
11	2K	R10	AXIAL0.4
12	4.7uF	C5	RAD0.2
13	4.7uF	C2	RB-.1/.2
14	4.7uF	C3	RB-.1/.2
15	5K	R6	AXIAL0.4
16	5K	R5	AXIAL0.4
17	5K	R1	AXIAL0.4
18	10K	R8	AXIAL0.4

Sheet1

图 3-79 系统生成的元件列表

在元件列表中包括元件的类型值/元件标称值、元件标号及元件封装，列表列出了整个电路所用到的所有元件。

注：元件列表名称定义格式为：原理图名.xls。

点选菜单 Report→Design Hierarchy 命令，可生成项目设计层次列表。

点选菜单 Report→Cross Reference 命令，将生成交叉对照表。

点选菜单 File→Print 命令，可输出原理图。

3.4 PCB设计的预备知识

PCB即为Printed Circuit Board的英文缩写，译为印刷电路板。通常把在绝缘材料上按预定设计制成的印刷线路、印制元件或两者组合而成的导电图形称为印刷电路，把印刷电路或印制线路的成品板称为印刷电路板，亦称为印制板。

印刷电路的基板由绝缘隔热且不易弯曲的材质制作而成，在表面可以看到的细小线路是铜箔。原本铜箔是覆盖在整个板子上的，而在制造过程中部分被蚀刻处理掉，留下来的部分就变成网状的细小线路了，这些线路被称做导线或布线，用来提供PCB上元器件的电路连接。

印刷电路板几乎应用于各种电子设备中，如电子玩具、手机、计算机等，只要有集成电路等电子元器件，为了它们之间的电气互连，都要使用印制板。

3.4.1 PCB板层

1. PCB分类

(1) 单面板(Single - Sided Boards)

在最基本的PCB上，元件集中在其中一面，导线则集中在另一面上。因为导线只出现在其中一面，所以就称这种PCB为单面板。因为单面板在设计线路上有许多严格的限制(只有一面，布线间不能交错而必须绕行独自的路径)，所以只有早期的电路才使用这类板子。

(2) 双面板(Double - Sided Boards)

这种电路板的两面都有布线。不过要用上两面的导线，必须要在两面间有适当的电路连接才行。这种电路间的"桥梁"叫做导孔(via)。导孔是在PCB上充满或涂上金属的小洞，它可以与两面的导线相连接。双面板的面积比单面板大了一倍，而且布线可以互相交错(可以绕到另一面)，因此它更适合用在比单面板更复杂的电路上。

(3) 多层板(Multi - Layer Boards)

为了增加可以布线的面积，多层板用上了更多单或双面的布线板。多层板使用数片双面板，并在每层板间放进一层绝缘层后粘牢(压合)。板子的层数就代表了有几层独立的布线层，通常层数都是偶数，并且包含最外侧的两层。大部分的主机板都是4～8层的结构，不过技术上可以做到近100层的PCB板。大型的超级计算机大多使用相当多层的主机板，不过因为这类计算机已经可以用许多普通计算机的集群代替，超多层板已经渐渐不被使用了。PCB中的各层都紧密地结合，因此一般不太容易看出实际数目。

导孔如果应用在双面板上，那么一定都是打穿整个板子。不过在多层板当中，如果只想连接其中一些线路，那么导孔可能会浪费一些其他层的线路空间。埋孔(buried vias)和盲孔(blind vias)技术可以避免这个问题,因为它们只穿透其中几层。盲孔将几层内部PCB与表面PCB连接起来,不须穿透整个板子。埋孔则只连接内部的PCB,所以光从表面是看不出来的。

2. Protel 99 SE中的板层管理

Protel 99 SE现扩展到32个信号层、16个内层电源/接地层、16个机械层,在层堆栈管理器中用户可以定义层的结构,可以看到层堆栈的结构。

在PCB服务器工作状态下,点选Design→Layer Stack Manager菜单命令,即可打开堆栈管理器界面,如图3-80所示。

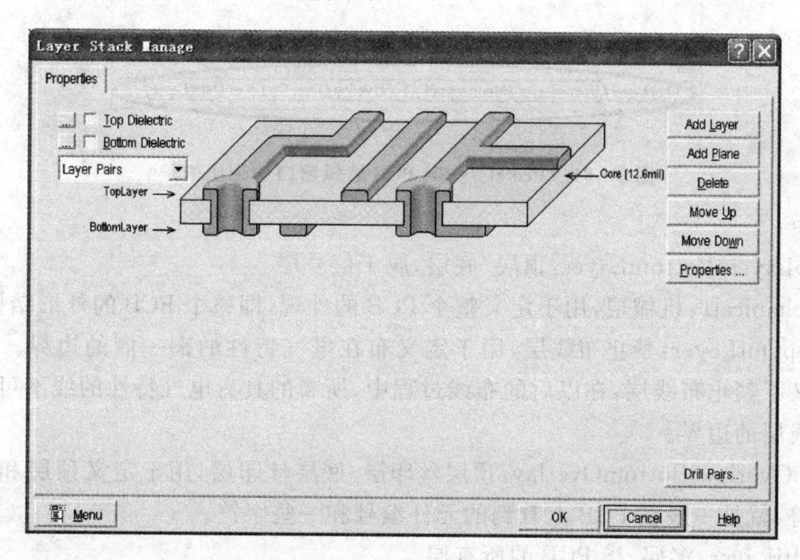

图3-80　板层堆栈管理器界面

其中各项目意义如下:

Top Dielectric:在顶层添加绝缘层;

Bottom Dielectric:在底层添加绝缘层;

Add Layer:添加信号层;

Add Plane:添加内层电源/接地层;

Delete:删除选项;

Move Up:层上移;

Move Down:层下移;

Properies:属性设置。

用户可以根据实际的电路设计要求设置板层及各层的厚度。

此外,Protel 99 SE中还提供了一些多层板的实例供用户选择。在PCB层堆栈管理器中右击,在弹出的快捷菜单中选择Example Layer Stacks,在级联菜单中点选期望的板层。

3. Protel 99 SE 中各层的意义

在 Protel 99 SE PCB 编辑窗口中列出电路板设计中相关的层，如图 3-81 所示。

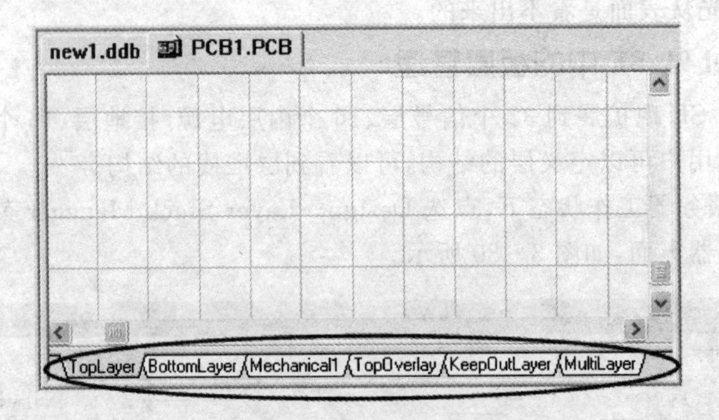

图 3-81 Protel 99 SE PCB 编辑窗口中列出的层

其中：

TopLayer/BottomLayer：顶层/底层，属于信号层。

Mechanical1：机械层，用于定义整个 PCB 的外观，即整个 PCB 的外形结构。

KeepOutLayer：禁止布线层，用于定义布在电气特性的铜一侧的边界。也就是说先定义了禁止布线层，在以后的布线过程中，所布的具有电气特性的线不可以超出禁止布线层的边界。

TopOverlay/BottomOverlay：顶层丝印层/底层丝印层，用于定义顶层和底层的丝印字符，就是一般在 PCB 上看到的元件编号和一些字符。

MultiLayer：多层，指 PCB 的所有层。

此外，Protel 99 SE 还包含其他层，各层的意义如下：

TopPaste/BottomPaste：顶层焊盘层/底层焊盘层，指用户可以看到的露在外面的铜铂；

TopSolder/BottomSolder：顶层阻焊层/底层阻焊层，与 TopPaste 和 BottomPaste 两层相反，是要盖绿油的层；

DrillGuide：过孔引导层；

DrillDrawing：过孔钻孔层。

3.4.2 元件封装技术

1. 元件封装的具体形式

元件封装分为插入式封装和表面粘贴式封装。其中将零件安置在板子的一面，并将接脚焊在另一面上，这种技术称为插入式(Through Hole Technology，THT)封装；而接脚与零件焊在同一面，不用为每个接脚的焊接而在 PCB 上钻洞，这种技术称为表面粘贴式(Surface Mounted Technology，SMT)封装。使用 THT 封装的元件需要占用大量的空间，并且要为每只接脚钻一个洞，因此它们的接脚实际上占掉两面的空间，而且焊点也比较大；SMT元件也比THT元件要小，因此使用SMT技术的PCB上零件要密集很多；SMT元件也比THT元件要便宜，所以现今的PCB上大部分都是SMT元件。但THT元件和SMT元件比起来，与PCB连接的构造比较好。元件封装的具体形式如下。

(1) SOP/SOIC封装

SOP是Small Outline Package的缩写，即小外形封装。SOP封装技术由Philips公司开发成功，以后逐渐派生出SOJ(J型引脚小外形封装)、TSOP(薄小外形封装)、VSOP(甚小外形封装)、SSOP(缩小型SOP)、TSSOP(薄的缩小型SOP)及SOT(小外形晶体管)、SOIC(小外形集成电路)等。以SOJ封装为例，SOJ-14封装如图3-82所示。

(2) DIP封装

DIP是Double In-line Package的缩写，即双列直插式封装。其属于插装式封装，引脚从封装两侧引出，封装材料有塑料和陶瓷两种。DIP是最普及的插装型封装，应用范围包括标准逻辑IC、存储器LSI及微机电路。以DIP-14为例，DIP-14封装如图3-83所示。

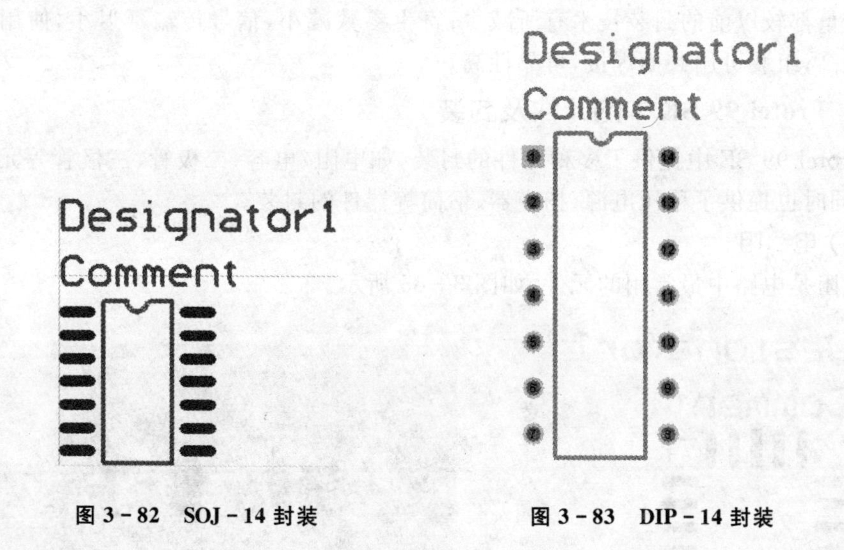

图3-82 SOJ-14封装　　图3-83 DIP-14封装

(3) PLCC封装

PLCC是Plastic Leaded Chip Carrier的缩写，即塑封J引线封装。PLCC封装方式，外形呈正方形，四周都有引脚，外形尺寸比DIP封装小得多。PLCC封装适合用SMT表面安装技术在PCB上安装布线，具有外形尺寸小、可靠性高的优点。以PLCC18为例，PLCC-20封装如图3-84所示。

(4) TQFP封装

TQFP是Thin Quad Flat Package的缩写，即薄塑封四角扁平封装。四边扁平封装 TQFP 工艺能有效利用空间，从而降低对印刷电路板空间大小的要求。由于缩小了高度和体积，这种封装工艺非常适合对空间要求较高的应用，如 PCMCIA 卡和网络器件。

(5) PQFP 封装

PQFP 是 Plastic Quad Flat Package 的缩写，即塑料四角扁平封装。PQFP 封装的芯片引脚之间距离很小，引脚很细，一般大规模或超大规模集成电路采用这种封装形式。

(6) TSOP 封装

TSOP 是 Thin Small Outline Package 的缩写，即薄型小尺寸封装。TSOP 内存封装技术的一个典型特征就是在封装芯片的周围做出引脚，TSOP 适合用 SMT 技术在 PCB 上安装布线，适合高频应用场合，操作比较方便，可靠性也比较高。

(7) BGA 封装

BGA 是 Ball Grid Array Package 的缩写，即球栅阵列封装。BGA 封装的 I/O 端子以圆形或柱状焊点按阵列形式分布在封装下面。BGA 技术的优点是 I/O 引脚数虽然增加了，但引脚间距并没有减小反而增加了，从而提高了组装成品率；虽然它的功耗增加了，但 BGA 能用可控塌陷芯片法焊接，从而可以改善它的电热性能；厚度和重量都较以前的封装技术有所减少；寄生参数减小，信号传输延迟小，使用频率大大提高；组装可用共面焊接，可靠性高。

2. Protel 99 SE 中的元件及封装

Protel 99 SE 中提供了多种元件的封装，如电阻、电容、二极管、三极管等元件的封装，同时也提供了稳压电源、扬声器、话筒等器件的封装。

(1) 电　阻

电阻是电路中最常用的元件，如图 3-85 所示。

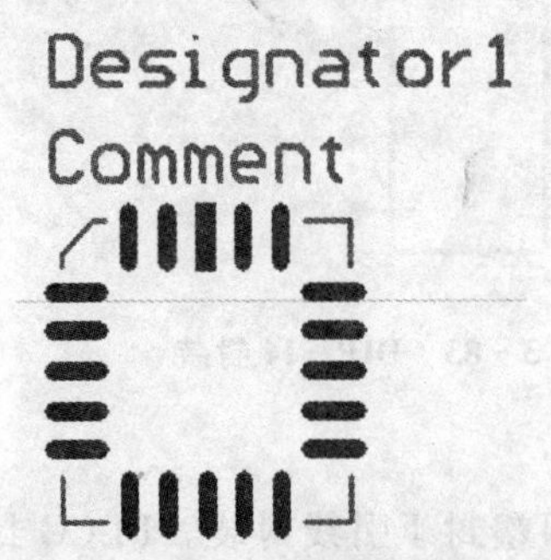

图 3-84　PLCC-20 封装

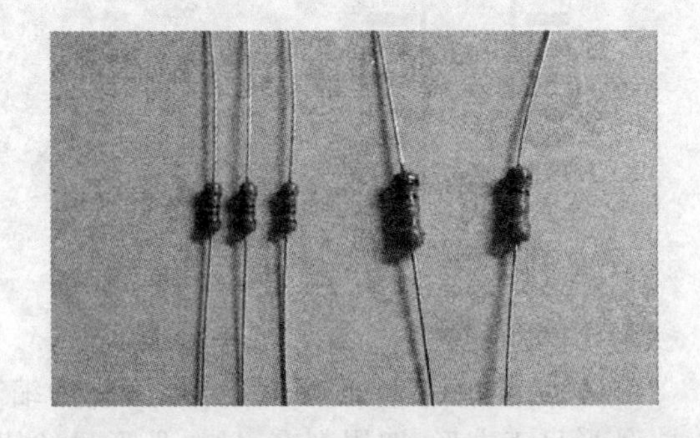

图 3-85　电　阻

Protel 99 SE 中电阻的标识为 RES1、RES2、RES3 等，其封装属性为 AXIAL 系列。而 AXIAL 的中文意思就是轴状的。Protel 99 SE 中的电阻如图 3-86 所示。

Protel 99 SE 中提供的电阻封装 AXIAL 系列如图 3-87 所示。

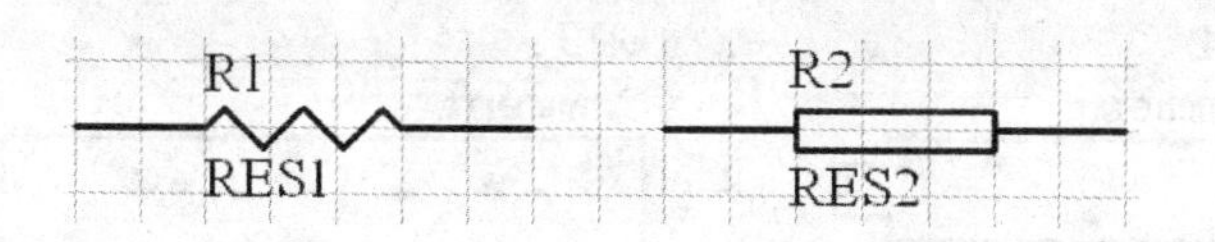

图3-86 Protel 99 SE中的电阻

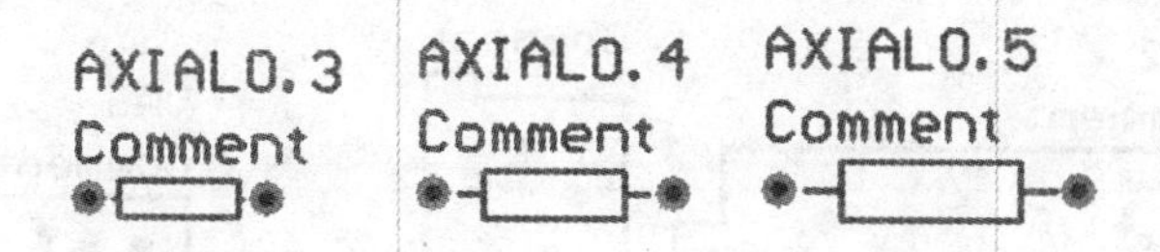

图3-87 Protel 99 SE中电阻封装AXIAL系列

图3-87中所列出的电阻封装为AXIAL0.3、AXIAL0.4及AXIAL0.5,其中0.3是指该电阻在印刷电路板上焊盘的间距为300 mil,0.4是指该电阻在印刷电路板上焊盘的间距为400 mil,依次类推。

(2) 电位器

电位器实物如图3-88所示。

Protel 99 SE中电阻的标识为POT等,其封装属性为VR系列。Protel 99 SE中的电位器如图3-89所示。

图3-88 电位器

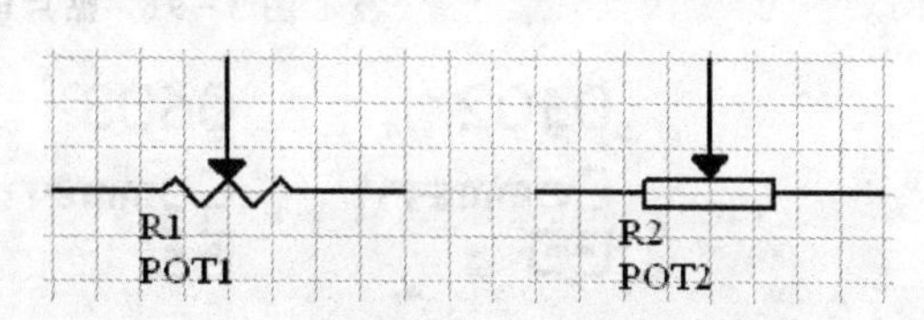

图3-89 Protel 99 SE中的电位器

Protel 99 SE中提供的电位器封装VR系列如图3-90所示。

图中所列出的电位器封装为VR1～VR5,其中的数字只是表示外形不同,没有其他含义。

(3) 贴片电阻

贴片电阻实物如图3-91所示。

Protel 99 SE中提供的贴片电阻封装如图3-92所示。

图3-92中所列出的贴片电阻的封装0402、0603、0805、1005及1206所包含的数字与尺寸无关,与电阻的具体阻值无关,但与功率有关。通常,封装与电阻功率的关系如表3-4所列。

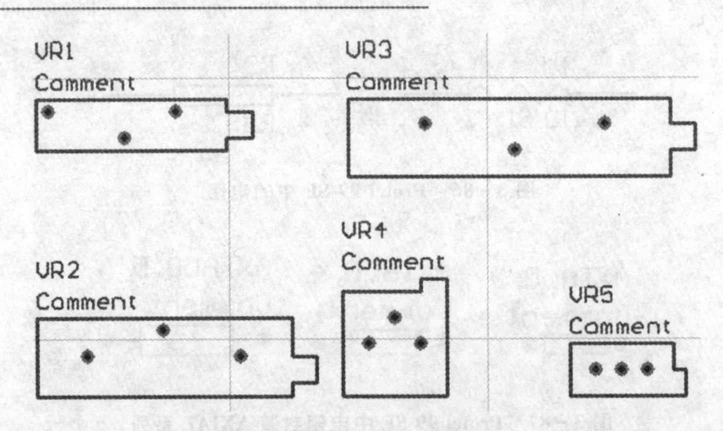

图 3-90 Protel 99 SE中电位器封装VR系列

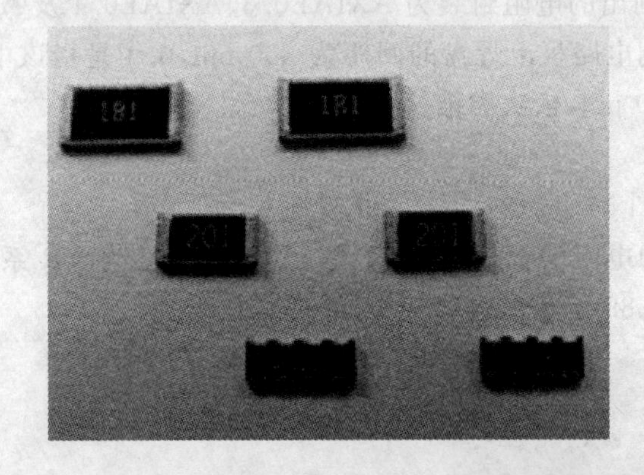

图 3-91 贴片电阻

0402 Comment
0603 Comment
0805 Comment
1005 Comment
1206 Comment

图 3-92 Protel 99 SE中贴片电阻封装

表 3-4 贴片电阻封装与电阻功率的关系

封 装	功率/W	封 装	功率/W
0201	1/20	0402	1/16
0603	1/10	0805	1/8
1206	1/4		

(4) 无极性电容

电路中的无极性电容元件如图 3-93 所示。

Protel 99 SE 中无极性电容的标识为 CAP 等，其封装属性为 RAD 系列。Protel 99 SE 中的电容如图 3-94 所示。

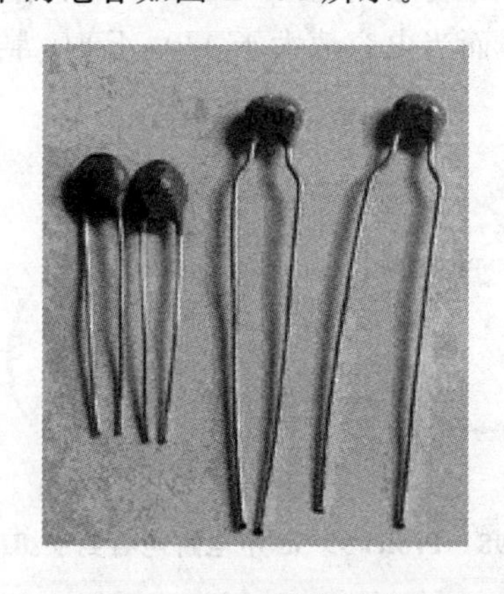

图 3-93 无极性电容

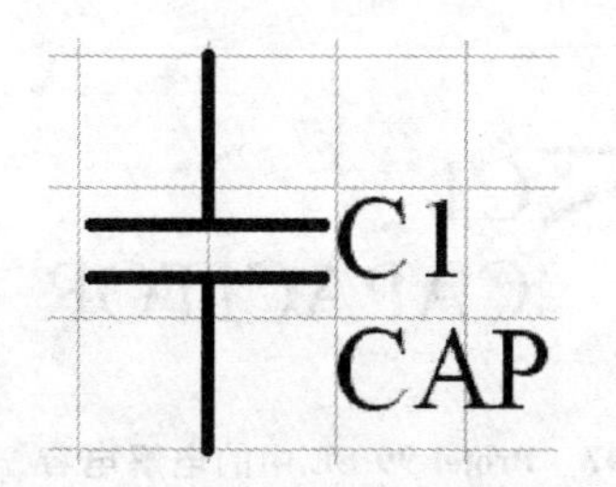

图 3-94 Protel 99 SE 中的电容

Protel 99 SE 中提供的无极性电容封装 RAD 系列如图 3-95 所示。

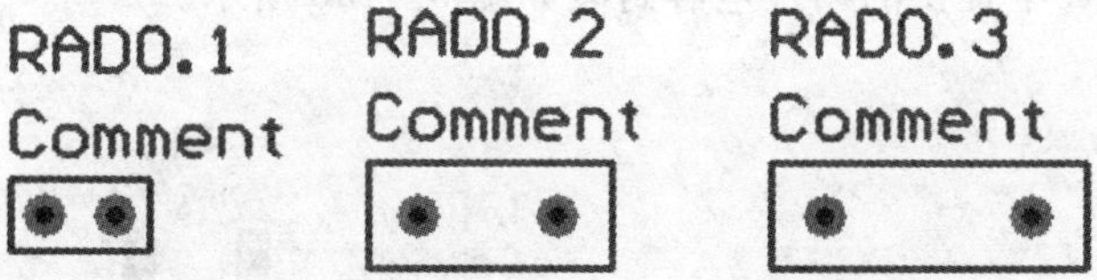

RAD0.1 Comment　RAD0.2 Comment　RAD0.3 Comment

图 3-95 Protel 99 SE 中无极性电容封装 RAD 系列

图 3-95 中所列出的电容封装为 RAD0.1、RAD0.2 及 RAD 0.3，其中 0.1 是指该电阻在印刷电路板上焊盘的间距为 100 mil，0.2 是指该电阻在印刷电路板上焊盘的间距为 200 mil，依次类推。

(5) 极性电容

电路中的极性电容元件如电解电容如图 3-96 所示。

Protel 99 SE 中电解电容的标识为 CAPACITOR，其封装属性为 RB 系列。Protel 99 SE 中的电解电容如图 3-97 所示。

Protel 99 SE 中提供的电解电容封装 RB 系列如图 3-98 所示。

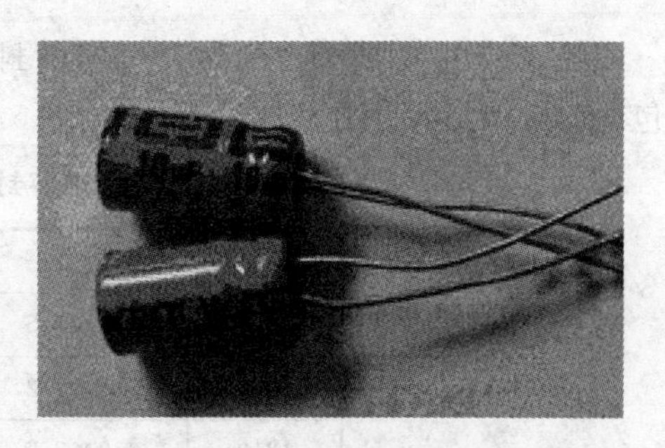

图 3-96 电解电容

图 3-98 中所列出的电解电容封装为

RB.2/.4、RB.3/.6，RB.2/.4 中的“.2”是指焊盘间距为 200 mil，“.4”是指电容圆筒的外径为 400 mil；而 RB.3/.6 中的“.3”是指焊盘间距为 300 mil，“.6”是指电容圆筒的外径为 600 mil。此外，Protel 99 SE 还提供了 RB.4/.8、RB.5/.10 封装，其含义同上。通常当电容值小于 100 μF 时，常用的封装形式为 RB.1/.2；当电容值介于 100～470 μF 时，常用的封装形式为 RB.2/.4；而当电容值大于 470 μF 时，常用的封装形式为 RB.3/.6。

图 3-97 Protel 99 SE 中的电解电容

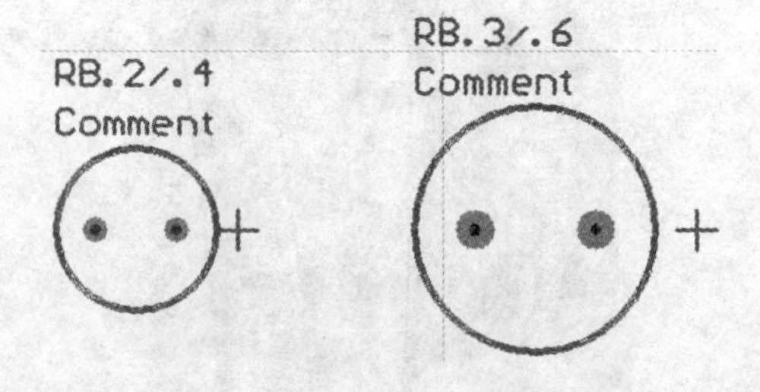

图 3-98 Protel 99 SE 中电解电容封装 RB 系列

(6) 贴片电容

贴片电容实物如图 3-99 所示。

Protel 99 SE 中提供的贴片电容封装如图 3-100 所示。

图 3-99 贴片电容

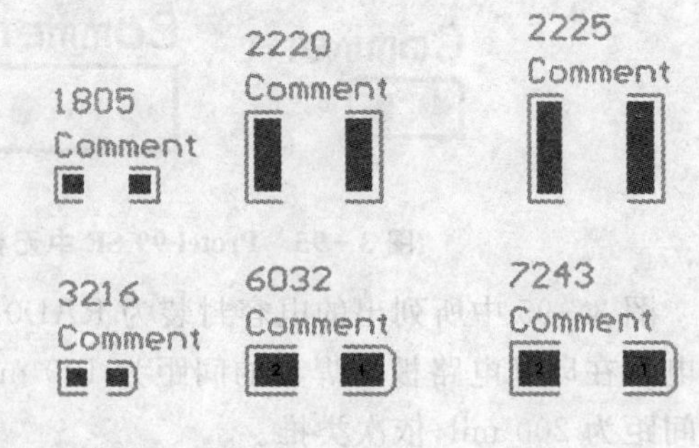

图 3-100 Protel 99 SE 中贴片电容封装

图 3-100 中所列出的贴片电容的封装 1805、2220、2225、3216、6032 及 7243 所包含的数字与尺寸之间的关系如表 3-5 所列。

表 3-5 贴片电容封装与尺寸之间的关系表

封 装	尺寸/mil^2	封 装	尺寸/mil^2
0402	1.0×0.5	2225	5.6×6.5
0805	2.0×1.2	1206	3.2×1.6
1210	3.2×2.5	1812	4.5×3.2

此外，贴片元件由于其紧贴电路板，要求温度稳定性要高，所以贴片电容以钽电容为多，根据其耐压不同，贴片电容又可分为 A、B、C、D 四个系列，具体分类如表 3-6 所列。

(7) 二极管

二极管的种类比较多，其中常用的有整流二极管 1N4001 和开关二极管 1N4148，如图 3-101 所示。

表 3-6 贴片电容分类

类　型	封装形式	耐压/V
A	3216	10
B	3528	16
C	6032	25
D	7343	35

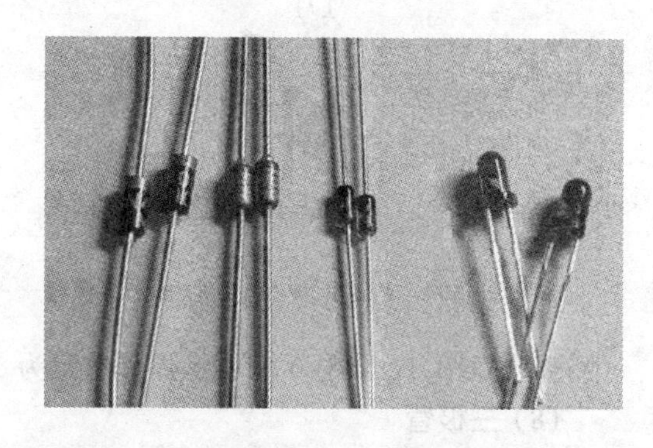

图 3-101 二极管

Protel 99 SE 中二极管的标识为 DIODE(普通二极管)、DIODE SCHOTTKY(肖特基二极管)、DIODE TUNNEL(隧道二极管)、DIODE VARATOR(变容二极管)及 DIODE ZENER(稳压二极管)，其封装属性为 DIODE 系列。Protel 99 SE 中的二极管如图 3-102 所示。

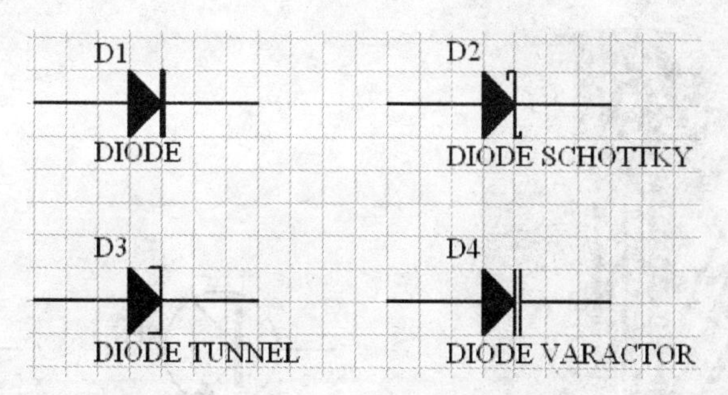

图 3-102 Protel 99 SE 中的二极管

Protel 99 SE 中提供的二极管封装 DIODE 系列如图 3-103 所示。

图 3-103 Protel 99 SE 中二极管封装 DIODE 系列

其中,DIODE0.4 中的 0.4 是指焊盘间距为 400 mil;而 DIODE0.7 中的 0.7 是指焊盘间距为 700 mil。后缀数字越大,表示二极管的功率越大。

而对于发光二极管,Protel 99 SE 中的标识为 LED,元件符号如图 3-104 所示。

通常,发光二极管使用 Protel 99 SE 中提供的 RB.1/.2 封装,如图 3-105 所示。

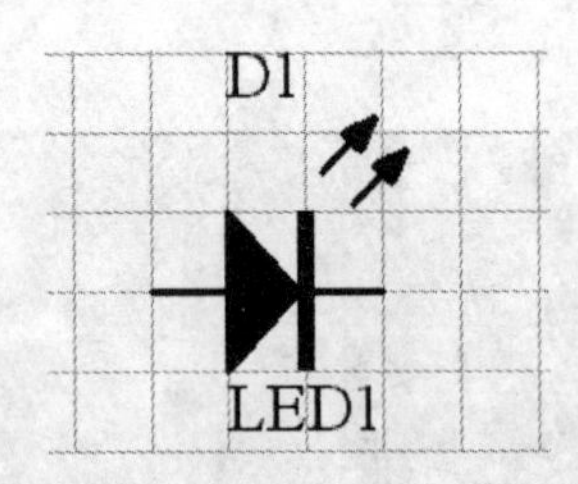

图 3-104 Protel 99 SE 中的发光二极管

图 3-105 RB.1/.2 封装

其中,RB.1/.2 中 0.1 表示焊盘间距为 100 mil,而焊盘外径为 200 mil。

(8) 三极管

三极管分为 PNP 型和 NPN 型,三极管的三个引脚分别为 E、B 和 C,如图 3-106 所示。

Protel 99 SE 中三极管的标识为 NPN、PNP,其封装属性为 TO 系列。Protel 99 SE 中的三极管如图 3-107 所示。

图 3-106 三极管

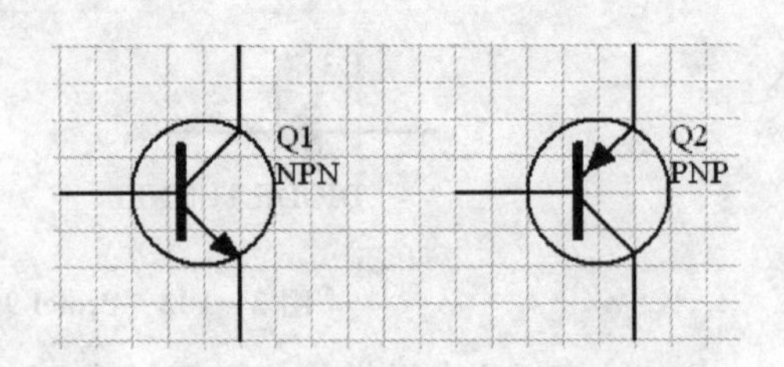

图 3-107 Protel 99 SE 中的三极管

Protel 99 SE 中提供的三极管封装 TO 系列如图 3-108 所示。

图 3-108 中所列出的三极管封装为 TO-3、TO-5 及 TO-18,其中 TO-3 用于大功率晶体管;而 TO-5、TO-18 用于小功率晶体管。此外,对于中功率晶体管,如果是扁平的,就用 TO-220;如果是金属壳的,就用 TO-66。

(9) 集成电路 IC

常用的集成电路IC如图3-109所示。

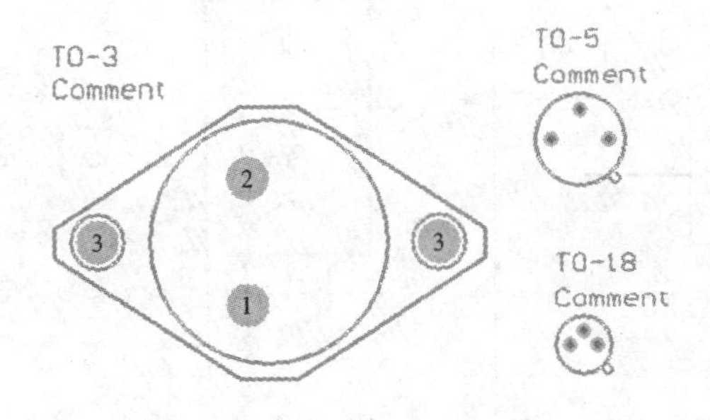

图3-108 Protel 99 SE中三极管封装TO系列

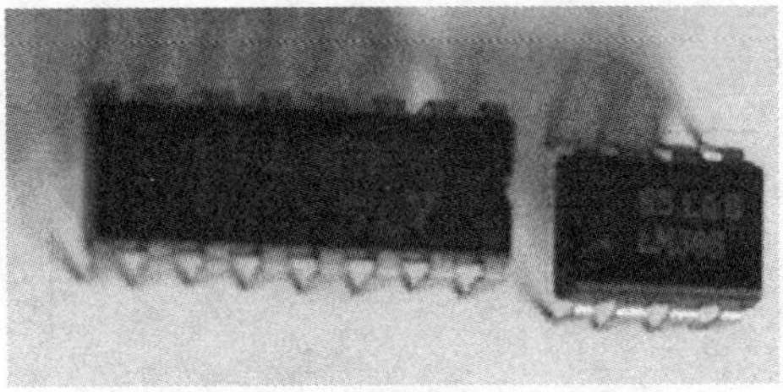

图3-109 常用的集成电路IC

集成电路IC有双列直插封装形式DIP，也有单排直插封装形式SIP。Protel 99 SE中的常用集成电路如图3-110所示。

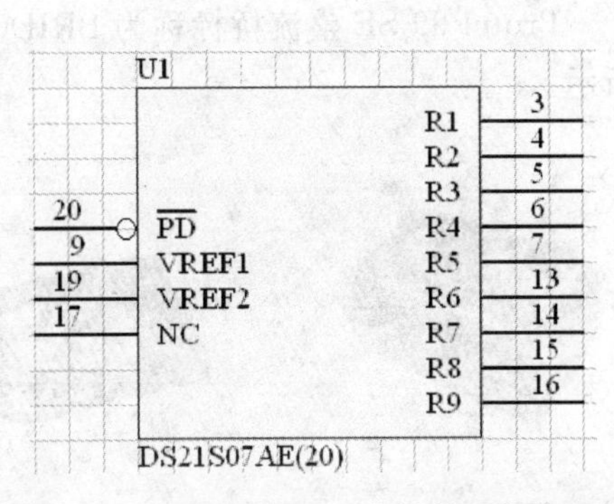

图3-110 Protel 99 SE中的常用集成电路

Protel 99 SE中提供的集成电路IC封装DIP、SIP系列如图3-111所示。

对于DIP系列封装，以DIP14为例，每排有7个引脚，两排间的距离为300 mil，焊盘间的距离为100 mil。

(10) 三端稳压器

常用的三端稳压器有78、79系列，78系列有7805、7812、7820等，而79系列有7905、7912、7920等。三端稳压器实物如图3-112所示。

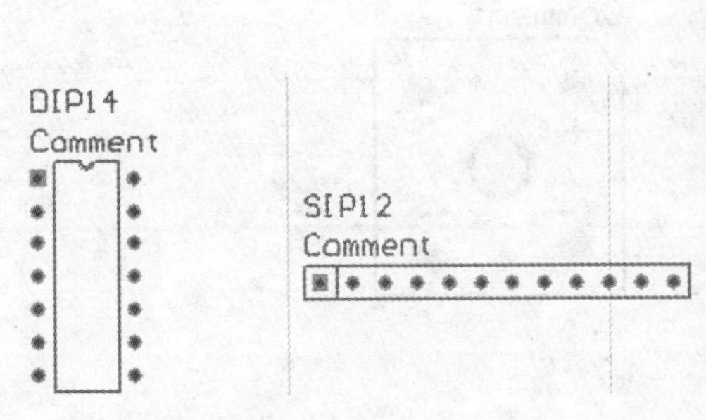

图3-111 集成电路IC封装DIP、SIP系列

图3-112 三端稳压器

Protel 99 SE中的三端稳压器如图3-113所示。

Protel 99 SE中提供的三端稳压器常用封装TO-220如图3-114所示。

(11) 整流桥

整流桥的实物如图3-115所示。

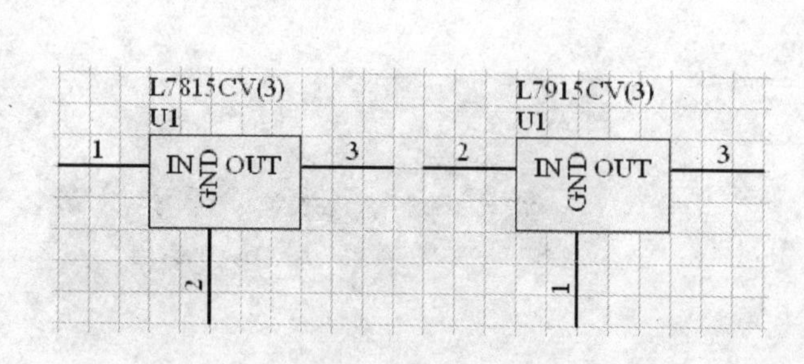

图3-113 Protel 99 SE中的三端稳压器

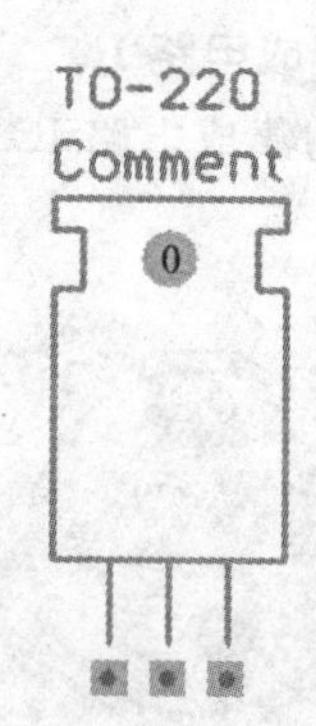

图3-114 三端稳压器常用封装

Protel 99 SE整流桥标称为BRIDGE,Protel 99 SE中的整流桥元件如图3-116所示。

图3-115 整流桥

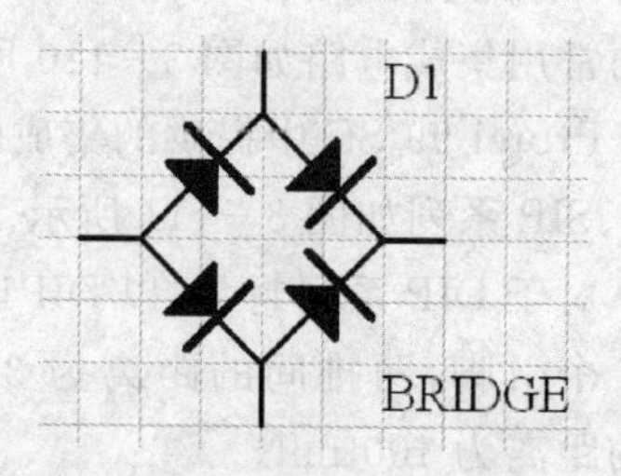

图3-116 Protel 99 SE中的整流桥元件

Protel 99 SE中提供的整流桥封装为D系列,如图3-117所示。

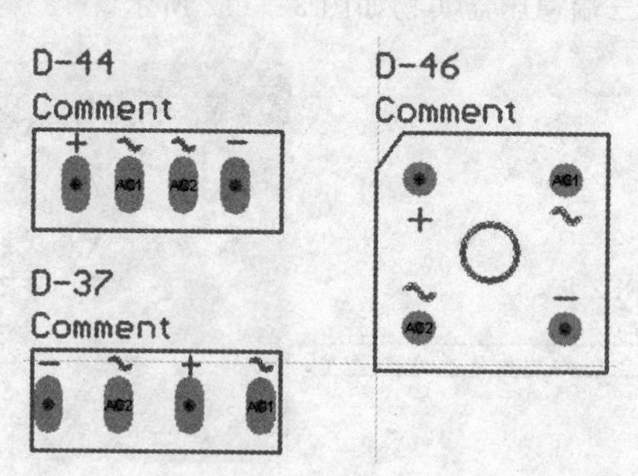

图3-117 Protel 99 SE中提供的整流桥封装

(12) 单排多针插座

单排多针插座的实物如图3-118所示。

Protel 99 SE单排多针插座标称为CON,Protel 99 SE中的单排多针插座元件如图3-119所示。

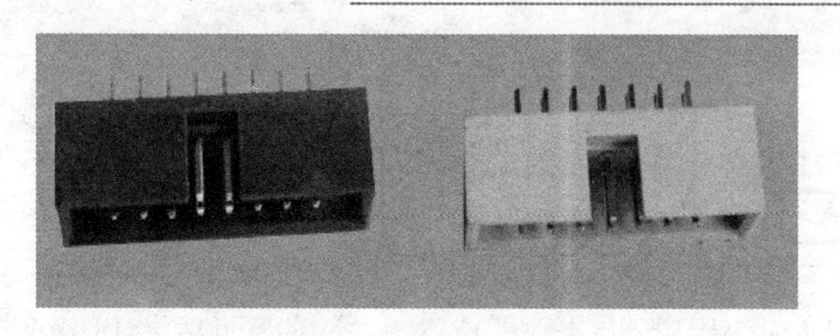

图 3-118 单排多针插座

CON 后的数字表示单排插座的针数,如 CON12 即为 12 脚单排插座。

Protel 99 SE 中提供的单排多针插座封装为 SIP 系列,如图 3-120 所示。

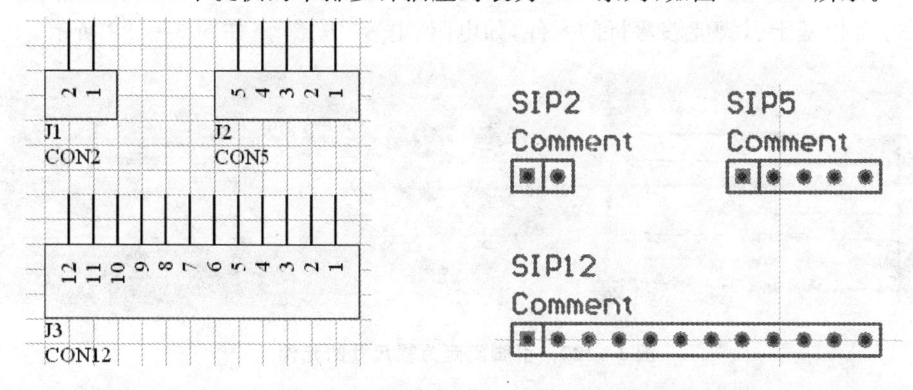

图 3-119 Protel 99 SE 中的单排多针插座　　图 3-120 Protel 99 SE 中提供的单排多针插座封装

3. 元件引脚间距定义

元件不同,其引脚间距也不相同。但各种各样的元件的引脚大多数都是(2.54 mm)100 mil 的整数倍。在 PCB 设计中必须准确测量元件的引脚间距,因为它决定着焊盘放置间距。通常对于非标准元件的引脚间距,用户可使用游标卡尺进行测量。常用的元件引脚间距如图 3-121 所示。

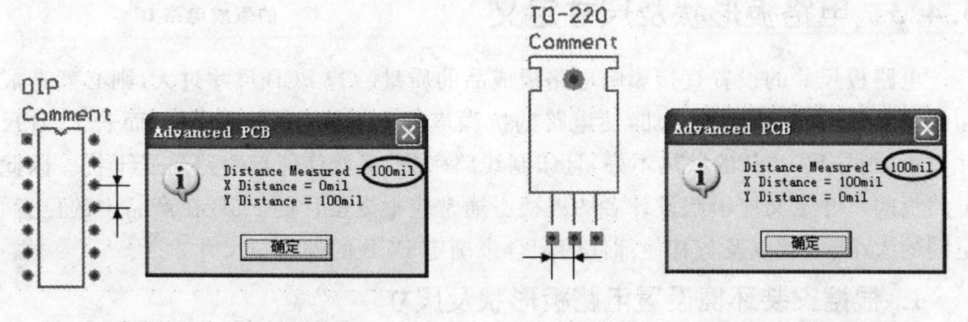

(a) 常用的元件DIP IC引脚间距　　(b) 常用的元件TO-220三极管引脚间距

图 3-121 常用的元件引脚间距

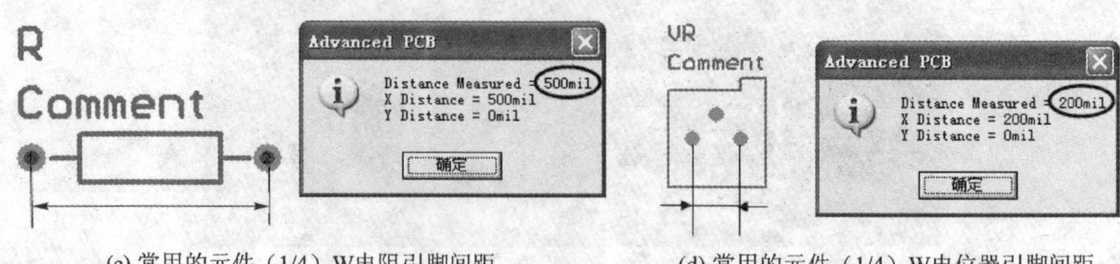

(c) 常用的元件（1/4）W电阻引脚间距 (d) 常用的元件（1/4）W电位器引脚间距

图 3-121 常用的元件引脚间距(续)

焊盘间距是根据元件引脚间距来确定的。而元件间距有软尺寸和硬尺寸之分。软尺寸是指基于引脚能够弯折的元件，如电阻、电容、电感等，如图 3-122 所示。

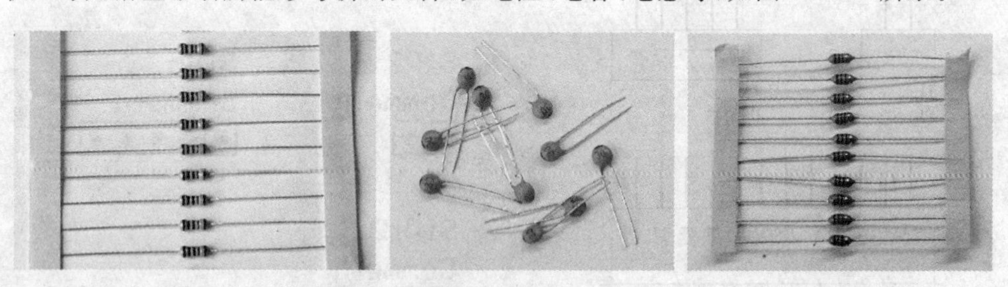

图 3-122 引脚间距为软尺寸的元件

因引脚间距为软尺寸的元件引脚可弯折，故设计该类元件的焊盘孔距比较灵活。而硬尺寸是基于引脚不能弯折的元件，如排阻、三极管、集成电路 IC 等(见图 3-123)。

由于其引脚不可弯折，因此要求其焊盘孔距相当准确。

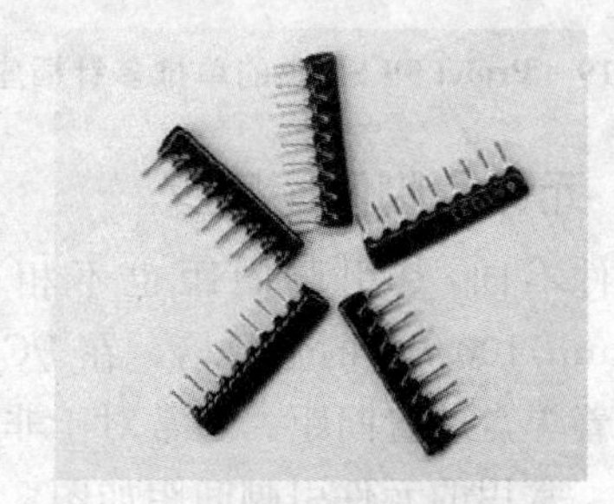

图 3-123 引脚间距为硬尺寸的集成电路 IC

3.4.3 电路板形状及尺寸定义

电路板尺寸的设置直接影响电路板成品的质量。若 PCB 尺寸过大，则必然造成印制线路长，而导致阻抗增加，使电路的抗噪声能力下降，成本也增加；而若 PCB 尺寸过小，则导致 PCB 的散热不好，且印制线路密集，必然使邻近线路易受干扰。因此电路板的尺寸定义应引起设计者的重视。通常应根据设计的 PCB 在产品中的位置、空间的大小、形状以及与其他部件的配合来确定 PCB 的外形与尺寸。

1. 根据安装环境设置电路板形状及尺寸

当设计的电路板有具体的安装环境时，用户需要根据实际的安装环境设置电路板的形状及尺寸。如设计并行下载电缆，并行下载电缆如图 3-124 所示。

并行下载电缆电路板的设计需要根据安装环境设置其形状及尺寸。并行下载电缆电路板设计如图3-125所示。

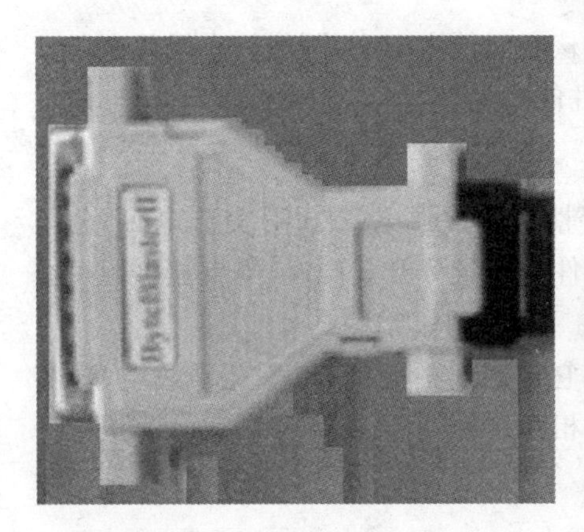

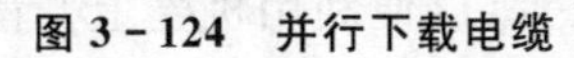

图3-124 并行下载电缆

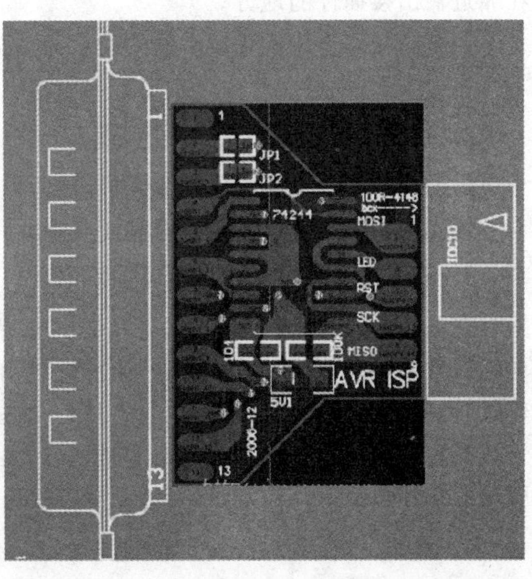

图3-125 并行下载电缆电路板设计

2. 布局布线后定义电路板尺寸

当电路板的尺寸及形状没有特别要求时，可在完成布局布线后，再定义板框。

3. 自定义电路板尺寸

电路板的最佳形状为矩形，长宽比为3∶2或4∶3。因此用户可按照最佳电路板比例，根据电路板估计尺寸预先设置电路板尺寸。

当元件布局结束后，按照“元件之间要留有一定间隔、预留发热元件安装散热片的位置、预留安装固定孔位置、位于电路板边缘的元件离电路板边缘一般不小于2 mm(约80 mil)”的原则调整电路板的尺寸。

3.4.4 PCB布局

元件布局依据以下原则：保证电路功能和性能指标；满足工艺、检测、维修等方面的要求；元件排列整齐、疏密得当，兼顾美观性。而对于初学者，合理的布局是确保PCB正常工作的前提，因此PCB布局需要用户特别注意。

1. 按照信号流的流向布局

PCB布局时应遵循信号从左到右或从上到下的原则，即在布局时输入信号放在电路板的左侧或上方，而将输出放置到电路板的右侧或下方。

在电路中按照信号的流向逐一排布元件，便于信号的流通。此外，与输入端直接相连的元件应当放在靠近输入接插件的地方；同理，与输出端直接相连的元件应当放在靠近输出接插件的地方。

当布局受到连线优化或空间的约束而需放置到电路板同侧时，输入端与输出端不宜靠得太近，以避免产生寄生电容而引起电路振荡，甚至导致系统工作不稳定。

2. 优先确定核心元件的位置

以电路功能判别电路的核心元件，然后以核心元件为中心，围绕核心元件布局。优先确定核心元件的位置有利于其余元件的布局。

3. 布局时考虑电路的电磁特性

在电路布局时，应充分考虑电路的电磁特性。通常强电（220 V交流电）部分与弱电部分要远离，电路的输入级与输出级的元件应尽量分开。同时，当直流电源引线较长时，要增加滤波元件，以防止50 Hz干扰。

当元件间可能有较高的电位差时，应加大它们之间的距离，以避免因放电、击穿引起的意外短路。此外，金属壳的元件应避免相互接触。

4. 布局时考虑电路的热干扰

发热元件应尽量放置在靠近外壳或通风较好的位置，以便利用机壳上开凿的散热孔散热。当元件需要安装散热装置时，应将元件放置到电路板的边缘，以便于安装散热器或小风扇，确保元件的温度在允许范围内。

对于温度敏感的元件，如晶体管、集成电路、热敏电路等，不宜放在热源附近。

5. 可调元件的布局

对于可调元件，如可调电位器、可调电容器、可调电感线圈等，在电路板布局时，须考虑其机械结构。

在放置可调元件时，尽量布置在操作者便于操作的位置，以便调节。

而对于一些带高电压的元件则应尽量布置在操作者手不宜触及的地方，以确保调试、维修的安全。

6. 通常元件的布局

通常印刷电路板元件的放置遵循一定的顺序，以稳压电源电路为例，说明电路板元件布局的一般顺序。稳压电源电路如图3-126所示。

图3-126中B1为桥堆，C1、C2为电解电容，C3、C4为无极性电容，U1为三端稳压器，CN1、CN2为连接端子。

① 放置固定位置的元件，如电源插座、指示灯、开关、连接件之类的元件，如图3-127所示。

② 放置电路上的特殊元件和大的元件，如发热元件、变压器、IC等，如图3-128所示。

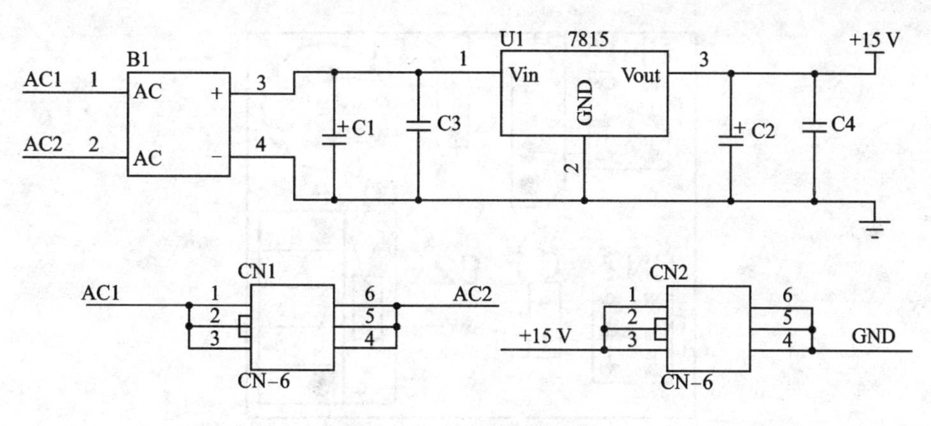

图3-126　稳压电源电路

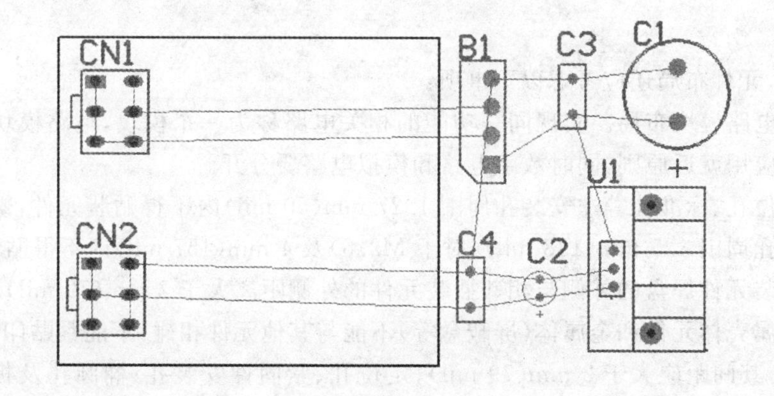

图3-127　放置固定位置的元件

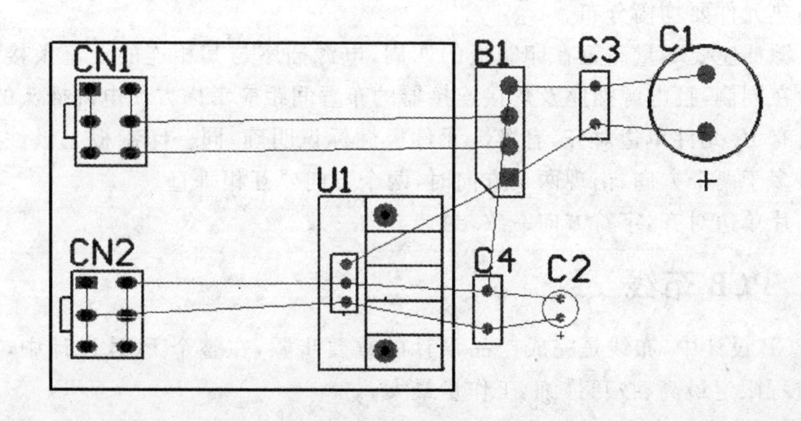

图3-128　放置特殊元件(三端稳压器)

③ 放置小元件,如图3-129所示。

当采用上述方式布局时,应确保元件在整个板面上分布均匀、疏密一致;元件不要占满板面,注意四周要留有一定空间;元件安装高度要尽量低,以免在振动中使稳

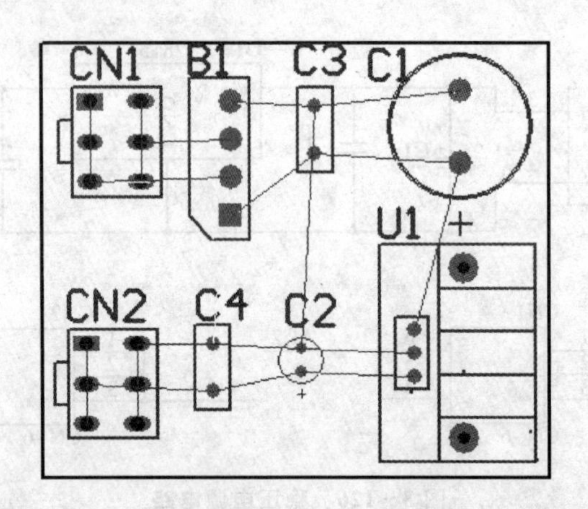

图 3-129 放置小元件

定性变坏。

此外，元件布局还应考虑以下事项：

✧ 按电路模块布局。实现同一功能的相关电路称为一个模块，电路模块中的元件应用就近原则，同时数字电路和模拟电路要分开。

✧ 定位孔、标准孔等非安装孔周围 1.27 mm(50 mil)内不得贴装元件，螺钉等安装孔周围 3.5 mm(138 mil)(对于 M2.5)及 4 mm(157 mil)内不得贴装元件。

✧ 贴装元件焊盘的外侧与相邻插装元件的外侧距离大于 2 mm(79 mil)。

✧ 金属壳体元件和金属体(屏蔽盒等)不能与其他元件相碰，不能紧贴印制线、焊盘，其间距应大于 2 mm(79 mil)；定位孔、紧固件安装孔、椭圆孔及板中其他方孔外侧距板边的尺寸应大于 3 mm(118 mil)。

✧ 高热元件要均衡分布。

✧ 电源插座要尽量布置在印制板的四周，电源插座与其相连的汇流条接线端布置在同侧，且电源插座及焊接连接器的布置间距应考虑方便电源插头的插拔。

✧ 所有 IC 元件单边对齐，有极性元件极性标识明确，同一印制板上极性标识不得多于两个方向，出现两个方向时，两个方向要互相垂直。

✧ 贴片单边对齐，字符方向一致，封装方向一致。

3.4.5 PCB 布线

在 PCB 设计中，布线是完成产品设计的重要步骤，在整个 PCB 设计中，以布线的设计过程限定最高、技巧最细、工作量最大。

1. PCB 布线注意事项

PCB 布线过程中，应注意以下事项：

① 印制导线的布设应尽可能短；当电路为高频电路或在布线密集的情况下，印制导线的拐弯应成圆角。当印制导线的拐弯成直角或尖角时，在高频电路或布线密

集的情况下会影响电路的电气特性。

② PCB尽量使用45°折线，而不使用90°折线布线，以减小高频信号对外的发射与耦合。

③ 当两面布线时，两面的导线宜相互垂直、斜交或弯曲走线，避免相互平行，以减小寄生耦合。

④ 电源线与地线应尽量呈放射状。

⑤ 作为电路的输入及输出用的印制导线应尽量避免相邻、平行，以免发生回流，在这些导线之间最好加接地线。

⑥ 当板面布线疏密差别大时，应以网状铜箔填充，网格大于8 mil(0.2 mm)。

⑦ 贴片焊盘上不能有通孔，以免焊膏流失造成元件虚焊。

⑧ 重要信号线不准从插座间穿过。

⑨ 卧装电阻、电感(插件)、电解电容等元件的下方避免布过孔，以免波峰焊后，孔与元件壳体短路。

⑩ 手工布线时，先布电源线，再布地线，且电源线应尽量在同一层面。

⑪ 信号线不能出现回环走线，如果不得不出现环路，要尽量让环路短。

⑫ 走线通过两个焊盘之间而不与它们连通的时候，应该与焊盘保持最大而相等的间距。

⑬ 走线与导线之间的距离也应当均匀、相等并且保持最大。

⑭ 导线与焊盘连接处的过渡要圆滑，避免出现小尖角。

⑮ 当焊盘之间的中心间距小于焊盘的外径时，焊盘之间的连接导线宽度可以和焊盘的直径相同；当焊盘之间的中心距大于焊盘的外径时，应减小导线的宽度；当一条导线上有三个以上的焊盘时，焊盘之间的距离应该大于两个焊盘直径的宽度。

2. PCB导线

在PCB设计中，用户应注意PCB走线的长度、宽度、走线间的距离。

(1) 导线长度

在PCB设计中，走线应尽量短。

(2) 导线宽度

PCB导线宽度与电路电流承载值有关，一般导线越宽，承载电流的能力越强。因此在布线时，应尽量加宽电源、地线宽度，最好是地线比电源线宽，它们的关系是：地线宽＞电源线宽＞信号线宽。通常，信号线宽为0.2～0.3 mm(8～12 mil)。

在实际的PCB制作过程中，导线宽度应以能满足电气性能要求而又便于生产为宜，它的最小值以承受的电流大小而定，导线宽度和间距可取0.3 mm(12 mil)；导线的宽度设计在大电流的情况下还要考虑其温升。

对于DIP封装的IC脚间导线，当两脚间通过2根线时，焊盘直径可设为50 mil，线宽与线距都为10 mil；当两脚间只通过1根线时，焊盘直径可设为64 mil，线宽与线距都为12 mil。

(3) 导线间距

相邻导线间必须满足电气安全要求，其最小间距至少要能适合承载的电压。

导线间最小距离主要取决于：相邻导线的峰值电压差、环境大气压力、印制板表面所用的涂覆层。无外涂覆层的导线间距（海拔高度为 3 048 m）如表 3-7 所列。

表 3-7 无外涂覆层的导线间距(海拔高度为 3 048 m)

导线间的直流或交流峰值电压/V	最小间距/mm	最小间距/mil
0～50	0.38	15
51～150	0.635	25
151～300	1.27	50
301～500	2.54	100
>500	0.005(每伏)	0.2(每伏)

无外涂覆层的导线间距（海拔高度高于 3 048 m）如表 3-8 所列。

表 3-8 无外涂覆层的导线间距(海拔高度高于 3 048 m)

导线间的直流或交流峰值电压/V	最小间距/mm	最小间距/mil
0～50	0.635	25
51～100	1.5	59
101～170	3.2	126
171～250	12.7	500
>250	0.025(每伏)	1(每伏)

而内层和有外涂覆层的导线间距（任意海拔高度）如表 3-9 所列。

表 3-9 内层和有外涂覆层的导线间距(任意海拔高度)

导线间的直流或交流峰值电压/V	最小间距/mm	最小间距/mil
0～9	0.127	5
10～30	0.25	10
31～50	0.38	15
51～150	0.51	20
151～300	0.78	31
301～500	1.52	60
>250	0.003(每伏)	0.12(每伏)

此外，导线不能有急剧的拐弯和尖角，拐角不得小于 90°。

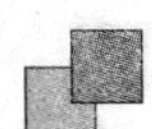

3. PCB焊盘

元件引脚通过 PCB 上的引线孔，用焊锡焊接固定在 PCB 上，印制导线把焊盘连接起来，实现元件在电路中的电气连接。引线孔及其周围的铜箔称为焊盘。

焊盘的直径和内孔尺寸须从元件引脚直径、公差尺寸以及焊锡层厚度、孔金属化电镀层厚度等方面考虑，焊盘的内孔一般不小于 0.6 mm(24 mil)，因为小于 0.6 mm (24 mil)的孔开模冲孔时不易加工，通常情况下以金属引脚直径值加 0.2 mm(8 mil)作为焊盘内孔直径。如电容的金属引脚直径为 0.5 mm(20 mil)时，其焊盘内孔直径应设置为(0.5＋0.2) mm＝0.7 mm(28 mil)。而焊盘直径与焊盘内孔直径之间的关系如表 3－10 所列。

表 3－10　　焊盘直径与内孔直径之间的关系

内孔直径/mm	焊盘直径/mm	内孔直径/mil	焊盘直径/mil
0.4	1.5	16	59
0.5		20	
0.6		24	
0.8	2	31	79
1.0	2.5	39	98
1.2	3.0	47	118
1.6	3.5	63	138
2.0	4	79	157

通常焊盘的外径应当比内孔直径大 1.3 mm(51 mil)以上。

当焊盘直径为 1.5 mm(59 mil)时，为了增加焊盘抗剥强度，可采用长不小于 1.5 mm(59 mil)、宽为 1.5 mm(59 mil)的长圆形焊盘。

PCB 设计时，焊盘的内孔边缘应放置到距离 PCB 边缘大于 1 mm(39 mil)的位置，以避免加工时焊盘的缺损；当与焊盘连接的导线较细时，要将焊盘与导线之间的连接设计成水滴状，以避免导线与焊盘断开；相邻的焊盘要避免成锐角等。

此外，在 PCB 设计中，用户可根据电路特点选择不同形状的焊盘。焊盘形状选取原则如表 3－11 所列。

表 3－11　焊盘形状选取原则

焊盘形状	形状描述	用　途
	圆形焊盘	广泛用于元件规则排列的单、双面 PCB 中

续表 3-11

焊盘形状	形状描述	用 途
	方形焊盘	用于PCB上元件大而少且印制导线简单的电路
	多边形焊盘	用于区别外径接近而孔径不同的焊盘，以便加工和装配

3.4.6 电路板测试

电路板制作完成之后，用户需测试电路板是否能正常工作。测试分为两个阶段，第一阶段是裸板测试，主要目的在于测试插置元件之前电路板中相邻铜箔走线间是否存在短路的现象。第二阶段的测试是组合板的测试，主要目的在于测试插置元件并焊接之后整个电路板的工作情况是否符合设计要求。

电路板的测试需要通过测试仪器（如示波器、频率计或万用表等）来测试。为了使测试仪器的探针便于测试电路，Protel 99 SE提供了生成测试点功能。

一般合适的焊盘和过孔都可作为测试点，当电路中无合适的焊盘和过孔时，用户可生成测试点。测试点可以位于电路板的顶层或底层，也可以双面都有。

✧ PCB上可设置若干个测试点，这些测试点可以是孔或焊盘。

✧ 测试孔设置与再流焊导通孔要求相同。

✧ 探针测试支撑导通孔和测试点。

采用在线测试时，PCB上要设置若干个探针测试支撑导通孔和测试点，这些孔或点和焊盘相连时，可从有关布线的任意处引出，但应注意以下几点：

✧ 保证不同直径的探针进行自动在线测试（ATE）时的最小间距。

✧ 导通孔不能选在焊盘的延长部分，与再流焊导通孔要求相同。

✧ 测试点不能选择在元器件的焊点上。

3.5 PCB设计

印刷电路板是从电路原理图变成一个具体产品的必经之路，因此，印刷电路板设计是电路设计中最重要、最关键的一步。Protel 99 SE印刷电路板设计的具体流程如图3-130所示。

其中各项的作用如下：

✧ 创建PCB文件用于用户调用PCB服务器。

✧ 元件制作用于创建PCB封装库中未包含的元件。

✧ 规划电路板用于确定电路板的尺寸，确定PCB为单层板、双层板或其他。

✧ 参数设置是电路板设计中非常重要的步骤，用于设置布线工作层、地线线宽、电源线线宽、信号线线宽等。

✧ 装入元件库用于在PCB电路中放置对应的元件；而装入网络表用于实现原理图电路与PCB电路的对接。

✧ 当网络表输入到PCB文件后，所有的元器件都会放在工作区的零点，重叠在一起，下一步的工作就是把这些元器件分开，按照一些规则摆放，即元件布局。元件布局分为自动布局和手动布局，为了使布局更合理，多数设计者都采用手动布局。

✧ PCB布线也分为自动布线和手动布线，其中自动布线采用无网络、基于形状的对角线技术，只要设置有关参数、元件布局合理，自动布线的成功率几乎是100％；通常在自动布线后，用户采用Protel 99 SE提供自动布线功能调整自动布线不合理的地方，以便使电路走线趋于合理。

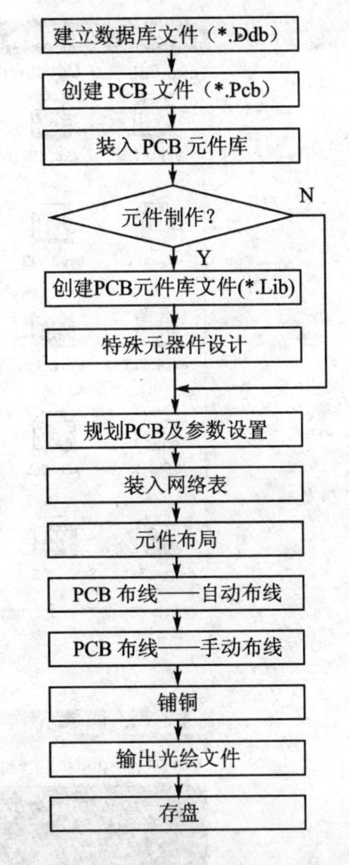

图3-130　印刷电路板设计流程图

✧ 铺铜：通常对于大面积的地或电源铺铜，可起到屏蔽的作用；对于布线较少的PCB层铺铜，可保证电镀效果，或者压层不变形；此外，铺铜后可给高频数字信号一个完整的回流路径，并减少直流网络的布线。

✧ 输出光绘文件：光绘文件用于驱动光学绘图仪。

3.5.1　创建PCB文件

右击设计导航中的Documents目录，在弹出的快捷菜单中选择New选项，再选中PCB Document选项，单击OK按钮，此时在Documents列表中出现PCB文件，如图3-131所示。

采用系统默认的文件名PCB1.PCB。双击PCB1.PCB文件，系统进入PCB环境，如图3-132所示。

点选设计导航中的Browse PCB按钮，点选浏览窗口中Browse文本框中的下拉式

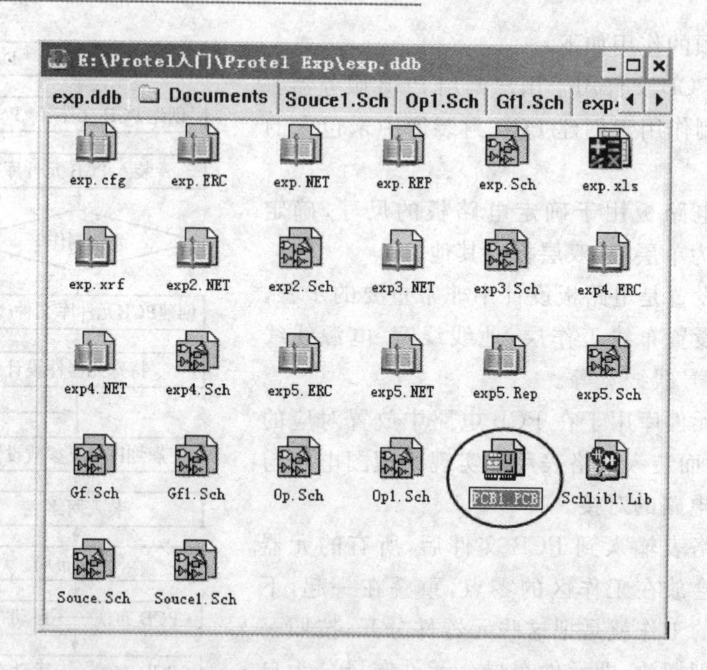

图 3-131 PCB 文件

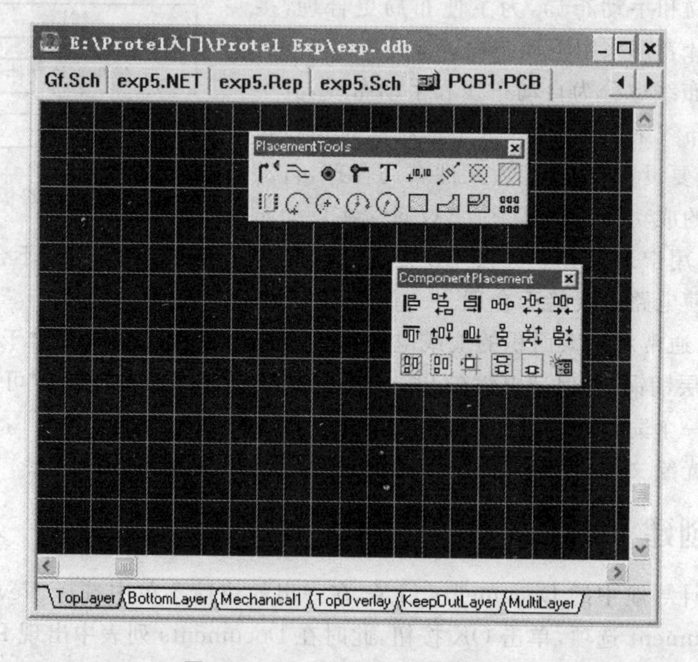

图 3-132 系统进入 PCB 环境

按钮，选择 Libraries 选项后，在 Browse PCB 选项卡窗口显示库及元件，如图 3-133 所示。

拖动元件列表中的滚动条可查看 PCB Footprints. lib 包含的元件。当 PCB 元件不能在 PCB Footprints. lib 库中时，用户需添加其他元件库。点选 Browse PCB 选项卡中的 Add/Remove 选项，系统将弹出选择 PCB 元件库对话框。在 Protel 99 SE 自带的 PCB 元件库文件夹中包含 Connectors（连接器 PCB 元件库）、Generic Footprints（通用元件封装 PCB 元件库）及 IPC Footprints（表面贴装元件 PCB 元件库）三个子文件夹。双击 Generic Footprints 子文件夹，即可打开文件夹包含的所有元件库，如图 3－134 所示。

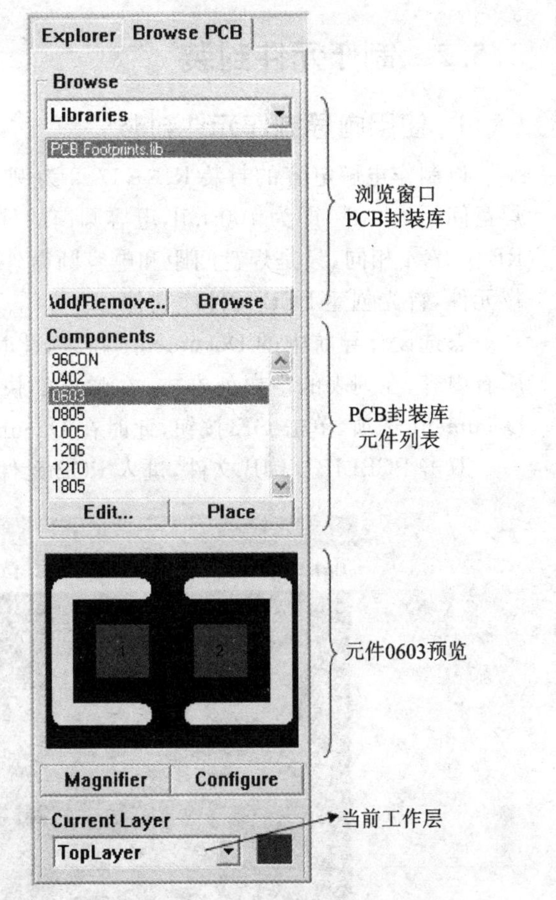

图 3－133　Browse PCB 选项卡窗口显示库及元件

在 General Footprints 文件夹中包含 1394 Serial Bus、Advpcb 等 PCB 元件库。点选 Miscellaneous 设计文件，然后单击 Add 按钮，即可将 Miscellaneous 设计文件所包含的 PCB 元件库添加到 Selected Files 列表框中。添加完成后单击 OK 按钮确认，此时在 Browse PCB 选项卡的 Browse→Libraries 列表中新增加了元件库，如图 3－135 所示。

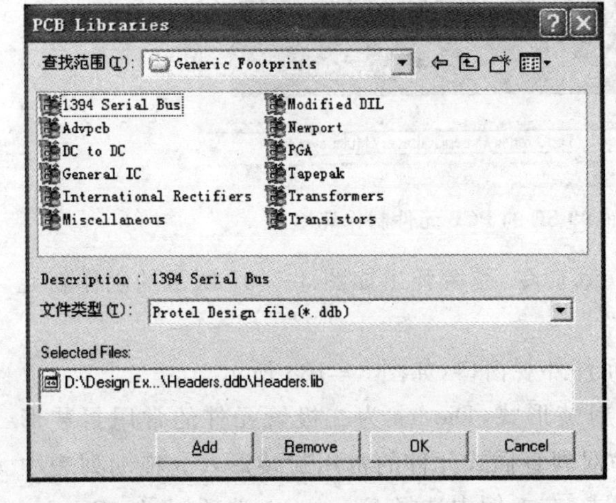

图 3－134　打开 General Footprints 子文件夹

图 3－135　在 Browse→Libraries 列表中新增加元件库

3.5.2 制作元件封装

1. 使用向导制作元件封装

以制作电解电容的封装RB-.1/.2为例。电解电容封装RB-.1/.2表示封装的焊盘间距为".1",即为100 mil,电容圆筒的外径为".2",即为200 mil,其元件外观与RB-.2/.4相同,只是焊盘间距和电容圆筒外径与RB-.2.4不同。采用向导模式制作元件,首先创建PCB元件库文件。

点选设计导航中的Documents目录,此时系统将弹出Documents目录下包含的所有内容,在列表的空白处右击,在弹出的快捷菜单中选择New选项,再选中PCB Document选项,单击OK按钮,此时在Documents列表中出现PCBLIB文件。

双击PCBLIB1.LIB文件,进入PCB元件制作环境,如图3-136所示。

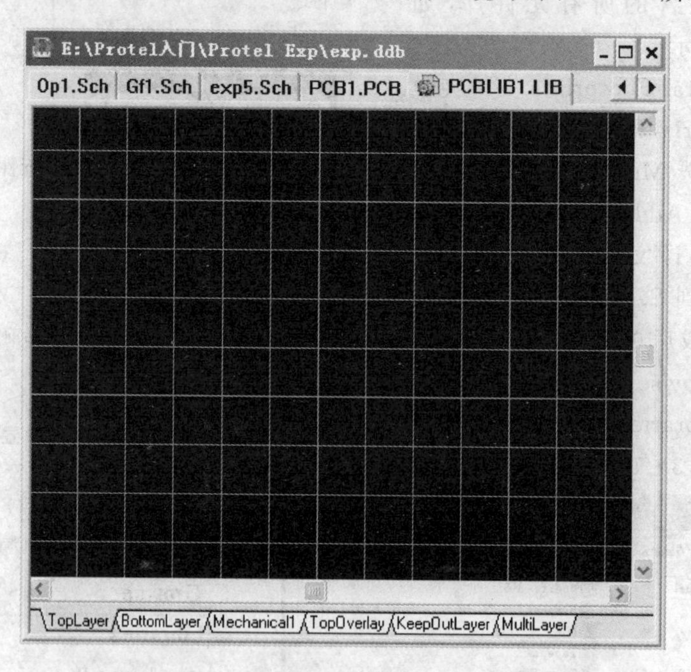

图3-136 Protel 99 SE的PCB元件制作环境

点选菜单Tools→New Component命令,系统弹出如图3-137所示的制作新元件向导。

单击Next按钮,系统进入选择元件外观窗口,如图3-138所示。

其中,Capacitors为电容的常用封装形式,Diodes为二极管元件的常用封装形式,而Dual in-line Package[DIP]为双列直插式元件的常用封装形式。拖动列表中的滚动条,系统显示其他常用封装样式,在本例中选择Capacitors选项;此外,Select a部分用于选择系统采用的单位。系统提供了两种单位制:Metric(mm)米制(毫米)及

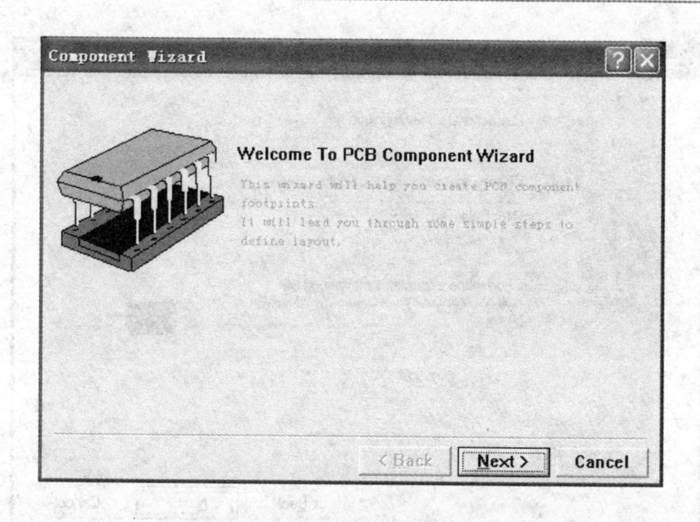

图 3-137 制作新元件向导

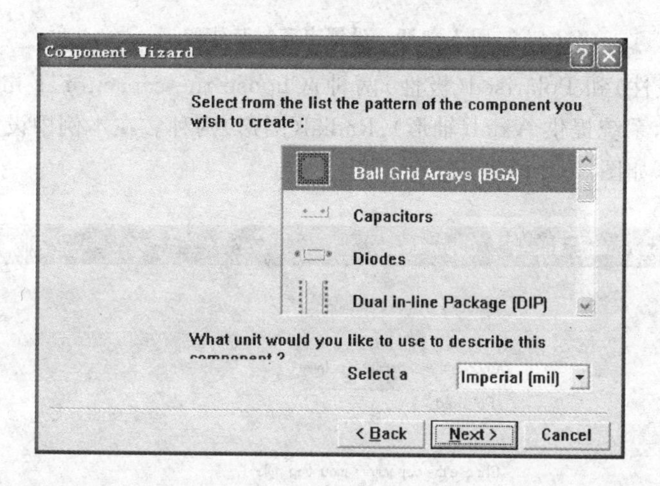

图 3-138 选择元件外观窗口

Imperial(mil)英制，在本例中采用英制。

设置完成后，单击 Next 按钮进入元件类型选择对话框。系统提供了两种元件类型：Though Hole 过孔型及 Surface Mount 贴片型。在本例中选择 Though Hole 型。

设置完成后，单击 Next 按钮进入设置焊盘尺寸窗口。根据所测的引脚尺寸进行焊盘尺寸的设置，一般将焊盘外径的尺寸取为内径的两倍，而内孔直径尺寸要稍大于引脚的尺寸，以便于将来在印刷电路板上的安装。本例采用系统的默认设置。

单击 Next 按钮进入设置焊盘间距对话框窗口。本例中要求焊盘间距为 300 mil，因此单选 500 mil，并将其修改为 300 mil。

单击 Next 按钮进入电容封装外形设置窗口，如图 3-139 所示。

其中 Choose the capacitor's polarity 为选择电容极性对话框，系统提供 Not

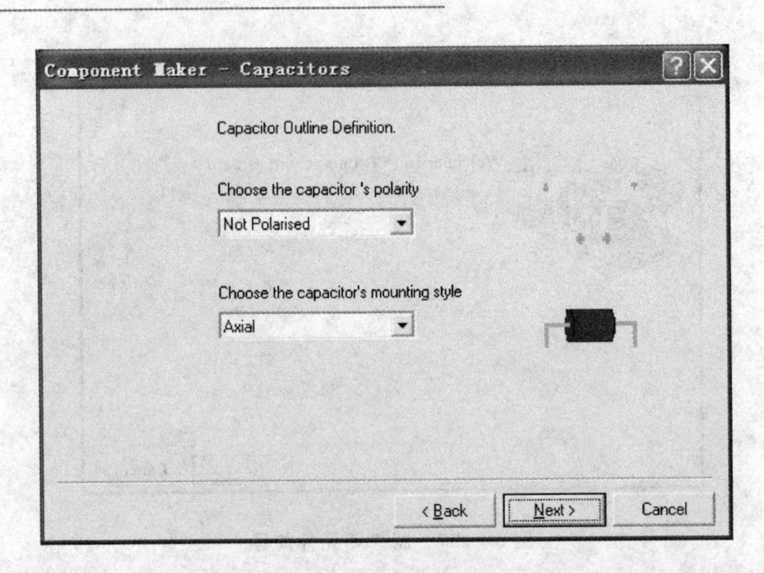

图 3-139 设置电容封装外形

Polarised(无极性)和 Polarised(极性)两种;Choose the capacitor's mounting style 选择电容样式,系统提供 Axial(轴形)、Radial(圆形)两种。在本例中设置电容为 Polarised、Radial,如图 3-140 所示。

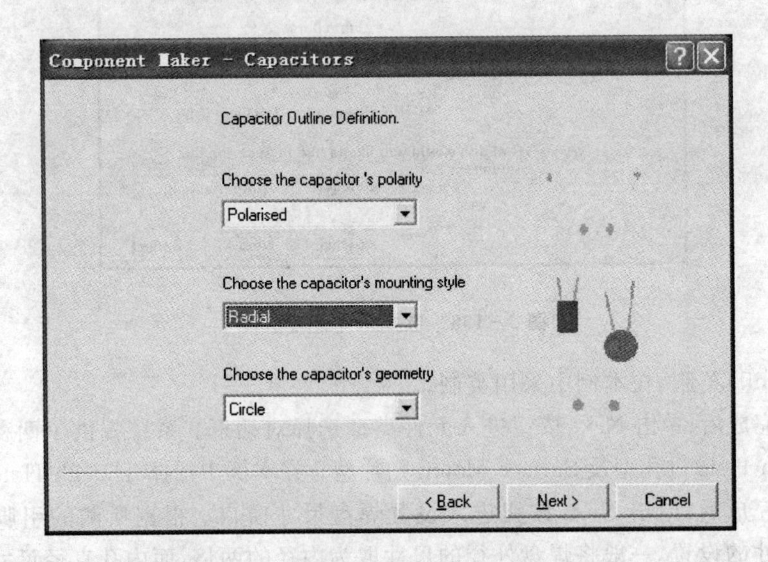

图 3-140 设置电容为 Polarised、Radial 形

此时系统出现第三项设置对话框,选项为:Choose the capacitor's geometry 选择电容几何形状,系统提供:Circle(圆形)、Oval(椭圆形)及 Rectangle(长方形)。在本例中选择 Cirle,然后单击 Next 按钮进入设置轮廓对话框。

在本设计中修改元件半径为 100 mil(元件直径为 200 mil),其他值采用系统的默认设置。单击 Finish 按钮完成制作,结果如图 3-141 所示。

用户可调整元件中的部分标注性对象的位置,调整后,点选 File→Save 命令保存元件。

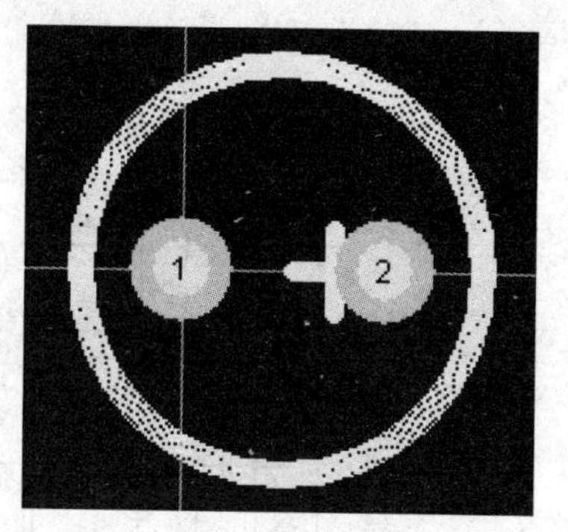

图 3-141 使用向导制作的元件 RB-.1/.2

2. 采用新建方式制作元件封装

以创建三端稳压电源的封装为例。三端稳压电源 L7815CV(3)或 L7915CV(3)有3个引脚,其尺寸数据如表 3-12 所列、如图 3-142 所示。

表 3-12 三端稳压电源 L7815CV(3)或 L7915CV(3)尺寸数据

标号(见图 3-142)	尺寸/mil		
	Min(最小值)	Type(典型值)	Max(最大值)
A	173		181
b	24		34
*b*1	45		77
c	19		27
D	700		720
E	393		409
e	94		107
*e*1	194		203
F	48		51
*H*1	244		270
*J*1	94		107
L	511		551
*L*1	137		154
*L*20		745	
*L*30		1 138	
ΦP	147		151
Q	104		117

依据元件数据,在本例中拟完成如图 3-143 所示的元件封装。因此,根据表 3-12 数据提取如表 3-13 所列的数据。

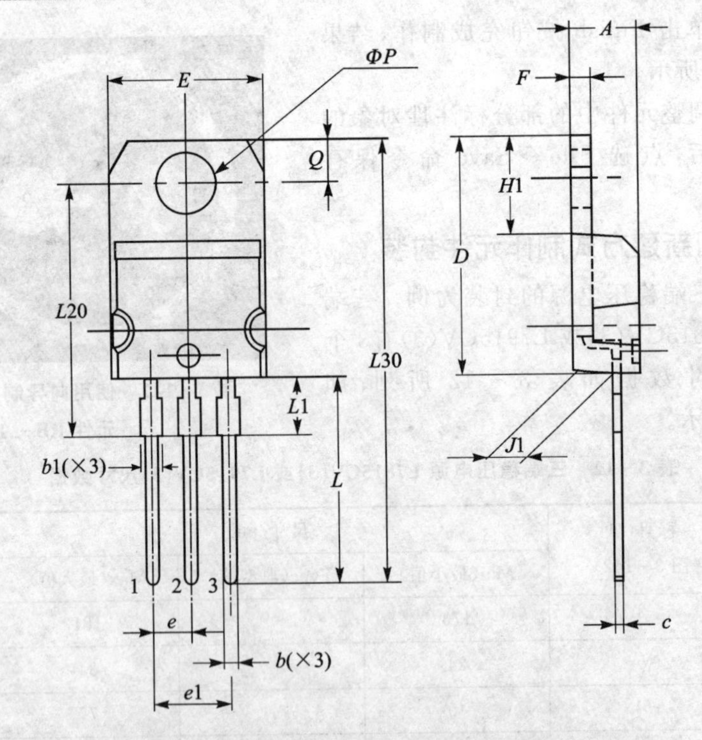

图 3-142　三端稳压电源 L7815CV(3)或 L7915CV(3)尺寸标注

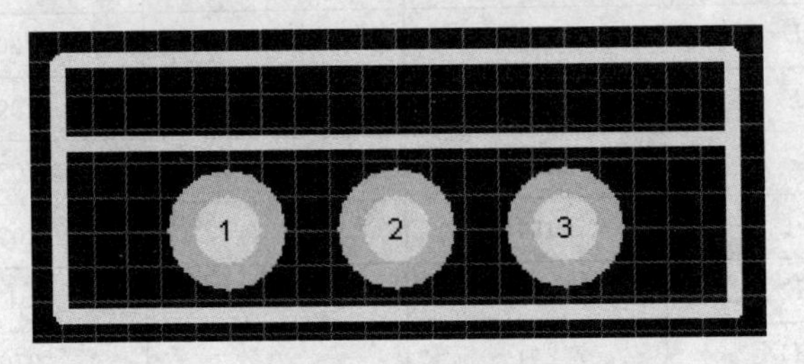

图 3-143　期望的元件封装形式

表 3-13　用户创建稳压电源时需要的数据

标号(见图 3-142)	尺寸/mil		
	Min(最小值)	Type(典型值)	Max(最大值)
A(宽度)	713	180	181
b(孔径直径)	24	40	34
c	19	20	27
E(长度)	393	400	409
e(焊盘间距)	94	100	107
F(散热层厚度)	48	50	51
*J*1	94	100	107

注:焊盘孔径直径＝Max＋Max×10 ％。

得到数据后，用户需要使用相关数据创建元件。使用元件创建向导进行新元件的创建时，一般是不需要事先进行参数设置的；而当采用手工创建一个新元件时，用户最好事先进行板面和系统的参数设置，然后再进行新元件的绘制。

(1) 设置板面参数

点选菜单 Tools→Library Options 命令，系统将弹出选项对话框，如图 3-144 所示。

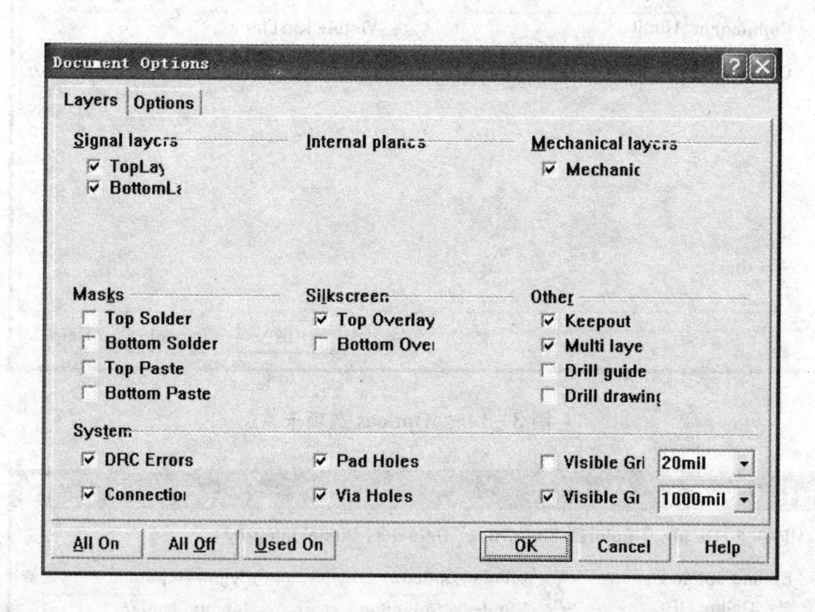

图 3-144 选项对话框

在 Layers 标签中，可设置当前文件的工作层状态。一般来说，为了设计的方便，选中 Pad Holes（焊盘内孔层）和 Via Holes（过孔内孔层）两个工作层，其他选项保持缺省状态。在本例中无需对上述窗口进行修改，采用系统的默认设置。点选Options 选项卡，查看 Options 选项中的设置，如图 3-145 所示。

为了在绘制线段、弧线或放置焊盘等图形时，能够精确地进行放置，最好将 Snap 选项设置得小一些，而 Range 选项的数值要保证比 Snap 项中的数值小。结合待绘制元件的尺寸，在这里建议将 Snap 定义为 10 mil，而将 Range 设置为 5 mil。这些数值，用户可以在设置列表的下拉菜单中进行选择，也可以手工输入。

(2) 设置系统参数

点选菜单 Tools→Preferences Options 命令，系统弹出参数选择对话框，如图 3-146 所示。

在 Options 选项卡中，点选 Autopan options 中 Style 文本框的下拉式菜单，系统提供 7 种方式。在本例中将 Autopan 的 Style 设置为 Re-Center 方式，其余各项保持默认设置。设置完成后，单击 OK 按钮确认系统参数的设置。

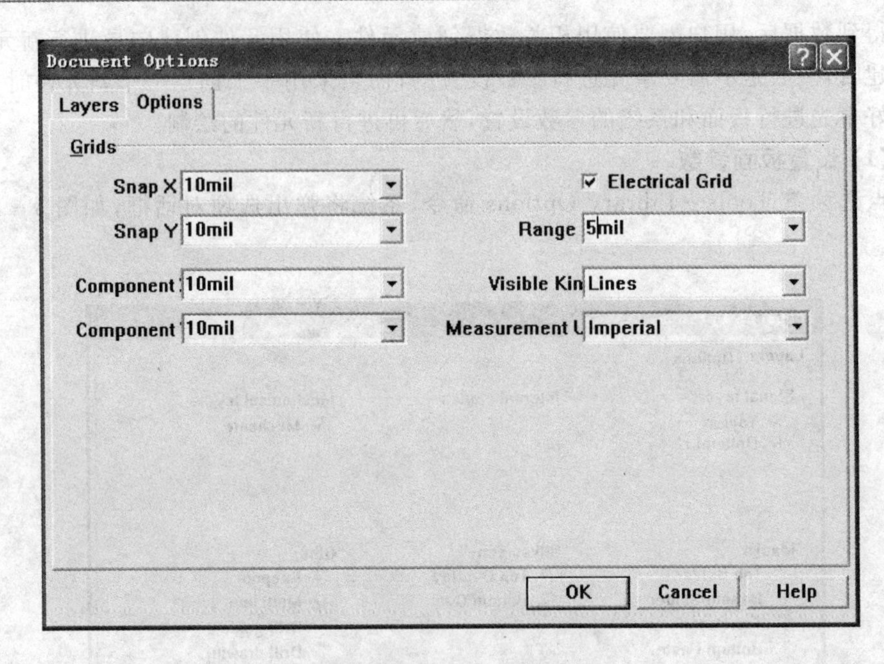

图 3-145　Options 选项卡

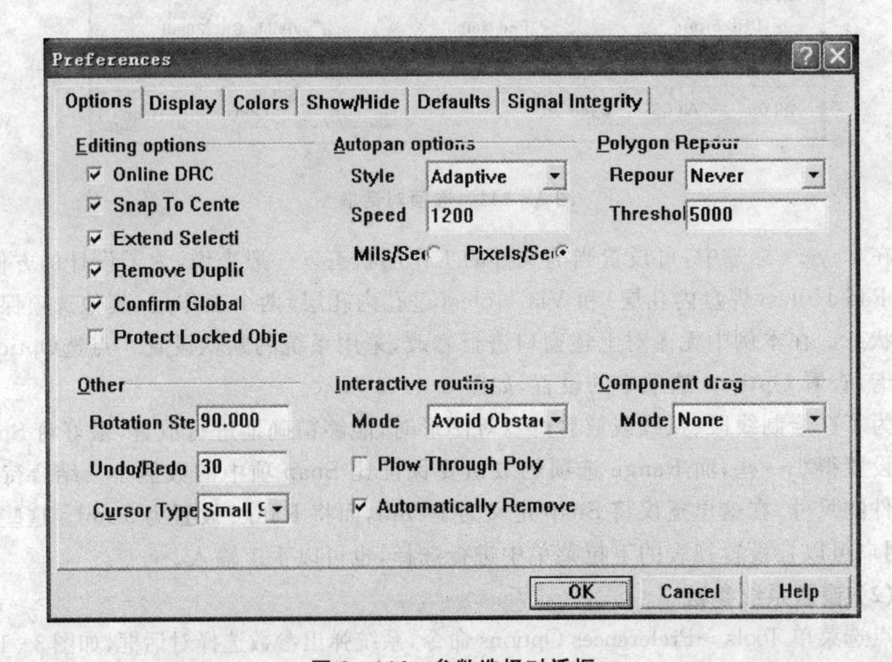

图 3-146　参数选择对话框

(3) 绘制 PCB 元件

打开前一节中所创建的元件库 PCB1. lib 文件后，执行菜单 Tools→New Component 命令，此时将弹出元件创建向导对话框，单击对话框中的 Cancel 按钮，在编辑器的浏览窗口中会出现一个新的元件 PCBCOMPANENT－1。

将当前的工作层切换到 TopOverlay 层,点选 PCB 放置工具中的放置直线工具,如图 3－147 所示。

参照元件尺寸参数绘制元件轮廓,结果如图 3－148 所示。

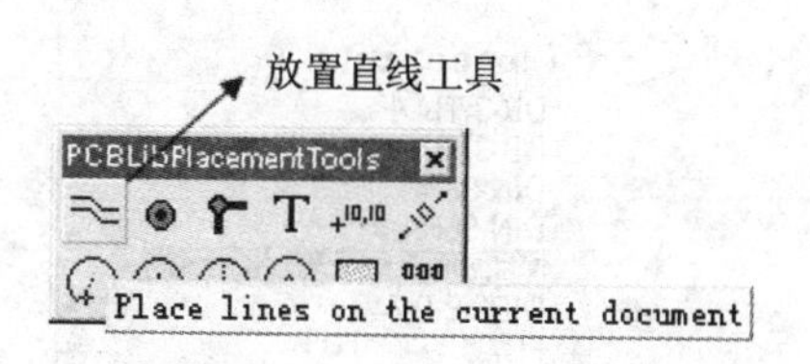

图 3－147 点选 PCB 放置工具中的放置直线工具

图 3－148 元件轮廓

至此,元件轮廓设置完成。接下来在元件轮廓中放置焊盘。点选 PCB 放置工具中的放置焊盘工具,如图 3－149 所示。

使用焊盘设置对话框设置焊盘参数。其中焊盘直径通常为焊盘内径的 1.5～2.0 倍,因此,在本设计中焊盘直径设置为 70 mil。按照上述方式放置另外两个焊盘,结果如图 3－150 所示。

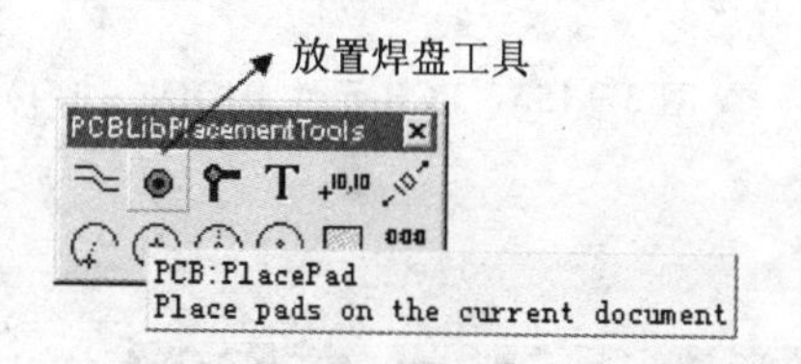

图 3－149 点选 PCB 放置工具中的放置焊盘工具

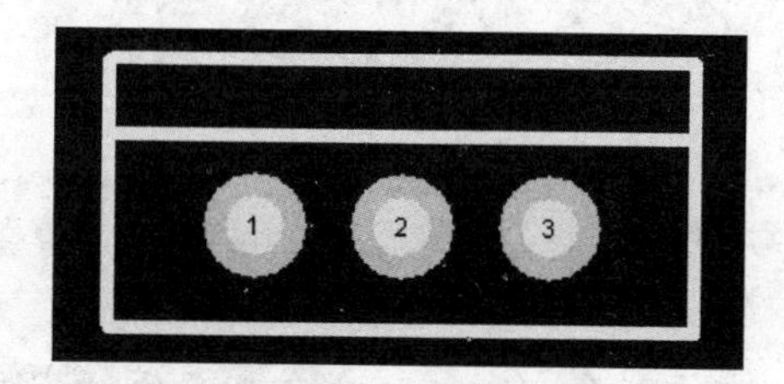

图 3－150 三端稳压电源 L7815CV(3)封装

至此元件创建完成。点选菜单 Tools→Rename Component 命令重命名。

3. 采用编辑方式制作元件封装

二极管 1N4148 的元件实物图及其尺寸图如图 3－151 所示,其引脚编号如图 3－152 所示。

从 1N4148 元件的外观及其尺寸图可知,该二极管的 PCB 封装与 Protel 99 SE 提供的元件封装 DIODE－0.4 相近,只是在尺寸上略有不同,因此,用户可采用编辑 DIODE－0.4 的方式制作 1N4148 元件的 PCB 封装。

在 PCB 元件列表中查找 DIODE－0.4,结果如图 3－153 所示。

单击 Edit 按钮,系统进入 PCB 元件编辑窗口,如图 3－154 所示。

将鼠标放置到元件列表窗口中的 DIODE－0.4 上,右击,在弹出的快捷菜单中点选 Copy 选项后,将界面切换到 PCBLIB1.LIB 窗口,并在元件列表窗口空白处右击,点选右键菜单中的 Paste 选项,此时 DIODE－0.4 元件添加到 PCBLIB1.LIB 中,结果如图 3－155 所示。

根据要求修改图形，并修改元件名，即可完成二极管 1N4148 的封装制作。

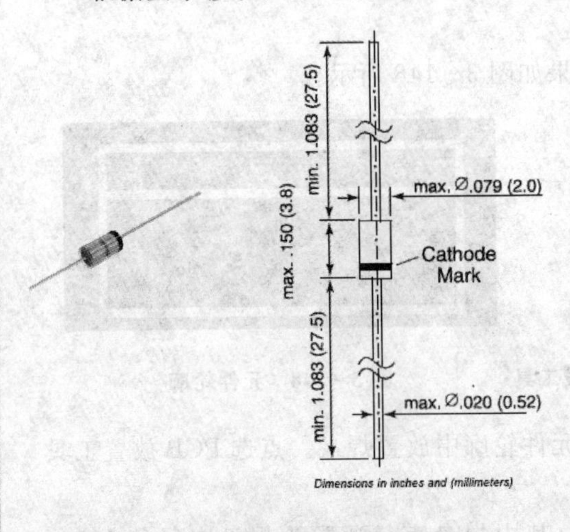

图 3－151　二极管 1N4148 元件实物图及其尺寸图

图－152　1N4148 引脚编号

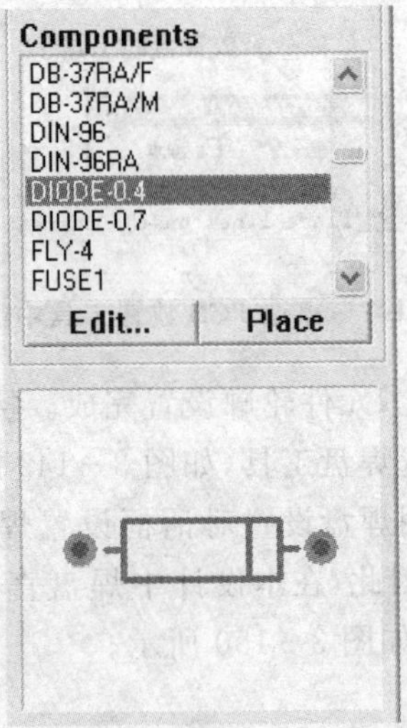

图 3－153　PCB 元件 DIODE－0.4

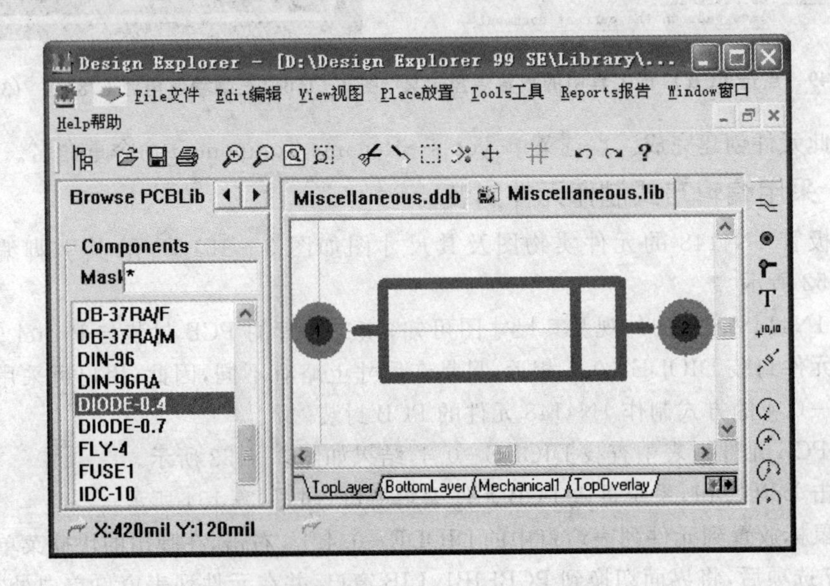

图 3－154　DIODE－0.4 编辑窗口

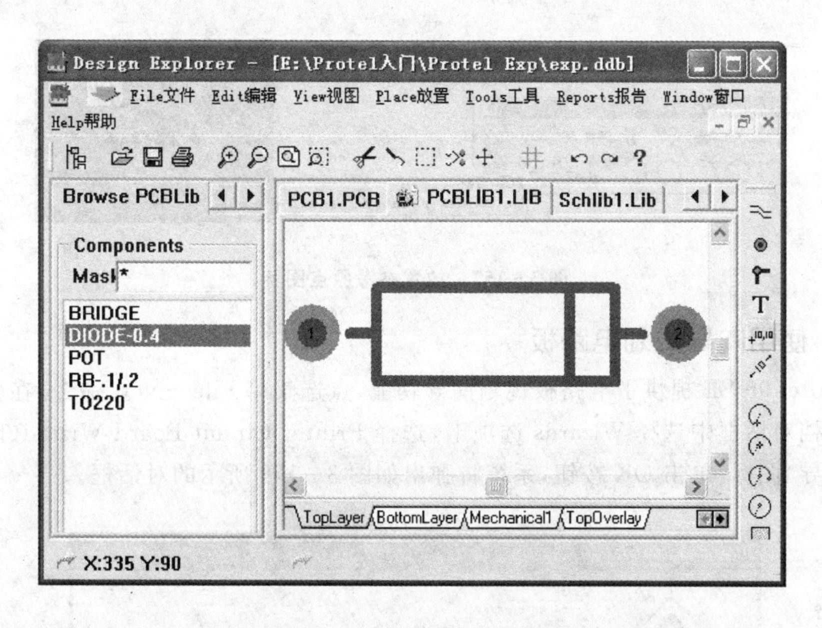

图 3-155 DIODE-0.4 元件添加到 PCBLIB1.LIB 中

3.5.3 规划电路板及参数设置

对于要设计的电子产品,设计人员首先需要确定其电路板的尺寸。因此,电路板的规划也成为 PCB 制板中需首要解决的问题。

电路板规划也就是确定电路板的板边,并且确定电路板的电气边界。规划 PCB 有两种方法:一种是手动,另一种是利用 Protel 的向导。

1. 手动规划电路板

点击编辑区下方的标签 KeepOutLayer,将系统切换到禁止布线层,如图 3-156 所示。

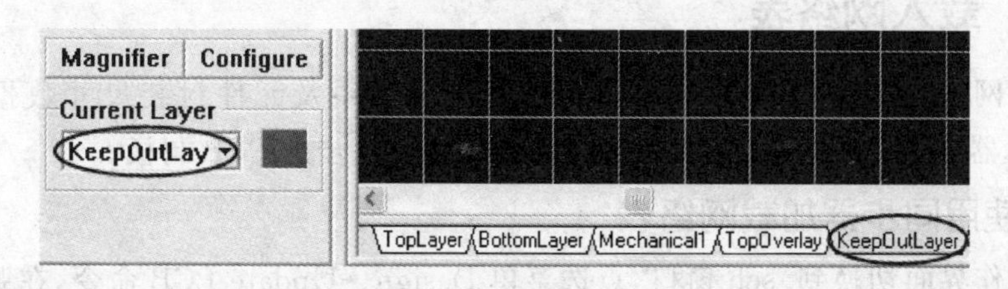

图 3-156 将系统切换到禁止布线层

禁止布线层用于设置电路板的板边界,以便将元件限制在这个范围内。而在放置边界之前,用户需首先设置参考原点,如图 3-157 所示。

点选菜单 Place→KeepOut→Track 命令,绘制板框。

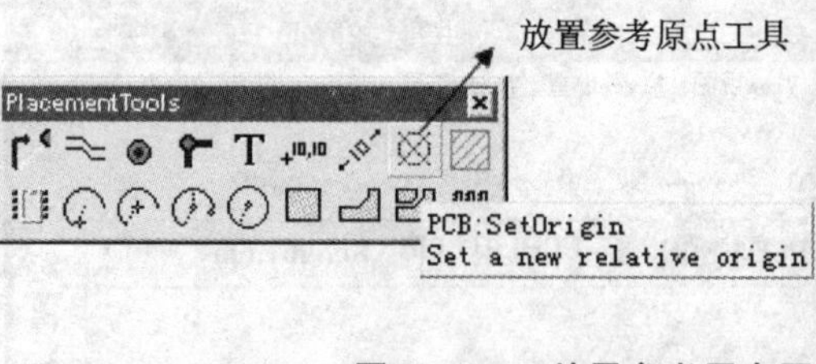

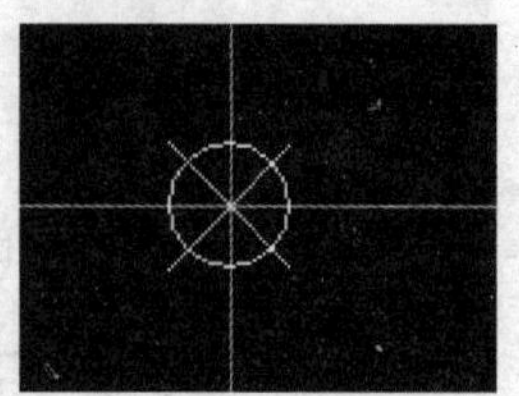

图3-157 放置参考原点图标

2. 使用向导规划电路板

Protel 99 SE提供了电路板规划向导功能，点选菜单File→New命令，在弹出的新建文档对话框中选择Wizards选项卡，选择Printer Circuit Board Wizard(印刷电路板向导)图标，单击OK按钮，系统将弹出如图3-158所示的对话框。

图3-158 使用制板向导欢迎界面

用户可根据向导提示，设置电路板的单位、选择板卡的类型、定义板框尺寸、设置信号层的数量和类型、设置导孔形式、设置元件封装类型(插装式、贴片式)等。

3.5.4 载入网络表

加载网络表即将原理图中元件的相互连接关系及元件封装尺寸数据输入到PCB编辑器中，实现原理图向PCB的转化，以便下一步的PCB制板。

1. 使用同步器加载网络表

将工作界面切换到.sch窗口，点选菜单Design→Update PCB命令，在弹出的更新设计设置窗口中单击Preview Changes按钮，系统进入更新PCB列表窗口，如图3-159所示。

在列表中列出更新的元件及相关错误。从列表栏最后一行的信息All macros validated可知，在本例中没有错误。单击Execute按钮，执行PCB更新。将窗口切换到PCB1.PCB窗口，即可看到PCB文件被更新。

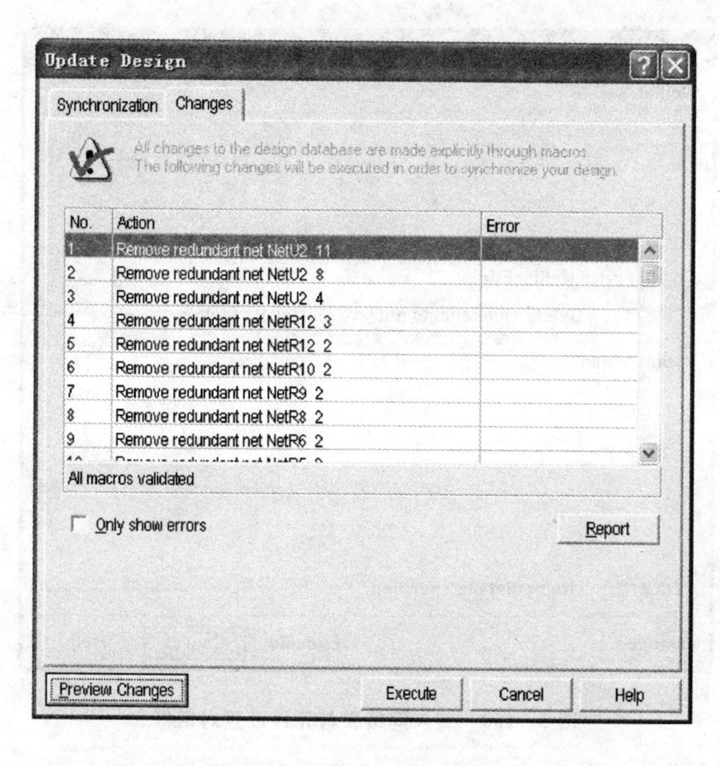

图3-159 更新PCB列表窗口

2. 手动加载网络表

网络表与元件的装入过程实际上是将原理图设计的数据装入印刷电路板设计系统的过程。PCB设计系统中的数据变化，都可以通过网络宏(Netlist Macro)来实现。通过分析网络表文件和PCB系统内部的数据，可以自动产生网络宏。用户除采用同步器加载网络表外，也可用手动方式加载网络表。

点选菜单Design→Load Nets命令，此时将出现如图3-160所示的装入网络表与元件设置对话框。

在其中Netlist File输入框中输入网络表文件名称。单击OK按钮，此时网络表数据都写入宏列表，当状态栏的显示信息为All macros validated时，即所有宏有效。单击对话框中的Execute按钮，此时原理图导入到PCB设计环境。

3. 飞　线

当将Sch导入到PCB后，系统会按照默认的拓扑结构(Shortest规则)自动生成飞线，如图3-161所示。

飞线是一种形式上的连线，它形式上表示出各个焊点间的连接关系，没有电气的连接意义，其按照电路的实际连接将各个节点相连，使电路中的所有节点都能够连通，且无回路。

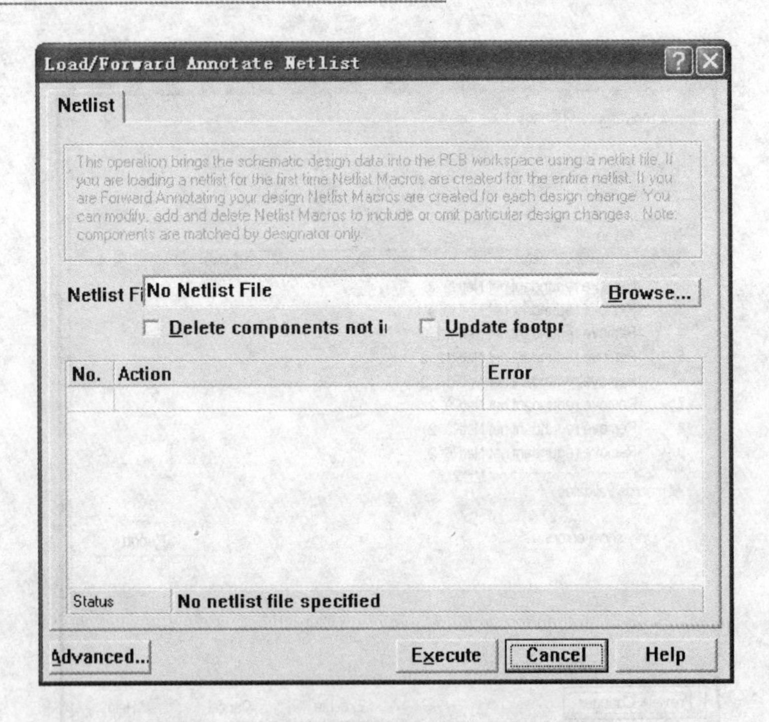

图 3-160 装入网络表与元件设置对话框

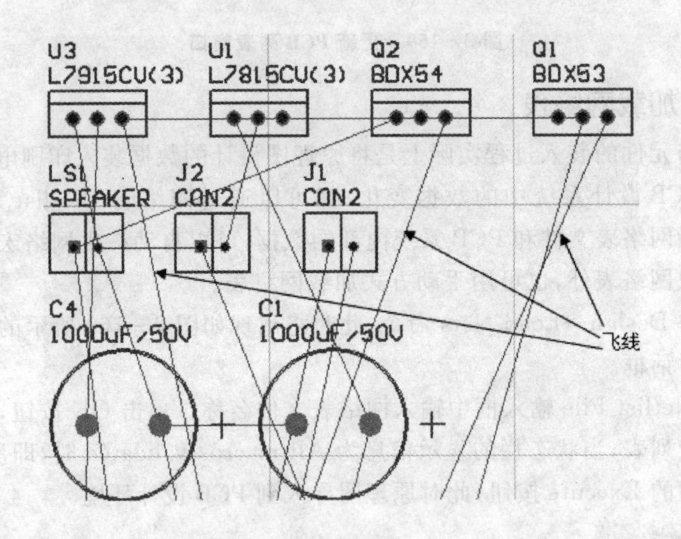

图 3-161 PCB 中的飞线

注：Protel 99 SE 中提供的拓扑方式如下：

Protel 99 SE 提供了 5 种拓扑结构，其中 Shortest 拓扑结构是系统的默认规则，其生成的飞线能够连通网络上的所有节点，且使连线最短。如果用户需要修改电路的拓扑结构，则点选菜单 Design→From - To Editor 命令。各拓扑方式含义如下：

- Daisy Simple：从源焊点开始，以点对点方式依序菊式串接所有焊点，直到结束焊点为止，以取得最短的走线总长度为主要目标。如果定义了多个源焊点/结束焊点，则整体网络将某个源焊点/结束焊点串接在一起。
- Daisy Mid-Driven：以中心源焊点开始，以点对点方式依序往两旁菊式串接所有焊点，直到左右两个结束焊点为止。如果定义了多个源焊点，整体网络走线将把各中心源焊点串接在一起；如果定义了多于两个的结束焊点，则此规则与Daisy Simple拓扑规则生成的飞线相同。
- Daisy Balanged：将所有焊点等分为数个菊式串行，串行数目等于结束焊点的数据。这些串行以星形模式连接在一起。如果指定了多个源焊点，则各源焊点也将串接在一起。
- Star Burst：网络中的每一焊点都直接和源焊点连接，如系统指定了结束焊点，则结束焊点不直接和源焊点连接；如系统未指定源焊点，则系统将试着轮流以每个焊点为起点连接各点。

3.5.5 元件布局

装入网络表和元件封装后，用户需要将元件封装放入工作区，这就是对元件封装进行布局。在PCB设计中，布局是一个重要的环节。布局的好坏将直接影响布线的效果，因此可以认为，合理的布局是PCB设计成功的第一步。

布局的方式分为两种，一种是交互式布局，另一种是自动布局。一般是在自动布局的基础上用交互式布局进行调整。在布局时还要根据连线的情况对元件、门电路及引脚进行再分配，使其成为便于布线的最佳布局。在布局完成后，还可将设计文件及有关信息进行对照，使得PCB中的有关信息与原理图保持一致，以便今后的建档、更改设计能同步起来，同时对模拟的有关信息进行更新，使得能对电路的电气性能及功能进行板级验证。

在PCB布局过程中，首先要考虑的是PCB尺寸大小。PCB尺寸过大时，印制电路长，阻抗增加，抗噪声能力下降，成本也会增加；尺寸过小，则散热不好，且邻近走线易受干扰。其次，在确定PCB尺寸后，要确定特殊元件的位置。最后，根据电路的功能单元，对电路的全部元件进行布局。

1. 自动布局

点选菜单Tools→Auto Placement→Auto Placer命令，执行该命令后，将出现如图3-162所示的元件自动布局对话框。

注：在该对话框中，用户可设置自动布局的相关参数。Protel 99 SE PCB编辑器提供了两种自动布局方式，每种方式均使用不同的方法计算和优化设置，两个选项意义如下：

- Cluster Placer：簇方式自动布局器。这一布局器基于元件的连通性属性将元件分为不同的元件簇，并且将这些元件簇按照一定的几何位置布局。这种布

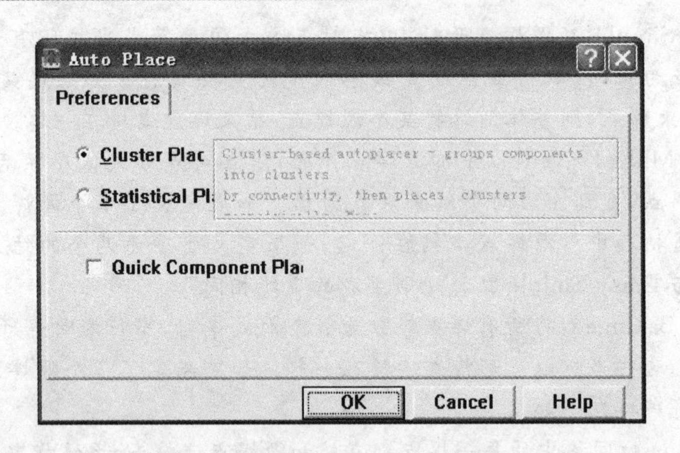

图3-162　设置元件自动布局的对话框

局方式适合元件数目较少的PCB。

➢ Statistical Placer：统计方式自动布局器。这一布局器基于统计方法放置元件，以便使连接长度最优化。在元件较多时，采用这种方法。

2. 手动布局

当将元件图导入到PCB后，将鼠标放置在PCB窗口中的元件处右击，在弹出的快捷菜单中选择Options→Show/Hide命令，此时系统弹出显示/隐藏设置对话框，将窗口中Rooms的显示状态设置为Draft后，单击OK按钮，PCB Rooms显示结果如图3-163所示。

每一张子图页对应一个Room。当选中一个Room并移动鼠标时，其包含的元件将随着鼠标的移动而移动。Protel提供的这一功能对于按电路功能块布局具有重要的作用。

将鼠标放置到元件上，按下鼠标左键的同时，拖动鼠标，则元件也将随着鼠标的移动而移动；当希望元件旋转后放置时，则可按下Space、X、Y键旋转元件。

在元件布局时，除了根据电路信号流向布局元件外，还应使电路中的飞线尽可能不交叉，以便之后的布线可顺利进行。在对某些元件进行旋转调整的同时，元件标注也跟着进行了旋转，旋转后的元件标注看起来不是很直观，因此，也需要对某些元件的标注进行调整，调整的方式与调整元件的方式相同。

合格的PCB布局不仅能使电路正常工作，而且使电路板看起来美观。因此，需要对元件进行排列，以使电路具有一定的美感。点选菜单Tools→Interactive Placement→Align命令，或查看系统提供的排列工具栏，如图3-164所示。

部分图标的含义如下：

✧ 〔图标〕，Align Left，将选取的元件向最左边的元件对齐；

✧ 〔图标〕，Center Horizontal，将选取的元件按元件的中心水平线对齐；

✧ 〔图标〕，Align Right，将选取的元件向最右边的元件对齐；

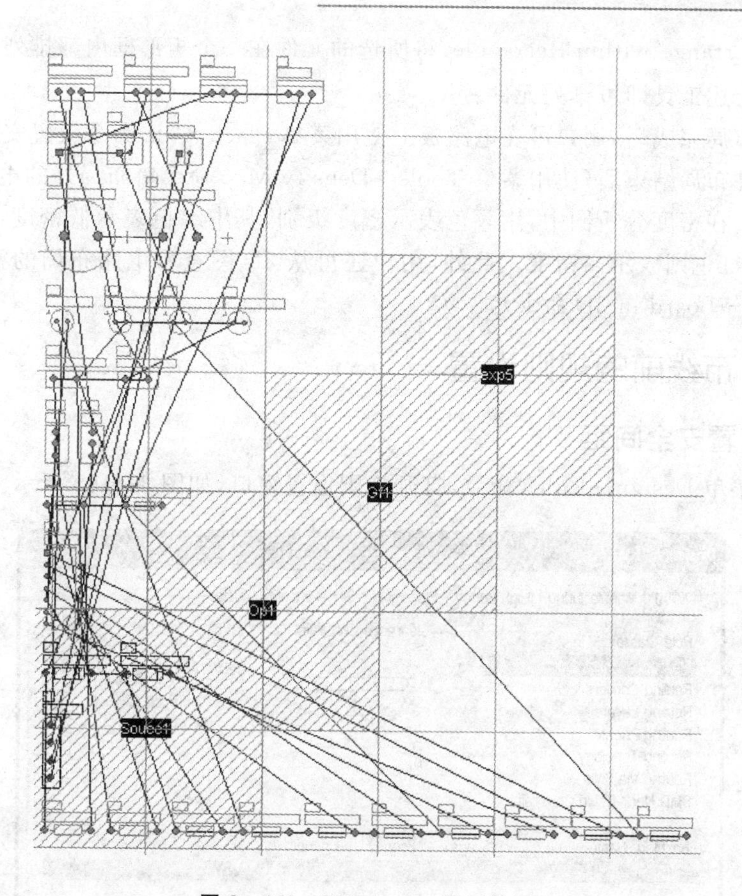

图 3-163 PCB Rooms 显示结果

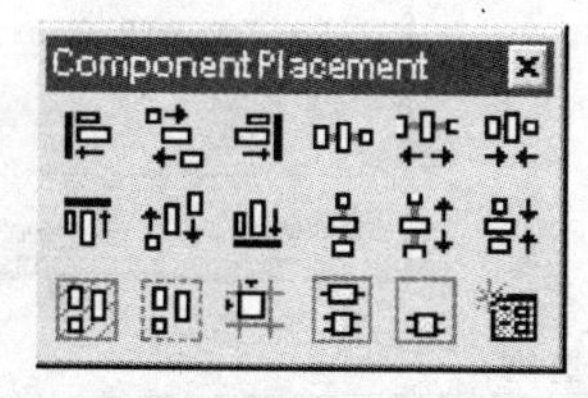

图 3-164 排列工具栏

✧ ,Make equal,将选取的元件水平平铺；

✧ ,Increase,将选取放置的元件的水平间距扩大；

✧ ,Decrease,将选取放置的元件的水平间距缩小；

✧ ,Align Top,将选取的元件向最上边的元件对齐；

✧ ,Center Vertical,将选取的元件按元件的中心垂直线对齐；

✧ ,Align Bottom,将选取的元件向最下边的元件对齐；

✧ ,Make equal,将选取的元件垂直平铺；

✧ ,Increase,将选取放置的元件的垂直间距扩大；

✧ ,Decrease,将选取放置的元件的垂直间距缩小；

✧ ,Arrange within Room,将所选的元件在空间定义内部排列；

✧ ▣,Arrange within Rectangle,将所选的元件在一个矩形框内部排列。

使用上述工具即可排列元件。

电路布局完成后,用户可在电路板上使用菜单 Place→Via 命令放置安装孔。

在元件布局结束后,使用菜单 Tools→Density Map 命令对布局好的电路板进行密度分析。在密度分析图中,用颜色表示密度级别,其中绿色表示低密度,黄色表示中密度,而红色则表示高密度。此外,用户还可从 3D 图查看电路布局的密度(点选菜单 View→Board in 3D 命令)。

3.5.6 布线前的规则设置

1. 设置安全间距

点选菜单 Design→Rules 命令,打开规则设置窗口,如图 3-165 所示。

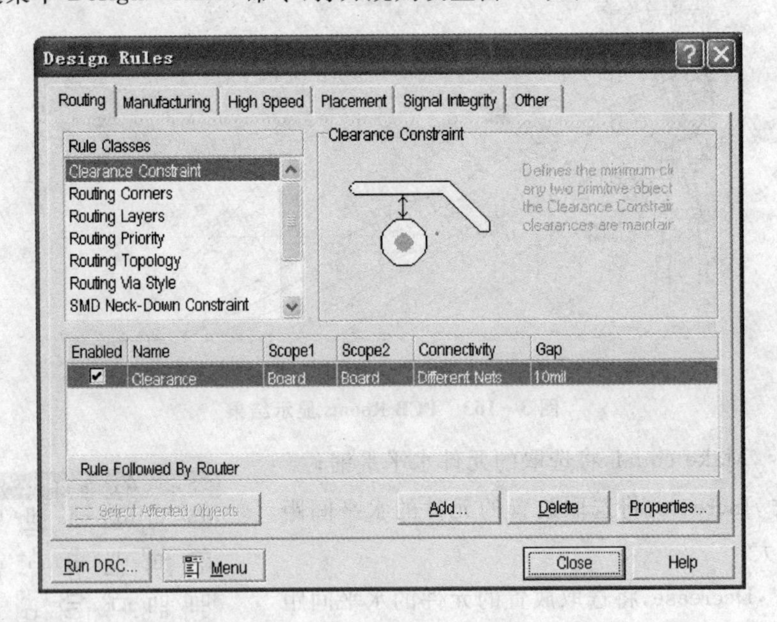

图 3-165　规则设置窗口

其中 Rule Classes 列表中,Clearance Constraint 为安全间距设置选项,用于定义铺铜层面上元件间的最小间距。单击窗口中的 Properties 按钮,即可弹出安全间距编辑窗口,如图 3-166 所示。

在 Rule scope(规则适用范围)编辑栏,用户可编辑规则适用的范围,通常采用系统的默认设置;Minimum Clearance 为最小间距设置值,而 Different Nets Only 为规则适用的网络。在本例中使用系统的默认设置,单击 OK 按钮返回规则设置首页。

注:Protel 99 SE 软件中 Routing 的 Clearance Constraint 项规定了板上不同网络的走线、焊盘、过孔等之间必须保持的距离。在单面板和双面板的设计中,首选值为 10～12 mil;四层及以上的 PCB 首选值为 6～8 mil;最大安全间距一般没有限制。

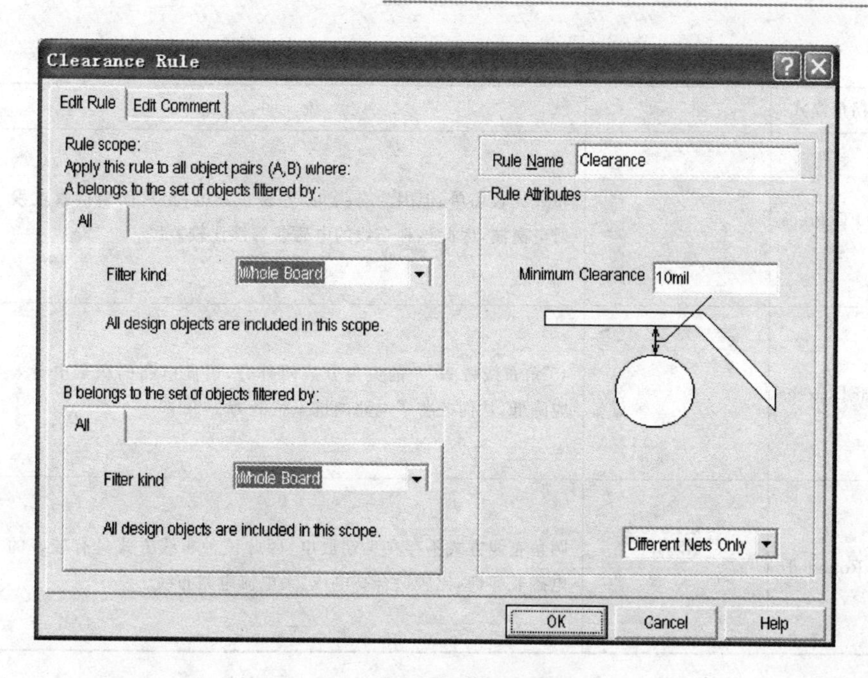

图3-166　安全间距编辑窗口

相邻导线间距必须能满足电气安全要求，而且为了便于操作和生产，间距应尽量宽些。最小间距至少要能适合承受的电压。这个电压一般包括工作电压、附加波动电压及其他原因引起的峰值电压。如果相关技术条件允许在线之间存在某种程度的金属残粒，则其间距会减小。因此，设计者在考虑电压时应把这种因素考虑进去。在布线密度较低时，信号线的间距可适当加大，对高、低电压悬殊的信号线应尽可能地缩短长度并加大距离。

2. 拐角模式设置

Rule Classes 列表中 Routing Corners 选项用于设置布线拐角模式，即设置布线过程中对于转弯的处理方式。系统默认的布线拐角模式为：45°拐角、100 mil 线长。单击 Properties 按钮，即可进入布线拐角模式编辑窗口，其中 Rule Attributes 的 Stvle 中提供了三种布线拐角模式，如表 3-14 所列。

用户可根据实际空间状况选择相应的拐角模式。在本例中采用系统的默认模式。

3. 布线层设置

注：Routing 的 Routing Layers，设置使用的走线层面和每层的走线方向。一般情况下，使用默认值。请注意贴片的单面板只用顶层，直插型的单面板只用底层。多层板的电源层不是在这里设置，可以在 Design-Layer Stack Manager 中点顶层或底层后用 Add Plane 添加。

表3-14 系统提供的三种布线拐角模式

拐角模式	图 示	说 明
90 Degrees		布线比较简单，但因为有尖角，容易积累电荷，从而会接收或发射电磁波，因此该种布线的电磁兼容性比较差
45 Degrees		45°角布线将90°角的尖角分成两部分，因此电路的积累电荷效应降低，从而改善了电路的抗干扰能力
Rounded		圆角布线方式不存在尖端放电，因此该种布线方式具有较好的电磁兼容性，比较适合高电压、大电流电路布线

Rule Classes列表中的Routing Layers用于设置布线层。单击Properties按钮，即可编辑布线层。在Rule Attributes中列出了各布线层布线的走向，用户可根据实际要求点选下拉式按钮选择布线走向，如图3-167所示。

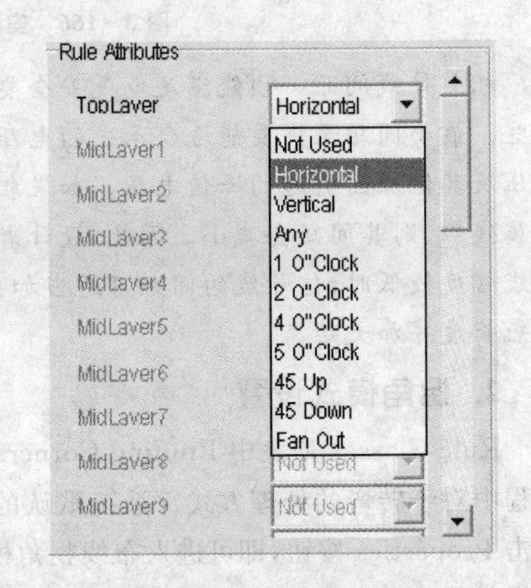

图3-167 选择布线走向

4. 布线优先级设置

Rule Classes列表中的Routing Priority用于设置布线优先级。单击Properties按钮，即可编辑布线优先级。在Filter kind中选择期望设置优先布线的网络，然后点选Routing Priority按钮设置相应的优先级，如图3-168所示。

设置完成后，单击OK按钮确认设置。用户可根据实际要求设置布线优先级。

5. 布线拓扑结构设置

拓扑规则定义布线的拓扑逻辑约束。点选Rule Classes→Routing Topology命令，即可打开布线拓扑设置对话框，单击Properties按钮，即可编辑布线拓扑。点选Rule Attributes的下拉式按钮，用户即可选择相应的拓扑结构，各拓扑结构意义如表3-15所列。

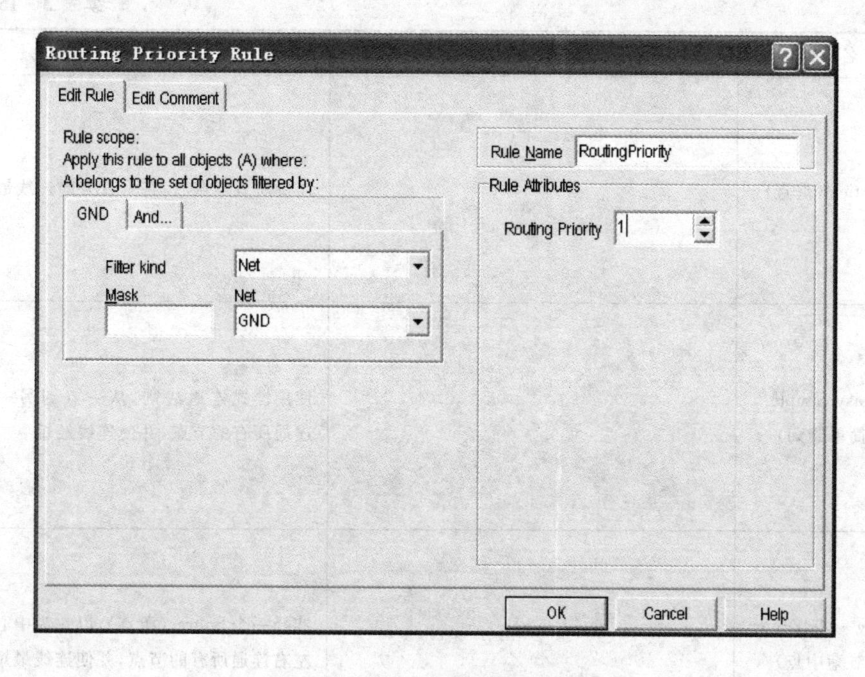

图 3-168　选择布线优先级

表 3-15　各拓扑结构意义

名　称	图　解	说　明
Shortest(最短)		在布线时连接所有节点的连线最短
Horizontal(水平)		连接所有节点后，在水平方向连线最短

续表3-15

名　称	图　解	说　明
Vertical(垂直)	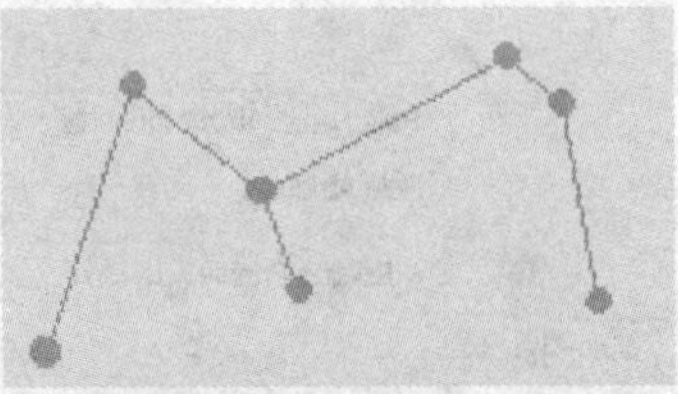	连接所有节点后，在垂直方向连线最短
Daisy Simple (简单雏菊)	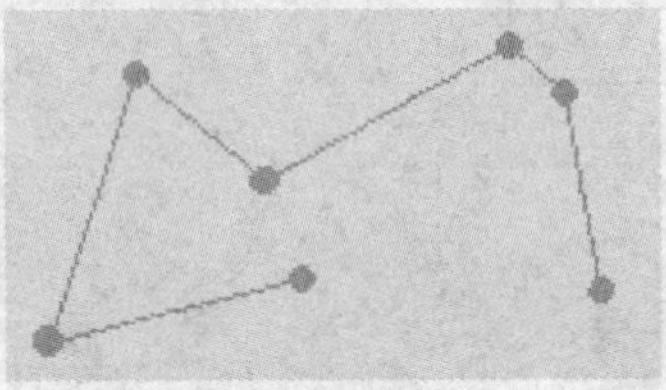	使用链式连通法则，从一点到另一点连通所有的节点，并使连线最短
Daisy-MidDriven (雏菊中点)	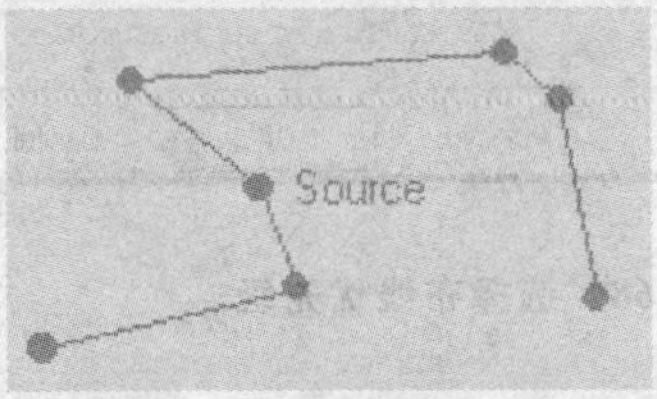	选择一个Source(源点)，以它为中心向左右连通所有的节点，并使连线最短
Daisy Balanced (雏菊平衡)	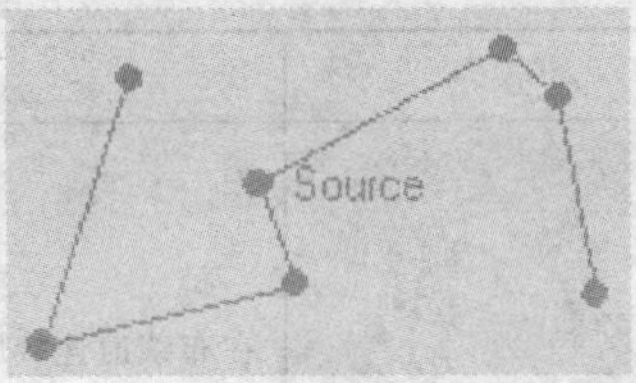	选择一个源点，将所有的中间节点数目平均分成组，所有的组都连接在源点上，并使连线最短
Star Burst(星形)	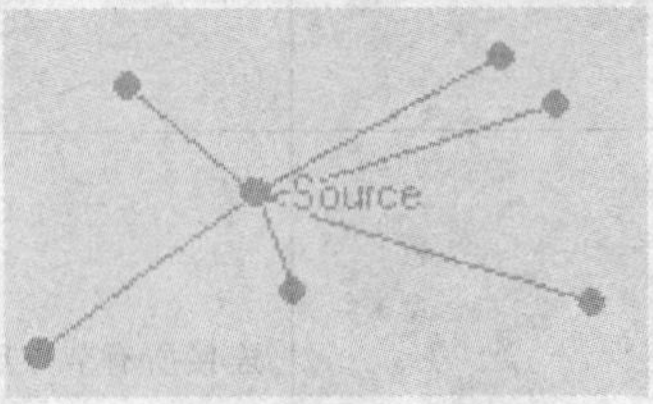	选择一个源点，以星形方式去连接别的节点，并使连线最短

用户可根据实际电路选择布线拓扑。

6. 布线过孔选项设置

注：Protel 99 SE软件中Routing的Routing Via Style项规定了过孔的内、外径的最小、最大和首选值。单面板和双面板过孔外径应设置在40～60 mil之间；内径应设置在20～30 mil之间。四层及以上的PCB外径最小值为20 mil，最大值为40 mil；内径最小值为10 mil，最大值为20 mil。

点选 Rule Classes→Routing Via Style 命令,打开布线过孔选项设置对话框,单击 Properties 按钮,即可编辑布线过孔选项,如图 3-169 所示。

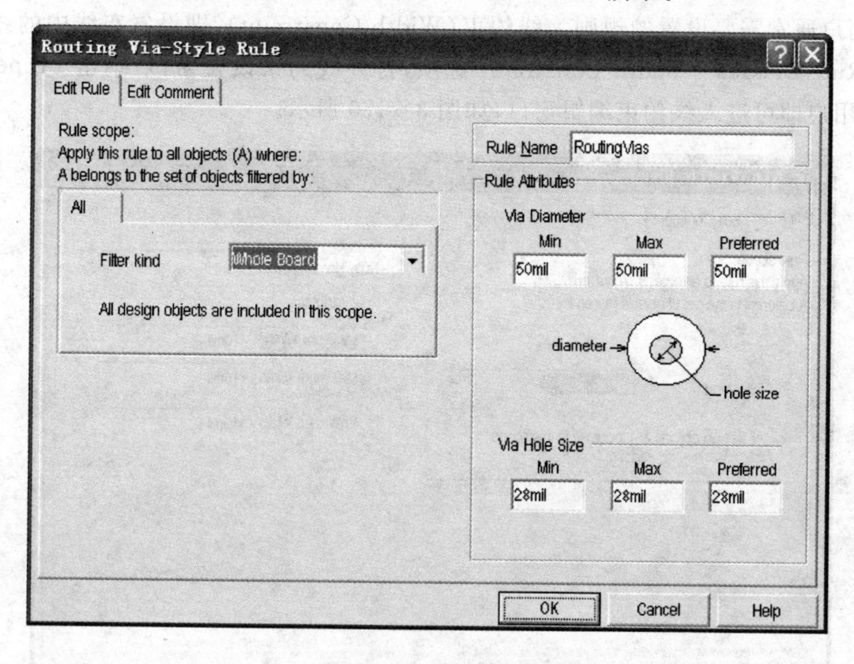

图 3-169 设置布线过孔选项

在 Rule Attributes 中可定义过孔内、外径的尺寸,用户可根据实际电路设置。

7. 线约束设置

注:在制作 PCB 时,走大电流的地方用粗线(比如 50 mil,甚至以上),走小电流的地方可以用细线(比如 10 mil)。通常线框的经验值是:10 A/mm^2,即横截面积为 1 mm^2 的走线能安全通过的电流值为 10 A。如果线宽太细,则在大电流通过时,走线就会烧毁。当然,电流烧毁走线也要遵循能量公式:$Q=I \cdot I \cdot t$。比如对于一个有 10 A 电流的走线来说,突然出现一个 100 A 的电流毛刺,持续时间为 μs 级,那么 30 mil 的导线是肯定能够承受住的,因此在实际中还要综合导线的长度进行考虑。

印制电路板导线的宽度应既能满足电气性能要求而又便于生产,最小宽度主要由导线与绝缘基板间的黏附强度和流过的电流值决定,但最小不宜小于 8 mil。在高密度、高精度的印制线路中,导线宽度和间距一般可取 12 mil;导线宽度在大电流情况下还要考虑其温升。单面板实验表明,当铜箔厚度为 50 μm、导线宽度为 1~1.5 mm、通过电流为 2 A 时,温升很小,一般选用 40~60 mil 宽度的导线就可以满足设计要求而不致引起温升;印制导线的公共地线应尽可能地粗,通常用 80~120 mil 的导线,这在带有微处理器的电路中尤为重要,因为地线过细时,由于流过的电流的变化,地电位变动,微处理器定时信号的电压不稳定,会使噪声容限劣化;在 DIP 封装的 IC 脚间走线,可采用"10-10"与"12-12"的原则,即当两脚间通过两根线时,焊盘直径可设为 50 mil、线宽与线距均为 10 mil；当两脚间只通过 1 根线时，焊盘直径可设为 64 mil、线宽与线距均为 12 mil。

用户通常需要设置的规则为线约束(Width Constraint)，即设置布线中的线宽。点选 Rule Classes→Width Constraint 选项，打开线约束设置窗口，单击 Properties 按钮，用户即可进入线约束编辑窗口，如图 3-170 所示。

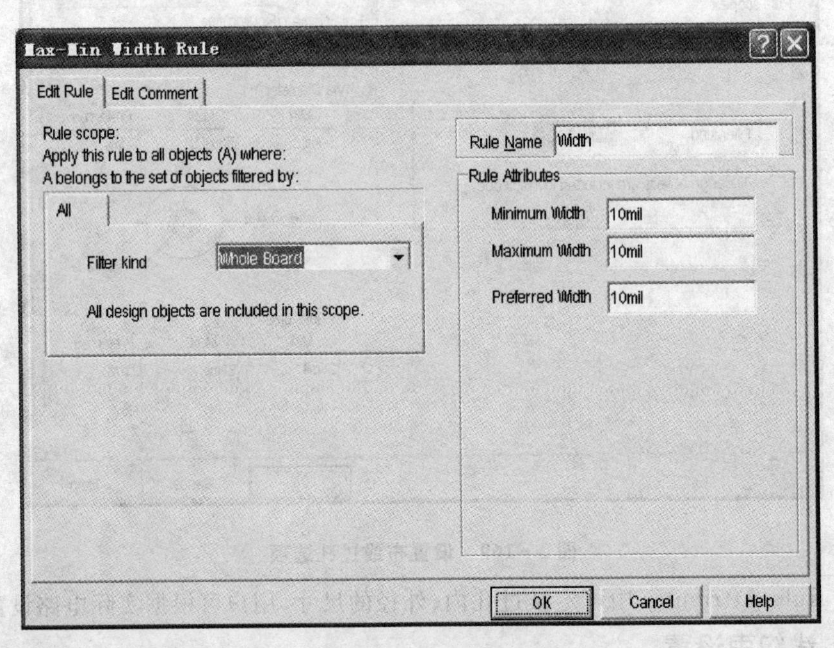

图 3-170 线约束编辑窗口

为了提高抗干扰能力，增加系统的可靠性，往往需要将电源/接地线和一些过电流较大的线加宽。因此点击 Rule scope 中 Filter kind 的下拉式按钮，选择 Net 选项，分别设置地线网络 GND 的最小值(Minimum Width)、最大值(Maximum Width)和首选值(Preferred Width)。其他网络或电路连线的线约束设置方法相同。

3.5.7 元件布线

在 PCB 设计中，布线是完成产品设计的重要步骤，可以说前面的准备工作都是为它而做的。在整个 PCB 设计中，以布线的设计过程限定最高、技巧最细、工作量最大。PCB 布线分为单面布线、双面布线及多层布线三种。PCB 布线可使用系统提供的自动布线或手动布线两种方式。印制电路板设计的好坏对电路抗干扰能力影响很大，因此，在进行 PCB 设计时，必须遵守设计的基本原则，并应符合抗干扰设计的要求，使得电路获得最佳的性能。

1. 自动布线——All 方式

布线参数设置好后，用户就可以利用 Protel 99 SE 提供的无网格布线器进行自动布线。点选菜单 Auto Routing→All 命令,此时系统将弹出自动布线器设置对话框,如图 3-171 所示。

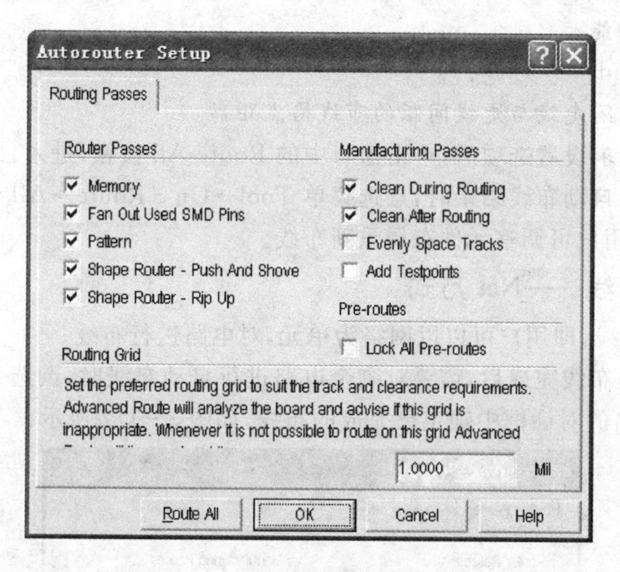

图 3-171 自动布线器设置对话框

注:自动布线器设置对话框中各选项意义如下:

Router Passes:

- Memory:采用内存布线策略,即将电路中所有内存和类似内存排列的网络以几乎平行的走线方式完成各焊点间的铜箔连接。
- Fan Out Used SMD Pins:采用 SMD 扇出布线策略,即先将表面贴着式元件的焊点往外拉出一小段铜箔走线后,再放置导孔,然后与其他网络完成连接。
- Pattern:采用模式布线策略。Protel 布线程序已针对各种布线模式设计了对应的处理程序,所以此选项用户应每次都选中。
- Shape Route - Push And Shove:采用推挤式布线策略,即当前的走线遇到其他走线或导孔挡道时,就将它们推开,然后走线的一种策略。
- Shape Route - Rip Up:采用折线式布线策略,即当前的走线遇到其他走线或导孔挡道时,就将它们拆掉,然后走线的一种策略。

Manufacturing Passes:

- Clean During Routing:在布线过程中清除不必要的焊点;
- Clean After Routing:在所有布线流程结束后清除不必要的焊点;
- Evenly Space Tracks:在 CI 焊点间通过的走线不靠边而尽量从焊点间的中央通过;
- Add Testpoints:在电路板的每条网络线上都放置测试点。

Pre - routes:

➢ Lock All Pre－routes：锁定已完成走线，即当用户已用自动布线或手动布线方式布好部分电路，而又要使用自动布线方式完成剩余部分的布线时，可使用这一功能。

Routing Grid：

设置适合铜箔走线与走线间距的布线格点距离。

根据布线要求设置选项后，单击窗口中的Route All按钮，进入自动布线状态。

当需要撤销自动布线结果时，点选菜单Tool→Un－Route→All命令，此时自动布线将被删除，用户可调整元件布局重新布线。

2. 自动布线——Net方式

Net方式布线，即用户可以以网络为单元，对电路进行布线。

当部分网络布线完成后，需要对剩余电路进行自动布线时，点选Auto Routing→All命令，在弹出的对话框中锁定已完成的布线，如图3－172所示。

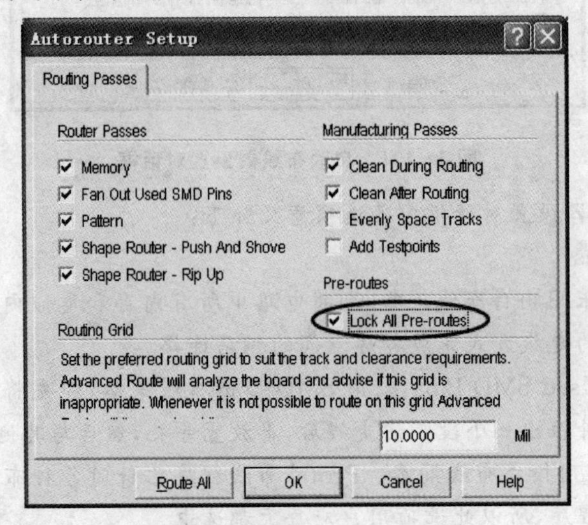

图3－172 锁定已完成的布线

这样就可以保留所有预布线。

3. 自动布线——Connection方式

用户可以对指定的飞线进行布线。

4. 自动布线——Component方式

用户可以对指定的元件进行布线。

5. 自动布线——Area方式

用户可以对指定的区域进行布线。

6. 手动布线

当将电路图从原理图导入PCB后，各焊点间的网络连接都已定义好了（使用飞线连接网络)，此时用户可使用系统提供的交互式走线模式进行手动布线。点选放置工具中的交互式布线工具，如图3-173所示。

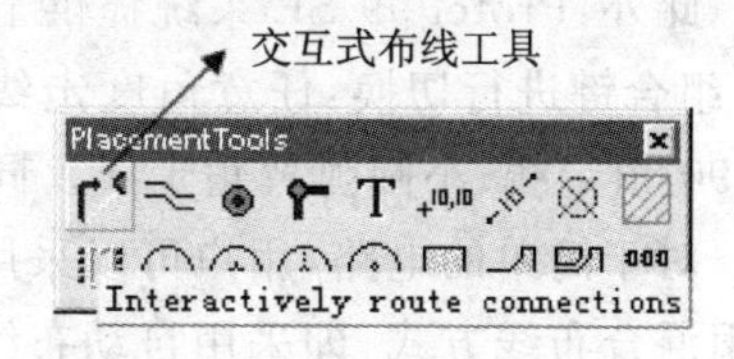

图3-173 点选交互式布线工具

此时鼠标以光标形式出现，将鼠标放置到期望布线的网络的起点处，此时鼠标中心会出现一个八角空心符号，八角空心符号表示在此处点击就会形成有效的电气连接。在布线过程中按下Tab键，即弹出交互式布线对话框，如图3-174所示。

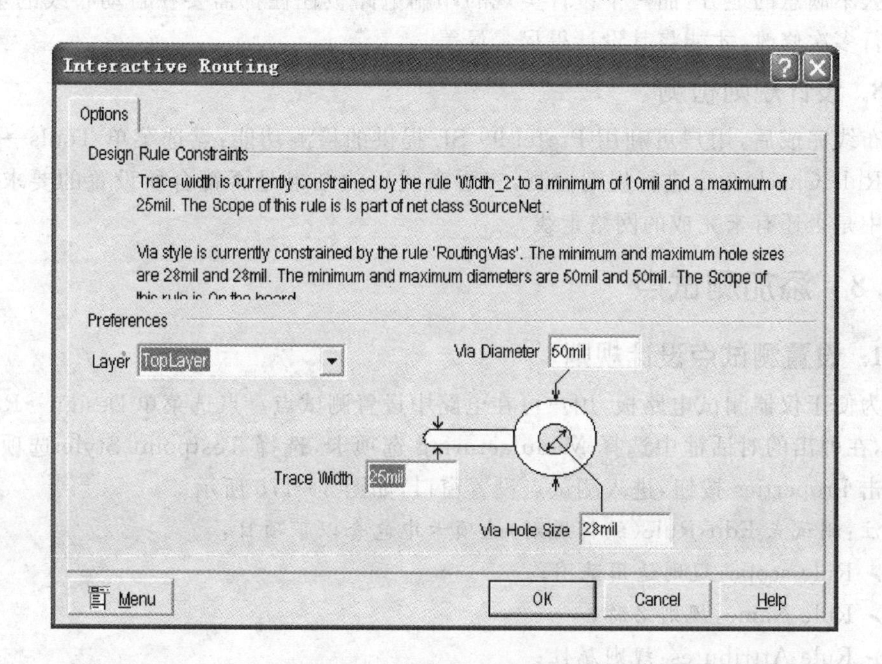

图3-174 交互式布线对话框

注：各项目意义如下：

➢ Design Rule Constraints：设计规则约束，列出了当前走线宽度与导孔所应用的设计规则设置值；

➢ Layer：层，下拉式列表中列出可选择的走线工作层，用户可定义走线所在层；

➢ Trace Width：铜箔走线的宽度；

➢ Via Diameter：钻孔内径；

➢ Via Hole Size：导孔直径。

用户可根据实际布线需要修改相应的数值。此外，单击Menu按钮，在Menu下拉式菜单中，Edit Width Rule选项可打开编辑走线宽度对话框；Edit Via Rule选项可打开编辑导孔尺寸对话框；Add Width Rule选项可打开新增走线宽度编辑对话框；而Add Via Rule选项可打开新增导孔尺寸编辑对话框。

此外，Protel 99 SE系统提供了六种不同的走线形式，用户可使用Shift+Spacebar组合键进行切换：任意角度走线、大圆弧弯角走线、45°角走线、平滑圆弧弯角走线、90°角走线、小圆弧弯角走线。同时，用户可使用Spacebar键调整走线方向。

对于简单的电路，用户可以采用手动方式布线，但当网络比较复杂时，建议用户采用混合布线方式，即采用自动布线与手动布线相结合的方式布线。

7. 混合布线

Protel 99 SE的自动布线功能虽然非常强大，但是自动布线时多少也会存在一些令人不满意的地方，而一个设计美观的印刷电路板往往都需要在自动布线的基础上进行多次修改，才能将其设计得尽善尽美。

8. 设计规则检测

布线完成后，用户可利用Protel 99 SE提供的检测功能：点选菜单Tools→Design Rule Check命令进行规则检测，查看布线后的结果是否符合所设置的要求，或电路中是否还有未完成的网络走线。

3.5.8 添加测试点

1. 设置测试点设计规则

为便于仪器测试电路板，用户可在电路中设置测试点。点选菜单Design→Rules命令，在弹出的对话框中选择Manufacturing选项卡，选择Testpoint Style选项，然后单击Properties按钮，进入测试点设置窗口，如图3-175所示。

注：测试点Edit Rule(编辑规则)选项卡中包含以下项目：

- Rule scope：规则适用范围；
- Rule Name：规则名称；
- Rule Attributes：规则属性；
- Allow testpoint under component：允许在元件下放置测试点；
- Style：测试点风格，用户可定义测试点的铜箔尺寸(Size)和钻孔内径(Hole Size)；
- Allowed Side：测试点形式，其中Top为顶层SMD焊点，Bottom为底层SMD焊点，Thru-Hole Top为顶层穿透式钻孔，Thru-Hole Bottom为底层穿透式钻孔。
- Grid Side：格点单位，其中Testpoint grid size后的文本框可供用户设置测试点格点单位。

根据要求设置相应选项。

按照上述方法点选菜单Design→Rules命令，在弹出的对话框中选择Manufacturing选项卡，选择Testpoint Usage选项，然后单击Properties按钮，进入Testpoint Usage Rule窗口，如图3-176所示。

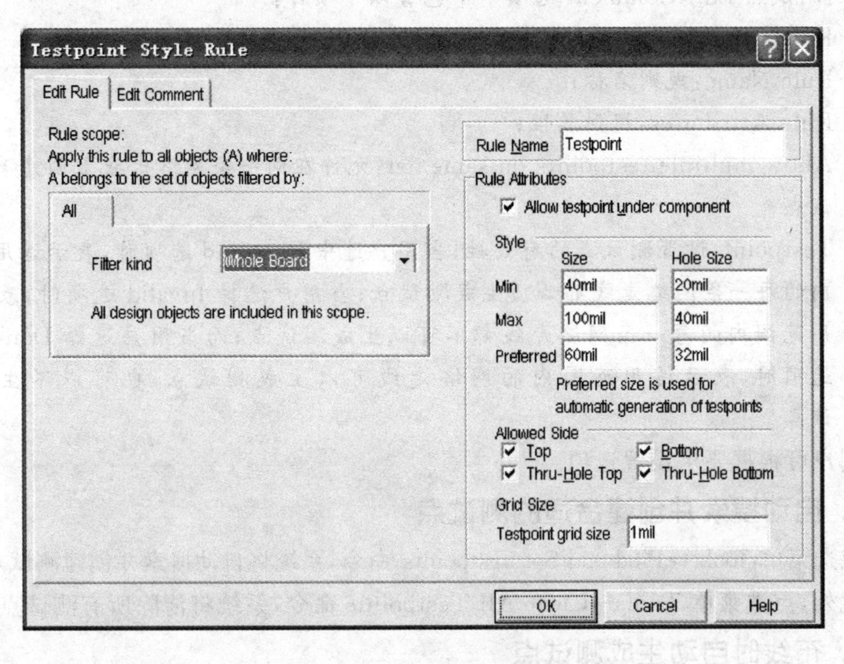

图 3－175　测试点设置窗口

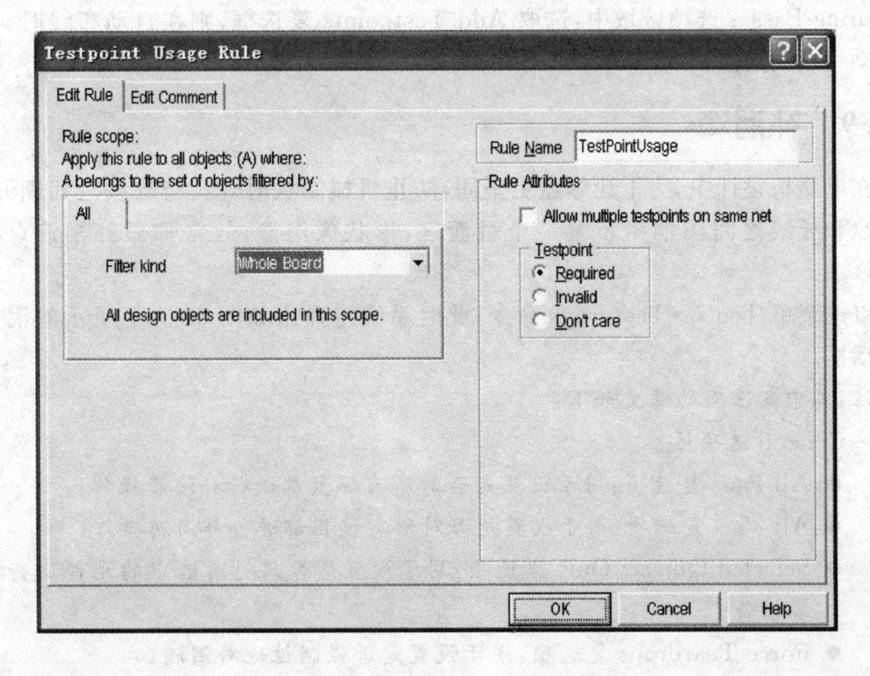

图 3－176　Testpoint Usage Rule 窗口

注：测试点 Edit Comment 选项卡中包含以下项目：

- Rule scope：规则适用范围；
- Rule Name：规则名称；
- Rule Attributes：规则属性；
- Allow multiple testpoints on same net：允许在同一条网络走线上创建多个测试点；
- Testpoint：设置测试点的有效性，当用户选中 Required 选项时，表示适用范围内的每一条网络走线都必须生成测试点；当用户选择 Invalid 选项时，表示适用范围内的每一条网络走线都不可以生成测试点；而当用户选择 Don't care 选项时，表示适用范围内的网络走线可以生成测试点，也可以不生成测试点。

用户可根据要求设置选项。

2. 自动搜索并创建合适的测试点

点选菜单 Tools→Find and Set Testpoints 命令，系统将自动搜索并创建测试点。此外，点选菜单 Tools→Clear All Testpoints 命令，系统将清除所有测试点。

3. 布线时自动生成测试点

点选 Auto Route→All 命令自动布线时，在弹出的自动布线设置对话框的 Manufacturing Passes 选项区域中，选取 Add Testpoints 复选框，则在自动布线时，系统会自动生成测试点。

3.5.9　补泪滴

在电路板设计中，为了让焊盘更坚固，防止机械制板时焊盘与导线之间断开，常在焊盘和导线之间用铜箔布置一个过渡区，形状像泪滴，故常称做补泪滴（teardrops）。

点选菜单 Tools→Teardrops 命令，此时系统将弹出如图 3-177 所示的泪滴设置对话框。

注：其中各选项的意义如下：

- General 选项区：
  - All Pads 复选项：用于设置是否对所有焊盘都进行补泪滴操作；
  - All Vias 复选项：用于设置是否对所有过孔都进行补泪滴操作；
  - Selected Objects Only 复选项：用于设置是否只对所选中的元件进行补泪滴操作；
  - Force Teardrops 复选项：用于设置是否强制性地补泪滴；
  - Create Report 复选项：用于设置补泪滴操作结束后是否生成补泪滴的报告文件。

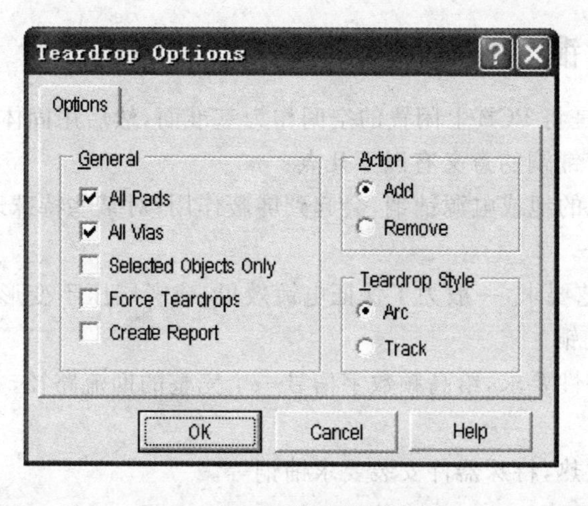

图 3-177 泪滴设置对话框

➢ Action 选项区

- Add 单选项：表示是泪滴的添加操作；
- Remove 单选项：表示是泪滴的删除操作。

➢ Teardrop Style 选项区：

- Arc 单选项：表示选择圆弧形补泪滴。
- Track 单选项：表示选择导线形补泪滴。

根据要求设置选项后，单击 OK 按钮即可进行补泪滴操作。使用圆弧形补泪滴方法操作的结果如图 3-178 所示。

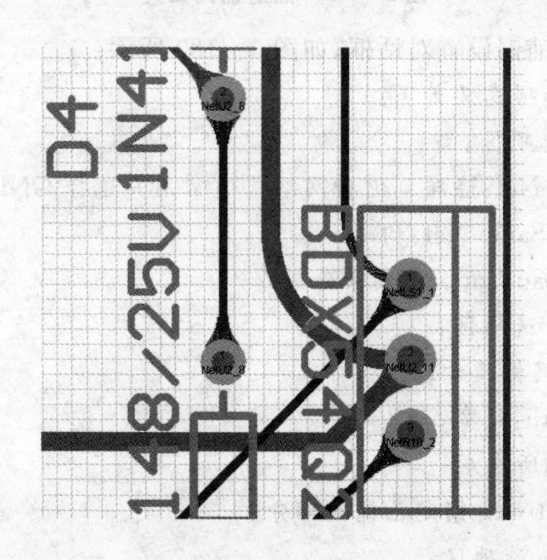

图 3-178 圆弧形补泪滴

单击保存按钮保存文件。

3.5.10　铺　铜

所谓铺铜，就是将PCB上闲置的空间作为基准面，然后用固体铜填充，填充这些铜区又称为灌铜。铺铜的意义有以下几点：

✧ 对于大面积的地或电源铺铜，会起到屏蔽作用；对某些特殊地，如PGND，会起到防护作用。

✧ 是PCB工艺要求，一般为了保证电镀效果，或者层压不变形，对于布线较少的PCB板层铺铜。

✧ 是信号完整性要求，给高频数字信号一个完整的回流路径，并减少直流网络的布线。

✧ 当然还有散热，特殊器件安装要求铺铜等。

1. 规则铺铜

点选放置工具栏中的铺铜工具，如图3-179所示。

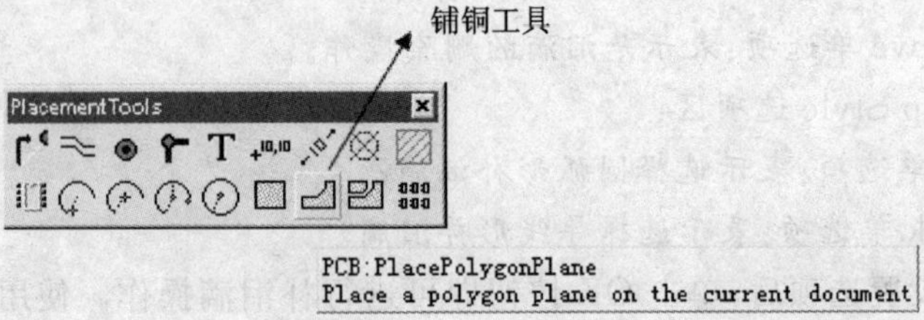

铺铜工具

PlacementTools

PCB:PlacePolygonPlane
Place a polygon plane on the current document

图3-179　点选铺铜工具

此时系统将弹出铺铜设置对话框，如图3-180所示。

注：对话框中各选项意义如下：

➢ Net Options 选项区：

- Connect to Net：连接到何种网络。通常用户选择GND网络进行铺铜。
- Pour Over Same Net：均地；
- Remove Dead Copper：删除死铜。

➢ Plane Settings 选项区：

- Grid Size：网格尺寸；
- Track Width：线宽；
- Layer：铺铜所在层；
- Lock Primitives：锁定已铺铜部分。

➢ Hatching Style 选项区：

- 90-Degree Hatch：90°角辐条；
- 45-Degree Hatch：45°角辐条；
- Vertical Hatch：垂直辐条；

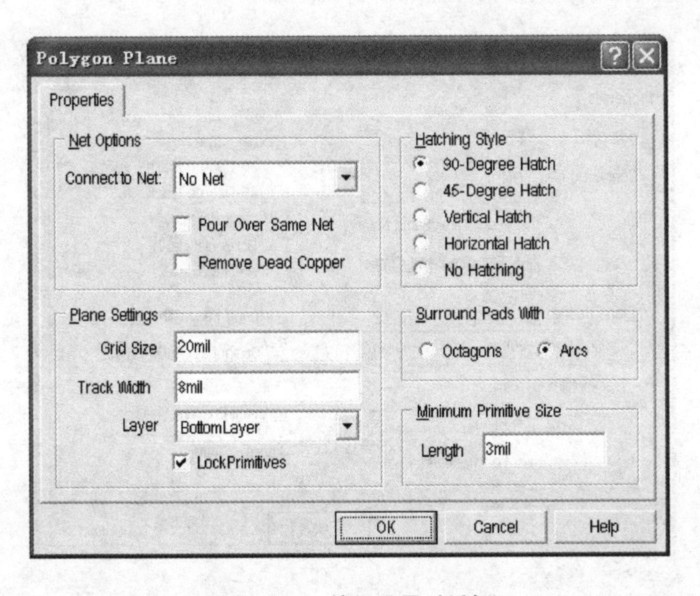

图 3-180 铺铜设置对话框

- Horizontal Hatch：水平辐条；
- No Hatch：直铺。

其中，直铺方式的特点是焊盘的过电流能力很强，对于大功率回路上的器件引脚一定要使用这种方式；同时，它的导热性能也很强，虽然工作起来对器件散热有好处，但是这对于电路板焊接人员却是个难题，因为焊盘散热太快不容易挂锡，常常需要使用更大瓦数的烙铁和更高的焊接温度，降低了生产效率；使用直角辐条和 45°角辐条会减少引脚与铜箔的接触面积，散热慢，焊起来也就容易多了。所以选择过孔焊盘铺铜的连接方式要根据应用场合，综合过电流能力和散热能力一起考虑，小功率的信号线就不要使用直铺了，而对于通过大电流的焊盘则一定要直铺。至于用直角还是 45°角，视美观而定。

➢ Surround Pads With 选项区：

- Octagons：八角形；
- Arcs：弧形。

➢ Minimum Primitive Size 选项区：

- Length：长度。

以设置铺铜网络为 GND 网络为例，其他选项的设置如图 3-181 所示。

设置完成后，单击 OK 按钮完成设置。此时鼠标以十字形显示，按下鼠标左键，并拖动鼠标即可画线，拖动鼠标，将所有待铺铜电路包含到方框中，左击，则闭合方框，此时系统自动进行铺铜，如图 3-182 所示。

2. 删除铺铜

在铺铜区域单击，此时系统将弹出如图 3-183 所示的信息框。

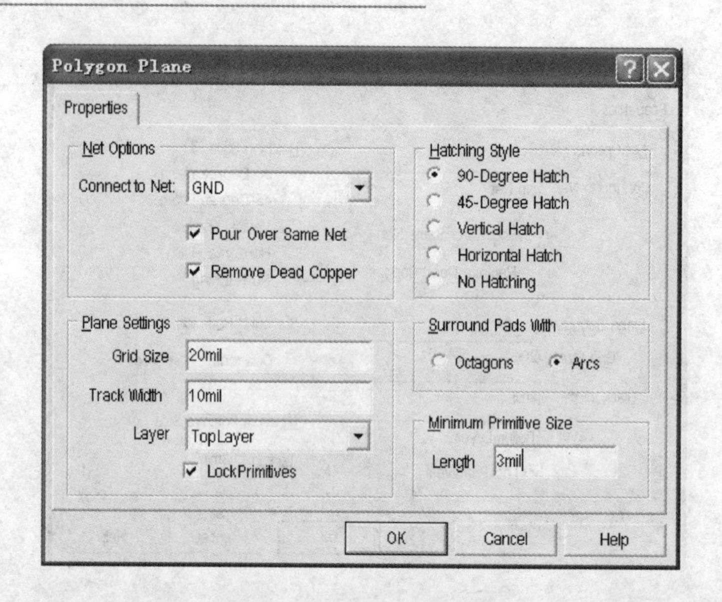

图 3-181 铺铜选项设置

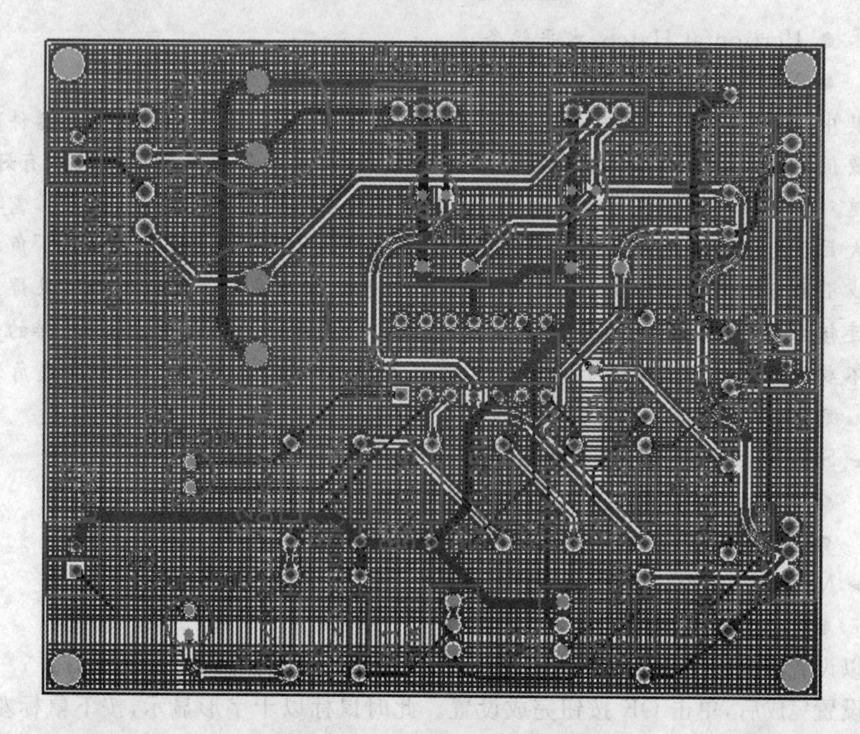

图 3-182 系统自动进行铺铜

选择 Polygon(GND) on Toplayer 选项，然后拖动鼠标，点击左键释放鼠标，此时系统将弹出询问对话框，询问是否重新铺铜。单击 No 按钮后，选中顶层铺铜，然后点选剪切工具将顶层铺铜删除。

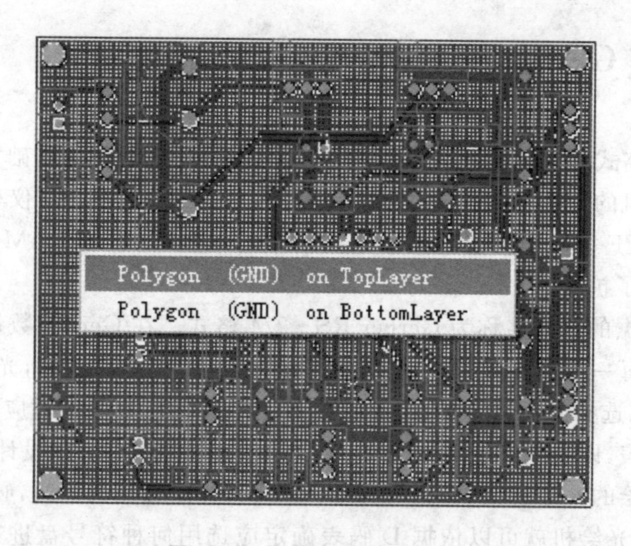

图 3-183　铺铜区域信息框

同理，按照上述操作也可删除底层铺铜。

3. 不规则铺铜

点选放置工具栏中的铺铜工具，在弹出的铺铜设置对话框中进行相应的设置后，单击 OK 按钮完成设置。此时鼠标以十字形显示，按下鼠标左键，并拖动鼠标绘制铺铜区域，点击左键闭合方框，此时系统自动进行铺铜，结果如图 3-184 所示。

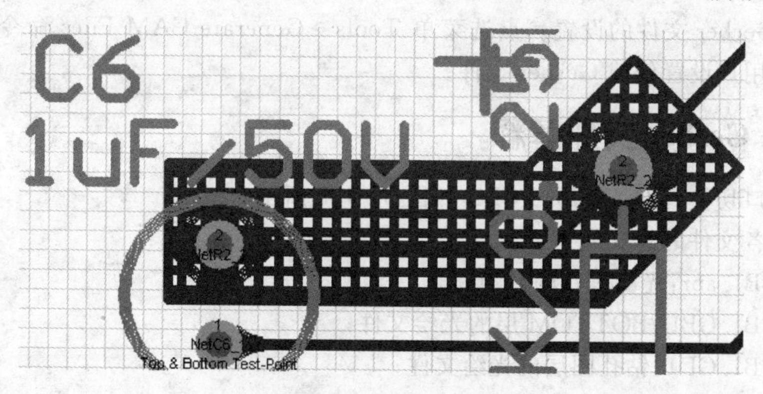

图 3-184　不规则铺铜结果

注：铺铜的一大好处是可降低地线阻抗(所谓抗干扰也有很大一部分是地线阻抗降低带来的)。数字电路中存在大量尖峰脉冲电流，因此降低地线阻抗显得更有必要一些。人们普遍认为对于全由数字器件组成的电路，应该大面积铺地；而对于模拟电路，铺铜所形成的地线环路反而会引起电磁耦合干扰，得不偿失。

因此，并不是每个电路都要铺铜。

至此，电路 PCB 设计完成。

3.6 创建Gerber文件

光绘数据格式是以向量式光绘机的数据格式Gerber数据为基础发展起来的，并对向量式光绘机的数据格式进行了扩展，兼容了HPGL惠普绘图仪格式，以及Autocad DXF、TIFF等专用和通用图形数据格式。一些CAD和CAM开发厂商还对Gerber数据作了扩展。

Gerber数据的正式名称为Gerber RS-274格式。在Gerber数据中，向量式光绘机码盘上的每一种符号，均有一相应的D码(D-CODE)。这样，光绘机就能够通过D码来控制、选择码盘，绘制出相应的图形。将D码和D码所对应符号的形状、尺寸大小进行列表，即得到一个D码表。此D码表就成为从CAD设计到光绘机利用此数据进行光绘的一个桥梁。用户在提供Gerber光绘数据的同时，必须提供相应的D码表。这样，光绘机就可以依据D码表确定应选用何种符号盘进行曝光，从而绘制出正确的图形。

3.6.1 Gerber文件的设置与生成

点选菜单File→CAM Manager命令，此时系统将弹出输出向导对话框，根据向导提示，选择输出文件类型为Gerber文件，修改文件名后，其他采用系统的默认设置，即单位采用Inches，输入格式为2:3，选择板层、钻孔、钻孔指引板层、机构板层后，完成Gerber文件的设置。点选菜单Tools→Generate CAM Files命令，此时系统将按照用户设置创建Gerber文件。

3.6.2 Gerber文件解释

将窗口切换到CAM for PCB1，如图3-185所示。

其中各文件的意义如下：

- PCB1.apr：光圈表(D码表)；
- PCB1.GBL：BOTTOM层的光绘文件；
- PCB1.GD1：钻孔图层的光绘文件；
- PCB1.GKO：KeepOutLayer层的光绘文件；
- PCB1.GTL：TOP层的光绘文件；
- PCB1.GTO：TOP层丝印的光绘文件；
- PCB1.REP：各光绘层的说明文件；
- Status Report txt：状态报告文件。

双击PCB1.apr文件打开光圈表，即D码表。在一个D码表中，一般应该包括D码，每个D码所对应码盘的形状、尺寸以及该码盘的曝光方式，如图3-186所示。

每行定义了一个D码，包含6种参数。其中：

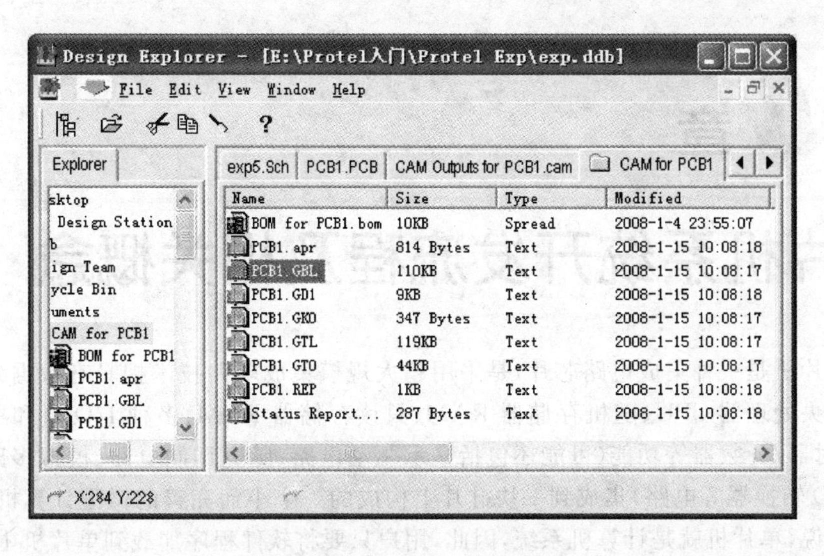

图 3-185　CAM for PCB1 窗口

exp.ddb | Documents | exp5.Sch | PCB1.PCB | CAM Outputs for PCB1.cam | CAM for PCB1 | PCB1.apr

D10	ROUNDED	12.000	12.000	0.000	LINE
D11	ROUNDED	25.000	25.000	0.000	LINE
D12	ROUNDED	40.000	40.000	0.000	LINE
D13	ROUNDED	25.000	25.000	0.000	FLASH
D14	ROUNDED	10.000	10.000	0.000	LINE
D15	ROUNDED	100.000	100.000	0.000	FLASH
D16	ROUNDED	62.000	62.000	0.000	FLASH
D17	ROUNDED	70.000	70.000	0.000	FLASH
D18	RECTANGULAR	50.000	50.000	0.000	FLASH
D19	ROUNDED	50.000	50.000	0.000	FLASH
D20	ROUNDED	60.000	60.000	0.000	FLASH
D21	ROUNDED	130.000	130.000	0.000	FLASH
D22	ROUNDED	6.667	6.667	0.000	LINE

图 3-186　D 码表

① 第一列为 D 码序号，由字母 D 加一数字组成；

② 第二列为该 D 码代表的符号的形状说明，如 ROUNDED 表示该符号的形状为圆形，RECTANGULAR 表示该符号的形状为矩形；

③ 第三列和第四列分别定义了符号图形的 X 方向和 Y 方向的尺寸，单位为 mil (1 mil=(1/1 000)in≈0.025 4 mm)；

④ 第五列为符号图形中心孔的尺寸，单位也是 mil；

⑤ 第六列说明了该符号盘的使用方式，如 LINE 表示这个符号用于划线；FLASH 表示用于焊盘曝光；MULTI 表示既可以用于划线，又可以用于曝光焊盘。

在 Gerber RS-274 格式中除了使用 D 码定义了符号盘以外，D 码还用于光绘机的曝光控制；另外，还有一些其他命令用于光绘机的控制和运行。

第4章

单片机系统开发流程及相关概念

单片机是一种集成电路芯片，是采用超大规模集成电路技术把具有数据处理能力的中央处理器 CPU、随机存储器 RAM、只读存储器 ROM、多种 I/O 口和中断系统、定时器/计数器等功能(可能还包括显示驱动电路、脉宽调制电路、模拟多路转换器、A/D 转换器等电路)集成到一块硅片上构成的一个小而完善的微型计算机系统。也就是说，单片机就是计算机系统，因此，用户只要将软件程序加载到单片机中，即可实现程序所要完成的任务。不过，尽管单片机是计算机系统，但它仅是一个微型的系统；换言之，它仅仅是个智能核，需要适当地、有针对性地添加一个外设，其才能真正成为一个“个性化的”系统。

4.1 单片机系统的开发流程

单片机的应用已经渗透到我们生活的各个领域，如仪表的控制、计算机的网络通信与数据传输、工业自动化过程的实时控制和数据处理、各种智能 IC 卡、轿车的安全保障系统，录像机、摄像机、全自动洗衣机的控制，以及程控玩具、电子宠物等等。这些个性化的应用中，包含了相同的设计流程：硬件电路的构建与软件程序的设计。

4.1.1 单片机系统开发的可行性分析

可行性分析即是对工程项目进行系统技术经济论证、经济合理性综合分析。其目的是通过对技术先进程度、经济合理性和条件可能性的分析论证，选择以最小的人力、物力、财力耗费，取得最佳技术、经济、社会效益的切实方案。在单片机系统开发中，可行性分析主要侧重于完成该项目的可能性。

在做可行性分析前，首先需充分调研国内外有关资料，看是否有人做过相同或类似的工作。从资料中分析他人的工作是基于何种硬件、何种软件进行的，分析工作所取得的结果与预期结果的差异，分析他人方案的优缺点，借鉴他人设计方案中优秀的部分。若未找到相关可参考的资料，则首先需从理论上探讨项目实现的可能性，同时考虑客观环境、测试手段、机器设备是否支持该项目的顺利完成。

其次，要做充分的市场调研。电子产品的更新换代非常快，一款优秀的器件会使设计事半功倍。

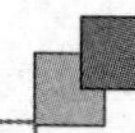

另外,优秀的开发环境也会使系统的开发游刃有余。

在可行性分析论证完成后,拟制系统设计任务书。任务书包括任务描述、系统组成及器件选型。在此处,器件选型是非常关键的一步。器件的选型是一件重要而费心的事情,以单片机选型为例,型号选择得合适,单片机应用系统就会做得经济,工作可靠;如果选择得不合适,就会造成浪费,影响单片机应用系统的正常运行,甚至根本就达不到预先设计的功能。单片机芯片选型时,可从应用系统的技术性、实用性和可开发性三方面来考虑。

① 技术性:要从单片机的技术指标角度,对单片机芯片进行选择,以保证单片机应用系统在一定的技术指标下可靠运行;

② 实用性:要从单片机的供货渠道、信誉程序等角度,对单片机的生产厂家进行选择,以保证单片机应用系统能长期、可靠运行;

③ 可开发性:选用的单片机要有可靠的开发手段,如程序开发工具、仿真调试手段等。此外,还需考虑系统的可扩展性。除满足上述条件外,应尽可能选择熟悉的产品,这也是保证设计可完成的重要因素。

4.1.2 单片机系统开发的总体方案设计

在设计任务书及系统软件、硬件分工的基础上设计总体方案,总体方案包括硬件设计方案和软件设计方案。

软件、硬件功能划分是总体方案中非常重要的部分,因此系统硬件和软件的设计是紧密联系在一起的,在某些场合硬件和软件具有一定的互换性。从降低成本、简化硬件结构的角度,应尽可能使用软件来完成工作;若从提高工作速度、精度,减少软件研制的工作量,提高可靠性的角度出发,则可采用硬件来代替软件。总之,硬件、软件两者是相辅相成的,可根据实际应用情况来合理选择。总体设计完成,硬件、软件所承担的任务确定后,可分别进行软硬件的设计。

在硬件设计方案中,根据系统的功能要求,确定系统主要由哪些模块构成,如显示设备、输入设备、输出设备、通信接口等。通常可根据如图4-1所示的典型单片机系统组成框图设计电路。

为了使硬件电路设计合理,应特别注意以下几个问题:

① 尽可能选择标准化、模块化的典型电路,提高设计的成功率;

② 尽可能选用功能强、集成度高的电路或芯片,将更多的精力投入到系统完善上;

③ 对系统留有扩展接口,以便日后的系统提升;

④ 充分考虑各模块、各电路的驱动能力;

⑤ 考虑系统的抗干扰性能。

软件设计方案中,软件所要完成的功能是首先要分析的;其次,需要考虑系统的开发语言、开发环境。在程序编写中,可采用模块化程序设计方法,这样有利于程序的设计和调试。

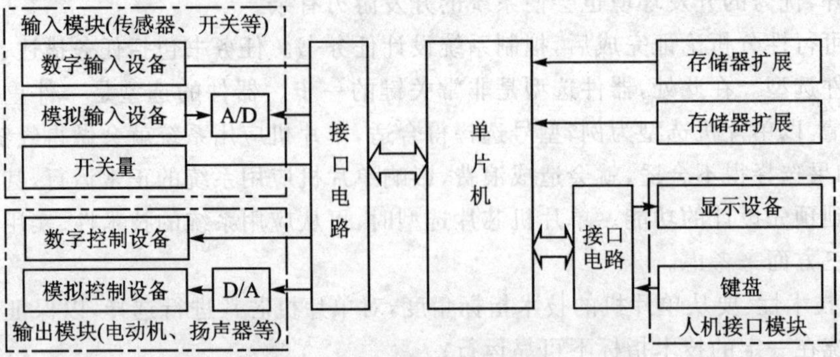

输入模块(传感器、开关等)
数字输入设备
模拟输入设备
A/D
开关量
数字控制设备
模拟控制设备
D/A
输出模块(电动机、扬声器等)
接口电路
单片机
存储器扩展
存储器扩展
接口电路
显示设备
键盘
人机接口模块

图4-1 典型单片机系统组成框图

4.1.3 单片机系统开发的系统实施

根据总体设计方案实施。在硬件电路的设计中，可依据条件考虑设计方法，通常可做软件仿真，验证电路的功能，同时分析系统电路的电磁特性。

在硬件电路制作的过程中，器件的测试是非常重要的一环，包括以下内容。

(1) 隔离测试

隔离测试，即将与待测器件相连接的器件予以隔离，使待测器件的测量不受影响。应用电压跟随器的输出电压与其输入电压相等，以及运算放大器的两输入端间虚地的原理，使得与待测器件相连的器件的两端同电位，而不会产生分电流影响待测器件的测量。

(2) 三极管的测试

分别在三极管的集电极与基极加上电压，再通过测试集电极与发射极之间的电压值来辨别三极管的好坏。

(3) 集成电路扫描测试

在集成电路(IC)输入端加上一定电流、电压后，可由测得的顺向电压值来辨别集成电路是否有故障。

其他常用元件的测试此处不再赘述。此外，对于单片机系统，一定要接晶振电路和复位电路；一般在需要精确定时的设计中，可选用12 MHz的晶振，因为此时机器周期为1 μs；当需要进行串行通信时，可选用11.0592 MHz的晶振，这样有利于得到没有误差的波特率；复位电路的电容可以选择10 μF或者22 μF，如果是10 μF，则充电电阻R的值要高于4 kΩ；每个大规模的数字IC旁边都要放一个0.1 μF的电容(一端接电源，一端接地)来去除高频干扰；在板子上最好做一个ISP下载插座与单片机相连，这样调试、改写程序时就不用把单片机拔下，调试的周期也可以缩短。

电路布局中，需要注意以下几个问题：

① 接插口(如电源、数据引线、接口等)尽量分布在电路的四周。

② 可调元件(如电位器)、切换开关等放在便于操作的位置。

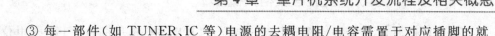

③ 每一部件(如 TUNER、IC 等)电源的去耦电阻/电容需置于对应插脚的就近处。

④ 滤波元件(如高/低频滤波电容、电感)需置于作用部位的就近处。

⑤ 核心器件需首先布局,这样其他元件的位置就确定了。

⑥ 发热器件需考虑散热,且发热器件尽量排布在便于散热的位置。

⑦ 尽可能将电路按功能排布,便于电路的检测与维护。

⑧ 在功能满足要求的前提下,尽可能使电路连线短。

在软件的编写中,要善于利用 KEIL C51 的开发环境与 PROTEUS 仿真环境的联合调试,可以降低开发的成本;软件关键程序加注释,有利于程序的调试及日后的使用;设计完成后,要结合电路图和代码写出设计说明书,这样可以很好地保存设计思路,对以后维护和程序移植都是很有好处的。

4.1.4　单片机系统开发的系统调试

单片机应用系统设计完成后,包括硬件电路的制作及软件程序的编写都完成后,工作转入到系统调试阶段。调试包括硬件调试及联调两部分。

系统是否能顺利完成任务,首先取决于硬件系统的支持,因此,硬件调试用于在软、硬件联调前排除系统中明显的硬件故障。常见的故障包括:

① 逻辑错误:如线路连接错误、引脚未连线、连线短路等,这些错误通常是由于电路设计错误或人为焊接错误引起的,也是经常出现的问题。

② 元器件失效:通常元器件在焊接前就已经检测过其有效性了,一般不会出现问题,但也不能排除在组装过程中造成元器件失效,如长时间经受焊接高温等。因此,为了避免此类问题,通常在制作电路板时,为元器件配备插座,以保护器件。

③ 元器件反接:这一问题常出现在具有极性的元器件上,如电解电容、二极管等;此外,集成电路安装方向接反也是常见的错误。

④ 可靠性差:如电路焊接不良,或接插件接触不良等,当在具有较强振动环境中工作时,会造成系统不能正常工作;当系统内部和外部具有较强的干扰信号时,也可能引起系统的不断复位,此时可采用屏蔽技术消除干扰。

⑤ 电源故障:在单片机设计中最常见的错误就是不给芯片供电,或电源、地反接。

⑥ 复位电路不能可靠复位:由于复位电路不能可靠复位而导致单片机系统不能正常工作。

基于以上问题,常可采用如下测试步骤:

① 在样机加电之前,先用万用表等工具,根据硬件电气原理图和装配图仔细检查样机线路的正确性。

② 核对元器件的型号、规格和安装是否符合要求。

③ 检测各元器件接地脚与电源脚的连接情况,确保电源、地未短路。

④ 给样机加电，检查各插件上引脚的电位，尤其应注意单片机插座上各点电位是否正常。

⑤ 使用示波器测试单片机的晶振电路是否起振。

⑥ 使用示波器确认单片机系统的复位电路可靠复位。

可通过硬件调试排除一些明显的硬件故障。可将软件程序下载到单片机系统，对系统做联机测试。

通电后，若系统完成设计任务，则功能测试通过；若未出现期望的结果，可用示波器观察有关波形，通过对波形的观察分析，寻找故障原因，并进一步排除故障。在联机调试中，可采用单步调试和断点调试的方法。

在软件程序可完成任务、硬件连接可靠的前提下，可重点考虑器件的驱动问题。

在进行系统调试时，对于有电气控制负载的系统，应先试验空载状态，空载正常后再试验负载状态。

此外，老化测试、掉电测试也是非常重要的环节。

在上述环节完成后，可将调试地点改到系统实际运行环境中，进行现场调试。

4.2 单片机系统开发的相关概念

在进行单片机系统的开发前，先了解一下单片机系统开发过程中遇到的一些常用概念。

(1) 位

单片机有4位、8位、16位、32位等。1975年美国德克萨斯仪器公司首次推出4位单片机TMS-1000后，各计算机生产公司竞相推出4位单片机。4位单片机主要应用于家用电器、电子玩具等。1976年，美国Intel公司首先推出MCS-48系列8位单片机后，单片机发展进入了一个新的阶段。8位单片机由于功能强，被广泛应用于工业控制、智能接口、仪器仪表等领域。1983年以后，16位单片机逐渐问世，代表产品有Intel公司推出的MCS-96。16位单片机可用于高速复杂的控制系统。近年来，更高性能的32位单片机进入研制、生产阶段。

*X*位单片机主要指它在一个指令周期内可以同时处理的数据位数，一般用寄存器位数表达。以8位单片机为例。8位单片机即内部有8根数据线，写程序操作数可以是8位的。而16位单片机是16位的，也就是说，同样16位数据，在4位机上要移动4次，而在32位机上只需要半个寄存器即可。

“位”也体现为单片机处理芯片的处理速度。8位就是2的8次方运算，16位就是2的16次方运算，就是说8位机每秒能进行256次运算，16位机每秒能进行65 536次运算。

AT89S51是一个低功耗、高性能的CMOS 8位单片机。

在中、小规模应用场合，广泛采用8位单片机；在一些复杂的中、大规模应用场

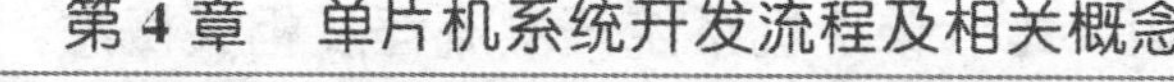

合，才采用 16 位单片机；32 位单片机产品目前应用得还不多。

(2) 地　址

地址要从存储器说起。存储器是单片机的一个重要组成部分。一个存储容量为 256 个单元的存储器，可存放 256 个 8 位数据。为了区分彼此，给每个存储单元对应一个地址，256 个单元则共有 256 个地址，用两位十六进制数表示，即存储器的地址为 00H～FFH。

(3) 指　令

指令是指计算机能够识别的二进制代码。

指令集指计算机能够识别的指令的集合。指令由操作码和操作对象组成。操作码指执行什么操作，如数据传送、加、减等；操作对象可以是数据，或者是数据所占用的地址。

(4) 数　据

单片机由 CPU 系统、程序存储器、数据存储器、各种 I/O 端口、基本功能单元(定时器/计数器等)组成，其核心工作就是数据处理，数据是单片机系统的操作对象。一般而言，被处理的数据可能有以下几种情况：

- ✧ 地址(如 MOV DPTR，#1000H)，即将地址 1000H 送入 DPTR。
- ✧ 方式字或控制字(如 MOV TMOD，#3)，3 即是控制字。
- ✧ 常数(如 MOV TH0，#10H)，10H 即定时常数。
- ✧ 实际输出值(如 P1 口接发光二极管，高电平有效，则执行指令“MOV P1，#0FFH”后，P1 口所接的二极管全部点亮；若执行指令：MOV P1，#00H，则 P1 口所接的二极管全部熄灭)。这里 0FFH 和 00H 都是实际输出值。

(5) 堆　栈

堆栈是一个区域，是用来存放数据的，这个区域本身没有任何特殊之处，就是内部 RAM 的一部分，特殊的是它存放和取用数据的方式，即所谓的“先进后出，后进先出”，并且堆栈有特殊的数据传输指令，即 PUSH 和 POP；有一个特殊的专为其服务的单元，即堆栈指针 SP。每当执行一次 PUSH 指令，SP 就(在原来值的基础上)自动加 1；每当执行一次 POP 指令，SP 就(在原来值的基础上)自动减 1。由于 SP 中的值可以用指令加以改变，所以只要在程序开始阶段更改了 SP 的值，就可以把堆栈设置在规定的内存单元中。如在程序开始时，用一条“MOV SP，#5FH”指令，就是把堆栈设置在从 60H 开始的内存单元中。一般程序的开头总有这么一条设置堆栈指针的指令，因为开机时，SP 的初始值为 07H，这样就使堆栈从 08H 单元开始往后，而 08H～1FH 这个区域正是 8051 的第二、三、四工作寄存器区，经常要被使用，这会造成数据的混乱。

(6) 电磁兼容

1822 年安培提出了一切磁现象的根源是电流的假说。1831 年法拉第发现了变化的磁场在导线中产生感应电动势的规律。1864 年麦克斯韦全面论述了电和磁的相互作用，提出了位移电流理论，总结出麦克斯韦方程，预言电磁波的存在，麦克斯韦的电磁场理论是研究电磁兼容的基础。1881年英国科学家希维塞德发表了《论干扰》的文章，标志着电磁兼容性研究的开端。1888年德国科学家赫兹首创了天线，第一次把电磁波辐射到自由空间，同时又成功地接收到电磁波，从此开始了电磁兼容性的实验研究。1889年英国邮电部门研究了通信中的干扰问题，使电磁兼容性研究开始走向工程化。1944年德国电气工程师协会制定了世界上第一个电磁兼容性规范VDE0878，1945年美国颁布了第一个电磁兼容性军用规范JAN-1-225。我国从1983年开始也陆续颁布了一系列有关电磁兼容性规范。

电磁兼容性是指电子设备在电磁环境中正常工作的能力。由于电和磁是相互关联的，每一台电子设备都不可避免电磁兼容问题。因此，为了使电子设备可靠运行，必须研究电磁兼容技术。单片机系统也不例外。

第 5 章 跑马灯的设计

跑马灯又叫走马灯、串马灯，由毛竹编织成马头、马尾，系在身上，再糊上颜色鲜艳的纸，如今毛竹已由丝绸取代。在过去，跑马灯一般在春节等喜庆的日子里才表演，由 20 来位 11～14 岁的小孩表演，边跳边唱，根据节奏快慢形成不同阵势，有喜庆、丁财两旺、五谷丰登的寓意。现在跑马灯也用来指在计算机上通过编程实现的一种效果，通常指有时需要用一矩形条显示少量用户特别关心的信息，这条信息串首尾相连，向一个方向循环滚动。

基于 AT89S51 单片机的跑马灯电路，通过设定 LED 灯的点亮顺序模拟跑马灯。

5.1 系统要求及单片机相关知识

要求：由 AT89S51 驱动 8 个 LED 灯模拟跑马灯，实现三种以上模式。

需求分析：根据系统要求，首先需要了解 AT89S51 的基本配置，如器件功能、寄存器、I/O 端口等，接着要学习 AT89S51 最小系统的构成，然后再进入系统开发。

5.1.1 AT89S51 器件功能概述

AT89S51 是美国 Atmel 公司生产的低功耗、高性能 CMOS 8 位单片机，片内含 4 KB 可系统编程的 Flash 只读程序存储器，器件采用 Atmel 公司的高密度、非易失性存储技术生产，兼容标准 8051 指令系统及引脚。它集 Flash 程序存储器（既可在线编程（ISP），也可用传统方法进行编程）及通用 8 位微处理器于单片芯片中，功能强大，价位低，具有高性价比，可灵活应用于各种控制领域。其主要性能参数有：

- ✧ 与 MCS－51 产品指令系统完全兼容；
- ✧ 4 KB 在系统编程（ISP）Flash 闪速存储器；
- ✧ 1 000 次擦写周期；
- ✧ 4.0～5.5 V 的工作电压范围；
- ✧ 全静态工作模式：0 Hz～33 MHz；
- ✧ 三级程序加密锁；
- ✧ 128×8 字节内部 RAM；
- ✧ 32 个可编程 I/O 口线；

✧ 2 个 16 位定时器/计数器；

✧ 6 个中断源；

✧ 全双工串行 UART 通道；

✧ 低功耗空闲和掉电模式；

✧ 中断可从空闲模式唤醒系统；

✧ 看门狗(WDT)及双数据指针；

✧ 掉电标识和快速编程特性；

✧ 灵活的在系统编程(ISP 字节或页写模式)。

AT89S51 具有三种封装形式，如图 5－1 所示。

各种形式的封装在结构上完全一致，但各有其使用特点，其中：

DIP 是 Double In－line Package 的缩写，即双列直插式封装，是插装型封装之一，引脚从封装两侧引出，封装材料有塑料和陶瓷两种。DIP 是最普及的插装型封装，应用范围包括标准逻辑 IC、存储器 LSI、微机电路等。

PLCC 是 Plastic Leaded Chip Carrier 的缩写，即带引线的塑料芯片载体，是表面贴装型封装之一，外形呈正方形，引脚从封装的四个侧面引出，呈丁字形，是塑料制品，外形尺寸比 DIP 封装小得多。PLCC 封装适合用 SMT 表面安装技术在 PCB 上安装布线，具有外形尺寸小、可靠性高的优点。

TQFP 是 Thin Quad Flat Package 的缩写，即薄塑封四边扁平封装。四边扁平

PDIP

引脚名	引脚	引脚	引脚名
P1.0	1	40	VCC
P1.1	2	39	P0.0 (AD0)
P1.2	3	38	P0.1 (AD1)
P1.3	4	37	P0.2 (AD2)
P1.4	5	36	P0.3 (AD3)
(MOSI) P1.5	6	35	P0.4 (AD4)
(MISO) P1.6	7	34	P0.5 (AD5)
(SCK) P1.7	8	33	P0.6 (AD6)
RST	9	32	P0.7 (AD7)
(RXD) P3.0	10	31	$\overline{EA}$/VPP
(TXD) P3.1	11	30	ALE/$\overline{PROG}$
($\overline{INT0}$) P3.2	12	29	$\overline{PSEN}$
($\overline{INT1}$) P3.3	13	28	P2.7 (A15)
(T0) P3.4	14	27	P2.6 (A14)
(T1) P3.5	15	26	P2.5 (A13)
($\overline{WR}$) P3.6	16	25	P2.4 (A12)
($\overline{RD}$) P3.7	17	24	P2.3 (A11)
XTAL2	18	23	P2.2 (A10)
XTAL1	19	22	P2.1 (A9)
GND	20	21	P2.0 (A8)

(a) DIP封装

图 5－1　AT89S51 的三种封装形式

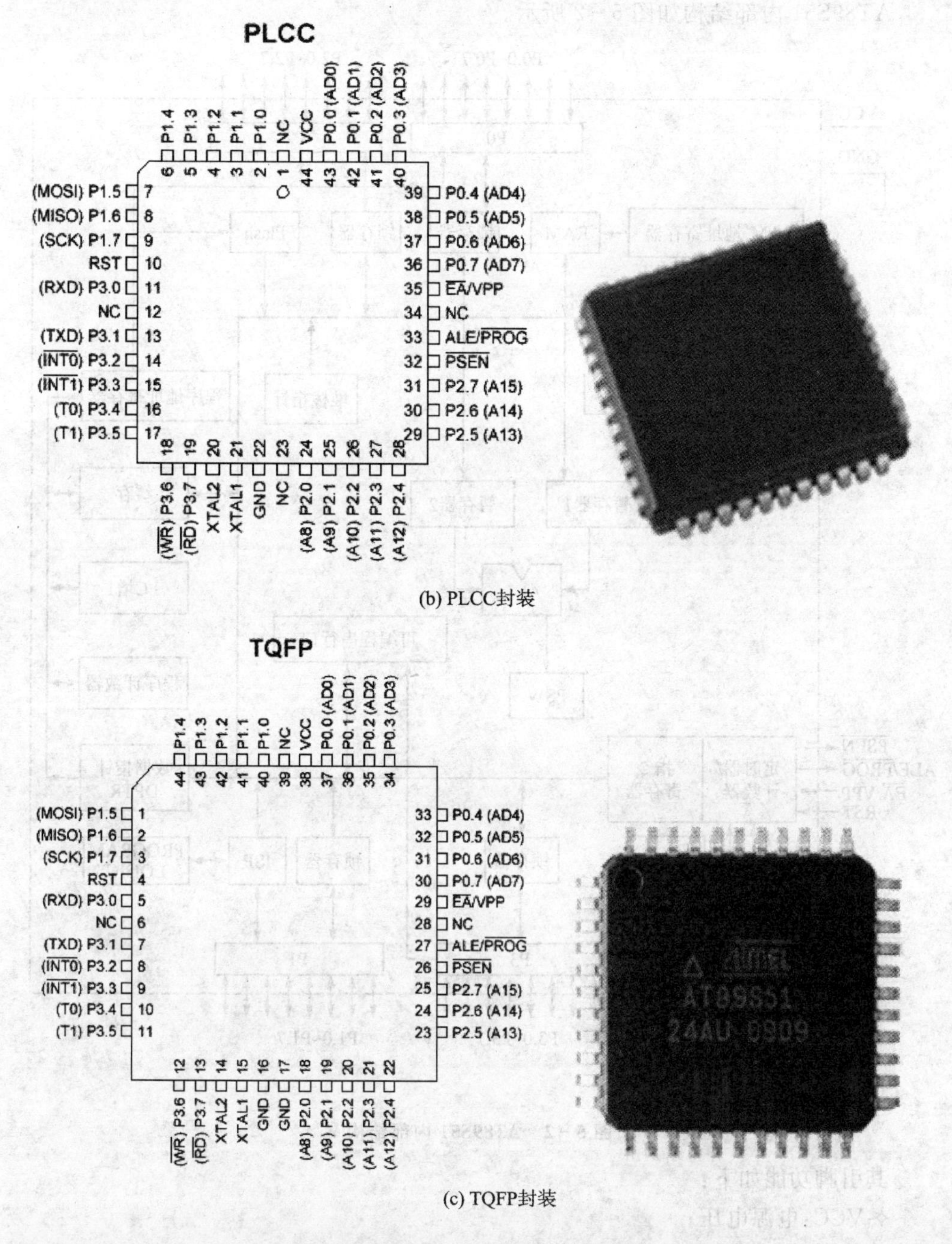

(b) PLCC封装

(c) TQFP封装

图 5-1　AT89S51 的三种封装形式(续)

封装工艺能有效利用空间,从而降低了对印刷电路板空间大小的要求。由于缩小了高度和体积,这种封装工艺非常适合对空间要求较高的应用,如 PCMCIA 卡和网络器件。

AT89S51 内部结构如图 5－2 所示。

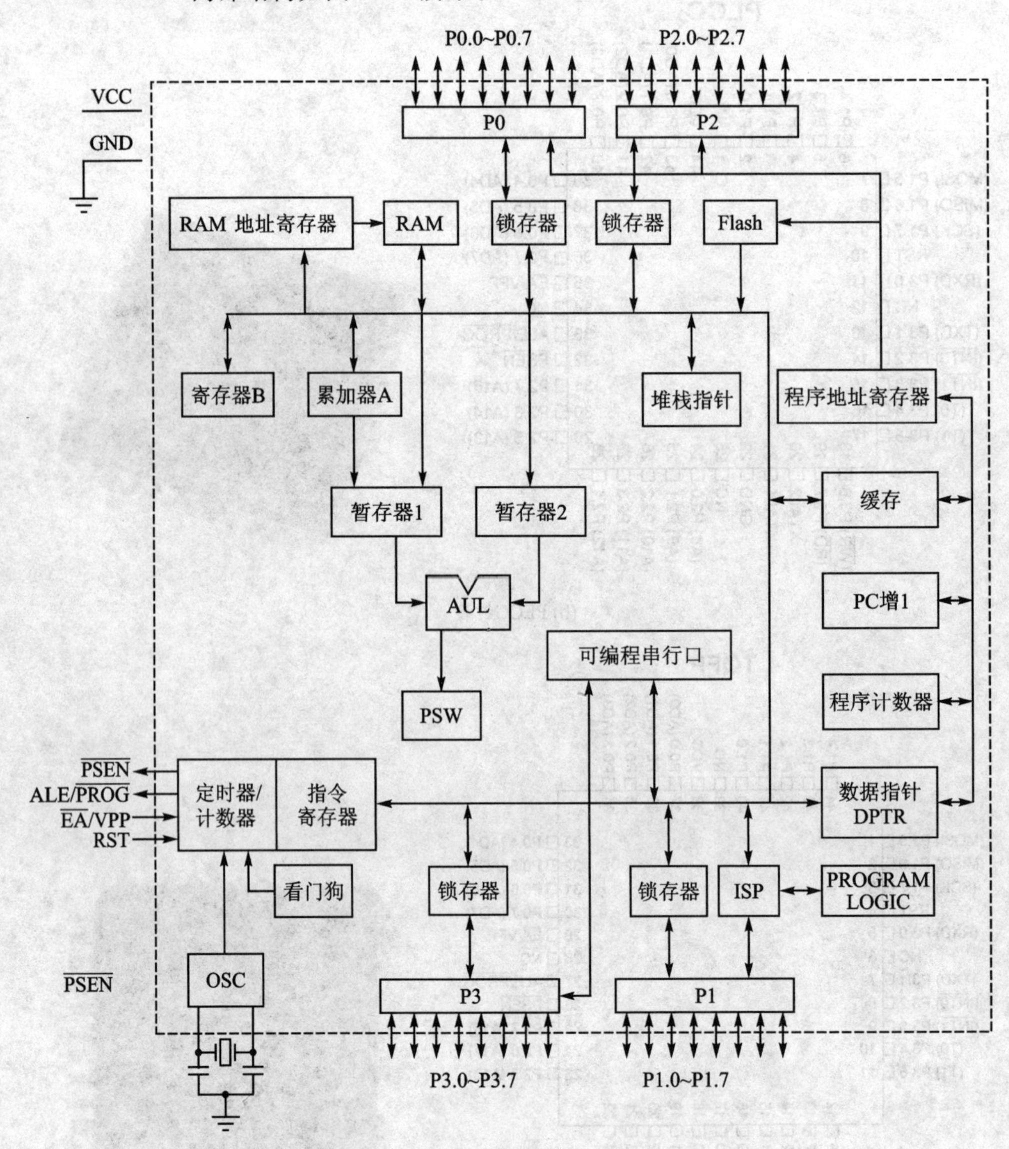

图 5－2　AT89S51 内部结构

其引脚功能如下：

✧ VCC：电源电压；

✧ GND：地；

✧ P0 口：漏极开路型 8 位双向 I/O 口；

✧ P1 口：带内部上拉电阻的 8 位双向 I/O 口；

✧ P2 口：带内部上拉电阻的 8 位双向 I/O 口；

✧ P3 口：带内部上拉电阻的 8 位双向 I/O 口；

✧ RST：复位输入；

✧ ALE/$\overline{\text{PROG}}$：地址锁存/输入编程脉冲位；

✧ $\overline{\text{PSEN}}$：程序储存允许输出位；

✧ $\overline{\text{EA}}$/VPP：外部访问允许；

✧ XTAL1：振荡器反相放大器及内部时钟发生器的输入端；

✧ XTAL2：振荡器反相放大器的输出端。

从功能上分，它包括如下部件：一个 8 位中央处理器（CPU）、4 KB 可在线编程 Flash、128 字节 RAM 与特殊功能寄存器；2 个 16 位定时器/计数器；中断逻辑控制电路；一个全双工串行接口（UART）、32 条可编程的 I/O 口线；另外，还包括一些寄存器，如程序计数器 PC、程序状态寄存器 PSW、堆栈指针寄存器 SP、数据指针寄存器 DPTR 等部件。其中，中央处理器是 AT89S51 单片机的核心，完成运算和控制功能，其 CPU 能处理 8 位二进制数或代码。AT89S51 虽然只是一个芯片，但具有计算机应该具有的基本部件，是一个简单的微型计算机系统。

5.1.2 AT89S51 存储器

单片机系统中，存放程序的存储器称为程序存储器，类似于通用计算机系统中的 ROM，单片机运行时，只能读出，不能写入；存放数据的存储器称为数据存储器，相当于通用计算机系统中的 RAM。MCS－51 单片机内核采用程序存储器和数据存储器空间分开的结构，均具有 64 KB 外部程序和数据的寻址空间。如果 EA 引脚接地（GND），则全部程序均执行外部存储器。在 AT89S51，假如 EA 接至 VCC（电源＋），程序首先执行地址为 0000H～0FFFH（4 KB）的内部程序存储器，再执行地址为 1000H～FFFFH（60KB）的外部程序存储器。AT89S51 具有 128 字节的内部 RAM，这 128 字节可利用直接或间接寻址方式访问；堆栈操作可利用间接寻址方式进行，128 字节均可设置为堆栈区空间。AT89S51 单片机的各类存储器结构如图 5－3 所示。

AT89S51 采用片内、片外统一编址的 64 KB（0000H～FFFFH）程序存储器地址空间。片内有 4 KB Flash 存储器，地址范围为 0000H～OFFFH，既可在线编程（ISP），也可以用传统方法进行编程。采用汇编语言或 C 语言编写的源程序，必须通过编译软件（如 Keil C51）编译，生成二进制代码，即机器码。用户编写的程序、原始数据、表格等，都是以二进制的形式存放在程序存储器中的。CPU 的工作，就是按照事先编好的程序从 0000H 地址单元一条条地循序执行的。

内部 ROM 0000H～002AH 共 43 个单元，被分为六段，作为程序运行的入口地址使用。其中：0000H～0002H 为复位后或初始化引导程序地址区；0003H～000AH 为外部中断 0 中断入口地址区；000BH～0012H 为定时器/计数器 0 中断入口地址区；0013H～001AH 为外部中断 1 中断入口地址区；001BH～0022H 为定时器/计数

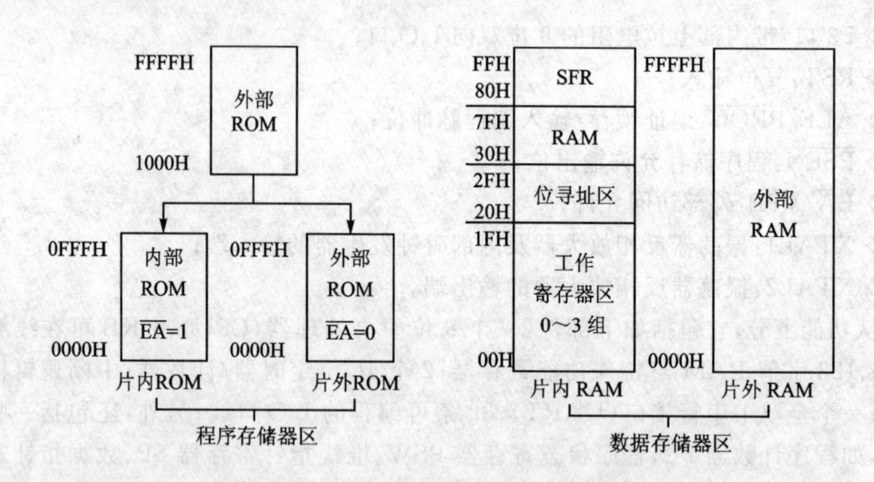

图 5-3 AT89S51 单片机的各类存储器结构

器 1 中断入口地址区；0023H～002AH 为串行中断入口地址区。

通常，编写程序时需要占用上述中断程序入口地址单元，即 0003H～002AH 单元。也就是说，主程序一般不放在该地址空间。编程时，可以采用起始伪指令 ORG，跳过 0003H～002AH 单元。

单片机复位后，是从 0000H 单元开始取指令执行程序的。因此，应在 0000H～0002H 三个单元存放一条无条件转移指令，转到主程序。程序结构如下：

ORG 000H：用伪指令 ORG 随后的指令代码从 0000H 地址单元开始存放。

LJMP START：在 0000H～0002H 存放一条长跳转指令，执行该指令，程序转到以 START 为语句标号的地址执行。

ORG 0030H：伪指令 ORG 随后的指令代码从 0030H 地址单元开始存放。

START：主程序入口地址标号，主程序开始。

⋮

END：结束伪指令，标志程序代码到此结束。

通过该程序，保留了各中断入口地址。

单片机的数据存储器有片内和片外之分，AT89S51 片内有 256 字节 RAM，其中高 128 字节被专用寄存器占用；低 128 字节供用户使用，用于存放可读/写的数据。片外数据存储器可扩展 64 KB 存储空间，地址范围为 0000H～FFFFH。片内和片外 RAM 的地址空间各自独立。指令 MOV 用于片内数据存储器之间的传送，指令 MOVX 用于片外数据存储器和累加器 A 之间的数据传送。

AT89S51 内部 RAM 共有 256 字节，通常分为低 128 字节（地址 00H～7FH）和高 128 字节（地址 80H～FFH）两部分。低 128 字节，按其用途分为三个区域，如表 5-1 所列。

表 5-1 AT89S51 内部 RAM 低 128 字节区域划分

地 址	区域划分
30H～7FH	通用寄存器区
20H～2FH	位寻址区(00H～7FH)
18H～1FH	工作寄存器 3 区
10H～17H	工作寄存器 2 区
08H～0FH	工作寄存器 1 区
00H～07H	工作寄存器 0 区

1. 工作寄存器区

工作寄存器区有四组工作寄存器，每组 8 个寄存器，用于存放操作数及中间结果等。其地址为内部 RAM 的 00H～1FH 单元地址。在任一时刻，CPU 只能使用其中一组寄存器，并把正在使用的那组寄存器称为当前寄存器组，用 R0～R7 表示。当前使用的到底是哪一组工作寄存器，则由程序状态字寄存器 PSW 的 RS1 位、RS0 位的状态组合决定。表 5-2 为工作寄存器选择。

表 5-2 工作寄存器选择

RS1	RS2	当前工作寄存器组号	R0～R7 的物理地址
0	0	第 0 组	00H～07H
0	1	第 1 组	08H～0FH
1	0	第 2 组	10H～17H
1	1	第 3 组	18H～1FH

RS1 和 RS0 的状态可以通过指令修改，如指令：

SETB RS1：置 RS1 为 1；

CLR RS0：置 RS0 为 0。

置当前工作寄存器为第 2 组，R0～R7 的物理地址为 10H～17H。

2. 位寻址区

内部 RAM 的 20H～2FH 单元，既可作为一般 RAM 单元使用，进行字节操作，也可以对各 RAM 单元的每一位进行位操作，因此，该区又称为位寻址区。位寻址区有 16 字节 RAM 单元，共 128 位，位地址为 00H～7FH。可以用位操作类指令对其进行位操作，如指令：

CLR 00H：00H 为位地址，而不是字节地址，将位地址 00H 清 0；

SETB 07H：07H 为位地址，不是字节地址，将位地址 07H 置 1；

当位地址为 80H～FFH 时，所代表的是特殊功能寄存器的位地址，如指令：

CLR P1.0；

CLR 90H。

3. 用户RAM区及堆栈

用户RAM区,包括堆栈区和用户标志区等用户自己设定的数据区。其地址在内部RAM低128字节中。如果用户的程序要使用四组工作寄存器,则其单元地址为30H～7FH,共80个单元;如果用户程序不需要四组工作寄存器,则其中一部分工作寄存器区也可作用户RAM使用。用户RAM区中的堆栈,用来暂存数据和地址,它是按"先进后出"的原则存取数据的。

堆栈有进栈和出栈两种操作,由栈指针SP管理,分别采用压栈和出栈指令PUSH和POP进行数据的存和取。系统复位后,SP的值为07H,此时堆栈是从08H单元开始的。由于08H～1FH单元属于工作寄存器1～3区,如果程序中要用到这些区,则最好把SP值改为2FH或更大。堆栈最好在内部RAM的30H～7FH单元中开辟。SP值一经确定,堆栈的位置也就确定下来了。由于SP可通过指令初始化为不同值,因此堆栈的位置是浮动的。

4. 特殊功能寄存器(SFR)

AT89S51中的CPU对片内各功能部件的控制采用特殊功能寄存器集中控制方式。特殊功能寄存器地址映射在内部RAM的高128字节,地址为80H～FFH,共有26个,不连续地分布在该区中。表5-3为SFR的名称及分布。

表5-3 SFR的名称及分布

寄存器符号	字节地址	位地址区间	功能介绍
B	F0H	F0H～FFH	B寄存器
ACC	E0H	E0H～EFH	累加器
PSW	D0H	D0H～DFH	程序状态字
IP	B8H	B8H～BFH	中断优先级控制寄存器
P3	B0H	B0H～B7H	P3口锁存器
IE	A8H	A8H～AFH	中断允许控制寄存器
WDTRST	A6H		看门狗复位寄存器
AUXR1	A2H		辅助寄存器
P2	A0H	A0H～A7H	P2口锁存器
SBUF	99H		串行口锁存器
SCON	98H	98H～9FH	串行口控制寄存器
P1	90H	90H～97H	P1口锁存器
AUXR	8EH		辅助寄存器
TH1	8DH		定时器/计数器1(高8位)

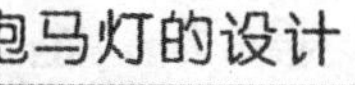

续表 5-3

寄存器符号	字节地址	位地址区间	功能介绍
TH0	8CH		定时器/计数器 0(高 8 位)
TL1	8BH		定时器/计数器 1(低 8 位)
TL0	8AH		定时器/计数器 0(低 8 位)
TMOD	89H		定时器/计数器方式控制寄存器
TCON	88H	88H～8FH	定时器/计数器控制寄存器
PCON	87H		电源控制寄存器
DP1H	85H		数据地址 DPTR1 指针(高 8 位)
DP1L	84H		数据地址 DPTR1 指针(低 8 位)
DP0H	83H		数据地址 DPTR0 指针(高 8 位)
DP0L	82H		数据地址 DPTR0 指针(低 8 位)
SP	81H		堆栈指针
P0	80H	80H～87H	P0 口

从表 5-3 中可以发现，凡是可以进行位寻址的 SFR，其字节地址的末位只能是 0H 或 8H。另外，读/写没有定义的单元，将得到一个不确定的随机数。

(1) 累加器

累加器 A 是最常用的特殊功能寄存器。它既可存放操作数，也可存放运算的中间结果。51 系列单片机(AT89S51)中大部分单操作数指令的操作数取自累加器，许多双操作数指令中的一个操作数也取自累加器。如指令："MOV A,Rn;"把当前工作寄存器的内容送累加器 A；指令"MOV A,＃data;"把立即数 data 送累加器 A。

(2) 堆栈指针 SP

堆栈指针 SP 的内容指示出堆栈顶部在内部 RAM 块中的位置。它可指向内部 RAM OOH～7FH 的任何单元。AT89S51 的堆栈结构属于向上生长型的堆栈(即每向堆栈压入 1 个字节数据时，SP 的内容自动增 1)。单片机复位后，SP 中的内容为 07H，使得堆栈实际上从 08H 单元开始，考虑到 08H～1FH 单元分别是属于 1～3 组的工作寄存器区，若在程序设计中用到这些工作寄存器区，最好在复位后且运行程序前，把 SP 值改置为 60H 或更大的值，以避免堆栈区与工作寄存器区发生冲突。堆栈主要是为子程序调用和中断操作而设立的。堆栈的具体功能有两个：保护断点和现场保护。

1) 保护断点

因为无论是子程序调用操作还是中断服务子程序调用操作，最终都要返回主程序。因此，应预先把主程序的断点在堆栈中保护起来，为程序的正确返回做准备。

2) 现场保护

在单片机执行子程序或中断服务子程序时，很可能要用到单片机中的一些寄存器单元，这会破坏主程序运行时这些寄存器单元中的原有内容。所以在执行子程序或中断服务程序之前，要把单片机中有关寄存器单元的内容保存起来，送入堆栈，这就是所谓的“现场保护”。

堆栈的操作有两种：一种是数据压入(PUSH)堆栈，另一种是数据弹出(POP)堆栈。每次当一个字节数据压入堆栈以后，SP自动加1；一个字节数据弹出堆栈后，SP自动减1。例如，(SP)=60H，CPU执行一条子程序调用指令或响应中断后，PC内容(断点地址)进栈，PC低8位PCL的内容压入到61H单元，PC高8位PCH的内容压入到62H，此时，(SP)=62H。

3) 寄存器B

寄存器B是为执行乘法和除法操作设置的。在不执行乘、除法操作的情况下，可把它当作一个普通寄存器来使用。

乘法中，两个乘数分别在A、B中，执行乘法指令后，乘积存放在B、A寄存器对中。B中放乘积的高8位，A中放乘积的低8位。

除法中，被除数取自A，除数取自B，商存放在A中，余数存放在B中。

4) 数据指针DPTR0和DPTR1

DPTR0和DPTR1是双数据指针寄存器。为了便于访问数据存储器，AT89S51设置了两个数据指针寄存器。DPTR0为AT89C51单片机原有的数据指针，DPTR1为AT89S51新增加的数据指针。AUXR1的DPS位用于选择这两个数据指针。当DPS=0时，选用DPTR0；当DPS=1时，选用DPTR1。AT89S51复位时，默认选用DPTR0。

DPTR0(或DPTR1)是一个16位的SFR，其高位字节寄存器用DP0H(或DP1H)表示，低位字节寄存器用DP0L(或DP1L)表示。DPTR0(或DPTR1)既可以作为一个16位寄存器使用，也可以作为两个独立的8位寄存器DP0H(或DP1H)和DP0L(或DP1L)使用。

5) AUXR1寄存器

AUXR1是辅助寄存器，其格式如图5-4所示。

	D7	D6	D5	D4	D3	D2	D1	D0	
AUXR1	—	—	—	—	—	—	—	DPS	A2H

图5-4 AUXR1寄存器的格式

图5-4中：

DPS：数据指针寄存器选择位。

DPS=0，选择数据指针寄存器DPTR0。

DPS=1，选择数据指针寄存器DPTR1。

6) 看门狗定时器WDT

看门狗定时器WDT包含一个14位计数器和看门狗定时器复位寄存器

(WDTRST)。当CPU由于干扰，程序陷入死循环或“跑飞”状态时，看门狗定时器WDT提供了一种使程序恢复正常运行的有效手段。

上面介绍的特殊功能寄存器除了前两个SP和B以外，其余的均为AT89S51在AT89C51的基础上新增加的SFR。

其中，与ALU相关的有：累加器A、寄存器B及程序状态寄存器PSW；与指针相关的有：堆栈指针SP、数据指针DPRT0、DPTR1；与端口相关的有：四个并行输入/输出口的寄存器P0、P1、P2、P3，并行口控制寄存器SCON，串行口数据缓冲器SBUF，串行通信波特率倍增寄存器PCON；与定时器/计数器相关的有：定时器工作模式寄存器TMOD，定时器控制寄存器TCON，定时器/计数器T0的两个8位计数初值寄存器TH0、TL0(它们可以构成16位的计数器，TH0存放高8位，TL0存放低8位)，定时器/计数器T1的两个8位计数初值寄存器TH1、TL1(它们可以构成16位的计数器，TH1存放高8位，TL1存放低8位)；与中断相关的有：中断优先级控制寄存器IP、中断允许控制寄存器IE。

5. 位地址空间

AT89S51在RAM和SFR中共有211个寻址位的位地址，位地址范围为00H～FFH，其中00H～7FH这128位处于片内RAM字节地址20H～2FH单元中，如表5-4所列。其余的83个可寻址位分布在特殊功能寄存器SFR中，如表5-5所列。可被位寻址的寄存器有11个，共有位地址88个，其中5个位未用，其余83个位的位地址离散地分布于片内数据存储器区字节地址为80H～FFH的范围内，其最低的位地址等于其字节地址，并且其字节地址的末位都为0H或8H。

表5-4 AT89S51片内RAM的可寻址位及其位地址

字节地址	位地址							
	D7	D6	D5	D4	D3	D2	D1	D0
2FH	7FH	7EH	7DH	7CH	7BH	7AH	79H	78H
2EH	77H	76H	75H	74H	73H	72H	71H	70H
2DH	6FH	6EH	6DH	6CH	6BH	6AH	69H	68H
2CH	67H	66H	65H	64H	63H	62H	61H	60H
2BH	5FH	5EH	5DH	5CH	5BH	5AH	59H	58H
2AH	57H	56H	55H	54H	53H	52H	51H	50H
29H	4FH	4EH	4DH	4CH	4BH	4AH	49H	48H
28H	47H	46H	45H	44H	43H	42H	41H	40H
27H	3FH	3EH	3DH	3CH	3BH	3AH	39H	38H
26H	37H	36H	35H	34H	33H	32H	31H	30H

续表 5-4

字节地址	位地址							
	D7	D6	D5	D4	D3	D2	D1	D0
25H	2FH	2EH	2DH	2CH	2BH	2AH	29H	28H
24H	27H	26H	25H	24H	23H	22H	21H	20H
23H	1FH	1EH	1DH	1CH	1BH	1AH	19H	18H
22H	17H	16H	15H	14H	13H	12H	11H	10H
21H	0FH	0EH	0DH	0CH	0BH	0AH	09H	08H
20H	07H	06H	05H	04H	03H	02H	01H	00H

表 5-5 SFR 中的位地址分布

特殊功能寄存器	位地址								字节地址
	D7	D6	D5	D4	D3	D2	D1	D0	
B	F7H	F6H	F5H	F4H	F3H	F2H	F1H	F0H	F0H
ACC	E7H	E6H	E5H	E4H	E3H	E2H	E1H	E0H	E0H
PSW	D7H	D6H	D5H	D4H	D3H	D2H	D1H	D0H	D0H
IP	—	—	—	BCH	BBH	BAH	B9H	B8H	B8H
P3	B7H	B6H	B5H	B4H	B3H	B2H	B1H	B0H	B0H
IE	AFH	—	—	ACH	ABH	AAH	A9H	A8H	A8H
P2	A7H	A6H	A5H	A4H	A3H	A2H	A1H	A0H	A0H
SCON	9FH	9EH	9DH	9CH	9BH	9AH	99H	98H	98H
PI	97H	96H	95H	94H	93H	92H	91H	90H	90H
TCON	8FH	8EH	8DH	8CH	8BH	8AH	89H	88H	88H
P0	87H	86H	85H	84H	83H	82H	81H	80H	80H

存储器总结：

① 由于 ROM、RAM 地址重叠，用$\overline{EA}$来区别访问片内、片外程序存储器；而访问片内、片外数据存储器靠不同的指令和不同的寻址方式。

② 片外 ROM 和片外 RAM 的读/写信号不同。对片外 ROM 的读/写用$\overline{PSEN}$、$\overline{PROG}$；对片外 RAM 的读/写用$\overline{RD}$、$\overline{WR}$。

③ 位地址空间有两个区域，一个是片内 RAM 的 20H～2FH，共 16 字节、128 位；一个是 SFR 中的位地址，共有 11 字节、83 个可位寻址。

5.1.3 AT89S51 I/O 端口

当单片机要对外设(键盘、显示器、传感器等)进行数据操作时，外设的数据是不能直接连到 CPU 数据线上的，必须通过接口电路实现数据的交换或传递。这是由于 CPU 的数据线是外设或存储器与 CPU 进行数据传输的唯一公共通道，为了使数据线的使用对象不产生使用总线的冲突，以及协调传输速度，CPU 和外设之间必须有接口电路。接口起着缓冲、锁存数据、地址译码、信息格式转换等作用。

AT89S51 单片机对外部引脚的控制是通过特殊功能寄存器区(SFR)中的单片机 I/O 端口寄存器 P0、P1、P2、P3 来实施的。有 4 个 8 位双向 I/O 口，共 32 口线，每位均有自己的锁存器、输出驱动器和输入缓冲器。这 4 个端口除可按字节输入/输出外，还可按位寻址。

1. P0 口结构

P0 口寄存器对单片机的 32～39 号引脚进行控制，每个引脚对应的引脚符号是 P0.0～P0.7，P0 口为准双向口，其特点是内部无上拉电阻，即漏极开路，如图 5-5 所示。

其中，数据锁存器用于输出数据位的锁存信息；两个三态的数据输入缓存器分别用于读锁存器和读引脚数据的输入缓冲；一个多路转接开关 MUX 用做通用 I/O 和地址/数据选择；反相器、与门构成控制电路；两个场效应管构成输出驱动电路。

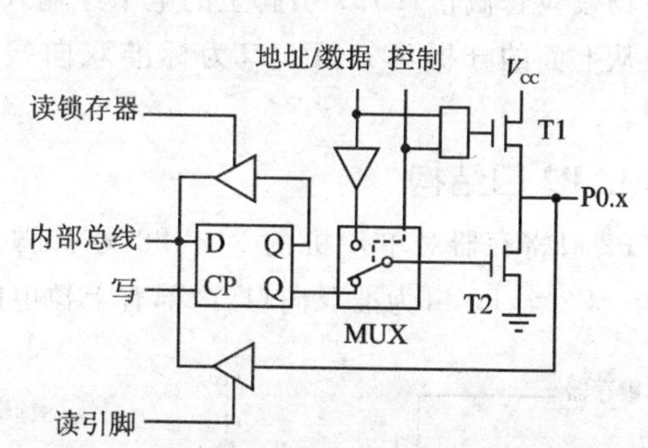

图 5-5 P0 口锁存器和缓冲器结构

当 P0 口作为通用 I/O 口使用时，单片机硬件自动使控制信号为 0，多路选择开关和锁存器反相输出端 $\overline{Q}$ 端相连，与门关闭。当 P0.x 作为输出时，若 CPU 输出为 1，即 $Q=1$、$\overline{Q}=0$，则场效应管 T2 截止；又由于与门关闭，场效应管 T1 也截止，故 T2 漏极开路，即输出端漏极开路，需要在外部电路接上拉电阻才能在引脚上得到"1"信号。同理，若 CPU 输出为 0，即 $Q=0$、$\overline{Q}=1$，则场效应管 T2 导通；又由于与门关闭，场效应管 T1 截止，则在引脚上得到"0"信号。当 P0.x 作为输入时，分为"读锁存器"和"读引脚"两种方式。"读锁存器"时，锁存器的输出端 Q 的状态经输入缓冲器进入内部总线；"读引脚"时，先向锁存器写 1，使场效应管截止，P0.x 引脚上的电平经输入缓冲器进入内部总线。

当 P0 口作为地址/数据总线使用时，单片机硬件自动使控制信号为 1，多路选择开关和反相器相连，与门打开。当"地址/数据总线"为 1 时，场效应管 T1 导通，T2 截止，引脚上得到 1 信号；当"地址/数据总线"为 0 时，场效应管 T1 截止，T2 导通，引脚上得到 0 信号。当其作为地址/数据总线使用时，无需外接上拉电阻。

2. P1 口结构

P1 口寄存器对单片机的 1～8 号引脚进行控制，每个引脚对应的引脚号是 P1.0～P1.7。P1 口为准双向口，内部有上拉电阻，如图 5-6 所示。

其中，数据锁存器用于输出数据位的锁存信息，两个三态的数据输入缓存器分别用于读锁存器和读引脚数据的输入缓冲。数据输出驱动电路，由一个场效应管和一个片内上拉电阻组成。

当 P1 口作为输出口时，若 CPU 输出为 1，即 $Q=1$、$\overline{Q}=0$，场效应管截止，P1 口输出引脚的输出为 1；若 CPU 输出为 0，即 $Q=0$、$\overline{Q}=1$，场效应管导通，P1 口输出引脚的输出为 0。

当 P1 口作为输入口时，分为"读锁存器"和"读引脚"两种方式。"读锁存器"时，锁存器的输出端 Q 的状态经输入缓冲器进入内部总线；"读引脚"时，先向锁存器写 1，使场效应管截止，P1.x 引脚上的电平经输入缓冲器进入内部总线。

从上面的分析可知，P1 口为标准双向接口，当作为输出口时，无需外接上拉电阻。

3. P2 口结构

P2 口寄存器对单片机的 21～28 号引脚进行控制，每个引脚对应的引脚号是 P2.0～P2.7，P2 口为准双向口，内部有上拉电阻，如图 5-7 所示。

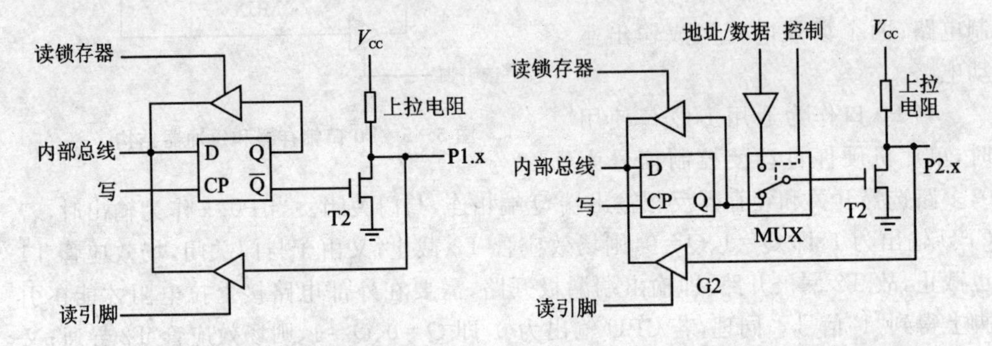

图 5-6　P1 口锁存器和缓冲器结构　　　图 5-7　P2 口锁存器和缓冲器结构

其中，数据锁存器用于输出数据位的锁存信息，两个三态的数据输入缓存器分别用于读锁存器和读引脚数据的输入缓冲；一个多路转接开关 MUX，其一个输入是锁存器的 Q 端，另一个输入是高 8 位地址；数据输出驱动电路，由一个场效应管和一个片内上拉电阻组成。

当 P2 口用做地址总线时，在控制信号作用下，MUX 与"地址"接通。当"地址"为 0 时，场效应管导通，P2 口引脚输出为 0；当"地址"为 1 时，场效应管截止，P2 口引脚输出为 1。

当 P2 口作为输出口时，若 CPU 输出为 1，则 $Q=1$，场效应管截止，P2 口输出引脚的输出为 1;若 CPU 输出为 0,则 $Q=0$,场效应管导通,P1 口输出引脚的输出为 0。

当 P2 口作为输入口时,分为“读锁存器”和“读引脚”两种方式。“读锁存器”时,锁存器的输出端 Q 的状态经输入缓冲器进入内部总线;“读引脚”时,先向锁存器写 1,使场效应管截止,P2. x 引脚上的电平经输入缓冲器进入内部总线。

从上面的分析可知,当 P2 口输出的高 8 位地址与 P0 口输出的低 8 位地址组合时,即可寻址 64 KB 地址空间。当 P2 口作为通用 I/O 接口时,无需外接上拉电阻。

4. P3 口结构

P3 口寄存器对单片机的 10～17 号引脚进行控制,每个引脚对应的引脚号是 P3. 0～P3. 7,P3 口为准双向口,内部有上拉电阻,最大特点是端口第二功能丰富。P3 口线逻辑电路图如图 5－8 所示。

其中,数据锁存器用于输出数据位的锁存信息;三个三态数据输入缓冲器,其中两个三态数据输入缓存器分别用于读锁存器和读引脚数据的输入缓冲,另外一个三态数据输入缓冲器作为第二功能数据的输入缓冲;数据输出驱动电路由一个与非门、一个场效应管和一个片内上拉电阻组成。

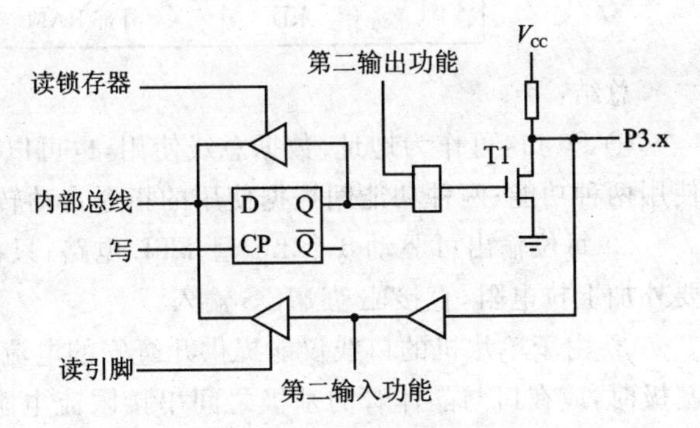

图 5－8　P3 口线逻辑电路图

当 P3. x 口用做第二输入功能时,该位的锁存器需要置 1,使与非门为开启状态,当第二输出为 1 时,场效应管截止,P3. x 口输出引脚的输出为 1;当第二输出为 0 时,场效应管导通,P3 口输出引脚的输出为 0。

当 P3. x 口用做第二输出功能时,该位的锁存器和第二输出功能端均应置 1,保证场效应管截止,P3. x 引脚的信息由输入缓冲器的输出获得。

当 P3. x 口用做通用输出口时,第二输出功能端应保持高电平,与非门开启。若 CPU 输出为 1,即 $Q=1$,场效应管截止,P3. x 口输出引脚的输出为 1;若 CPU 输出为 0,即 $Q=0$,场效应管导通,P3. x 口输出引脚的输出为 0。

当 P3. x 口用做通用输入口时,该位的锁存器和第二输出功能端均应置 1,保证场效应管截止,P3. x 位的引脚信息通过输入缓冲器进入内部总线,完成“读引脚”操作。当 P3. x 用做通用输入时,也可执行“读锁存器”操作,此时 Q 端信息经过缓冲器进入内部总线。

从上面的分析可知,P3 口内部有上拉电阻,无高阻抗输入态——准双向口。当 P3 口输出的高 8 位地址与 P0 口输出的低 8 位地址组合时,即可寻址 64 KB 地址空间。当 P3 口作为通用 I/O 接口时,无需外接上拉电阻。

P3. x 口各引脚对应的第二功能如表 5－6 所列。

表5-6 P3口各引脚对应的第二功能

口 线	第二功能	信号名称	I/O特性
P3.0	RXD	串行数据接收	I
P3.1	TXD	串行数据发送	O
P3.2	$\overline{INT0}$	外部中断0申请	I
P3.3	$\overline{INT1}$	外部中断1申请	I
P3.4	T0	定时器/计数器0输入	I
P3.5	T1	定时器/计数器1输入	I
P3.6	$\overline{WR}$	外部RAM写选通	O
P3.7	$\overline{RD}$	外部RAM读选通	I

总结：

① P0口：可作为地址/数据总线使用，也可以作为通用I/O口使用，但不能同时使用两种功能；两种功能间根据使用的指令自动转换。

② 每位输出可驱动8个LS型TTL电路；只在用做"地址/数据"总线时，才不需要外加上拉电阻，直接驱动MOS输入。

③ 由于单片机的口线仅能提供几毫安的电流，当作为输出驱动一般的晶体管的基极时，应在口与晶体管的基极之间串接限流电阻。P0口某位为高电平时，可提供400 μA的电流；当P0口某位为低电平(0.45 V)时，可提供3.2 mA的灌电流。如低电平允许提高，则灌电流可相应加大。所以，任何一个口要想获得较大的驱动能力，只能用低电平输出。

④ P1～P3口：每位可驱动4个LS型TTL电路；不需要外加提升电阻，可驱动MOS输入。

⑤ P2口某几根线作地址使用时，剩下的线不能作I/O口线使用。

⑥ P3口某些口线作第二功能时，剩下的口线可以单独作I/O口线使用。

⑦ P0～P3四个口在作输入口使用时，均应先对其写"1"，以避免误读。

5.1.4 AT89S51工作的基本时序与晶振电路

单片机系统中的各个部件是在一个统一的时钟脉冲控制下有序地进行工作的，时钟电路是单片机系统最基本、最重要的电路。

1. 时钟电路

AT89S51单片机内部有一个高增益反相放大器，引脚XTAL1和XTAL2分别是该放大器的输入端和输出端，如果在引脚XTAL1和XTAL2两端跨接上晶体振荡器(晶振)或陶瓷振荡器，就构成了稳定的自激振荡电路，该振荡器电路的输出可直接送入内部时序电路。AT89S51单片机的时钟可由两种方式产生，即内部时钟方式和外部时钟方式。

(1) 内部时钟方式

内部时钟方式即是由单片机内部的高增益反相放大器和外部跨接的晶振、微调电容构成时钟电路产生时钟的方法,其工作原理如图 5-9(a)所示。

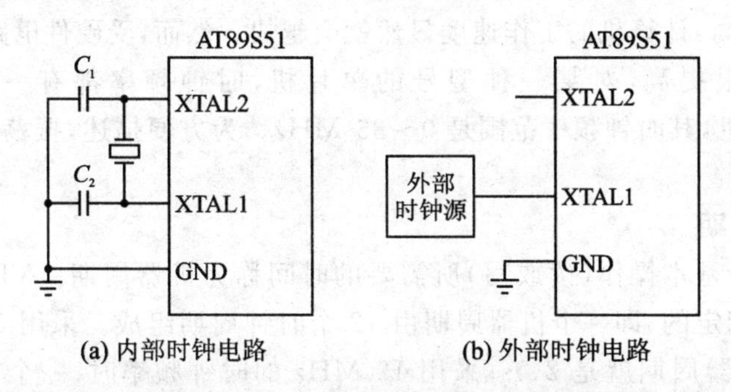

图 5-9 AT89S51 单片机的时钟电路

外接晶振(陶瓷振荡器)时,C_1、C_2 的值通常选择为 30 pF(40 pF)左右;C_1、C_2 对频率有微调作用,晶振或陶瓷谐振器的频率范围可在 1.2~12 MHz 之间选择。随着集成电路制造工艺技术的发展,单片机的时钟频率也在逐步提高,AT89S51 和 AT89S52 芯片的时钟最高频率可达到 33 MHz。

为了减小寄生电容,更好地保证振荡器稳定、可靠地工作,振荡器和电容应尽可能安装得与单片机引脚 XTAL1 和 XTAL2 靠近。由于内部时钟方式的外部电路接线简单,单片机应用系统中大多采用这种方式。内部时钟方式产生的时钟信号的频率就是晶振的固有频率,常用 f_{soc} 来表示。如选择 12 MHz 晶振,则 $f_{soc}=12\times 10^6$ Hz。

振荡器的工作受特殊功能寄存器 PCON.1 端控制。PCON.1 端为掉电保持模式控制位。当 PCON.1=1 时,振荡器停止工作,系统进入低功耗状态,常用于电源故障时仍需保持 RAM 信息的场合。当 PCON.1=0 时,单片机正常运行。

(2) 外部时钟方式

外部时钟方式即完全用单片机外部电路产生时钟的方式,外部电路产生的时钟信号被直接接到单片机的 XTAL1 引脚,此时 XTAL2 开路,电路如图 5-9(b)所示。

此连接方式常用于多片 AT89S51 同时工作,以便于多片 AT89S51 单片机之间的同步,一般为低于 12 MHz 的方波。

2. 工作周期

CPU 在执行指令时,都是按照一定顺序进行的,由于指令的字节数不同,取指所需时间也就不同,即使是字节数相同的指令,执行操作也会有很大差别。不同指令的执行时间当然也不相同,即 CPU 在执行各个指令时,所需要的节拍数是不同的。为了便于对 CPU 时序的理解,人们按指令的执行过程定义了几个名词,即时钟周期、机器周期和指令周期。

(1) 时钟周期

时钟周期也称为振荡周期，定义为时钟脉冲频率（f_{soc}）的倒数，是单片机中最基本、最小的时间单位。由于时钟脉冲控制着计算机的工作节奏，对同一型号的单片机，时钟频率越高，计算机的工作速度显然就会越快。然而，受硬件电路的限制，时钟频率也不能无限提高，对某一种型号的单片机，时钟频率都有一个范围，如对AT89S51单片机，其时钟频率范围是0～33 MHz。为方便描述，振荡周期一般用P(Pause)表示。

(2) 机器周期

完成一个最基本操作（读或写）所需要的时间称为机器周期。AT89S51单片机的机器周期是固定的，即一个机器周期由12个时钟周期组成。采用6 MHz的时钟频率时，一个机器周期就是2 μs；采用12 MHz的时钟频率时，一个机器周期就是1 μs。

(3) 指令周期

指令周期是执行一条指令所需要的时间，一般由若干个机器周期组成，指令不同，需要的机器周期数也不同。对于一些简单的单字节指令，指令周期可能和机器周期时间相同；而对于一些比较复杂的指令，如乘除运算，则需要多个机器周期才能完成，这时指令周期大于机器周期。

通常，一个机器周期即可完成的指令称为单周期指令，两个机器周期才能完成的指令称为双周期指令。AT89S51单片机中的大多数指令都是单周期或双周期指令，只有乘、除运算为四周期指令。

5.1.5 AT89S51复位电路

大规模集成电路在上电时一般都需要进行一次复位操作，以便使芯片内的一些部件处于一个确定的初始状态，复位是一种很重要的操作。器件本身一般不具有自动上电复位的能力，需要借助外部复位电路提供的复位信号才能进行复位操作。

AT89S51单片机的第9脚(RST)为复位引脚，系统上电后，时钟电路开始工作，只要RST引脚上出现大于两个机器周期时间的高电平，即可引起单片机执行复位操作。有两种方法可以使AT89S51单片机复位，即在RST引脚加上大于两个机器周期时间的高电平或WDT计数溢出。单片机复位后，PC＝0000H，CPU从程序存储器的0000H开始读取指令。复位后，单片机内部各SFR的值如表5-7所列。

单片机的外部复位电路有上电自动复位和按键手动复位两种。

(1) 上电复位电路

最简单的上电复位电路由电容和电阻串联构成，如图5-10(a)所示。

表 5－7　AT89S51 特殊功能寄存器复位值

地址									地址
0F8H									0FFH
0F0H	B 00000000								0F7H
0E8H									0EFH
0E0H	ACC 00000000								0E7H
0D8H									0DFH
0D0H	PSW 00000000								0D7H
0C8H									0CFH
0C0H									0C7H
0B8H	IP XX000000								0BFH
0B0H	P3 11111111								0B7H
0A8H	IE 0X000000								0AFH
0A0H	P2 11111111	AUXR1 XXXXXXXX					WDTRST XXXXXXXX		0A7H
98H	SCON 00000000	SBUF XXXXXXXX							9FH
90H	P1 11111111								97H
88H	TCON 00000000	TMOD 00000000	TL0 00000000	TL1 00000000	TH0 00000000	TH1 00000000	AUXR XXX00XX0		8FH
80H	P0 11111111	SP 00000111	DP0L 00000000	DP0H 00000000	DP1L 00000000	DP1 H 00000000		PCON 0XXX0000	87H

上电瞬间，由于电容两端电压不能突变，RST 引脚电压端 V_R 为 V_{CC}。随着对电容的充电，RST 引脚的电压呈指数规律下降，到 t_1 时刻，V_R 降为 3.6 V，随着对电容充电的进行，V_R 最后将接近 0 V。RST 引脚的电压变化如图 5－10(b)所示。为了确保单片机复位，t_1 必须大于两个机器周期的时间，机器周期取决于单片机系统采用的晶振频率，R 不能取得太小，典型值为 8.2 kΩ；t_1 与 RC 电路的时间常数有关，由晶振频率和 R 可以算出 C 的取值。

(2) 上电复位和按键复位组合电路

图 5－11 所示为上电复位和按键复位组合电路。

R_2 的阻值一般很小，只有几十欧姆，当按下复位按键后，电容迅速通过 R_2 放电，

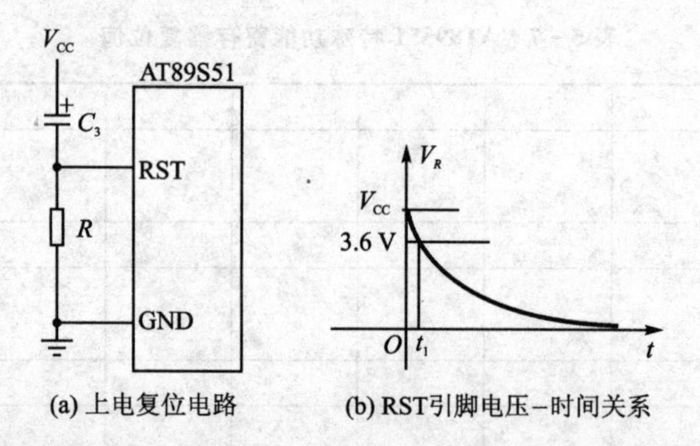

(a) 上电复位电路 (b) RST引脚电压-时间关系

图 5-10 电容和电阻串联构成的上电复位电路及 RST 引脚电压-时间关系

放电结束时的 V_R 为$(R_1 \times V_{CC})/(R_1+R_2)$，由于 R_1 远大于 R_2，故 V_R 非常接近 V_{CC}，使 RST 引脚为高电平，松开复位按键后，过程与上电复位相同。

实际应用中常采用两种复位电路，即同步复位电路和微处理器复位、监控专用集成电路。

1）施密特触发器复位电路

在单片机应用系统中，为了保证复位电路可靠工作，常将 RC 复位电路接施密特触发器整形后，再接入单片机复位端，这样做可以提高系统的抗干扰性能。当系统中有多个需要复位的芯片时，如果这些芯片对复位信号要求与单片机相同，那么也可以将这些芯片的复位端和单片机的复位端接在一起，实现同步复位。施密特触发器复位电路如图 5-12 所示。图中 74HC14 为六施密特反相器。

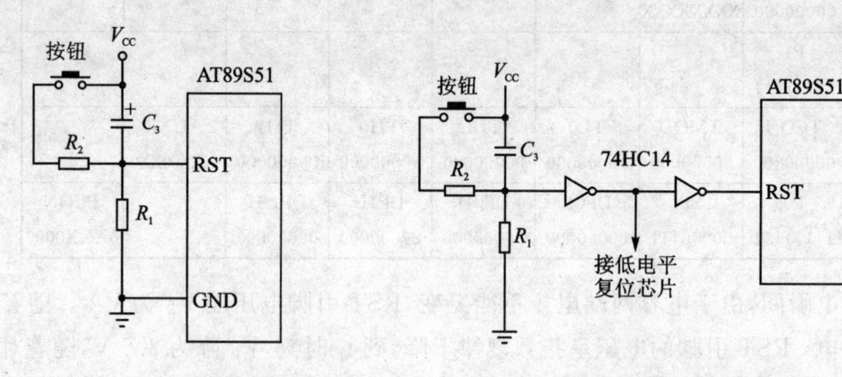

图 5-11 上电复位和按键复位组合电路 **图 5-12 施密特触发器复位电路**

2）微处理器复位、监控专用集成电路

为了保证单片机应用系统更可靠地工作，实际应用系统的复位电路也常采用微处理器复位、监控集成电路，如 MAX706 等。这种专用集成电路除了提供可靠、足够宽的高低电平的复位信号外，同时具备电源监控、看门狗定时器功能，有的芯片内部还集成了一定数量的串行 EEPROM 或 RAM，功能强大，接线简单，在单片机应用系统中经常使用。

单片机复位后，ALE 和 PSEN 为输入状态；片内 RAM 不受复位影响；P0～P3 口输出高电平，且这些双向口皆处于输入状态，堆栈指针 SP 被置成 07H，PC 被置成 0000H。接着，单片机将从程序存储器的 0000H 开始重新执行程序。因此，单片机运行出错或进入死循环时，可通过复位使其重新运行。

5.1.6 AT89S51 在系统编程

ISP(In-System Programming)在系统可编程，是指用户可把已编译好的用户代码直接写入目标电路板上的器件，并且不管器件是空白的还是被编程过的，都不需要从电路板上取下器件。已经编程的器件也可以用 ISP 方式擦除或再编程。

ISP 的工作原理：单片机可通过 SPI 或其他串行接口接收上位机传来的数据并写入存储器中。即使将器件焊接在电路板上，只要留出和上位机接口的串口，配合 ispdown 的下载电缆，就可实现器件内部存储器的改写，而无需取下器件。ISP 的提出改变了传统硬件系统开发的流程，大大方便了开发者，加快了开发速度。下载电缆是一种使用计算机的并行端口通过软件的仿零点实现 ATAG 或 ISP 接口协议，访问可编程器件的廉价工具。

AT89S51 的 ISP 引脚共有 4 个：RST、MOSI、MISO 和 SCK。其中 RST 为在线编程输入控制端，仅在 ISP 下载过程中保持高电平，在系统正常工作时该引脚为系统复位端，保持低电平状态；MOSI 为主机输出/从机输入的数据端，系统正常工作时，该引脚为通用 I/O P1.5 口线；MISO 为主机输入/从机输出的数据端，系统正常工作时，该引脚为通用 I/O P1.6 口线；SCK 为串行编程的时钟端，可实现主、从机时序的同步，该时钟频率不得超过系统时钟的 1/16，系统正常工作时，该引脚为通用 I/O P1.7 口线。

ISP 下载是基于串行传输方式，并且符合 SPI 协议。在 SPI 协议中，数据的发送和接收是同步进行的，即在同步时钟的作用下，在发送数据的同时也接收数据。

ISP 的时序如图 5-13 所示。每一个字节的数据都是低位在先，高位在后，在串行时钟的作用下逐位传输。在传输过程中，数据是在时钟输入端为高电平时有效，在时钟输入端为低电平时更新数据。

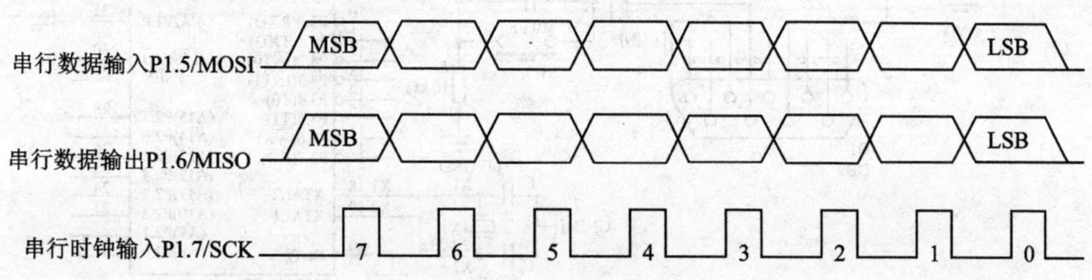

图 5-13 ISP 的时序图

AT89S51 单片机的在线编程(ISP)电路设计如图 5-14 所示。AT89S51 单片机的 ISP 接口通过指令输入 MISO(P1.5 引脚)、数据输入 MOSI(P1.6 引脚)、时钟输入SCK(P1.7引脚)3根信号线，以串行模式为系统提供对AT89S51器件的编程写入和读出功能。

串行口ISP下载器的电路如图5-15所示。

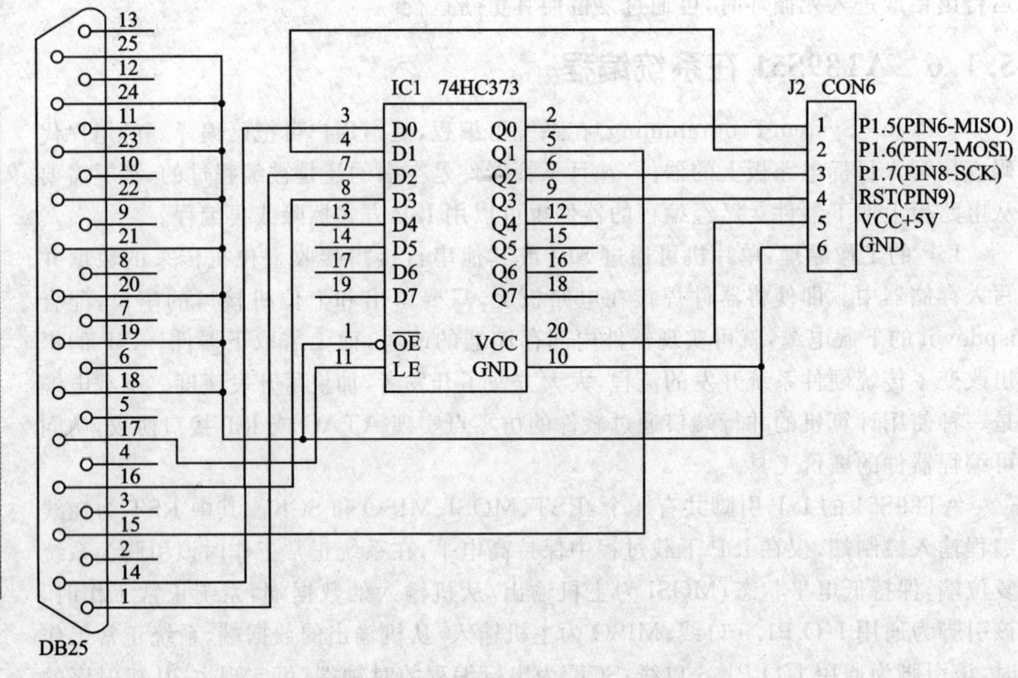

图5-14 Flash存储器的ISP下载线电路图(并行口)

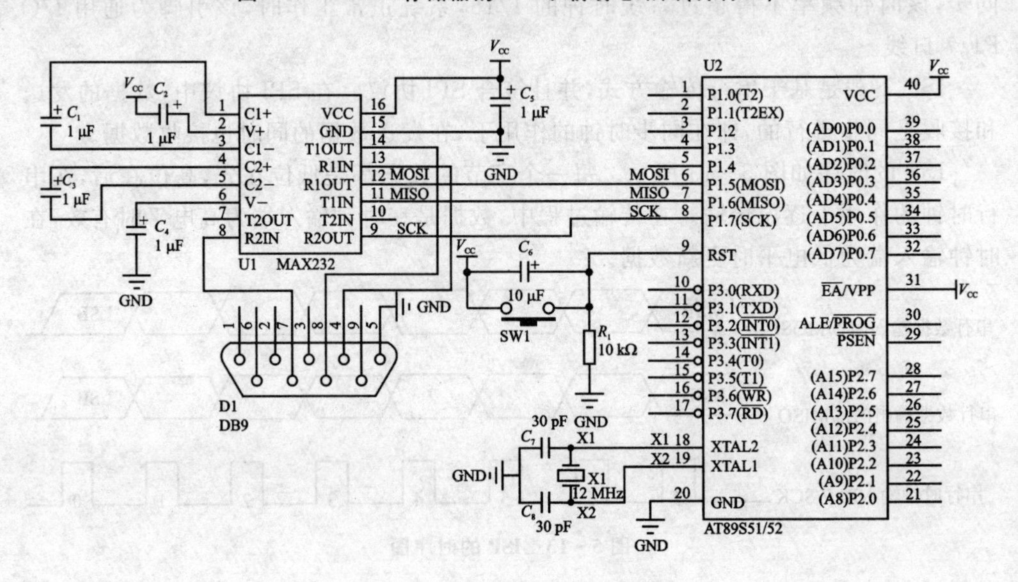

图5-15 串行口ISP下载器电路

本电路的核心器件是MAX232,起到了PC机的串口EIA电平和单片机系统板的TTL电平之间电平转换的作用,其内部有两套共4路独立的电平转换电路。

并行口与串行口的区别是交换信息的方式不同,并行口能同时通过8条数据线传输信息,一次传输一个字节;而串行口只能用1条线传输一位数据,每次传输一个字节的一位。并行口由于同时传输更多的信息,速度明显高于串行口,但串行口可以用于比并行口更远距离的数据传输。

由于笔记本电脑提供的标准接口为USB接口,因此可使用USB ISP下载线下载程序,USB ISP下载器电路如图5-16所示。

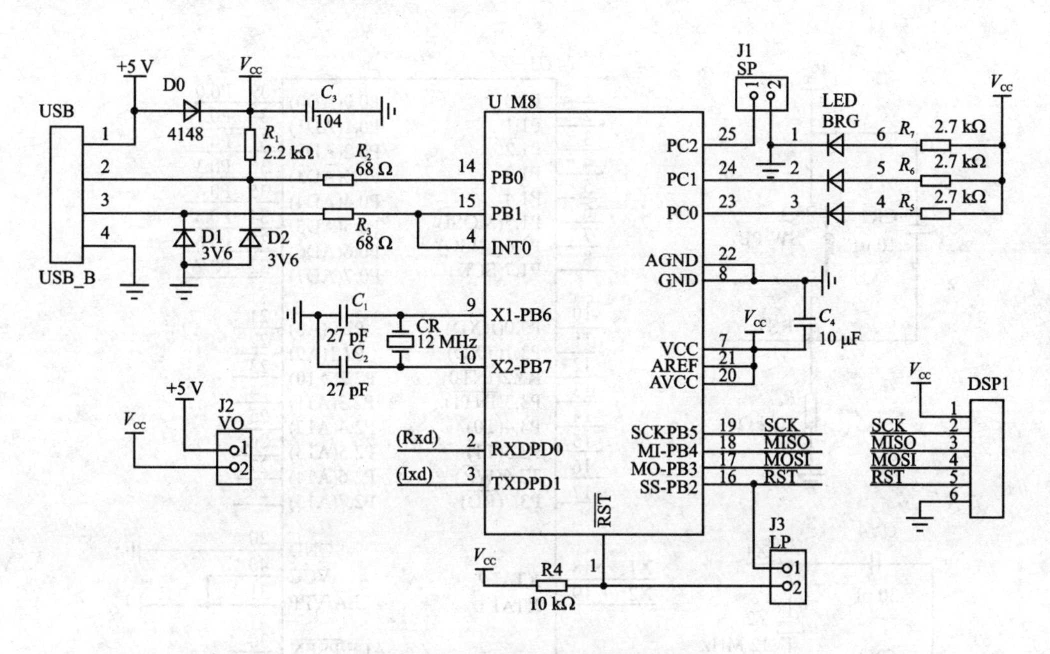

图5-16 USB ISP下载器电路

分别将单片机的P1.5(MISO)、P1.6(MOSI)、P1.7(SCK)及复位信号引出,与图5-16的ISP1相接,即可完成程序的下载。

5.2 基于AT89S51的跑马灯电路

利用P0的8个端口连接8个发光二极管,通过P0.0～P0.7的值控制“跑马灯”的亮灭,以达到显示效果。设计的中断程序要对多个按键动作进行响应,灯光变换的花样有4种,用4个按键k0、k1、k2、k3切换。按下k1键,程序作左向流水灯;按下k2按键,程序作右向流水灯;按下k3键为亮点向中间移动;按下k4键,为亮点向两边移动。

5.2.1　基于 AT89S51 的单片机最小系统设计

单片机最小系统，或者称为最小应用系统，是指用最少的元件组成的以单片机为核心的并具有特定功能的单片机系统，是单片机产品开发的核心电路；同时，它应具有上电复位和手动复位功能，并且使用单片机片内程序存储器存放用户程序。

对于 AT89S51 单片机，要使系统正常工作，必须具有 4 个基本电路：① 电源电路；② 时钟电路；③ 复位电路；④ 程序存储器选择电路。基于 AT89S51 的单片机最小系统如图 5－17 所示。

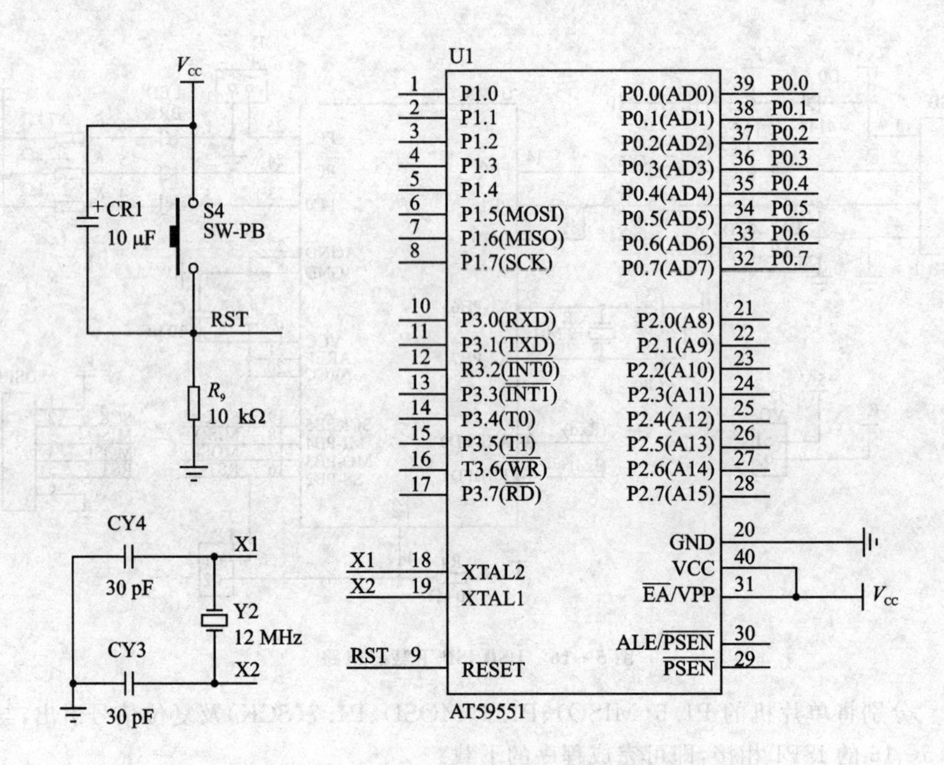

图 5－17　基于 AT89S51 的单片机最小系统

电源电路：单片机芯片的第 40 脚为正电源引脚 VCC，一般外接＋5 V 电压，第 20 脚为接地引脚 GND。

时钟电路：在第 18 脚（XTAL2）、19 脚（XTAL1）之间接 12 MHz 晶振，再加上 2 个30 pF 的瓷片电容，即可构成单片机所需的时钟电路。

复位电路：采用上电复位和按键复位组合电路构成系统的复位电路。

程序存储器选择电路：单片机芯片的第 31 脚（$\overline{EA}$）为内部与外部程序存储器选择输入端。当$\overline{EA}$引脚接高电平时，CPU 先访问片内 4 KB 的程序存储器，执行内部程序存储器中的指令。当程序计数器超过 0FFFH 时，将自动转向片外程序存储器，即从 1000H 地址单元开始执行指令；当 EA 引脚接低电平时，不管片内是否有程序存储器，CPU 都只访问片外程序存储器。AT89S51 内部有 4 KB 的程序存储器，所以根据该脚的引脚功能，将第 31 脚接高电平，才能先从片内程序存储器开始取指令。

5.2.2　基于 AT89S51 的跑马灯电路设计

在最小系统的基础上，设计跑马灯外围电路。外围电路的设计主要依据项目要实现的功能，本项目要实现的功能是用单片机控制 LED 的亮/灭来模拟跑马灯电路，即可通过通用 I/O 口输出高电平或低电平控制 LED 灯的点亮与熄灭。AT89S51 共有 4 组 I/O 口，其中 P0 与其他三个口的内部电路不同，如图 5-18 所示。

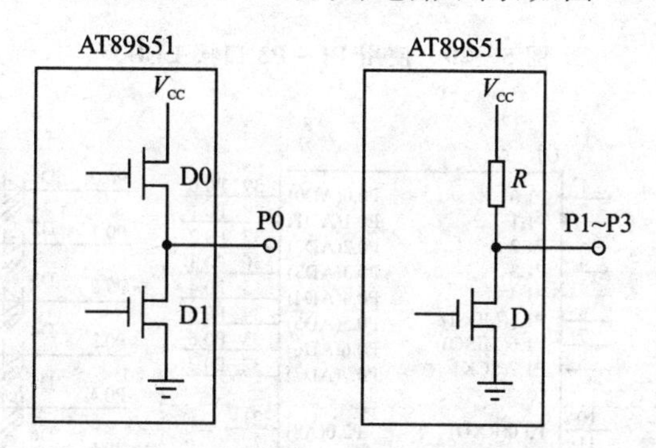

图 5-18　AT89S51 的 P0 口及 P1～P3 口

P0 口是接在两个三极管之间的，内部无上拉电阻，而 P1～P3 口内部有上拉电阻。当使用 P0 接 LED 时，可采用如图 5-19 所示的电路。

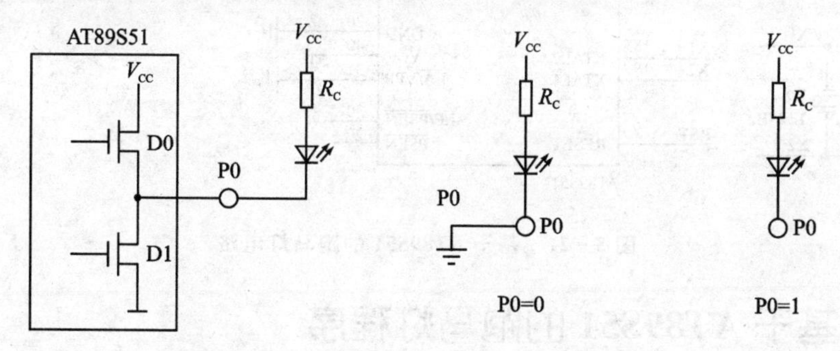

图 5-19　P0 接 LED 电路图

为使 AT89S51 内部的电流不超过 15 mA，如果 LED 的电压为 2.2 V，则 $R_C>[(5-3.3)/0.015]\Omega=180\ \Omega$。

由于 P1、P2、P3 内部都有 30 kΩ 的上拉电阻，因此图 5-20(a)不能驱动 LED。

当使用 P1～P3 口接 LED 时，可采用如图 5-20(b)所示的电路。

本例中采用 P0 口驱动 LED。基于 AT89S51 的跑马灯电路如图 5-21 所示。

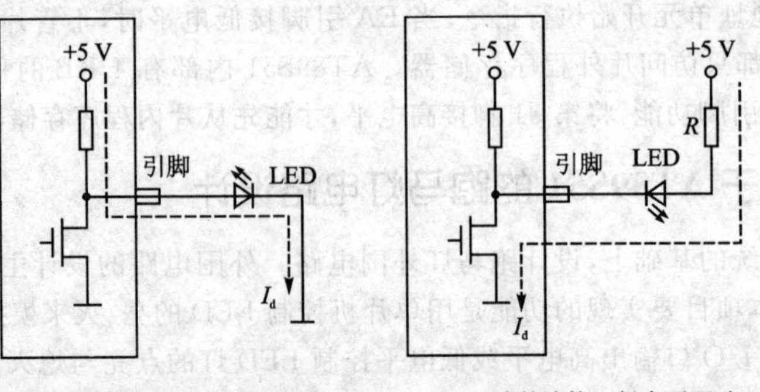

(a) 不正确的连接：高电平驱动　　(b) 正确的连接：低电平驱动

图 5-20　使用 P1～P3 口接 LED

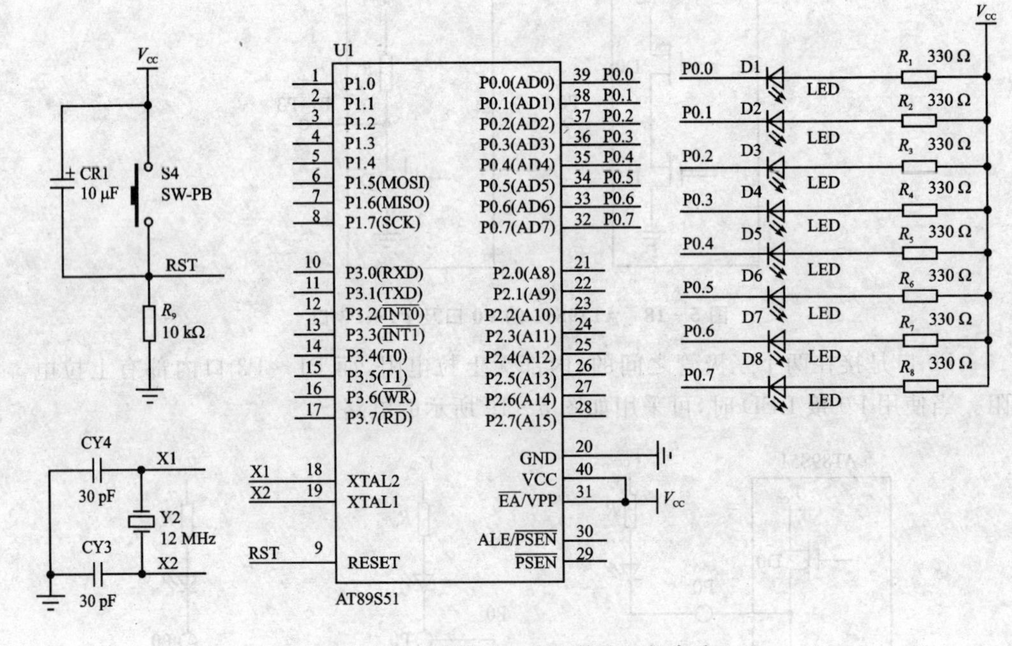

图 5-21　基于 AT89S51 的跑马灯电路

5.3　基于 AT89S51 的跑马灯程序

单片机常用的语言有汇编语言和 C 语言。用汇编语言编写程序效率高，占用存储空间小，运行速度快，能编写出最优化的程序；但汇编语言可读性差，离不开具体的硬件，是面向硬件的语言，通用性差。目前多数的 51 单片机用户使用 C 语言（C51）进行程序设计。与汇编语言相比，C 语言不受具体硬件的限制，通用性强，可读性好。但在程序的空间和时间要求较高的场合，汇编语言仍必不可少，因此出现了 C 语言与汇编语言混合编程。

5.3.1　跑马灯汇编语言程序设计

汇编语句包括指令语句和伪指令两种基本语句。其中语句指令在汇编时产生指令代码(机器语言),执行指令代码则对应机器的某种操作;伪指令语句是控制汇编过程的一些控制命令,在汇编时没有机器代码与之对应。

根据 AT89S51 的工作原理,设计如图 5-22 所示的跑马灯电路程序流程图。

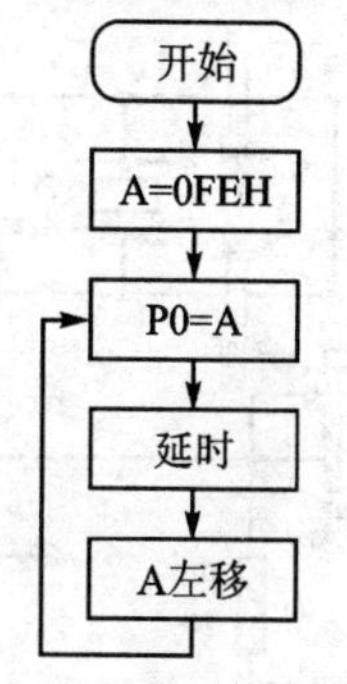

图 5-22　跑马灯电路程序流程图

根据程序流程图编写程序,程序清单如下:

```
        ORG     0000H           ;开始
        LJMP    START
        ORG     0030H           ;到 0030H 处避开 00～30 的敏感地址
START:  MOV     A,#0FFH         ;关闭所有灯
        MOV     A,#0FEH
LOOP:   MOV     P0,A            ;点亮灯 p0.0
        LCALL   DELAY
        RL      A
        LJMP    LOOP
DELAY:  MOV     R3,#19H         ;外层循环 25 次
TIME:   MOV     R4,#64H         ;中层循环 100 次
TIME1:  MOV     R5,#0C8H        ;内层循环 200 次
TIME2:  DJNZ    R5,TIME2        ;延时 0.4 ms
        DJNZ    R4,TIME1        ;延时 40 ms
        DJNZ    R3,TIME         ;延时 1 s
        RET
        END
```

5.3.2　基于 PROTEUS 的跑马灯电路仿真

在 PROTEUS 环境下创建跑马灯电路,并创建 *.ASM 文件,编译程序后,进行电路仿真,仿真结果如图 5-23 所示。

从仿真图可知,该程序实现了跑马灯从上到下轮流点亮。上述结果也证明该电路的硬件设计的正确性。在上述程序的基础上,增加流水的花样,如实现跑马灯从下到上逐次点亮;上边的四个先亮,亮三下,再换下边的,再亮三下。三种模式依次交替。程序如下:

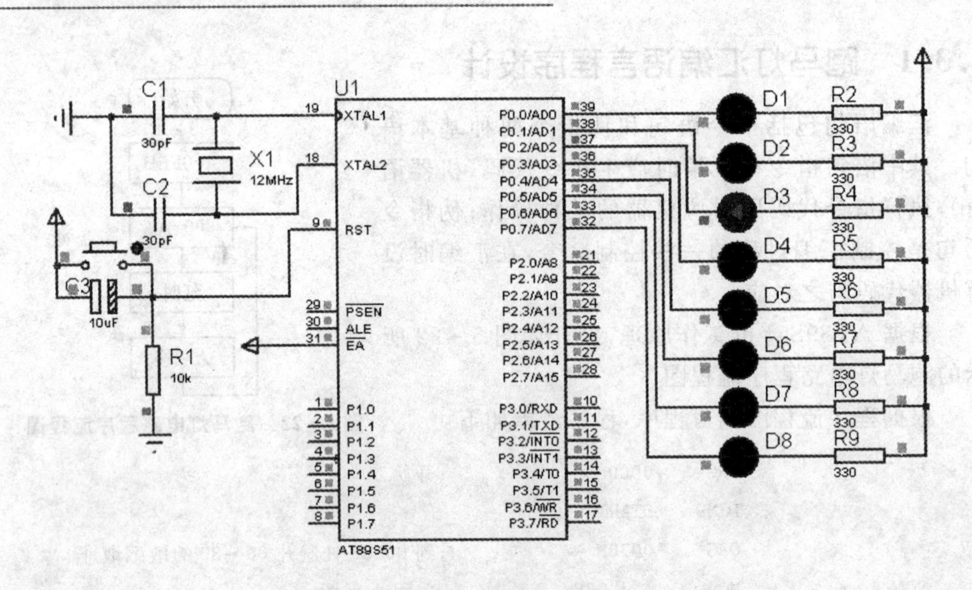

图 5 - 23　PROTEUS 环境下的跑马灯电路

```
            ORG     0000H           ;开始
            LJMP    START
            ORG     0030H           ;到 0030H 处避开 00～30 的敏感地址
START:      MOV     A,#0FFH         ;关闭所有灯
            MOV     A,#0FEH
            MOV     P0,A
            ACALL   DELAY           ;调用延时子程序
LOOP:       MOV     R0,#7           ;将数 7 赋给寄存器 R0
LOOP1:      RL      A               ;将 ACC 中的数据左移一位
            MOV     P0,A            ;把 ACC 移动过的数据送 P1 口显示
            ACALL   DELAY           ;调用延时子程序
            DJNZ    R0,LOOP1        ;没有移动够 8 次继续移动
            CLR     P0.7
            ACALL   DELAY
            CLR     P0.6
            ACALL   DELAY
            CLR     P0.5
            ACALL   DELAY
            CLR     P0.4
            ACALL   DELAY
            CLR     P0.3
            ACALL   DELAY
            CLR     P0.2
            ACALL   DELAY
```

```
            CLR     P0.1
            ACALL   DELAY
            CLR     P0.0
            ACALL   DELAY
            MOV     A,#0FEH
            ACALL   DELAY
            MOV     R0,#3
LOOP2:      MOV     P0,#0FH
            ACALL   DELAY
            MOV     P0,#0FFH
            ACALL   DELAY
            DJNZ    R0,LOOP2
            MOV     R0,#3
LOOP3:      MOV     P0,#0F0H
            ACALL   DELAY
            MOV     P0,#0FFH
            ACALL   DELAY
            DJNZ    R0,LOOP3
            AJMP    LOOP
DELAY:      MOV     R3,#05H         ;外层循环5次
TIME:       MOV     R4,#64H         ;中层循环100次
TIME1:      MOV     R5,#0C8H        ;内层循环200次
TIME2:      DJNZ    R5,TIME2        ;延时0.4 ms
            DJNZ    R4,TIME1        ;延时40 ms
            DJNZ    R3,TIME         ;延时200 ms
            RET
            END
```

基于PROTEUS下的仿真结果如图5-24所示。

5.3.3 跑马灯C语言程序设计及电路仿真

相对汇编语言，C语言程序更容易理解，且开发效率高。基于C语言的多模式跑马灯程序如下：

```
/*********************************************************/
#include<reg51.h>                    //库文件
#define uchar unsigned char          //宏定义无符号字符型
#define uint unsigned int            //宏定义无符号整型
/*********************************************************
                          初始定义
*********************************************************/
uchar temp;                          //定义字符型变量
```

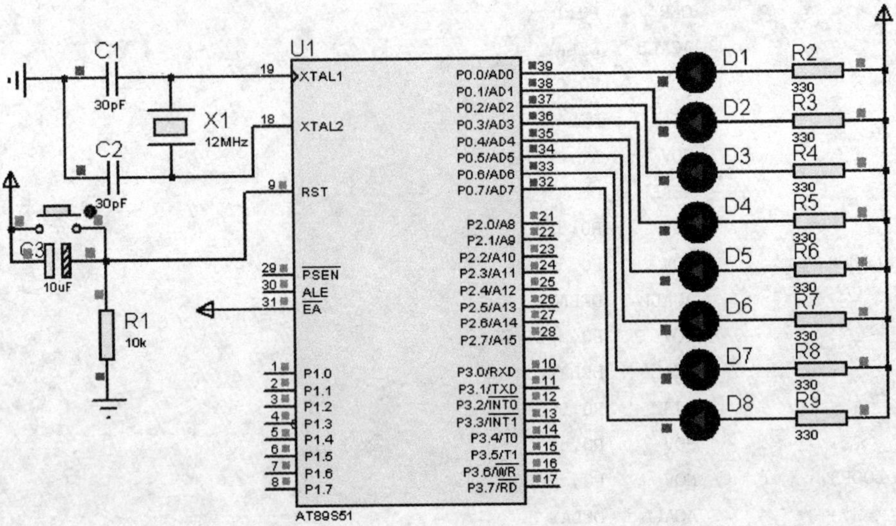

图5-24 三种模式自动切换的跑马灯电路


```
uchar a,b;
int    i,j;
/**************************************************
                  延时函数
**************************************************/
void delay()                        //延时程序
{
uchar m,n,s;
for(m = 20;m>0;m -- )
for(n = 20;n>0;n -- )
for(s = 248;s>0;s -- );
}
/**************************************************
                  主函数
**************************************************/
void main()
{
while(1)
{
temp = 0xfe;                        //11111110 定义每次一个灯亮
P0 = temp;                          //直接对 I/O 口赋值,使批输出低电平
delay();                            //延时
for(i = 1;i<8;i ++ )                //实现跑马灯的从上到下移动
{
a = temp<<i;                        //左移 i 位
```

```
b = temp>>(8 - i);                                  //右移 8 - i 位
P0 = a|b;                                           //相与求值
delay();
}
for(i = 1;i<8;i ++ )                                //实现跑马灯从下到上移动
{
a = temp>>i;                                        //右移 i 位
b = temp<<(8 - i);                                  //左移 8 - i 位
P0 = a|b;                                           //相与求值
delay();
}
temp = 0xff;                                        //11111110 定义每次一个灯亮
P0 = temp;                                          //直接对 I/O 口赋值,使批输出低电平
delay();                                            //延时
    for(i = 0;i<8;i ++ )                            //8 个跑马灯从上到下逐个亮
    {
    temp& = ~(1<<i);
    P0 = temp;
    delay();                                        //调用延时函数
    }
    for(i = 7;i> = 0;i -- )                         //8 个跑马灯从下到上逐个灭
    {
    temp|= (1<<i) ;
    P0 = temp;
    delay();                                        //调用延时函数
    }
     temp = 0xff;                                   //11111110 定义每次一个灯亮
    for(i = 0,j = 8;i<4,j>3;i ++ ,j -- )            //8 个跑马灯上下对称亮
    {
    temp& = ~(1<<i) ;
    temp& = ~(1<<j) ;
    P0 = temp;
    delay();                                        //调用延时函数
    }
    for(i = 3,j = 4;i> = 0,j<8;i -- ,j ++ )         //8 个跑马灯上下对称灭
    {
    temp|= (1<<i) ;
    temp|= (1<<j) ;
    P0 = temp;
    delay();
    }
    temp = 0x00;                                    //灯闪烁
```

```
        P0 = temp;
        delay();
        temp = 0xff;
        P0 = temp;
        delay();
        temp = 0x00;
        P0 = temp;
        delay();
        temp = 0xff;
        P0 = temp;
        delay();
        temp = 0x00;
        P0 = temp;
        delay();
        temp = 0xff;
        P0 = temp;
        delay();
    }
}
/************************** 结束 *************************/
```


将写好的C语言使用Keil编译,以便把C程序编译为机器码,这样单片机才能执行编写好的程序。采用Keil与PROTEUS联调的方式调试程序,系统的仿真结果如图5-25所示。

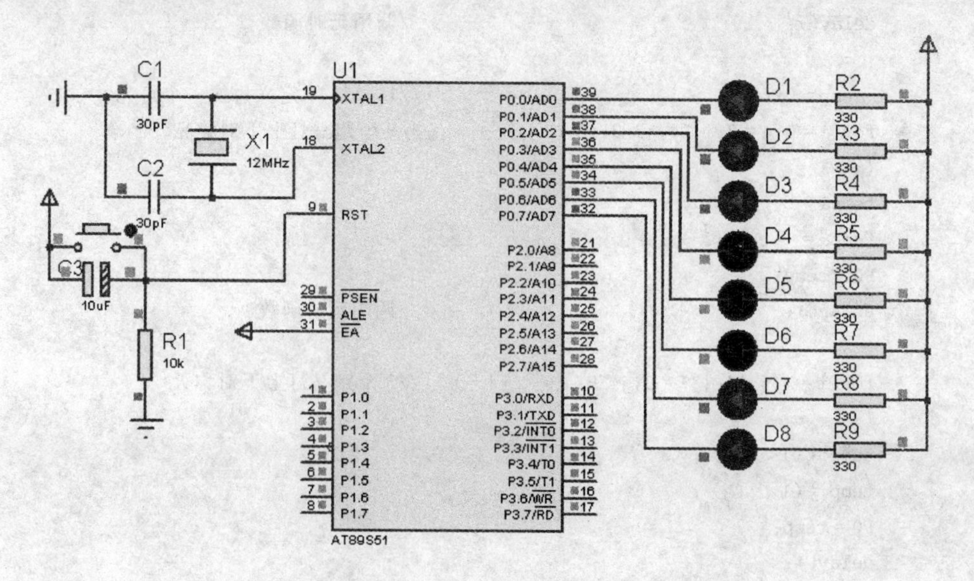

图5-25 Keil与PROTEUS联调下的跑马灯电路

5.4 基于万用电路板的跑马灯电路板制作

电路板由于其工艺要求而使得制作非常麻烦，有时候制板的过程比设计电路过程花的时间还多。因此对于初学者，可选择万用电路板（也称万能实验板）来制作电路。图5-26所示为万用电路板。万用电路板是一种按照标准IC间距（2.54 mm）布满焊盘、可按自己的意愿插装元器件及连线的印制电路板，俗称“洞洞板”。

图5-26 万用电路板

对于元器件在万用电路板上的布局，可以以芯片等关键器件为中心，其他元器件根据电路功能摆放。这种方法是边焊接边规划，对于缺乏经验者，这种方法不太适合。可以使用专业软件布局、布线后，再在万用电路板上接线。

对于点阵板的焊接方法，一般是利用细导线进行飞线连接，飞线尽量做到水平和竖直走线，整洁清晰。也可采用锡接走线法，如图5-27所示。

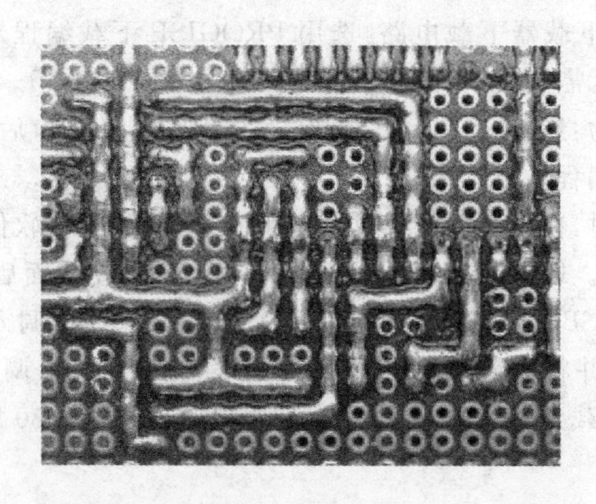

图5-27 锡接走线法

在布线时，应先初步确定电源、地线的布局。电源贯穿电路始终，合理的电源布局对简化电路起到十分关键的作用。

使用 Protel 对跑马灯电路进行布局、布线，结果如图 5－28 所示。

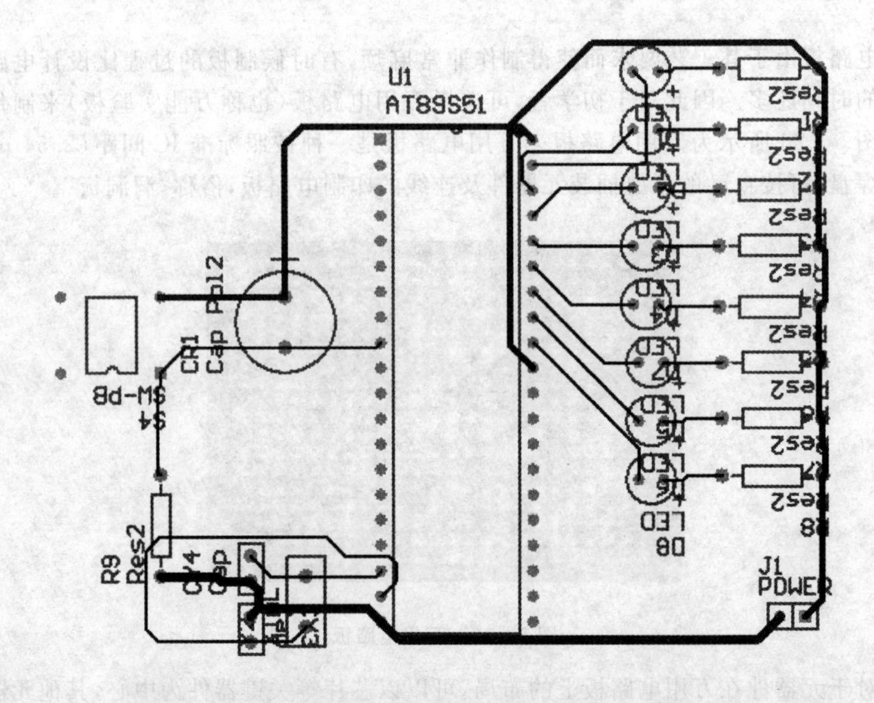

图 5－28　使用 Protel 对跑马灯电路进行布局、布线的结果

5.5　跑马灯程序下载

采用 USB ISP 下载器下载电路，选用 PROGISP 下载编程器下载程序。PROGISP 为绿色软件，无需安装，双击即可打开程序主界面，如图 5－29 所示。

程序下载步骤为：连接好目标板，加电，选择编程器及接口后，调入编程数据，单击"自动"按钮完成编程。

首次使用软件时，在连接目标板时会出现安装 USB 驱动软件界面，按照向导安装驱动后，即可使用。以下载跑马灯程序为例，打开程序主界面后，选择 USBASP 编程器，接口设置为 USB 方式，芯片选择 AT89S51，然后单击"调入 Flash"按钮，选择 . HEX文件的位置，并将其调入，此时将在状态栏提示. HEX 调入。单击"自动"按钮，则软件将程序下载到芯片中，并在状态栏中提示，如图 5－30 所示。

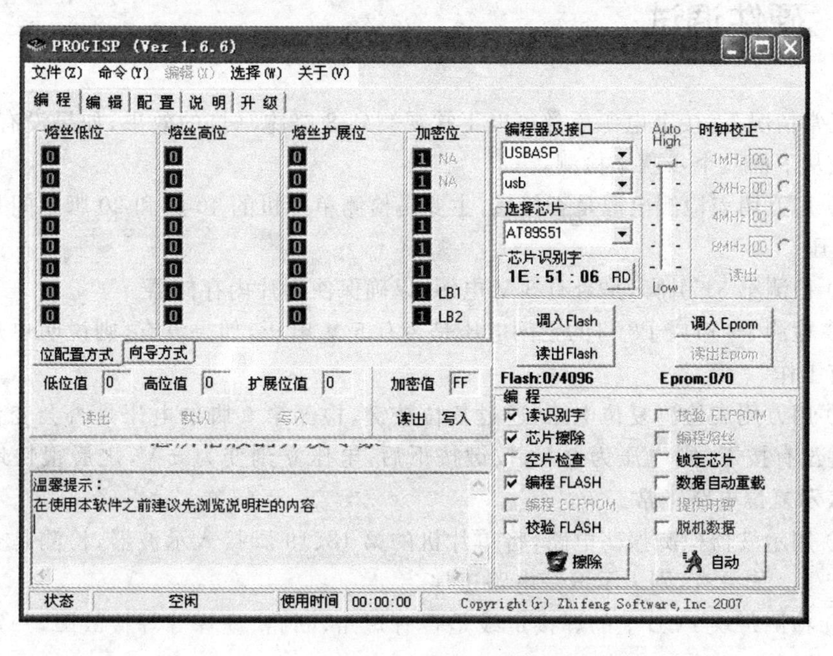

图5-29 PROGISP下载编程器程序主界面

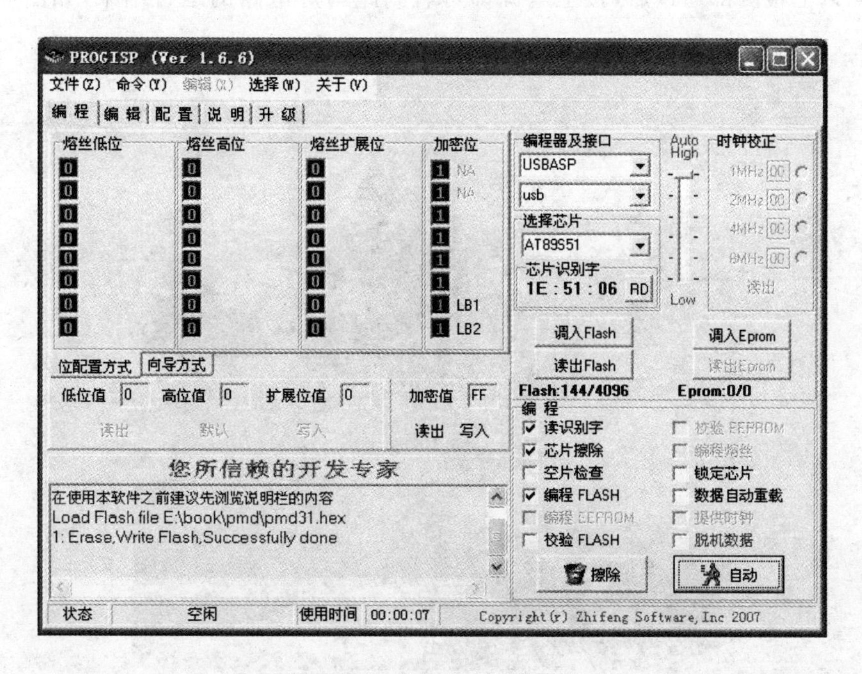

图5-30 提示程序下载成功

5.6 硬件调试

正常情况下，接上电源后都可以正常观测到8路跑马灯的效果，如果没有效果，则应该从下面几个步骤来检测：

① 用万用表检测电源是否接通，主要是检测单片机的40脚和20脚之间是否有5 V电压。

② 检测第31引脚，是否有5 V电源，以确保使用片内存储器。

③ 检测P3口或P2口的空闲电压是否有5 V电压，如果没有，则说明单片机系统没有工作。

④ 用万用表检测复位电路，通过复位按键，检测第9脚的电压是否会变化。如果按键没有按下，则电压为0 V；按键按下后，电压立刻变为5 V，之后很快地降为0 V，表示复位电路正常。

⑤ 用示波器检测振荡电路，将单片机的第18、19脚接入示波器，检测是否有振荡波产生。如果有，则表示振荡电路正常。

⑥ 检测每块PCB上的焊接走线是否有短路、断路、虚焊等焊接故障，一定要确保焊接走线正常导电。

当以上检测都通过后，接上电源即可看到跑马灯电路的运行结果，如图5-31所示。

图5-31 基于AT89S51的跑马灯系统

第6章

8×8 点阵图形显示电路设计

LED点阵是由发光二极管排列组成的显示器件，在我们日常所用的电器中随处可见，被广泛应用于汽车报站器、广告屏等。特别是它的发光类型属于冷光源，效率及发热量是普通发光器件难以比拟的。它采用低电压扫描驱动，具有耗电少、使用寿命长、成本低、亮度高、故障少、视角大、可视距离远、系列化、可靠耐用、应用灵活、安全、响应时间短、控制灵活等特点。

本系统以单片机AT89S51为LED显示屏的控制核心，设计一种简单的8×8显示屏，能够显示静止图形。

6.1 系统要求及相关知识

要求：采用AT89S51对整个系统进行总体控制，通过编程，在8×8 LED点阵屏上静态显示图形："★"、"●"、"心形"图。

6.1.1 8×8点阵LED显示器的组成原理及控制方式

LED点阵板或LED矩阵板，是以发光二极管为像素，按照行与列的顺序排列起来，用集成工艺制成的显示器件，可分为单色、双色、三色三种，根据矩阵每行或每列所含LED个数的不同，又可分为5×7、8×8、16×16等类型。以8×8点阵为例，其外观及引脚图如图6-1所示。

其内部等效电路如图6-2所示。

该点阵共由64个发光二极管组成，且每个发光二极管是放置在行线和列线的交叉点上，若对应的某一行置1电平，某一列置0电平，则相应的二极管就亮。这种显示器有共阳极接法和共阴极接法两种，图6-2所示电路为共阳极接法。每一行发光二极管的阳极接在一起，有一个引出端Y；每一列发光二极管的阴极接在一起，有一个引出端X。当给发光二极管阳极引出端Y0加高电平，阴极引出端X0加低电平时，左上角的二极管被点亮。因此，对于行和列的电平进行扫描控制时，可以达到显示不同字符的目的。

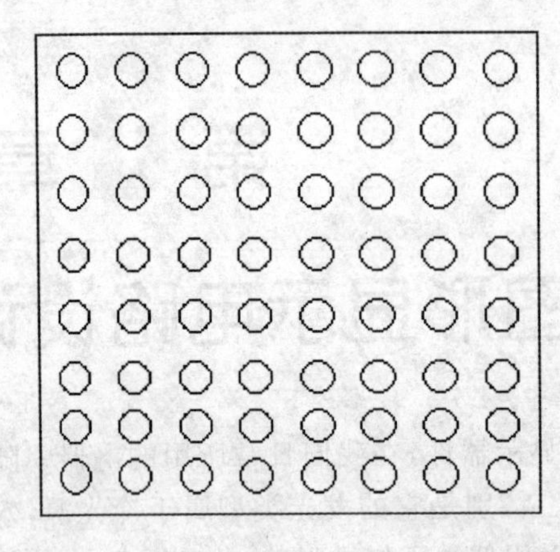

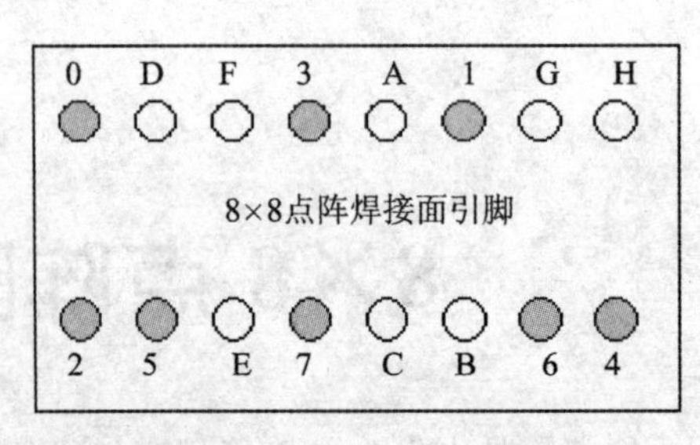

图6-1　8×8点阵外观及引脚图

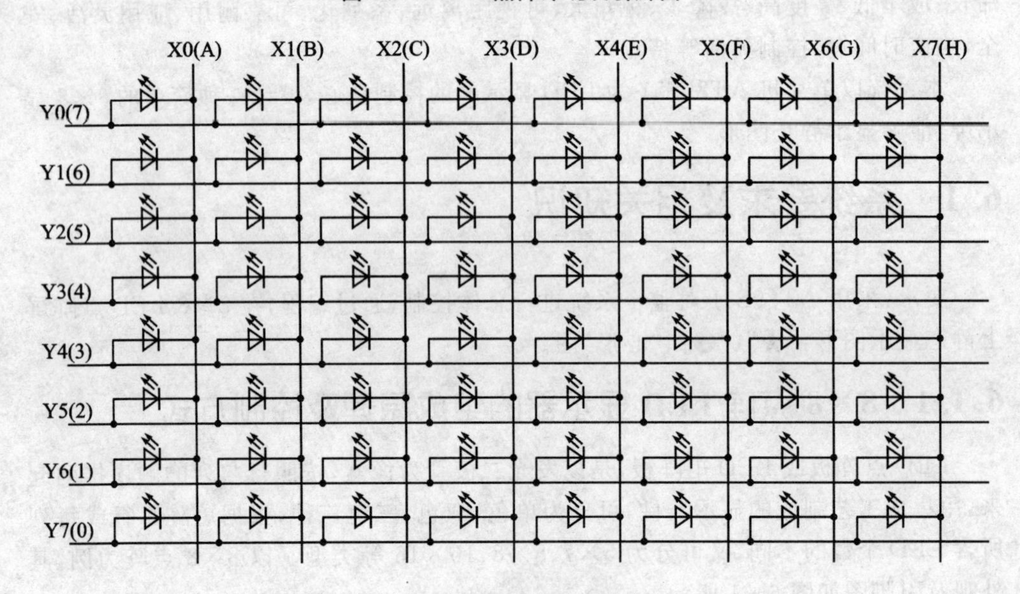

图6-2　8×8点阵等效电路

6.1.2　8×8点阵LED显示方式

LED点阵的显示分为静态显示和动态显示两种。

(1) LED的静态显示

通常LED的控制包括字形控制(控制显示什么字符)和位控制(控制哪些位显示)。在静态显示方式下,每一位显示的字形控制线是独立的,分别接到一个8位I/O口上。字位控制线也连接到另一个I/O口上,当想显示一个字符时,让相应的LED点亮即可。现在很多广告牌都是这样做的。

(2) LED 的动态显示

动态显示用得比较广泛。所谓动态显示就是一位一位地轮流点亮 LED,在每一时刻只有一位显示器在工作(点亮),但由于人眼的视觉暂留效应和发光二极管熄灭时的余辉,将出现多个字符同时显示的现象(即在每一瞬间,所有 LED 会显示相同的字符)。要想每位显示不同的字符,就必须采用扫描方法轮流点亮各位 LED,即在每一瞬间只使某一位显示字符,在此瞬间,字选控制 I/O 口输出相应字符选码(字形码),而位选则控制 I/O 口将该显示位送入选通电平,以保证该位显示相应字符。如此轮流,使每位分时显示该位应显示的字符,例如要显示"★"时,则轮流送入字选码、位选码,如图 6-3 所示。

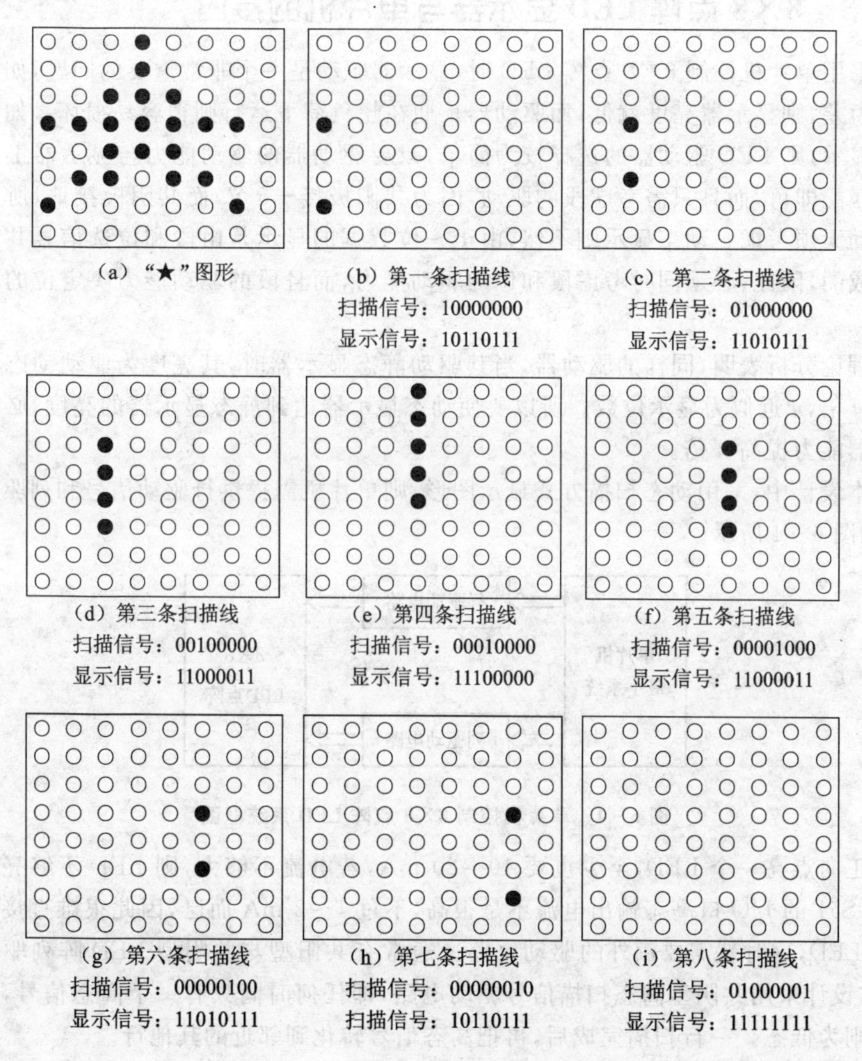

(a) "★"图形

(b) 第一条扫描线
扫描信号:10000000
显示信号:10110111

(c) 第二条扫描线
扫描信号:01000000
显示信号:11010111

(d) 第三条扫描线
扫描信号:00100000
显示信号:11000011

(e) 第四条扫描线
扫描信号:00010000
显示信号:11100000

(f) 第五条扫描线
扫描信号:00001000
显示信号:11000011

(g) 第六条扫描线
扫描信号:00000100
显示信号:11010111

(h) 第七条扫描线
扫描信号:00000010
扫描信号:10110111

(i) 第八条扫描线
扫描信号:01000001
显示信号:11111111

图 6-3 以点阵形式显示"★"图形

字选码、位选码每送入一次延时1 ms，因为人的视觉暂留时间为100 ms，所以每位显示的时间间隔不能超过20 ms，并保持延时一段时间，以造成视觉暂留效果，让人看上去每个LED都在亮，且显示不同的内容。LED阵列的显示方式就是按显示数据编码的顺序，一行一行地显示。以高态扫描为例，若要显示第一行，则先将第一行的显示数据10110111送至LED阵列的列引脚，再将10000000扫描信号送至LED阵列的行引脚，即可显示第一行，此时其他行并不显示。同样地，若要显示第二行，则先将第二行的显示数据11010111送至LED阵列的列引脚，再将01000000扫描信号送至LED阵列的行引脚，即可显示第二行，此时其他行并不显示，依次类推。

6.1.3 8×8点阵LED显示器与单片机的接口

采用单片机控制8×8点阵LED时，显示器驱动是一个非常重要的问题，如果驱动能力差，则显示器亮度就低；而驱动器长期在超负荷下运行则很容易损坏。如果是静态显示，则LED驱动器的选择较为简单，只要驱动器的驱动能力与显示器工作电流相匹配即可，而且只需考虑段的驱动，因为共阳极接+5 V，而共阴极接地，所以位的驱动无须考虑。动态显示则不然，由于一位数据的显示是由段和位选信号共同配合完成的，因此，必须同时考虑段和位的驱动能力，而且段的驱动能力决定位的驱动能力。

理论分析表明，同样的驱动器，当其驱动静态显示器时，其亮度为驱动动态显示器的n倍，n近似为显示位数。所以要使动态显示器达到静态显示器的亮度，必须将驱动器能力提高n倍。

本设计中，采用动态扫描方式显示图形，则单片机需提供行驱动信号和列驱动信号，如图6-4所示。

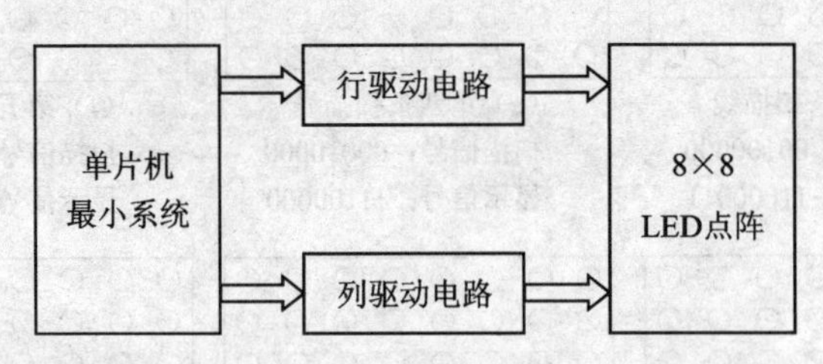

图6-4 单片机控制8×8点阵LED系统框图

正向点亮一个LED，至少也要10～20 mA，若电流不够大，则LED不够亮。而AT89S51的I/O口高态输出电流不是很高，不过1～2 mA而已，因此很难直接高态驱动LED，这时就需要额外的驱动电路。通常有共阳型与共阴型LED阵列驱动电路，本设计采用共阴型高态扫描信号驱动电路，即任何时间只有一个高态信号，其他时间则为低态。一行扫描完成后，再把高态信号转化到邻近的其他行。

其驱动电路可采用三极管驱动电路。P0口与LED阵列的行引脚相连，所要显示的信号经过一个限流电阻送入晶体管的基极，而每个NPN晶体管的集电极连接

V_{CC}，射极输出经一个 110 Ω 的限流电阻连接到 LED 阵列的列引脚。对于高态的显示信号，将可提供其所连接 LED 的驱动电流，而这个驱动电流经过 LED 到输出端，形成正向回路，即可点亮该 LED，其中每个晶体管任何时间只需负责驱动一个 LED，所以选择 30 mA 射极电流的晶体管。显示驱动电路如图 6-5 所示。

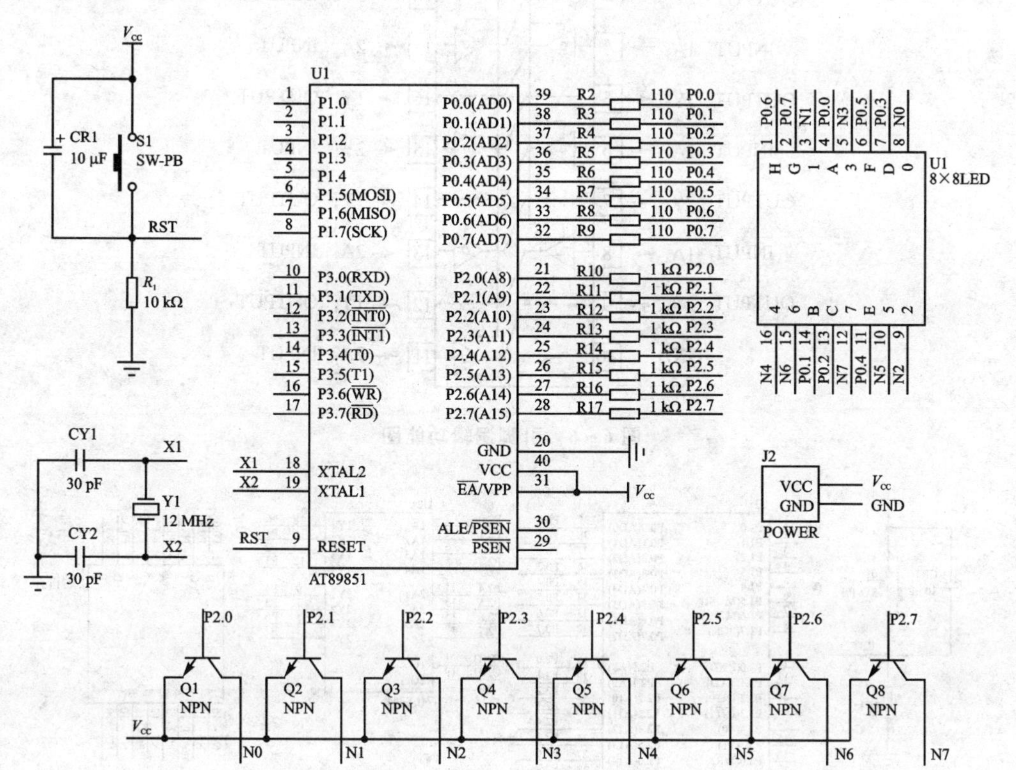

图 6-5　三极管的显示驱动电路

三极管驱动电路的缺点是电路相对复杂。因此也可选用集成块 74LS244 或 74LS245 作驱动电路。74LS244 为三态八缓冲器/线驱动器/线接收器，一般用做总线驱动器，其引脚逻辑功能图如图 6-6 所示。

其内部有 8 个三态驱动器，分成 2 组，每组 4 路输入、输出。每组有一个控制端 G，由控制端的高或低电平决定该组数据被接通还是断开，表 6-1 为其功能表。

表 6-1　74LS244 功能表

输　入		输　出
$\overline{G}$	A	Y
L	L	L
L	H	H
H	X	Z

其中 L 为低逻辑电平，H 为高逻辑电平，X 为高或低逻辑电平，Z 为高阻抗状态。其输出高电平电流为 15 mA，因此可驱动 LED 点阵。基于 74LS244 的显示驱动电路如图 6-7 所示。

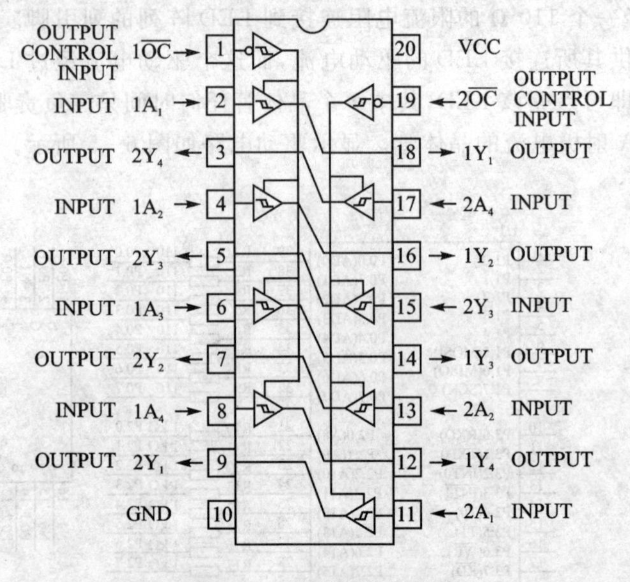

图 6-6 引脚逻辑功能图

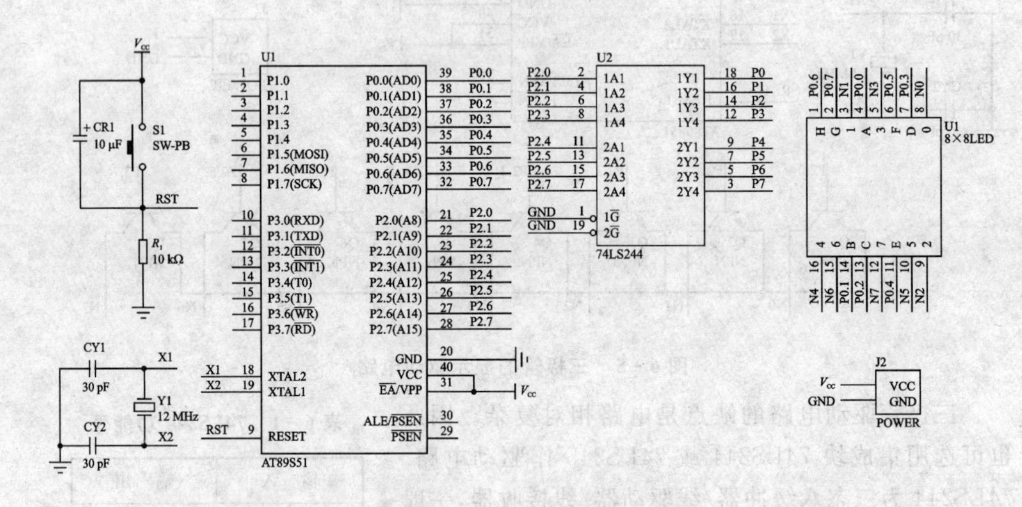

图 6-7 基于 74LS244 的显示驱动电路

6.2 基于 AT89S51 的 8×8 点阵 LED 图形显示

6.2.1 LED 点阵的测试

1. 实物 LED 点阵的测试

电路中使用点阵时，需要在电路原理图上标出点阵行、列的引脚对应关系，而每个点阵的引脚排列次序不同，不同厂商在设计时是根据 PCB 布线来定义引脚排列次序的。由于各厂商自定义点阵引脚排列次序,所以使用前首先需要用万用表测试引脚排列次序。将数字式万用表调至二极管挡,或调至蜂鸣挡,红表笔(接表内电源正极)固定接触某一引脚,黑表笔分别接触其余引脚进行测试,看点阵有没有点发光;没发光,就用红表笔再选择一个引脚,黑表笔分别接触余下的引脚。若点阵发光,则这时红表笔接触的那个引脚为正极,黑表笔接触的引脚为负极。通过测试可分别找出点阵引脚的正、负极。

找出引脚正、负极后,用红表笔接某一正极,黑表笔接某一负极,看是哪行哪列点被点亮,在红表笔所接引脚上标出对应行数字,在黑表笔所接引脚上标出相应列字母。依次类推,可分别确定各引脚所对应的行或列。

2. PROTEUS中LED点阵的测试

PROTEUS中含有8×8点阵LED的仿真元件,分成三种:Matrix-8×8-RED、Matrix-8×8-GREEN、Matrix-8×8-ORANGE,但是说明中并未指明其内部电路情况,可以用PROTEUS仿真测试一下,看看其内部如LED的电路如何。先放置一个8×8点阵(以Matrix-8×8-GREEN为例),默认引脚是在上下的。随机给点阵加上电源、地信号,点亮。如不亮,则将正电源和地对调一下,如图6-8所示。

由测试结果可知,Matrix-8×8-GREEN上侧引脚用于控制行信号,低电平有效;下侧引脚用于控制列信号,且为高电平有效。其引脚排列顺序如图6-9所示。

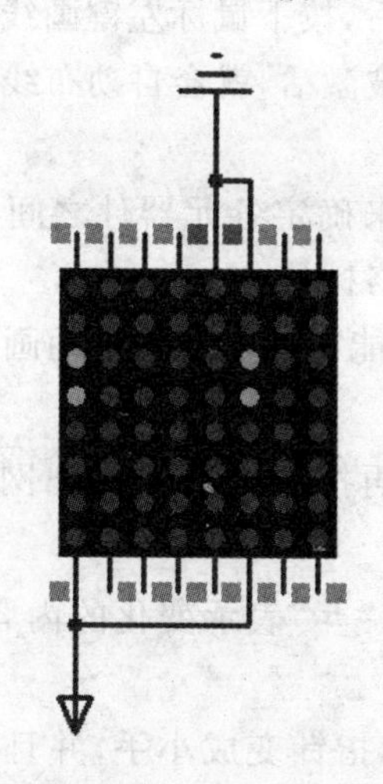

图6-8 随机给点阵加上电源、地信号并点亮

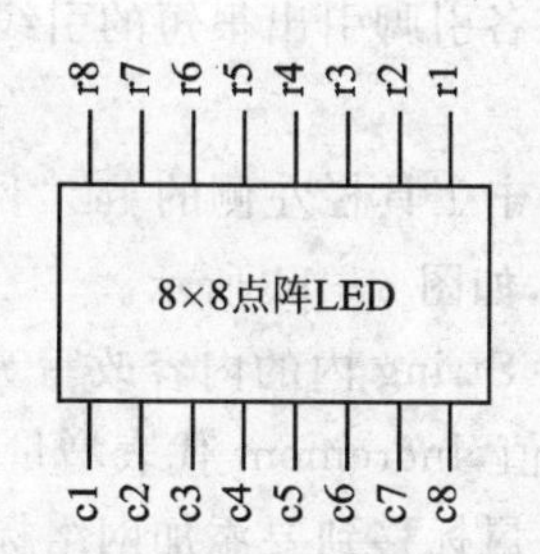

图6-9 Matrix-8×8-GREEN点阵引脚排列

6.2.2 PROTEUS中搭建仿真电路

在PROTEUS中搭建仿真电路时,发现引脚间连接非常相似,即在PROTEUS中称为"重复连线",如图6-10所示。此时可使用PROTEUS中布线的一些小技巧。

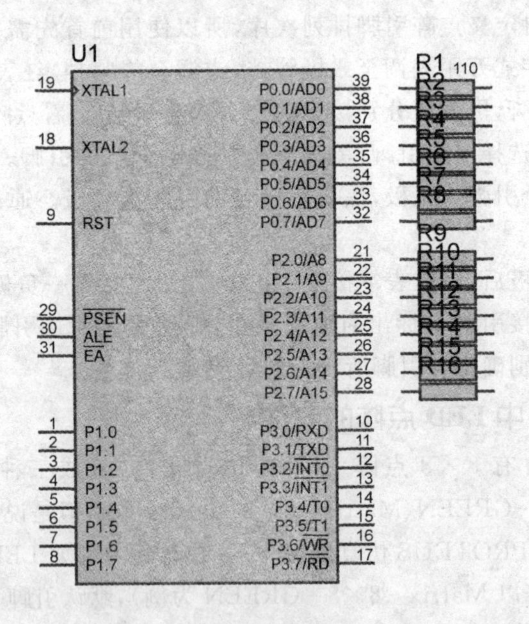

图 6-10 含"重复连线"的电路

在图 6-10 中欲将 AT89S51 的 39 与电阻 R1 连接，38 脚与电阻 R2 连接，则可将鼠标指针移到图中 AT89S51 的 39 脚，出现"×"号后，按下鼠标左键画线到 R1，画出这条线后，双击下面的 38 脚，这时重复连线功能会被激活，就会自动布线了。重复连线会完全复制上一根线的路径。

此外，在 PROTEUS 中，可通过引脚的网络标号来确定各元器件之间的连接关系。当网络标号较多时，可使用如下方法快速标出网络标号。

① 将各引脚引出很短的引线，再用"重复连线"功能在其他引脚自动画出相同的引线。

② 单击工具栏左侧的 LBL "网络标号"选项，然后再按下 a 键，会弹出网络标号属性对话框，如图 6-11 所示。

③ 将 String 内的内容改写为：net=××#，其中"#"表示变化的内容。Count 代表初始值，Increment 代表增量。

④ 将鼠标移到要添加网络标号的引脚处，等鼠标指针变成小手，并且旁边出现蓝色方框时单击左键，网络标号添加成功。例如：net=P0.#，标号结果如图 6-12 所示。

基于三极管驱动的 LED 图形显示电路及基于 74LS244 驱动的 LED 图形显示电路如图 6-13 所示。

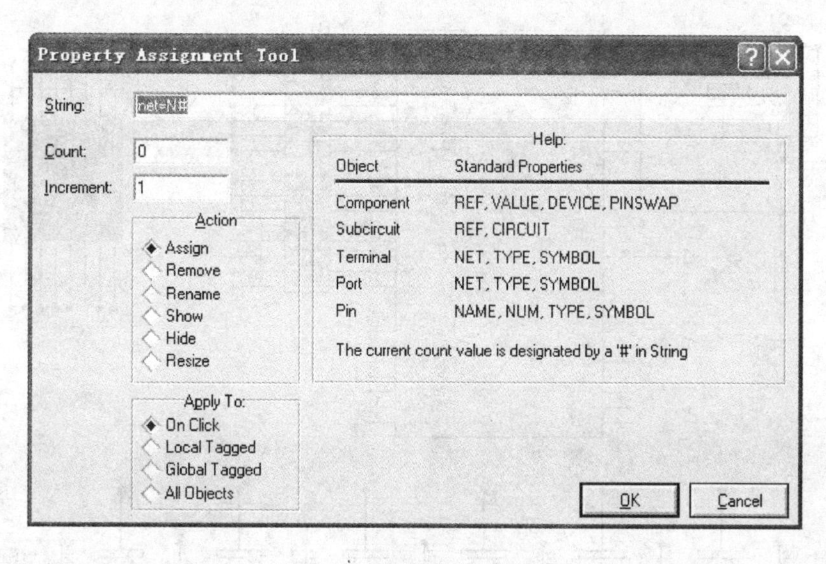

图 6－11　网络标号对话框

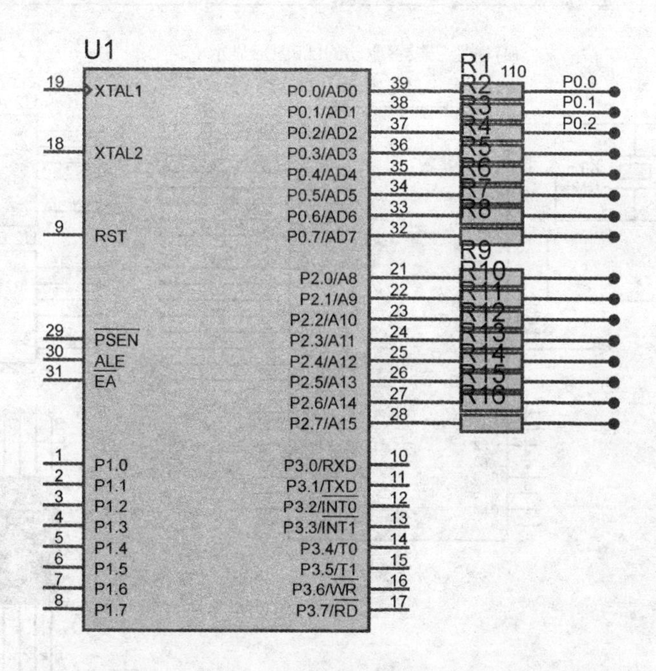

图 6－12　快速标号结果

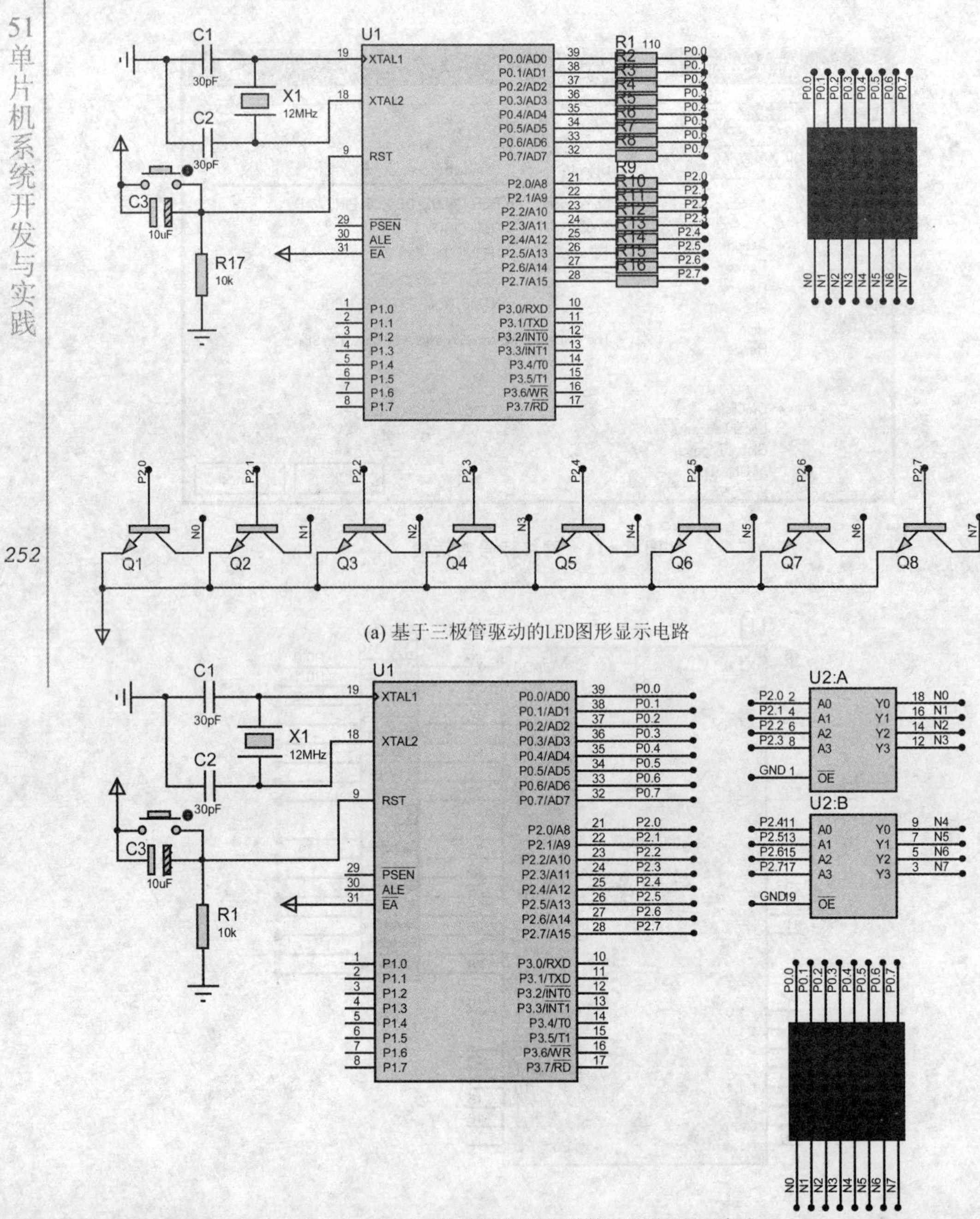

(a) 基于三极管驱动的LED图形显示电路

(b) 基于74LS244驱动的LED图形显示电路

图6-13 PROTEUS中的8×8点阵显示仿真电路

6.3　基于AT89S51的8×8点阵LED图形显示

6.3.1　图形信号提取

本设计中将显示“★”、“●”、“心形”图，按照Matrix－8×8－GREEN点阵的引脚排列及其有效电平要求，字形码按照从下到上的规则提取，且低电平有效；扫描码按照从左到右的规则提取，高电平有效，则各图形的字形码及扫描码如图6－14所示。

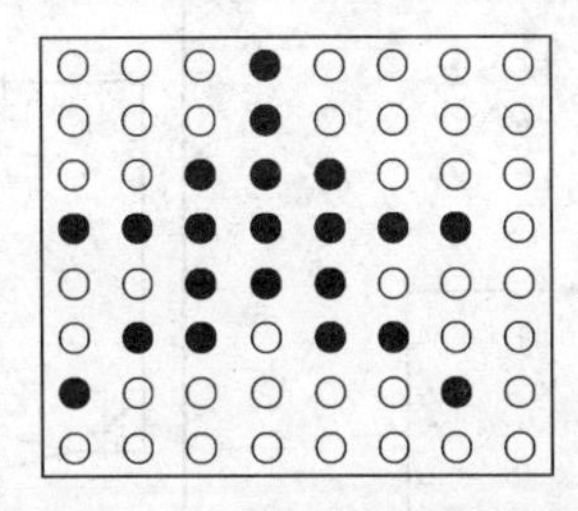

字形码：0B7H　0D7H　0C3H　0E0H　0C3H　0D7H　0B7H　0FFH

扫描码：01H　02H　04H　08H　10H　20H　40H　80H

(a)“★”的字形码及扫描码

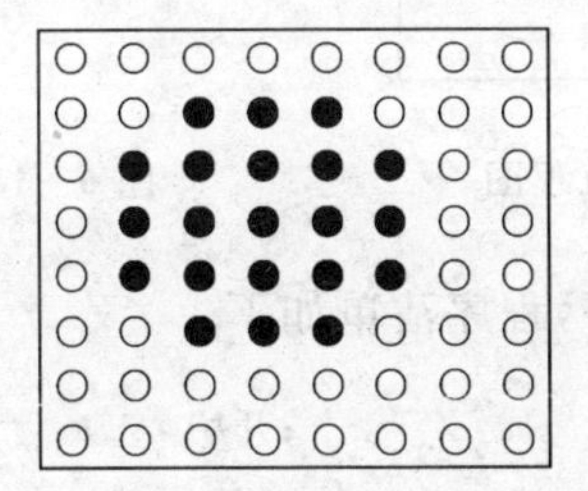

字形码：0FFH　0E3H　0C1H　0C1H　0C1H　0E3H　0FFH　0FFH

扫描码：01H　02H　04H　08H　10H　20H　40H　80H

(b)“●”的字形码及扫描码

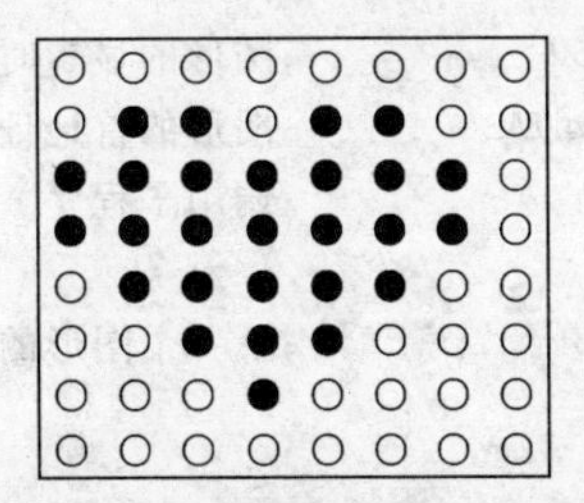

字形码：0F3H　0E1H　0C1H　83H　0C1H　0E1H　0F3H　0FFH

扫描码：01H　02H　04H　08H　10H　20H　40H　80H

(c)“心形”的字形码及扫描码

图6－14　各图形的字形码及扫描码

6.3.2　基于AT89S51的8×8点阵LED图形显示程序

基于AT89S51的8×8点阵LED图形显示主程序流程图如图6-15所示。其中显示子程序流程图如图6-16所示。

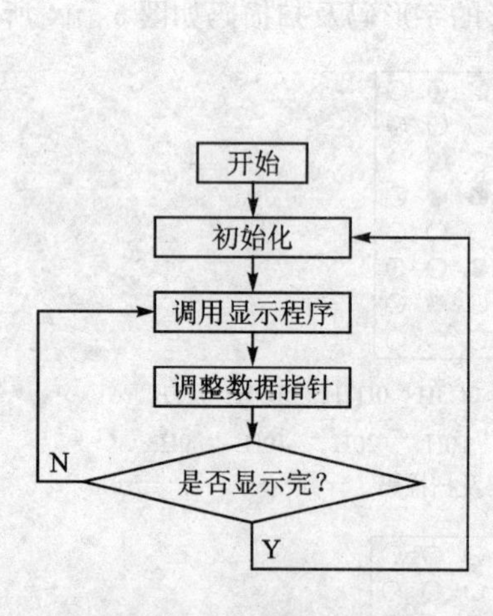

图6-15　主程序流程图

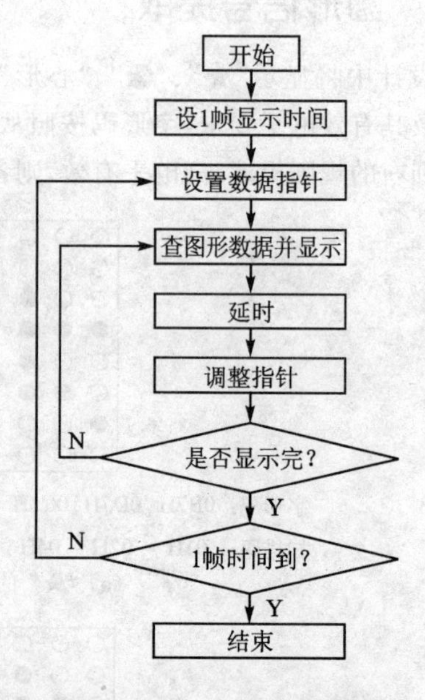

图6-16　显示子程序流程图

根据程序流程图编写程序，程序清单如下：

```
        ORG     0000H           ;开始
        LJMP    START
        ORG     0030H           ;到0030H处避开00～30的敏感地址
MAIN:   MOV     SP,#60H         ;栈的地址
        MOV     30H,#03H        ;图形的个数
        MOV     32H,05H         ;图形的显示时间
        MOV     DPTR,#TAB       ;图形的首地址
L1:     LCALL   MIC             ;调用子程序
        MOV     A,DPL
        ADD     A,#16           ;下一个图形的首地址
        MOV     DPL,A
        MOV     A,DPH
        ADDC    A,#00H
        MOV     DPH,A
        DJNZ    30H,L1          ;图形串是否显示完,未完继续显示
        LJMP    MAIN            ;显示完,重新显示
```

```
MIC:    MOV     R0,#00          ;图形的段码行变量
        MOV     R1,#01H         ;位码列变量
        MOV     R2,#08H         ;图形的显示列剩余数
EN:     MOV     A,R1
        MOVC    A,@A+DPTR
        MOV     P2,A            ;P2口输出位码列
        MOV     A,R0
        MOVC    A,@A+DPTR       ;字的上半段段码
        MOV     P0,A            ;P0口输出字的上半段段码
        MOV     31H,40H         ;显示定时
L2:     LCALL   DELAY           ;调用延时子程序
        DJNZ    31H,L2          ;时间未完继续调用延时
        INC     R0              ;指向下一个段码
        INC     R0
        INC     R1              ;指向下一个段码
        INC     R1
        DJNZ    R2,EN           ;未显示完,继续显示下一位和段码
        DJNZ    32H,MIC         ;显示完,重新显示
        RET
DELAY:  MOV     R3,#01H         ;延时子程序
LOOP:
        DJNZ    R3,LOOP
        RET

TAB:                            ;"★"
        DB      0B7H,01H,0D7H,02H,0C3H,04H,0E0H,08H
        DB      0C3H,10H,0D7H,20H,0B7H,40H,0FFH,80H
                                ;"●"
        DB      0FFH,01H,0E3H,02H,0C1H,04H,0C1H,08H
        DB      0C1H,10H,0E3H,20H,0FFH,40H,0FFH,80H
                                ;"心形"
        DB      0F3H,01H,0E1H,02H,0C1H,04H,83H,08H
        DB      0C1H,10H,0E1H,20H,0F3H,40H,0FFH,80H
END
```

6.3.3　基于PROTEUS的8×8点阵LED图形显示电路仿真

在PROTEUS环境创建*.ASM文件,编译程序后,进行电路仿真,仿真结果如图6-17所示。

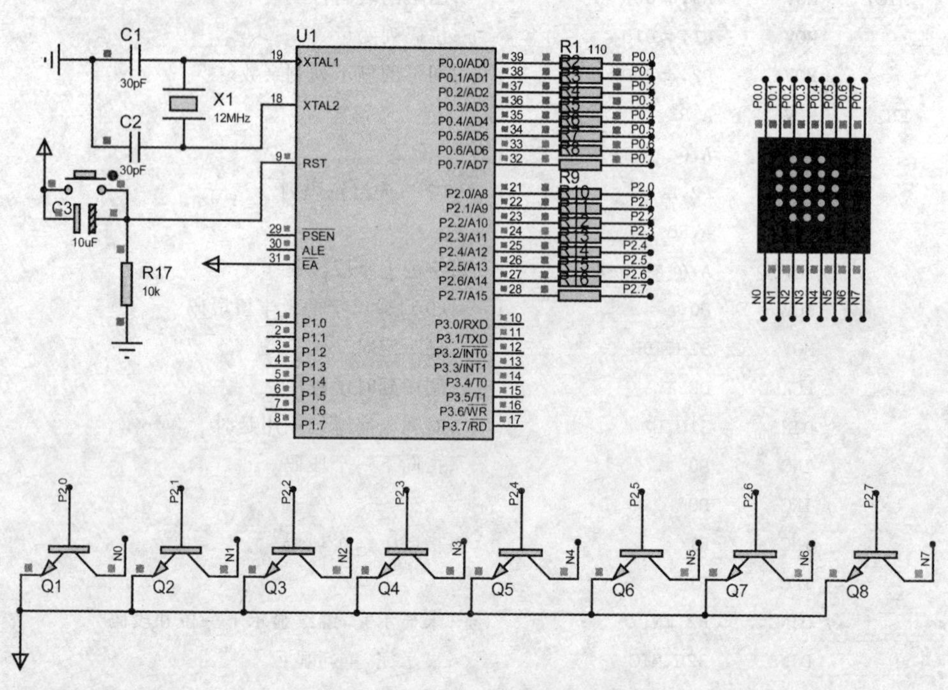

（a）基于三极管驱动的 8×8 点阵LED 图形显示电路仿真结果

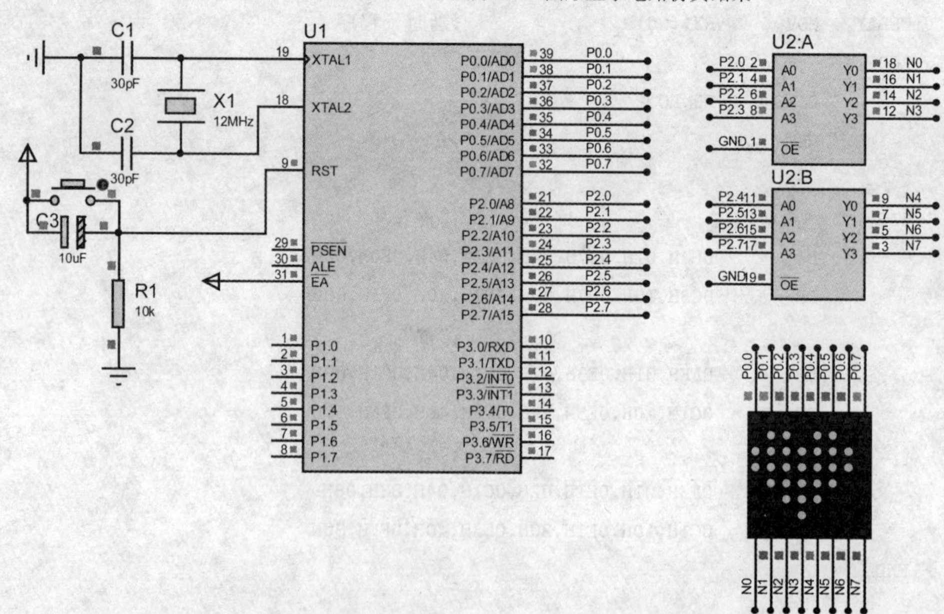

（b）基于 74LS244 驱动的 8×8 点阵 LED 图形显示电路仿真结果

图 6－17　8×8 点阵 LED 图形显示电路仿真结果

6.4 基于万用电路板的 8×8 点阵 LED 图形显示电路板制作

8×8 点阵 LED 图形显示电路与跑马灯电路相比，单片机最小系统是公共的部分，二者的区别仅在于外设不同。为了提高系统的开发效率，可以将系统划分为两个部分：单片机最小系统、8×8 点阵 LED 图形显示部分。将两部分分别制板，这样单片机的最小系统还可在后面的设计中重复使用。

单片机的最小系统除应包含复位电路、时钟电路、晶振电路及程序存储器选择端外，为了便于单片机的开发及扩展，应该下载电路及各个口的引出电路，如图 6－18 所示。

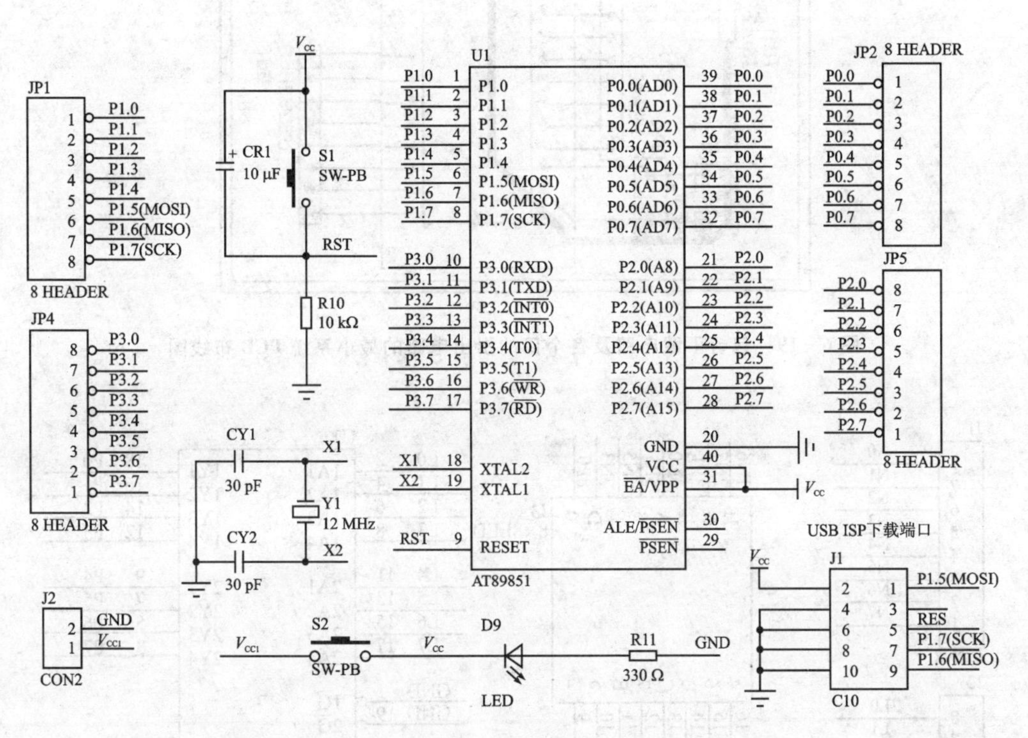

图 6－18　包含下载电路及各个口的引出电路的最小系统

其 PCB 布线图如图 6－19 所示。

基于 74LS244 的 8×8 点阵 LED 图形显示电路如图 6－20 所示。

其 PCB 布线图如图 6－21 所示。

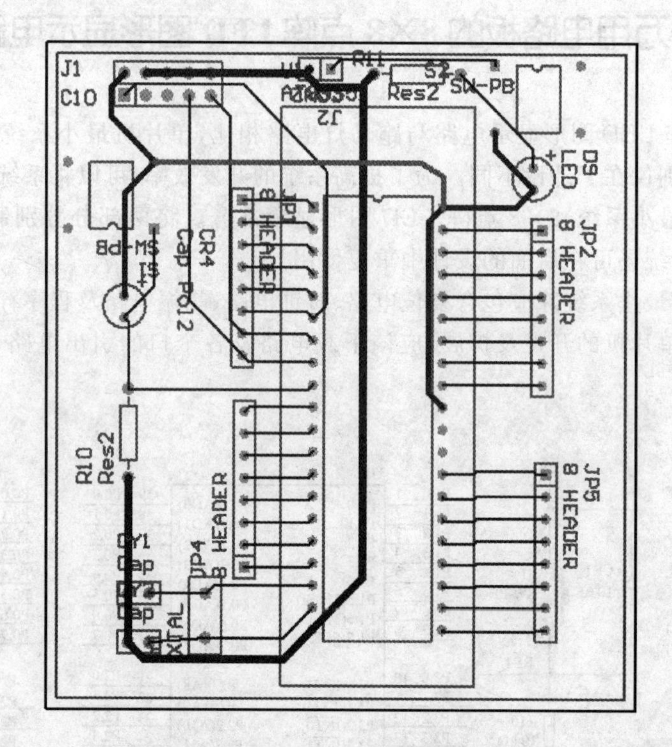

图 6-19　包含下载电路及各个口的引出电路的最小系统 PCB 布线图

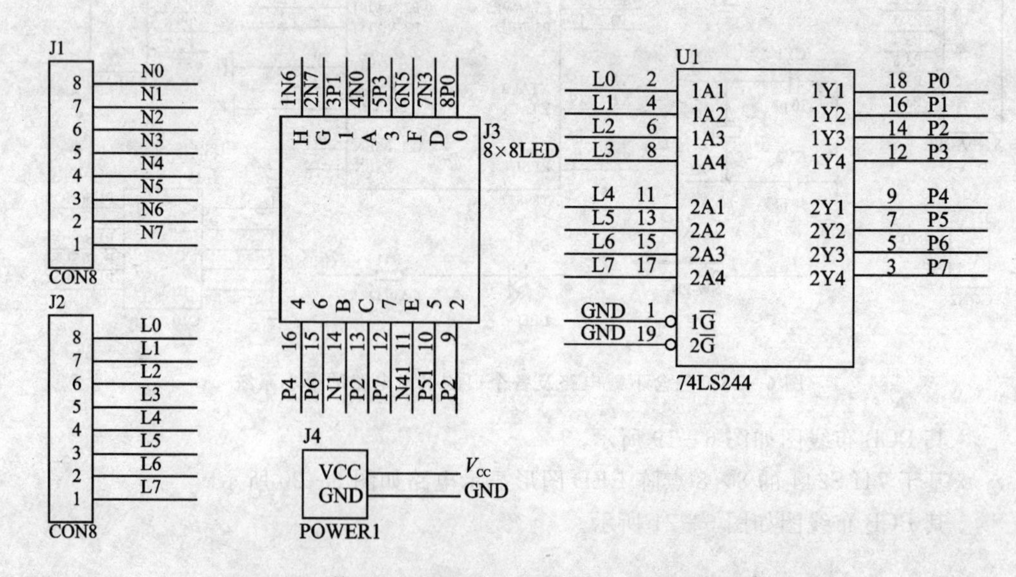

图 6-20　基于 74LS244 的 8×8 点阵 LED 图形显示电路图

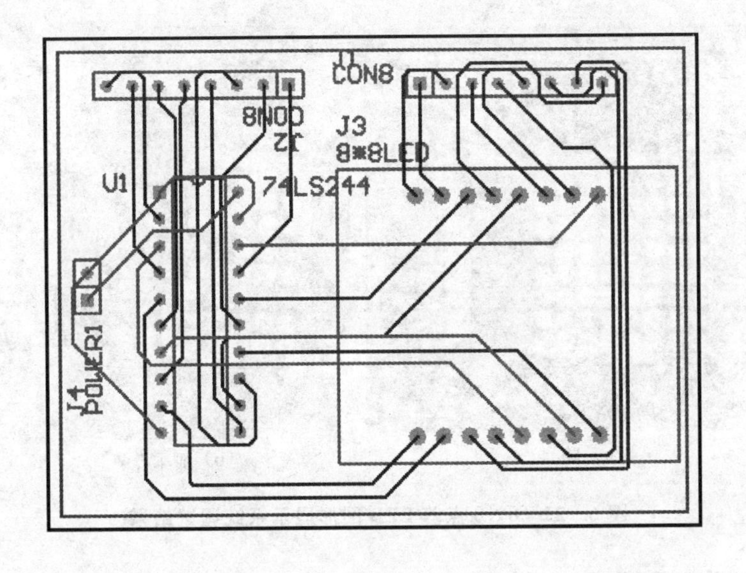

图 6－21　基于 74LS244 的 8×8 点阵 LED 图形显示电路 PCB 布线图

6.5　硬件调试

当按照上述电路网络连接方式连好电路后，如果没有虚焊或漏焊，则系统可按照预设方式运行。

但如果对点阵电路的研究不够深入，则很可能出现如下问题：

① 单片机输出的信号在点阵屏幕上显示非设计图形，即不能正确显示图形。此时，应首先确定接线是否正确，即单片机输出的扫描信号顺序与 LED 点阵的连接顺序是否正确；如果正确，则接着检查单片机输出的字形码顺序与驱动电路点连接顺序是否正确。然后再检查驱动输出信号与 LED 点阵引脚的连接顺序是否正确。

② 单片机输出的信号在点阵屏幕上显示个别行的信息不正确。此时请仔细观察，是否可以把相应行的信息对调就可复原图形；如果可以，则问题就在于 LED 引脚标注错误。如果出现此问题，有两种解决方案。

✧ 方案 1：修改硬件接线；

✧ 方案 2：在软件编程时，对调相应位置的信号。

③ 芯片编程出现错误，更换芯片后仍不能解决问题。此时可能是程序超出了 AT89S51 的 ROM 空间，即所烧写的程序代码已经超过 AT89S51 内部 4 KB 的 ROM 空间，此时可通过外接存储芯片解决问题。

经调试后的 8×8 点阵 LED 图形显示系统如图 6－22 所示。

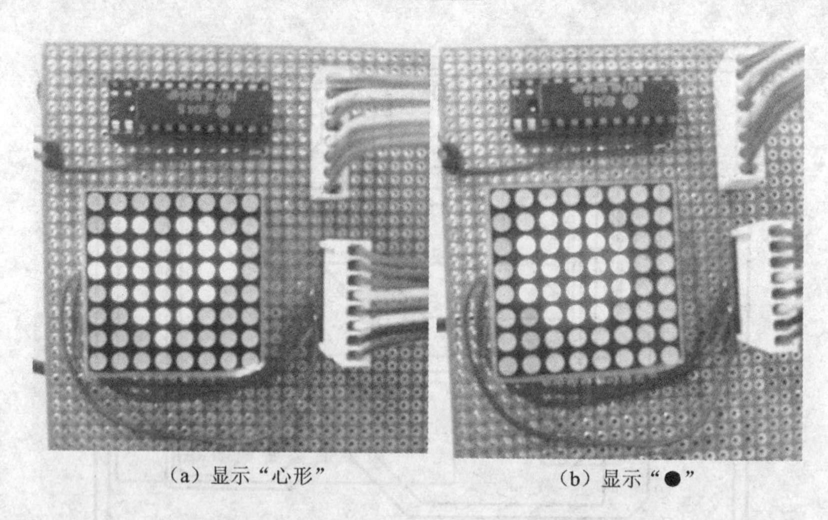

(a) 显示“心形”　　(b) 显示“●”

图6-22 8×8点阵LED图形显示系统调试结果

6.6 启发设计:双色图形显示电路设计

与单色LED点阵相比,双色LED点阵可以用两种颜色模式显示。双色8×8 LED点阵外形及电路原理图如图6-23所示。

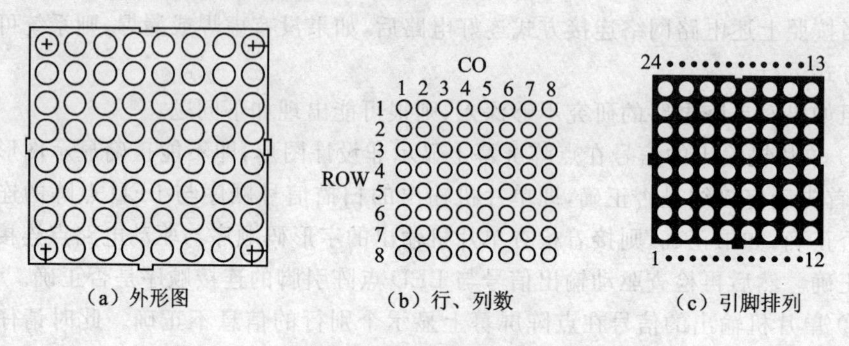

(a) 外形图　　(b) 行、列数　　(c) 引脚排列

图6-23 双色8×8 LED点阵外形及电路原理图

双色8×8 LED点阵分为共阴极型和共阳极型,内部等效电路图如图6-24所示。

从元件电路结构可知,其工作原理与单色LED点阵的工作原理相同,只是若要以双色方式工作,则需提供3×8=24路信号,其中一组(8路)用于提供扫描信号,另外两组(2×8=16路)分别提供两种颜色的字形信号。以红、绿型双色LED点阵为例,应用电路如图6-25所示。

由于PROTEUS中无双色LED点阵,因此使用两块LED点阵模拟双色LED点阵。此外,电路中选中74LS245作为显示驱动芯片。与74LS244相比,74LS245为双向总线发送器/接收器,其电路逻辑图如图6-26所示。

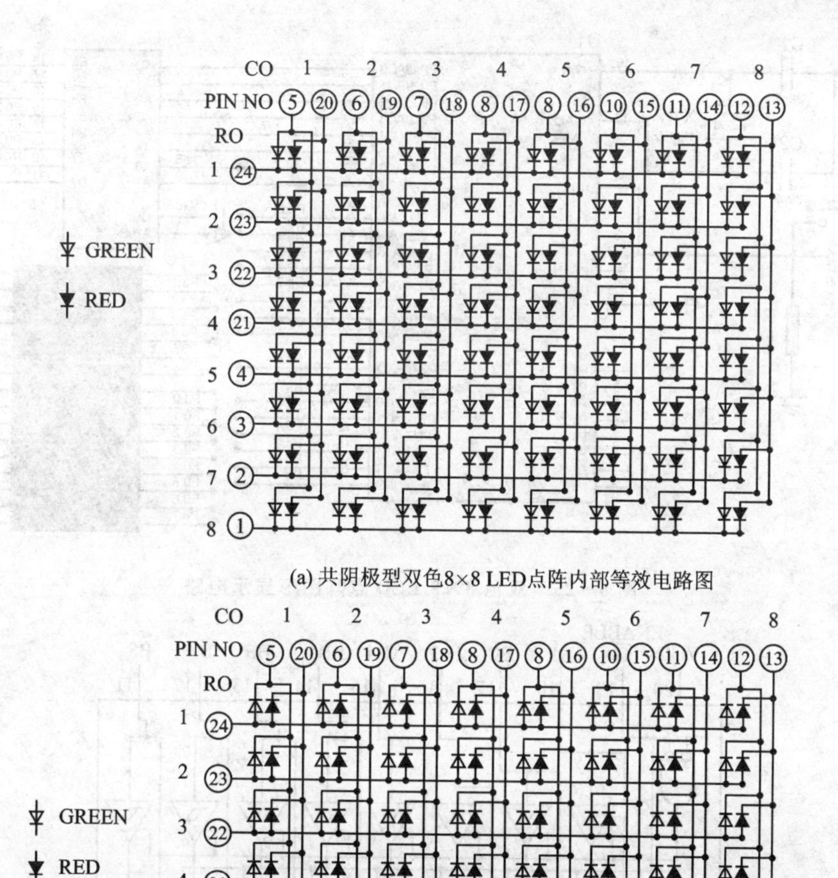

图 6-24　双色 8×8 LED 点阵内部等效电路图

图 6-26 中，A、B 为总线，$\overline{G}$ 为三态允许端（低电平有效），DIR 为方向控制端。当 $\overline{G}$ 端为低电平时，DIR＝“0”，信号由 B 向 A 传输（接收）；当 DIR＝“1”时，信号由 A 向 B 传输（发送）；$\overline{G}$ 端为高电平时，A、B 均为高阻态。

此电路中使用 74LS245 作为驱动，是由于其引脚排布相对整齐，便于电路连接。

采用共阳极型 LED 显示如图 6-27 所示图形，并提取其字形信号与扫描信号。

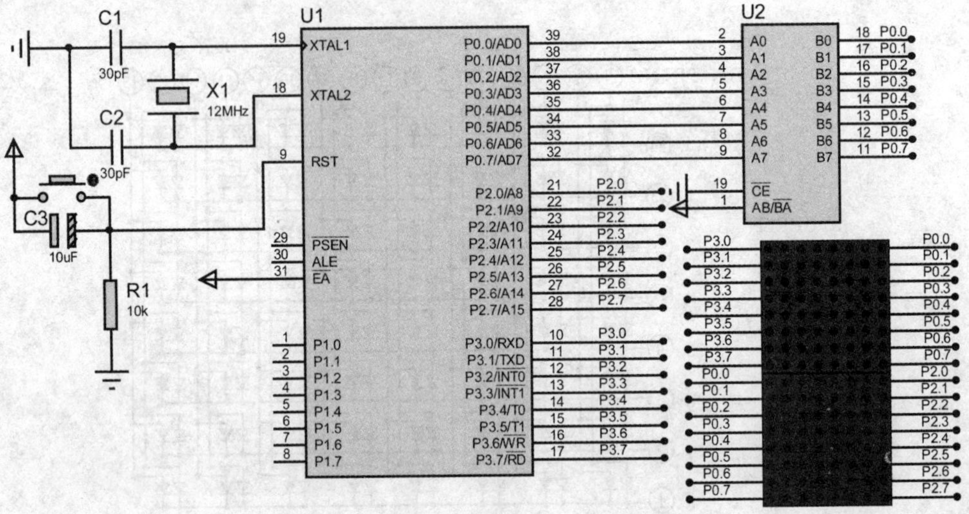

图 6－25　双色 8×8 LED 点阵图形显示电路

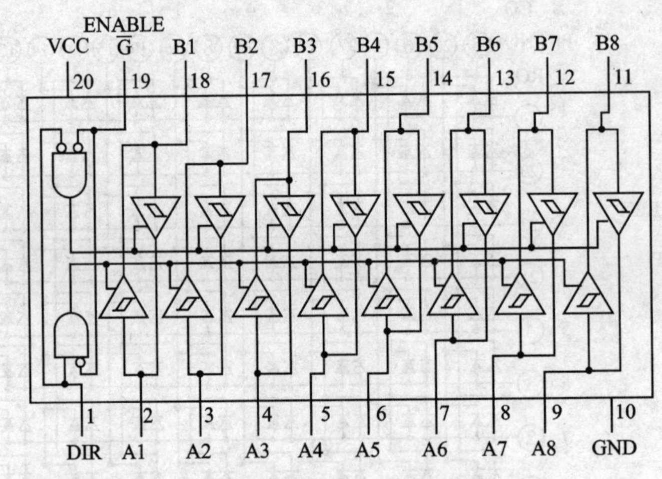

图 6－26　74LS245 电路逻辑图

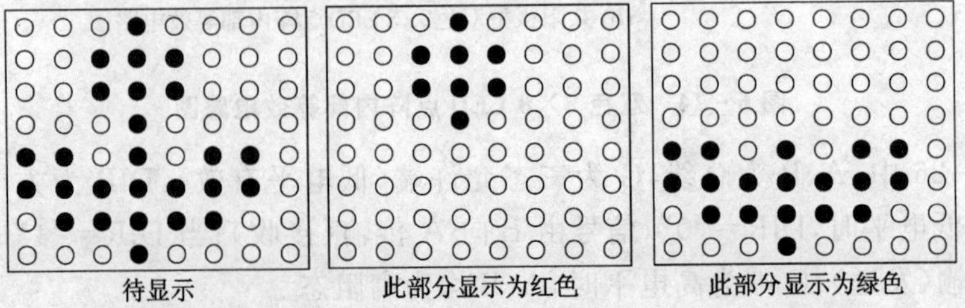

红色字形码：	00H	00H	06H	0FH	06H	00H	00H	00H
绿色字形码：	30H	70H	60H	0F0H	60H	70H	30FH	00H
扫描码：	01H	02H	04H	08H	10H	20H	40H	80H

图 6－27　双色显示图形及其字形码与扫描码

静态显示图形程序如下：

```
    #include<reg51.h>
    #define uint unsigned int           //定义无符号整型
    #define uchar unsigned char         //定义无符号字符型
    #define l_cr P3      //定义行控制端
    #define l_cg P2      //定义行控制端
    #define l_r P0       //定义列控制端
    #define T 5          //延时时间(ms)
    uchar table[16] = {0x00,0x30,0x00,0x70,0x06,0x60,0x0F,0x0F0,
                       0x06,0x60,0x00,0x70,0x00, 0x30,0x00,0x00};        //图形码
void delay(uint c)        //1 ms 延时函数
{  unsigned char a,b;
 for(c;c>0;c--)
      for(b = 142;b>0;b--)
           for(a = 2;a>0;a--);
}
void xian()
{
  uchar x = 0x01,i = 0;
  do{
  l_r = ~x;
  l_cr = table[i];       //列加载
  i++;
  l_cg = table[i];       //列加载
  x = x<<1;              //行扫描
  i++;
  delay(T);

   }
  while(i<16);           //显示一次

 }
 main()
 {
 while(1){
    xian();
     }
         }
```

PROTEUS 仿真结果如图 6－28 所示。

将此电路在 Protel 中制板，布线结果如图 6－29 所示。

焊接电路板后，测试电路，系统测试结果如图 6－30 所示。

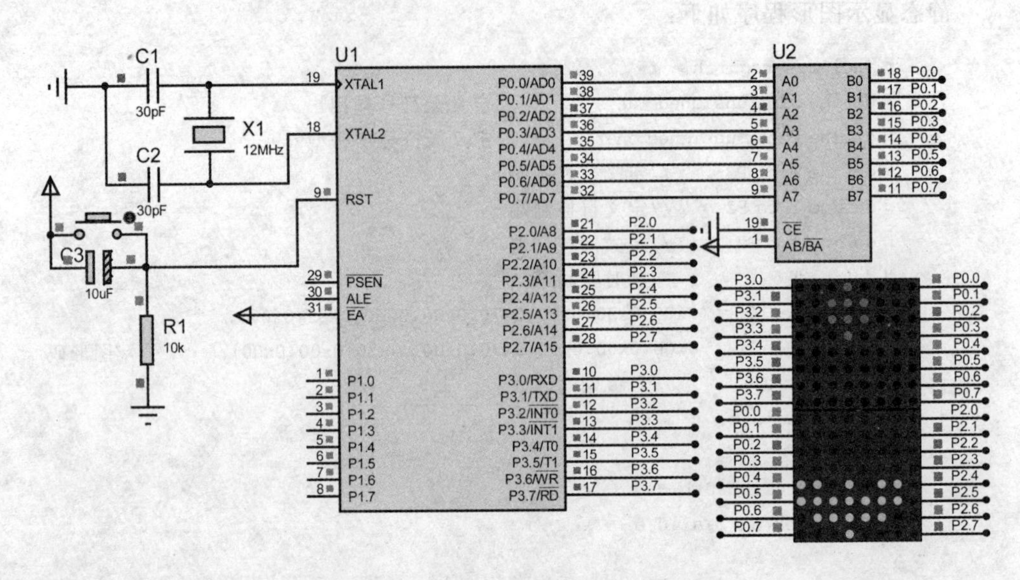

图6-28 双色LED图形显示仿真结果

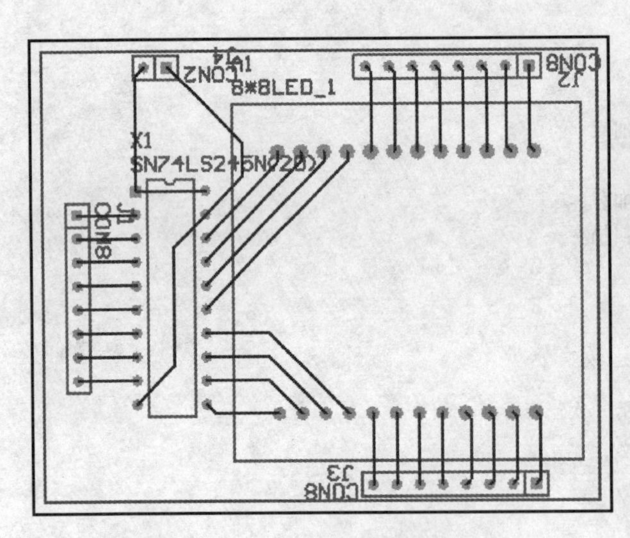

图6-29 Protel中的布线图

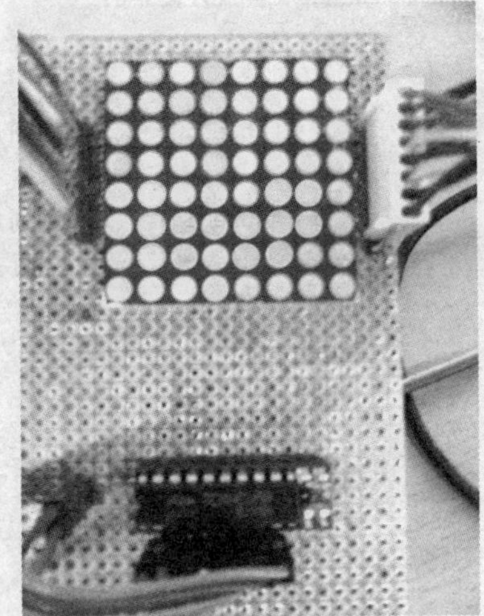

图6-30 系统测试结果图

第 7 章

16×16 点阵汉字显示电路设计

LED 电子显示屏是随着计算机及相关的微电子、光电子技术的迅猛发展而形成的一种新型信息显示媒体。它利用发光二极管构成的点阵模块或像素单元组成可变面积的显示屏幕，以可靠性高、使用寿命长、环境适应能力强、性能价格比高、使用成本低等特点，迅速成长为平板显示的主流产品，在信息显示领域得到了广泛的应用。

目前 LED 显示屏作为新一代的信息传播媒体，已经成为城市信息现代化建设的标志。LED 的应用场合有：证券交易、金融信息显示；机场航班动态信息显示；港口、车站旅客引导信息显示；体育场馆信息显示；道路交通信息显示；调度指挥中心信息显示；邮政、电信、商场购物中心等服务领域的业务宣传及信息显示；广告媒体新产品。随着社会经济的不断进步，以及 LED 显示技术的不断完善，人们对 LED 显示屏的认识将越来越深入，其应用领域将会越来越广。

LED 点阵显示牌通常用于显示汉字、字符及图像信息，由单片机控制汉字与字符的静态与动态显示。

7.1 基于并行方式的 16×16 点阵汉字静态显示系统设计

要求：以 AT89S51 为控制芯片，设计 16×16 LED 点阵屏上静态显示汉字系统。

7.1.1 16×16 点阵 LED 显示器的组成原理及驱动方式

16×16 的点阵通常可以由 4 块 8×8 的点阵组合而来。根据 8×8 点阵的构成原理可知，将 4 块 8×8 点阵以 2×2 的方式摆放，其中行、行对应相连，列、列对应相接，即可构成 16×16 点阵，如图 7-1 所示。

从理论上说，不论显示图形还是文字，只要控制与组成这些图形或文字的各个点所在位置相对应的 LED 器件发光，就可以得到想要的显示结果。若采用静态方式显示，则 16×16 的点阵共有 256 个发光二极管，即需要 256 个发光二极管，显然单片机没有这么多端口，因此可采用锁存器来扩展端口。按 8 位的锁存器来计算，16×16 的点阵需要 256/8=32 个锁存器。这个数字很庞大，因为这才仅仅是 16×16 的点阵，在实际应用中的显示屏往往还要大得多，这样需要的锁存器将是一个很大的数

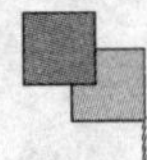

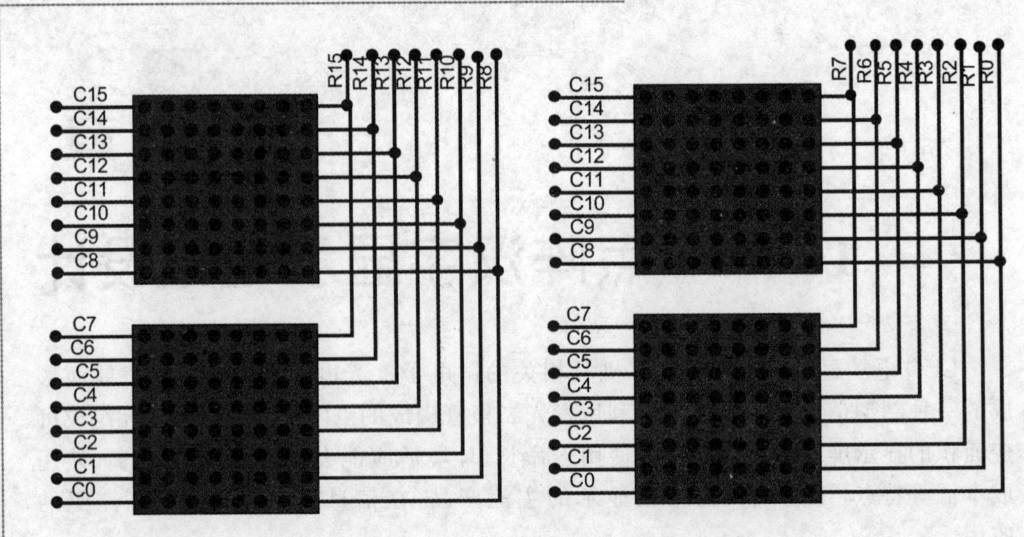

图7-1　由8×8点阵构成16×16点阵

字。因此，通常采用动态扫描方式。

采用扫描方式进行显示时，每行有一个行驱动器，各行的同名列共用一个列驱动器。显示数据通常存储在单片机的存储器中，按8位一个字节的形式存放。显示时要把一行中各列的数据都传送到相应的列驱动器上去，这就存在一个显示数据传输的问题。从控制电路到列驱动器的数据传输可以采用并行方式或串行方式。

当采用并行方式时，16×16点阵需要2×16＝32个端口，这样对单片机而言，就没有扩展功能的余地，因此，可考虑使用74LS138、74LS154等译码电路，以减少对单片机I/O的占用，系统结构框图如图7-2所示。

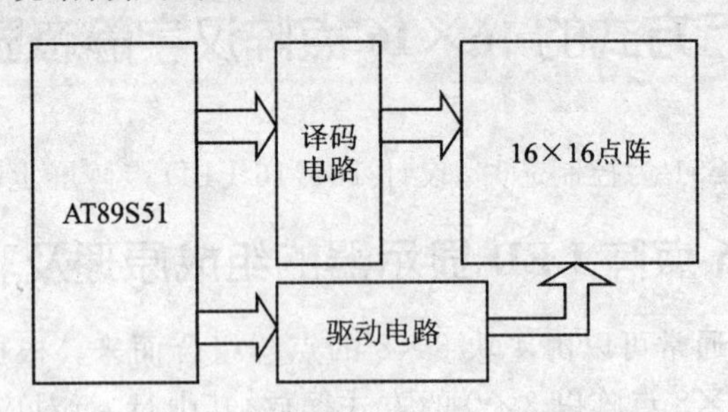

图7-2　并行方式的16×16汉字显示电路

7.1.2　汉字取模

汉字的点阵字模是从点阵字库文件中提取出来的。例如常用的16×16点阵HZK16文件、12×12点阵HZK12文件等，这些文件包括了GB 2312字符集中的所有汉字。只要弄清汉字点阵在字库文件中的格式，就可以按照自己的意愿去显示汉字了。

一个点阵字模究竟占用多少字节数呢？以汉字“欢”为例(见图7-3)，使用16×16点阵。字模中每一点使用一个二进制位(bit)表示，如果是1，则说明此处有点；如果是0，则说明没有。这样，一个16×16点阵的汉字总共需要16×16/8=32个字节表示。字模的表示顺序为：先从左到右，再从上到下，也就是先画左上方的8个点，再画右上方的8个点，然后是第二行左边8个点，右边8个点，依次类推，画满16×16个点。

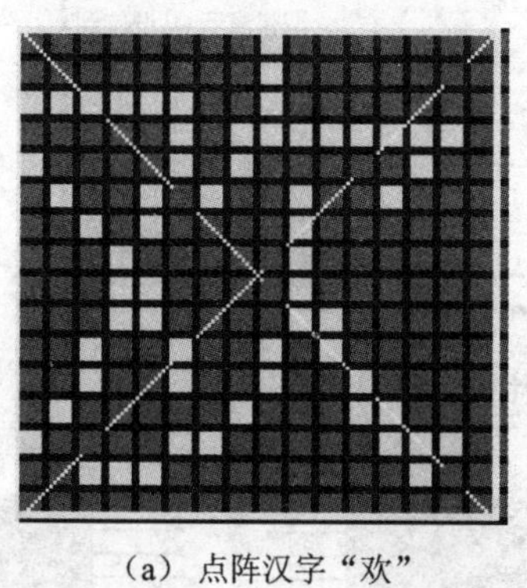

(a) 点阵汉字“欢”

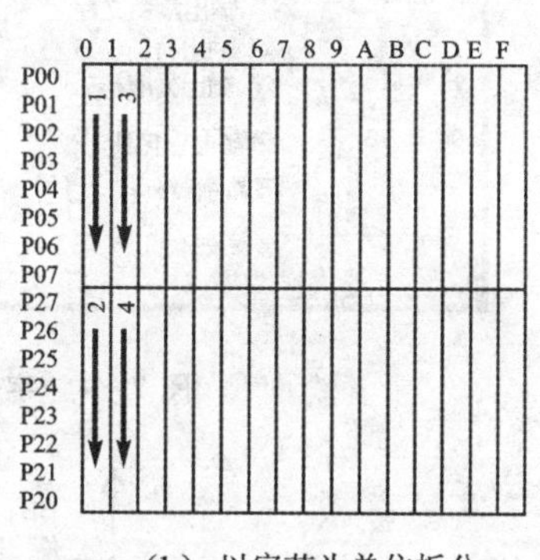

(b) 以字节为单位拆分

图7-3 点阵汉字“欢”

由于单片机的总线为8位，一个字需要拆分为2个部分，即上部和下部，上部由8×16点阵组成，下部也由8×16点阵组成。以列扫描方法为例，首先显示左上角的第一列的上半部分，即第0列的P00～P07口，方向为P00到P07，显示汉字“欢”时，P02、P04点亮，即二进制序列为00101000，转换成十六进制为28h。上半部第一列扫描完成后，继续扫描下半部的第一列，即从P27向P20方向扫描，二进制序列为00000100，十六进制则为04H。依照这个方法转向第二列、第三列……直至第十六列的扫描，一共扫描32个8位，可以得出汉字“欢”的扫描代码。

在读汉字码的时候注意到，汉字码的生成与扫描顺序有关，同时也与编码方式有关。上述扫描中点亮的部分编码为“1”，不亮的部分编码为“0”，若修改上述规则，即点亮的部分编码为“0”，不亮的部分编码为“1”，则得到的汉字编码随即改变。

从上述的编码可以看到，手工方式编码工作量较大。可使用字模获取工具提取汉字编码。目前有许多字模生成软件，软件打开后输入汉字，点“检取”，十六进制数据的汉字代码即可自动生成，但需用户根据硬件连接方法及点阵的驱动方式选择扫描顺序及编码方式，如图7-4所示。

7.1.3 基于PROTEUS的电路仿真

采用74LS154作为列译码器构建基于AT89S51的16×16汉字显示电路，电路如图7-5所示。

采用P1口的低4位提供列信号，P0、P2口提供行信号。接着提取待显示汉字

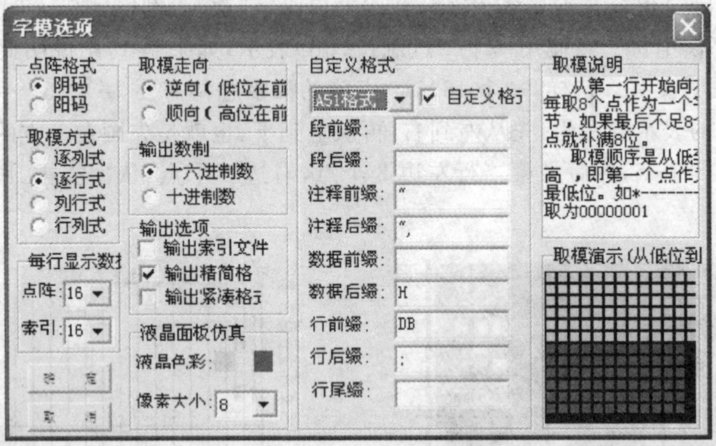

图 7-4　字模生成软件设置窗口

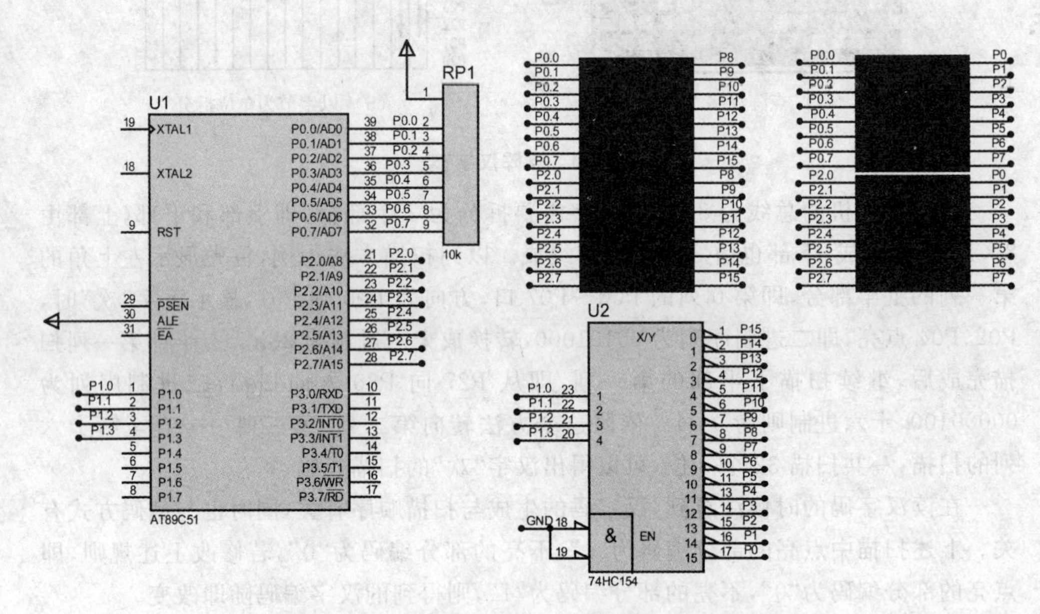

图 7-5　采用 74LS154 作为列译码器的 16×16 汉字显示电路

“师范大学”。在使用字模生成软件提取汉字之前，首先需要测试 LED 点阵的引脚排列与对应二极管的位置关系。以图 7-6 为例。

从图中测试结果可知，其列的最低位位于最左端，列的最高位位于最右端；行的最低位位于最上端，行的最高位位于最下端，其行码为高电平时有效。有了上述测试信号后，可设置字模提取软件的相关参数，如图 7-7 所示。

根据设置，生成的字模如下：

DB 00H 40H FCH 27H 00H 10H 00H 0EH FFH 01H 00H 00H F2H 0FH

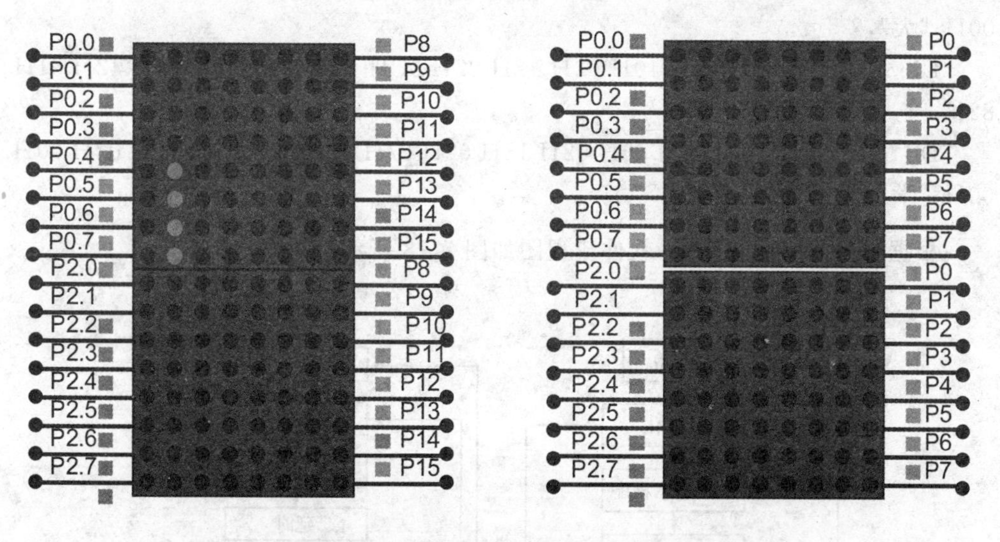

图 7－6　测试 LED 点阵的引脚排列与对应二极管的位置关系

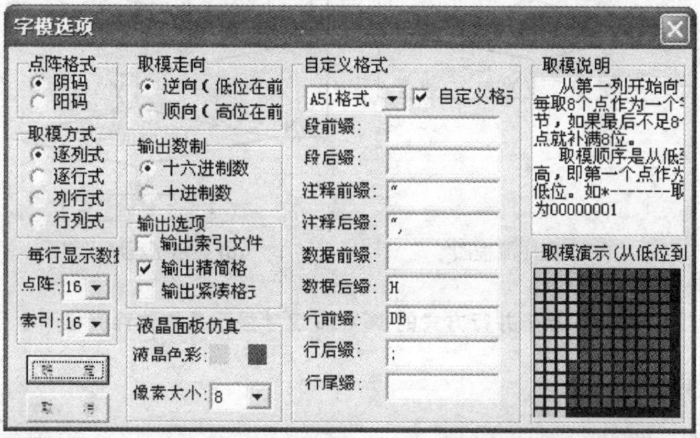

字模选项
点阵格式
阴码
阳码
取模方式
逐列式
逐行式
列行式
行列式
每行显示数据
点阵: 16
索引: 16
确定
取消
取模走向
逆向（低位在前
顺向（高位在前
输出数制
十六进制数
十进制数
输出选项
输出索引文件
输出精简格
输出紧凑格式
液晶面板仿真
液晶色彩:
像素大小: 8
自定义格式
A51格式
自定义格式
段前缀:
段后缀:
注释前缀: "
注释后缀: ",
数据前缀:
数据后缀: H
行前缀: DB
行后缀: ;
行尾缀:
取模说明
从第一列开始向下每取8个点作为一个字节，如果最后不足8个点就补满8位。
取模顺序是从低到高，即第一个点作为最低位。如*-------取为00000001
取模演示（从低位到

图 7－7　根据电路特性设置字模软件参数

12H 00H;

DB 12H 00H 12H 00H FEH FFH 12H 00H 12H 04H 12H 08H F2H 07H 00H 00H;"师",0

DB 44H 08H 94H 09H A4H F8H 64H 04H 04H 03H 0FH 00H 04H 00H E4H 3FH;

DB 24H 40H 2CH 40H 2FH 42H 24H 46H E4H 43H 04H 70H 04H 00H 00H 00H;"范",1

DB 20H 00H 20H 80H 20H 40H 20H 20H 20H 10H 20H 0CH A0H 03H 7FH 00H;

DB A0H 01H 20H 06H 20H 08H 20H 30H 20H 60H 20H C0H 20H 40H 00H

00H;"大",2

DB 40H 00H 30H 02H 10H 02H 12H 02H 5CH 02H 54H 02H 50H 42H 51H 82H;

DB 5EH 7FH D4H 02H 50H 02H 18H 02H 57H 02H 32H 02H 10H 02H 00H 00H;"学",3

根据硬件电路编写软件，软件流程图如图 7－8 所示。

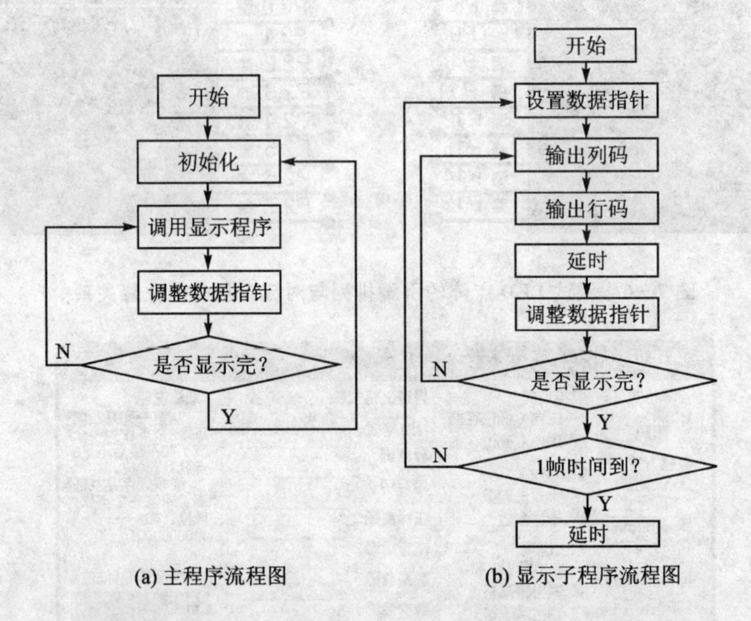

图 7－8　基于并行方式的 16×16 汉字显示系统软件流程图

系统软件程序如下：

```
        ORG   0000H
        LJMP  MAIN
        ORG   0030H
MAIN:   MOV   SP,#60H
        MOV   30H,#04H
        MOV   32H,05H
        MOV   DPTR,#TAB
L1:     LCALL MIC
        MOV   A,DPL
        ADD   A,#32
        MOV   DPL,A
        MOV   A,DPH
        ADDC  A,#00H
        MOV   DPH,A
```

```
        DJNZ  30H,L1
        LJMP  MAIN
MIC:    MOV   R0,#00
        MOV   R1,#00H
        MOV   R2,#10H
EN:     MOV   P1,R1
        MOV   A,R0
        MOVC  A,@A+DPTR
        MOV   P0,A
        INC   R0
        MOV   A,R0
        MOVC  A,@A+DPTR
        MOV   P2,A
        MOV   31H,40H
L2:     LCALL DELAY
        DJNZ  31H,L2
        INC   R0
        INC   R1
        DJNZ  R2,EN
        DJNZ  32H,MIC
        RET
DELAY:  MOV   R3,#01H
LOOP:   DJNZ  R3,LOOP
        RET

TAB:    DB    00H,40H,0FCH,27H,00H,10H,00H,0EH,0FFH,01H,00H,00H,0F2H,0FH,12H,00H;
        DB    12H,00H,12H,00H,0FEH,0FFH,12H,00H,12H,04H,12H,08H,0F2H,07H,00H,
00H;"师
        DB    44H,08H,94H,09H,0A4H,0F8H,64H,04H,04H,03H,0FH,00H,04H,00H,0E4H,3FH;
        DB    24H,40H,2CH,40H,2FH,42H,24H,46H,0E4H,43H,04H,70H,04H,00H,00H,
00H;"范
        DB    20H,00H,20H,80H,20H,40H,20H,20H,20H,10H,20H,0CH,0A0H,03H,7FH,00H;
        DB    0A0H,01H,20H,06H,20H,08H,20H,30H,20H,60H,20H,0C0H,20H,40H,00H,
00H;"大
        DB    40H,00H,30H,02H,10H,02H,12H,02H,5CH,02H,54H,02H,50H,42H,51H,82H;
        DB    5EH,7FH,0D4H,02H,50H,02H,18H,02H,57H,02H,32H,02H,10H,02H,00H,
00H;"学
END
```

系统的仿真结果如图 7－9 所示。

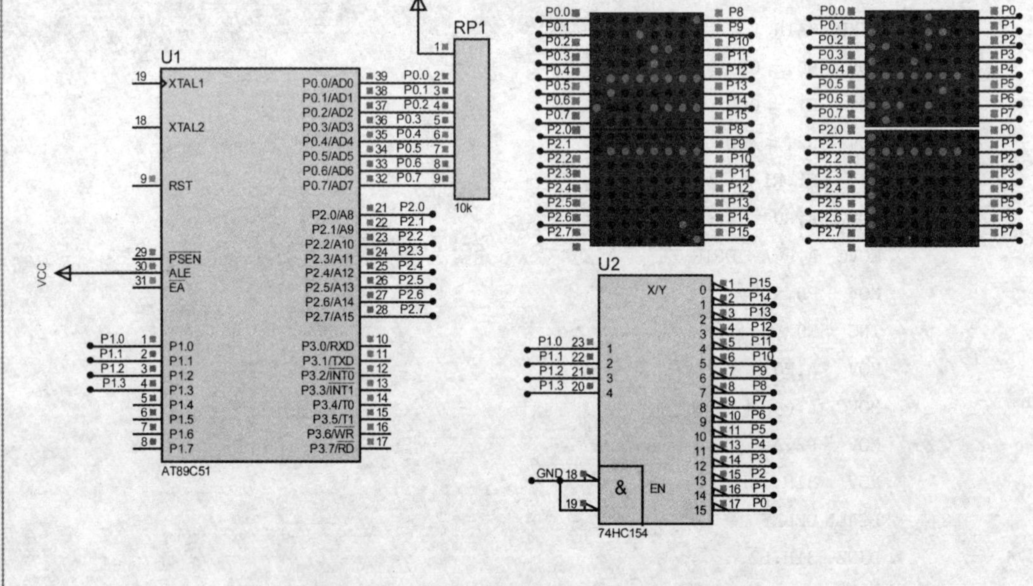

图 7-9 基于并行口的汉字显示仿真结果

7.2 基于串行方式的16×16点阵汉字静态显示系统设计

与并行方式相比,采用串行传输的方法控制电路可以只用一根信号线,将列数据一位一位传往列驱动器,这样就释放了许多I/O。将串行数据转换为并行数据的芯片中,应用较多的有CD4094、74HC595。

7.2.1 基于CD4094的串行16×16点阵LED显示器的驱动电路

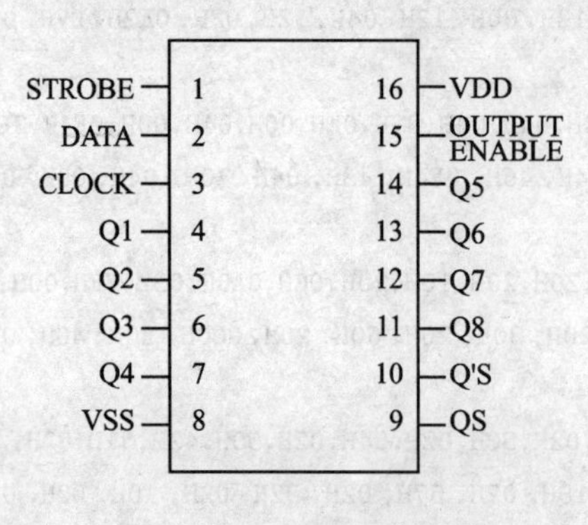

图 7-10 CD4094引脚图

CD4094是带输出锁存和三态控制的串入/并出高速转换器,具有使用简单、功耗低、驱动能力强和控制灵活等优点。CD4094的引脚定义如图7-10所示。

其中,1脚为锁存端,2脚为串行数据输入端,3脚为串行时钟端。1脚为高电平时,8位并行输出口Q1～Q8在时钟的上升沿随串行输入而变化;1脚为低电平时,输出锁定。利用锁存端可方便地进行片选和级联输出控制。15脚为并行输出状态控制端。15脚为低电平时,并行输出端处在高阻状态,在用CD4094作显示输出时,可使显示数码闪烁。9脚QS、10脚Q'S是串行数据输出端,用于级联。QS端在第9个串行时钟的上升沿开始输出，Q′S端在第9个串行时钟的下降沿开始输出。当CD4094电源为5 V时，输出电流大于3.2 mA，灌电流为1 mA。串行时钟频率可达2.5 MHz。其真值表如表7-1所列。

表7-1　CD4094真值表

CLOCK	OUTPUT ENABLE	STROBE	DATA	并行输出		串行输出	
				Q1	QN	Q′S	QS
↑	0	X	X	三态	三态	Q7	不变
↓	0	X	X	三态	三态	不变	Q7
↑	1	0	X	不变	不变	Q7	不变
↑	1	1	0	0	QN-1	Q7	不变
↑	1	1	1	1	QN-1	Q7	不变
↓	1	1	1	不变	不变	不变	Q7

16×16点阵需要16个驱动口，因此需要两个CD4094级联。两个CD4094级联的方式如图7-11所示。

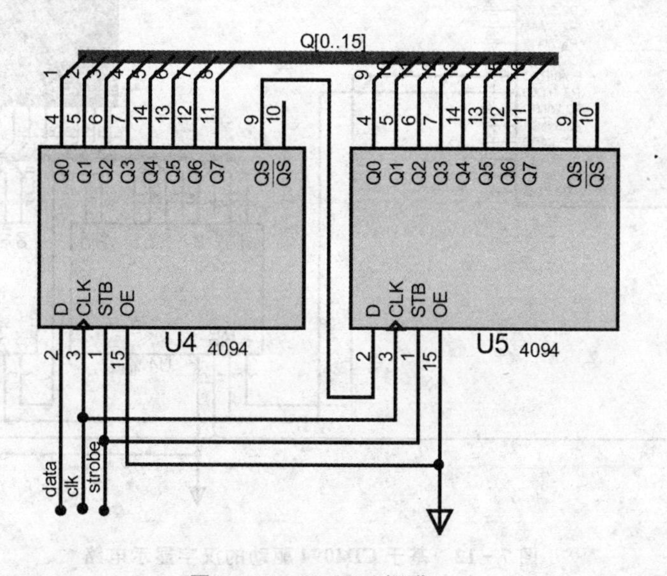

图7-11　CD4094级联

其中，另一路信号的驱动也可由两片74LS38级联构成4-16译码器。基于CD4094驱动的汉字显示电路如图7-12所示。

根据CD4094的工作原理编写程序。程序如下：

```
        ORG     0000H
        LJMP    MAIN
        ORG     0030H
```

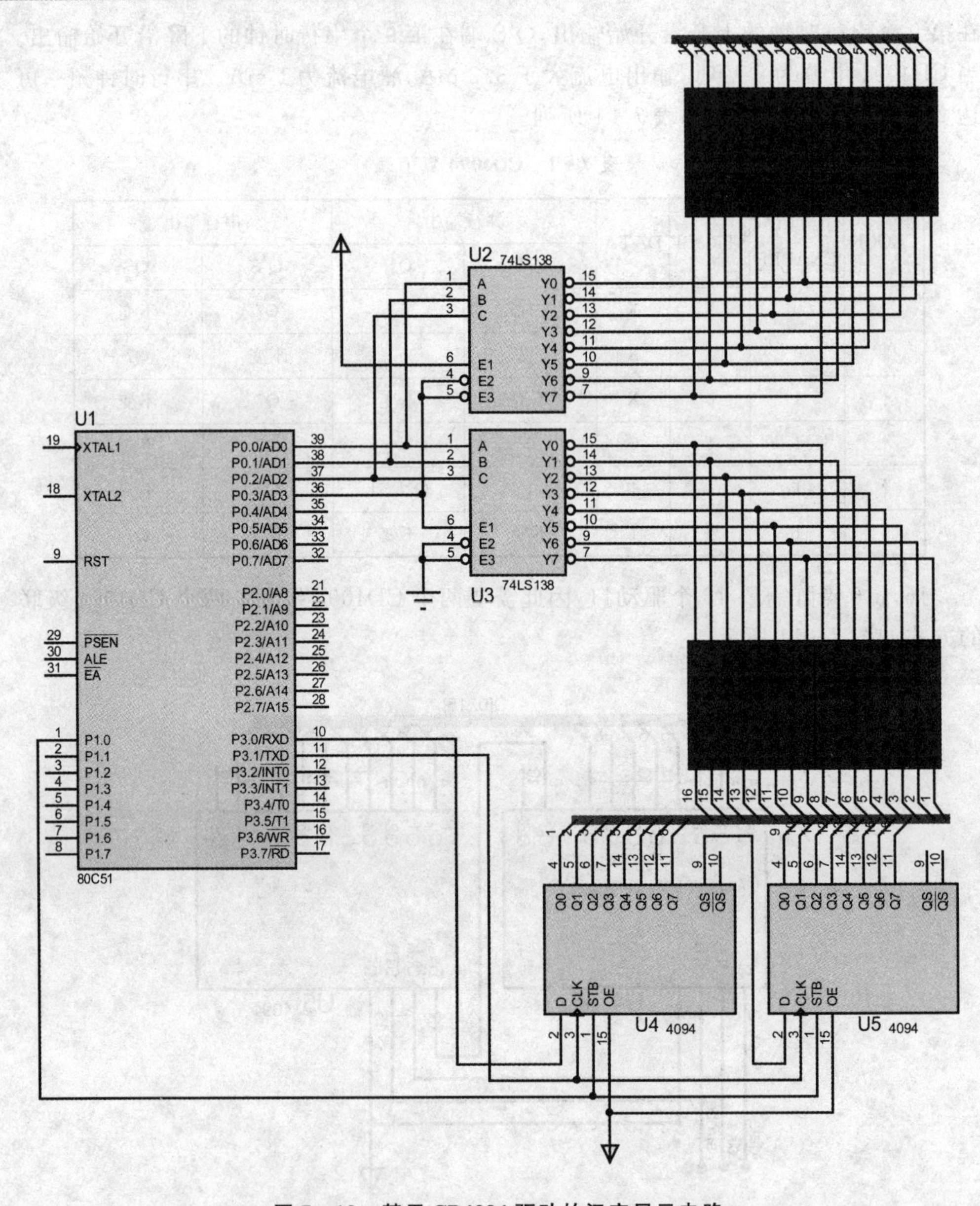

图 7 - 12　基于 CD4094 驱动的汉字显示电路

```
MAIN:   MOV     SP,#60H
        MOV     P1,#00H             ;初始化点阵库 LED
        SETB    P3.1                ;将 P1.0 置为高电平,为后面做准备
W_1:    MOV     R0,#04H
W_2:    LCALL   LOOP
        DJNZ    R0,W_2              ;不断进行扫描显示
        ACALL   W_1
LOOP:   MOV     R5,#10H
```

```
LOOP1:  MOV     R6,#10H
DISP1:  MOV     R7,#00H          ;先对所有点阵的第一行进行扫描
        MOV     A,R0
        CJNE    A,#04,RK1
        MOV     R1,#00H          ;用做偏移量
        JMP     F1
RK1:    CJNE    A,#03,RK2
        MOV     R1,#20H          ;用做偏移量
        JMP     F1
RK2:    CJNE    A,#02,RK3
        MOV     R1,#40H          ;用做偏移量
        JMP     F1
RK3:    MOV     R1,#60H          ;用做偏移量
F1:     MOV     DPTR,#TAB        ;表首地址
LOOP6:  CLR     P1.0
        MOV     P0,R7
        MOV     R3,#02H          ;一次循环要送出 2 个点阵 LED 的同一列
        MOV     R4,#08H          ;每个码要发送 8 次才能发送完
LOOP5:  MOV     A,R1             ;取偏移量
        MOVC    A,@A+DPTR        ;查表
        CLR     C                ;置进位为零
LOOP3:  RLC     A                ;将 A 的内容循环移到 C 中
        MOV     P3.0,C           ;这里 P3.0 是数据输出端
        CLR     P3.1
        SETB    P3.1             ;形成一次脉冲
        DJNZ    R4,LOOP3
        DJNZ    R3,LOOP4
        SETB    P1.0
        LCALL   DELAY
        INC     R1
        INC     R7
        DJNZ    R6,LOOP6
        DJNZ    R5,LOOP1
        RET
LOOP4:  MOV     R4,#08H
        INC     R1
        LJMP    LOOP5
DELAY:  MOV     R4,#0fh
B1:     MOV     R3,#04fh
        DJNZ    R3,$
        DJNZ    R4,B1
        RET

TAB:    DB 08H,00H,0BH,0FEH,48H,20H,48H,20H,4BH,0FEH,4AH,22H,4AH,22H,4AH,22H;
        DB 4AH,22H,52H,22H,52H,2AH,12H,24H,20H,20H,40H,20H,80H,20H,00H,20H;
"师",0
        DB 04H,20H,04H,20H,0FFH,0FEH,04H,60H,40H,00H,31H,0F8H,91H,08H,61H,08H;
        DB 49H,08H,09H,38H,11H,10H,0E1H,00H,21H,04H,21H,04H,20H,0FCH,20H,00H;
"范",1
        DB 01H,00H,01H,00H,01H,00H,01H,00H,01H,00H,0FFH,0FEH,01H,00H,02H,80H;
```

```
        DB 02H,80H,02H,40H,04H,40H,04H,20H,08H,10H,10H,18H,20H,0EH,40H,04H;
"大",2
        DB 01H,08H,10H,8CH,0CH,0C8H,08H,90H,7FH,0FEH,40H,04H,8FH,0E8H,00H,40H;
        DB 00H,80H,7FH,0FEH,00H,80H,00H,80H,00H,80H,00H,80H,02H,80H,01H,00H;
"学",3
END
```

系统仿真结果如图7-13所示。

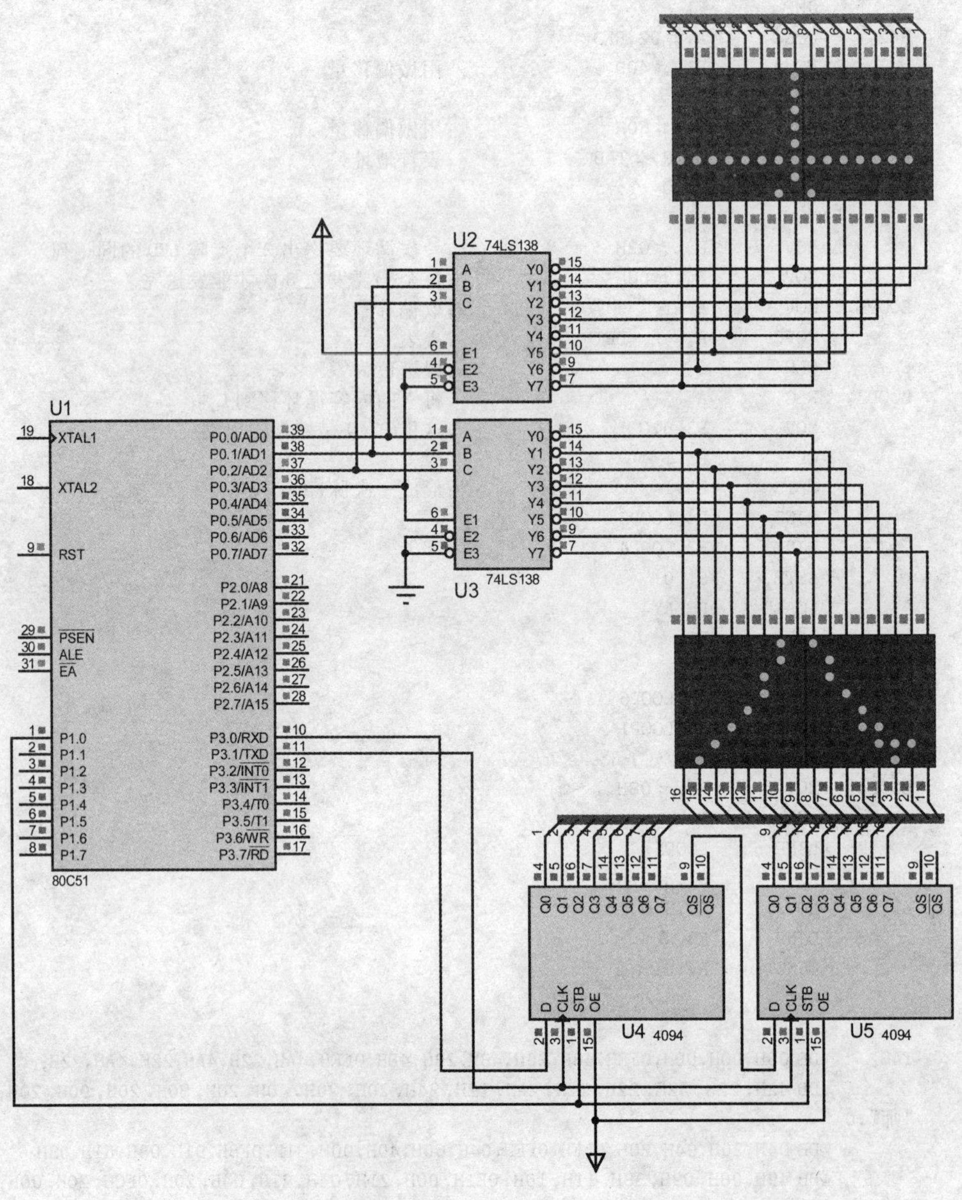

图7-13　基于CD4094的串行16×16点阵LED汉字显示系统仿真结果

7.2.2 基于74HC595的串行16×16点阵LED显示器的驱动电路

从串行传输的方法可以看出,控制电路可以只用一根信号线,将列数据一位一位传往列驱动器,在硬件方面无疑是十分经济的。但是,串行传输过程较长,数据按顺序一位一位地输出给列驱动器,只有当一行的各列数据都已传输到位之后,这一行的各列才能并行地进行显示。这样,对于一行的显示过程就可以分解成数据准备(传输)和数据显示两个部分。对于串行传输方式来说,数据准备时间可能相当长,在行扫描周期确定的情况下,留给行显示的时间就太少了,以至影响到LED的亮度。

解决串行传输中列数据准备和列数据显示的时间矛盾的问题,可以采用重叠处理的方法,即在显示本行各列数据的同时,传送下一行的列数据。74HC595是一款漏极开路输出的CMOS移位寄存器,输出端口为可控的三态输出端,亦能串行输出控制下一级级联芯片。它具有一个8位串入并出的移位寄存器和一个8位输出锁存器的结构,而且移位寄存器和输出锁存器的控制是各自独立的,可以实现在显示本行各列数据的同时,传送下一行的列数据,即达到重叠处理的目的。74HC595的引脚如图7-14所示。

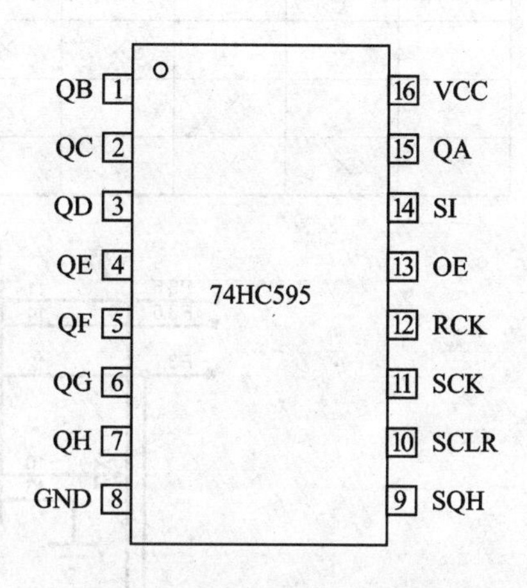

图7-14 74HC595引脚图

它的输入侧有8个串行移位寄存器,每个移位寄存器的输出都连接一个输出锁存器。引脚SI是串行数据的输入端。引脚SCK是移位寄存器的移位时钟脉冲,在其上升沿发生移位,并将SI的下一个数据移入最低位。移位后的各位信号出现在各移位寄存器的输出端,也就是输出锁存器的输入端。RCK是输出锁存器的移入信号,其上升沿将移位寄存器的输出移入到输出锁存器。引脚QG是输出三态门的开放信号,只有当其为低时锁存器的输出才开放,否则为高阻态。SCLR信号是移位寄存器的清零输入端,当其为低时移位寄存器的输出全部为零。由于SCK和RCK两个信号是互相独立的,所以能够做到输入串行移位与输出锁存互不干扰。芯片的输出端为QA～QH,最高位QH可作为多片74HC595级联应用时,向上一级的级联输出。但因QH受输出锁存器移入控制,所以还从输出锁存器前引出了QH′,作为与移位寄存器完全同步的级联输出。其真值表如表7-2所列。

16×16点阵需要16个驱动口,因此需要两个74HC595级联。两个74HC595级联的方式如图7-15所示。

表7-2 74HC595真值表

输入引脚					输出引脚
SI	SCK	SCLR	RCK	OE	
×	×	×	×	H	QA～QH输出高阻
×	×	×	×	L	QA～QH输出有效值
×	×	L	×	×	移位寄存器清零
L	↑	H	×	×	移位寄存器存储L
H	↑	H	×	×	移位寄存器存储H
×	↓	H	×	×	移位寄存器状态保持
×	×	×	↑	×	输出寄存器锁存移位寄存器中的状态值
×	×	×	↓	×	输出寄存器状态保持

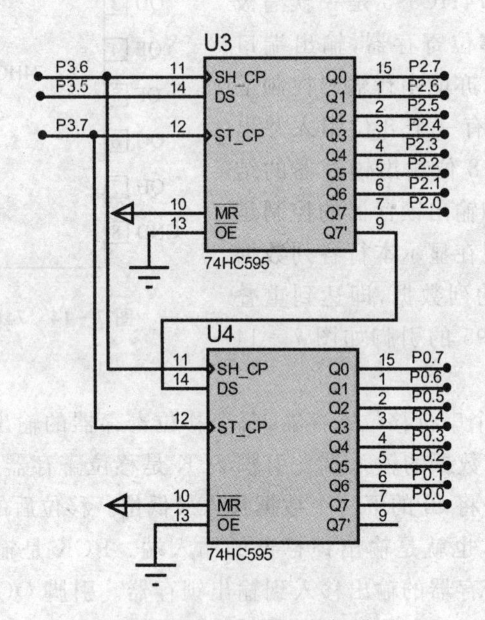

图7-15 74HC595级联

基于74HC595驱动的汉字显示电路如图7-16所示。

根据74HC595的工作原理编写程序，程序如下：

```
                                ;*****接口定义：
DS_595    EQU     P3.5          ;串行数据输入(595-14)
CH_595    EQU     P3.6          ;移位时钟脉冲(595-11)
CT_595    EQU     P3.7          ;输出锁存器控制脉冲(595-12)
          ORG     0000H
          LJMP    MAIN
```

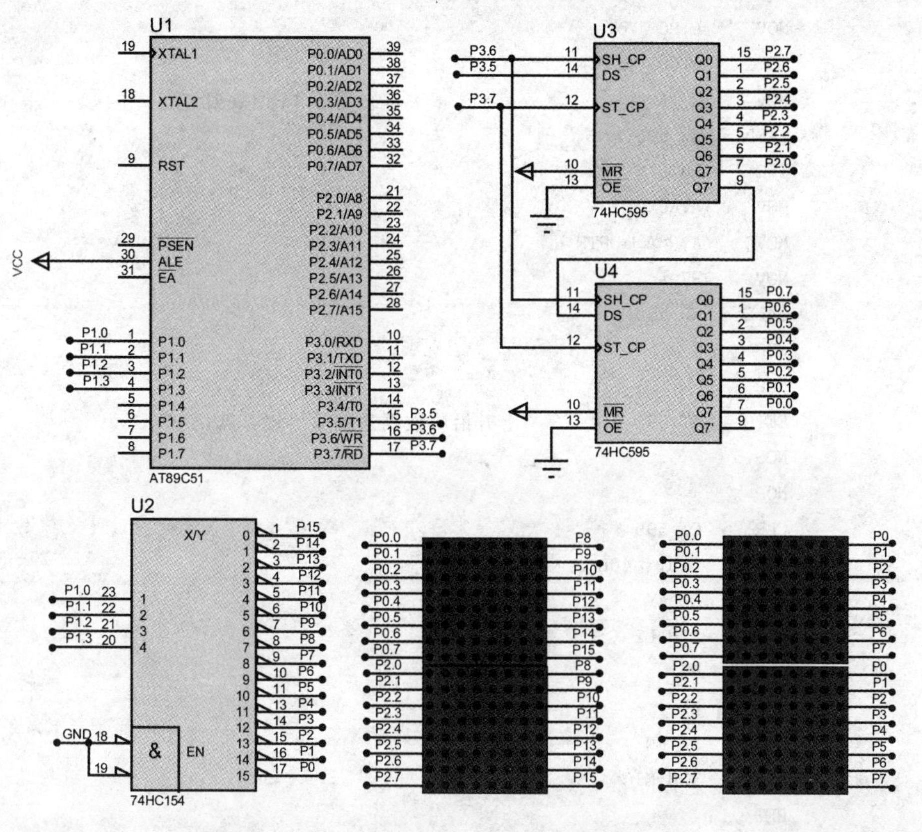

图7-16 基于74HC595驱动的汉字显示电路

```
        ORG     0030H
MAIN:   MOV     SP,#60H
        MOV     30H,#04H
        MOV     32H,05H
        MOV     DPTR,#TAB
L1:     LCALL   MIC
        MOV     A,DPL
        ADD     A,#32
        MOV     DPL,A
        MOV     A,DPH
        ADDC    A,#00H
        MOV     DPH,A
        DJNZ    30H,L1
        LJMP    MAIN
MIC:    MOV     R0,#00
        MOV     R1,#00H
        MOV     R2,#10H
EN:     MOV     P1,R1
```

```
        MOV     A,R0
        MOVC    A,@A+DPTR
        MOV     R7,A            ;*****串行输入16位数据
        CALL    WR_595
        INC     R0
        MOV     A,R0
        MOVC    A,@A+DPTR
        MOV     R7,A
        CALL    WR_595
        NOP
        NOP
        SETB    CT_595          ;上升沿将数据送到输出锁存器,显示
        NOP
        NOP
        CLR     CT_595
        MOV     31H,#40H
L2:     LCALL   DELAY
        DJNZ    31H,L2
        INC     R0
        INC     R1
        DJNZ    R2,EN
        DJNZ    32H,MIC
        RET
WR_595: MOV     R4,#08H         ;一个字节数据(8位)
        MOV     A,R7            ;第一步:准备移入74HC595数据
        CLR     C
LOOP:   RLC     A               ;数据移位
        MOV     DS_595,C        ;送数据到串行数据输入端上(P1.0)
                                ;第二步:产生一上升沿将数据移入74HC595
        CLR     CH_595          ;拉低移位时钟
        NOP
        NOP
        setb    CH_595          ;上升沿发生移位(移入一数据)
        DJNZ    R4,LOOP         ;一个字节数据没移完继续
        RET
DELAY:  MOV     R3,#01H
LOOP1:
        DJNZ    R3,LOOP1
        RET

TAB: DB 00H,02H,3FH,0E4H,00H,08H,00H,70H,0FFH,80H,00H,00H,4FH,0F0H,48H,00H;
     DB 48H,00H,48H,00H,7FH,0FFH,48H,00H,48H,20H,48H,10H,4FH,0E0H,00H,00H;"师",0
```

```
        DB 22H,10H,29H,90H,25H,1FH,26H,20H,20H,0C0H,0F0H,00H,20H,00H,27H,0FCH;
        DB 24H,02H,34H,02H,0F4H,42H,24H,62H,27H,0C2H,20H,0EH,20H,00H,00H,00H;"范",1
        DB 04H,00H,04H,01H,04H,02H,04H,04H,04H,08H,04H,30H,05H,0C0H,0FEH,00H;
        DB 05H,80H,04H,60H,04H,10H,04H,0CH,04H,06H,04H,03H,04H,02H,00H,00H;"大",2
        DB 02H,00H,0CH,40H,08H,40H,48H,40H,3AH,40H,2AH,40H,0AH,42H,8AH,41H;
        DB 7AH,0FEH,2BH,40H,0AH,40H,18H,40H,0EAH,40H,4CH,40H,08H,40H,00H,00H;"学",3
END
```

系统仿真结果如图7-17所示。

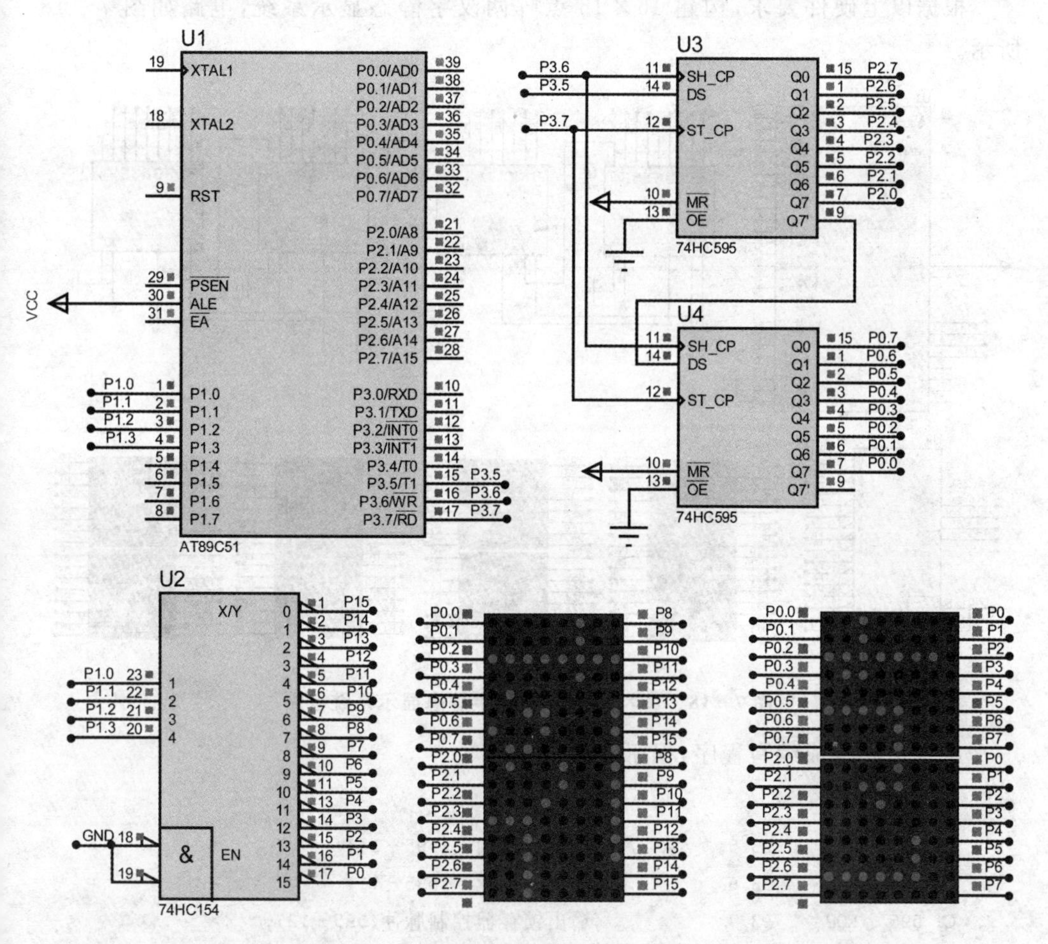

图7-17 基于74HC595的串行16×16点阵LED汉字显示系统仿真结果

7.3 16×16点阵多汉字静态显示系统设计

在16×16点阵单字显示系统设计的基础上,扩展显示器即可实现多字的显示。但需要注意的是:当采用并行方式时,从控制电路到驱动器的线路数量较大,因此通常采用串行传输的方法。在串行传输中，为了避免串行传输过程较长而引发的数据准备过程太长，导致LED的行(或列)显示的时间太短，以致影响到LED亮度的情形的发生，可以采用重叠处理的方法，即在显示本行各列数据的同时，传送下一列数据。这就要求驱动电路具有串入并出的移位功能、并行锁存功能，且移位与锁存功能独立控制。

基于动态扫描方式的16×16 LED点阵屏显示一个汉字时，利用人眼的视觉暂留效应，只要刷新速率不小于25帧/秒，就不会有闪烁的感觉。

根据以上硬件要求，构建16×16点阵两汉字静态显示系统，电路如图7-18所示。

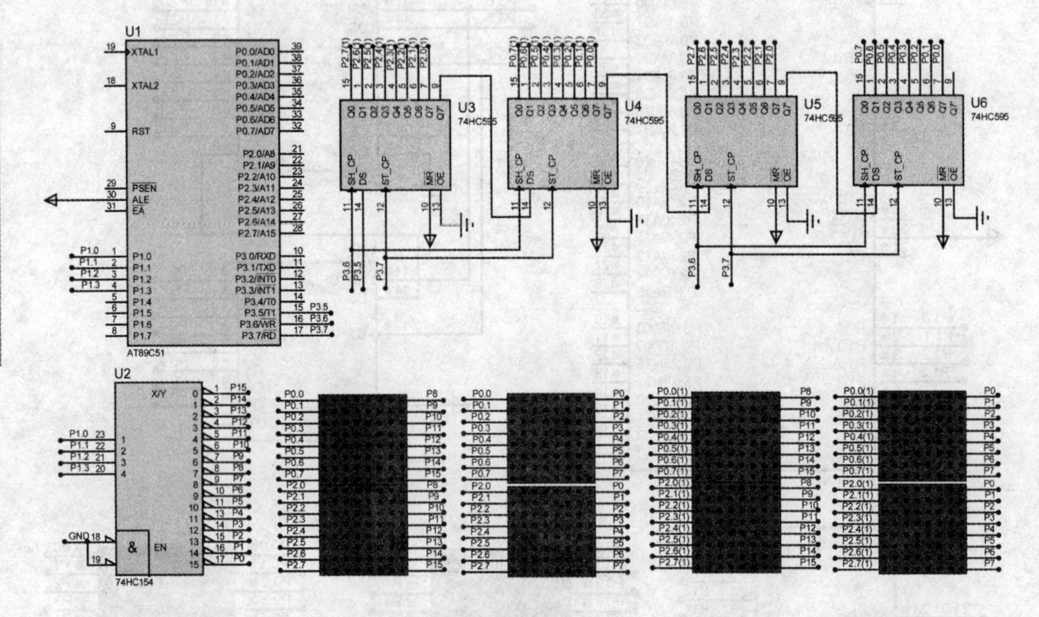

图7-18　16×16点阵两汉字静态显示系统电路

根据电路构成编写程序，程序清单如下：

```
                               ;*****接口定义:
DS_595   EQU    P3.5           ;串行数据输入(595-14)
CH_595   EQU    P3.6           ;移位时钟脉冲(595-11)
CT_595   EQU    P3.7           ;输出锁存器控制脉冲(595-12)
         ORG    0000H
         LJMP   MAIN
         ORG    0030H
MAIN:    MOV    SP,#60H
         MOV    30H,#02H
         MOV    32H,02H
         MOV    DPTR,#TAB
```

```
L1:     LCALL   MIC
        MOV     A,DPL
        ADD     A,#64
        MOV     DPL,A
        MOV     A,DPH
        ADDC    A,#00H
        MOV     DPH,A
        DJNZ    30H,L1
        LJMP    MAIN
MIC:    MOV     R0,#00
        MOV     R1,#00H
        MOV     R2,#10H
EN:     MOV     P1,R1
        MOV     A,R0
        MOVC    A,@A+DPTR
        MOV     R7,A            ;*****串行输入16位数据
        CALL    WR_595
        INC     R0
        MOV     A,R0
        MOVC    A,@A+DPTR
        MOV     R7,A
        CALL    WR_595
        NOP
        NOP
        SETB    CT_595          ;上升沿将数据送到输出锁存器,显示
        NOP
        NOP
        CLR     CT_595
        DEC     R0
        MOV     A,R0
        ADD     A,#20H
        MOVC    A,@A+DPTR
        MOV     R7,A            ;*****串行输入16位数据
        CALL    WR_595
        INC     R0
        MOV     A,R0
        ADD     A,#32
        MOVC    A,@A+DPTR
        MOV     R7,A
        CALL    WR_595
        NOP
        NOP
```

```
          SETB    CT_595          ;上升沿将数据送到输出锁存器,显示
          NOP
          NOP
          CLR     CT_595
          MOV     31H,#40H
L2:       LCALL   DELAY
          DJNZ    31H,L2
          INC     R0
          INC     R1
          DJNZ    R2,EN
          DJNZ    32H,MIC
          RET
WR_595:   MOV     R4,#08H         ;一个字节数据(8位)
          MOV     A,R7            ;第一步:准备移入74HC595数据
          CLR     C
LOOP:     RLC     A               ;数据移位
          MOV     DS_595,C        ;送数据到串行数据输入端上(P1.0)
                                  ;第二步:产生一上升沿将数据移入74HC595
          CLR     CH_595          ;拉低移位时钟
          NOP
          NOP
          setb    CH_595          ;上升沿发生移位(移入一数据)
          DJNZ    R4,LOOP         ;一个字节数据没移完继续
          RET
DELAY:    MOV     R3,#01H
LOOP1:
          DJNZ    R3,LOOP1
          RET

TAB: DB 00H,02H,3FH,0E4H,00H,08H,00H,70H,0FFH,80H,00H,00H,4FH,0F0H,48H,00H;
     DB 48H,00H,48H,00H,7FH,0FFH,48H,00H,48H,20H,48H,10H,4FH,0E0H,00H,00H;"师",0
     DB 22H,10H,29H,90H,25H,1FH,26H,20H,20H,0C0H,0F0H,00H,20H,00H,27H,0FCH;
     DB 24H,02H,34H,02H,0F4H,42H,24H,62H,27H,0C2H,20H,0EH,20H,00H,00H,00H;"范",1
     DB 04H,00H,04H,01H,04H,02H,04H,04H,04H,08H,04H,30H,05H,0C0H,0FEH,00H;
     DB 05H,80H,04H,60H,04H,10H,04H,0CH,04H,06H,04H,03H,04H,02H,00H,00H;"大",2
     DB 02H,00H,0CH,40H,08H,40H,48H,40H,3AH,40H,2AH,40H,0AH,42H,8AH,41H;
     DB 7AH,0FEH,2BH,40H,0AH,40H,18H,40H,0EAH,40H,4CH,40H,08H,40H,00H,00H;"学",3
END
```

在PROTEUS中进行仿真,仿真结果如图7-19所示。

当需要继续扩展显示时,在硬件上只需将74HC595级联,并将输出接入新扩展的LED点阵上即可。程序框架如下:

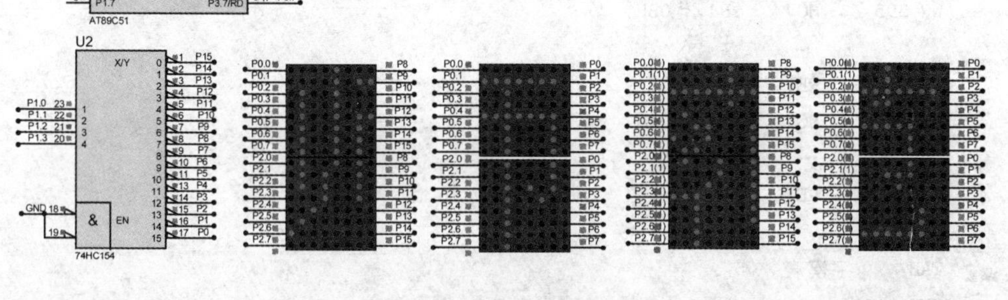

图 7-19 电路仿真结果

```
                                ;*****接口定义:
DS_595      EQU     P3.5        ;串行数据输入(595-14)
            …
            ORG     0000H
            LJMP    MAIN
            ORG     0030H
MAIN:       MOV     SP,#60H
            …
            MOV     30H,#02H    →定义欲显示的汉字屏数
            MOV     32H,02H     →定义每帧显示的时间
            …
            ADD     A,#64       →定义下一屏字模存放位置的偏移量
            …
MIC:        MOV     R0,#00
            …
EN:         MOV     P1,R1
            MOV     A,R0
            MOVC    A,@A+DPTR
            MOV     R7,A        →第一个汉字串行输入16位数据
            CALL    WR_595
            …
            DEC     R0
            MOV     A,R0
```

```
            ADD     A,#20H
            MOVC    A,@A+DPTR
            MOV     R7,A            →第二个汉字串行输入 16 位数据
            CALL    WR_595
            …                       →如需显示第三个或更多,须在此处串行输入 16 位数据
            MOV     31H,#40H
L2:         LCALL   DELAY
            …
            RET
WR_595:     MOV     R4,#08H
            …
            RET
DELAY:      MOV     R3,#01H
            …
            RET

TAB:    字模表
END
```

7.4　16×16 点阵汉字显示电路电路板制作

以基于 74HC595 的串行 16×16 点阵 LED 显示电路为例。将系统划分为单片机最小系统部分及外设部分。单片机最小系统部分已在本书的第 6 章讲解,此处不再赘述。外设部分中的 16×16 点阵,可以由 4 块 8×8 点阵组合而成,也可采用 1 块 16×16 点阵。在此,采用 1 块 16×16 的点阵。Protel 中不包含 16×16 点阵元件及其封装,因此,首先需要制作点阵元件及封装。在制作元件或封装时,需要元件外观尺寸、引脚的排布位置及各引脚功能的信息,在准备好上述数据后,即可制作元件及其封装。以 LM-2256 点阵为例,其外观及引脚分布如图 7-20 所示。

其引脚分配表如表 7-3 所列。

表 7-3　LM-2256 点阵引脚分配表

引脚编号	功　能	引脚编号	功　能
1	A 阴极	8	12 阳极
2	C 阴极	9	13 阳极
3	D 阴极	10	14 阳极
4	B 阴极	11	15 阳极
5	9 阳极	12	16 阳极
6	10 阳极	13	H 阴极
7	11 阳极	14	F 阴极

续表 7-3

引脚编号	功　能	引脚编号	功　能
15	E阴极	24	4阳极
16	G阴极	25	5阳极
17	J阴极	26	6阳极
18	L阴极	27	7阳极
19	K阴极	28	8阳极
20	I阴极	29	0阴极
21	1阳极	30	M阴极
22	2阳极	31	N阴极
23	3阳极	32	P阴极

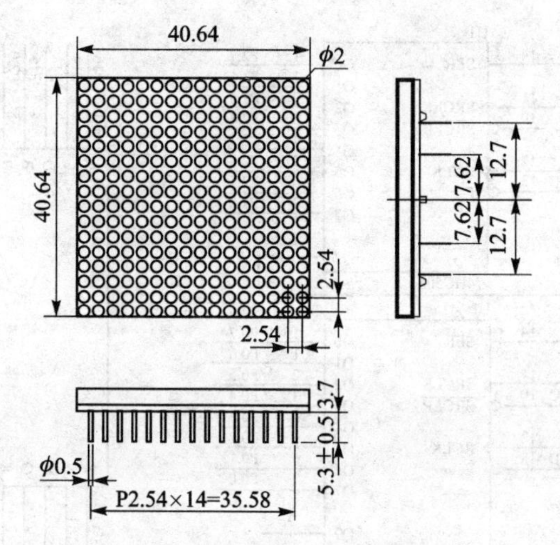

（a）LM-2256点阵外观（数据单位为mm）

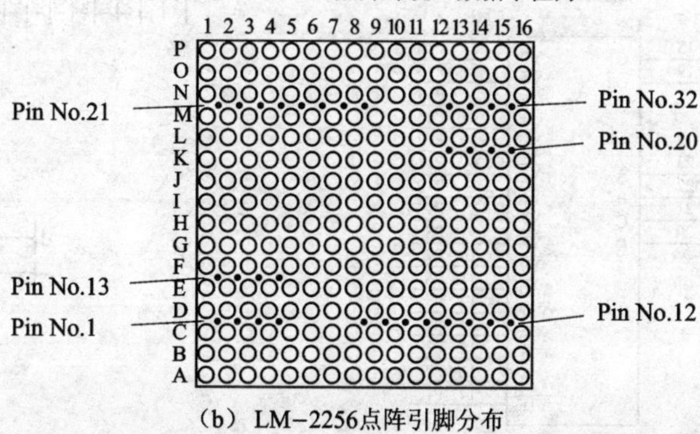

（b）LM-2256点阵引脚分布

图 7-20　LM-2256 点阵外观及引脚分布

根据以上信息制作16×16点阵元件及其封装，如图7-21所示。

16×16点阵LED显示部分电路如图7-22所示。

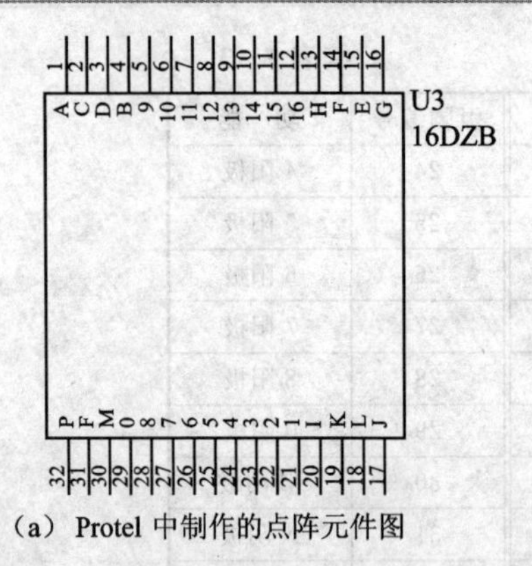

（a） Protel 中制作的点阵元件图

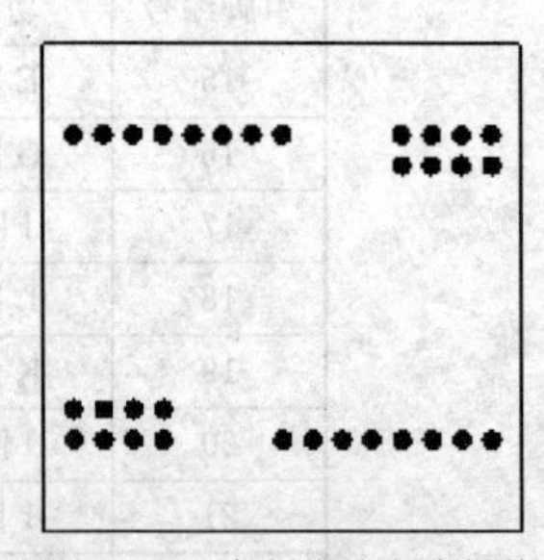

（b） Protel 中制作的点阵封装

图 7-21 Protel 中制作的 16×16 点阵元件及其封装

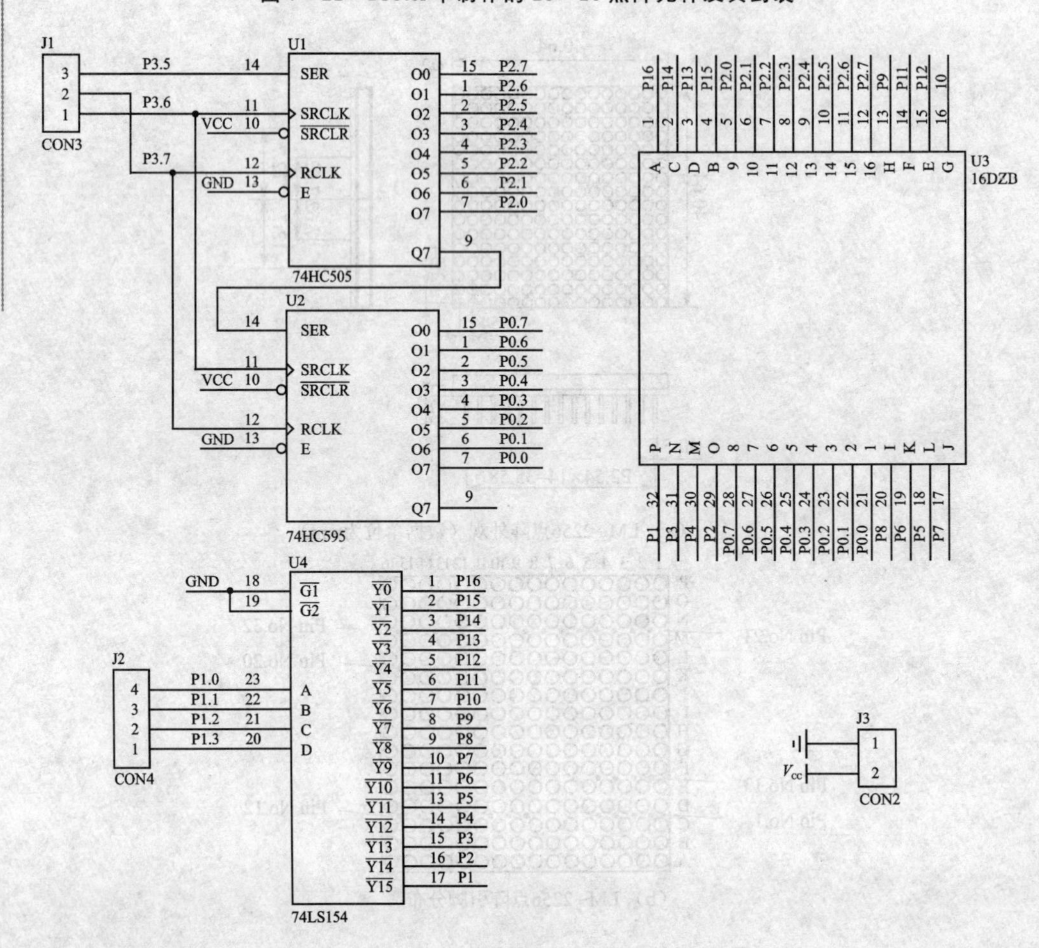

图 7-22 显示部分电路图

将电路导入到 PCB 窗口后进行布局、布线。当制作单面板时，为了使布线结果能够满足要求，可适当调整原理图的连线关系，如图 7-23 所示。

从图7-23可知，CON3为3针连接器，如能将其左侧引脚与右侧两个引脚位置互换，则可优化PCB的电路。更换方法如图7-24所示。

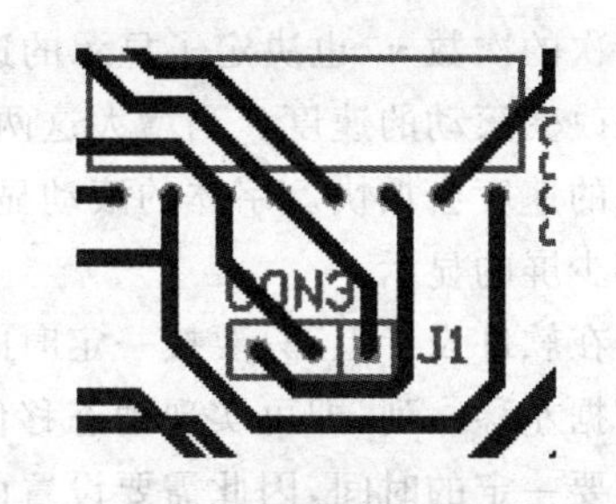

图7-23　适当调整原理图的连线关系

此外，由于单面板无法交叉走线，因此在单面板的设计中必然存在无法布通的情况。此时，可在电路中放置过孔，虚拟双层板的设计，在将底层制作好后，用导线连接虚拟顶层走线，如图7-25所示。

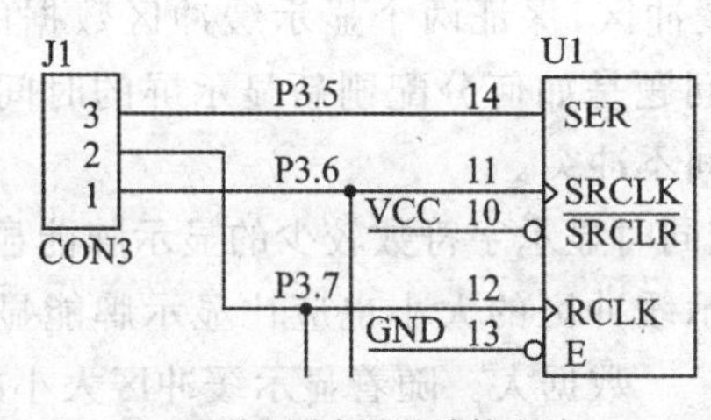

(a) 原理图中调整连接方法

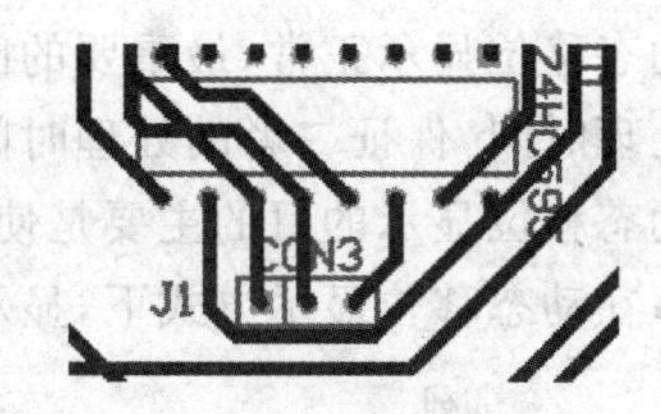

(b) 更新PCB

图7-24　调整引脚位置

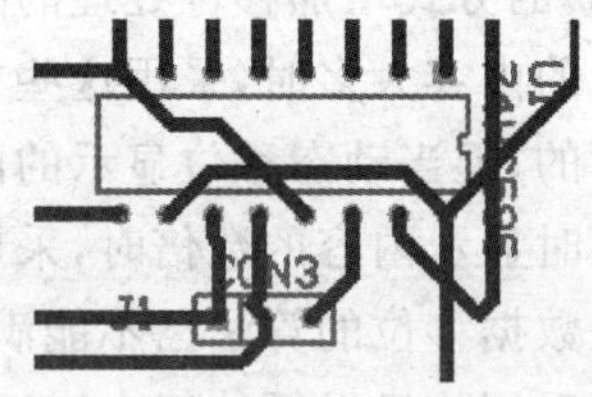

(a) 存在交叉线而无法布通的线路

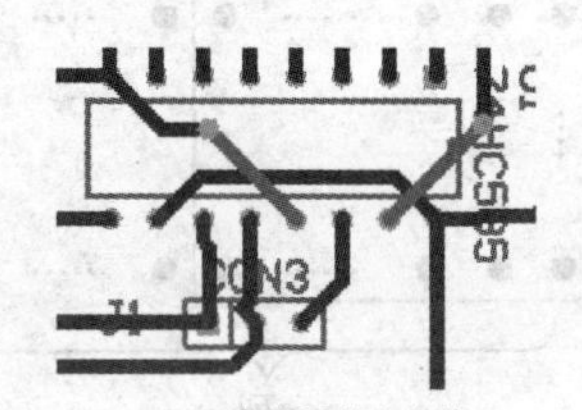

(b) 虚拟顶层走线

图7-25　在单层板的制作中虚拟顶层走线

7.5　启发设计——16×16点阵汉字动态显示系统设计

汉字的动态显示，即实现LED显示的内容在屏幕上从左到右地滚动出现。

7.5.1　汉字滚动显示原理

字体的滚动是多屏的连续显示，那么首先要知道如何显示一屏。一屏(满屏)的显示是逐行进行显示的，速度很快，使人产生了视觉误差，感觉整个屏幕都在亮。在逐行进行显示时，显示完一行要延时一会儿，这里的延时时间 t_1 就决定了每屏的显示时间，即动态显示的速度。以16×16点阵屏为例，首先要逐行进行显示、延时，共显示16行，然后再把这16行重复显示若干次，才能更好地看到一屏的显示。这里的

若干次的次数 n_1 也决定了显示的速度，而改变延时时间 t_1 或重复显示的次数 n_1 就可以改变滚动的速度。当增大这两个值时，滚动的速度会变慢；当减小这两个值时，滚动的速度会加快。字体的滚动显示原理为逐屏显示，一个字体由多少屏组成，就进行多少屏的显示。

在软件设计上，只要按一定时间间隔改变显示缓冲区的内容，使显示缓冲区的点阵数据左移一列，即可实现动态移位显示的效果。由于显示缓冲区所有数据左移一列需要一定的时间，因此需要设置两个显示缓冲区，一个用于保存当前屏幕显示的数据；另一个用于对当前数据左移一列，到达左移时间间隔后，切换当前显示缓冲区到已左移一列的缓冲区，然后对另一缓冲区执行左移一列的处理。在左移之前，当前显示缓冲区的内容复制到要进行左移的缓冲区，保证两个显示缓冲区数据的一致性。为了保证动态移位显示正常，最重要的问题是如何分配刷新显示屏的时间和显示缓冲区移位处理时间，保证二者的处理时间不冲突。

采用动态移位显示的目的主要是使同时显示字符数较少的显示牌能显示较多的内容，因此，在动态移位显示方式下，显示缓冲区的大小也应比显示牌能显示的点阵数据大。随着显示缓冲区大小的增加，移位处理的时间也增加，这时可以通过延长刷新显示屏的时间（前提是使画面不闪烁）的方式增加移位处理的时间。当要显示的内容太多时，采用这些方法可以达到目的；但当动态移位显示的内容是显示牌同时显示内容的数倍时，采用对显示缓冲区数据移位的算法已不能满足要求，这时可采用使显示缓冲区内容固定不变，而改变显示缓冲区起始地址指针的方法，如图 7－26 所示。

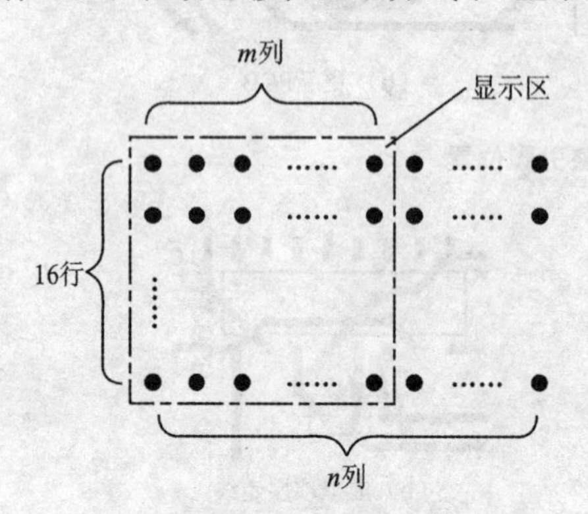

图 7－26　固定 LED 显示屏缓冲区内容的缓冲区数据存储

若显示区域为 16×16 点，动态显示内容为 16×64，即显示 4 个 16×16 的汉字，则显示第一屏时，显示缓冲区的起始地址指针指向第 1 行第 1 列，显示区为 16 行×16 列的窗口区；移位显示第二屏时，显示缓冲区的起始地址指针加 1，显示区为 16 行×(2～17)列的窗口区，通过改变显示缓冲区的地址指针，依次使显示窗口区右移一列，把显示窗口区的点阵数据和行扫描信号移位到输出端，即可实现任意多个字符的动态显示。

7.5.2　汉字滚动显示电路设计

滚动显示效果的出现主要源于程序的设计，因此，此处以基于 74HC595 的串行 16×16 点阵 LED 显示电路为硬件，并在电路中接两个按钮用于调整滚动的速度，电路如图 7－27 所示。

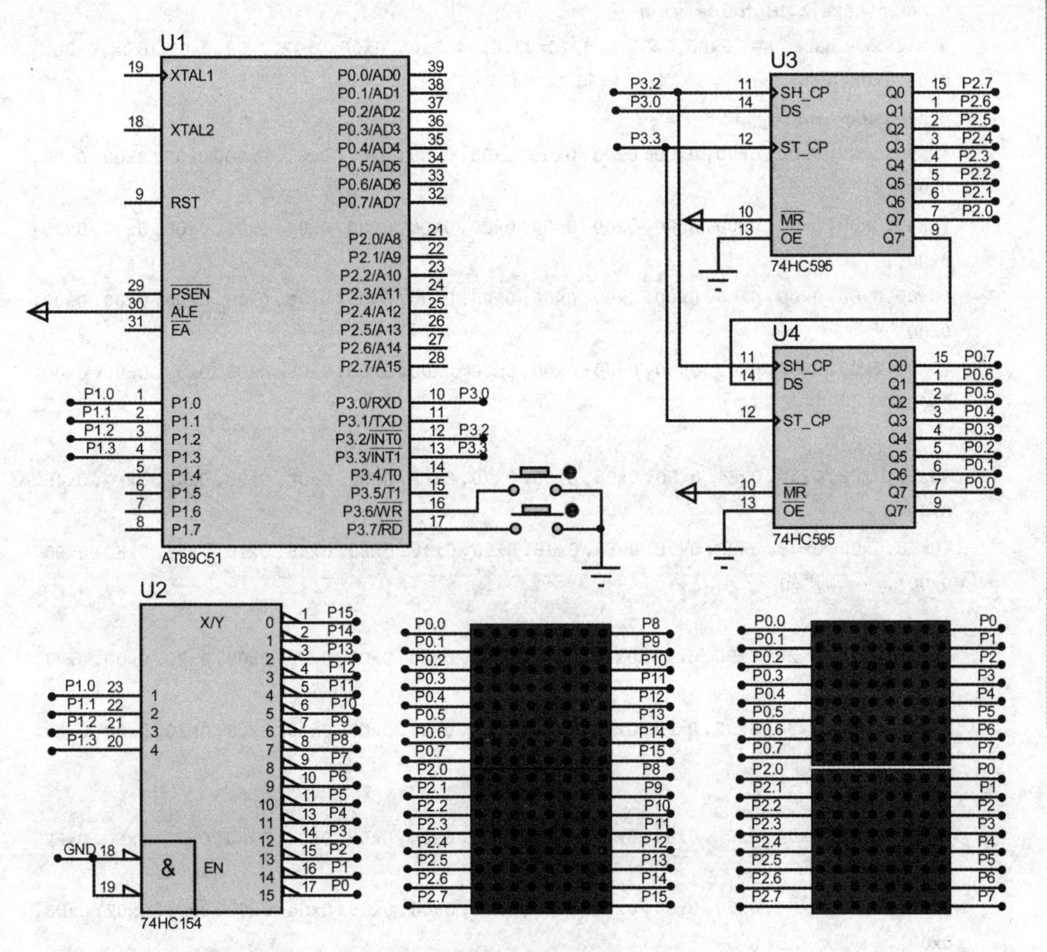

图7-27 可调速汉字动态显示电路

软件程序清单如下：

```
#include<reg51.h>
#define uchar unsigned char
#define uint unsigned int
sbit DS_red = P3^0;          //串行数据输入端,红色灯
sbit DS_green = P3^1;
sbit SHC = P3^2;             //数据在上升沿进入移位寄存器
sbit STC = P3^3;             //上升沿时将数据输出到并行端口
sbit OE_red = P3^4;          //HC595使能段,必须设置!
sbit OE_green = P3^5;
sbit SW1 = P3^6;             //滚动减速
sbit SW2 = P3^7;             //滚动加速
uint count,speed;            //滚动速度
```

```
uchar p,next,k,high,low,yige;
uchar code hang[] = {0x00,0x01,0x02,0x03,0x04,0x05,0x06,0x07,0x08,0x09,0x0a,0x0b,
0x0c,0x0d,0x0e,0x0f}; //刷行,控制 74154 引脚输出
uchar code hanzi[][32] = {
{0x00,0x00,0x00,0x00,0x00,0x00,0x00,0x00,0x00,0x00,0x00,0x00,0x00,0x00,0x00,
0x00},
{0x00,0x00,0x00,0x00,0x00,0x00,0x00,0x00,0x00,0x00,0x00,0x00,0x00,0x00,0x00,
0x00},
{0x00,0x00,0x00,0x00,0x00,0x00,0x00,0x00,0x00,0x00,0x00,0x00,0x00,0x00,0x00,
0x00},
{0x00,0x00,0x00,0x00,0x00,0x00,0x00,0x00,0x00,0x00,0x00,0x00,0x00,0x00,0x00,
0x00},

{0x00,0x02,0x3F,0xE4,0x00,0x08,0x00,0x70,0xFF,0x80,0x00,0x00,0x4F,0xF0,0x48,
0x00},
{0x48,0x00,0x48,0x00,0x7F,0xFF,0x48,0x00,0x48,0x20,0x48,0x10,0x4F,0xE0,0x00,
0x00},/*"师",0*/

{0x22,0x10,0x29,0x90,0x25,0x1F,0x26,0x20,0x20,0xC0,0xF0,0x00,0x20,0x00,0x27,
0xFC},
{0x24,0x02,0x34,0x02,0xF4,0x42,0x24,0x62,0x27,0xC2,0x20,0x0E,0x20,0x00,0x00,
0x00},/*"范",1*/

{0x04,0x00,0x04,0x01,0x04,0x02,0x04,0x04,0x04,0x08,0x04,0x30,0x05,0xC0,0xFE,
0x00},
{0x05,0x80,0x04,0x60,0x04,0x10,0x04,0x0C,0x04,0x06,0x04,0x03,0x04,0x02,0x00,
0x00},/*"大",2*/

{0x02,0x00,0x0C,0x40,0x08,0x40,0x48,0x40,0x3A,0x40,0x2A,0x40,0x0A,0x42,0x8A,
0x41},
{0x7A,0xFE,0x2B,0x40,0x0A,0x40,0x18,0x40,0xEA,0x40,0x4C,0x40,0x08,0x40,0x00,
0x00},/*"学",3*/

{0x00,0x00,0x00,0x00,0x00,0x00,0x00,0x00,0x00,0x00,0x00,0x00,0x00,0x00,0x00,
0x00},
{0x00,0x00,0x00,0x00,0x00,0x00,0x00,0x00,0x00,0x00,0x00,0x00,0x00,0x00,0x00,
0x00},
{0x00,0x00,0x00,0x00,0x00,0x00,0x00,0x00,0x00,0x00,0x00,0x00,0x00,0x00,0x00,
0x00},
{0x00,0x00,0x00,0x00,0x00,0x00,0x00,0x00,0x00,0x00,0x00,0x00,0x00,0x00,0x00,
0x00},
```

```
};//刷列
void delay(uint z)
{
while(z--);
}

void delay1(uint z)
{
uint x,y;
for(x = z;x>0;x--)
for(y = 110;y>0;y--);
}

//点阵显示位传送
void SendByte(uchar date)//595 数据传送
{
uchar p;
for(p = 0;p<8;p++)
{
SHC = 0;
DS_red = date&0x80;
SHC = 1;
date = date<<1;
}
}

void Send_move(uchar date,uchar f)
{
uchar i;
DS_red = 1;
for(i = 0;i<f;i++)
{
SHC = 0;
DS_red = date&0x80;
SHC = 1;
date = date<<1;
}
}
void SendBytefew(uchar temp1,uchar temp2,few)//将十六位数据传给 595
{
uchar p;
```

```
uint temp;
temp = temp1;
temp = (temp<<8)|temp2;
for(p = 0;p<few;p ++ )
{
SHC = 0;
DS_red = temp&0x8000;
SHC = 1;
temp = temp<<1;
}
}
void main()
{
TMOD = 0x11;
TH0 = 0xff;
TL0 = 0x90;
EA = 1;
ET0 = 1;
TR0 = 1;
OE_red = 0;
speed = 100;
next = 0;
while(1)
{
if(!SW1)
{
delay(20);
if(!SW1)
{
if(speed<300)
speed + = 20;
while(!SW1);
delay(20);
}
}
if(!SW2)
{
delay(20);
if(!SW2)
{
if(speed>10)
speed - = 30;
```

```
while(!SW2);
delay(20);
}
}
}
}
void timer0() interrupt 1
{
TH0 = 0xfa;
TL0 = 0x90;
count ++ ;
//先刷四个空格
SendByte(hanzi[0 + next][p]);
SendByte(hanzi[0 + next][p + 1]);
SendByte(hanzi[1 + next][p]);
SendByte(hanzi[1 + next][p + 1]);
SendByte(hanzi[2 + next][p]);
SendByte(hanzi[2 + next][p + 1]);
SendByte(hanzi[3 + next][p]);
SendByte(hanzi[3 + next][p + 1]);
SendBytefew(hanzi[4 + next][p],hanzi[4 + next][p + 1],yige);//刷文字
OE_red = 1;
STC = 0;
STC = 1;
P1 = hang[k]; //行显示
OE_red = 0;   //打开 595 使能端
k ++ ;
p + = 2;
if(p == 32)
p = 0;
if(k == 16)
{
k = 0;
if(count> = speed)
{
count = 0;
yige ++ ;
if(yige == 16)
{
yige = 0;
next ++ ;
if(next == 21)//注意 next 的值必须等于文字个数
```

```
            next = 0;
        }
      }
    }
}
```

系统的仿真结果如图 7－28 所示。

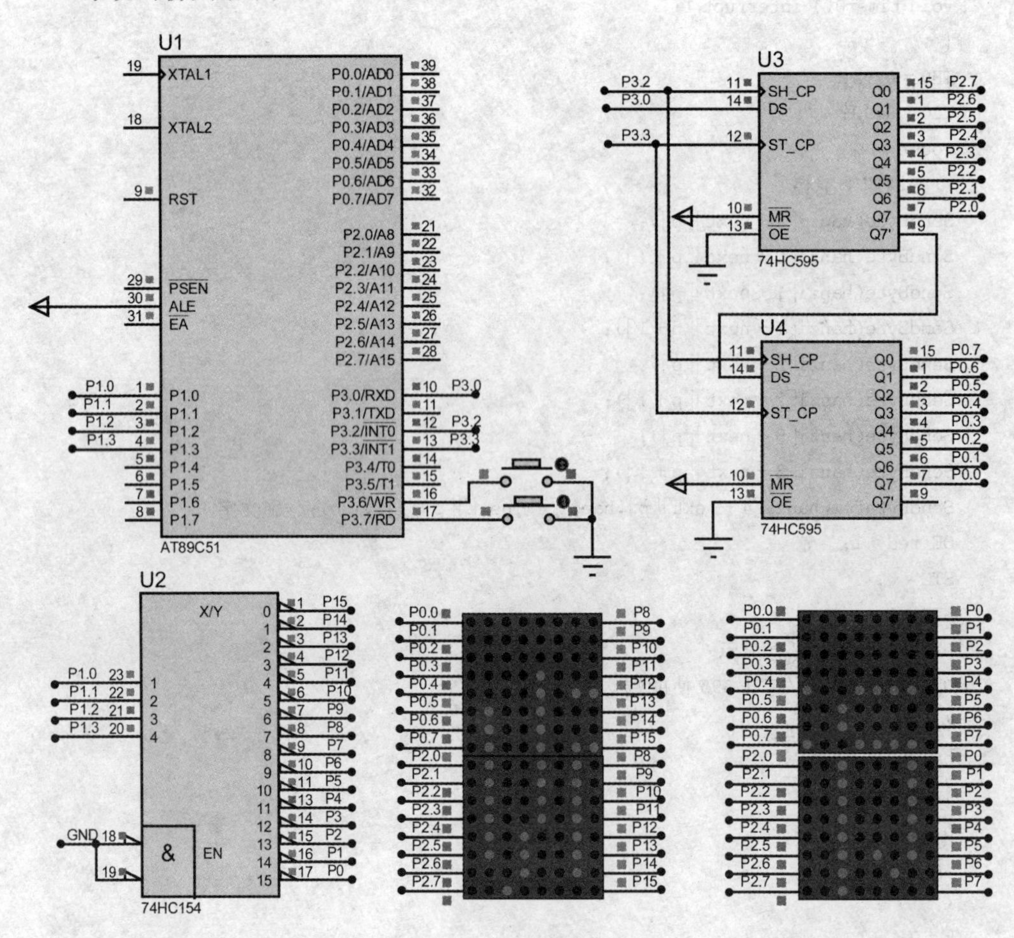

图 7－28　汉字动态显示系统仿真结果

第8章 数字钟设计

随着计算机在各领域的渗透和大规模集成电路的发展，单片机的应用正在不断走向深入，由于它具有功能强、体积小、功耗低、价格便宜、工作可靠、使用方便等特点，因此越来越广泛地应用于自动控制、智能化仪器仪表、数据采集、军工产品以及家用电器等各个领域。

钟表的数字化给人们的生产、生活带来了极大的方便，而且大大扩展了钟表原先的报时功能。诸如定时自动报警、按时自动打铃、时间程序自动控制、定时广播、自动启闭路灯、定时开关烘箱、通断动力设备，甚至各种定时电气的自动启用等，所有这些，都是以钟表数字化为基础的。

8.1 数字钟设计要求及其相关知识

利用 AT89S51 单片机的中断、定时技术实现数字钟的设计；通过调整键、加 1 键、减 1 键、确定键四个按键校正时间；使用 8 位数码管实现时、分、秒的显示；小时为 24 小时计时形式。

8.1.1 AT89S51 的中断系统

单片机的 CPU 正在处理某个任务时，遇到其他事件请求（如定时器溢出），暂时停止目前的任务，转去处理请求的事件，处理完后再回到原来的地方，继续原来的工作，这一过程称为“中断”，把请求的事件称为中断源。

1. 输入/输出方式与中断

单片机的输入/输出方式有三种：无条件传送方式、查询方式及中断方式。

在无条件传送方式下，数据的传送取决于程序执行输入/输出指令，而与外设的状态无关。它适合于与 CPU 同步的快速设备或状态已知的外设，软、硬件系统简单，如：驱动继电器、驱动数码显示器等。

查询方式是一种条件传送。在传送数据前，首先读取外设状态信息，并加以测试判断。其特点是：在硬件上不仅要考虑数据信息的传送，而且还要考虑状态信息的输入；在查询过程中 CPU 的利用率不高，适合于实时性能要求不高的场合。

中断方式也是一种条件传送。CPU 可以与外设同时工作，并执行与外设无关的操作，一旦外设需要服务，就主动向 CPU 提出申请，CPU 暂停现在的操作去执行对外设的输入/输出程序，执行完毕又返回继续执行现在的操作。

2. 中断源及其入口地址

AT89S51 单片机是一种多中断源的单片机，有 6 个中断源，比 MCS8051 单片机的 5 个中断源多 1 个，但这个中断源是用于芯片的编程，对用户使用而言也是只有 5 个可用的中断源，它们分别是 2 个外部中断源，2 个定时器/计数器中断和 1 个串行口中断。

当某个中断源的中断请求被 CPU 响应之后，CPU 便自动将该中断源的中断入口地址装入程序计数器 PC，中断服务程序便从该地址开始执行，直到执行到 RETI 指令才重新回到原先的断点。中断入口地址即为中断向量地址，各中断源的中断入口地址如表 8-1 所列。

表 8-1　各中断源的中断入口地址表

中断源	中断服务程序入口地址
外部中断 0	0003H
定时器 T0 中断	000BH
外部中断 1	0013H
定时器 T1 中断	001BH
串行口中断	0023H

3. 中断优先级

单片机的中断系统通常允许多个中断源，当几个中断源同时向 CPU 发出中断请求时，就存在 CPU 优先响应哪一个中断源请求的问题。我们通常根据中断源的轻重缓急排队，即规定每一个中断源有一个优先级别，CPU 总是响应优先级别最高的中断。

当几个同级的中断源提出中断请求，CPU 同时收到几个同一优先级的中断请求时，哪一个的请求能够得到服务，取决于单片机内部的硬件查询顺序，其硬件查询顺序便形成了中断的自然优先级，CPU 将按照自然优先级的顺序确定应该响应哪个中断请求。自然优先级是按照外部中断 0、定时器/计数器 0、外部中断 1、定时器/计数器 1、串行口的顺序依次来响应中断请求的。

当 CPU 响应某一中断源请求而进入中断处理时，若有更高级别的中断源发出申请，则 CPU 暂停现行的中断服务程序，去响应优先级更高的中断，待更高级别的中断处理完毕后，再返回低级中断服务程序，继续原先的处理，这个过程称为中断嵌套，如图 8-1 所示。

4. 中断处理过程

中断处理过程可分为：中断请求、中断响应、中断服务和中断返回。

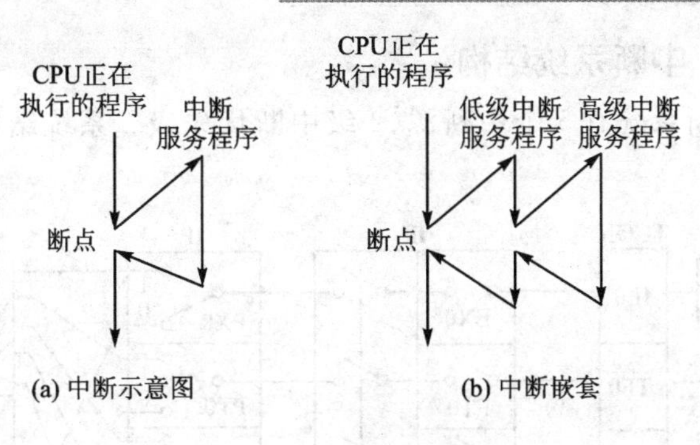

图 8-1　中断与中断嵌套

(1) 中断请求

中断源只有在有请求时,CPU 才可能响应它,不同的中断源产生中断请求的方式是不同的。外部中断产生请求是在外中断的引脚上加低电平或下降沿信号,而定时器/计数器中断请求是在内部的计数单元计满溢出时产生,串行口中断请求是在完成一次发送或接收时产生。

(2) 中断响应

AT89S51 单片机中断响应条件如下:

① 当前不处于同级或更高级中断响应中。这是为了防止同级或低级中断请求同级或更高级中断。

② 当前机器周期必须是当前指令的最后一个机器周期,否则等待。执行某些指令需要两个或两个以上机器周期,如果当前机器周期不是指令的最后一个机器周期,则不响应中断请求,即不允许中断一条指令的执行过程,这是为了保证指令执行过程的完整性。

③ 如果当前指令是中断返回指令 RETI,或读/写中断控制寄存器 IE、优先级寄存器 IP,则必须再执行一条指令后才能响应中断请求。

响应中断时,系统将保护断点地址,撤除该中断源的请求标志,关闭同级中断,将该中断源的入口地址送给 PC 及程序将转到该程序的入口地址处运行。

(3) 中断服务

CPU 响应中断并转至中断处理程序的入口,执行中断源请求 CPU 做的任务。中断处理的过程即为执行中断服务子程序的过程。

(4) 中断返回

中断处理程序的最后一条指令是中断返回指令 RETI。它的功能是将断点弹出送回 PC 中,使程序能返回到原来被中断的程序继续执行。AT89S51 单片机的 RETI 指令除了弹出断点之外,还通知中断系统已完成相应的中断处理。

中断处理子程序结构如图 8-2 所示。

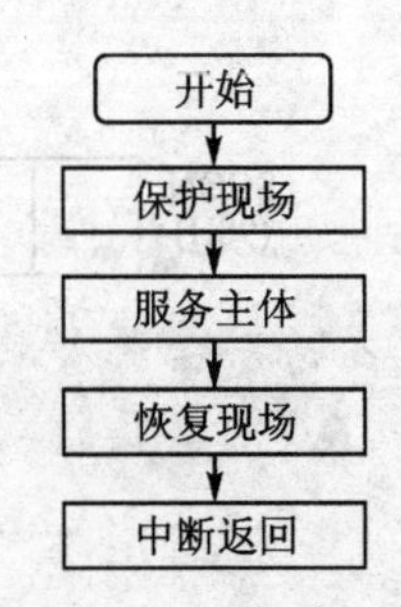

图 8-2　中断处理子程序结构

5. AT89S51 中断系统结构

AT89S51 中断系统有 5 个中断源、2 级中断优先级。系统结构框图如图 8-3 所示。

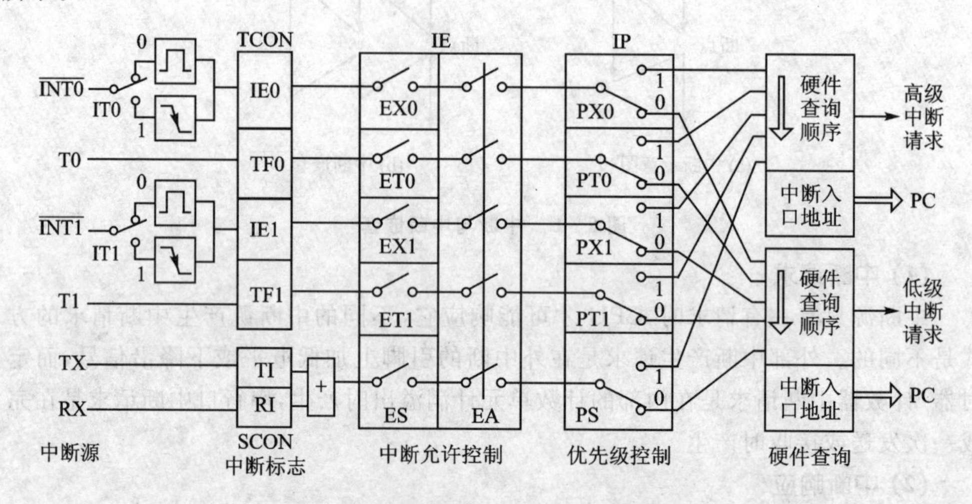

图 8-3　AT89S51 中断系统结构框图

中断请求标志寄存器是由定时器控制寄存器（TCON）和串行口控制寄存器（SCON）的若干位构成的，如图 8-4 所示。

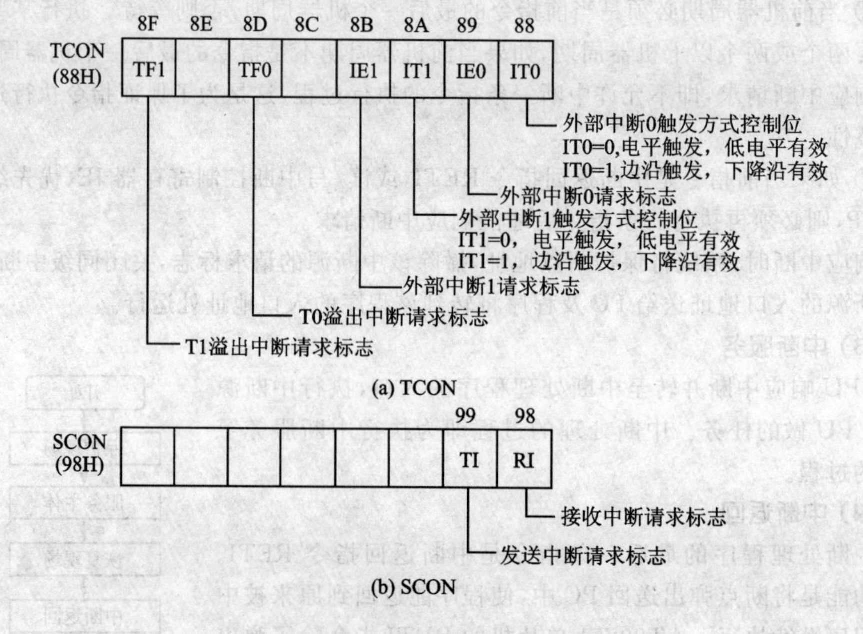

图 8-4　中断请求标志寄存器

中断允许控制寄存器 IE 位地址及其位定义如图 8-5 所示。

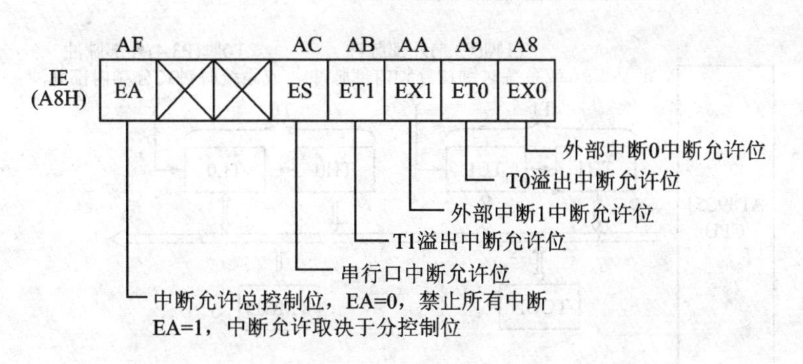

图8-5 中断允许控制寄存器IE位地址及其位定义

中断优先级控制寄存器IP:AT89S51有2级中断优先级,每一个中断源都可以由软件设置为高级中断或低级中断,由中断优先级控制寄存器IP控制。相应位置"1"时,此中断为高级中断,清"0"时设置为低级中断。中断优先级控制寄存器IP位地址及其位定义如图8-6所示。

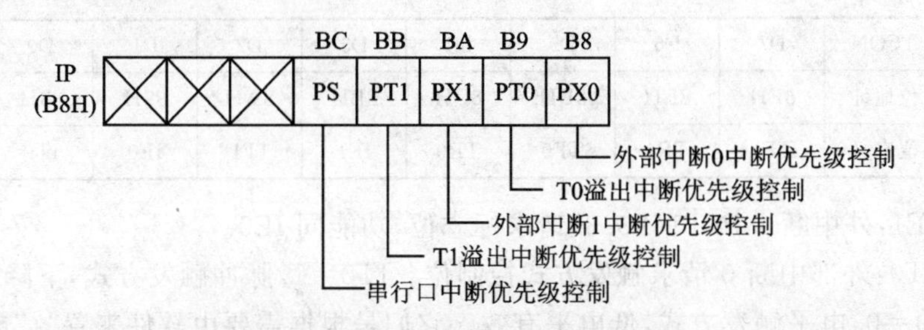

图8-6 中断优先级控制寄存器IP位地址及其位定义

8.1.2 AT89S51的定时器/计数器

AT89S51片内有2个可编程的定时器/计数器T1、T0,它们本质上是计数器。在做计数器使用时,计数引脚上的脉冲信号(下降沿);在做定时器使用时,计数内部的机器周期。计数器是增计数器,计满时溢出。

1. 定时器/计数器的内部结构

定时器/计数器结构如图8-7所示,定时器/计数器T0由特殊功能寄存器TH0、TL0构成,定时器/计数器T1由特殊功能寄存器TH1、TL1构成。

定时器/计数器具有2种工作模式和4种工作方式(方式0、方式1、方式2和方式3),以及相关的2个特殊功能寄存器TMOD和TCON。

TCON为定时器/计数器控制寄存器,用于控制T0、T1的启动和停止计数,同时包含了T0、T1的状态,其位地址及其位定义如表8-2所列。

其中:

① IE0:外中断0请求标志位。当CPU在$\overline{INT0}$(P3.2)引脚上采样到有效的中

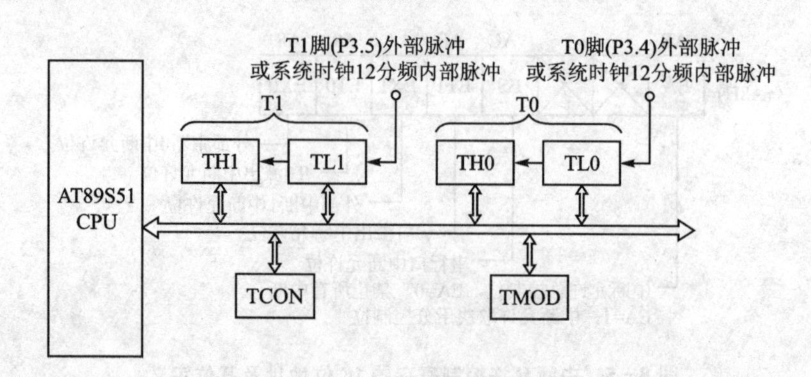

图 8-7　定时器/计数器结构图

断请求信号时，IE0 位由硬件置“1”。在中断响应完成后转向中断服务时，再由硬件将该位自动清“0”。

表 8-2　TCON 的位地址及其位定义

TCON	D7	D6	D5	D4	D3	D2	D1	D0
位地址	8FH	8EH	8DH	8CH	8BH	8AH	89H	88H
位定义	TF1	TR1	TF0	TR0	IE1	IT1	IE0	IT0

② IE1：外中断 1 $\overline{INT1}$(P3.3)请求标志位，功能同 IE0。

③ IT0：外部中断 0 请求触发方式控制位。IT0=1，脉冲触发方式，下降沿有效。IT0(IT1)=0，电平触发方式，低电平有效。它们是根据需要由软件来置“1”或“0”。

④ IT1：外部中断 1 请求触发方式控制位，功能同 IT0。

⑤ TF0：定时器/计数器 T0 溢出中断请求标志位。

TF0=1 时，表示对应计数器的计数值已由全 1 变为全 0，计数器计数溢出，相应的溢出标志位由硬件置“1”。计数溢出标志位的使用有两种情况：当采用中断方式时，它作为中断请求标志位来使用，在转向中断服务程序后，由硬件自动清“0”；当采用查询方式时，它作为查询状态位来使用，并由软件清“0”。

⑥ TF1：定时器/计数器 T1 溢出中断请求标志位，功能同 TF0。

⑦ TR0：定时器/计数器 T0 的运行控制位，由软件方法使其置“1”或清“0”。TR0=1，启动 T0 运行(与 TMOD 中的 GATE 位有关)；TR0=0，T0 停止运行。

⑧ TR1：定时器/计数器 T1 运行控制位，功能同 TR0。

TMOD 为定时器/计数器工作方式控制寄存器，用于选择定时器/计数器 T0、T1 的工作模式和工作方式，其位定义如表 8-3 所列。

其中，高 4 位控制 T1，低 4 位控制 T0。

① GATE：门控位。GATE 一般情况下设置为 0，此时定时器/计数器的运行仅受 TR0/TR1 控制。

② C/$\overline{T}$：定时/计数选择位。

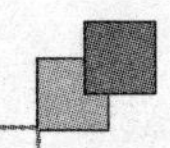

表 8-3 TMOD 位定义

TMOD (89H)	T1				T0			
	D7	D6	D5	D4	D3	D2	D1	D0
	GATE	C/$\overline{T}$	M1	M0	GATE	C/$\overline{T}$	M1	M0

C/$\overline{T}$=0，为定时方式，对内部的机器周期计数。

C/$\overline{T}$=1，为计数方式，对引脚上的脉冲信号计数，下降沿有效。

③ M1M0——工作方式选择位。

M1M0=00B，方式 0——13 位的定时器/计数器。

M1M0=01B，方式 1——16 位的定时器/计数器。

M1M0=10B，方式 2——8 位的定时器/计数器，初值自动重装。

M1M0=11B，方式 3——两个 8 位的定时器/计数器，仅适用于 T0。

定时器/计数器计数寄存器包括：

TH0——T0 的高 8 位；

TL0——T0 的低 8 位；

TH1——T1 的高 8 位；

TL1——T1 的低 8 位。

2. 定时器/计数器的工作方式

(1) 方式 0

M1、M0=00 时，被设置为工作方式 0，等效逻辑结构框图如图 8-8 所示（以定时器/计数器 T1 为例，TMOD.5、TMOD.4=00）。

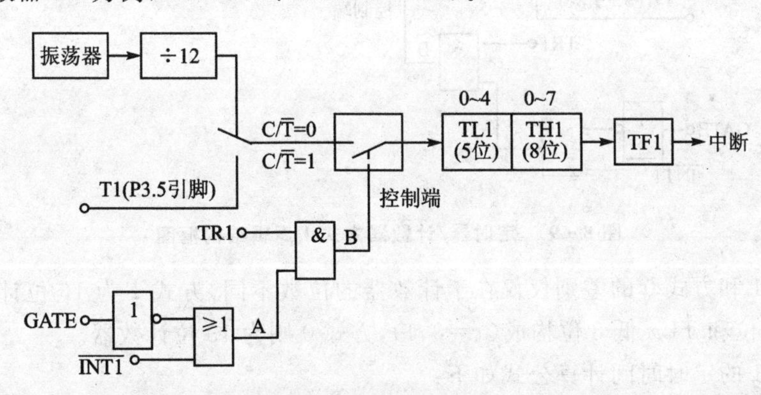

图 8-8 定时器/计数器方式 0 逻辑结构框图

13 位计数器，由 TLx(x=0,1)低 5 位和 THx 高 8 位构成。TLx 低 5 位溢出则向 THx 进位，THx 计数溢出则把 TCON 中的溢出标志位 TFx 置“1”。

C/$\overline{T}$ 位控制的电子开关决定了定时器/计数器的两种工作模式。当 C/$\overline{T}$=0 时，开关打在上面位置，T1(或 T0)为定时器工作模式，把时钟振荡器 12 分频后的脉冲作为计数信号；当 $C/\overline{T}=1$ 时，开关打在下面位置，T1(或 T0)为计数器工作模式，计数脉冲为 P3.4(或 P3.5)引脚上的外部输入脉冲，当引脚上发生负跳变时，计数器加 1。

GATE 位状态决定定时器/计数器的运行。当 GATE=0 时，A 点电位恒为 1，B 点电位仅取决于 TRx 状态：TRx=1，B 点为高电平，控制端控制开关闭合，允许 T1(或 T0)对脉冲计数；TRx=0，B 点为低电平，开关断开，禁止 T1(或 T0)计数。当 GATE=1 时，B 点电位由 $\overline{\text{INT}x}$(x=0，1)的输入电平和 TRx 的状态这两个条件来确定。当 TRx=1，且 $\overline{\text{INT}x}$=1 时，B 点才为 1，控制端控制开关闭合，允许 T1(或 T0)计数。故这种情况下计数器是否计数是由 TRx 和 $\overline{\text{INT}x}$ 两个条件来共同控制的。

方式 0 下，定时时间 t 与计数器的位数、设置的计数初值(又称时间常数)、时钟频率有关。计算公式如下：

$$t=(\text{计数最大值}-x\text{初值})\times\text{机器周期}=(2^{13}-x\text{初值})\times 12/f_{osc}$$

其中，x 初值：时间常数；f_{osc}：时钟频率。若 f_{osc}=12 MHz，则方式 0 的最大定时时间 $T=(2^{13}-0)\times 12/f_{osc}=8.192$ ms。

(2) 方式 1

当 M1、M0=01 时，定时器/计数器工作于方式 1，这时定时器/计数器的等效电路逻辑结构如图 8-9 所示。

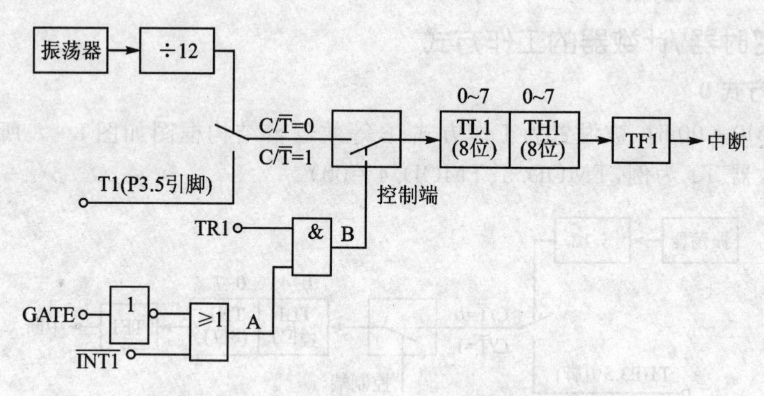

图 8-9　定时器/计数器方式 1 逻辑结构框图

方式 1 和方式 0 的差别仅仅在于计数器的位数不同，方式 1 为 16 位计数器，由 THx 高 8 位和 TLx 低 8 位构成(x=0，1)，方式 0 则为 13 位计数器。

方式 1 的定时时间计算公式如下：

$$t=(\text{计数最大值}-x\text{初值})\times\text{机器周期}=(2^{16}-x\text{初值})\times 12/f_{osc}$$

若 f_{osc}=12 MHz，则方式 1 的最大定时时间 $T=(2^{16}-0)\times 12/f_{osc}=65.536$ ms。

(3) 方式 2

方式 0 和方式 1 的最大特点是计数溢出后，计数器为全 0。因此在循环定时或循环计数应用时，就存在用指令反复装入计数初值的问题。这不仅影响定时精度，也

给程序设计带来麻烦。方式 2 就是针对此问题而设置的。

当 M1、M0 为 10 时，定时器/计数器处于工作方式 2，这时定时器/计数器的等效逻辑结构如图 8-10 所示（以定时器 T1 为例）。

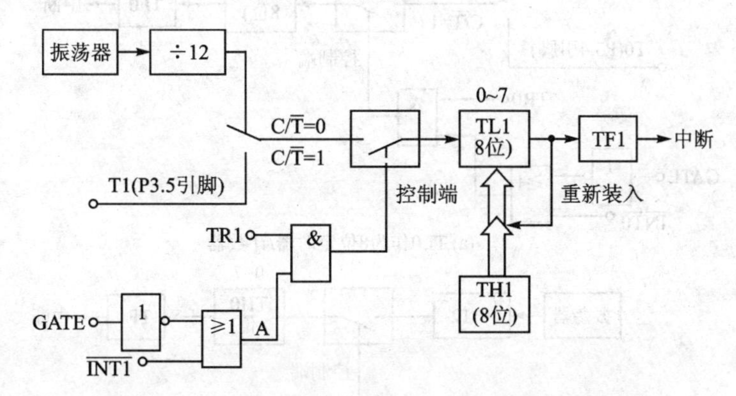

图 8-10 定时器/计数器方式 2 逻辑结构框图

定时器/计数器的方式 2 为自动恢复初值（初值自动装入）的 8 位定时器/计数器。

THx(x=0,1)作为常数缓冲器，当 TLx 计数溢出时，在溢出标志 TFx 置“1”的同时，还自动将 THx 中的初值送至 TLx，使 TLx 从初值开始重新计数。该方式可省去用户软件中重装初值的指令执行时间，简化定时初值的计算方法，可以实现精确的定时。

方式 2 下定时时间计算公式如下：

t=(计数最大值－x 初值)×机器周期=(2^8-x 初值)×12/f_{osc}

若 f_{osc}=12 MHz，则方式 2 的最大定时时间 $T=(2^8-0)\times 12/f_{osc}=0.256$ ms。

(4) 方式 3

定时器/计数器的工作方式 3 是为增加一个 8 位定时器/计数器而设的，使 AT89S51 单片机具有 3 个 8 位定时器/计数器。

方式 3 只适用于 T0，T1 不能工作在方式 3。T1 处于方式 3 时相当于 TR1=0，停止计数（此时 T1 可用来作为串行口波特率产生器）。

TMOD 的低 2 位为 11 时，T0 的工作方式被选为方式 3，各引脚与 T0 的逻辑关系如图 8-11 所示。

定时器/计数器 T0 分为两个独立的 8 位计数器 TL0 和 TH0，TL0 使用 T0 的状态控制位，而 TH0 被固定为一个 8 位定时器（不能作为外部计数模式），并使用定时器 T1 的状态控制位 TR1 和 TF1，同时占用定时器 T1 的中断请求源 TF1。

一般情况下，当 T1 用做串行口的波特率发生器时，T0 才工作在方式 3。T0 处于工作方式 3 时，T1 可定为方式 0、方式 1 和方式 2，用来作为串行口的波特率发生器，或用于不需要中断的场合。

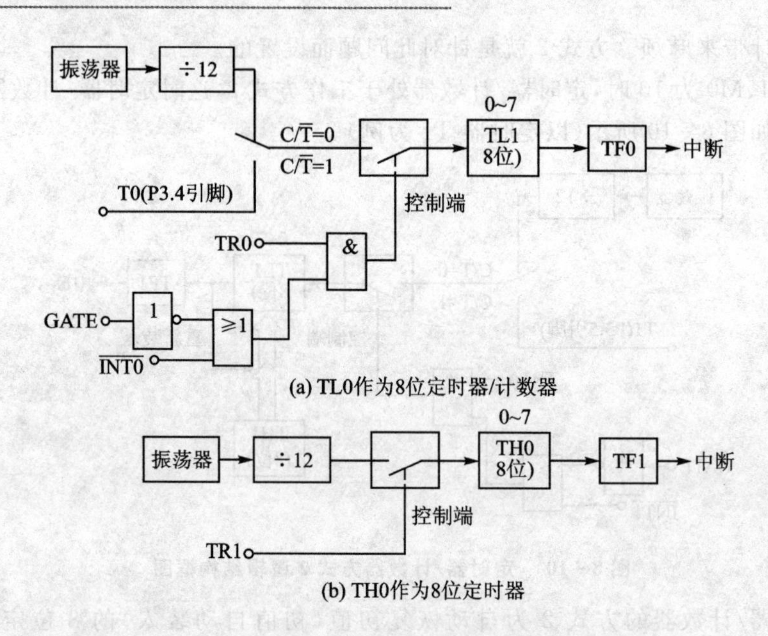

图 8-11　定时器/计数器方式 3 逻辑结构框图

3. 对外部输入的计数信号的要求

当定时器/计数器工作在计数器模式时，计数脉冲来自外部输入引脚 T0 或 T1。当输入信号产生负跳变时，计数器的值增 1。

单片机在每个机器周期都对外部输入引脚 T0 或 T1 进行采样。如在第一个机器周期中采得的值为 1，而在下一个机器周期中采得的值为 0，则在紧跟着的再下一个机器周期期间，计数器加 1。由于确认一次负跳变要花 2 个机器周期，因此外部输入的计数脉冲的最高频率为系统振荡器频率的 1/24。

例如，选用 6 MHz 频率的晶体，允许输入的脉冲频率最高为 250 kHz。如果选用 12 MHz 频率的晶体，则可输入最高频率为 500 kHz 的外部脉冲。

对于外部输入信号的占空比并没有什么限制，但为了确保某一给定电平在变化之前能被采样一次，则这一电平至少要保持一个机器周期。

8.1.3　键盘接口

键盘是人机交互的重要外设，在单片机应用中常用到非编码键盘，如独立式按键、矩阵键盘。

1. 按键消抖

在按键的操作过程中，可能会产生抖动，如图 8-12 所示。

为了消除按键抖动导致的系统误操作，在单片机系统设计时，需考虑按键的消抖。按键消抖可以从两个角度去考虑：硬件消抖和软件消抖。

硬件消抖电路可使用双稳态电路、单稳态电路或滤波电路，如图 8-13 所示。

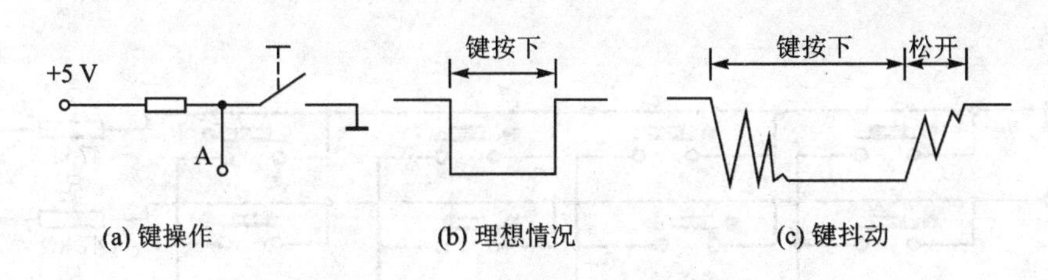

图 8－12　按键操作和键抖动

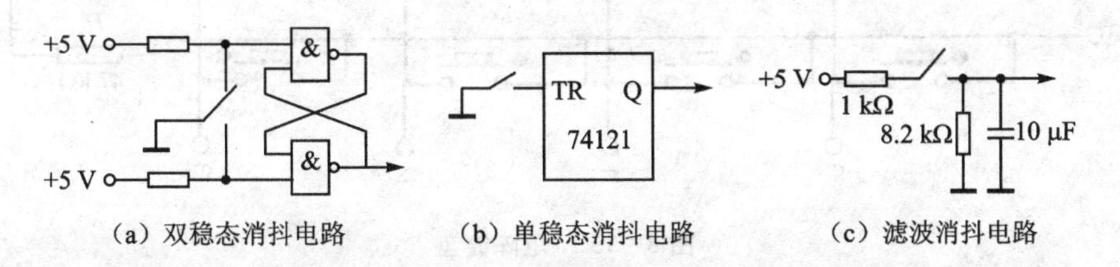

图 8－13　硬件消抖电路

软件消抖可采用软件延时方式，即检测到按钮有输入信号后，延时一段时间再次检测，如果两次检测结果均说明按键有输入信号，则确定按键按下，否则认为是干扰信号。

2. 独立式键盘接口电路

独立式按键就是每一个按键的状态都用一位的 I/O 口去检测，并且任一按键的状态都不影响其他按键的工作状态，如图 8－14 所示。

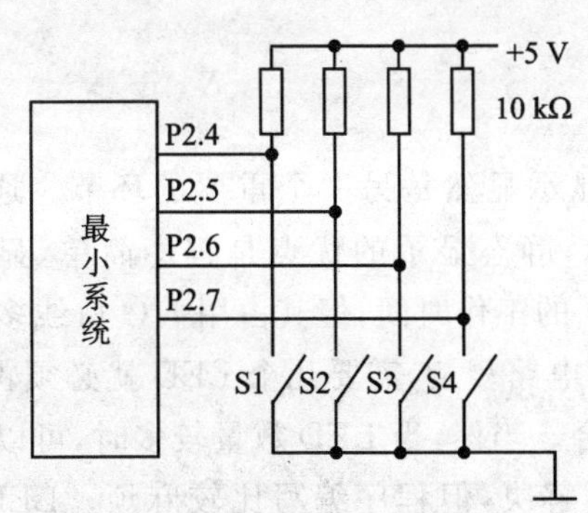

图 8－14　独立式键盘接口电路

3. 键盘控制扫描方式

键盘的扫描方式可分为程序扫描方式、定时扫描方式及中断扫描方式。

4. 矩阵键盘接口电路

矩阵键盘如图 8－15 所示。

将列线作为输出线、行线作为输入线，在所有列线上输出 0，读行线。行线共4 个输入，可组合成 2^4＝16 个状态，代表 0～9、A～F 这 16 个按键。

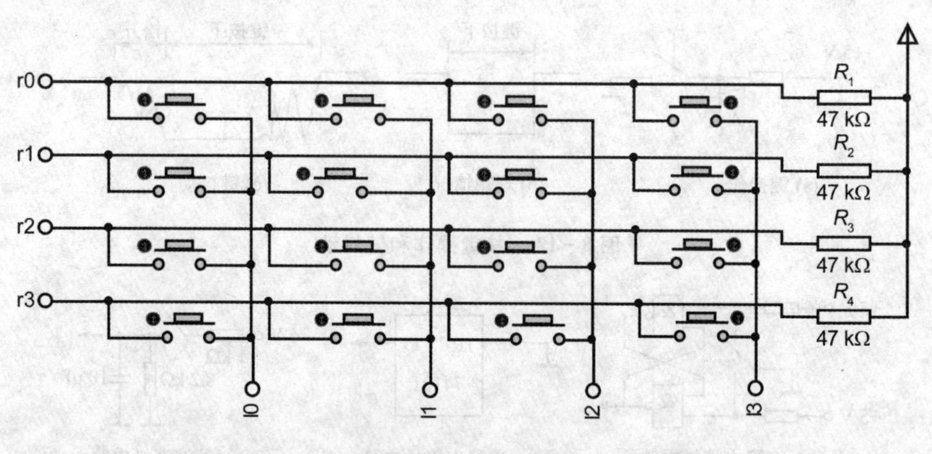

图 8-15　矩阵键盘

8.2　基于 AT89S51 定时器/计数器的数字钟设计

8.2.1　数字钟硬件设计方案

1. 计时方案

使用单片机内部的可编程定时器计时，应用中断，配合软件延时实现时、分、秒的计时。

2. 显示方案

对于实时时钟而言，显示显然是另一个重要的环节。通常 LED 显示有两种方式：动态显示和静态显示。静态显示的优点是程序简单，显示亮度有保证，单片机 CPU 的开销小，节约 CPU 的工作时间；但其占用 I/O 口线多，每一个 LED 都要占用一个 I/O 口，硬件开销大，电路复杂，需要几个 LED 就必须占有几个并行口，比较适用于 LED 数量较少的场合。当然，当 LED 数量较多时，可以使用单片机的串行口通过移位寄存器的方式加以解决，但程序编写比较麻烦。LED 动态显示硬件连接简单，但动态扫描的显示方式需要占用 CPU 较多的时间，在单片机没有太多实时测控任务的情况下可以采用。

本系统需要采用 8 位 LED 数码管来分别显示时、分、秒，因数码管个数较多，故本系统选择动态显示方式。

8.2.2　数字钟硬件电路

数字钟电路要求显示时间，可采用七段数码管实现数字的显示。七段 LED 数码管是利用 7 个 LED 外加一个显示小数点的 LED 组合而成的显示设备，可以显示

0～9这10个数字和小数点，使用非常广泛。这类数码管可以分为共阳极与共阴极两种。共阳极就是把所有LED的阳极连接到共同接点com，而每个LED的阴极分别为a、b、c、d、e、f、g及dp(小数点)；共阴极则是把所有LED的阴极连接到共同接点com，而每个LED的阳极分别为a、b、c、d、e、f、g及dp(小数点)。共阴极七段数码管内部结构及其引脚分布如图8－16所示。

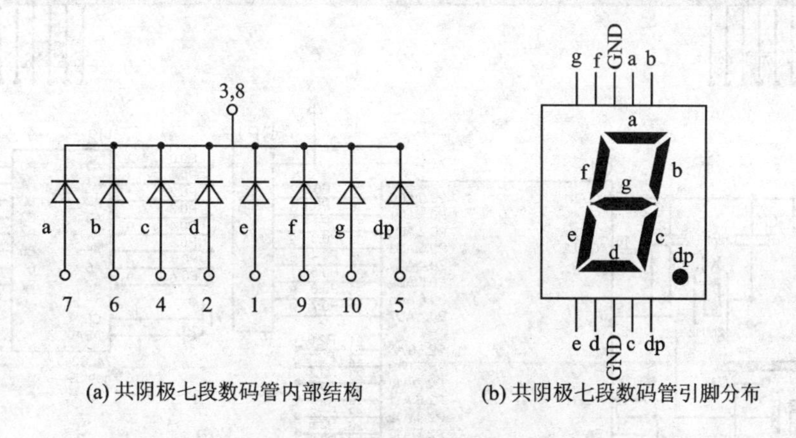

(a) 共阴极七段数码管内部结构　　(b) 共阴极七段数码管引脚分布

图8－16　共阴极七段数码管内部结构及其引脚分布

常用的数码管有4位一体、6位一体及8位一体的，即一个元件封装了多个七段数码管，图8－17所示为4位一体的数码管。

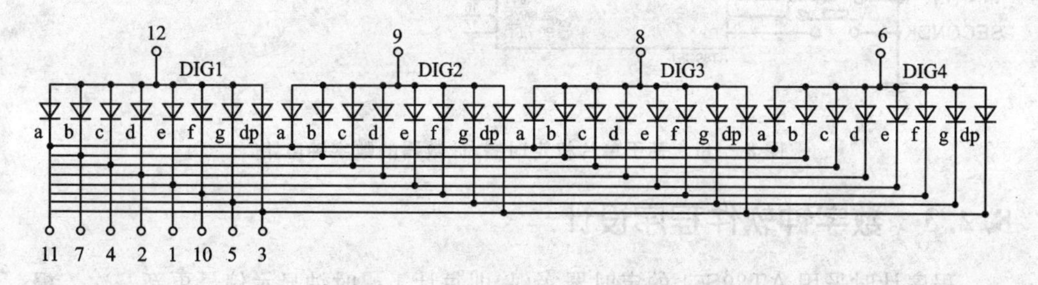

图8－17　共阳极4位一体数码管

内部的4个数码管共用a～dp这8根数据线，为使用提供了方便，因为里面有4个数码管，所以它有4个公共端，加上a～dp，共有12个引脚。

根据设计要求，搭建设计电路，电路图如图8－18所示。

系统采用12 MHz晶振。其中HOURK用于调整小时的数值，MINITEK用于调整分的数值，SECONDK用于调整秒的数值，74LS245用于驱动七段数码管。为了简化电路的连接，数码管采用8位一体共阴极型。

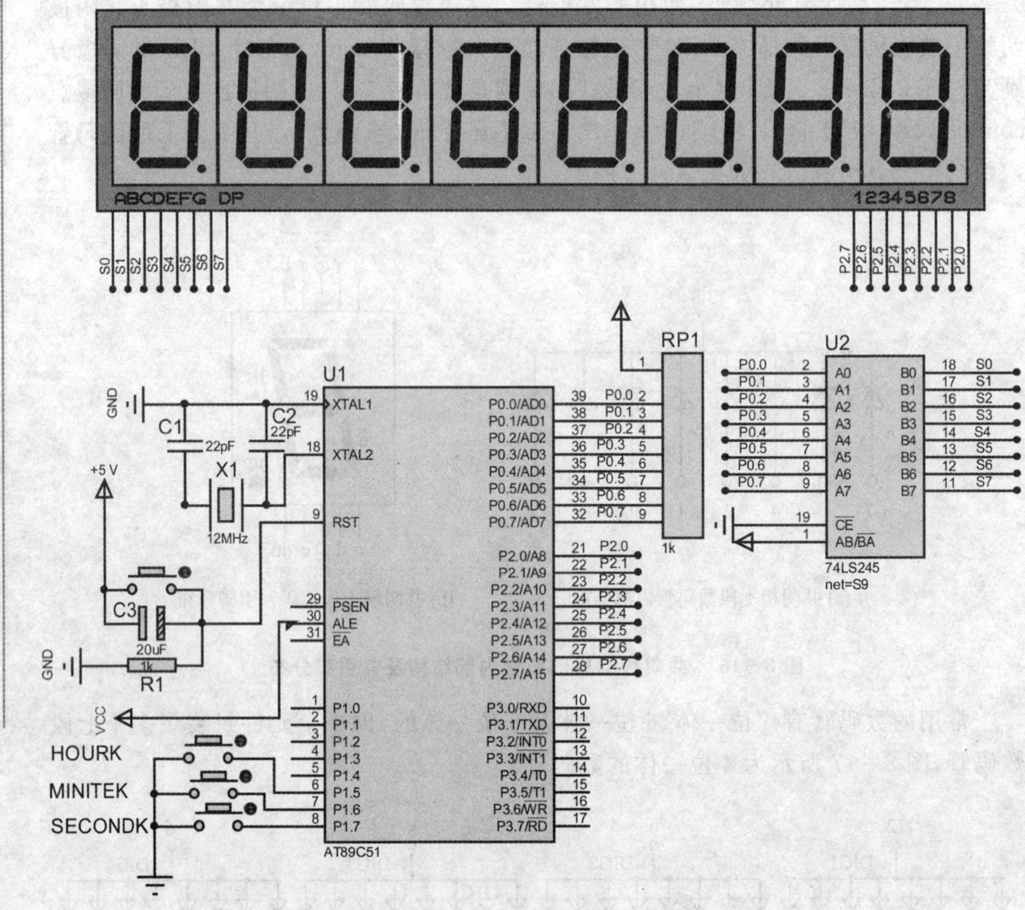

图8-18　基于单片机定时器/计数器的数字钟电路

8.2.3　数字钟软件程序设计

程序计时采用AT89S51的定时器实现，即每计1 s，时钟显示信号更新一次。根据定时器/计数器的定时工作方式可知，定时器工作在方式1下最大定时时间为 $T=(2^{16}-0)\times 12/(12\times 10^{6})$ Hz＝65.536 ms，因此需要定时连续工作 $1/(65.536\times 10^{-3})$ 次，为了便于精确计时，同时考虑数码管刷新时间，本设计中要求定时每10 ms溢出一次，100次时，秒数据加1。系统程序流程图如图8-19所示。

系统程序如下：

```
SECOND      EQU     30H
MINITE      EQU     31H
HOUR        EQU     32H
HOURK       BIT     P1.5
MINITEK     BIT     P1.6
```

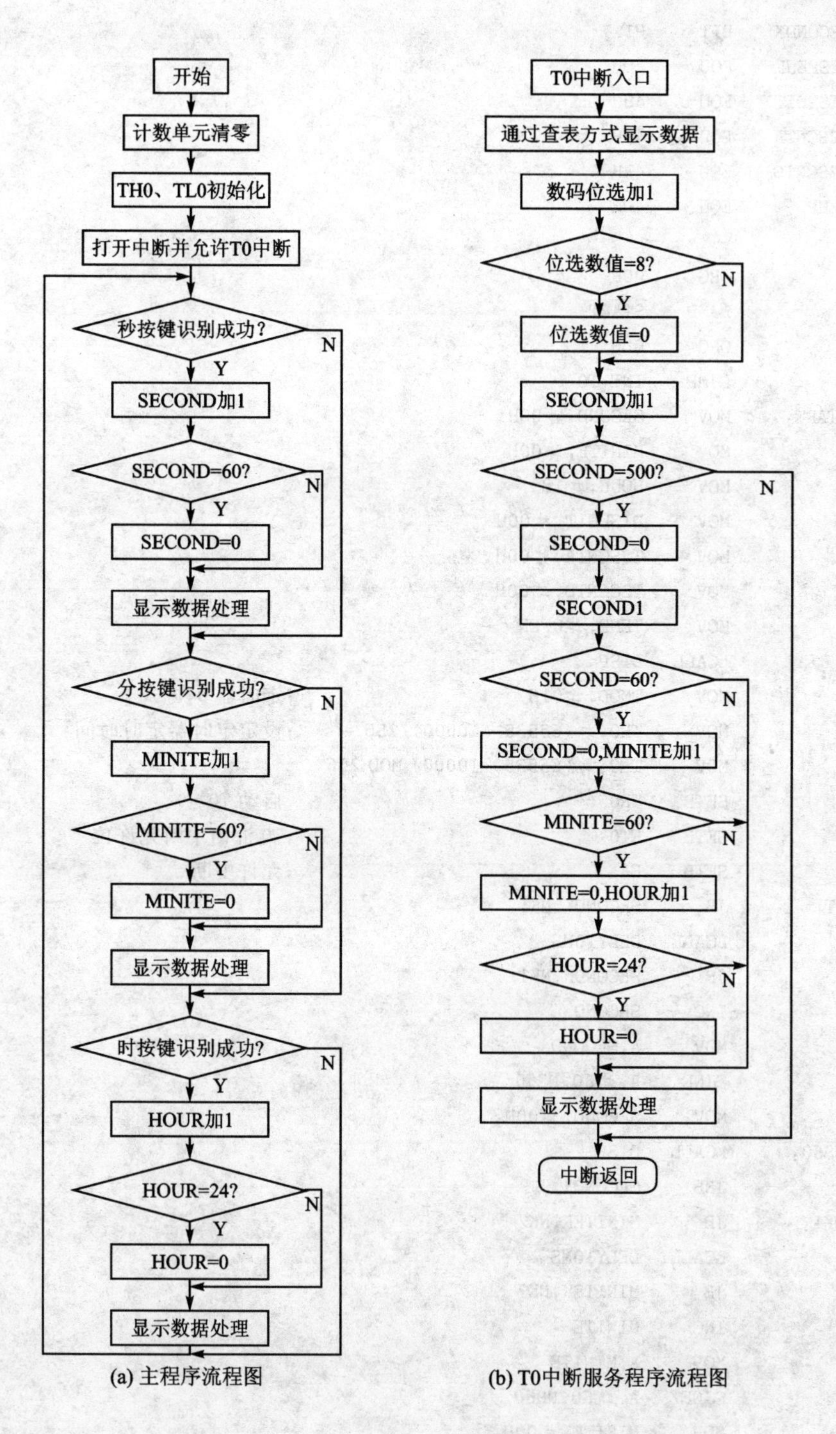

(a) 主程序流程图　　(b) T0中断服务程序流程图

图 8－19　基于单片机定时器/计数器的数字钟程序流程图

```
SECONDK     BIT     P1.7
DISPBUF     EQU     40H
DISPBIT     EQU     48H
T2SCNTA     EQU     49H
T2SCNTB     EQU     4AH
TEMP        EQU     4BH

            ORG     00H
            LJMP    START
            ORG     0BH
            LJMP    INT_T0
START:      MOV     SECOND,#00H
            MOV     MINITE,#00H
            MOV     HOUR,#12
            MOV     DISPBIT,#00H
            MOV     T2SCNTA,#00H
            MOV     T2SCNTB,#00H
            MOV     TEMP,#0FEH
            LCALL   DISP
            MOV     TMOD,#01H                          ;定时器 0,方式 1
            MOV     TH0,#(65535 - 10000)/256           ;设定定时器定时时间
            MOV     TL0,#(65535 - 10000) MOD 256
            SETB    TR0                                ;启动 T0
            SETB    ET0                                ;T0 溢出中断允许位
            SETB    EA                                 ;允许中断
WT:         JB      SECONDK,NK1
            LCALL   DELY10MS
            JB      SECONDK,NK1
            INC     SECOND
            MOV     A,SECOND
            CJNE    A,#60,NS60
            MOV     SECOND,#00H
NS60:       LCALL   DISP
            JNB     SECONDK, $
NK1:        JB      MINITEK,NK2
            LCALL   DELY10MS
            JB      MINITEK,NK2
            INC     MINITE
            MOV     A,MINITE
            CJNE    A,#60,NM60
            MOV     MINITE,#00H
NM60:       LCALL   DISP
            JNB     MINITEK, $
```

```
NK2:    JB      HOURK,NK3
        LCALL   DELY10MS
        JB      HOURK,NK3
        INC     HOUR
        MOV     A,HOUR
        CJNE    A,#24,NH24
        MOV     HOUR,#00H
NH24:   LCALL   DISP
        JNB     HOURK,$
NK3:    LJMP    WT
DELY10MS:
        MOV     R6,#10
D1:     MOV     R7,#248
        DJNZ    R7,$
        DJNZ    R6,D1
        RET
DISP:
        MOV     A,#DISPBUF
        ADD     A,#8
        DEC     A
        MOV     R1,A
        MOV     A,HOUR
        MOV     B,#10
        DIV     AB
        MOV     @R1,A
        DEC     R1
        MOV     A,B
        MOV     @R1,A
        DEC     R1
        MOV     A,#10
        MOV     @R1,A
        DEC     R1
        MOV     A,MINITE
        MOV     B,#10
        DIV     AB
        MOV     @R1,A
        DEC     R1
        MOV     A,B
        MOV     @R1,A
        DEC     R1
        MOV     A,#10
        MOV     @R1,A
        DEC     R1
```

```
        MOV     A,SECOND
        MOV     B,#10
        DIV     AB
        MOV     @R1,A
        DEC     R1
        MOV     A,B
        MOV     @R1,A
        DEC     R1
        RET
INT_TO:
        MOV     TH0,#(65535 - 10000)/256
        MOV     TL0,#(65535 - 10000)MOD 256
        MOV     A,#DISPBUF
        ADD     A,DISPBIT
        MOV     R0,A
        MOV     A,@R0
        MOV     DPTR,#TABLE
        MOVC    A,@A + DPTR
        MOV     P0,A
        MOV     A,DISPBIT
        MOV     DPTR,#TAB
        MOVC    A,@A + DPTR
        MOV     P2,A
        INC     DISPBIT
        MOV     A,DISPBIT
        CJNE    A,#08H,KNA
        MOV     DISPBIT,#00H
KNA:    INC     T2SCNTA
        MOV     A,T2SCNTA
        CJNE    A,#100,DONE
        MOV     T2SCNTA,#00H
        INC     T2SCNTB
        MOV     A,T2SCNTB
        CJNE    A,#01H,DONE
        MOV     T2SCNTB,#00H
        INC     SECOND
        MOV     A,SECOND
        CJNE    A,#60,NEXT
        MOV     SECOND,#00H
        INC     MINITE
        MOV     A,MINITE
        CJNE    A,#60,NEXT
        MOV     MINITE,#00H
```

```
        INC     HOUR
        MOV     A,HOUR
        CJNE    A,#24,NEXT
        MOV     HOUR,#00H
NEXT:   LCALL   DISP
DONE:   RETI
TABLE:  DB      3FH,06H,5BH,4FH,66H,6DH,7DH,07H,7FH,6FH,40H
TAB:    DB      0FEH,0FDH,0FBH,0F7H,0EFH,0DFH,0BFH,07FH
        END
```

8.2.4 基于 PROTEUS 的数字钟电路仿真

将程序加载到电路后，进行仿真，仿真结果如图 8-20 所示。

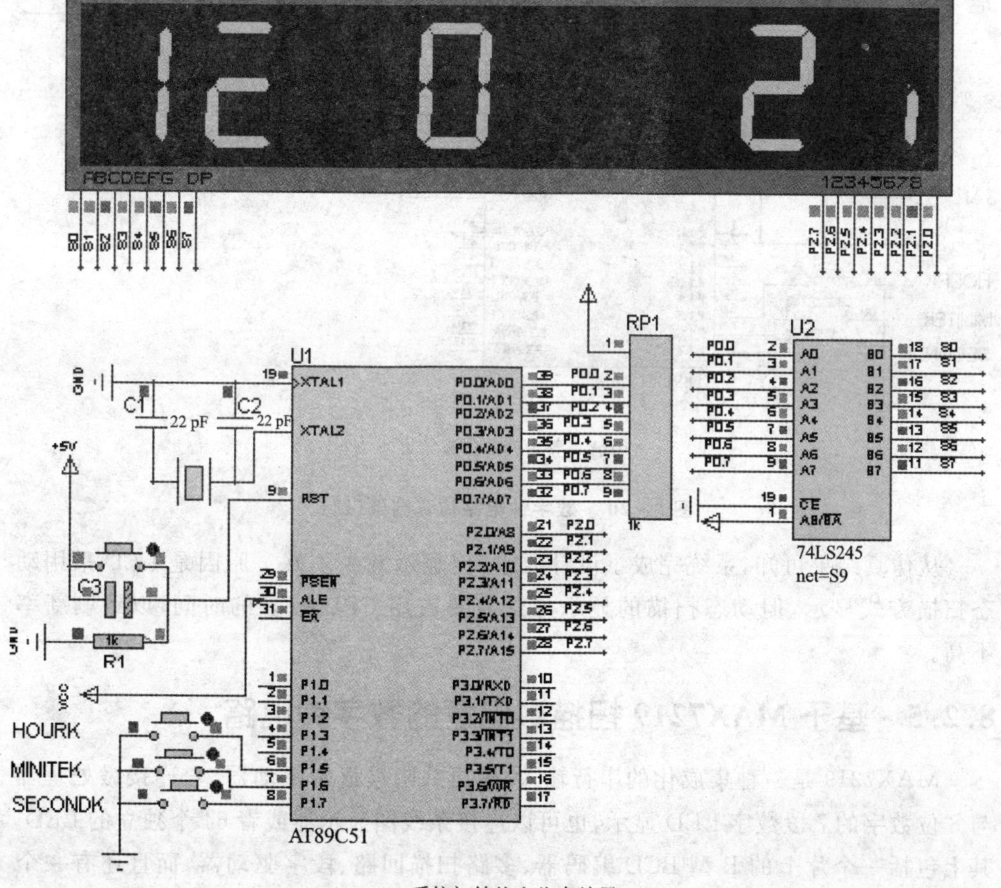

(a) 系统初始状态仿真结果

图 8-20 数字钟电路仿真结果

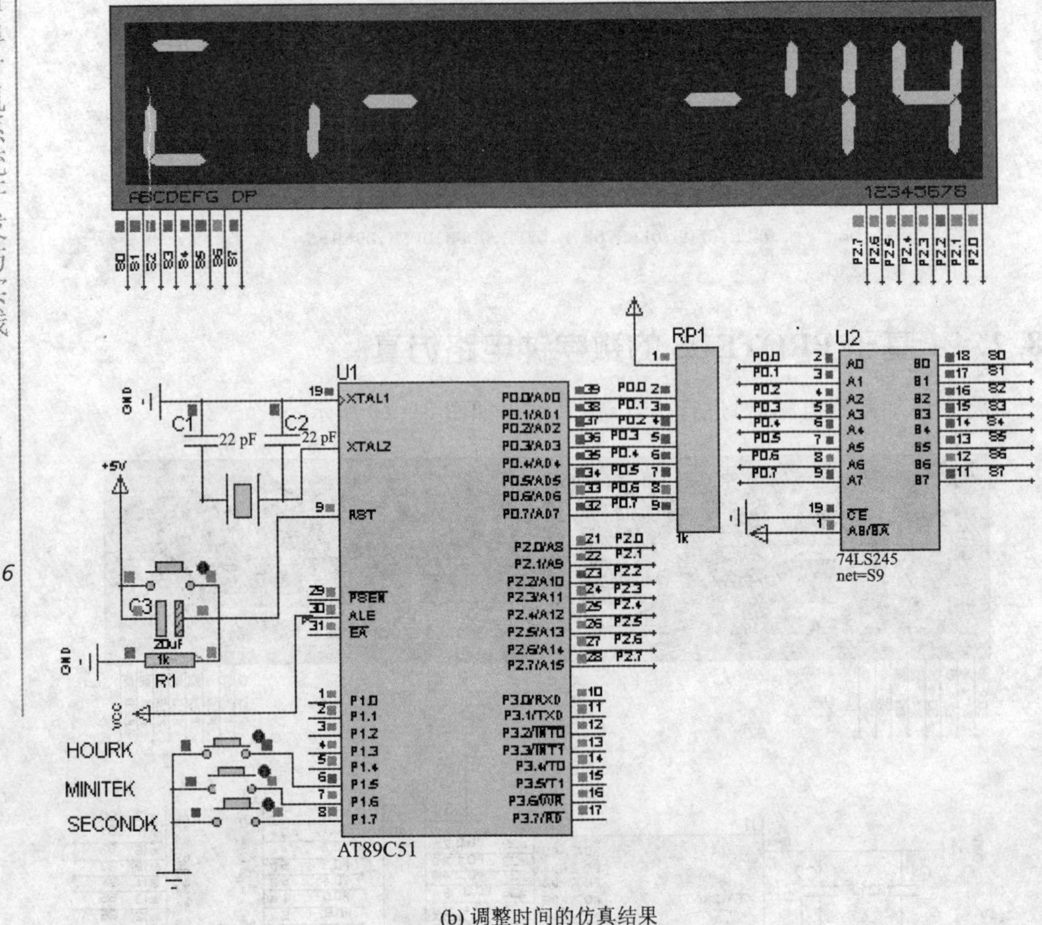

(b) 调整时间的仿真结果

图 8－20　数字钟电路仿真结果(续)

从仿真结果可知,系统完成了设计要求,但显示效果不好。原因是 LED 采用动态扫描方式显示,但动态扫描的显示方式需要占用 CPU 较多的时间,以致刷新率不高。

8.2.5　基于 MAX7219 扫描数码管的数字钟电路

MAX7219 是一种集成化的串行输入/输出共阴极显示驱动器,它连接微处理器与 8 位数字的 7 段数字 LED 显示,也可以连接条线图显示器或者 64 个独立的 LED。其上包括一个片上的 B 型 BCD 编码器、多路扫描回路、段字驱动器,而且还有一个 8×8 的静态 RAM 用来存储每一个数据。只有一个外部寄存器用来设置各个 LED 的段电流。

方便的四线串行接口可以连接所有通用的微处理器。每个数据可以寻址,在更新时不需要改写所有的显示。MAX7219同样允许用户对每一个数据选择编码或者不编码。整个设备包含一个150 μA的低功耗关闭模式、模拟和数字亮度控制。一个扫描限制寄存器允许用户显示1～8位数据，还有一个让所有LED发光的检测模式。MAX7219的DIP封装元件顶视图如图8-21所示。

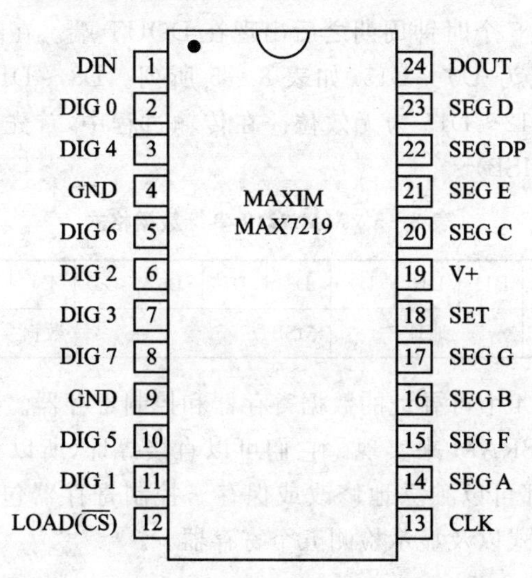

图8-21 MAX7219的DIP封装元件顶视图

其引脚描述如表8-4所列。

表8-4 MAX7219引脚描述

引 脚	名 称	功 能
1	DIN	串行数据输入端口。在时钟上升沿时数据被载入内部的16位寄存器
2,3,5～8,10,11	DIG0～DIG7	8个数据驱动线路置显示器共阴极为低电平。关闭时，MAX7219此引脚输出高电平
4,9	GND	地线(4脚和9脚必须同时接地)
12	LOAD	载入数据。连续数据的后16位在LOAD端的上升沿时被锁定
13	CLK	时钟序列输入端。最大速率为10 MHz。在时钟的上升沿，数据移入内部移位寄存器。下降沿时，数据从DOUT端输出
14～17,20～23	SEGA～SEGG,DP	7段和小数点驱动。为显示器提供电流。当一个段驱动关闭时，此端呈低电平
18	SET	通过一个电阻连接到VDD来提高段电流
19	V+	正极电压输入，+5 V
24	DOUT	串行数据输出端口，从DIN输入的数据在16.5个时钟周期后在此端有效

对 MAX7219 来说，串行数据在 DIN 输入 16 位数据包，无论 LOAD 端处于何种状态，在时钟的上升沿数据均移入到内部 16 位移位寄存器，然后数据在 LOAD 的上升沿被载入数据寄存器或控制寄存器。LOAD 端在第 16 个时钟的上升沿到来时或之后、下个时钟上升沿之前变为高电平，否则数据将会丢失。在 DIN 端的数据传输到移位寄存器，在 16.5 个时钟周期之后出现在 DOUT 端。在时钟的下降沿数据将被输出。数据位标记为 D0～D15，如表 8-5 所列。D8～D11 为寄存器地址位。D0～D7为数据位。D12～D15 为无效位。在传输过程中，首先接收到的是 D15 位，是非常重要的一位(MSB)。

表 8-5 MAX7219 串行数据格式

D15	D14	D13	D12	D11	D10	D9	D8	D7	D6	D5	D4	D3	D2	D1	D0
×	×	×	×	地址				MSB			数据				LSB

表 8-6 列出了 14 个可寻址的数据寄存器和控制寄存器。数据寄存器由一个在片上的 8×8 的双向 SRAM 来实现。它们可以直接寻址，所以只要在 V+大于 2 V 的情况下，每个数据都可以独立地修改或保存。控制寄存器包括编码模式、显示亮度、扫描限制、关闭模式以及显示检测五个寄存器。

表 8-6 数据寄存器和控制寄存器

寄存器名称	十六进制数地址	寄存器名称	十六进制数地址
空操作	00H	DIG6	07H
DIG0	01H	DIG7	08H
DIG1	02H	译码控制	09H
DIG2	03H	亮度控制	0AH
DIG3	04H	扫描控制	0BH
DIG4	05H	停机控制	0CH
DIG5	06H	显示测试控制	0FH

下面从使用的角度，对 MAX7219 内部控制器的功能加以说明：

① 译码控制寄存器(地址 09H)：译码方式寄存器可以对每个数进行设置，使其为 BCD 译码方式或非译码方式。寄存器的每一位和一个数位相对应，为“1”时，选择 BCD 译码方式；为“0”时，选择非译码方式。例如，0～7 位不译码，则给译码寄存器 09H 送 00H。第一位译码，其余位不译码，则给译码寄存器 09H 送 01H。译码方式控制寄存器举例如表 8-7 所列。

② 亮度控制寄存器(地址 0AH)：MAX7219 的亮度控制有两种方式，即模拟法和数字法。

✧ 模拟法：在引脚 ISET 和 VCC 之间接电阻 RSET，各段驱动峰电流约为 RSET

中电流(I_{set})的 100 倍,RSET 的最小阻值为 9.53 kΩ,这时数码显示处于最亮状态。RSET 可用电位器代替,放到面板上用来调节数码显示的亮度。

✧ 数字法:将数据写入到亮度控制寄存器中,即可按 16 个等级控制亮度。数值为 00H,对应电流(1/32)I_{set}(最暗);数值为 0FH,对应电流(31/32)I_{set}(最亮)。此数值加 1,电流增大 1/16。

亮度寄存器格式如表 8-8 所列。

表 8-7　译码方式控制寄存器举例

类 别	寄存器数据								十六进制代码
	D7	D6	D5	D4	D3	D2	D1	D0	
第 1~8 位 LED 不译码	0	0	0	0	0	0	0	0	00
第 1 位译码,其余不译码	0	0	0	0	0	0	0	1	01
低 4 位译码,其余不译码	0	0	0	0	1	1	1	1	0F
第 1~8 位 LED 译码	1	1	1	1	1	1	1	1	FF

表 8-8　亮度寄存器格式

类 别	寄存器数据								十六进制代码
	D7	D6	D5	D4	D3	D2	D1	D0	
1/32	×	×	×	×	0	0	0	0	0
3/32	×	×	×	×	0	0	0	1	1
5/32	×	×	×	×	0	0	1	0	2
7/32	×	×	×	×	0	0	1	1	3
9/32	×	×	×	×	0	1	0	0	4
11/32	×	×	×	×	0	1	0	1	5
13/32	×	×	×	×	0	1	1	0	6
15/32	×	×	×	×	0	1	1	1	7
17/32	×	×	×	×	1	0	0	0	8
19/32	×	×	×	×	1	0	0	1	9
21/32	×	×	×	×	1	0	1	0	A
23/32	×	×	×	×	1	0	1	1	B
25/32	×	×	×	×	1	1	0	0	C
27/32	×	×	×	×	1	1	0	1	D
29/32	×	×	×	×	1	1	1	0	E
31/32	×	×	×	×	1	1	1	1	F

③ 扫描位数(界限)寄存器(地址0BH):扫描位数(界限)寄存器用来设定多少个数位处于显示态,范围为1~8。MAX7219的各个数位按1300 Hz的扫描频率分路驱动,轮流点亮8个显示器。若需要显示的数位少,则可降低扫描数量,以提高扫速和亮度。该寄存器的低3位指定要扫描的数位,即00~07H分别对应1~8个数位。但此值最好不要小于4,否则需要改变RSET的值。扫描位数寄存器的格式如表8-9所列。

表8-9 扫描位数寄存器的格式

类 别	寄存器数据								十六进制代码
	D7	D6	D5	D4	D3	D2	D1	D0	
显示位1	×	×	×	×	×	0	0	0	×0
显示位1,2	×	×	×	×	×	0	0	1	×1
显示位1,2,3	×	×	×	×	×	0	1	0	×2
显示位1,2,3,4	×	×	×	×	×	0	1	1	×3
显示位1,2,3,4,5	×	×	×	×	×	1	0	0	×4
显示位1,2,3,4,5,6	×	×	×	×	×	1	0	1	×5
显示位1,2,3,4,5,6,7	×	×	×	×	×	1	1	0	×6
显示8位	×	×	×	×	×	1	1	1	×7

④ 停机控制寄存器(地址0CH):寄存器的D0位控制MAX7219处于怎样的显示状态。当D0=0时,MAX7219处于关断状态;当D0=1时,MAX7219处于正常显示状态。当处于关断状态时,扫描振荡器暂停,显示器熄灭,各寄存器中的数据不变,这时总电流小于150 μA,但仍可以编程。进入此状态后,至少250 μs才能退出。当将D0位置1后(即0CH写01H),即可回到正常显示状态。

⑤ 显示测试寄存器(地址0FH):显示测试寄存器有两种工作方式。当送01H时,MAX7219便进入测试工作状态,所有数码管显示8及小数点,电流占空比为31/32,内部的所有数据及控制寄存器的值都不改变;当送00H时,MAX7219进入正常工作方式。

⑥ 空操作寄存器(地址00H):即写入0000H,可允许数据通过而不对当前的MAX7219产生影响,可用于两个或多个MAX7219进行级联。这样只要三根信号线就可以驱动,在控制时只要把待编程的MAX7219之前的那些MAX7219设置为空操作即可。

基于MAX7291扫描电路的数字钟电路如图8-22所示。

其中,MAX7219的亮度控制采用数字法。MAX7291的显示程序流程图如图8-23所示。

将基于74LS245驱动的数字钟程序中的显示部分程序替换为MAX7219的显示程序,即可实现数字钟。

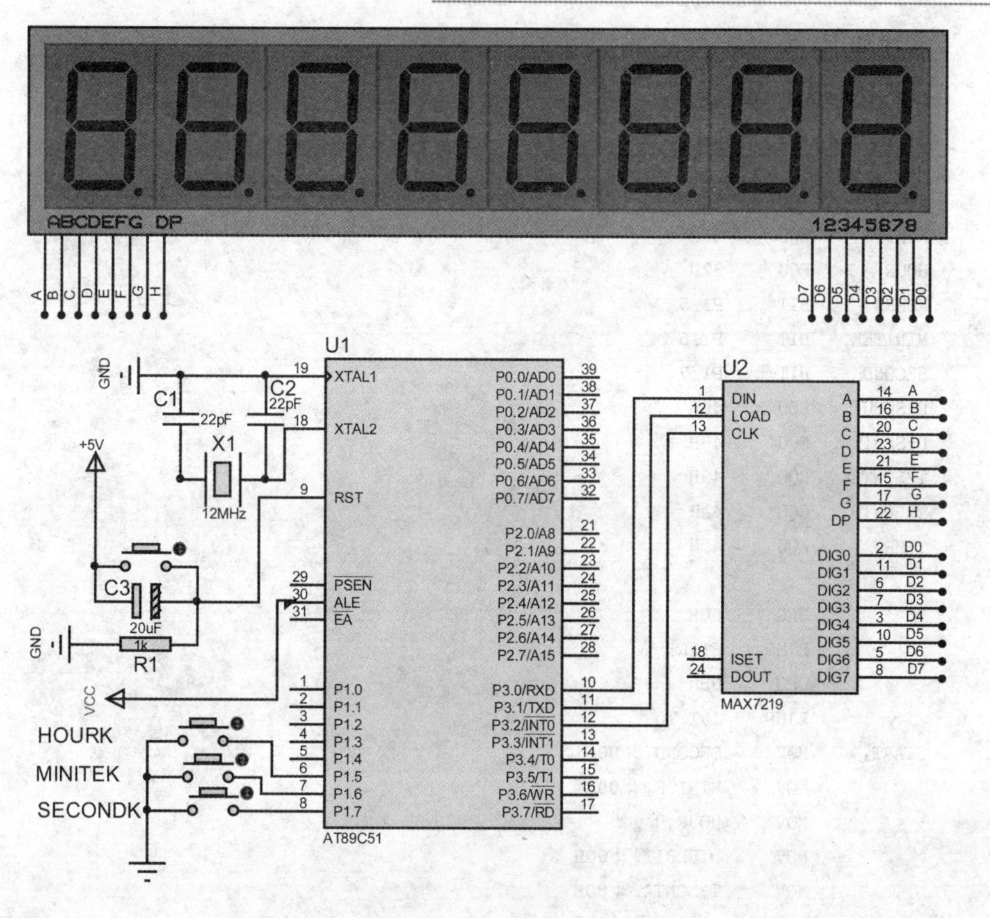

图 8-22　基于 MAX7291 扫描电路的数字钟电路

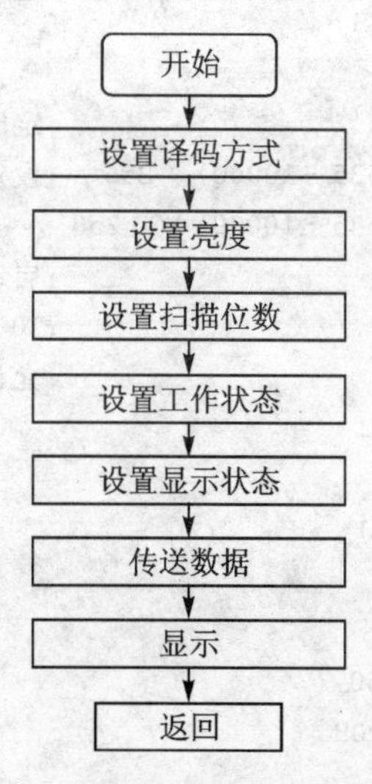

图 8-23　MAX7291 的显示程序流程图

程序如下：

```
DISP_DIN EQU P3.0
DISP_LOAD EQU P3.1
DISP_CLK EQU P3.2
SECOND      EQU     30H
MINITE      EQU     31H
HOUR        EQU     32H
HOURK       BIT     P1.5
MINITEK     BIT     P1.6
SECONDK     BIT     P1.7
DISPBUF     EQU     40H
DISPBIT     EQU     48H
T2SCNTA     EQU     49H
T2SCNTB     EQU     4AH
TEMP        EQU     4BH

            ORG     00H
            LJMP    START
            ORG     0BH
            LJMP    INT_T0
START:      MOV     SECOND,#00H
            MOV     MINITE,#00H
            MOV     HOUR,#12
            MOV     DISPBIT,#00H
            MOV     T2SCNTA,#00H
            MOV     T2SCNTB,#00H
            MOV     TEMP,#0FEH
            LCALL   DISP
            MOV     TMOD,#01H                       ;定时器0,方式1
            MOV     TH0,#(65535-10000) / 256        ;设定定时器定时时间
            MOV     TL0,#(65535-10000) MOD 256
            SETB    TR0                             ;启动T0
            SETB    ET0                             ;T0溢出中断允许位
            SETB    EA                              ;允许中断
WT:         JB      SECONDK,NK1
            LCALL   DELY10MS
            JB      SECONDK,NK1
            INC     SECOND
            MOV     A,SECOND
            CJNE    A,#60,NS60
            MOV     SECOND,#00H
NS60:       LCALL   DISP
            JNB     SECONDK,$
```

```
NK1:      JB      MINITEK,NK2
          LCALL   DELY10MS
          JB      MINITEK,NK2
          INC     MINITE
          MOV     A,MINITE
          CJNE    A,#60,NM60
          MOV     MINITE,#00H
NM60:     LCALL   DISP
          JNB     MINITEK,$
NK2:      JB      HOURK,NK3
          LCALL   DELY10MS
          JB      HOURK,NK3
          INC     HOUR
          MOV     A,HOUR
          CJNE    A,#24,NH24
          MOV     HOUR,#00H
NH24:     LCALL   DISP
          JNB     HOURK,$
NK3:      LJMP    WT
DELY10MS:
          MOV     R6,#10
D1:       MOV     R7,#248
          DJNZ    R7,$
          DJNZ    R6,D1
          RET
DISP:
          MOV     A,#DISPBUF
          ADD     A,#8
          DEC     A
          MOV     R1,A
          MOV     A,HOUR
          MOV     B,#10
          DIV     AB
          MOV     @R1,A
          DEC     R1
          MOV     A,B
          MOV     @R1,A
          DEC     R1
          MOV     A,#10
          MOV     @R1,A
          DEC     R1
          MOV     A,MINITE
          MOV     B,#10
          DIV     AB
```

```
            MOV     @R1,A
            DEC     R1
            MOV     A,B
            MOV     @R1,A
            DEC     R1
            MOV     A,#10
            MOV     @R1,A
            DEC     R1
            MOV     A,SECOND
            MOV     B,#10
            DIV     AB
            MOV     @R1,A
            DEC     R1
            MOV     A,B
            MOV     @R1,A
            DEC     R1
            RET
INIT_MAX7219:                                   ;初始化 MAX7219
            MOV     A,#09H                      ;将 BCD 码译成 B 码
            MOV     B,#0FFH
            LCALL   W_7219
            MOV     A,#0AH                      ;设置亮度
            MOV     B,#0FH                      ;31/32 亮度
            LCALL   W_7219
            MOV     A,#0BH                      ;设置扫描界限
            MOV     B,#07H
            LCALL   W_7219
            MOV     A,#0FH                      ;设置正常工作方式
            MOV     B,#00H
            LCALL   W_7219
            MOV     A,#0CH                      ;进入启动工作方式
            MOV     B,#01H
            LCALL   W_7219
            MOV     A,#01h
            MOV     B,40H
            LCALL   W_7219
            MOV     A,#02h
            MOV     B,41H
            LCALL   W_7219
            MOV     A,#03h
            MOV     B,42H
            LCALL   W_7219
            MOV     A,#04h
            MOV     B,43H
```

```
        LCALL   W_7219
        MOV     A,#05h
        MOV     B,44H
        LCALL   W_7219
        MOV     A,#06h
        MOV     B,45H
        LCALL   W_7219
        MOV     A,#07h
        MOV     B,46H
        LCALL   W_7219
        MOV     A,#08h
        MOV     B,47H
        LCALL   W_7219
        RET
W_7219:                                 ;显示驱动程序
        CLR     DISP_LOAD               ;置 load = 0
        LCALL   SD_7219                 ;传送 MAX7219 的地址
        MOV     A,B
        LCALL   SD_7219                 ;传送数据
        SETB    DISP_LOAD               ;数据装载
        RET
SD_7219:                                ;向 MAX7219 送地址或数据
        MOV     R2,#08H                 ;向 MAX7219 送地址或数据
C_SD:   NOP
        CLR     DISP_CLK
        RLC     A
        MOV     DISP_DIN,C              ;准备数据
        NOP
        SETB    DISP_CLK                ;上升沿将数据传入
        DJNZ    R2,C_SD
        RET
INT_T0:
        MOV     TH0,#(65535 - 10000)/256
        MOV     TL0,#(65535 - 10000)MOD 256
        LCALL   INIT_MAX7219
        INC     T2SCNTA
        MOV     A,T2SCNTA
        CJNE    A,#100,DONE
        MOV     T2SCNTA,#00H
        INC     T2SCNTB
        MOV     A,T2SCNTB
        CJNE    A,#01H,DONE
        MOV     T2SCNTB,#00H
        INC     SECOND
```

```
        MOV     A,SECOND
        CJNE    A,#60,NEXT
        MOV     SECOND,#00H
        INC     MINITE
        MOV     A,MINITE
        CJNE    A,#60,NEXT
        MOV     MINITE,#00H
        INC     HOUR
        MOV     A,HOUR
        CJNE    A,#24,NEXT
        MOV     HOUR,#00H
NEXT:   LCALL   DISP
DONE:   RETI
        END
```

基于 PROTUES 的电路仿真结果如图 8－24 所示。

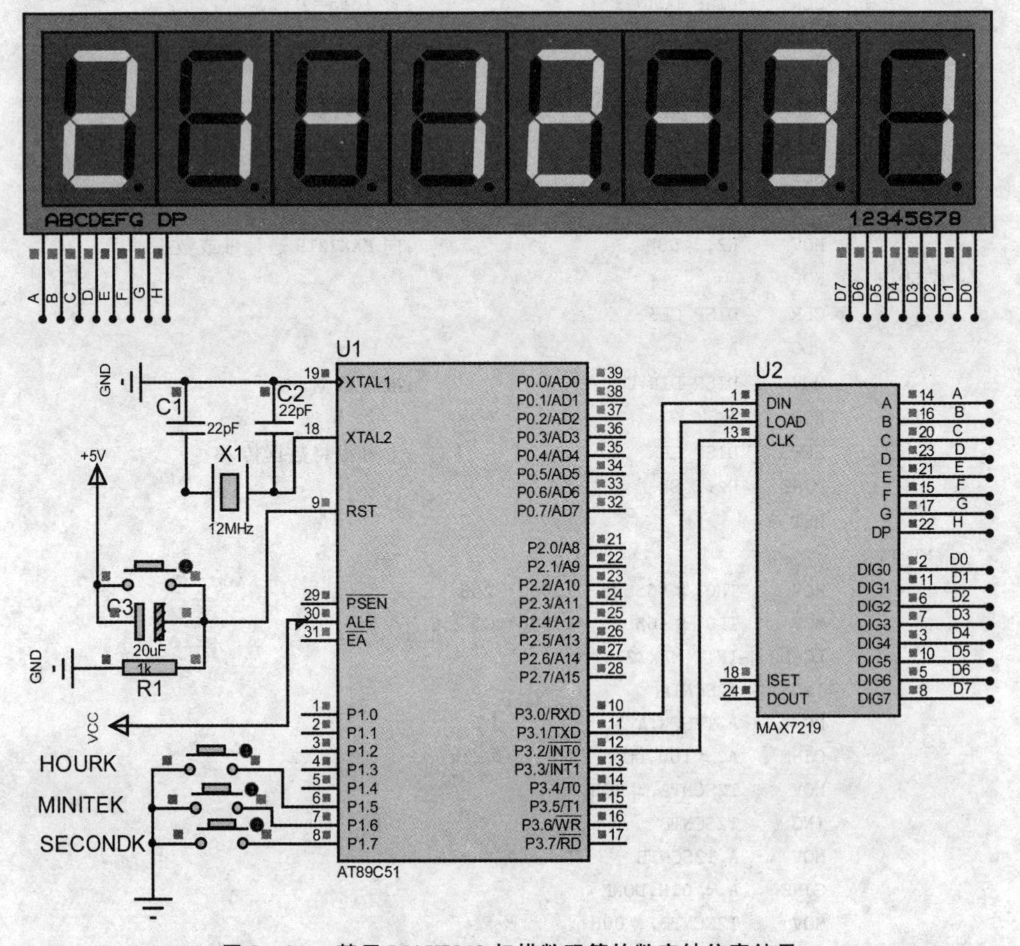

图 8－24　基于 MAX7219 扫描数码管的数字钟仿真结果

8.2.6　数字钟电路制作

在单片机最小系统的基础上，设计显示部分的电路。以单片机最小系统设计为例，使用腐蚀法或雕版机制作电路板。在电路板的设计中，为了保证电路的可靠导通，在设计允许的前提下，尽可能加大线宽和线距，同时，加大焊盘。对于集成电路，焊盘可采用不规则形，如图8-25所示。

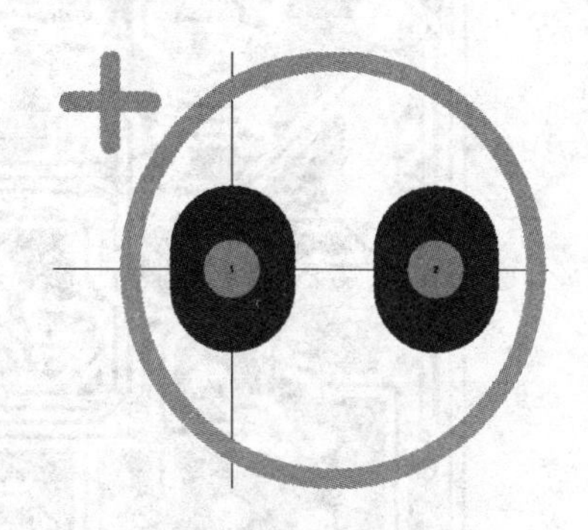

图8-25　不规则形焊盘设计

此外，电路的铺铜要铺成实心铜。Protel设计图如图8-26所示。

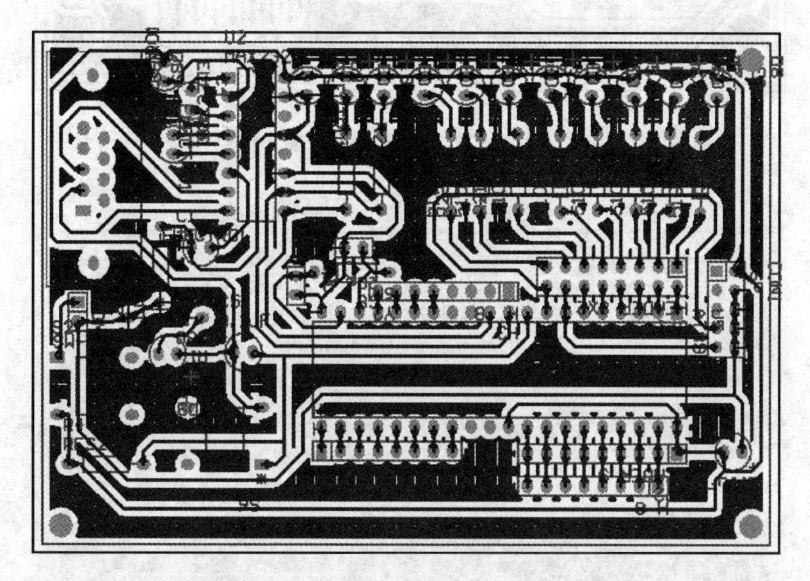

图8-26　单片机最小系统设计图

在输出腐蚀图时，请确认只输出底层和禁止布线层，其他信息不输出，如图8-27所示。

将上述电路使用雕版机制板，结果如图8-28所示。

焊接电路时，首先需要测试元件。

(1) 数码管测试

一般来说，可通过数据手册确定元件引脚。在元件的数据手册未找到的情况下，可采用手工测试的方法确定各输入引脚所对应的段。选用三节1.5 V的5号电池串联供电，将数码管任一引脚串接一1 kΩ电阻后与电池正极相接，将另一引脚与电池负极相接，如不亮，换下一引脚；如测过所有引脚后均不亮，则变换电池正负极后重测。在此过程中，如发现某一段管亮，再换下一引脚，以确定元件的极性及引脚的

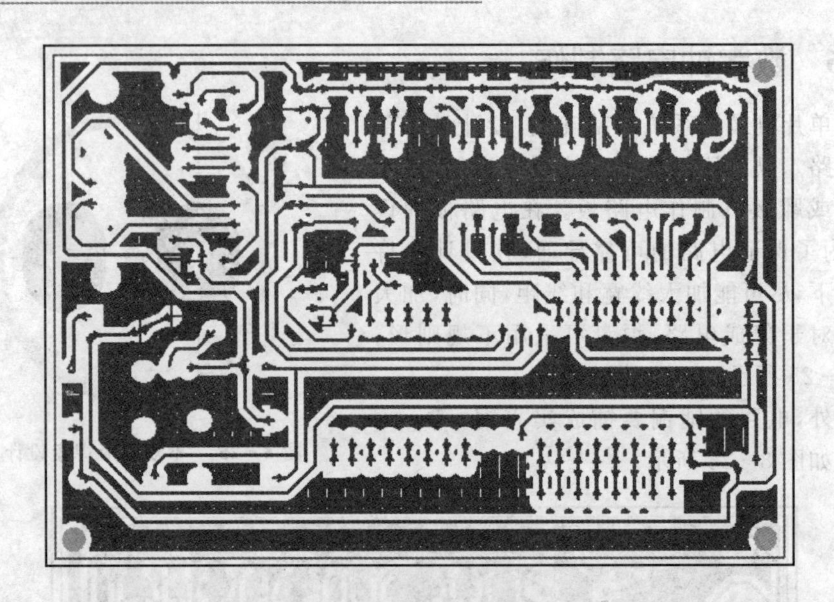

图 8-27 输出的腐蚀图

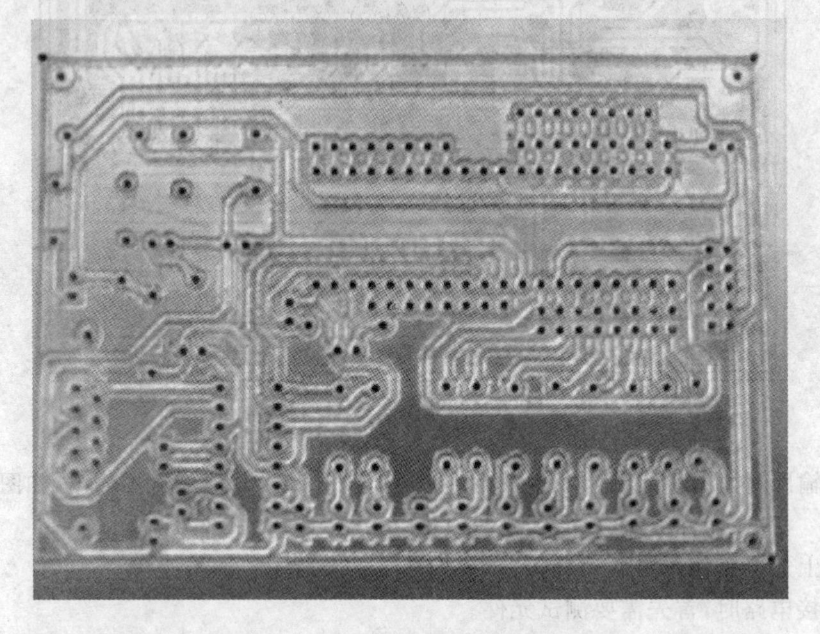

图 8-28 雕版机制作的电路板

排列。

需要注意的是，在测试时一定要串接限流电阻，以免电流过大烧坏某段发光二极管。

(2) 排阻测试

排阻就是许多个规格参数完全相同的电阻，其一端相连在一起，作为公共引脚，其余引脚正常引出，因为排阻比较整齐，且具有方向性，节省空间，所以一般用于单片机 I/O 口的上拉、下拉电阻，或作为限流电阻。

排阻的公共引脚一侧通常有一小白点作为标识，容易分辨。但对于不了解的人，或者标识模糊分辨不清，应该怎样检测确定呢。其实很简单，只需一个万用表，知道了排阻的内部连接结构即可。用万用表电阻挡测任一两脚间的阻值，如果等于标称值，则其中一个必为公共端；可依次再与其他引脚测试，如果阻值等于 2 倍的标称值，则此两脚都不是公共端。

8.3　启发式设计(1)——基于 DS1302 的数字钟

与采用单片机定时器/计数器提供秒信号，使用程序实现年、月、日、星期、时、分、秒计数的数字钟方案相比，基于 DS1302 的时钟芯片实现时钟，可自动对秒、分、时、日、周、月、年以及闰年补偿的年进行计算，而且精度高。

8.3.1　DS1302 芯片

DS1302 是美国 DALLAS 公司推出的一种高性能、低功耗、带 RAM 的实时时钟电路，它可以对年、月、日、周、时、分、秒进行计时，具有闰年补偿功能(2100 年之前)。工作电压为 2.5～5.5 V。采用三线接口与 CPU 进行同步通信，并可采用突发方式一次传送多个字节的时钟信号或 RAM 数据。DS1302 内部有一个 31×8 的用于临时性存放数据的 RAM 寄存器。DS1302 是 DS1202 的升级产品，与 DS1202 兼容，但增加了主电源/后备电源双电源引脚，同时提供了对后备电源进行涓细电流充电的能力。DS1302 的引脚排列如图 8－29 所示。

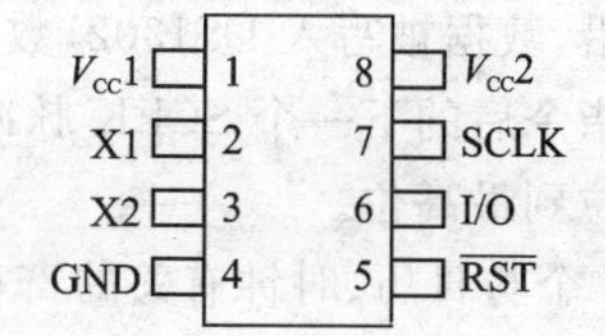

图 8－29　DS1302 的引脚排列图

其中，$V_{CC}1$ 为后备电源，$V_{CC}2$ 为主电源。在主电源关闭的情况下，也能保持时钟的连续运行。DS1302 由 $V_{CC}1$ 或 $V_{CC}2$ 两者中的较大者供电。当 $V_{CC}2 > V_{CC}1 + 0.2$ V 时，$V_{CC}2$ 给 DS1302 供电。当 $V_{CC}2 < V_{CC}1$ 时，DS1302 由 $V_{CC}1$ 供电。X1 和 X2 是振荡源，外接 32.768 kHz 晶振。RST 是复位/片选线，通过把 RST 输入驱动置高电平来启动所有的数据传送。RST 输入有两种功能：首先，RST 接通控制逻辑，允许地址/命令序列送入移位寄存器；其次，RST 提供终止单字节或多字节数据的传送手段。当 RST 为高电平时，所有的数据传送被初始化，允许对 DS1302 进行操作。如果在传送过程中 RST 置为低电平，则会终止此次数据传送，I/O 引脚变为高阻态。上电运行时，在 $V_{CC} \geqslant 2.5$ V 之前，RST 必须保持低电平。只有在 SCLK 为低电平时，才能将 RST 置为高电平。I/O 为串行数据输入/输出端(双向)，SCLK 始终是输入端。

DS1302有12个寄存器，其中有7个寄存器与日历、时钟相关，存放的数据位为BCD码形式。此外，DS1302还有年份寄存器、控制寄存器、充电寄存器、时钟突发寄存器及与RAM相关的寄存器等。时钟突发寄存器可一次性顺序读/写除充电寄存器外的所有寄存器内容。DS1302与RAM相关的寄存器分为两类：一类是单个RAM单元，共31个，每个单元组态为一个8位的字节，其命令控制字为C0H～FDH，其中奇数为读操作，偶数为写操作；另一类为突发方式下的RAM寄存器，此方式下可一次性读/写所有RAM的31个字节，命令控制字为FEH(写)、FFH(读)。DS1302控制寄存器格式如表8-10所列。

表8-10　DS1302控制寄存器格式

7	6	5	4	3	2	1	0
1	RAM	A4	A3	A2	A1	A0	RD
	$\overline{CK}$						$\overline{WR}$

控制字的最高有效位(位7)必须是逻辑1，如果它为0，则不能把数据写入到DS1302中。位6：如果为0，表示存取日历时钟数据，为1则表示存取RAM数据。位5～位1(A4～A0)：指示操作单元的地址。位0(最低有效位)：如果为0，表示要进行写操作；为1则表示进行读操作。

控制字总是从最低位开始输出。在控制字指令输入后的下一个SCLK时钟的上升沿，数据被写入DS1302，数据输入从最低位(0位)开始。同样，在紧跟8位的控制字指令后的下一个SCLK脉冲的下降沿，读出DS1302的数据，读出的数据也是从最低位到最高位。

7个与日历、时钟有关的寄存器及其控制字如表8-11所列。

表8-11　7个与日历、时钟有关的寄存器及其控制字

寄存器名	命令字		取值范围	各位内容							
	写操作	读操作		7	6	5	4	3	2	1	0
秒寄存器	80H	81H	00～59	CH	10 SEC			SEC			
分钟寄存器	82H	83H	00～59	0	10 MIN			MIN			
小时寄存器	84H	85H	01～12或00～23	12/24	0	10 $\overline{AP}$	HR	HR			
日期寄存器	86H	87H	01～28,29,30,31	0	0	10 DATE		DATE			
月份寄存器	88H	89H	01～12	0	0	0	10M	MONTH			
周日寄存器	8AH	8BH	01～07	0	0	0	0	0	DAY		
年份寄存器	8CH	8DH	00～99	10 YEAR				YEAR			

8.3.2 基于 DS1302 芯片的数字钟电路

按照 DS1302 芯片的硬件接线要求连接电路,如图 8-30 所示。

DS1302 通过自接 32.768 kHz 晶振来产生信号。

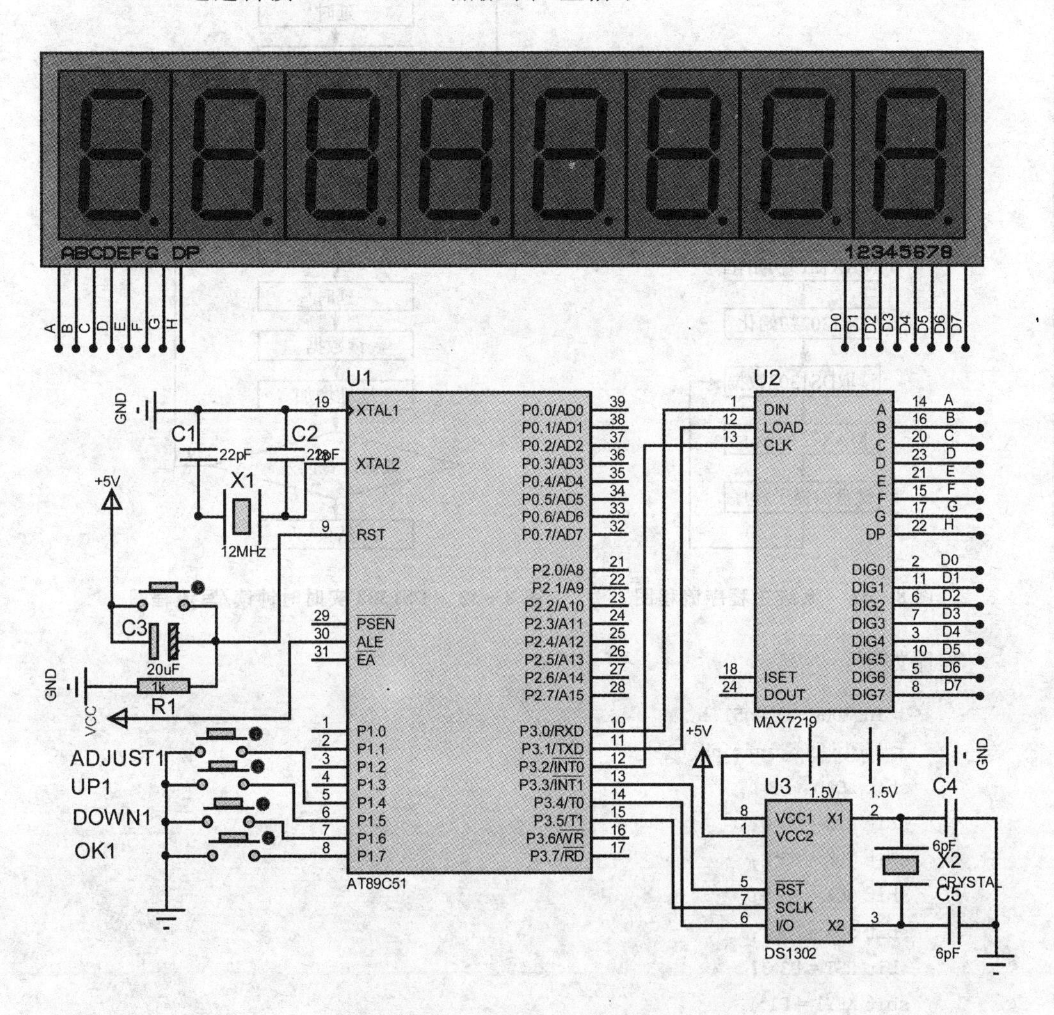

图 8-30 基于 DS1302 芯片的数字钟电路

8.3.3 基于 DS1302 芯片的数字钟电路软件程序

系统的主程序流程图如图 8-31 所示。

DS1302 实时时钟读/写流程图如图 8-32 所示。

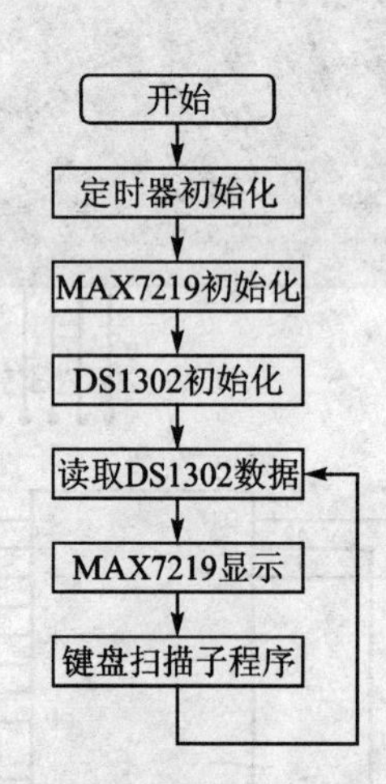

图 8-31 系统主程序流程图

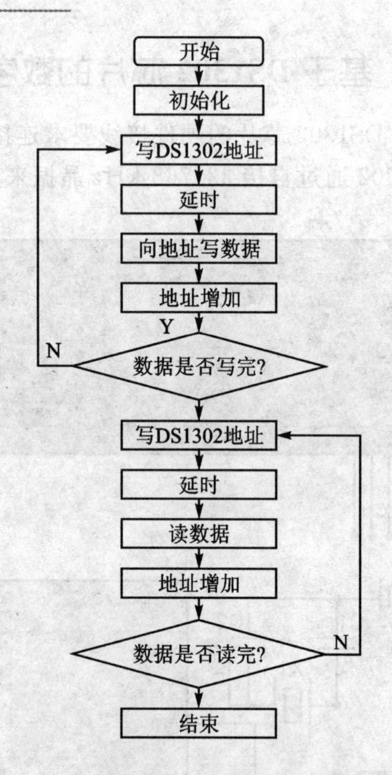

图 8-32 DS1302 实时时钟读/写流程图

程序如下：

```
#include <reg51.h>
#include <intrins.h>
sbit LOAD = P3^1;
sbit DIN = P3^0;
sbit CLK = P3^2;
sbit SCK = P3^5;
sbit SDA = P3^4;
sbit RST = P3^3;
sbit KEY1 = P1^4;
sbit KEY2 = P1^5;
sbit KEY3 = P1^6;
sbit KEY4 = P1^7;
#define DECODE_MODE   0x09
#define INTENSITY     0x0A
#define SCAN_LIMIT    0x0B
#define SHUT_DOWN     0x0C
#define DISPLAY_TEST  0x0F
#define RST_CLR  RST = 0     /*电平置低*/
```

```
    #define RST_SET   RST = 1       /*电平置高*/
    #define IO_CLR   SDA = 0        /*电平置低*/
    #define IO_SET   SDA = 1        /*电平置高*/
    #define IO_R   SDA              /*电平读取*/
    #define SCK_CLR   SCK = 0       /*时钟信号*/
    #define SCK_SET   SCK = 1       /*电平置高*/
    #define ds1302_sec_add           0x80
    #define ds1302_min_add           0x82
    #define ds1302_hr_add            0x84
    #define ds1302_control_add       0x8e
    #define ds1302_charger_add       0x90
    #define ds1302_clkburst_add      0xbe
    #define time 10000
    //函数声明
    void Write7219(unsigned char address,unsigned char dat);
    void Initial(void);
    void Write_Ds1302_byte(unsigned char temp);
    void Write_Ds1302(unsigned char address,unsigned char dat);
    unsigned char Read_Ds1302 (unsigned char address);
    void ds1302_write_time(void);
    void ds1302_read_time(void);
    void keyscan(void);
    void Read_RTC(void);      //read RTC
    void Set_RTC(void);       //set RTC
    void InitTIMER0(void);  //inital timer0
    bit ReadRTC_Flag;
    unsigned char time_buf1[4] = {20,16,30};
    unsigned int time_buf[4] ;
    unsigned char l_tmpdisplay[8];
    unsigned char keydat,temp;
    //地址、数据发送子程序
void Write7219(unsigned char address,unsigned char dat)
{
    unsigned char i;
    LOAD = 0;
    //发送地址
for (i = 0;i<8;i++)
 { CLK = 0;
      DIN = (bit)(address&0x80);
      address<< = 1;
      CLK = 1;        }
       for (i = 0;i<8;i++)
```

```
    {
        CLK = 0;
        DIN = (bit)(dat&0x80);
        dat<< = 1;
        CLK = 1;            }
    LOAD = 1;
}
void Initial(void)
{
    Write7219(SHUT_DOWN,0x01);          //开启正常工作模式(0xX1)
    Write7219(DISPLAY_TEST,0x00);       //选择工作模式(0xX0)
    Write7219(DECODE_MODE,0xff);        //选用全译码模式
    Write7219(SCAN_LIMIT,0x07);         //8 只 LED 全用
    Write7219(INTENSITY,0x0f);          //8 只 LED 全用
}
void delay(unsigned int cnt)
{
 while(--cnt);
}
void main(void)
{
    InitTIMER0();
    Initial();
    ds1302_write_time();
    while(1)
    {
    if(ReadRTC_Flag)
        {
         ReadRTC_Flag = 0;
         ds1302_read_time();
         l_tmpdisplay[0] = time_buf1[1]/10;
         l_tmpdisplay[1] = time_buf1[1]%10;
         l_tmpdisplay[2] = 10;
         l_tmpdisplay[3] = time_buf1[2]/10;
         l_tmpdisplay[4] = time_buf1[2]%10;
         l_tmpdisplay[5] = 10;
         l_tmpdisplay[6] = time_buf1[3]/10;
         l_tmpdisplay[7] = time_buf1[3]%10;
        }
        keyscan();
    }
}
```

```
void InitTIMER0(void)
{
 TMOD|= 0x01;//定时器设置 16 位
 TH0 = 0xef; //初始化值
 TL0 = 0xf0;
 ET0 = 1;
 TR0 = 1;
 EA = 1;
}
/ * 向 DS1302 写入一字节数据 * /
void ds1302_write_byte(unsigned char addr, unsigned char d) {

    unsigned char i;
    RST_SET;

    addr = addr & 0xFE;
    for (i = 0; i < 8; i ++)
     {

        if (addr & 0x01) {
            IO_SET;
            }
        else {
            IO_CLR;
            }
        SCK_SET;
        SCK_CLR;
        addr = addr >> 1;
    }
        for (i = 0; i < 8; i ++) {

        if (d & 0x01) {
            IO_SET;
            }
        else {
            IO_CLR;
            }
        SCK_SET;
        SCK_CLR;
        d = d >> 1;
        }
    RST_CLR;                    }
```

```
unsigned char ds1302_read_byte(unsigned char addr) {

    unsigned char i;
    unsigned char temp;
    RST_SET;
    addr = addr | 0x01;
    for (i = 0; i < 8; i ++)
 {

        if (addr & 0x01) {
            IO_SET;
            }
        else {
            IO_CLR;
            }
        SCK_SET;
        SCK_CLR;
        addr = addr >> 1;
        }

    for (i = 0; i < 8; i ++) {
        temp = temp >> 1;
        if (IO_R) {
            temp |= 0x80;
            }
        else {
            temp &= 0x7F;
            }
        SCK_SET;
        SCK_CLR;
        }
    RST_CLR;                                return temp;
}
void ds1302_write_time(void) {
     unsigned char i,tmp;
    for(i = 0;i<4;i ++ ){                  //BCD 处理
        tmp = time_buf1[i]/10;
        time_buf[i] = time_buf1[i] % 10;
        time_buf[i] = time_buf[i] + tmp * 16;
    }
    ds1302_write_byte(ds1302_control_add,0x00);
    ds1302_write_byte(ds1302_sec_add,0x80);
```

```
    ds1302_write_byte(ds1302_charger_add,0xa9);
    ds1302_write_byte(ds1302_hr_add,time_buf[1]);
    ds1302_write_byte(ds1302_min_add,time_buf[2]);
    ds1302_write_byte(ds1302_sec_add,time_buf[3]);
    ds1302_write_byte(ds1302_control_add,0x80);          }
void ds1302_read_time(void)
 { unsigned char i,tmp;
    time_buf[1] = ds1302_read_byte(ds1302_hr_add);         //时
    time_buf[2] = ds1302_read_byte(ds1302_min_add);        //分
    time_buf[3] = (ds1302_read_byte(ds1302_sec_add))&0x7F; //秒
    for(i = 0;i<4;i ++ ){
        tmp = time_buf[i]/16;
        time_buf1[i] = time_buf[i] % 16;
        time_buf1[i] = time_buf1[i] + tmp * 10;
    }
}
void tim(void) interrupt 1 using 1
{
    static unsigned char i,num;
    unsigned char j;
    TH0 = 0xf5;
    TL0 = 0xe0;

    for(j = 1;j<9;j ++ )
    {
       Write7219(j,l_tmpdisplay[j - 1]);
    }

    i ++ ;
    if(i == 8)
      {
       i = 0;
       num ++ ;
       if(10 == num)                {
         ReadRTC_Flag = 1;          num = 0;
         }
      }
 }
void keyscan(void)
{
  if(!KEY1)    {
    delay(time);
```

```
        if(!KEY1)
          {  while(!KEY1) ;
             keydat ++ ;
             if(keydat == 4)
             keydat = 1;
          }
        }

    if( keydat == 1)
        {
            P0 = 0XFE;
            if(!KEY2)
            {
                delay(time);
                if(!KEY2)
                    {  while(!KEY2) ;
                      time_buf1[1] ++ ;if(time_buf1[1] == 24)time_buf1[1] = 0;
                      ds1302_write_time();
                    }
            }
            if(!KEY3)
            {
                delay(time);
                if(!KEY3)
                    {  while(!KEY3) ;
                    time_buf1[1] -- ;if(time_buf1[1] == 255)time_buf1[1] = 23;
                    ds1302_write_time();
                    }
            }
        }
        if( keydat == 2) {
          P0 = 0Xfd;
           if(!KEY2) {
                delay(time);
                if(!KEY2)
                {   while(!KEY2) ;
                    time_buf1[2] ++ ;if(time_buf1[2] == 60)time_buf1[2] = 0;//分加 1
                    ds1302_write_time();
                }
            }
```

```
        if(!KEY3)
        {
            delay(time);
            if(!KEY3)
            {   while(!KEY3) ;
                time_buf1[2] -- ;if(time_buf1[2] == 255)time_buf1[2] = 59;
                ds1302_write_time();
            }
        }
    }
    if( keydat == 3)
    {
        P0 = 0XFB;
        if(!KEY2) {
            delay(time);
            if(!KEY2)
            {   while(!KEY2) ;
                time_buf1[3] ++ ;if(time_buf1[3] == 60)time_buf1[3] = 0;
                ds1302_write_time();
            }
        }
        if(!KEY3) {
            delay(time);
            if(!KEY3)
            {   while(!KEY3) ;
                time_buf1[3] -- ;if(time_buf1[3] == 255)time_buf1[3] = 59;
                ds1302_write_time();
            }
        }
    }
    if(KEY4 == 0)
    {
        delay(time);
        if(!KEY4)
        {
            keydat = 0;
            P0 = 0XFF;
        }
    }
      }
```

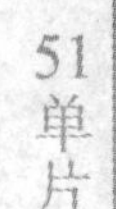

系统仿真结果如图 8－33 所示。

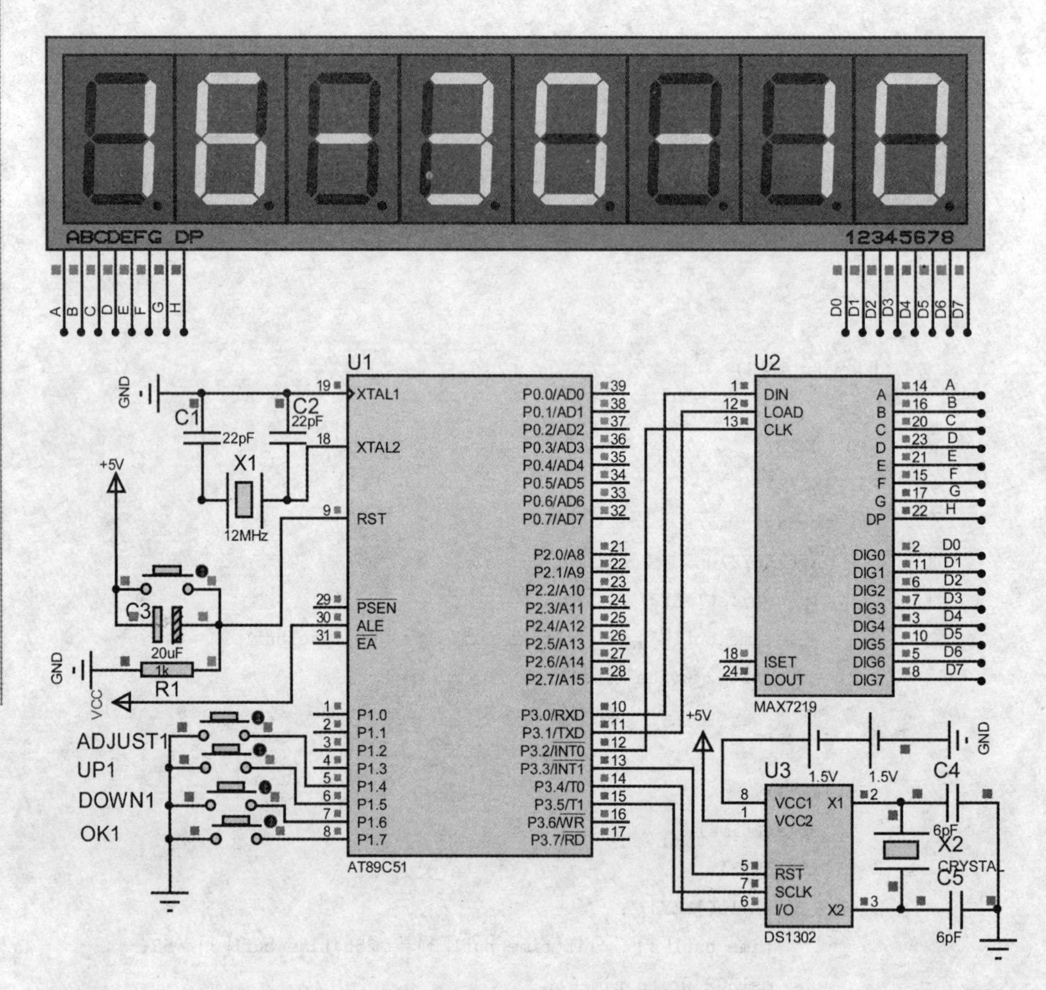

图 8－33 基于 DS1302 的数字钟电路仿真结果

8.4 启发式设计(2)——模拟交通灯系统设计

在对时间误差不无限累加的场合，单片机的定时器/计数器也具有非常重要的作用，基于单片机的交通灯模拟控制系统就是这样一个例子。

8.4.1 交通灯系统设计要求

控制东、西、南、北四个路口的红、黄、绿及左转弯信号灯正常工作。

① 当东西方向放行、南北方向禁行时，东西方向直行绿灯亮 35 s，黄灯亮 5 s，然后东西方向左转弯绿灯亮 15 s，最后黄灯再亮 5 s；此过程南北方向红灯亮 60 s。

② 当南北方向放行、东西方向禁行时，南北方向执行绿灯亮35 s，黄灯亮5 s，然后南北方向左转弯绿灯亮15 s，最后黄灯再亮5 s；此过程东西方向红灯亮60 s。

③ 期间各方向数码管以倒计时方式显示时间。

8.4.2　模拟交通灯系统硬件电路搭建

东、南、西、北共有2×4=8个数码管，东西方向信号相同、南北方向信号相同，因此，数码管的驱动信号为16/8=2组。在此采用常用的输出接口芯片74HC573扩展并行I/O口。74HC573八进制三态非反转透明锁存器，当锁存使能端LE为高时，这些器件的锁存对于数据是透明的(也就是说输出同步)。当锁存使能变低时，符合建立时间和保持时间的数据会被锁存，元件引脚排列如图8-34所示。

其中，D0～D7为数据输入端；Q0～Q7为数据输出端；OUTPUT ENABLE为输出使能端，低电平有效；LATCH ENABLE为锁存使能端，低电平有效。表8-12为芯片功能表。

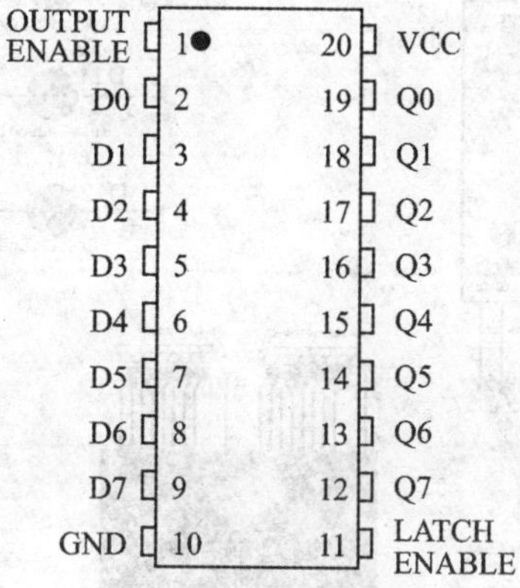

OUTPUT ENABLE 1　　20 VCC
D0 2　　19 Q0
D1 3　　18 Q1
D2 4　　17 Q2
D3 5　　16 Q3
D4 6　　15 Q4
D5 7　　14 Q5
D6 8　　13 Q6
D7 9　　12 Q7
GND 10　　11 LATCH ENABLE

图8-34　74HC573芯片引脚分布

表8-12　74HC573芯片功能表

输　入			输　出
输出使能	锁存使能	D	Q
L	H	H	H
L	H	L	L
L	L	X	不变
H	X	X	Z

注：X=任意状态；Z=高阻抗。

基于74HC573驱动数码管的交通灯模拟电路如图8-35所示。

系统工作原理为：由P0口通过两片锁存器向外传送数据，P2^3口和P2^2口分别控制段锁存和位锁存。当位锁存打开、段锁存保持时，P0口数据控制对应数码管点亮。当段锁存打开、位锁存保持时，P0口数据控制数码管显示的数字。配合单片机定时中断和延时程序确定1 s时间更新显示数码管数字。P1口八位分别控制东、西、南、北的红、绿、黄、灯及左转向绿灯的点亮与熄灭。

8.4.3　模拟交通灯系统软件程序设计

程序启动首先对定时器进行初始化，然后进入一个大循环中，根据当前所走时间秒数进入选择结构分支，判断各方向红绿灯应怎样显示，并确定各方向数码管的十位和个位所应显示的数字；当时间到达120 s时，结束本次循环进入下一次循环。具体

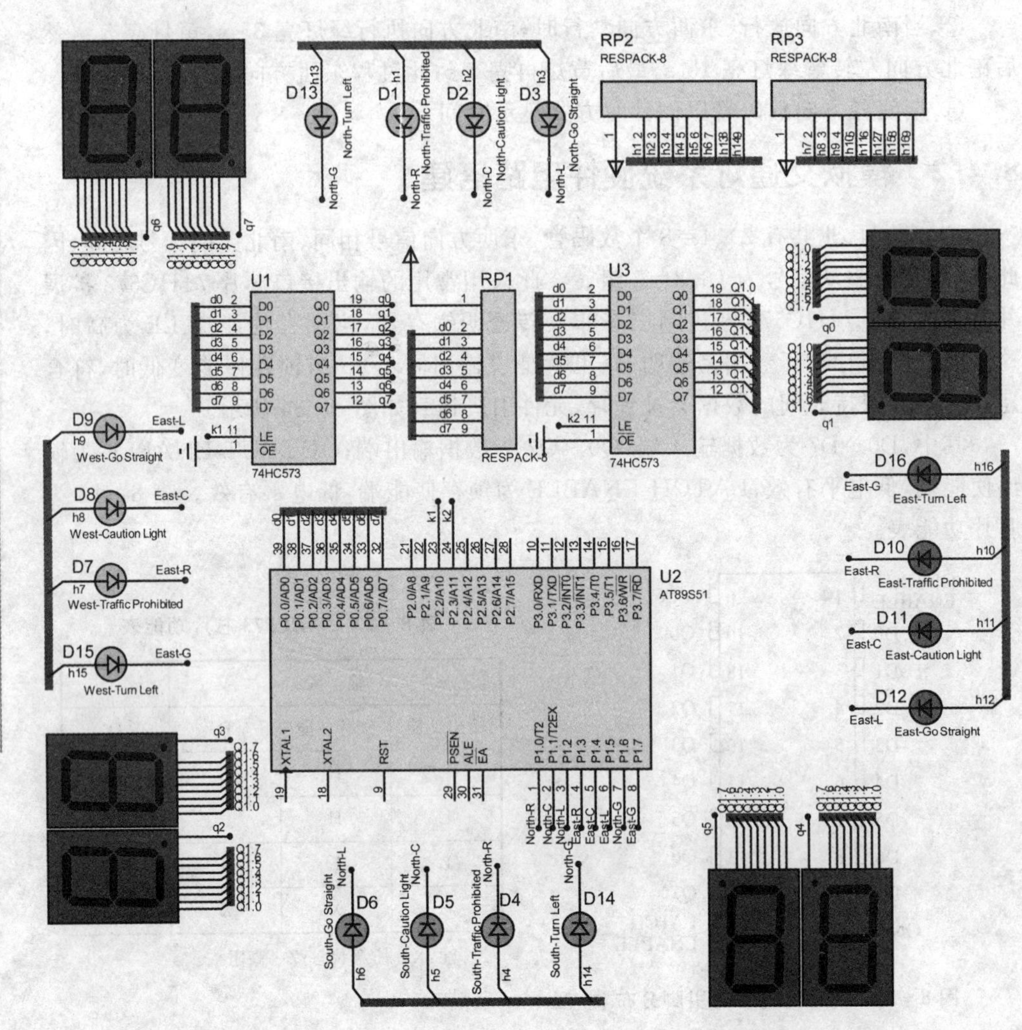

图 8-35　基于 74HC573 驱动数码管的模拟交通灯电路

流程如图 8-36 所示。

程序如下：

```
#include<reg51.h>
#define DataPort P0   //定义数据端口。程序中遇到 DataPort,则用 P0 替换
sbit LATCH1 = P2^3;     //定义锁存端口。段锁存
sbit LATCH2 = P2^2;     //位锁存

unsigned char code
 DuanMa[10] = {0x3f,0x06,0x5b,0x4f,0x66,0x6d,0x7d,0x07,0x7f,0x6f};
//显示段码值 0~9
unsigned char code WeiMa[] = {0xfe,0xfd,0xfb,0xf7,0xef,0xdf,0xbf,0x7f};
```

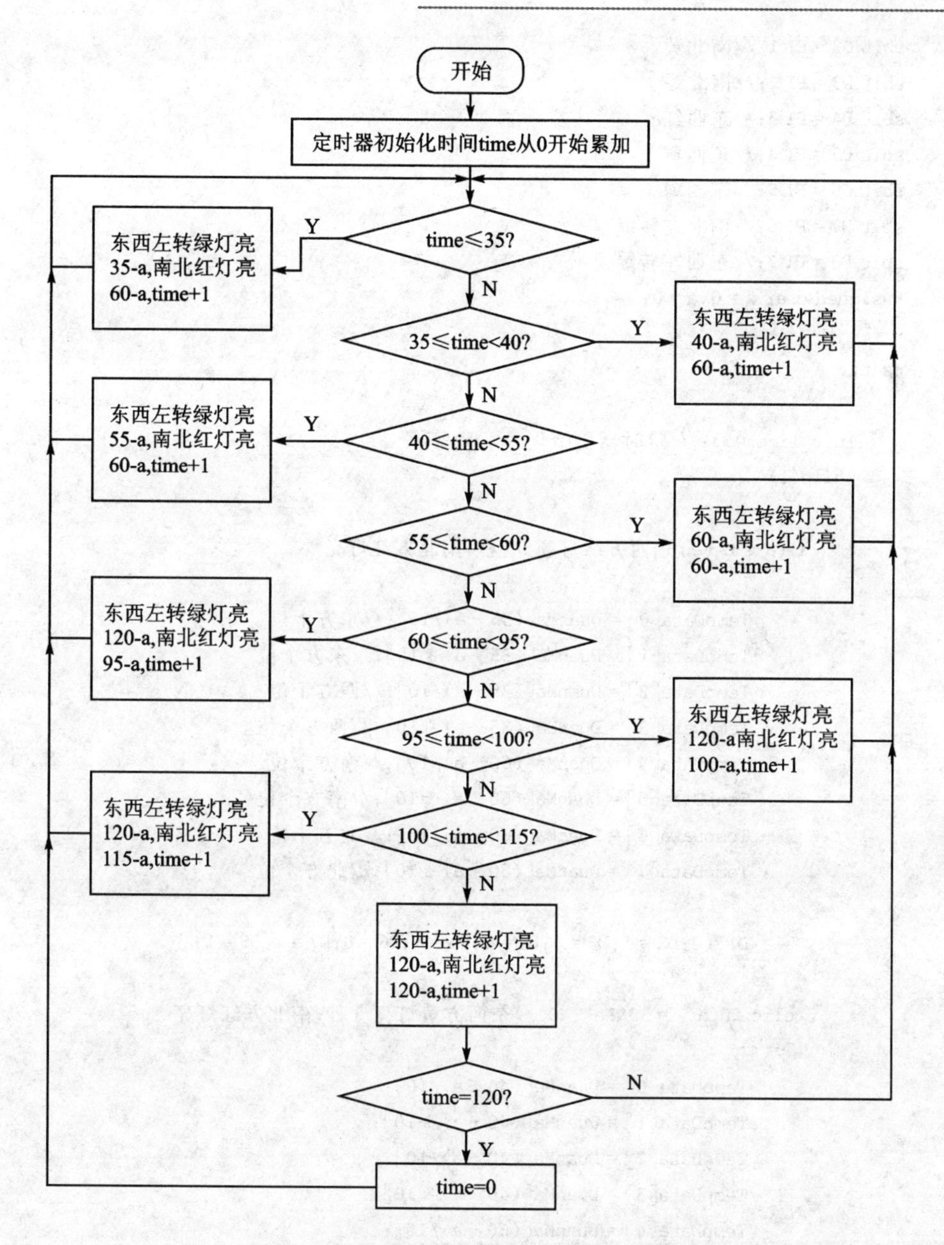

图 8-36　模拟交通灯系统软件程序流程图

```
//分别对应相应的数码管点亮,即位码
unsigned char TempData[8];   //存储显示值的全局变量
void Delay(unsigned int t);  //函数声明
void Display(unsigned char FirstBit,unsigned char Num);
void Init_Timer0(void);

sbit D1 = P1^0;//南北红
```

```
sbit D2 = P1^1;//南北黄
sbit D3 = P1^2;//南北绿
sbit D4 = P1^3;//东西红
sbit D5 = P1^4;//东西黄
sbit D6 = P1^5;//东西绿
sbit D7 = P1^6;//南北左转绿
sbit D8 = P1^7;//东西左转绿
unsigned char x = 0,a = 0;

main()
{
    Init_Timer0(); //定时器初始化
    while(1)
    {
        if(a<35) //东西方绿灯亮 35 秒,南北方红灯亮
            {
            TempData[0] = DuanMa[(35 - a)/10];//东方十位
            TempData[1] = DuanMa[(35 - a) % 10];//东方个位
            TempData[2] = DuanMa[(35 - a)/10];//西方十位
            TempData[3] = DuanMa[(35 - a) % 10];//西方个位
            TempData[4] = DuanMa[(60 - a)/10];//南方十位
            TempData[5] = DuanMa[(60 - a) % 10];//南方个位
            TempData[6] = DuanMa[(60 - a)/10];//北方十位
            TempData[7] = DuanMa[(60 - a) % 10];//北方个位

            D1 = 0;D2 = 1;D3 = 1;D4 = 1;D5 = 1;D6 = 0;D7 = 1;D8 = 1;
            }
         else if(a> = 35&&a<40)//东西方黄灯亮 5 秒,南北方红灯亮
            {
            TempData[0] = DuanMa[(40 - a)/10];
            TempData[1] = DuanMa[(40 - a) % 10];
            TempData[2] = DuanMa[(40 - a)/10];
            TempData[3] = DuanMa[(40 - a) % 10];
            TempData[4] = DuanMa[(60 - a)/10];
            TempData[5] = DuanMa[(60 - a) % 10];
            TempData[6] = DuanMa[(60 - a)/10];
            TempData[7] = DuanMa[(60 - a) % 10];

            D1 = 0;D2 = 1;D3 = 1;D4 = 1;D5 = 0;D6 = 1;D7 = 1;D8 = 1;
           }
           else if(a> = 40&&a<55)//东西方左转绿灯亮 15 秒,南北方红灯亮
            {
```

```
        TempData[0] = DuanMa[(55 - a)/10];
        TempData[1] = DuanMa[(55 - a) % 10];
        TempData[2] = DuanMa[(55 - a)/10];
        TempData[3] = DuanMa[(55 - a) % 10];
        TempData[4] = DuanMa[(60 - a)/10];
        TempData[5] = DuanMa[(60 - a) % 10];
        TempData[6] = DuanMa[(60 - a)/10];
        TempData[7] = DuanMa[(60 - a) % 10];

        D1 = 0;D2 = 1;D3 = 1;D4 = 1;D5 = 1;D6 = 1;D7 = 1;D8 = 0;
       }
      else if(a> = 55&&a<60)//东西方黄灯亮5秒,南北方红灯亮
       {
        TempData[0] = DuanMa[(60 - a)/10];
        TempData[1] = DuanMa[(60 - a) % 10];
        TempData[2] = DuanMa[(60 - a)/10];
        TempData[3] = DuanMa[(60 - a) % 10];
        TempData[4] = DuanMa[(60 - a)/10];
        TempData[5] = DuanMa[(60 - a) % 10];
        TempData[6] = DuanMa[(60 - a)/10];
        TempData[7] = DuanMa[(60 - a) % 10];

        D1 = 0;D2 = 1;D3 = 1;D4 = 1;D5 = 0;D6 = 1;D7 = 1;D8 = 1;
       }
  else if(a> = 60&&a<95)//东西方红灯亮,南北方绿灯亮35秒
       {
        TempData[0] = DuanMa[(120 - a)/10];
        TempData[1] = DuanMa[(120 - a) % 10];
        TempData[2] = DuanMa[(120 - a)/10];
        TempData[3] = DuanMa[(120 - a) % 10];
        TempData[4] = DuanMa[(95 - a)/10];
        TempData[5] = DuanMa[(95 - a) % 10];
        TempData[6] = DuanMa[(95 - a)/10];
        TempData[7] = DuanMa[(95 - a) % 10];


        D1 = 1;D2 = 1;D3 = 0;D4 = 0;D5 = 1;D6 = 1;D7 = 1;D8 = 1;
       }
  else if(a> = 95&&a<100)//东西方红灯亮,南北方黄灯亮5秒
       {
        TempData[0] = DuanMa[(120 - a)/10];
        TempData[1] = DuanMa[(120 - a) % 10];
        TempData[2] = DuanMa[(120 - a)/10];
```

```
                TempData[3] = DuanMa[(120 - a) % 10];
                TempData[4] = DuanMa[(100 - a)/10];
                TempData[5] = DuanMa[(100 - a) % 10];
                TempData[6] = DuanMa[(100 - a)/10];
                TempData[7] = DuanMa[(100 - a) % 10];

                D1 = 1;D2 = 0;D3 = 1;D4 = 0;D5 = 1;D6 = 1;D7 = 1;D8 = 1;
               }
               else if(a> = 100&&a<115)//东西方红灯亮,南北左转绿灯亮 15 秒
                {
                TempData[0] = DuanMa[(120 - a)/10];
                TempData[1] = DuanMa[(120 - a) % 10];
                TempData[2] = DuanMa[(120 - a)/10];
                TempData[3] = DuanMa[(120 - a) % 10];
                TempData[4] = DuanMa[(115 - a)/10];
                TempData[5] = DuanMa[(115 - a) % 10];
                TempData[6] = DuanMa[(115 - a)/10];
                TempData[7] = DuanMa[(115 - a) % 10];

                D1 = 1;D2 = 1;D3 = 1;D4 = 0;D5 = 1;D6 = 1;D7 = 0;D8 = 1;
               }
               else if(a> = 115&&a<120)//东西方红灯亮,南北黄灯亮 5 秒
                {
                TempData[0] = DuanMa[(120 - a)/10];
                TempData[1] = DuanMa[(120 - a) % 10];
                TempData[2] = DuanMa[(120 - a)/10];
                TempData[3] = DuanMa[(120 - a) % 10];
                TempData[4] = DuanMa[(120 - a)/10];
                TempData[5] = DuanMa[(120 - a) % 10];
                TempData[6] = DuanMa[(120 - a)/10];
                TempData[7] = DuanMa[(120 - a) % 10];

                D1 = 1;D2 = 0;D3 = 1;D4 = 0;D5 = 1;D6 = 1;D7 = 1;D8 = 1;
                }
      }

}

void Delay(unsigned int t)
{
 while( -- t);
}
```

```
void Display(unsigned char FirstBit,unsigned char Num)
{
      unsigned char i;
      for(i = 0;i<Num;i ++ )
       {
       DataPort = 0;    //清空数据,防止有交替重影
       LATCH1 = 1;      //段锁存
       LATCH1 = 0;
       DataPort = WeiMa[i + FirstBit]; //取位码
       LATCH2 = 1;      //位锁存
       LATCH2 = 0;
       DataPort = TempData[i]; //取显示数据,段码
       LATCH1 = 1;      //段锁存
       LATCH1 = 0;
       Delay(100);      //扫描间隙延时,时间太长会闪烁
                        //太短会造成重影
       }
}

void Init_Timer0(void)
{
 TMOD |= 0x01;     //使用模式 1,16 位定时器,使用"|"符号可以在使用多个定时器时
                   //不受影响
 EA = 1;           //总中断打开
 ET0 = 1;          //定时器中断打开
 TR0 = 1;          //定时器开关打开
}

void Timer0(void) interrupt 1
{
 TH0 = (65536 - 10000)/256;          //重新赋值 10 ms
 TL0 = (65536 - 10000) % 256;
 Display(0,8); //显示函数
 x ++ ;
     if(x == 100)
     {x = 0;
      a ++ ;
      if(a == 120)
         a = 0;
     }
         }
```

编译程序，并在 PROTUES 中仿真。仿真结果如图 8－37 所示。

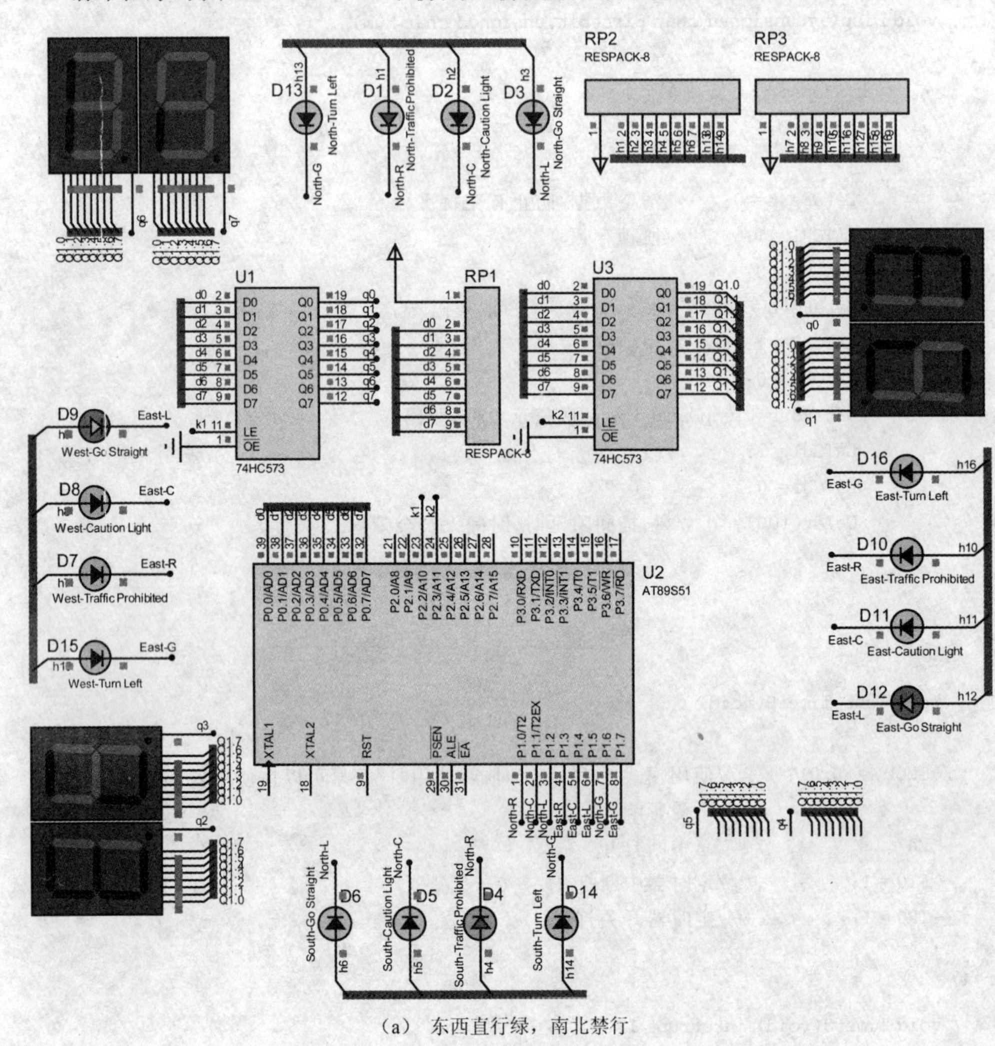

（a） 东西直行绿，南北禁行

图 8－37 模拟交通灯电路仿真结果

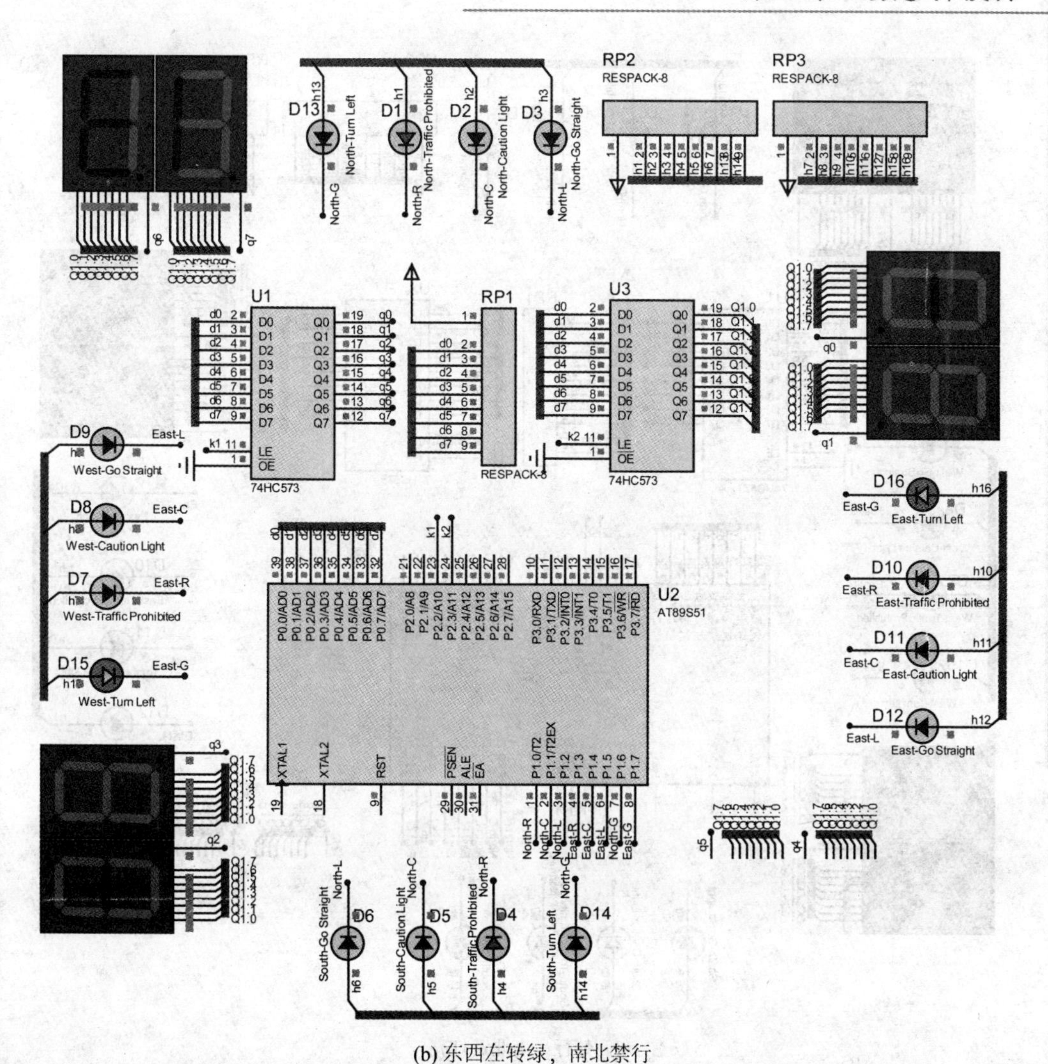

(b) 东西左转绿，南北禁行

图 8-37　模拟交通灯电路仿真结果(续)

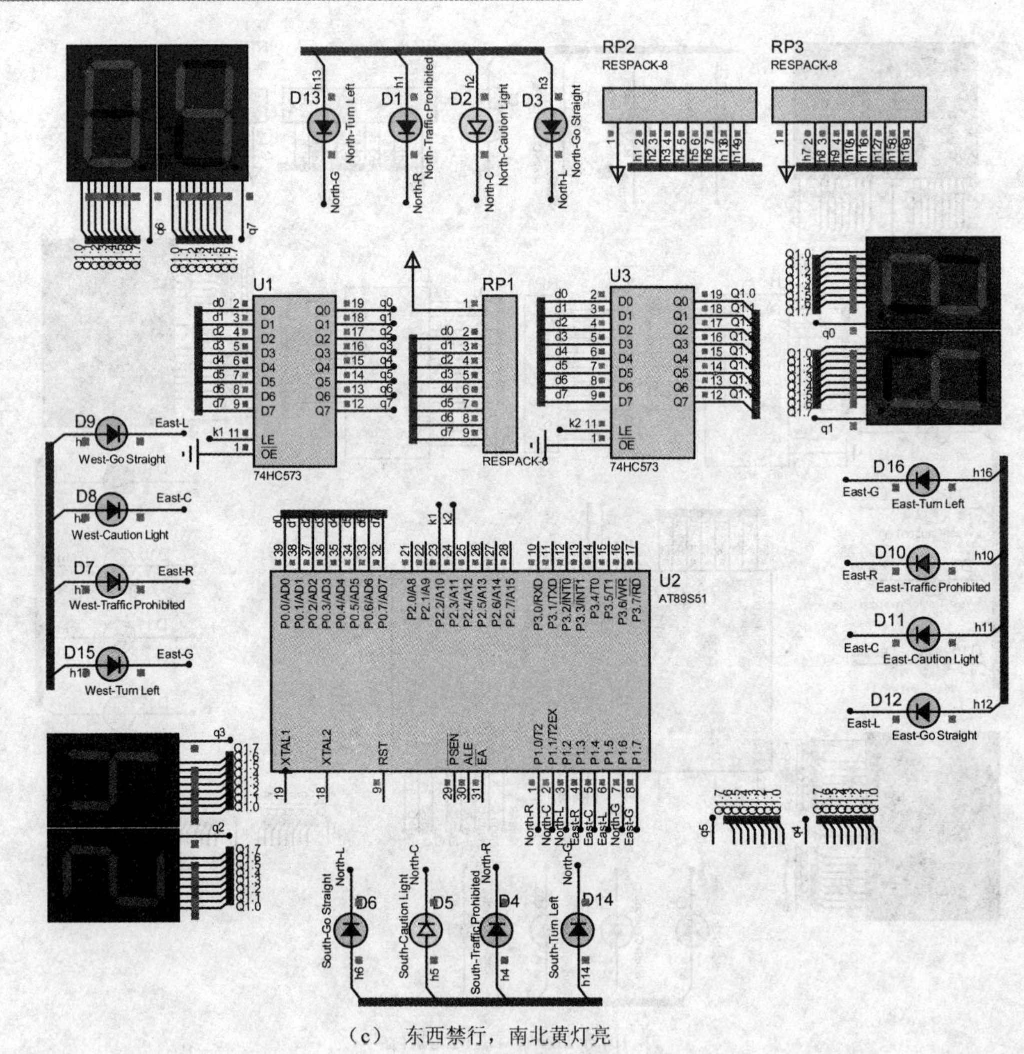

（c）　东西禁行，南北黄灯亮

图 8 - 37　模拟交通灯电路仿真结果(续)

第9章 电子八音盒

基于单片机的定时器/计数器，设计一款电子八音盒。

9.1 电子八音盒设计要求及其相关知识

电子八音盒的设计要求如下：

① 系统可播放音乐；

② 通过按键可选择播放哪段音乐；

③ 可以显示音乐的韵律。

在完成上述设计要求之前，先了解一下相关的基础知识。

9.1.1 发音原理

播放一段音乐需要两个元素，一个是音调，另一个是音符。首先要了解对应的音调，音调主要由声音的频率决定，同时也与声音强度有关。对一定强度的纯音，音调随频率的升降而升降；对一定频率的纯音，低频纯音的音调随声强增加而下降，高频纯音的音调却随声强增加而上升。另外，音符的频率有所不同。基于上面的内容，就对发音的原理有了一些初步的了解。

音符的发音主要靠不同的音频脉冲。利用单片机的内部定时器/计数器，当定时时间到时，控制引脚信号反转，即可输出一定频率的信号。只要算出某一音频的周期(1/频率)，然后将此周期除以2，即为半周期的时间，利用定时器计时这个半周期时间，每当计时到后就将输出脉冲的I/O反相，然后重复计时此半周期时间再对I/O反相，就可在I/O脚上得到此频率的脉冲。

9.1.2 音符频率与定时器初值

以中音1(DO)、单片机时钟频率为12 MHz为例。中音1(DO)的音频＝523 Hz，则其周期 T＝(1/523) s＝1 912 μs。定时器/计数器0的定时时间为 $T/2$＝(1 912/2) μs＝956 μs。定时器956 μs的计数值＝定时时间/机器周期＝956 μs / 1 μs ＝956。当定时器工作在方式1时，装入计数器T0的初值为65 536－956＝64 580。启动T0工作后，每计数956次时将产生溢出中断。进入中断服务时，对引脚的输出值进行取反，就可得到中音 DO(523 Hz)的音符音频。改变计数初值 TH0、TL0，即可产生不同的频率。现在以单片机 12 MHz 晶振、定时器工作于方式 1 为例，列出高、中、低音符与单片机计数器 T0 相关的计数值，如表 9-1 所列。

表 9-1 高、中、低音符与单片机计数器 T0 相关的计数值

音　符	频率/Hz	简谱码(*T* 值)	音　符	频率/Hz	简谱码(*T* 值)
低 1　DO	262	63 628	♯4　FA♯	740	64 860
♯1　DO♯	277	63 731	中 5　SO	784	64 898
低 2　RE	294	63 835	♯5　SO♯	831	64 934
♯2　RE♯	311	63 928	中 6　LA	880	64 968
低 3　M	330	64 021	♯6	932	64 994
低 4　FA	349	64 103	中 7　SI	988	65 030
♯4　FA♯	370	64 185	高 1　DO	1 046	65 058
低 5　SO	392	64 260	♯1　DO♯	1 109	65 085
♯5　SO♯	415	64 331	高 2　RE	1 175	65 110
低 6　LA	440	64 400	♯2　RE♯	1 245	65 134
♯6	466	64 463	高 3　M	1318	65 157
低 7　SI	494	64 524	高 4　FA	1 397	65 178
中 1　DO	523	64 580	♯4　FA♯	1 480	65 198
♯1　DO♯	554	64 633	高 5　SO	1 568	65 217
中 2　RE	587	64 684	♯5　SO♯	1 661	65 235
♯2　RE♯	622	64 732	高 6　LA	1 760	65 252
中 3　M	659	64 777	♯6	1 865	65 268
中 4　FA	698	64 820	高 7　SI	1 967	65 283

为了方便写谱，对其进行简单的编码。在编程时，根据音符编码查找对应的计数初值。比如说音乐是C调的，那么出现低音的5(SO)，直接将代码写为1；出现低音 6(LA)，直接写一个 2 的代码；出现低音 7(SI)，直接写一个 3 代码。表 9-2 为音符编码表。

表 9-2 音符编码表

音　符	音符编码	音　符	音符编码
不发音	0	低 5　SO	1
低 6　LA	2	低 7　SI	3
中 1　DO	4	中 2　RE	5
中 3　M	6	中 4　FA	7
中 5　SO	8	中 6　LA	9
中 7　SI	A	高 1　DO	B
高 2　RE	C	高 3　M	D
高 4　FA	E	高 5　SO	F
高 6　LA	G	—	—

9.1.3　节拍频率的产生

音乐中的节拍用延时时间产生。例如,1 拍＝0.4 s,1/4 拍＝0.1 s,依次类推。假设 1/4 拍执行一次延时程序,则 1/2 拍就执行两次延时程序,所以只要求出 1/4 拍的延时时间,其余节拍就是它的倍数。为了方便,将节拍数也进行了编码,并且计算了乐谱节拍编程时的延时时间,如表 9－3 和表 9－4 所列。

表 9－3　节拍数编码表

按 1/4 拍为一个延时时间的节拍编码与节拍对应的表				按 1/8 拍为一个延时时间的节拍编码与节拍对应的表			
节拍编码	节　拍	节拍编码	节　拍	节拍编码	节　拍	节拍编码	节　拍
1	1/4	6	6/4	1	1/8	6	6/8
2	2/4	8	8/4	2	2/8	9	8/8
3	3/4	A	10/4	3	3/8	A	10/8
4	4/4	C	12/4	4	4/8	C	12/8
5	5/4	F	15/4	5	5/8	—	—

表 9－4　乐谱节拍编程时的时间延时表

乐谱节拍	1/4 拍的延时时间/ms	乐谱节拍	1/8 拍的延时时间/ms
4/4	125	4/4	62
3/4	187	3/4	94
2/4	250	2/4	125

音符编码和节拍编码完成后,在编程时,每个音符占一个字节,高四位是音符编码,低四位是节拍编码。

9.1.4　音乐编码

以儿歌《小兔子乖乖》为例,其乐谱如图 9－1 所示。

编码方法如下:音符 5(SO)对应音符编码 8,节拍为 1 拍,对应编码为 4;高 1(DO)对应音符编码 B,节拍为 2/4 拍,对应编码为 2;依次类推,得到如下编码:

```
{0x84,0xB2,0x92,0x84,0x84,0x62,0x82,0x92,0xB2,0x84,0x84,0x94,0x82,0x62,0x54,
0x54,0x64,0x82,0x62,0x52,0x62,0x44,0x94,0x84,0x94,0x84,0x64,0x94,0x84,0x82,0x82,
0x62,0x52,0x48,0x42,0x42,0x52,0x62,0x48,0X00};  //小兔子乖乖
```

图 9-1　儿歌《小兔子乖乖》的乐谱

9.1.5　蜂鸣器的驱动

声音采用蜂鸣器输出。蜂鸣器是一种一体化结构的电子讯响器，采用直流电压供电，广泛应用于计算机、打印机、复印机、报警器、电子玩具、汽车电子设备、电话机、定时器等电子产品中作发声器件。因为单片机的I/O口驱动能力不够让蜂鸣器发出声音，所以需要通过三极管放大驱动电流，从而让蜂鸣器发出声音。蜂鸣器驱动电路如图9-2所示。

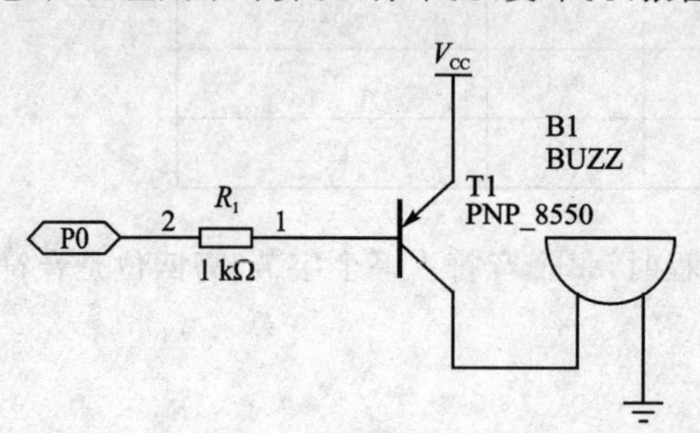

图 9-2　蜂鸣器驱动电路

当P0口送高电平时，三极管处于截止状态，三极管V_{ce}电压约为V_{CC}，蜂鸣器只有很少电流流过，没法驱动其发声。当P0口送低电平时，三极管处于饱和导通状态，三极管V_{ce}约为0.3 V，蜂鸣器有较大电流流过，能驱动其发声。

9.2　电子八音盒硬件设计

根据设计要求搭建电子八音盒电路，电路如图9-3所示。

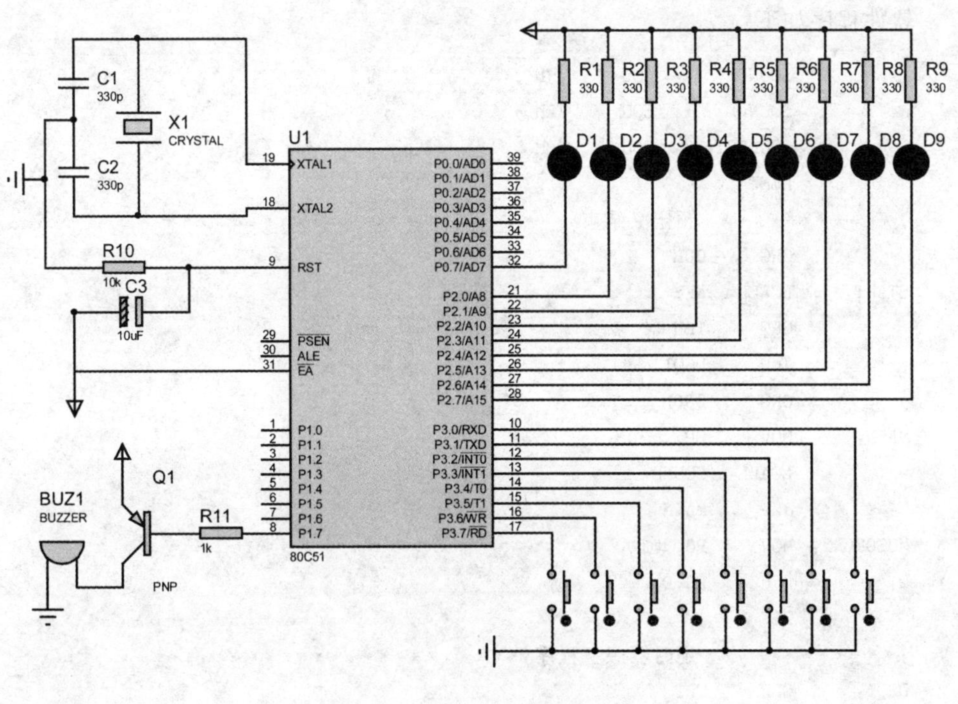

图 9-3　电子八音盒硬件电路

图中二极管 D1 用于显示节拍,D2～D9 与按钮一一对应,用于显示当前正在播放哪首曲子。

9.3　电子八音盒软件程序设计

系统主程序流程图如图 9-4 所示。

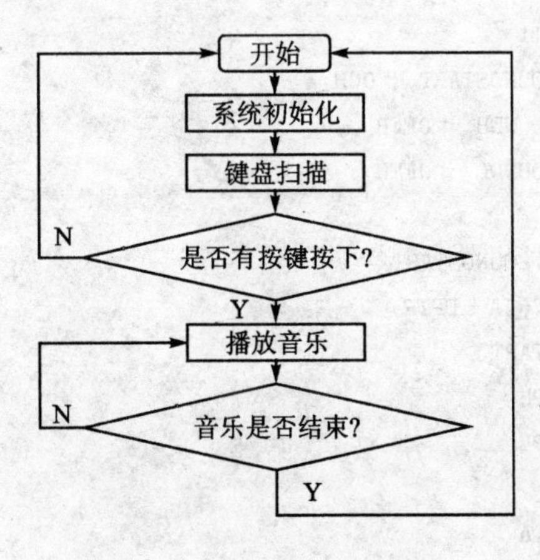

图 9-4　系统主程序流程图

软件程序如下：

```
            SOUNDH      EQU     79H
            SOUNDL      EQU     7AH
            SOUNDSTART  EQU     7BH
            BEEP        BIT     P1.7
;************* 预定义结束 ****************************
            ORG     00H
START:      LCALL   KEY
            ORG     1BH
            JMP     DSQ1
            ORG     030H
MAIN:       MOV     SP,#30H
            LCALL   SOUND
            JMP     MAIN
MUSDELAY:   MOV     R0,#10
D:          DJNZ    R0,D
            RET
;************* 定时器服务程序 ****************************
DSQ1:       CLR     TR1
            MOV     TH1,SOUNDH
            MOV     TL1,SOUNDL
            CPL     BEEP
            SETB    TR1
            RETI
;************* 音乐播放程序 ****************************
SOUND:      MOV     TMOD,#10H
            SETB    EA
            SETB    ET1
            MOV     SOUNDSTART,#00H
            MOV     SOUNDH,#0FFH
            MOV     SOUNDL,#0FFH
LOOPM:
            MOV     A,SOUNDSTART
            MOVC    A,@A+DPTR
            JZ      START
            PUSH    DPH
            PUSH    DPL
            RL      A
            MOV     B,A
            MOV     DPTR,#MUSTAB
            MOVC    A,@A+DPTR
```

```
        MOV     SOUNDH,A
        MOV     TH1,A
        MOV     A,B
        INC     A
        MOV     DPTR,#MUSTAB
        MOVC    A,@A+DPTR
        MOV     SOUNDL,A
        MOV     TL1,A
        SETB    TR1
        POP     DPL
        POP     DPH
        INC     SOUNDSTART
        MOV     A,SOUNDSTART
        MOVC    A,@A+DPTR
        LCALL   DELAY1
        CPL     P0.7
        INC     SOUNDSTART
        CLR     TR1
        LCALL   DELAY
        JMP     LOOPM
MUSEND: CLR     TR1
        CLR     EA
        CLR     ET1
        CLR     BEEP
        MOV     A,#20
        LCALL   DELAY1
        RET
;************* 节拍发生器,产生音乐节拍 **************************
DELAY1: MOV     R0,#00H
        MOV     R1,#00H
        MOV     R2,A
DLAY1:  DJNZ    R0,DLAY1
        MOV     R0,#00H
        DJNZ    R1,DLAY1
        MOV     R0,#00H
        MOV     R1,#00H
        DJNZ    R2,DLAY1
        RET
;************* 延时产生休止符 ****************************
DELAY:  MOV     R0,#00H
        MOV     R1,#100
DLAY:   DJNZ    R0,DLAY
```

```
            MOV     R0,#100
            DJNZ    R1,DLAY
            RET
;*************按键处理**************************
KEY:
KEY1:       MOV     A,P3
            MOV     P2,A
            CJNE    A,#01111111B,KEY2
            MOV     DPTR,#MU_TAB1
            LJMP    MAIN
KEY2:       MOV     A,P3
            MOV     P2,A
            CJNE    A,#10111111B,KEY3
            MOV     DPTR,#MU_TAB2
            LJMP    MAIN
KEY3:       MOV     A,P3
            MOV     P2,A
            CJNE    A,#11011111B,KEY4
            MOV     DPTR,#MU_TAB3
            LJMP    MAIN
KEY4:       MOV     A,P3
            MOV     P2,A
            CJNE    A,#11101111B,KEY5
            MOV     DPTR,#MU_TAB4
            LJMP    MAIN
KEY5:       MOV     A,P3
            MOV     P2,A
            CJNE    A,#11110111B,KEY6
            MOV     DPTR,#MU_TAB5
            LJMP    MAIN
KEY6:       MOV     A,P3
            MOV     P2,A
            CJNE    A,#11111011B,KEY7
            MOV     DPTR,#MU_TAB6
            LJMP    MAIN
KEY7:       MOV     A,P3
            MOV     P2,A
            CJNE    A,#11111101B,KEY8
            MOV     DPTR,#MU_TAB7
            LJMP    MAIN
KEY8:       MOV     A,P3
            MOV     P2,A
```

```
        CJNE    A,＃11111110B,KEY9
        MOV     DPTR,＃MU_TAB8
        LJMP    MAIN
KEY9：  SJMP    KEY

MU_TAB1：DB     4,4,4,4,8,4,8,4,9,4,9,4,8,8,7,4,7,4,6,4,6,4,5,4,5,4,4,8
        DB      8,4,8,4,7,4,7,4,6,4,6,4,5,8,8,4,8,4,7,4,7,4,6,4,6,4,5,8
        DB      4,4,4,4,8,4,8,4,9,4,9,4,8,8,7,4,7,4,6,4,6,4,5,4,5,4,4,8,
00H     ;小星星
MU_TAB2：DB     8,4,9,4,8,4,9,4,8,4,9,4,8,8,8,4,0BH,4,0AH,4,9,4,8,8,6,8
        DB      8,4,8,4,6,4,7,4,8,4,8,4,6,8,8,4,8,4,6,4,7,4,8,8,8,8,6,8
        DB      4,4,7,4,6,4,5,4,4,4,5,4,4,8,00H      ;找朋友
MU_TAB3：DB     6,8,4,8,6,4,6,4,4,8,6,4,6,4,8,4,9,4,8,8,9,4,9,4,8,4,8,4,7,4,7,4,
7,8
        DB      5,4,6,4,5,4,4,4,5,8,6,8,4,4,6,8,4,4,6,4,6,4,8,4,9,4,9,8
        DB      0BH,8,8,4,8,4,9,8,6,8,5,4,4,4,5,4,6,4,8,10H,0BH,8,8,4,8,4
        DB      9,8,6,8,5,4,4,4,5,4,6,4,4,10H,00H      ;数鸭子
MU_TAB4：DB     4,4,4,4,4,4,6,6,5,2,4,4,6,4,6,4,6,4,8,6,7,2,6,4,8,4,7,4,6,4
        DB      5,8,0,4,5,8,4,2,3,2,4,4,5,4,6,4,7,8,6,2,5,2,6,4,7,4,8,4
        DB      8,2,7,2,6,4,5,4,4,8,0,4,00H      ;我是一只小小鸟
MU_TAB5：DB     6,2,6,2,6,2,4,2,8,4,6,4,9,2,9,2,8,2,6,2,8,8,9,2,9,2,B,2,B,2
        DB      8,2,9,2,8,2,6,2,5,2,8,2,6,2,5,2,4,8,00H      ;好娃娃
MU_TAB6：DB     1,4,4,4,4,4,4,4,6,4,8,2,8,2,8,2,8,2,8,4,6,2,6,2,5,4,5,2,6,2,5,4,
4,4,2,0fh
        DB      1,4,4,4,4,4,4,4,6,4,8,2,8,2,8,2,8,2,8,4,6,2,6,2,5,4,5,2,6,2,5,4,
4,4,2,0fh
        DB      1,4,4,4,4,4,4,4,6,4,8,2,8,2,8,2,8,2,8,4,6,4,5,4,5,2,6,2,5,4,4,4,
2,0fh
        DB      1,4,8,2,8,2,8,2,8,2,8,4,1,4,1,4,8,2,8,2,8,2,8,2,8,4,1,4
        DB      1,4,8,2,8,2,8,2,8,2,8,4,5,2,6,2,4,0fh,00H         ;问候歌
MU_TAB7：DB     4,4,5,4,6,4,4,4,4,4,5,4,6,4,4,4,6,4,7,4,8,8,6,4,7,4,8,8
        DB      8,2,9,2,8,2,7,2,6,4,8,2,9,2,8,2,7,2,6,4,4,4,1,4,4,8,4,4,1,4,4,8,
00H     ;两只老虎
MU_TAB8：DB     8,4,B,2,9,2,8,4,8,4,6,2,8,2,9,2,0BH,2,8,4,8,4,9,4,8,2,6,2,5,4
        DB      5,4,6,4,8,2,6,2,5,2,6,2,4,4,9,4,8,4,9,4,8,4,6,4,9,4,8,4,8,2,8,2
        DB      6,2,5,2,4,8,4,2,4,2,5,2,6,2,4,8,00H      ;小兔子乖乖
MUSTAB： DW     65535,64331,64400,64524
        DW      64633,64732,64777,64820,64898,64968,65030
        DW      65058,65110,65157,65178,65217
END
```

9.4 基于 PROTEUS 的电子八音盒电路仿真

在 PROTEUS 环境下仿真电路，电路的仿真结果如图 9-5 所示。

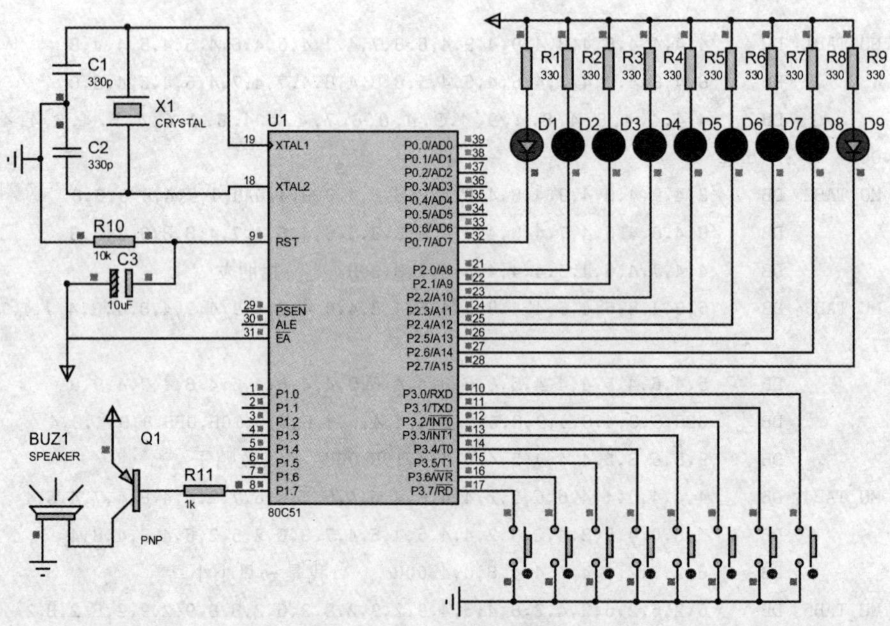

（a） 最左边按钮按下后系统的仿真结果

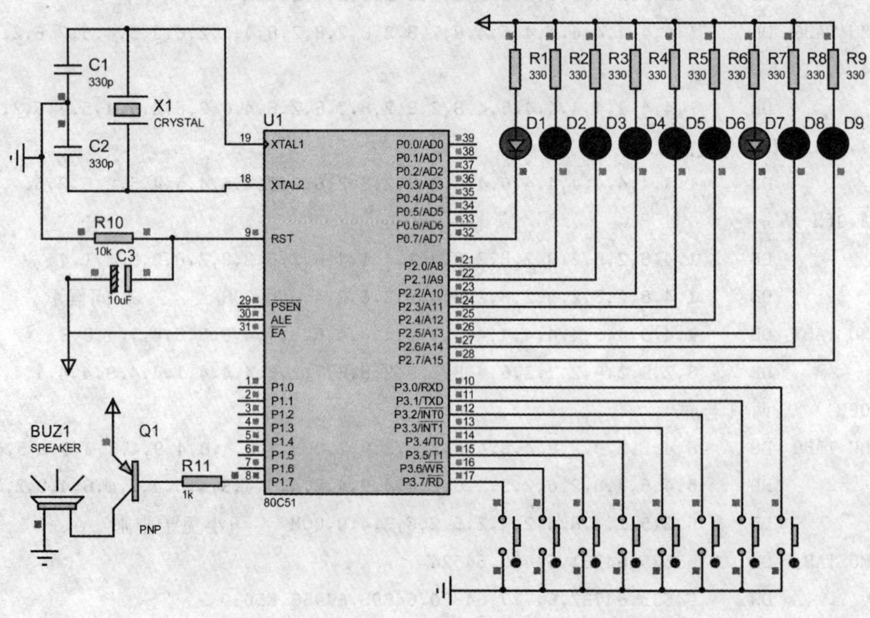

（b） 从左边数第三个按钮按下后系统的仿真结果

图 9-5 PROTEUS 环境下的电子八音盒仿真结果

同时可通过音频输出设备听到系统运行时播放的音乐。需要注意的是，在PROTEUS中提供了三种发声设备，其中SOUNDER是数字蜂鸣器，可以用51单片机直接驱动；SPEAKER是用于模拟信号的仿真；而BUZZER是直流驱动的蜂鸣器。

9.5　启发式设计——简易音乐播放器

利用单片机定时器可以产生各种固定频率的方波信号，从而产生包括DO、RE、ME等音阶在内的各种频率声音。将各个音阶连接在一起，便可实现播放音乐的功能。当拓展硬件设备，如按键、显示器后，就可实现播放、暂停、选曲等功能，即完成了简易音乐播放器的设计。

9.5.1　简易音乐播放器的硬件电路

根据简易音乐播放器的设计要求，可得到如图9-6所示的系统框图。

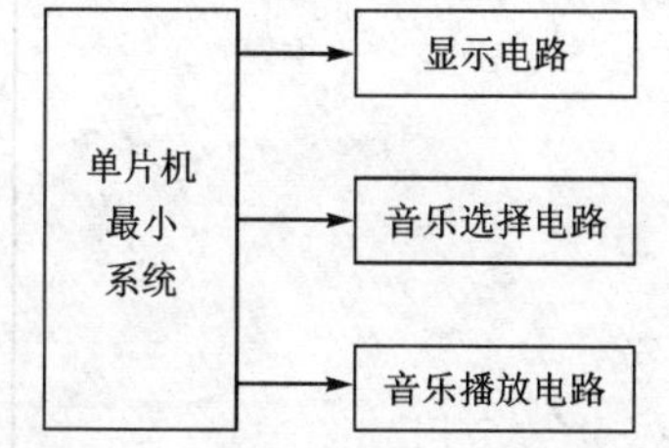

图9-6　简易音乐播放器系统框图

将上述框图变换成电路图，如图9-7所示。

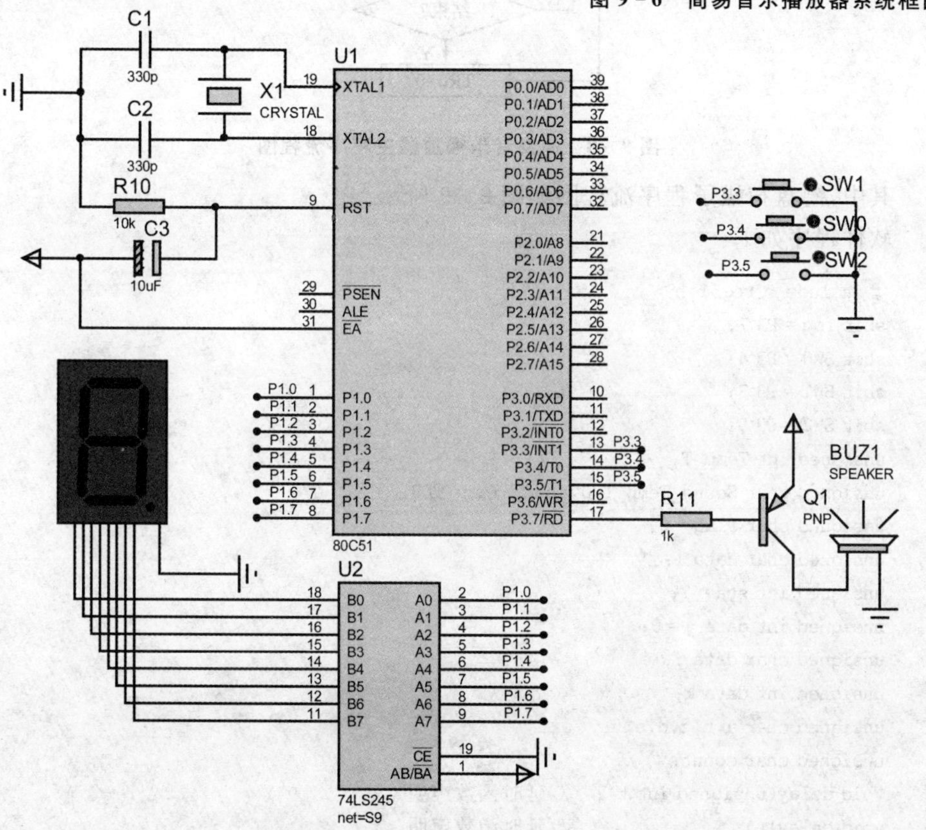

图9-7　简易音乐播放器电路

电路中SW0为播放/暂停键,SW1为下翻键,SW2为上翻键。

9.5.2 简易音乐播放器的软件设计

系统主程序流程图如图9-8所示。

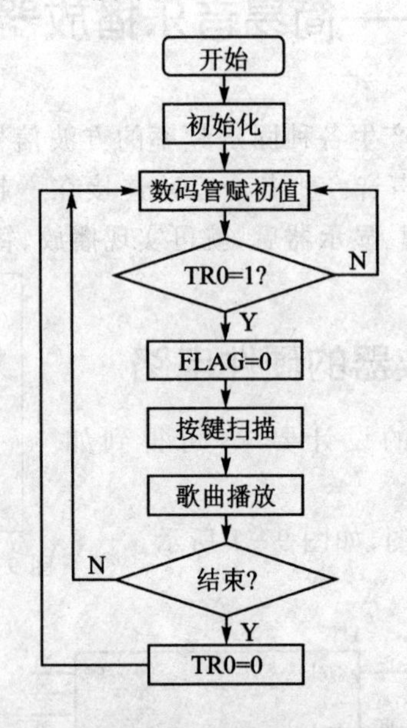

图9-8 简易音乐播放器主程序流程图

其中,键盘扫描子程序流程图如图9-9所示。

软件程序如下:

```
#include <reg51.h>
sbit fmq = P3^7;
sbit SW0 = P3^4;
sbit SW1 = P3^3;
sbit SW2 = P3^5;
unsigned int Temp_T;
unsigned char Sound_Temp_TH0,Sound_Temp_TL0;
unsigned char flag = 0;
unsigned char data l;
unsigned int sta = 1;
unsigned int data j = 0;
unsigned char data i;
unsigned int data k;
unsigned char a,b,c,d,e,f;
unsigned char count;
void delay(unsigned int t);   //延时函数声明
void delay1();                //延时函数声明
void play();
```

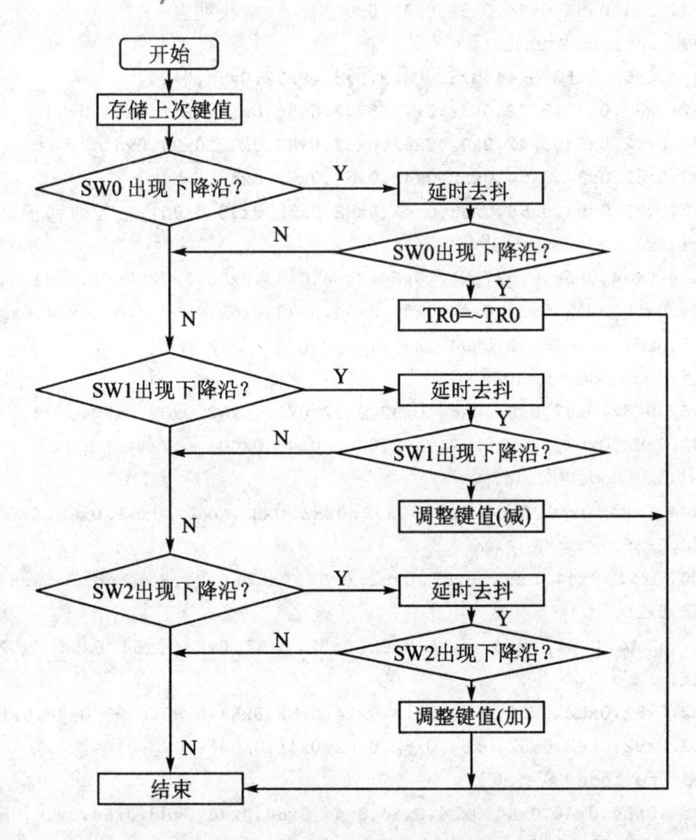

图9-9 键盘扫描子程序流程图

```
void xuanz();
void keyscan();                    //按键扫描
unsigned char * pMmusic;
unsigned char last_val[3] = {1,1,1},cur_val[3] = {1,1,1};//按键上一次值和当前值的
暂存数组,[
unsigned char code led[] = {0x3f,0x06,0x5b,0x4f,0x66,0x6d,0x7d,0x07,0x7f,0x6f};
unsigned int code music[] =
{0xffff,0xfb4b,0xfb90,0xfc0c,0xfc79,0xfcdc,0xfd09,0xfd34,0xfd82,0xfdc8,0xfe06,
0xfe22,0xfe56,0xfe85,0xfe9a,0xfec1};
//音调数组
unsigned char code Mmusic[] =
{0x44,0x44,0x84,0x84,0x94,0x94,0x88,0x74,0x64,0x64,
0x64,0x54,0x54,0x48,0x84,0x84,0x74,0x74,0x64,0x64,
0x58,0x84,0x84,0x74,0x74,0x64,0x64,0x58,0x44,0x44,
0x84,0x84,0x94,0x94,0x88,0x74,0x74,0x64,0x64,0x54,0x54,0x48,0x00}; //小星星
unsigned char code Mmusic1[] =
{0x84,0x94,0x84,0x94,0x84,0x94,0x88,0x84,0xB4,0xA4,0x94,0x88,0x68,
0x84,0x84,0x64,0x74,0x84,0x84,0x68,0x84,0x84,0x64,0x74,0x88,0x88,0x68,
```

```
0x44,0x74,0x64,0x54,0x44,0x54,0x48,0x00};     //找朋友
 unsigned char code Mmusic2[] =
{0x64,0x44,0x62,0x62,0x44,0x62,0x62,0x82,0x92,0x84,0x04,
0x92,0x92,0x82,0x82,0x72,0x72,0x74,0x52,0x62,0x52,0x42,0x44,0x04,
0x64,0x42,0x02,0x64,0x42,0x02,0x62,0x62,0x82,0x92,0x94,0x04,
0xb4,0x82,0x82,0x94,0x64,0x52,0x42,0x52,0x62,0x88,
0xb4,0x82,0x82,0x94,0x64,0x52,0x42,0x52,0x62,0x48,0X00};  //数鸭子
 unsigned char code Mmusic3[] =
{0x44,0x44,0x44,0x66,0x52,0x44,0x64,0x64,0x64,0x86,0x72,0x64,0x84,0x74,0x64,
0x58,0x04,0x58,0x42,0x32,0x44,0x54,0x64,0x78,0x62,0x52,0x64,0x74,0x84,
0x82,0x72,0x64,0x54,0x48,0x04,0X00};  //我是一只小小鸟
 unsigned char code Mmusic4[] =
{0x62,0x62,0x62,0x42,0x84,0x64,0x92,0x92,0x82,0x62,0x88,0x92,0x92,0xB2,0xB2,
0x82,0x92,0x82,0x62,0x52,0x82,0x62,0x52,0x48,0X00};  //好娃娃
 unsigned char code Mmusic5[] =
{0x14,0x44,0x44,0x44,0x64,0x82,0x82,0x82,0x82,0x84,0x62,0x62,0x54,0x52,0x62,
0x54,0x44,0x2f,
0x14,0x44,0x44,0x44,0x64,0x82,0x82,0x82,0x82,0x84,0x62,0x62,0x54,0x52,0x62,
0x54,0x44,0x2f,
0x14,0x44,0x44,0x44,0x64,0x82,0x82,0x82,0x82,0x84,0x64,0x54,0x52,0x62,0x54,
0x44,0x2f,
0x14,0x82,0x82,0x82,0x82,0x84,0x14,0x14,0x82,0x82,0x82,0x82,0x84,0x14,
0x14,0x82,0x82,0x82,0x82,0x84,0x52,0x62,0x4f,0X00};  //问候歌
 unsigned char code Mmusic6[] =
{0x44,0x54,0x64,0x44,0x44,0x54,0x64,0x44,0x64,0x74,0x88,0x64,0x74,0x88,
0x82,0x92,0x82,0x72,0x64,0x82,0x92,0x82,0x72,0x64,0x44,0x14,0x48,0x44,0x14,
0x48,0X00};  //两只老虎
 unsigned char code Mmusic7[] =
{0x84,0xB2,0x92,0x84,0x84,0x62,0x82,0x92,0xB2,0x84,0x84,0x94,0x82,0x62,0x54,
0x54,0x64,0x82,0x62,0x52,0x62,0x44,0x94,0x84,0x94,0x84,0x64,0x94,0x84,0x82,0x82,
0x62,0x52,0x48,0x42,0x42,0x52,0x62,0x48,0X00};  //小兔子乖乖
//主程序
void main()
{
    TMOD = 0x11;                          //初始化
    IE = 0x8A;
    TH1 = (65536 - 5000)/256;
    TL1 = (65536 - 5000) % 256;
    TR1 = 1;
    TR0 = 0;
    while(1)
    {
    P1 = led[sta];
    if(TR0 == 1)
    {
```

```
    flag = 0;
    xuanz();
    play();
} }}
void xuanz()
{     if(sta == 1)pMmusic = Mmusic;
     else if(sta == 2)pMmusic = Mmusic1;
     else if(sta == 3)pMmusic = Mmusic2;
     else if(sta == 4)pMmusic = Mmusic3;
     else if(sta == 5)pMmusic = Mmusic4;
     else if(sta == 6)pMmusic = Mmusic5;
     else if(sta == 7)pMmusic = Mmusic6;
     else if(sta == 8)pMmusic = Mmusic7;
     else pMmusic = Mmusic1;}
void play()
{if( * (pMmusic + j)! = 0x00)
    {
       k = * (pMmusic + j)&0x0F;
       l = * (pMmusic + j)>>4;
       Temp_T  = music[l];//计算计数器初值
       if   (Temp_T! = 0xffff)
       {ET0 = 1;
       Sound_Temp_TH0 = Temp_T/256;
       Sound_Temp_TL0 = Temp_T % 256;
       TH0 = Sound_Temp_TH0;
       TL0 = Sound_Temp_TL0; }
       else ET0 = 0;
       if(flag == 1){goto Next;}
       if (pMmusic == 0x00)
           {
               TR0 = 0;
           }
       delay(k);
       j ++ ;
    }
    else
    {
    Next:j = 0;TR0 = 0;}
    }
void timer0(void) interrupt 1
{
     TH0 = Sound_Temp_TH0;;
     TL0 = Sound_Temp_TL0;
     fmq = !fmq;
}
```

```
void timer1(void) interrupt 3
{
TH1 = (65536 - 5000)/256;
TL1 = (65536 - 5000) % 256;
keyscan();
}
void keyscan() //独立按键扫描
{/*******SW0的检测与处理 *****/
last_val[0] = cur_val[0];//将按键上一次的值存入数组中
cur_val[0] = SW0;//将按键当前值存入数组中
if((last_val[0]! = cur_val[0])&&cur_val[0] == 0)//边沿检测
{delay1();
if((last_val[0]! = cur_val[0])&&cur_val[0] == 0)
TR0 = ~TR0;fmq = 1;}//按键功能定义
 /*******SW1的检测与处理 *****/
last_val[1] = cur_val[1];//将按键上一次的值存入数组中
cur_val[1] = SW1;//将按键当前值存入数组中
if((last_val[1]! = cur_val[1])&&cur_val[1] == 0)//边沿检测
{delay1();
if((last_val[1]! = cur_val[1])&&cur_val[1] == 0)
{if(sta>1)
    {sta--;flag = 1;}
    else sta = 8;}}//按键功能定义
 /*******SW2的检测与处理 *****/
last_val[2] = cur_val[2];//将按键上一次的值存入数组中
cur_val[2] = SW2;//将按键当前值存入数组中
if((last_val[2]! = cur_val[2])&&cur_val[2] == 0)//边沿检测
delay1();
{if((last_val[2]! = cur_val[2])&&cur_val[2] == 0)
{if(sta<8)
    {sta++;flag = 1;}
    else sta = 1;} } //按键功能定义
}

/*延时*/
void delay(unsigned int t)
{ unsigned char d;
 for(d = t;d>0;d--)
 {
    for(c = 19;c>0;c--)
        for(b = 20;b>0;b--)
            for(a = 130;a>0;a--);
}
}
```

```
void delay1(void) //延时程序
{
    unsigned char e,f;
    for(e = 20;i>0;i -- )
    for(f = 124;j>0;j -- );
}
```

程序中键盘采用边沿扫描方式。

9.5.3　简易音乐播放器的 PROTEUS 仿真

在 PROTEUS 环境中仿真电路,电路的仿真结果如图 9－10 所示。

本播放器具有电路简单、功能强大、易于拓展等特点,可通过 LED 显示屏显示歌名、作动感音乐屏等。

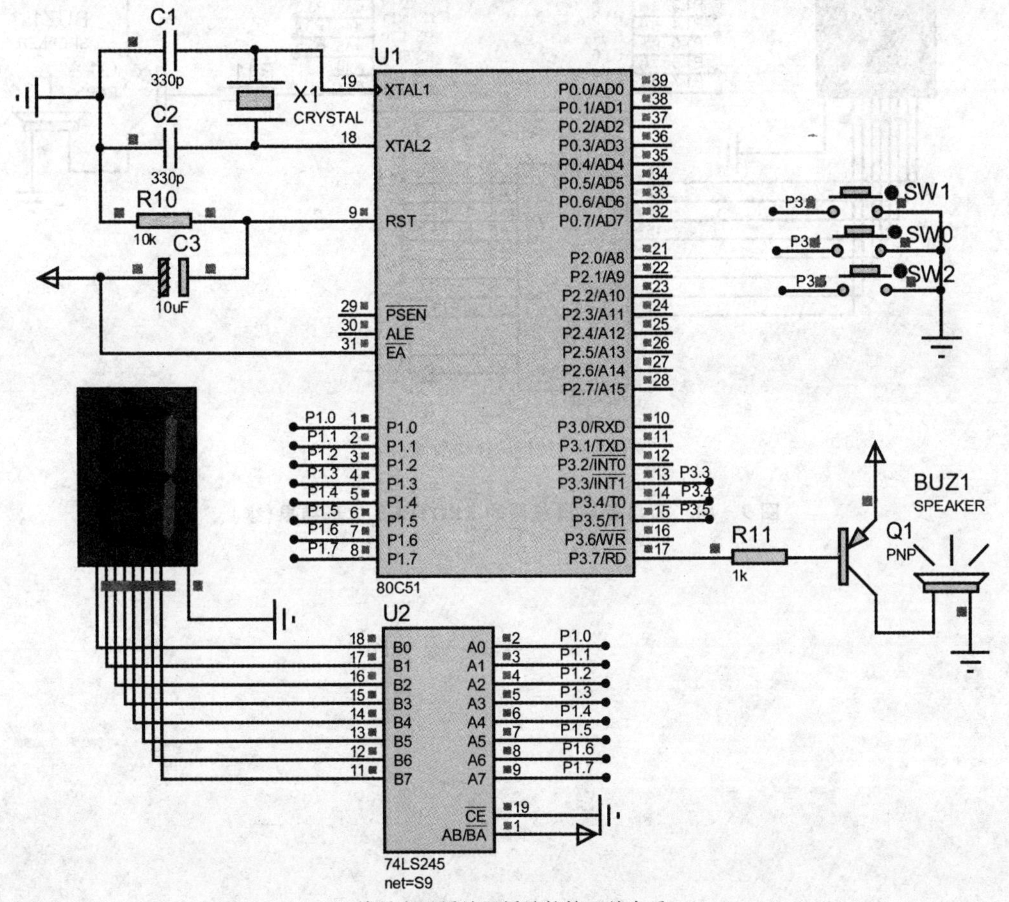

(a) 简易音乐播放器播放的第一首音乐

图 9－10　简易音乐播放器的 PROTEUS 仿真结果

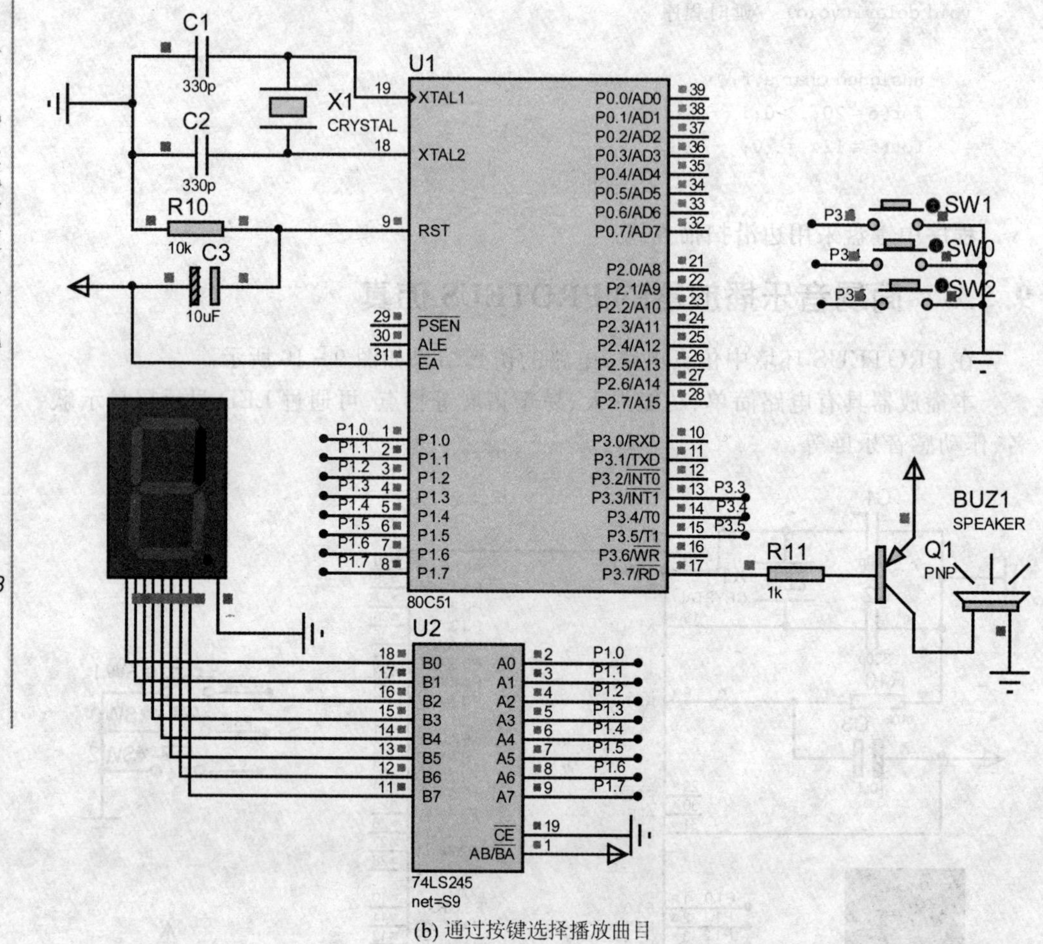

(b) 通过按键选择播放曲目

图 9－10　简易音乐播放器的 PROTEUS 仿真结果(续)

第10章 多点温度测量系统

单片机作为运算中心，外加传感器即可实现多种用途。

10.1 基于 DS18B20 的单点温度测量系统设计

在工农业生产和日常生活中，对温度的测量及其控制系统占据着极其重要的地位，如家庭的日常测温，消防电气的非破坏性温度检测，电力、电讯设备的过热故障预知检测，空调系统的温度检测，各类运输工具组件的过热检测，医疗中的温度测试，化工、机械等设备的温度过热检测。温度检测系统应用十分广泛。

10.1.1 单总线数据温度传感器 DS18B20

DS18B20 是 DALLAS 公司生产的一线式数字温度传感器，具有 3 引脚 TO－92 小体积封装形式。测温分辨率可达 0.062 5 ℃，被测温度用符号扩展的 16 位数字量方式串行输出。其工作电源既可在远端引入，也可采用寄生电源方式产生。每个 DS18B20 有唯一的 64 bit 序列码，即多个 DS18B20 可在一条单总线上工作，占用微处理器的端口较少，可节省大量的引线和逻辑电路。

DS18B20 支持“一线总线”接口，测量温度范围为－55～＋125 ℃，在－10～＋85 ℃范围内，精度为±0.5 ℃。现场温度直接以“一线总线”的数字方式传输，大大提高了系统的抗干扰性，适合于恶劣环境的现场温度测量，如：环境控制、设备或过程控制、测温类消费电子产品等。

DS18B20 的单总线端口为漏极开路，其内部等效电路如图 10－1 所示。

单总线需接一个 4.7 kΩ 的外部上拉电阻，因此 DS18B20 的闲置状态为高电平。如果总线保持低电平的时间超过 480 μs，则总线上所有的器件将复位。

DS18B20 的命令序列：初始化→ROM 命令跟随着需要交换的数据→功能命令跟随着需要交换的数据。访问 DS18B20 必须严格遵守这一命令序列。

初始化：DS18B20 所有的数据交换都由一个初始化序列开始，由主机发出的复位脉冲和 DS18B20 发出的应答脉冲构成。当 DS18B20 发出应答脉冲时，即已处在总线上并且准备工作。

ROM 命令：ROM 命令通过器件的 64 bit ROM 码使主机指定某一特定器件（如

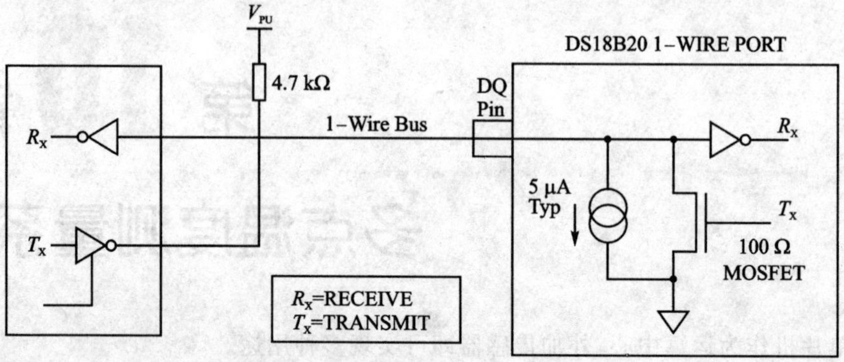

图 10-1　DS18B20 内部等效电路图

有多个器件挂在总线上)与之进行通信。DS18B20 的 ROM 如表 10-1 所列,每个 ROM 命令都是 8 bit 长。

表 10-1　DS18B20 ROM 命令

命　令	描　述	协　议	此命令发出后,1-Wire 总线上的活动
SEARCH ROM	识别总线上挂着的所有 DS18B20 的 ROM 码	F0h	所有 DS18B20 向主机传送 ROM 码
READ ROM	当只有一个 DS18B20 挂在总线上时,可用此命令来读取 ROM 码	33h	DS18B20 向主机传送 ROM 码
MATCH ROM	主机用 ROM 码来指定某一 DS18B20,只有匹配的 DS18B20 才会响应	55h	主机向总线传送一个 ROM 码
SKIP ROM	用于指定总线上所有的器件	CCh	无
ALARM SEARCH	与 SEARCH ROM 命令类似,但只有温度超出警报线的 DS18B20 才会响应	ECh	超出警报线的 DS18B20 向主机传送 ROM 码

功能命令:主机通过功能命令对 DS18B20 进行读/写 Scratchpad 存储器,或者启动温度转换。DS18B20 的功能命令如表 10-2 所列。

表 10-2　DS18B20 功能命令

命　令	描　述	协　议	此命令发出后 1-Wire 总线上的活动
温度转换命令			
Convert T	开始温度转换	44h	DS18B20 向主机传送转换状态(寄生电源不适用)

续表 10 - 2

命　令	描　述	协　议	此命令发出后 1 - Wire 总线上的活动
存储器命令			
Read Scratchpad	读暂存器完整的数据	BEh	DS18B20 向主机传送总共 9 字节的数据
Write Scratchpad	向暂存器的 2、3 和 4 字节写入数据(TH、TL 和精度)	4Eh	主机向 DS18B20 传送 3 字节的数据
Copy Scratchpad	将 TH、TL 和配置寄存器的数据复制到 EEPROM	48h	无
Recall E^2	将 TH、TL 和配置寄存器的数据从 EEPROM 中调到暂存器中	B8h	DS18B20 向主机传送调用状态
Read Power Supply	向主机示意电源供电状态	B4h	DS18B20 向主机传送供电状态

DS18B20 的信号方式：DS18B20 采用严格的单总线通信协议，以保证数据的完整性。该协议定义了几种信号类型：复位脉冲、应答脉冲、写 0、写 1、读 0 和读 1。除应答脉冲外，所有这些信号都由主机发出同步信号。总线上传输的所有数据和命令都是以字节的低位在前。初始化波形如图 10 - 2 所示。

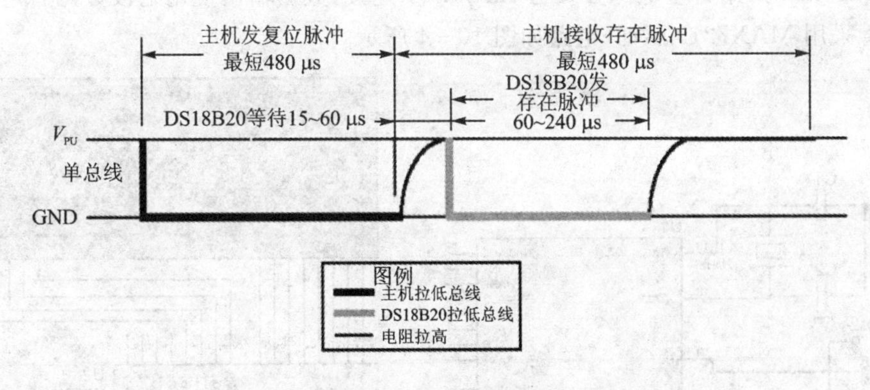

图 10 - 2　初始化脉冲

在写时隙期间，主机向 DS18B20 写入数据；而在读时隙期间，主机读入来自 DS18B20 的数据。在每一个时隙，总线只能传输一位数据。读/写时隙如图 10 - 3 所示。

DS18B20 加电后，处在空闲状态。处理器向其发出 Convert T[44h]命令，启动温度测量和模/数转换；转换完成后，DS18B20 回到空闲状态。温度数据是以带符号位的 16 bit 补码存储在温度寄存器中。处理器发出读温度命令，在读时隙读出系统温度，实现对温度的测量。

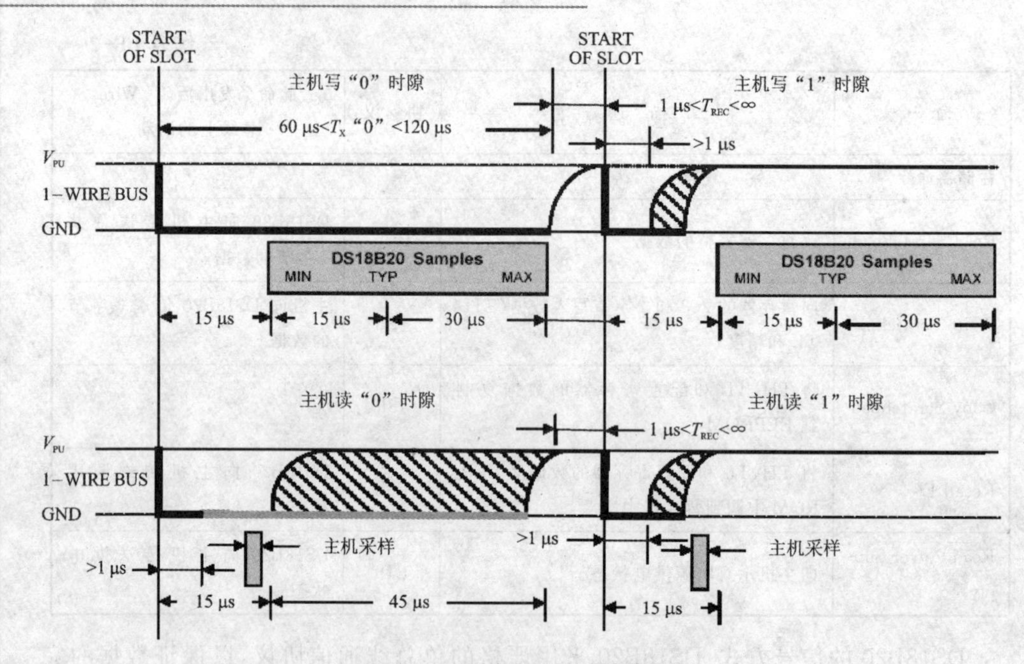

图 10-3 DS18B20 读/写时隙图

10.1.2 单点温度测量系统硬件电路

DS18B20 采用寄生电源方式与 AT89D51 连接，数据输出使用七段数码管电路，数码管采用 MAX7219 驱动，电路如图 10-4 所示。

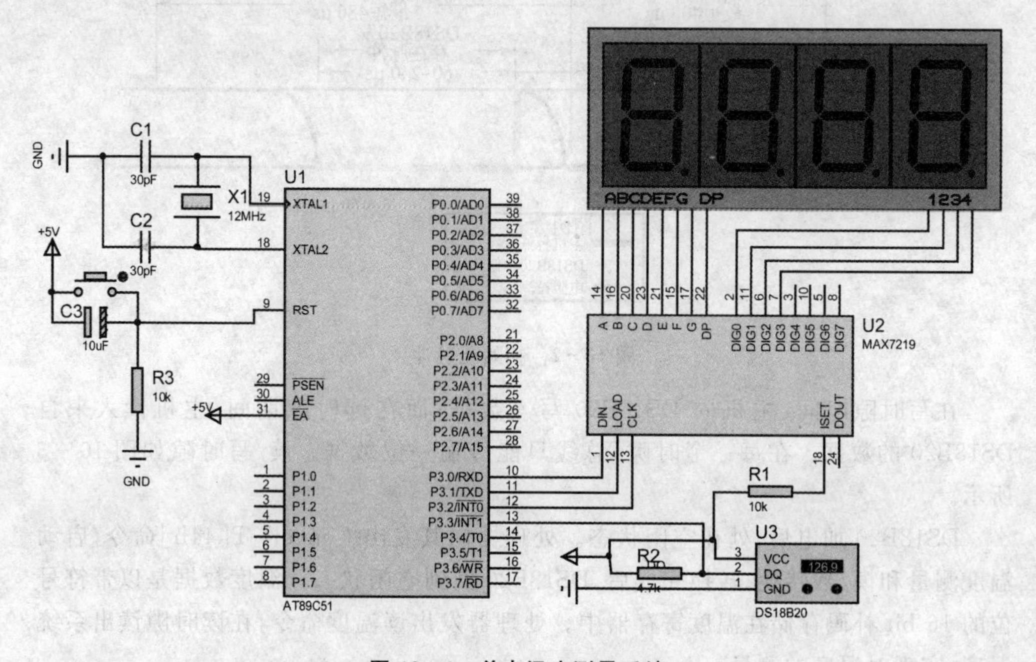

图 10-4 单点温度测量系统

电路中使用 4 位一体数码管显示温度值，温度显示精度为 0.1 ℃。

10.1.3　单点温度测量系统软件程序设计

系统主程序流程图如图 10-5 所示。

其中读 DS18B20 温度值子程序流程图如图 10-6 所示。

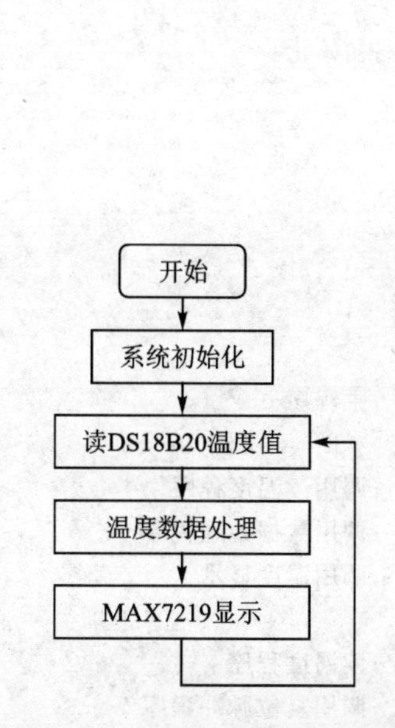

图 10-5　单点温度测量系统软件主程序流程图

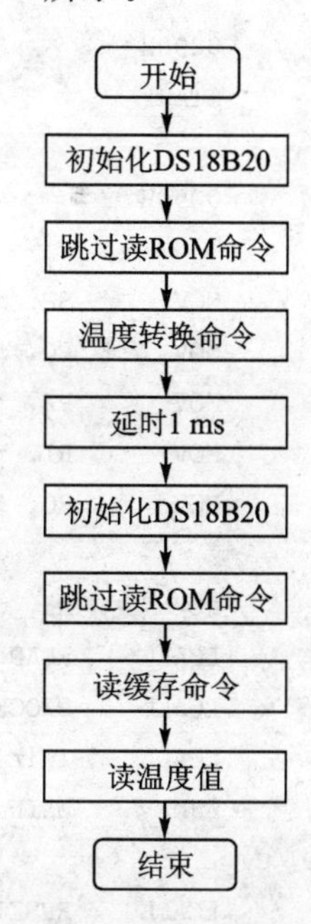

图 10-6　读 DS18B20 温度值子程序流程图

数据处理子程序用于判断数据的正或负，同时将数据的百位值、十位值、个位值及小数点位的数据分别存放在对应的寄存器内。系统程序如下：

```
DATA_BUS      BIT     P3.3
FLAG          BIT     00H              ;标志位
TEMP_L        EQU     30H              ;温度值低字节
TEMP_H        EQU     31H              ;温度值高字节
TEMP_DP       EQU     32H              ;温度小数
TEMP_INT      EQU     33H              ;温度值整数
TEMP_BAI      EQU     34H              ;温度百位数
TEMP_SHI      EQU     35H              ;温度十位数
TEMP_GE       EQU     36H              ;温度个位数
TEMP_F        EQU     37H              ;温度符号数
DIS_DP        EQU     3AH              ;显示小数位
DIS_ADD       EQU     3BH              ;显示地址
```

```
TT_DP           EQU       3CH
DISP_DIN        EQU       P3.0
DISP_LOAD       EQU       P3.1
DISP_CLK        EQU       P3.2
NEGFLAG         BIT       01H

ORG             0000H
AJMP            START
                                              ;初始化
ORG             0050H
START:
                MOV       SP, #60H
                MOV       P0, #0FFH
                MOV       P2, #0FFH
                MOV       R1, #0
                MOV       R0, #0
MAIN:                                         ;主程序
                MOV       R3, #0C6H
                LCALL     READ_TEMP           ;调用读温度程序
                LCALL     PROCESS             ;调用数据处理程序
                LCALL     Init_Max7219        ;调用温度显示
                AJMP      MAIN
READ_TEMP:                                    ;读温度程序
                LCALL     RESET_PULSE         ;调用复位脉冲程序
                MOV       A, #0CCH            ;跳过 ROM 命令
                LCALL     WRITE
                MOV       A, #44H             ;读温度
                LCALL     WRITE
                CALL      DELAY1S             ;显示温度
                LCALL     RESET_PULSE         ;调用复位脉冲程序
                MOV       A, #0CCH            ;跳过 ROM 命令
                LCALL     WRITE
                MOV       A, #0BEH            ;读缓存命令
                LCALL     WRITE
                LCALL     READ
                RET
DELAY1S:
                MOV       R7, #10
LOOP4:          MOV       R6, #200
LOOP3:          MOV       R5, #250
                DJNZ      R5, $
                DJNZ      R6,LOOP3
```

```
            DJNZ    R7,LOOP4
            RET
RESET_PULSE:                                ;复位脉冲程序
            SETB    DATA_BUS
            NOP
            NOP
            CLR     DATA_BUS
            MOV     R7, #255
            DJNZ    R7, $
            SETB    DATA_BUS
            MOV     R7, #30
            DJNZ    R7,$
            JNB     DATA_BUS, SETB_FLAG
            CLR     FLAG
            AJMP    NEXTTT
SETB_FLAG:
            SETB    FLAG
NEXTTT:     MOV     R7, #120
            DJNZ    R7, $
            SETB    DATA_BUS
            JNB     FLAG,RESET_PULSE
            RET
WRITE:                                      ;写命令
            SETB    DATA_BUS
            MOV     R6, #8
            CLR     C
WRITING:
            CLR     DATA_BUS
            MOV     R7, #5
            DJNZ    R7, $
            RRC     A
            MOV     DATA_BUS, C
            MOV     R7, #30H
            DJNZ    R7, $
            SETB    DATA_BUS
            NOP
            DJNZ    R6, WRITING
            RET
READ:                                       ;读命令
            SETB    DATA_BUS
            MOV     R0,#TEMP_L
            MOV     R6, #8
```

```
            MOV     R5, #2
            CLR     C
READING:
            CLR     DATA_BUS
            NOP
            NOP
            SETB    DATA_BUS
            NOP
            NOP
            NOP
            NOP
            MOV     C,DATA_BUS
            RRC     A
            MOV     R7,#30H
            DJNZ    R7,$
            SETB    DATA_BUS
            DJNZ    R6, READING
            MOV     @R0,A
            INC     R0
            MOV     R6, #8
            SETB    DATA_BUS
            DJNZ    R5, READING
            RET
PROCESS:                                ;数据处理
            MOV     A,TEMP_H
            ANL     A,#0F0H
            JNZ     NEG
            CLR     NEGFLAG
            MOV     TEMP_F,#0FH
            AJMP    POSI
NEG:        SETB    NEGFLAG
            MOV     TEMP_F,#0AH
POSI:
            JNB     NEGFLAG,PPP
            MOV     A,TEMP_L
            DEC     A
            CPL     A
            MOV     TEMP_L,A
            MOV     A,TEMP_H
            CPL     A
            MOV     TEMP_H, A
PPP:
```

```
        MOV     R7,TEMP_L
        MOV     A,#0FH
        ANL     A,R7
        MOV     TEMP_DP,A
        MOV     R7,TEMP_L
        MOV     A,#0F0H
        ANL     A,R7
        SWAP    A
        MOV     TEMP_L, A
        MOV     R7,TEMP_H
        MOV     A,#0FH
        ANL     A,R7
        SWAP    A
        ORL     A,TEMP_L
        MOV     B,#64H
        DIV     AB
        MOV     TEMP_BAI,A
        MOV     A,#0AH
        XCH     A,B
        DIV     AB
        MOV     TEMP_SHI,A
        MOV     TEMP_GE,B
        MOV     A,TEMP_GE
        ADD     A,#80H
        MOV     TEMP_GE,A
        MOV     A,TEMP_DP
        MOV     DPTR, #TABLE_DP
        MOVC    A,@A+DPTR
        MOV     DIS_DP, A
        RET
INIT_MAX7219:                           ;初始化 MAX7219
        MOV     A,#09H                  ;将 BCD 码译成 B 码
        MOV     B,#0FFH
        LCALL   W_7219
        MOV     A,#0AH                  ;设置亮度
        MOV     B,#0FH                  ;31/32 亮度
        LCALL   W_7219
        MOV     A,#0BH                  ;设置扫描界限
        MOV     B,#03H
        LCALL   W_7219
        MOV     A,#0FH                  ;设置正常工作方式
        MOV     B,#00H
```

```
            LCALL   W_7219
            MOV     A,#0CH              ;进入启动工作方式
            MOV     B,#01H
            LCALL   W_7219
            MOV     A,#01h
            JNB     NEGFLAG,PD
            MOV     B,TEMP_F
            JMP     XS
PD:         MOV     B,TEMP_BAI
XS:         LCALL   W_7219
            MOV     A,#02h
            MOV     B,TEMP_SHI
            LCALL   W_7219
            MOV     A,#03h
            MOV     B,TEMP_GE
            LCALL   W_7219
            MOV     A,#04h
            MOV     B,DIS_DP
            LCALL   W_7219
RET
W_7219:                                 ;显示驱动程序
            CLR     DISP_LOAD           ;置 load = 0
            LCALL   SD_7219             ;传送 7219 的地址
            MOV     A, B
            LCALL   SD_7219             ;传送数据
            SETB    DISP_LOAD           ;数据装载
RET
SD_7219:                                ;向 7219 送地址或数据
            MOV     R2, #08H            ;向 7219 送地址或数据
C_SD:       NOP
            CLR     DISP_CLK
            RLC     A
            MOV     DISP_DIN, C         ;准备数据
            NOP
            SETB    DISP_CLK            ;上升沿将数据传入
            DJNZ    R2, C_SD
            RET
TABLE_DP:   DB      00H,01H,01H,02H,03H,03H,04H,04H,05H,06H
            DB      06H,07H,08H,08H,09H,09H
END
```

10.1.4　基于 PROTEUS 环境的电路仿真

在 PROTEUS 环境下仿真电路，电路的仿真结果如图 10－7 所示。

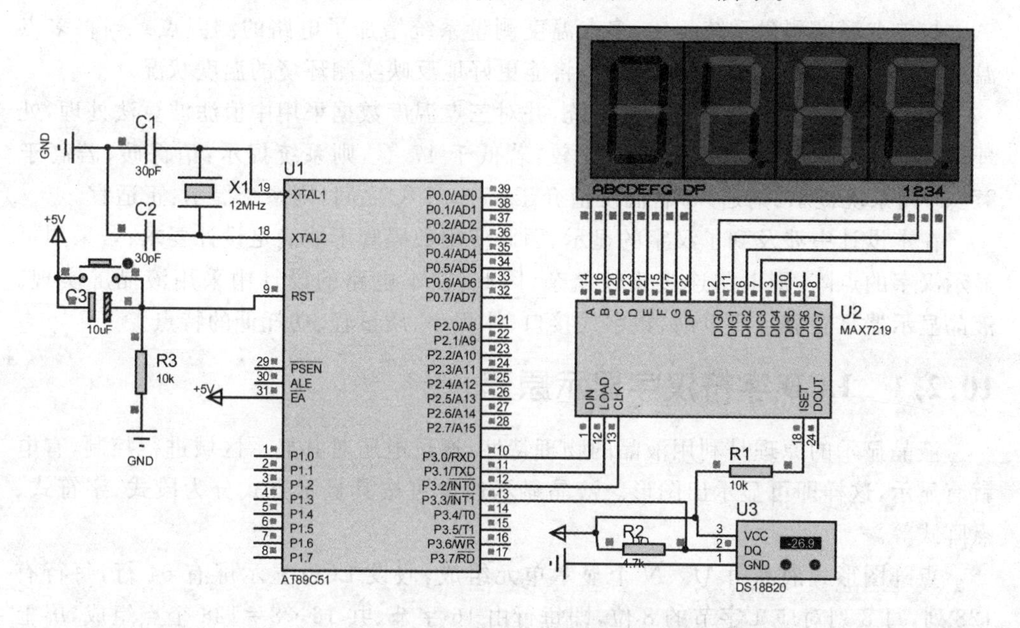

（a）温度为－26.9 ℃时电路的仿真结果

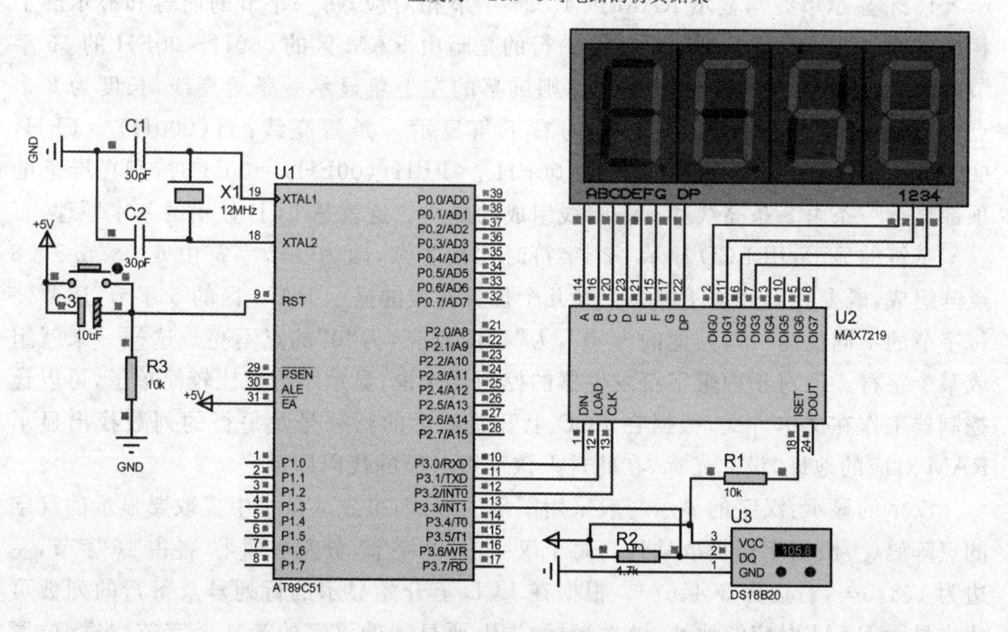

（b）温度为 105.8 ℃时电路的仿真结果

图 10－7　单点温度测量系统电路仿真结果

10.2　多点温度测量系统设计

与单点温度测量系统相比，多点温度测量系统增加了电路的测温点。当将多点温度数据采用数据融合算法处理后，将能更好地反映实测环境的温度状况。

本节设计一个三点温度测量系统，并对三点温度数据采用中值滤波算法处理，处理后的数据分别与17 ℃、27 ℃相比较，若低于17 ℃，则系统提示：请保暖；若高于27 ℃，则系统提示：请通风；若温度值介于17～27 ℃之间，则系统提示：正适宜。

在本设计中涉及到了汉字的显示，因此使用数码管不能满足设计要求；若采用可显示汉字的点阵，则电路连接比较繁杂，因此，在本电路的设计中采用液晶屏实现。液晶显示器具有显示质量高、数字式接口、体积小、质量轻、功耗低的特点。

10.2.1　LCD字符汉字显示原理

液晶显示的原理是利用液晶的物理特性，通过电压对其显示区域进行控制，有电就有显示，这样即可显示出图形。液晶显示通常可按其显示方式分为段式、字符式、点阵式等。

点阵图形式液晶由 $M \times N$ 个显示单元组成，假设LCD显示屏有64行，每行有128列，每8列对应1字节的8位，即每行由16字节、共16×8＝128个点组成，屏上64×16个显示单元与显示RAM区1 024字节相对应，每一字节的内容和显示屏上相应位置的亮暗对应。例如屏的第一行的亮暗由RAM区的000H～00FH的16字节的内容决定，当(000H)＝FFH时，则屏幕的左上角显示一条短亮线，长度为8个点；当(3FFH)＝FFH时，则屏幕的右下角显示一条短亮线；当(000H)＝FFH，(001H)＝00H，(002H)＝FFH，…，(00EH)＝FFH，(00FH)＝00H时，则在屏幕的顶部显示一条由8条亮线和8条暗线组成的虚线。这就是LCD显示的基本原理。

字符的显示：用LCD显示一个字符时比较复杂，因为一个字符由6×8或8×8点阵组成，既要找到和显示屏幕上某几个位置对应的显示RAM区的8字节，还要使每字节的不同位为“1”，其他的为“0”，为“1”的点亮，为“0”的点不亮。这样一来就组成某个字符。但对于内带字符发生器的控制器来说，显示字符就比较简单了，可以让控制器工作在文本方式，根据在LCD上开始显示的行列号及每行的列数找出显示RAM对应的地址，设立光标，在此送上该字符对应的代码即可。

汉字的显示：汉字的显示一般采用图形的方式，事先从微机中提取要显示的汉字的点阵码(一般用字模提取软件)，每个汉字占32字节，分左右两半，各占16字节，左边为1、3、5…，右边为2、4、6…。根据在LCD上开始显示的行列号及每行的列数可找出显示RAM对应的地址，设立光标，送上要显示的汉字的第一个字节，光标位置加1；送第二个字节，换行按列对齐；送第三个字节……直到32字节显示完，就可以在LCD上得到一个完整汉字。

PROTEUS中提供了多种类型的LCD。本设计要显示的内容不多,采用系统提供的122×32的带背光的HDM32GS12-B即可完成设计任务。HDM32GS12-B内带字符发生器SED1520。

10.2.2 LCD12232液晶显示器使用方法

LCD12232液晶驱动IC基本特性如下:

✧ 具有低功耗、供应电压范围宽等特点。

✧ 具有16位行驱动和61位列驱动输出,并可外接驱动IC扩展驱动。

✧ 具有2 560位显示RAM(DD RAM),即80×8×4位。

✧ 具有与68系列或80系列相适配的MPU接口功能,并有专用的指令集,可完成文本显示或图形显示的功能设置。

LCD12232液晶模块基本特性如下:

✧ 视域尺寸:60.5 mm×18.0 mm(12 232－1/－2);
　　　　　　54.8 mm×18.3 mm(12 232－3);

✧ 显示类型:黄底黑字;

✧ LCD显示角度:6点钟直观;

✧ 驱动方式:驱动占空比为1/32,或1/16。(高出点亮的阈值电压的部分在一个周期中所占的比率。)

LCD12232液晶模块工作参数如下:

✧ 逻辑工作电压(VDD、VSS):2.4～6.0 V;

✧ LCD驱动电压(VDD、VLCD):3.0～13.5 V;

✧ 工作温度(T_a):0～55 ℃(常温) / －20～70 ℃(宽温);

✧ 保存温度(T_{stg}):－10～70 ℃;

✧ 驱动电流:最大240 μA。

LCD12232液晶模块分20脚封装或18脚封装。引脚功能如下:

① VDD:逻辑电源正。

② GND(VSS):逻辑电源地。

③ VO(VEE):LCD驱动电源。

④ RESET:复位端。对于68系列MPU,上升沿(L-H)复位,且复位后电平须保持为高电平(H);对于80系列MPU,下降沿(H-L)复位,且复位后电平须保持为低电平(L)。

⑤ E1:读/写使能。对于68系列MPU,连接使能信号引脚,高电平有效;对于80系列MPU,连接/RD引脚,低电平有效。

⑥ E2:同E1引脚。

⑦ /RD:读允许,低电平有效。

⑧ /WR:写允许,低电平有效。

⑨ R/W：读/写选择，对于 68 系列 MPU，高电平时读数据，低电平时写数据；对于 80 系列 MPU，低电平时允许数据传输，上升沿时锁定数据。

⑩ A0：数据/指令选择。当为高电平时，为数据端，数据 D0～D7 将送入显示 RAM；当为低电平时，数据 D0～D7 将送入指令执行器执行。

⑪ D0～D7：数据输入/输出引脚。

LCD12232 液晶模块包括 14 条指令。

显示模式（显示开关）指令如表 10－3 所列。

表 10－3　显示模式指令

CODE：		R/W								
	A0	/RD	/WR	D7	D6	D5	D4	D3	D2	D1	D0
	L	H	L	H	L	H	L	H	H	H	D

功能：开/关屏幕显示，不改变显示 RAM（DD RAM）中的内容，也不影响内部状态。D＝0，开显示；D＝1，关显示。如果在显示关闭的状态下选择静态驱动模式，那么内部电路将处于安全模式。该指令不影响显示 RAM 的内容。

设置显示起始行指令如表 10－4 所列。

表 10－4　设置显示起始行指令

CODE：		R/W									
	A0	/RD	/WR	D7	D6	D5	D4	D3	D2	D1	D0
	L	H	L	H	H	L	显示起始行（1～31）				

功能：执行该命令后，所设置的行将显示在屏幕的第一行。起始地址可以是 0～31 范围内任意一行。行地址计数器具有循环计数功能，用于显示行扫描同步，当扫描完一行后自动加 1。

页地址设置指令如表 10－5 所列。

表 10－5　页地址设置指令

CODE：		R/W									
	A0	/RD	/WR	D7	D6	D5	D4	D3	D2	D1	D0
	L	H	L	H	L	H	H	H	L	A1	A0

功能：设置页地址。当 MPU 要对 DD RAM 进行读/写操作时，首先要设置页地址和列地址。本指令不影响显示。设置参数与页地址的对应关系如表 10－6 所列。

表 10－6　设置参数与页地址的对应关系表

A1	A0	页地址	A1	A0	页地址
0	0	0	1	0	2
0	1	1	1	1	3

列地址设置指令如表10－7所列。

表10－7 列地址设置指令

CODE:	A0	/RD (R/W)	/WR	D7	D6	D5	D4	D3	D2	D1	D0
	L	H	L	L	A6	A5	A4	A3	A2	A1	A0

功能：设置DD RAM中的列地址。当MPU要对DD RAM进行读/写操作前，首先要设置页地址和列地址。执行读/写命令后，列地址会自动加1，直到达到50H才会停止，但页地址不变。设置参数与列地址的对应关系如表10－8所列。

表10－8 设置参数与列地址的对应关系表

A6	A5	A4	A3	A2	A1	A0	列地址
0	0	0	0	0	0	0	0
0	0	0	0	0	0	1	1
1	0	0	1	1	1	0	4E
1	0	0	1	1	1	1	4F

读状态指令如表10－9所列。

表10－9 读状态指令

CODE:	A0	/RD (R/W)	/WR	D7	D6	D5	D4	D3	D2	D1	D0
	L	L	H	BUSY	ADC	ON/OFF	RESET	L	L	L	L

功能：检测内部状态。

BUSY为忙信号位，BUSY＝1，内部正在执行操作；BUSY＝0，空闲状态。

ADC为显示方向位，ADC＝0，反向显示；ADC＝1，正向显示。

ON/OFF显示开关状态，ON/OFF＝0，显示打开；ON/OFF＝1，显示关闭。

RESET复位状态，RESET＝0，正常；RESET＝1，内部正处于复位初始化状态。

写显示数据指令如表10－10所列。

表10－10 写显示数据指令

CODE:	A0	/RD (R/W)	/WR	D7	D6	D5	D4	D3	D2	D1	D0
	H	H	L	显示数据							

功能：将8位数据写入DDRAM，该指令执行后，列地址自动加1，所以可以连续将数据写入DDRAM而不用重新设置列地址。

读显示数据指令如表10－11所列。

表10－11 读显示数据指令

CODE:	A0	/RD (R/W)	/WR	D7	D6	D5	D4	D3	D2	D1	D0
	H	L	H	显示数据							D

功能：读出页地址和列地址限定的DDRAM地址内的数据。当"读—修改—写模式"关闭时，每执行一次读指令，列地址自动加1，所以可以连续从DDRAM读出数据而不用设置列地址。

注意：在设置完列地址后，首次读显示数据前必须执行一次空的"读显示数据"。这是因为设置完列地址后，第一次读数据时，出现在数据总线上的数据是列地址而不是所要读出的数据。

设置显示方向指令如表10－12所列。

表10－12 设置显示方向指令

CODE:	A0	/RD (R/W)	/WR	D7	D6	D5	D4	D3	D2	D1	D0
	L	H	L	H	L	H	L	L	L	L	D

功能：该指令设置DDRAM中的列地址与段驱动输出的对应关系。显示方向：当设置D=0时，反向；D=1时，正向。

开/关静态驱动模式设置指令如表10－13所列。

表10－13 开/关静态驱动模式设置指令

CODE:	A0	/RD (R/W)	/WR	D7	D6	D5	D4	D3	D2	D1	D0
	L	H	L	H	L	H	L	L	H	L	D

功能：D=0表示正常驱动，D=1表示打开静态显示。如果在打开静态显示时，执行关闭显示指令，则内部电路将被置为安全模式。

设置为安全模式，可降低功耗。

DUTY（占空比）选择指令如表10－14所列。安全模式下的内部状态如下：

✧ 停止LCD驱动。列驱动和行驱动输出VDD电平。

✧ 停止晶体振荡并禁止外部时钟输入，晶振输入OSC2引脚处于不确定状态。

✧ 显示数据和内部模式不变。

✧ 可通过打开显示或关闭静态显示的方法关闭安全模式。

表 10-14 DUTY(占空比)指令

CODE:	A0	/RD	/WR	D7	D6	D5	D4	D3	D2	D1	D0
	L	H	L	H	L	H	L	H	L	L	D

注:/RD、/WR 合称 R/W。

功能:设置 D=0 表示 1/16 DUTY,D=1 表示 1/32 DUTY。

"读—修改—写"模式设置指令如表 10-15 所列。

表 10-15 "读—修改—写"模式设置指令

CODE:	A0	/RD	/WR	D7	D6	D5	D4	D3	D2	D1	D0
	L	H	L	H	H	H	L	L	L	L	L

功能:执行该指令以后,每执行一次写数据指令,列地址自动加 1;但执行读数据指令时,列地址不会改变。这个状态一直持续到执行 END 指令。

注意:在"读—修改—写"模式下,除列地址设置指令之外,其他指令照常执行。

END 指令如表 10-16 所列。

表 10-16 END 指令

CODE:	A0	/RD	/WR	D7	D6	D5	D4	D3	D2	D1	D0
	L	H	L	H	H	H	L	H	H	H	L

功能:关闭"读—修改—写"模式,并把列地址指针恢复到打开"读—修改—写"模式前的位置。

复位指令如表 10-17 所列。

表 10-17 复位指令

CODE:	A0	/RD	/WR	D7	D6	D5	D4	D3	D2	D1	D0
	L	H	L	H	H	H	L	L	L	H	L

功能:使模块内部初始化。初始化内容:① 设置显示初始行为第一行;② 页地址设置为第三页。复位指令对显示 RAM 没有影响。

显示数据存储器 DDRAM 与地址的对应关系如图 10-8 所示。

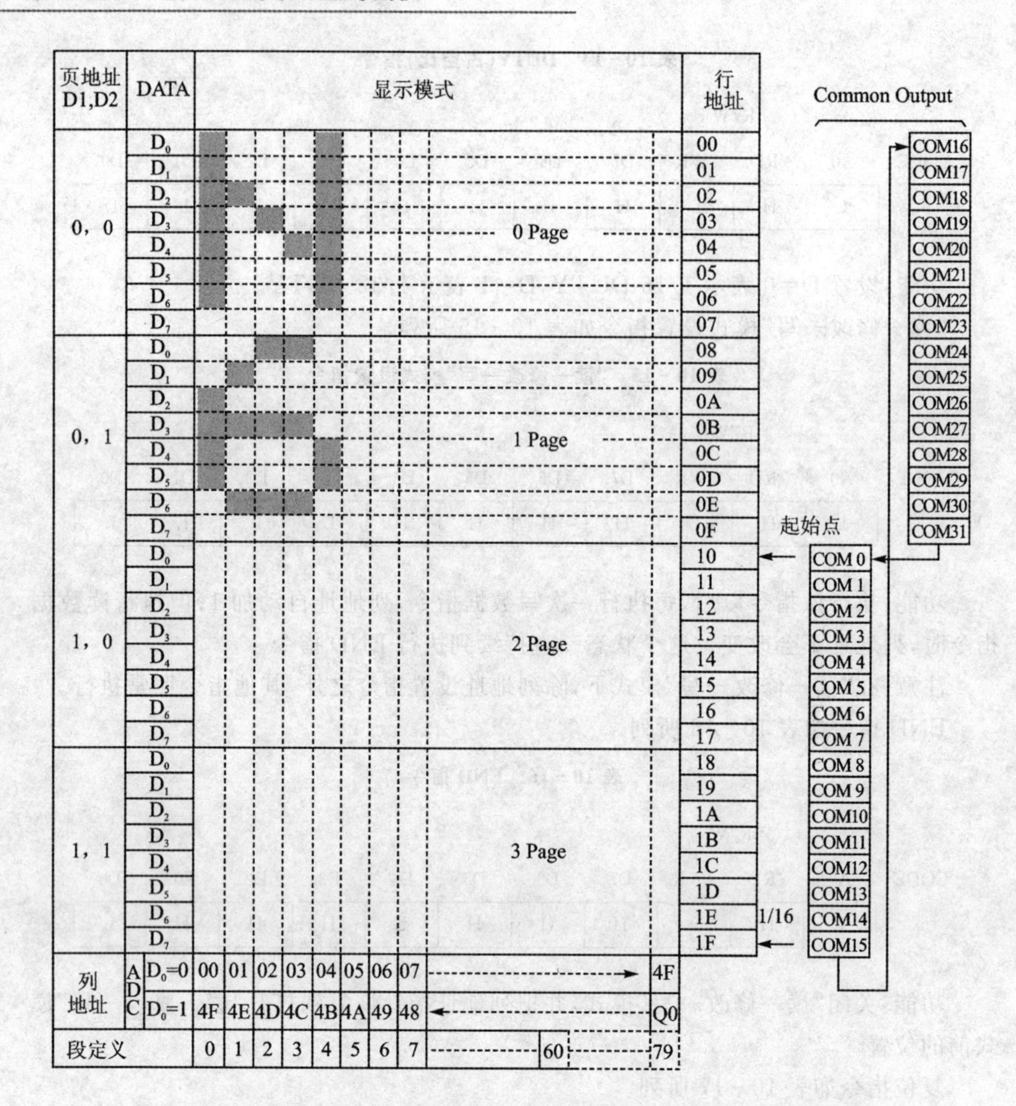

图 10－8　显示数据存储器 DDRAM 与地址的对应关系(显示起始行为 10th)

10.2.3　基于 LCD12232 液晶显示器的多点温度测量系统硬件电路搭建

根据 LCD12232 的接线要求连接电路，电路图如图 10－9 所示。

其中发光二极管 D1、D2、D3 分别用于显示当前三个温度传感器是否在工作状态，D4 用于显示温度检测的频率。滑动变阻器用于调整背光亮度。

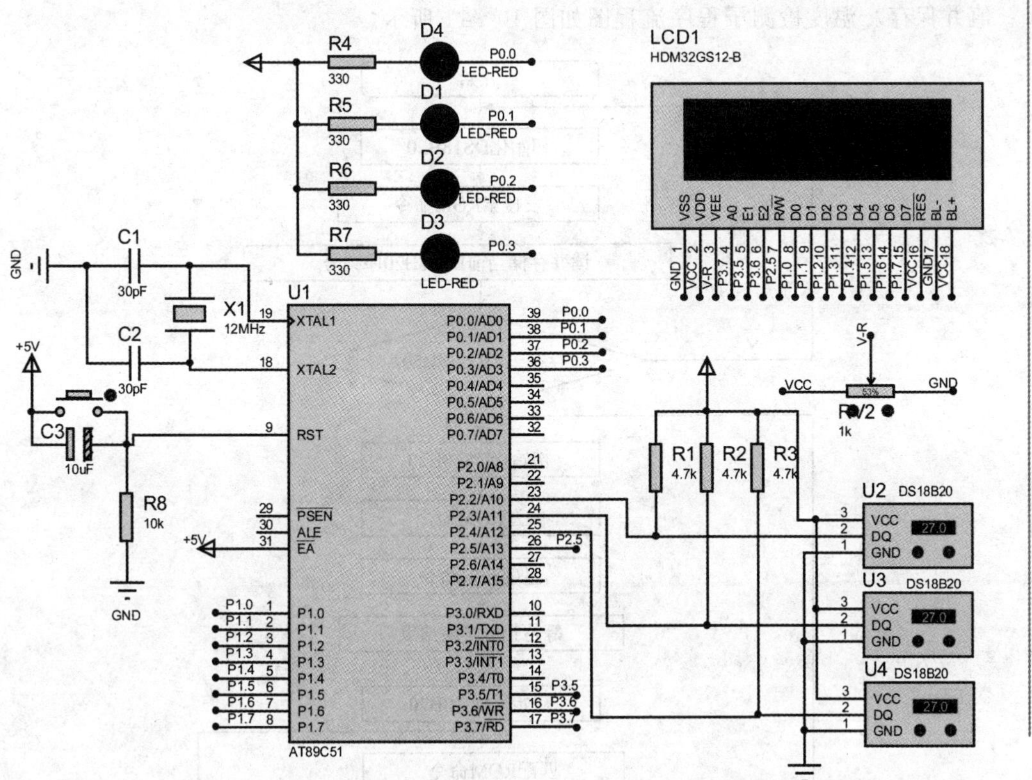

图10-9　基于LCD12232液晶显示器的多点温度测量系统硬件电路

10.2.4　基于LCD12232液晶显示器的多点温度测量系统软件程序设计

在主程序的设计中，调用了3个子程序：数据读取程序、数据融合和处理程序、液晶屏显示程序。主程序流程图如图10-10所示。

数据读取程序：主要负责从DS18B20读取温度值并保存。

数据融合和处理程序：主要将三点数据十六位融合后转化为十进制数据。

数码管显示程序：主要将处理好的十进制数据显示在数码管上。

液晶屏显示程序：主要负责温度显示、温馨提示等人性化显示。

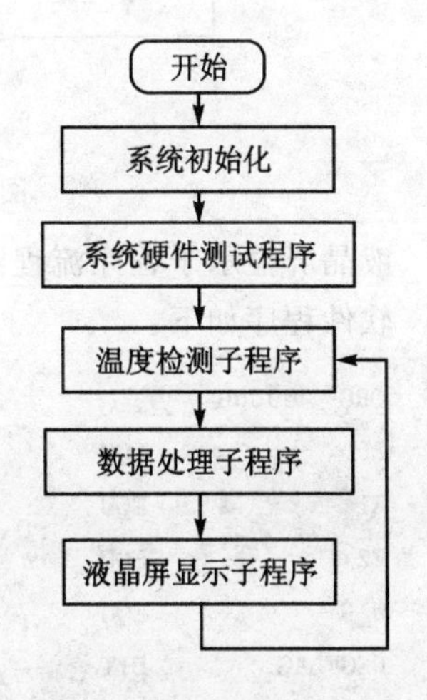

图10-10　主程序流程图

数据检测子程序主要负责从DS18B20读取温度

值并保存。温度检测子程序流程图如图 10－11 所示。

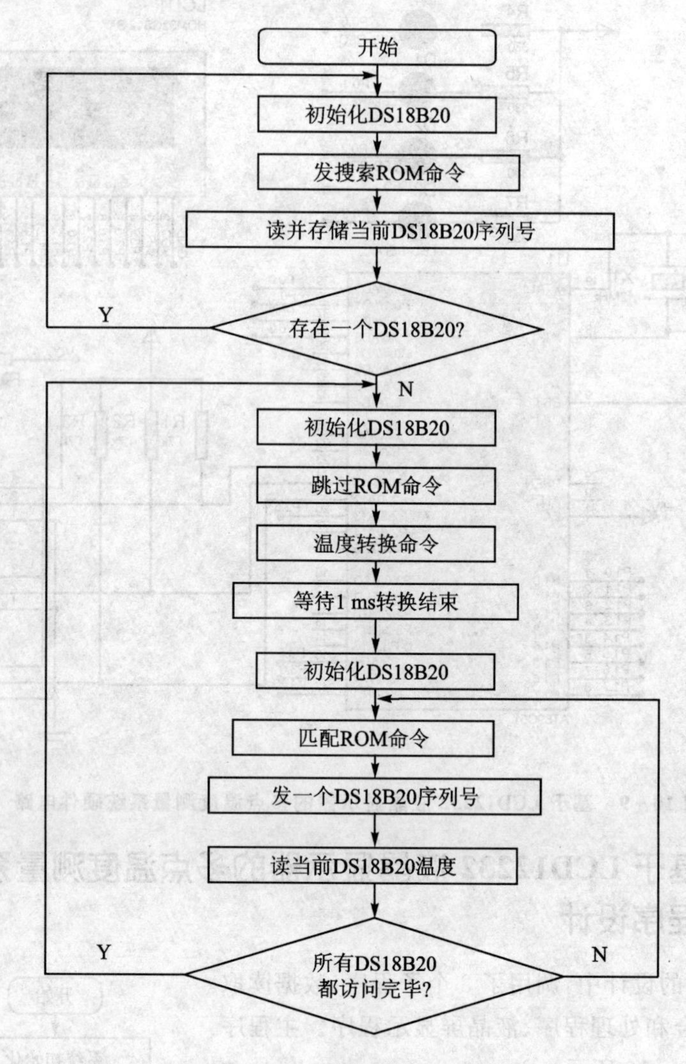

图 10－11　温度检测子程序流程图

液晶屏显示子程序流程图如图 10－12 所示。

软件程序如下：

```
ORG   0000H
A0              EQU         P3.3
E1              EQU         P3.4
E2              EQU         P3.5
W_R             EQU         P3.6
NEGFLAG         BIT         00H
TEMP_DP         EQU         32H                 ;温度小数
```

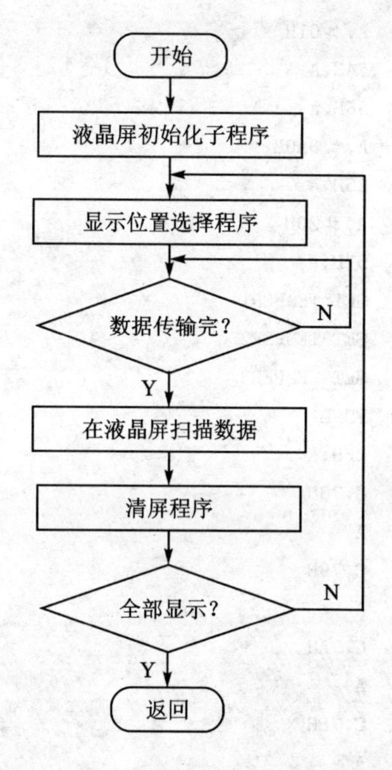

图10-12　液晶屏显示子程序流程图

```
TEMP_FH         EQU     40H             ;符号位
TEMP_BAI        EQU     34H             ;温度百位数
TEMP_SHI        EQU     35H             ;温度十位数
TEMP_GE         EQU     36H             ;温度个位数
DIS_DP          EQU     3AH             ;显示小数位
TEMPER1_L       EQU     29H
TEMPER1_H       EQU     28H
TEMPER2_L       EQU     27H
TEMPER2_H       EQU     26H
TEMPER3_L       EQU     25H
TEMPER3_H       EQU     24H
TEMPERALL_H     EQU     50H
TEMPERALL_L     EQU     51H
TEMPERHIGH_H    EQU     54H
TEMPERHIGH_L    EQU     55H
TEMPERLOW_H     EQU     56H
TEMPERLOW_L     EQU     57H
FLAG1           EQU     15H
FLAG2           EQU     16H
FLAG3           EQU     17H
```

```
MAIN:           MOV     A,#01H
                MOV     54H,A
                MOV     56H,A
                MOV     A,#0A0H
                MOV     55H,A
                MOV     A,#20H
                MOV     57H,A
                LCALL   GET_TEMPER1
                LCALL   GET_TEMPER2
                LCALL   GET_TEMPER3
                LCALL   FUSE1
                MOV     2FH,A
                MOV     C,78H
                RRC     A
                MOV     C,79H
                RRC     A
                MOV     C,7AH
                RRC     A
                MOV     C,7BH
                RRC     A
                MOV     2FH,A
                MOV     A,51H
                ANL     A,#0FH
                MOV     30H,A
                LCALL   PROCESS
                JMP     MAIN1
mm:             CPL     P0.0
                AJMP    MAIN
GET_TEMPER1:                                    ;取第一个 DS18B20 的值
                SETB    P2.2
                LCALL   INIT_1820
                JB      FLAG1,TSS1
                SETB    P0.1
                RET
TSS1:
                CLR     P0.1
                MOV     A,#0CCH
                LCALL   WRITE_1820
                MOV     A,#44H
                LCALL   WRITE_1820
                LCALL   DELAY
```

```
            LCALL   INIT_1820
            MOV     A,#0CCH
            LCALL   WRITE_1820
            MOV     A,#0BEH
            LCALL   WRITE_1820
            LCALL   READ_1820
            RET
INIT_1820:
            SETB    P2.2
            NOP
            CLR     P2.2
            MOV     R1,#3
TSR1_1:
            MOV     R0,#107
            DJNZ    R0,$
            DJNZ    R1,TSR1_1
            SETB    P2.2
            NOP
            NOP
            NOP
            MOV     R0,#25H
TSR1_2:
            JNB     P2.2,TSR1_3
            DJNZ    R0,TSR1_2
            LJMP    TSR1_4
TSR1_3:
            SETB    FLAG1
            CLR     P0.1
            LJMP    TSR1_5
TSR1_4:
            CLR     FLAG1
            SETB    P0.1
            LJMP    TSR1_7
TSR1_5:
            MOV     R0,#117
TSR1_6:
            DJNZ    R0,TSR1_6
TSR1_7:
            SETB    P2.2
            RET
WRITE_1820:
```

```
            MOV     R2,#8
            CLR     C
WR1:
            CLR     P2.2
            MOV     R3,#5
            DJNZ    R3,$
            RRC     A
            MOV     P2.2,C
            MOV     R3,#21
            DJNZ    R3,$
            SETB    P2.2
            NOP
            DJNZ    R2,WR1
            SETB    P2.2
            RET
READ_1820:
            MOV     R4,#2
            MOV     R1,#29H
RE00:
            MOV     R2,#8
RE01:
            CLR     C
            SETB    P2.2
            NOP
            NOP
            CLR     P2.2
            NOP
            NOP
            NOP
            SETB    P2.2
            MOV     R3,#8
RE02:
            DJNZ    R3,RE02
            MOV     C,P2.2
            MOV     R3,#21
RE03:
            DJNZ    R3,RE03
            RRC     A
            DJNZ    R2,RE01
            MOV     @R1,A
            DEC     R1
```

```
                DJNZ    R4,RE00
                RET
GET_TEMPER2:                                ;取第二个 DS18B20 的值
                SETB    P2.3
                LCALL   INIT_1821
                JB      FLAG1,TSS2
                SETB    P0.2
                RET
TSS2:
                CLR     P0.2
                MOV     A,#0CCH
                LCALL   WRITE_1821
                MOV     A,#44H
                LCALL   WRITE_1821
                LCALL   DELAY
                LCALL   INIT_1821
                MOV     A,#0CCH
                LCALL   WRITE_1821
                MOV     A,#0BEH
                LCALL   WRITE_1821
                LCALL   READ_1821
                RET
INIT_1821:
                SETB    P2.3
                NOP
                CLR     P2.3
                MOV     R1,#3
TSR2_1:
                MOV     R0,#107
                DJNZ    R0,$
                DJNZ    R1,TSR2_1
                SETB    P2.3
                NOP
                NOP
                NOP
                MOV     R0,#25H
TSR2_2:
                JNB     P2.3,TSR2_3
                DJNZ    R0,TSR2_2
                LJMP    TSR2_4
TSR2_3:
```

```
                SETB    FLAG2
                CLR     P0.2
                LJMP    TSR2_5
TSR2_4:
                CLR     FLAG2
                SETB    P0.2
                LJMP    TSR2_7
TSR2_5:
                MOV     R0,#117
TSR2_6:
                DJNZ    R0,TSR2_6
TSR2_7:
                SETB    P2.3
                RET
WRITE_1821:
                MOV     R2,#8
                CLR     C
WR2:
                CLR     P2.3
                MOV     R3,#5
                DJNZ    R3,$
                RRC     A
                MOV     P2.3,C
                MOV     R3,#21
                DJNZ    R3,$
                SETB    P2.3
                NOP
                DJNZ    R2,WR2
                SETB    P2.3
                RET
READ_1821:
                MOV     R4,#2
                MOV     R1,#27H
RE10:
                MOV     R2,#8
RE11:
                CLR     C
                SETB    P2.3
                NOP
                NOP
                CLR     P2.3
```

```
            NOP
            NOP
            NOP
            SETB    P2.3
            MOV     R3,#8
RE12:
            DJNZ    R3,RE12
            MOV     C,P2.3
            MOV     R3,#21
RE13:
            DJNZ    R3,RE13
            RRC     A
            DJNZ    R2,RE11
            MOV     @R1,A
            DEC     R1
            DJNZ    R4,RE10
            RET
GET_TEMPER3:                            ;取第三个 DS18B20 的值
            SETB    P2.4
            LCALL   INIT_1822
            JB      FLAG1,TSS3
            SETB    P0.3
            RET
TSS3:
            CLR     P0.3
            MOV     A,#0CCH
            LCALL   WRITE_1822
            MOV     A,#44H
            LCALL   WRITE_1822
            LCALL   DELAY
            LCALL   INIT_1822
            MOV     A,#0CCH
            LCALL   WRITE_1822
            MOV     A,#0BEH
            LCALL   WRITE_1822
            LCALL   READ_1822
            RET
INIT_1822:
            SETB    P2.4
            NOP
            CLR     P2.4
```

```
        MOV     R1, #3
TSR3_1:
        MOV     R0, #107
        DJNZ    R0, $
        DJNZ    R1,TSR3_1
        SETB    P2.4
        NOP
        NOP
        NOP
        MOV     R0, #25H
TSR3_2:
        JNB     P2.4,TSR3_3
        DJNZ    R0,TSR3_2
        LJMP    TSR3_4
TSR3_3:
        SETB    FLAG3
        CLR     P0.3
        LJMP    TSR3_5
TSR3_4:
        CLR     FLAG3
        SETB    P0.3
        LJMP    TSR3_7
TSR3_5:
        MOV     R0, #117
TSR3_6:
        DJNZ    R0,TSR3_6
TSR3_7:
        SETB    P2.4
        RET
WRITE_1822:
        MOV     R2, #8
        CLR     C
WR3:
        CLR     P2.4
        MOV     R3, #5
        DJNZ    R3, $
        RRC     A
        MOV     P2.4,C
        MOV     R3, #21
        DJNZ    R3, $
        SETB    P2.4
```

```
            NOP
            DJNZ    R2,WR3
            SETB    P2.4
            RET
READ_1822:
            MOV     R4,#2
            MOV     R1,#25H
RE20:
            MOV     R2,#8
RE21:
            CLR     C
            SETB    P2.4
            NOP
            NOP
            CLR     P2.4
            NOP
            NOP
            NOP
            SETB    P2.4
            MOV     R3,#8
RE22:
            DJNZ    R3,RE22
            MOV     C,P2.4
            MOV     R3,#21
RE23:
            DJNZ    R3,RE23
            RRC     A
            DJNZ    R2,RE21
            MOV     @R1,A
            DEC     R1
            DJNZ    R4,RE20
            RET
FUSE1:
            MOV     R0,28H
            MOV     A,26H
            CLR     C
            SUBB    A,R0
            JC      LOOP2
            JZ      LOOP3
            JMP     LOOP6
LOOP1:      MOV     R0,26H
```

```
                MOV     A,24H
                CLR     C
                SUBB    A,R0
                JC      END1
                JZ      LOOP4
                JMP     END2
LOOP2:          MOV     R0,28H
                MOV     A,24H
                CLR     C
                SUBB    A,R0
                JC      LOOP1
                JZ      LOOP5
                JMP     END0
LOOP3:          MOV     R0,29H
                MOV     A,27H
                CLR     C
                SUBB    A,R0
                JC      LOOP2
                JZ      END0
                JMP     LOOP6
LOOP4:          MOV     R0,27H
                MOV     A,25H
                CLR     C
                SUBB    A,R0
                JC      END1
                JZ      END2
                JMP     END2
LOOP5:          MOV     R0,25H
                MOV     A,29H
                CLR     C
                SUBB    A,R0
                JC      END0
                JZ      END2
                JMP     LOOP1
LOOP6:          MOV     R0,28H
                MOV     A,24H
                CLR     C
                SUBB    A,R0
                JC      END0
                JZ      LOOP7
                JMP     LOOP8
```

```
LOOP7：      MOV     R0,29H
             MOV     A,25H
             CLR     C
             SUBB    A,R0
             JC      END0
             JZ      END2
             JMP     LOOP8
LOOP8：      MOV     R0,26H
             MOV     A,24H
             CLR     C
             SUBB    A,R0
             JC      END2
             JZ      LOOP9
             JMP     END1
LOOP9：      MOV     R0,27H
             MOV     A,25H
             CLR     C
             SUBB    A,R0
             JC      END2
             JZ      END1
             JMP     END1
END0：       MOV     A,28H
             MOV     50H,A
             MOV     2EH,A
             MOV     A,29H
             MOV     51H,A
             RET
END1：       MOV     A,26H
             MOV     50H,A
             MOV     2EH,A
             MOV     A,27H
             MOV     51H,A
             RET
END2：       MOV     A,24H
             MOV     50H,A
             MOV     2EH,A
             MOV     A,25H
             MOV     51H,A
             RET
DELAY：
             MOV     R7, ＃10
```

```
LOOP10:     MOV     R6, #200
LOOP11:     MOV     R5, #250
            DJNZ    R5, $
            DJNZ    R6, LOOP11
            DJNZ    R7, LOOP10
            RET

;数据处理
PROCESS:
            MOV     A,TEMPERALL_H
            ANL     A,#0F0H
            JNZ     NEG
            CLR     NEGFLAG
            AJMP    POSI
NEG:        SETB    NEGFLAG
POSI:
            JNB     NEGFLAG,PPP
            MOV     A,TEMPERALL_L
            DEC     A
            CPL     A
            MOV     TEMPERALL_L, A
            MOV     A,TEMPERALL_H
            CPL     A
            MOV     TEMPERALL_H, A
PPP:
            MOV     R7,TEMPERALL_L
            MOV     A,#0FH
            ANL     A,R7
            MOV     TEMP_DP,A

            MOV     R7,TEMPERALL_L
            MOV     A, #0F0H
            ANL     A, R7
            SWAP    A
            MOV     TEMPERALL_L, A
            MOV     R7,TEMPERALL_H
            MOV     A, #0FH
            ANL     A, R7
            SWAP    A
            ORL     A,TEMPERALL_L
            MOV     B,#64H
```

```
            DIV     AB
            MOV     TEMP_BAI,A
            MOV     A, #0AH
            XCH     A, B
            DIV     AB
            MOV     TEMP_SHI,A
            MOV     TEMP_GE,B
            MOV     A,TEMP_GE
            ADD     A,#80H
            MOV     TEMP_GE,A
            MOV     A,TEMP_DP
            MOV     DPTR,#TABLE_DP
            MOVC    A,@A+DPTR
            MOV     DIS_DP,A
            MOV     A,20H
            MOV     DPTR,#FLAGNEG
            MOVC    A,@A+DPTR
            MOV     TEMP_FH,A
            ret
MAIN1:      LCALL   INT
            LCALL   CLEAR
            MOV     31H,#0B8H
            MOV     30H,#0
            MOV     DPTR,#WENDU
            MOV     41H,#0B8H
            CALL    PR0
            MOV     41H,#0
            CALL    PR0
            MOV     R7,#61
W1:         CLR     A
            MOVC    A,@A+DPTR
            MOV     21H,A
            CALL    PR1
            INC     DPTR
            INC     DPTR
            DJNZ    R7,W1
            MOV     31H,#0B9H
            MOV     30H,#0
            MOV     DPTR,#WENDU
            INC     DPTR
            MOV     41H,#0B9H
```

```
            CALL    PR0
            MOV     41H,#0
            CALL    PR0
            MOV     R7,#61
W2:         CLR     A
            MOVC    A,@A+DPTR
            MOV     21H,A
            CALL    PR1
            INC     DPTR
            INC     DPTR
            DJNZ    R7,W2

            MOV     31H,#0B8H; +  -
            MOV     30H,#0
            JNB     NEGFLAG,XS1
            JMP     XS2
XS1:        MOV     DPTR,#FLAGNEG1
            JMP     XS3
XS2:        MOV     DPTR,#FLAGNEG2
XS3:        MOV     41H,#0B8H
            CALL    PR00
            MOV     41H,#0
            CALL    PR00
            MOV     R7,#13
W01_15:     CLR     A
            MOVC    A,@A+DPTR
            MOV     21H,A
            CALL    PR01
            INC     DPTR
            INC     DPTR
            DJNZ    R7,W01_15
            MOV     31H,#0B8H              ;页地址指令
            MOV     30H,#0
            MOV     DPTR,#WENDU3
            MOV     41H,#0B8H
            CALL    PR00
            MOV     41H,#13
            CALL    PR00
            MOV     R7,#8
W01_14:     CLR     A
            MOV     A,35H
```

```
            MOV     B,#10H
            MUL     AB
            MOVC    A,@A+DPTR
            MOV     21H,A
            CALL    PR01
            INC     DPTR
            INC     DPTR
            DJNZ    R7,W01_14
            MOV     31H,#0B8H
            MOV     30H,#0
            MOV     DPTR,#WENDU3
            MOV     41H,#0B8H
            CALL    PR00
            MOV     41H,#21
            CALL    PR00
            MOV     R7,#8
W01_13:     CLR     A
            MOV     A,36H
            MOV     B,#10H
            MUL     AB
            MOVC    A,@A+DPTR
            MOV     21H,A
            CALL    PR01
            INC     DPTR
            INC     DPTR
            DJNZ    R7,W01_13
            MOV     31H,#0B8H
            MOV     30H,#0
            MOV     DPTR,#WENDU2
            MOV     41H,#0B8H
            CALL    PR00
            MOV     41H,#29
            CALL    PR00
            MOV     R7,#8
W01_12:     CLR     A
            MOVC    A,@A+DPTR
            MOV     21H,A
            CALL    PR01
            INC     DPTR
            INC     DPTR
            DJNZ    R7,W01_12
```

```
                MOV     31H,#0B8H
                MOV     30H,#0
                MOV     DPTR,#WENDU3
                MOV     41H,#0B8H
                CALL    PR00
                MOV     41H,#37
                CALL    PR00
                MOV     R7,#8
W01_11:         CLR     A
                MOV     A,3AH
                MOV     B,#10H
                MUL     AB
                MOVC    A,@A+DPTR
                MOV     21H,A
                CALL    PR01
                INC     DPTR
                INC     DPTR
                DJNZ    R7,W01_11
                MOV     31H,#0B8H
                MOV     30H,#0
                MOV     DPTR,#WENDU1
                MOV     41H,#0B8H
                CALL    PR00
                MOV     41H,#45
                CALL    PR00
                MOV     R7,#16
W01_1:          CLR     A
                MOVC    A,@A+DPTR
                MOV     21H,A
                CALL    PR01
                INC     DPTR
                INC     DPTR
                DJNZ    R7,W01_1
                MOV     31H,#0B9H                       ;页地址指令
                MOV     30H,#0
                JNB     NEGFLAG,XS4
                JMP     XS5
XS4:            MOV     DPTR,#FLAGNEG1
                JMP     XS6
XS5:            MOV     DPTR,#FLAGNEG2
XS6:            INC     DPTR
```

```
            MOV     41H,#0B9H
            CALL    PR00
            MOV     41H,#0
            CALL    PR00
            MOV     R7,#13
W02_15:     CLR     A
            MOVC    A,@A+DPTR
            MOV     21H,A
            CALL    PR01
            INC     DPTR
            INC     DPTR
            DJNZ    R7,W02_15
            MOV     31H,#0B9H
            MOV     30H,#0
            MOV     DPTR,#WENDU3
            INC     DPTR
            MOV     41H,#0B9H
            CALL    PR00
            MOV     41H,#13
            CALL    PR00
            MOV     R7,#8
W02_14:     CLR     A
            MOV     A,35H
            MOV     B,#10H
            MUL     AB
            MOVC    A,@A+DPTR
            MOV     21H,A
            CALL    PR01
            INC     DPTR
            INC     DPTR
            DJNZ    R7,W02_14
            MOV     31H,#0B9H
            MOV     30H,#0
            MOV     DPTR,#WENDU3
            INC     DPTR
            MOV     41H,#0B9H
            CALL    PR00
            MOV     41H,#21
            CALL    PR00
            MOV     R7,#8
W02_13:     CLR     A
```

```
            MOV     A,36H
            MOV     B,#10H
            MUL     AB
            MOVC    A,@A+DPTR
            MOV     21H,A
            CALL    PR01
            INC     DPTR
            INC     DPTR
            DJNZ    R7,W02_13
            MOV     31H,#0B9H
            MOV     30H,#0
            MOV     DPTR,#WENDU2
            INC     DPTR
            MOV     41H,#0B9H
            CALL    PR00
            MOV     41H,#29
            CALL    PR00
            MOV     R7,#8
W02_12:     CLR     A
            MOVC    A,@A+DPTR
            MOV     21H,A
            CALL    PR01
            INC     DPTR
            INC     DPTR
            DJNZ    R7,W02_12
            MOV     31H,#0B9H
            MOV     30H,#0
            MOV     DPTR,#WENDU3
            INC     DPTR
            MOV     41H,#0B9H
            CALL    PR00
            MOV     41H,#37
            CALL    PR00
            MOV     R7,#8
W02_11:     CLR     A
            MOV     A,3AH
            MOV     B,#10H
            MUL     AB
            MOVC    A,@A+DPTR
            MOV     21H,A
            CALL    PR01
```

```
            INC     DPTR
            INC     DPTR
            DJNZ    R7,W02_11
            MOV     31H,#0B9H
            MOV     30H,#0
            MOV     DPTR,#WENDU1
            INC     DPTR
            MOV     41H,#0B9H
            CALL    PR00
            MOV     41H,#45
            CALL    PR00
            MOV     R7,#16
W02_1:      CLR     A
            MOVC    A,@A+DPTR
            MOV     21H,A
            CALL    PR01
            INC     DPTR
            INC     DPTR
            DJNZ    R7,W02_1
            MOV     31H,#0BAH                  ;页地址指令
            MOV     30H,#0
            MOV     DPTR,#TISHI
            MOV     41H,#0BAH
            CALL    PR0
            MOV     41H,#0
            CALL    PR0
            MOV     R7,#61
W5:         CLR     A
            MOVC    A,@A+DPTR
            MOV     21H,A
            CALL    PR1
            INC     DPTR
            INC     DPTR
            DJNZ    R7,W5
            MOV     31H,#0BBH                  ;页地址指令
            MOV     30H,#0
            MOV     DPTR,#TISHI
            INC     DPTR
            MOV     41H,#0BBH
            CALL    PR0
            MOV     41H,#0
```

```
            CALL    PR0
            MOV     R7,#61
W6:         CLR     A
            MOVC    A,@A+DPTR
            MOV     21H,A
            CALL    PR1
            INC     DPTR
            INC     DPTR
            DJNZ    R7,W6
FUSE2:      MOV     A,51H
            SWAP    A
            MOV     51H,A
            JNB     NEGFLAG,LOOP00
            JMP     END02
LOOP00:     MOV     R0,50H
            MOV     A,54H
            CLR     C
            SUBB    A,R0
            JC      END01
            JZ      LOOP02
            JMP     LOOP01
LOOP01:     MOV     R0,50H
            MOV     A,56H
            CLR     C
            SUBB    A,R0
            JC      END00
            JZ      LOOP03
            JMP     LOOP04
LOOP02:     MOV     R0,51H
            MOV     A,55H
            CLR     C
            SUBB    A,R0
            JC      END01
            JZ      END00
            JMP     LOOP01
LOOP03:     MOV     R0,51H
            MOV     A,57H
            CLR     C
            SUBB    A,R0
            JC      END00
            JZ      END00
```

```
            JMP     LOOP04
LOOP04:     JMP     END02
END00:      MOV     31H,#0BAH
            MOV     30H,#0
            MOV     DPTR,#TISHI3
            MOV     41H,#0BAH
            CALL    PR00
            MOV     41H,#0
            CALL    PR00
            MOV     R7,#61
W7_1:       CLR     A
            MOVC    A,@A+DPTR
            MOV     21H,A
            CALL    PR01
            INC     DPTR
            INC     DPTR
            DJNZ    R7,W7_1
            MOV     31H,#0BBH
            MOV     30H,#0
            MOV     DPTR,#TISHI3
            INC     DPTR
            MOV     41H,#0BBH
            CALL    PR00
            MOV     41H,#0
            CALL    PR00
            MOV     R7,#61
W8_1:       CLR     A
            MOVC    A,@A+DPTR
            MOV     21H,A
            CALL    PR01
            INC     DPTR
            INC     DPTR
            DJNZ    R7,W8_1
            LJMP    MM

END01:      MOV     31H,#0BAH
            MOV     30H,#0
            MOV     DPTR,#TISHI1
            MOV     41H,#0BAH
            CALL    PR00
            MOV     41H,#0
```

```
                CALL    PR00
                MOV     R7,#61
W7_2:           CLR     A
                MOVC    A,@A+DPTR
                MOV     21H,A
                CALL    PR01
                INC     DPTR
                INC     DPTR
                DJNZ    R7,W7_2

                MOV     31H,#0BBH
                MOV     30H,#0
                MOV     DPTR,#TISHI1
                INC     DPTR
                MOV     41H,#0BBH
                CALL    PR00
                MOV     41H,#0
                CALL    PR00
                MOV     R7,#61
W8_2:           CLR     A
                MOVC    A,@A+DPTR
                MOV     21H,A
                CALL    PR01
                INC     DPTR
                INC     DPTR
                DJNZ    R7,W8_2
                LJMP    MM
END02:          MOV     31H,#0BAH
                MOV     30H,#0
                MOV     DPTR,#TISHI2
                MOV     41H,#0BAH
                CALL    PR00
                MOV     41H,#0
                CALL    PR00
                MOV     R7,#61
W7_3:           CLR     A
                MOVC    A,@A+DPTR
                MOV     21H,A
                CALL    PR01
                INC     DPTR
                INC     DPTR
```

```
        DJNZ    R7,W7_3
        MOV     31H,#0BBH
        MOV     30H,#0
        MOV     DPTR,#TISHI2
        INC     DPTR
        MOV     41H,#0BBH
        CALL    PR00
        MOV     41H,#0
        CALL    PR00
        MOV     R7,#61
W8_3:   CLR     A
        MOVC    A,@A+DPTR
        MOV     21H,A
        CALL    PR01
        INC     DPTR
        INC     DPTR
        DJNZ    R7,W8_3
        LJMP    MM
        MOV     31H,#00H
        MOV     30H,#10H
        MOV     32H,#00H
        LCALL   CCW_PR
        MOV     31H,#00H
        MOV     30H,#20H
        MOV     32H,#01H
        LCALL   CCW_PR
        MOV     31H,#00H
        MOV     30H,#30H
        MOV     32H,#02H
        LCALL   CCW_PR
        MOV     31H,#00H
        MOV     30H,#40H
        MOV     32H,#03H
        LCALL   CCW_PR
        MOV     31H,#00H
        MOV     30H,#50H
        MOV     32H,#04H
        LCALL   CCW_PR
        MOV     31H,#00H
        MOV     30H,#60H
        MOV     32H,#05H
```

```
            LCALL   CCW_PR
            MOV     31H,#00H
            MOV     30H,#70H
            MOV     32H,#06H
            LCALL   CCW_PR
            MOV     31H,#00H
            MOV     30H,#80H
            MOV     32H,#07H
            LCALL   CCW_PR
            RET
INT:        MOV     41H,#0E2H           ;复位
            LCALL   PR0
            LCALL   PR3
            MOV     41H,#0A0H           ;选择正顺序输出
            LCALL   PR0
            LCALL   PR3
            MOV     41H,#0A4H           ;正常驱动
            LCALL   PR0
            LCALL   PR3
            MOV     41H,#0A9H           ;占空比 1/32
            LCALL   PR0
            LCALL   PR3
            MOV     41H,#0AFH           ;开显示
            LCALL   PR0
            LCALL   PR3
            MOV     41H,#0C0H           ;显示起始行设置
            LCALL   PR0
            LCALL   PR3
            RET
CLEAR:      MOV     R4,#00H
CLEAR1:     MOV     A,R4
            ORL     A,#0B8H
            MOV     41H,A
            LCALL   PR0
            LCALL   PR3
            MOV     41H,#00H
            LCALL   PR0
            LCALL   PR3
            MOV     R3,#50H
CLEAR2:     MOV     21H,#55H
            LCALL   PR1
```

```
            LCALL   PR4
            DJNZ    R3,CLEAR2
            INC     R4
            CJNE    R4,#04H,CLEAR1
            RET
PR0:        CLR     A0
            SETB    W_R
            SJMP    WQ1
PR10:       MOV     P1,#0FFH
            SETB    E1
            MOV     A,P1
            CLR     E1
            JB      ACC.7,PR10
WQ1:        CLR     W_R
            MOV     P1,41H
            SETB    E1
            CLR     E1
            RET
PR00:       CLR     A0
            SETB    W_R
            SJMP    WQ01
PR001:      MOV     P1,#0FFH
            SETB    E2
            MOV     A,P1
            CLR     E2
            JB      ACC.7,PR001
WQ01:       CLR     W_R
            MOV     P1,41H
            SETB    E2
            CLR     E2
            RET
PR1:        CLR     A0
            SETB    W_R
            SJMP    W12
PR11:       MOV     P1,#0FFH
            SETB    E1
            MOV     A,P1
            CLR     E1
            JB      ACC.7,PR11
W12:        SETB    A0
            CLR     W_R
```

```
                MOV     P1,21H
                SETB    E1
                CLR     E1
                RET
PR01:           CLR     A0
                SETB    W_R
                SJMP    W012
PR011:          MOV     P1,#0FFH
                SETB    E2
                MOV     A,P1
                CLR     E2
                JB      ACC.7,PR011
W012:           SETB    A0
                CLR     W_R
                MOV     P1,21H
                SETB    E2
                CLR     E2
                RET
PR3:            CLR     A0
                SETB    W_R
                SJMP    W3
PR31:           MOV     P1,#0FFH
                SETB    E2
                MOV     A,P1
                CLR     E2
                JB      ACC.7,PR31
W3:             CLR     W_R
                MOV     P1,41H
                SETB    E2
                CLR     E2
                RET
PR4:            CLR     A0
                SETB    W_R
                SJMP    W4
PR41:           MOV     P1,#0FFH
                SETB    E2
                MOV     A,P1
                CLR     E2
                JB      ACC.7,PR41
W4:             SETB    A0
                CLR     W_R
```

```
        MOV     P1,21H
        SETB    E2
        CLR     E2
        RET
CCW_PR: MOV     DPTR,#CCTAB
        MOV     A,#32H
        MOV     B,#20H
        MUL     AB
        ADD     A,DPL
        MOV     DPL,A
        MOV     A,B
        ADDC    A,DPH
        MOV     DPH,A
        PUSH    30H
        PUSH    30H
        MOV     32H,#00H
CCW_1:  MOV     33H,#10H
        MOV     A,31H
        ANL     A,#03H
        ORL     A,#0B8H
        MOV     41H,A
        LCALL   PR0
        LCALL   PR3
        POP     30H
        MOV     A,30H
        CLR     C
        SUBB    A,#3CH
        JC      CCW_2
        MOV     30H,A
        MOV     A,31H
        SETB    ACC.3
        MOV     31H,A
CCW_2:  MOV     41H,30H
        MOV     A,31H
        JNB     ACC.3,CCW_3
        LCALL   PR3
        LJMP    CCW_4
CCW_3:  LCALL   PR0
CCW_4:  MOV     A,32H
        MOVC    A,@A+DPTR
        MOV     21H,A
```

```
        MOV     A,31H
        JNB     ACC.3,CCW_5
        LCALL   PR4
        LJMP    CCW_6
CCW_5:  LCALL   PR1
CCW_6:  INC     32H
        INC     30H
        MOV     A,30H
        CJNE    A,#3CH,CCW_7
CCW_7:  JC      CCW_8
        MOV     A,31H
        JB      ACC.3,CCW_8
        SETB    ACC.3
        MOV     41H,#00H
        LCALL   PR3
CCW_8:  DJNZ    33H,CCW_4
        MOV     A,31H
        JB      ACC.7,CCW_9
        INC     A
        SETB    ACC.7
        CLR     ACC.3
        MOV     31H,A
        MOV     32H,#10H
        LJMP    CCW_1
CCW_9:  RET
CCTAB:  DB  001H,001H,0FFH,001H,001H,07FH,048H,044H
        DB  05FH,041H,041H,05FH,041H,041H,041H,040H
        DB  000H,004H,0FEH,000H,004H,0FEH,024H,044H
        DB  0F4H,004H,004H,0F4H,004H,004H,014H,008H
        DB  002H,001H,001H,0FFH,000H,01FH,010H,010H
        DB  010H,01FH,001H,009H,009H,011H,025H,002H
        DB  000H,000H,004H,0FEH,010H,0F8H,010H,010H
        DB  010H,0F0H,000H,040H,030H,018H,008H,000H
        DB  000H,07FH,040H,05FH,041H,041H,041H,04FH
        DB  041H,041H,041H,041H,05FH,040H,07FH,040H
        DB  004H,0FEH,024H,0F4H,004H,004H,044H,0E4H
        DB  004H,044H,024H,004H,0F4H,004H,0FCH,004H
        DB  000H,01FH,010H,010H,01FH,010H,010H,01FH
        DB  014H,044H,034H,014H,004H,004H,0FFH,000H
        DB  010H,0F8H,010H,010H,0F0H,010H,010H,0F0H
        DB  050H,044H,04CH,050H,040H,044H,0FEH,000H
```

```
wendu:
        ;--  当前温度  --  * *  宋体,12  * *
        ;当前所选字体下一个汉字对应的点阵为: 宽度×高度=64×16, 调整后为:
64×16

DB  002H,008H,042H,008H,042H,008H,0FEH,007H,042H,084H,042H,044H,0FEH,023H,
002H,018H
DB  002H,006H,0FAH,001H,002H,03EH,002H,040H,0FEH,043H,000H,040H,000H,078H,
000H,000H
DB  008H,040H,084H,07FH,061H,080H,00EH,002H,000H,0FEH,07EH,082H,052H,082H,
052H,0FEH
DB  052H,082H,052H,082H,052H,0FEH,07EH,082H,000H,082H,000H,0FEH,000H,002H,
000H,000H
DB  000H,080H,000H,060H,0FCH,01FH,004H,080H,024H,080H,024H,042H,0FCH,046H,
0A5H,02AH
DB  0A6H,012H,0A4H,012H,0FCH,02AH,024H,026H,024H,042H,024h,0c0h,004h,040h,
000h,000h
DB  000H,000H,000H,000H,000H,000H,000H,000H,000H,036H,000H,036H,000H,000H,
000H,000H
DB  000H,000H,000H,000H,000H,000H,000H,000H,000H,000H,000H,000H,000H,000H,
000H,000H

wendu1:
DB 000H,000H,000H,000H,00CH,000H,012H,000H,012H,000H,00CH,000H,000H,000H,000H,
000H  ;。
DB  0C0H,007H,030H,018H,008H,020H,008H,020H,008H,020H,008H,010H,038H,008H,000H,
000H ;  C
wendu2:
DB  000H,000H,000H,030H,000H,030H,000H,000H,000H,000H,000H,000H,000H,000H,000H,
000H ;  .
wendu3:
DB 000H,000H,0E0H,00FH,010H,010H,008H,020H,008H,020H,010H,010H,0E0H,00FH,000H,
000H;    "0"
DB  000H,000H,010H,020H,010H,020H,0F8H,03FH,000H,020H,000H,020H,000H,000H,000H,
000H;    "1"
DB  000H,000H,070H,030H,008H,028H,008H,024H,008H,022H,088H,021H,070H,030H,000H,
000H;    "2"
DB  000H,000H,030H,018H,008H,020H,088H,020H,088H,020H,048H,011H,030H,00EH,000H,
000H;    "3"
DB  000H,000H,000H,007H,0C0H,004H,020H,024H,010H,024H,0F8H,03FH,000H,024H,000H,
```

```
000H;    "4"
DB   000H,000H,0F8H,019H,008H,021H,088H,020H,088H,020H,008H,011H,008H,00EH,000H,
000H;    "5"
DB   000H,000H,0E0H,00FH,010H,011H,088H,020H,088H,020H,018H,011H,000H,00EH,000H,
000H;    "6"
DB   000H,000H,038H,000H,008H,000H,008H,03FH,0C8H,000H,038H,000H,008H,000H,000H,
000H;    "7"
DB   000H,000H,070H,01CH,088H,022H,008H,021H,008H,021H,088H,022H,070H,01CH,000H,
000H;    "8"
DB   000H,000H,0E0H,000H,010H,031H,008H,022H,008H,022H,010H,011H,0E0H,00FH,000H,
000H;    "9"

tishi:
DB   008H,002H,008H,041H,088H,080H,0FFH,07FH,048H,040H,088H,030H,080H,01EH,
0BEH,020H
DB   0AAH,020H,0AAH,07FH,0AAH,044H,0AAH,044H,0BEH,044H,080H,044H,000H,040H,
000H,000H
DB   000H,010H,020H,008H,020H,004H,022H,003H,022H,000H,022H,040H,022H,080H,
0E2H,07FH
DB   022H,000H,022H,000H,022H,001H,022H,002H,022H,00CH,020H,018H,020H,000H,
000H,000H
DB   080H,000H,040H,020H,030H,038H,0FCH,003H,003H,038H,090H,040H,068H,040H,
006H,049H
DB   004H,052H,0F4H,041H,004H,040H,024H,070H,044H,000H,08CH,009H,004H,030H,
000H,000H
DB   000H,000H,000H,000H,000H,000H,000H,000H,000H,036H,000H,036H,000H,000H,
000H,000H
DB   000H,000H,000H,000H,000H,000H,000H,000H,000H,000H,000H,000H,000H,000H,
000H,000H
tishi1:
DB   040H,000H,042H,000H,04CH,000H,0C4H,07FH,000H,020H,022H,010H,0AAH,0FFH,
0AAH,00AH
DB   0AAH,00AH,0BFH,00AH,0AAH,04AH,0AAH,08AH,0AAH,07FH,022H,000H,020H,000H,000H,
000H;     "请"
DB   040H,040H,041H,020H,0C6H,01FH,000H,020H,000H,040H,0F2H,05FH,052H,042H,
052H,042H
DB   056H,042H,0FAH,05FH,05AH,04AH,056H,052H,0F2H,04FH,000H,040H,000H,040H,000H,
000H;     "通"
DB   000H,040H,000H,020H,000H,018H,0FEH,007H,002H,010H,012H,008H,022H,004H,
042H,002H
DB   082H,001H,07AH,006H,012H,01CH,002H,000H,0FEH,00FH,000H,030H,000H,07CH,000H,
```

```
000H;   "风"
DB   000H,000H, 000H, 000H, 000H, 000H, 0F0H, 05FH, 000H, 000H, 000H, 000H, 000H, 000H,
000H,000H
DB   000H,000H,000H,000H,000H,000H,000H,000H,000H,000H,000H,000H,000H,000H,000H,
000H;    "!"
tishi2:
DB   040H,000H, 042H, 000H, 04CH, 000H, 0C4H, 07FH, 000H, 020H, 022H, 010H, 0AAH, 0FFH,
0AAH,00AH
DB   0AAH,00AH,0BFH,00AH,0AAH,04AH,0AAH,08AH,0AAH,07FH,022H,000H,020H,000H,000H,
000H;    "请"
DB   040H,000H, 020H, 000H, 0F8H, 07FH, 017H, 000H, 082H, 020H, 080H, 010H, 0BEH, 008H,
0A2H,006H
DB   0A2H,001H,0E2H,07FH,0A2H,003H,0A2H,00CH,0BEH,018H,080H,030H,080H,010H,000H,
000H;    "保"
DB   000H,000H, 0FCH, 00FH, 044H, 004H, 044H, 004H, 0FCH, 04FH, 080H, 020H, 0A6H, 058H,
0AAH,046H
DB   0E2H,027H,0A6H,02AH,0AAH,012H,0A1H,01AH,0A9H,026H,0A5H,062H,080H,020H,000H,
000H;    "暖"
DB   000H,000H, 000H, 000H, 000H, 000H, 0F0H, 05FH, 000H, 000H, 000H, 000H, 000H, 000H,
000H,000H
DB   000H,000H,000H,000H,000H,000H,000H,000H,000H,000H,000H,000H,000H,000H,000H,
000H;    "!"
tishi3:
DB   000H,020H, 002H, 020H, 002H, 020H, 0C2H, 03FH, 002H, 020H, 002H, 020H, 002H, 020H,
002H,020H
DB   0FEH,03FH,082H,020H,082H,020H,082H,020H,082H,020H,082H,020H,002H,020H,000H,
000H   ;    "正"
DB   040H,040H, 041H, 020H, 0C6H, 01FH, 000H, 020H, 010H, 040H, 010H, 040H, 092H, 04FH,
092H,048H
DB   092H,048H,0FEH,048H,091H,048H,091H,048H,091H,04FH,010H,040H,010H,040H,000H,
000H;    "适"
DB   000H,000H, 010H, 040H, 00CH, 040H, 004H, 040H, 0E4H, 07FH, 024H, 049H, 024H, 049H,
025H,049H
DB   026H,049H,024H,049H,0E4H,07FH,004H,040H,014H,040H,00CH,040H,004H,040H,000H,
000H;    "宜"
DB   000H,000H, 000H, 000H, 000H, 000H, 0F0H, 05FH, 000H, 000H, 000H, 000H, 000H,
000H,000H
DB   000H,000H,000H,000H,000H,000H,000H,000H,000H,000H,000H,000H,000H,000H,000H,
000H;    "!"
FLAGNEG1:
DB   000H,000H,000H,000H,000H,000H,000H,000H,000H,000H
```

```
DB   000H,001H,000H,001H,000H,001H,0F0H,01FH,000H,001H,000H,001H,000H,001H,000H,
000H; +
FLAGNEG2:
DB   000H,000H,000H,000H,000H,000H,000H,000H,000H,000H
DB   000H,000H,000H,001H,000H,001H,000H,001H,000H,001H,000H,001H,000H,001H,000H,
001H; -
FLAGNEG:
DB    00H,40H
TABLE_DP:
DB    00H,01H,01H,02H,03H,03H,04H,04H,05H,06H
DB    06H,07H,08H,08H,09H,09H
END
```

10.2.5　基于 PROTEUS 的电路仿真

在 PROTEUS 环境中仿真电路，仿真结果如图 10－13 所示。

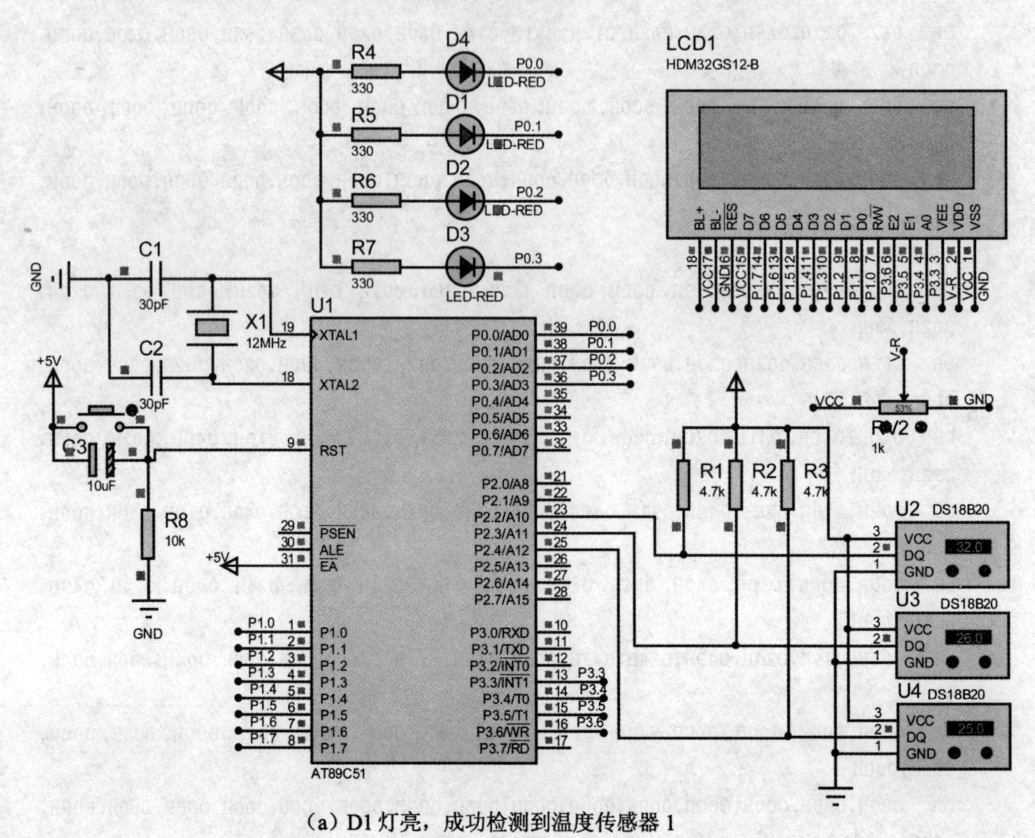

（a）D1 灯亮，成功检测到温度传感器 1

图 10－13　多点温度测量系统电路仿真结果

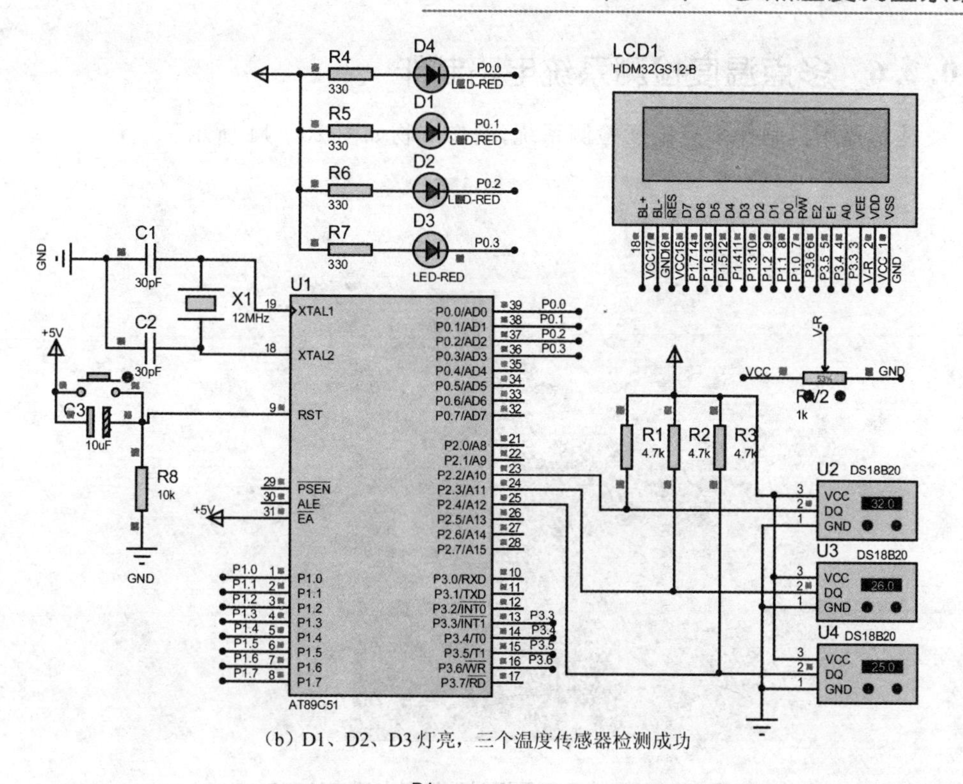

(b) D1、D2、D3灯亮，三个温度传感器检测成功

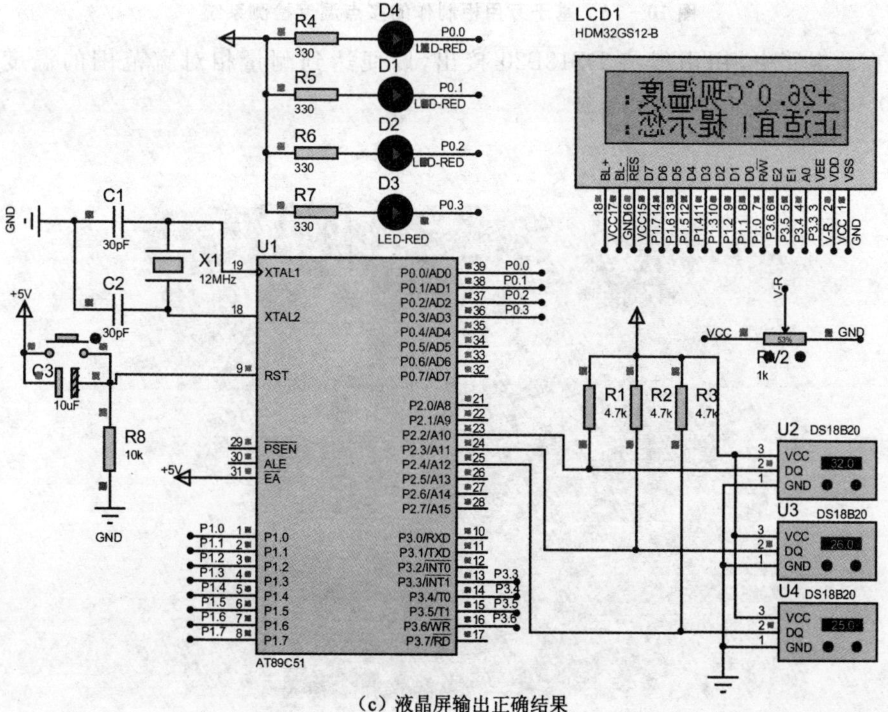

(c) 液晶屏输出正确结果

图 10-13 多点温度测量系统电路仿真结果(续)

10.2.6 多点温度检测系统电路制作

基于万用板制作多点温度检测系统，制作实物如图 10-14 所示。

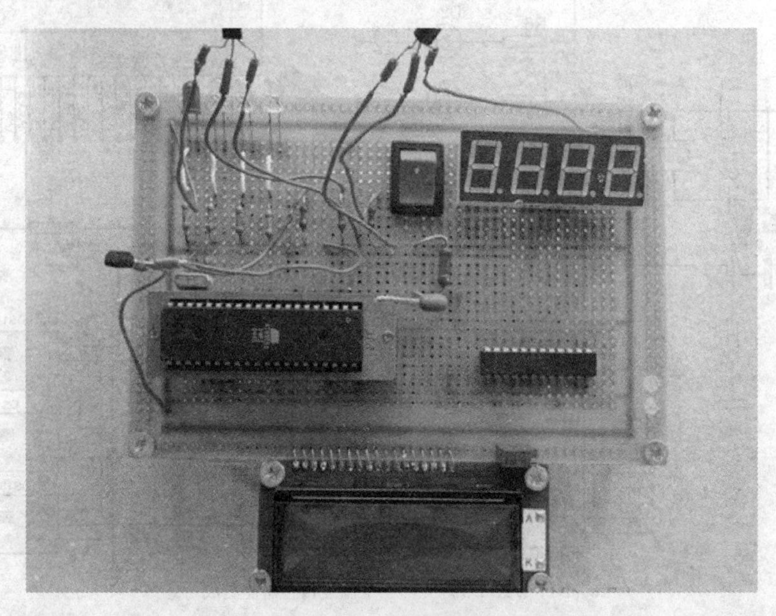

图 10-14 基于万用板制作的多点温度检测系统

在此电路中，用引线将 DS18B20 接出，以便达到测量相对宽范围的温度值。图 10-15 为系统的工作状态图。

图 10-15 系统工作状态图

10.3 启发式设计——温、湿度检测系统设计

除温度外，湿度也是与人们的日常生活密切相关的。“空气湿度”是指空气中所含水汽的大小，湿度越大，表示空气越潮湿，水汽距离饱和程度越近。通常用相对湿度来表示空气湿度的大小。SHT15数字温、湿度传感器是一款含有已校准数字信号输出的温、湿度复合传感器。它应用专用的数字模块采集技术和温、湿度传感技术，确保产品具有极高的可靠性与卓越的长期稳定性。传感器包括一个电阻式感湿元件和一个NTC测温元件，并与一个高性能8位单片机相连接。每个DHT11传感器都在精确的湿度校验箱中进行校准。校准系数以程序的形式储存在OTP内存中，传感器内部在检测信号的处理过程中要调用这些校准系数。单线制串行接口，使系统集成变得简易快捷。

本设计中，人机交互的部分包括温度值和湿度值，因此选用字符型液晶LCD1602实现。

10.3.1 数字温、湿度传感器SHT15

SHT15为单片、多用途的智能温、湿度传感器，它将温度和湿度传感器、信号调理、数字变换、串行数字通信接口、数字校准全部集成到一个高集成度、体积极小的芯片当中，实现了温湿度传感器的数字式输出，且免调试、免标定、免外围电路，便于实现系统集成，适配各种单片机构成相对湿度、温度检测系统。该传感器有全校准相对湿度及温度值输出，具有露点值计算输出功能，响应速度快，抗干扰能力强，电压范围宽，具有100 %的互换性，功耗低，具有低电压检测。该芯片有8条引脚，其中5～8四条引脚未用，1脚接地，4脚接电源，2、3脚分别为用于串行通信数据脚和时钟脚。测量电路如图10-16所示。

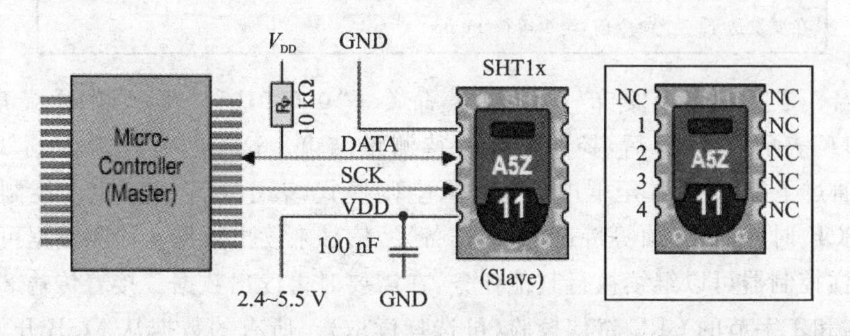

图10-16 SHT15与单片机的典型接口电路

SHT15通信过程如下：

① 启动传感器：选择供电电压后将传感器通电，上电速率不能低于1 V/ms。通电后传感器需要11 ms进入休眠状态，在此之前不允许对传感器发送任何命令。

② 发送命令：用一组“启动传输”时序，来完成数据传输的初始化。当 SCK 时钟为高电平时，DATA 翻转为低电平，紧接着 SCK 变为低电平；随后是在 SCK 时钟高电平时，DATA 翻转为高电平。时序图如图 10－17 所示。

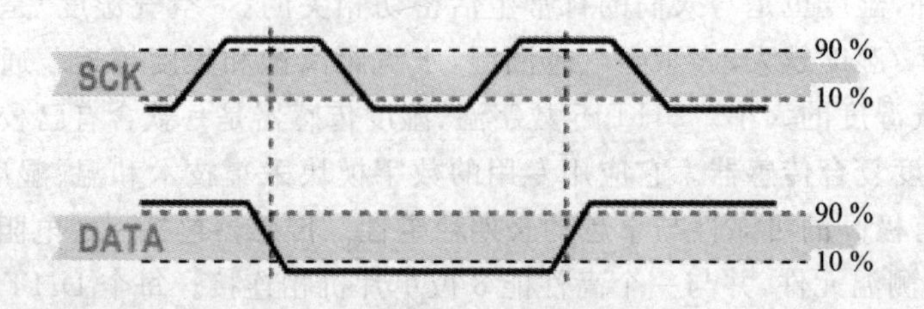

图 10－17　“启动传输”时序图

后续命令包含三个地址位和五个命令位，如表 10－18 所列。SHT15 会以下述方式表示已正确地接收到指令：在第 8 个 SCK 时钟的下降沿之后，将 DATA 下拉为低电平(ACK 位)。在第 9 个 SCK 时钟的下降沿之后，释放 DATA(恢复高电平)。

表 10－18　SHT 命令集

命　令	代　码
预留	0000x
温度测量	00011
湿度测量	00101
读状态寄存器	00111
写状态寄存器	00110
预留	0101x～1110x
软复位：接口复位，状态寄存器复位即恢复为默认状态。在要发送下一个命令前，至少等待 11 ms	11110

③ 温、湿度测量：发布一组测量命令(“00000101”表示相对湿度 RH，“00000011”表示温度 T)后，控制器要等待测量结束。这个过程需要大约 320 ms。SHT15 通过下拉 DATA 至低电平并进入空闲模式，表示测量的结束。控制器在再次触发 SCK 时钟前，必须等待这个“数据备妥”信号来读出数据。检测数据可以先被存储，这样控制器可以继续执行其他任务，在需要时再读出数据。接着传输 2 字节的测量数据和 1 字节的 CRC 奇偶校验(可选择读取)。所有的数据从 MSB 开始，右值有效(例如：对于 12 bit 数据，从第 5 个 SCK 时钟起算作 MSB；而对于 8 bit 数据，首字节则无意义)。在收到 CRC 的确认位之后，表明通信结束。如果不使用 CRC－8 校验，则控制器可以在测量值 LSB 后，通过保持 ACK 高电平终止通信。在测量和通信完成后，SHT15 自动转入休眠模式。

④ 相对湿度信号转换：为获得精确的测量数据，可使用下式进行信号转换。公式中的参数如表10-19所列。

$$RH_{linear} = C_1 + C_2 SO_{RH} + C_3 SO_{RH}^2 (\%RH) \quad (10-1)$$

表10-19　湿度转换参数表

SO_{RH}	C_1	C_2	C_3
12 bit	−2.046 8	0.036 7	−1.595 5E-6
8 bit	−2.046 8	0.587 2	−4.084 5E-4

由于实际温度与测试参考温度25 ℃的显著不同，湿度信号需要温度补偿。温度校正公式如下。公式中参数系数如表10-20所列。

$$RH_{linear} = (T-25)\cdot(t_1 + t_2 SO_{RH}) + RH_{linear} \quad (10-2)$$

表10-20　温度补偿系数

SO_{RH}	t_1	t_2
12 bit	0.01	0.000 08
8 bit	0.01	0.001 28

⑤ 温度信号转换：由能隙材料PTAT（正比于热力学温度）研发的温度传感器具有极好的线性。下式将数字输出。公式中参数如表10-21所列。

$$T = d_1 + d_2 SO_T \quad (10-3)$$

表10-21　温度转换系数

SO_T	d_1/℃	d_2/℃	SO_T	d_1/℃	d_2/℃
5 V	−40.1	−40.2	14 bit	0.01	0.018
4 V	−39.8	−39.6	12 bit	0.04	0.072
3.5 V	−39.7	−39.5			
3 V	−39.6	−39.3			
2.5 V	−39.4	−38.9			

10.3.2　液晶点阵屏1602

1602液晶也叫1602字符型液晶，它是一种专门用来显示字母、数字、符号等的点阵式液晶模块。1602液晶外观如图10-18所示。

1602液晶分为带背光和不带背光两种，带背光1602液晶采用标准的16脚接口，引脚接口说明如表10-22所列。

其中，第3脚为液晶显示器对比度调整端，接正电源时对比度最低，接地时对比度最高，对比度过高时会产生“鬼影”，使用时可以通过一个10 kΩ的电位器调整对比度。

图 10－18　1602 液晶外观

表 10－22　带背光 1602 液晶标准的 16 脚接口功能表

编　号	符　号	引脚说明	编　号	符　号	引脚说明
1	VSS	电源地	9	D2	数据
2	VDD	电源正极	10	D3	数据
3	VL	液晶显示偏压	11	D4	数据
4	RS	数据/命令选择	12	D5	数据
5	R/W	读/写选择	13	D6	数据
6	E	使能信号	14	D7	数据
7	D0	数据	15	BLA	背光源正极
8	D1	数据	16	BLK	背光源负极

第 4 脚为寄存器选择，高电平时选择数据寄存器，低电平时选择指令寄存器。

第 5 脚为读/写信号线，高电平时进行读操作，低电平时进行写操作。当 RS 和 R/W 共同为低电平时，可以写入指令或者显示地址；当 RS 为低电平、R/W 为高电平时，可以读忙信号；当 RS 为高电平、R/W 为低电平时，可以写入数据。

第 6 脚为使能端，当 E 端由高电平跳变成低电平时，液晶模块执行命令。

1602 液晶模块内部的控制器共有 11 条控制指令，如表 10－23 所列。

1602 液晶模块的读/写操作，以及屏幕和光标的操作都是通过指令编程来实现的。

指令 1：清显示，指令码为 01H，光标复位到地址 00H 位置。

指令 2：光标复位，光标返回到地址 00H。

指令 3：光标和显示模式设置。I/D：光标移动方向，高电平右移，低电平左移；S：屏幕上所有文字是否左移或者右移。高电平表示有效，低电平则表示无效。

指令 4：显示开关控制。D：控制整体显示的开与关，高电平表示开显示，低电平表示关显示；C：控制光标的开与关，高电平表示有光标，低电平表示无光标；B：控制光标是否闪烁，高电平闪烁，低电平不闪烁。

表 10-23　1602 液晶模块内部的 11 条控制指令

序　号	指　　令	RS	R/W	D7	D6	D5	D4	D3	D2	D1	D0
1	清显示	0	0	0	0	0	0	0	0	0	1
2	光标返回	0	0	0	0	0	0	0	0	1	—
3	置输入模式	0	0	0	0	0	0	0	1	I/D	S
4	显示开/关控制	0	0	0	0	0	0	1	D	C	B
5	光标或字符移位	0	0	0	0	0	1	S/C	R/L	—	—
6	置功能	0	0	0	0	1	DL	N	F	—	—
7	置字符发生存储器地址	0	0	0	1	字符发生存储器地址					
8	置数据存储器地址	0	0	1	显示数据存储器地址						
9	读忙标志或地址	0	1	BF	计数器地址						
10	写数到 CGRAM 或 DDRAM)	1	0	要写的数据内容							
11	从 CGRAM 或 DDRAM 读数	1	1	读出的数据内容							

指令 5:光标或显示移位。S/C:高电平时移动显示的文字,低电平时移动光标。

指令 6:功能设置命令。DL:高电平时为 4 位总线,低电平时为 8 位总线;N:低电平时为单行显示,高电平时为双行显示;F:低电平时显示 5×7 的点阵字符,高电平时显示 5×10 的点阵字符。

指令 7:字符发生器 RAM 地址设置。

指令 8:DDRAM 地址设置。

指令 9:读忙信号和光标地址。BF:为忙标志位,高电平表示忙,此时模块不能接收命令或者数据;如果为低电平则表示不忙。

指令 10:写数据。

指令 11:读数据。

其读、写时序如表 10-24 所列。

表 10-24　1602 液晶模块读、写时序表

读状态	输入	RS=L,R/W=H,E=H	输出	D0～D7=状态字
写指令	输入	RS=L,R/W=L,D0～D7=指令码,E=高脉冲	输出	无
读数据	输入	RS=H,R/W=H,E=H	输出	D0～D7=数据
写数据	输入	RS=H,R/W=L,D0～D7=数据,E=高脉冲	输出	无

其读、写操作时序如图 10-19 所示。

液晶显示模块是一个慢显示器件,所以在执行每条指令之前一定要确认模块的忙标志。忙标志为低电平,表示不忙,否则此指令失效。显示字符时要先输入显示字符地址,也就是告诉模块在哪里显示字符。图 10-20 是 1602 液晶模块的内部显示

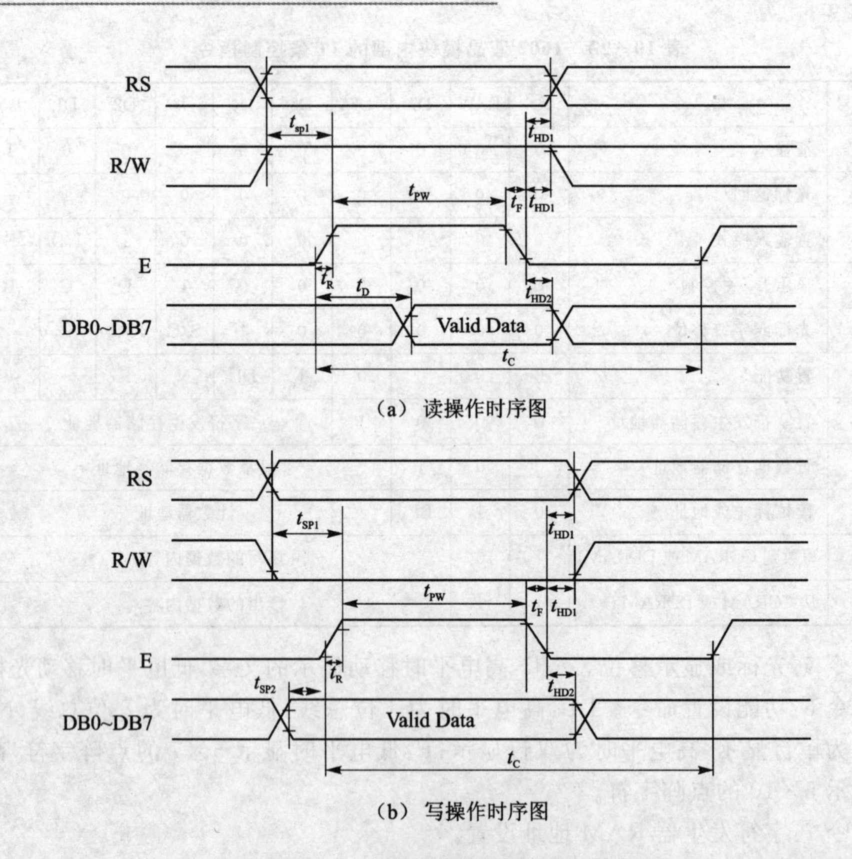

图 10－19　1602 液晶模块读、写操作时序图

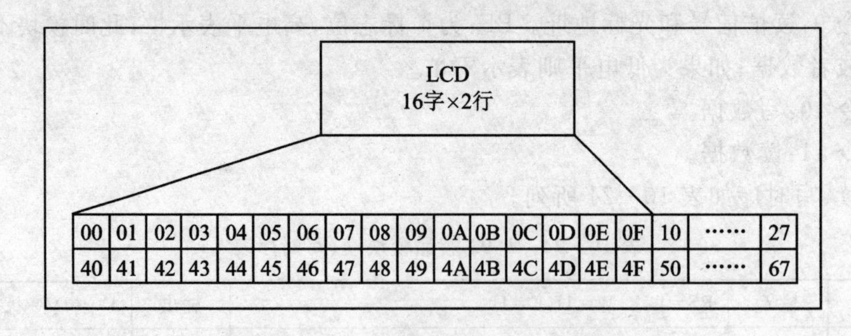

图 10－20　1602 液晶模块内部显示地址

地址。

例如第二行第一个字符的地址是 40H，那么是否直接写入 40H 就可以将光标定位在第二行第一个字符的位置呢？这样不行，因为写入显示地址时要求最高位 D7 恒定为高电平 1，故实际写入的数据应该是 01000000B(40H)＋10000000B(80H)＝11000000B(C0H)。

在对液晶模块的初始化中要先设置其显示模式。在液晶模块显示字符时光标是自动右移的，无需人工干预。每次输入指令前都要判断液晶模块是否处于忙的状态。

1602 液晶模块内部的字符发生存储器(CGROM)已经存储了 160 个不同的点阵字符图形，如图 10－21 所示。这些字符有：阿拉伯数字、英文字母的大小写、常用的符号和日文假名等，每一个字符都有一个固定的代码，比如大写的英文字母“A”的代码是 01000001B(41H)，显示时模块把地址 41H 中的点阵字符图形显示出来，就能看到字母“A”。

CGROM中字符代码与字符图形对应关系对照表

←	0000	0001	0010	0011	0100	0101	0110	0111	1000	1001	1010	1011	1100	1101	1110	1111
xxxx0000	CG RAM (1)			0	@	P	`	p				ー	タ	ミ	α	p
xxxx0001	(2)		!	1	A	Q	a	q			。	ア	チ	ム	ä	q
xxxx0010	(3)		"	2	B	R	b	r			「	イ	ツ	メ	β	θ
xxxx0011	(4)		#	3	C	S	c	s			」	ウ	テ	モ	ε	∞
xxxx0100	(5)		$	4	D	T	d	t			、	エ	ト	ヤ	μ	Ω
xxxx0101	(6)		%	5	E	U	e	u			・	オ	ナ	ユ	σ	ü
xxxx0110	(7)		&	6	F	V	f	v			ヲ	カ	ニ	ヨ	ρ	Σ
xxxx0111	(8)		'	7	G	W	g	w			ァ	キ	ヌ	ラ	g	π
xxxx1000	(1)		(	8	H	X	h	x			ィ	ク	ネ	リ	√	x̄
xxxx1001	(2)		)	9	I	Y	i	y			ゥ	ケ	ノ	ル	⁻¹	y
xxxx1010	(3)		*	:	J	Z	j	z			ェ	コ	ハ	レ	j	千
xxxx1011	(4)		+	;	K	[	k	{			ォ	サ	ヒ	ロ	ˣ	万
xxxx1100	(5)		,	<	L	¥	l	|			ャ	シ	フ	ワ	¢	円
xxxx1101	(6)		-	=	M	]	m	}			ュ	ス	ヘ	ン	£	÷
xxxx1110	(7)		.	>	N	^	n	→			ョ	セ	ホ	゛	ñ	
xxxx1111	(8)		/	?	O	_	o	←			ッ	ソ	マ	゜	ö	█

图 10－21　CGROM 中字符代码与字符图形对应关系

10.3.3　基于 SHT15 的温、湿度测量系统硬件电路图

基于 SHT15 的温、湿度测量系统的硬件电路如图 10－22 所示。

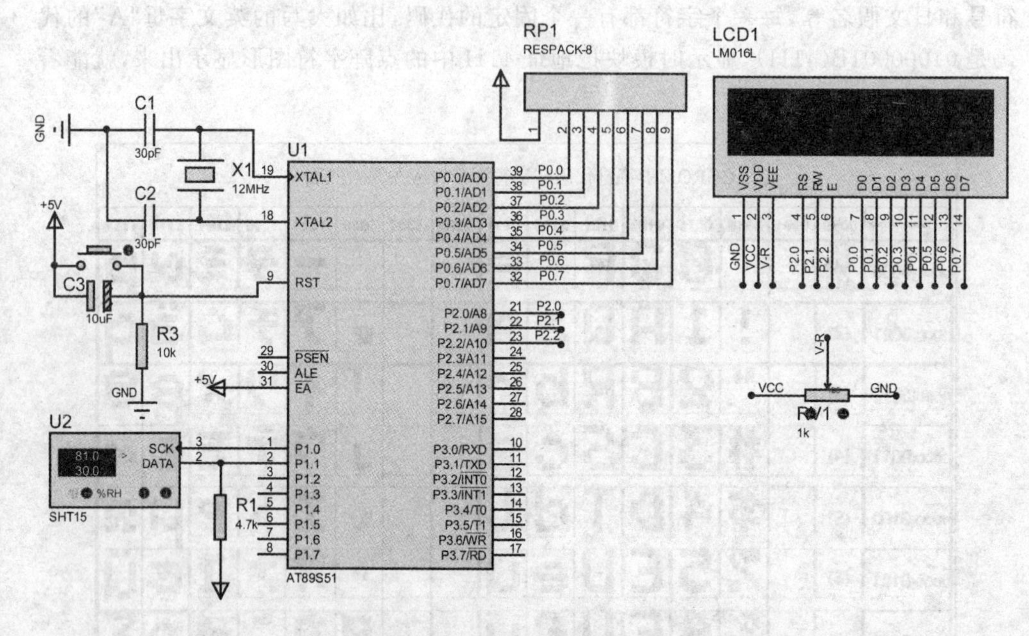

图 10－22　基于 SHT15 的温、湿度测量系统的硬件电路

其中，滑动变阻器用于调整液晶显示偏压。

10.3.4　基于 SHT15 的温、湿度测量系统软件程序设计

系统主程序流程图如图 10－23 所示。

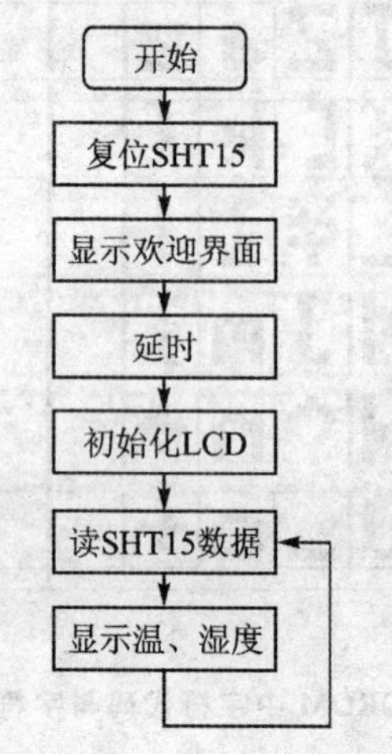

图 10－23　主程序流程图

主程序如下：

```
#include <reg51.h>
#include <1602.c>
#include <sht10.c>
void main(void)
{
        value humi_val,temp_val;
        unsigned char error,checksum;
        LcdRw = 0;
        s_connectionreset();
        tishi();
        delay(2000);
        LCD_Initial();
        while(1)
        { error = 0;
          error + = s_measure((unsigned char * ) &humi_val.i,&checksum,HUMI);
          error + = s_measure((unsigned char * ) &temp_val.i,&checksum,TEMP);
          if(error! = 0)
            s_connectionreset();
          else
          {
            humi_val.f = (float)humi_val.i;
            temp_val.f = (float)temp_val.i;
            calc_dht90(&humi_val.f,&temp_val.f);
            GotoXY(0,0);//
            Print("Tep:");
            GotoXY(0,1);
            Print("Hum:");
            zhuanhuan(temp_val.f);
              Dataconv((unsigned char)temp_val.f);
            GotoXY(5,0);
            str[5] = 0xDF;
            str[6] = 0x43;
            str[7] = '\0';
            Print(str);
            zhuanhuan(humi_val.f);
            GotoXY(5,1);
            str[5] = '%';
            str[6] = '\0';
             Print(str);
          }
```

```
            delay_n10us(80000);
        }
    }
```

SHT15 测量温、湿度子程序如下：

```
sbit SCK = P1^0;
    sbit DATA  =  P1^1;
    typedef union
    { unsigned int i;
      float f;
    } value;

    enum {TEMP,HUMI};


    #define noACK 0
    #define ACK    1

    #define STATUS_REG_W 0x06
    #define STATUS_REG_R 0x07
    #define MEASURE_TEMP 0x03
    #define MEASURE_HUMI 0x05
    #define RESET          0x1e

    /* -------------- 定义函数 ---------------------*/
    void s_transstart(void);
    void s_connectionreset(void);
    char s_write_byte(unsigned char value);
    char s_read_byte(unsigned char ack);
    char s_measure(unsigned char * p_value, unsigned char * p_checksum, unsigned char
    mode);
    void calc_dht90(float * p_humidity ,float * p_temperature);

    /* -----------------------------------------
    ;功    能:启动传输函数
    ;---------------------------------------*/
    void s_transstart(void)
    {
       DATA = 1; SCK = 0;
       _nop_();
       SCK = 1;
       _nop_();
```

```
    DATA = 0;
    _nop_();
    SCK = 0;
    _nop_();_nop_();_nop_();
    SCK = 1;
    _nop_();
    DATA = 1;
    _nop_();
    SCK = 0;
}

/*----------------------------------------
;功    能:连接复位函数
;----------------------------------------*/
void s_connectionreset(void)
{
  unsigned char i;
  DATA = 1; SCK = 0;
  for(i = 0;i<9;i++)
  {
    SCK = 1;
    SCK = 0;
  }
  s_transstart();
}
/*----------------------------------------
;功    能:SHT10 写函数
;----------------------------------------*/
char s_write_byte(unsigned char value)
{
  unsigned char i,error = 0;
  for (i = 0x80;i>0;i/ = 2)
  {
    if (i & value)
    DATA = 1;
    else
    DATA = 0;
    SCK = 1;
    _nop_();
    _nop_();
    _nop_();
    SCK = 0;
```

```
  }
  DATA = 1;
  SCK = 1;
  error = DATA;
  _nop_();
  _nop_();
  _nop_();
  SCK = 0;
  DATA = 1;
  return error;
}
/* ---------------------------------------
;功    能:SHT10 读函数
;---------------------------------------*/
char s_read_byte(unsigned char ack)
{
  unsigned char i,val = 0;
  DATA = 1;
  for (i = 0x80;i>0;i/ = 2)
  { SCK = 1;
    if (DATA)
    val = (val | i);
    _nop_();
    _nop_();
    _nop_();
    SCK = 0;
  }
  if(ack == 1)DATA = 0;
  else DATA = 1;
  _nop_();_nop_();_nop_();
  SCK = 1;
  _nop_();_nop_();_nop_();
  SCK = 0;
  _nop_();_nop_();_nop_();
  DATA = 1;
  return val;
}
/* ---------------------------------------
;功    能:测量温、湿度函数
;---------------------------------------*/
char s_measure(unsigned char * p_value, unsigned char * p_checksum, unsigned char
mode)
```

```
{
  unsigned error = 0;
  unsigned int i;
  s_transstart();
  switch(mode){
    case TEMP:
        error + = s_write_byte(MEASURE_TEMP);
        break;
    case HUMI:
        error + = s_write_byte(MEASURE_HUMI);
        break;
    default:
        break;
  }
  for (i = 0;i<65535;i ++ )
  if(DATA == 0)
      break;
  if(DATA)
  error + = 1;
  * (p_value) = s_read_byte(ACK);
  * (p_value + 1) = s_read_byte(ACK);
  * p_checksum = s_read_byte(noACK);
  return error;
}
/ * ----------------------------------------
;功    能:温、湿度补偿函数
; ----------------------------------------* /
void calc_dht90(float * p_humidity ,float * p_temperature)
{ const float C1 = - 4.0;
  const float C2 = + 0.0405;
  const float C3 = - 0.0000028;
  const float T1 = + 0.01;
  const float T2 = + 0.00008;
  float rh = * p_humidity;
  float t = * p_temperature;
  float rh_lin;
  float rh_true;
  float t_C;
  t_C = t * 0.01 - 40;
  rh_lin = C3 * rh * rh + C2 * rh + C1;      ]
  rh_true = (t_C - 25) * (T1 + T2 * rh) + rh_lin;
  if(rh_true>100)rh_true = 100;
```

```
    if(rh_true<0.1)rh_true = 0.1;
    *p_temperature = t_C;
    *p_humidity = rh_true;
}
```

LCD1602 显示子程序如下：

```
#include <reg51.h>
#include <intrins.h>
#include <stdio.h>
#include <string.h>
#include <absacc.h>
#include <math.h>
#define uchar unsigned char
#define uint unsigned int
//1602 液晶端口定义
sbit LcdRs =  P2^0;
sbit LcdRw =  P2^1;
sbit LcdEn =  P2^2;
sbit   ACC0  =  ACC^0;
sbit   ACC7  =  ACC^7;
uchar str[7];
uchar dis[4];
//向 LCD 写入命令或数据
#define LCD_COMMAND              0         //Command
#define LCD_DATA                 1         //Data
#define LCD_CLEAR_SCREEN         0x01      //清屏
#define LCD_HOMING               0x02      //光标返回原点

//设置显示模式************************************
#define LCD_SHOW                 0x04      //显示开
#define LCD_HIDE                 0x00      //显示关
#define LCD_CURSOR               0x02      //显示光标
#define LCD_NO_CURSOR            0x00      //无光标
#define LCD_FLASH                0x01      //光标闪动
#define LCD_NO_FLASH             0x00      //光标不闪动

//设置输入模式************************************
#define LCD_AC_UP                0x02
#define LCD_AC_DOWN              0x00      // default
#define LCD_MOVE                 0x01      //画面可平移
#define LCD_NO_MOVE              0x00      //default
unsigned char LCD_Wait(void);
void LCD_Write(bit style, unsigned char input);
```

```
/****1602 液晶显示部分子程序******/
void delay(uint z)
{
    uint x,y;
    for(x = z;x>0;x--)
        for(y = 110;y>0;y--);
}
void LCD_Write(bit style, unsigned char input)
{
    LcdRs = style;
    P0 = input;
    delay(5);
    LcdEn = 1;
    delay(5);
    LcdEn = 0;
}
void LCD_SetDisplay(unsigned char DisplayMode)
{
    LCD_Write(LCD_COMMAND, 0x08|DisplayMode);
}
void LCD_SetInput(unsigned char InputMode)
{
    LCD_Write(LCD_COMMAND, 0x04|InputMode);
}
void LCD_Initial()
{
    LcdEn = 0;
    LCD_Write(LCD_COMMAND,0x38);                  //8 位数据端口,2 行显示,5×7 点阵
    LCD_Write(LCD_COMMAND,0x38);
    LCD_SetDisplay(LCD_SHOW|LCD_NO_CURSOR);       //开启显示，无光标
    LCD_Write(LCD_COMMAND,LCD_CLEAR_SCREEN);      //清屏
    LCD_SetInput(LCD_AC_UP|LCD_NO_MOVE);          //AC 递增，画面不动
}

//液晶字符输入的位置*************************
void GotoXY(unsigned char x, unsigned char y)
{
    if(y == 0)
        LCD_Write(LCD_COMMAND,0x80|x);
    if(y == 1)
        LCD_Write(LCD_COMMAND,0x80|(x - 0x40));
}

//将字符输出到液晶显示
```

```
void Print(unsigned char * str)
{
    while( * str! = '\0')
    {
        LCD_Write(LCD_DATA, * str);
        str ++ ;
    }
}

void zhuanhuan(float a)
 {
    memset(str,0,sizeof(str));
    sprintf (str," %f", a);
}
void Dataconv(unsigned char dat)
{
    uchar temp;
    temp = dat/100;
    dis[0] = temp + 0x30;
    temp = dat % 100;
    dis[1] = temp/10 + 0x30;
    dis[2] = temp % 10 + 0x30;
}

void tishi  ()
{
    LCD_Initial();
    GotoXY(0,0);
    Print("  Temp & Humi   ");
    GotoXY(0,1);
    Print(" Testing System");
    delay(200);
}
void delay_n10us(uint n)
 {
        uint i;
        for(i = n;i>0;i -- )
        {
            _nop_();_nop_();_nop_();
            _nop_();_nop_();_nop_();
        }
}
```

10.3.5　基于 SHT15 的温、湿度测量系统仿真

在 PROTEUS 环境中仿真电路，仿真结果如图 10－24 所示。

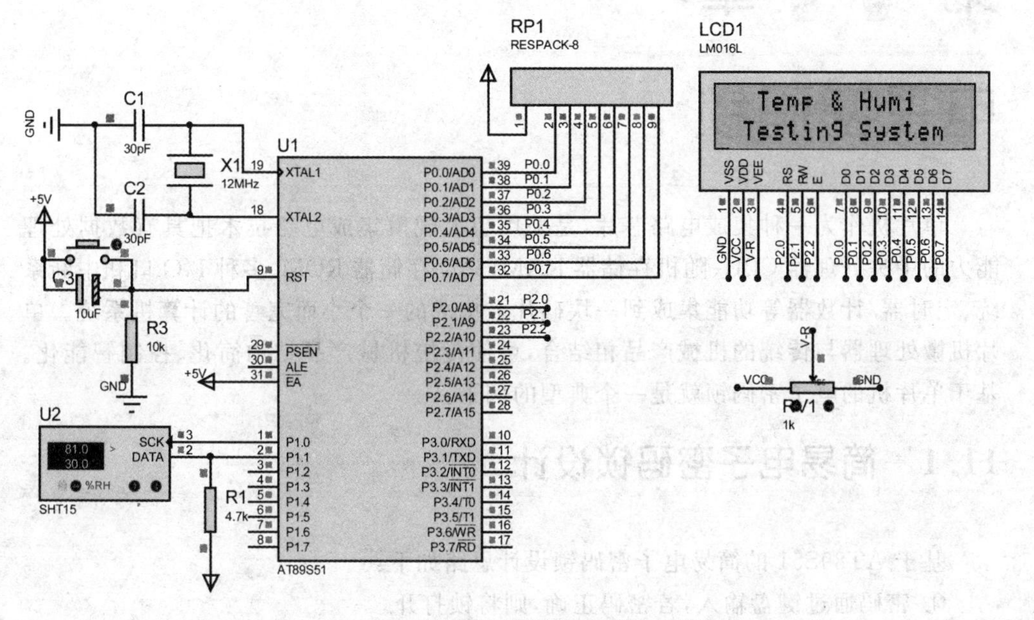

（a）温、湿度测量系统电路初始化界面

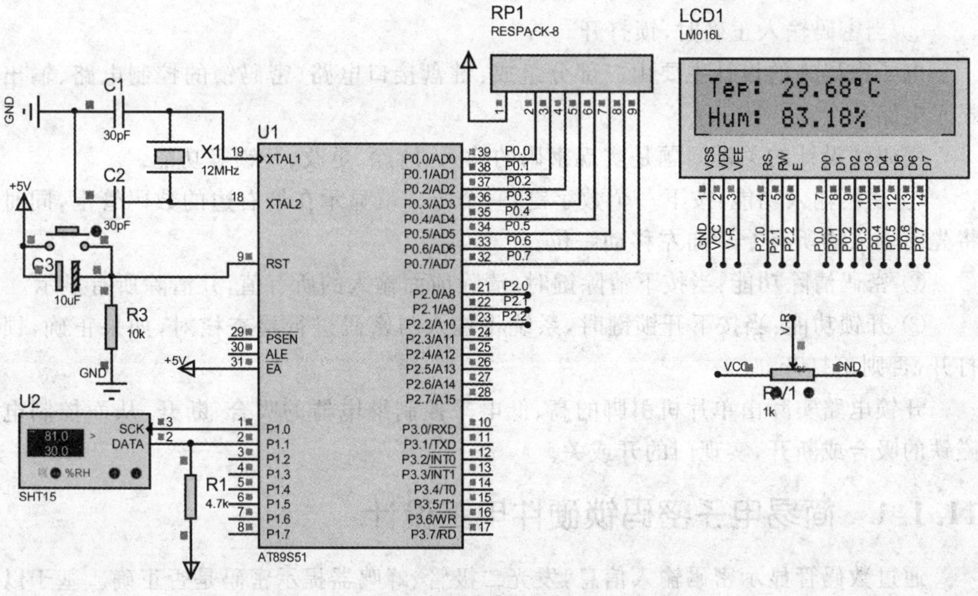

（b）温、湿度测量系统电路测量结果显示

图 10－24　温、湿度测量系统电路仿真结果

第 11 章

电子密码锁

单片机作为一种集成电路芯片，是采用超大规模集成电路技术把具有数据处理能力的中央处理器 CPU、随机存储器 RAM、只读存储器 ROM、多种 I/O 口和中断系统、定时器/计数器等功能集成到一块硅片上构成的一个小而完善的计算机系统。单片机微处理器与传统的机械产品相结合，可使传统机械产品结构简化、控制智能化。基于单片机的电子密码锁就是一个典型的例子。

11.1 简易电子密码锁设计

基于 AT89S51 的简易电子密码锁设计思路如下：

① 密码通过键盘输入，若密码正确，则将锁打开。

② 当密码输入错误时，蜂鸣器报警。

③ 当密码输入正确时，锁打开。

电子密码锁的设计主要由三部分组成：键盘接口电路、密码锁的控制电路、输出显示电路。

密码锁设计的关键问题是实现密码的输入、清除、更改、开锁等功能。

① 密码输入功能：按下一个数字键，一个“－”就显示在最右边的数码管上，同时将先前输入的所有“－”向左移动一位。

② 密码清除功能：当按下清除键时，清除前面输入的所有值，并清除所有显示。

③ 开锁功能：当按下开锁键时，系统将输入与密码进行检查核对，如果正确，锁打开，否则不打开。

开锁电路实际由单片机引脚的高、低电平控制继电器的吸合、断开，从而控制电磁铁的吸合或断开，实现门的开或关。

11.1.1 简易电子密码锁硬件电路设计

通过数码管显示密码输入信息，发光二极管、蜂鸣器提示密码是否正确。基于以上思想设计电子密码锁硬件电路，电路如图 11－1 所示。

其中，数码管采用 74LS245 驱动。系统通过声音提示密码错误。当输入密码正确时，使用发光二极管模拟开门信号。

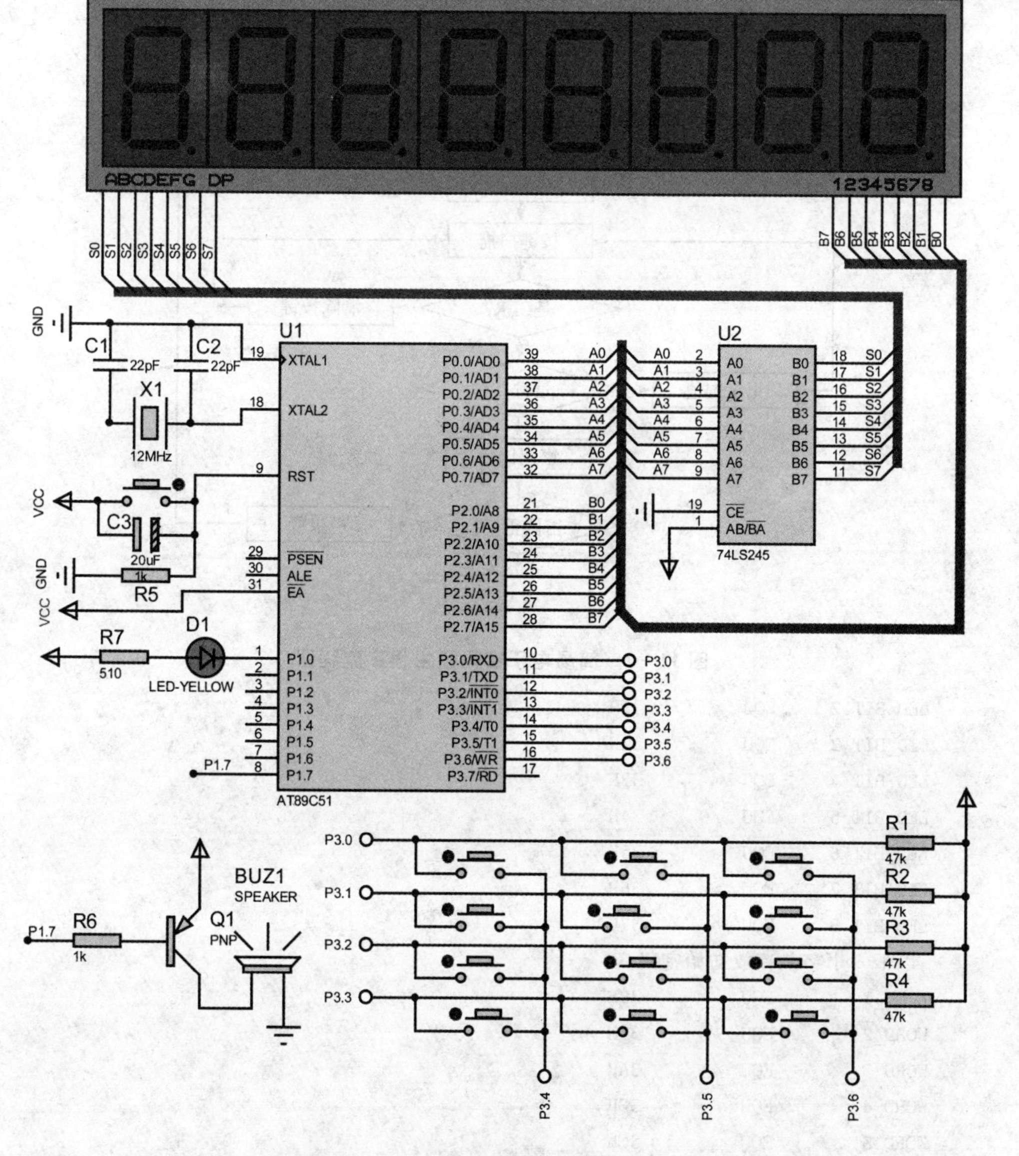

图 11－1　简易电子密码锁硬件电路图

11.1.2　简易电子密码锁软件程序设计

电子密码锁主程序流程如图 11－2 所示。

软件程序如下：

```
                    ;*******************************************
;以下 8 个字节存放 8 位数码管的段码
LED_BIT_1      EQU          30H
```

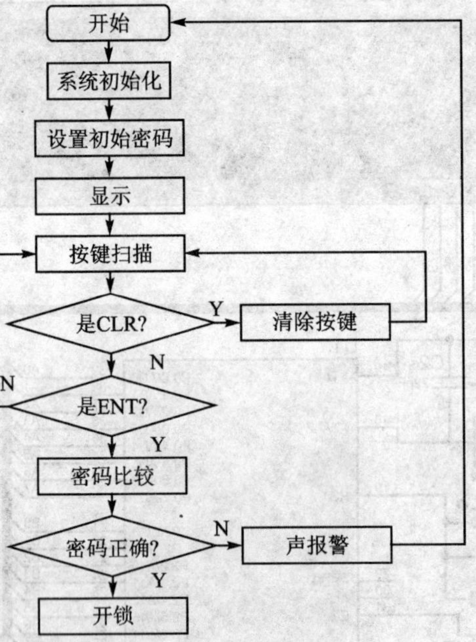

图 11-2 简易电子密码锁主程序流程图

```
LED_BIT_2      EQU          31H
LED_BIT_3      EQU          32H
LED_BIT_4      EQU          33H
LED_BIT_5      EQU          34H
LED_BIT_6      EQU          35H
LED_BIT_7      EQU          36H
LED_BIT_8      EQU          37H
;以下 6 个字节存放初始密码
WORD_1         EQU          38H
WORD_2         EQU          39H
WORD_3         EQU          3AH
WORD_4         EQU          3BH
WORD_5         EQU          3CH
WORD_6         EQU          3DH
;以下 6 个字节存放用户输入的 6 位密码
KEY_1          EQU          3EH
KEY_2          EQU          3FH
KEY_3          EQU          40H
KEY_4          EQU          41H
KEY_5          EQU          42H
KEY_6          EQU          43H
;*********************************************
```

```
CNT_A       EQU     44H
CNT_B       EQU     45H
KEY_CNT     EQU     46H             ;已输出的密码位数
LINE        EQU     47H             ;按键行号
ROW         EQU     48H             ;按键列号
VAL         EQU     49H             ;键值
;*****************************************************************
;以下为初始化程序,包括数据存储空间初始化,设置初始密码
            ORG     00H
            SJMP    START
            ORG     0BH
            LJMP    INT_T0
START:      MOV     CNT_A,#00H              ;程序初始化
            MOV     CNT_B,#00H
            MOV     KEY_CNT,#00H
            MOV     LINE,#00H
            MOV     ROW,#00H
            MOV     VAL,#00H
            SETB    P1.0
            MOV     LED_BIT_1,#00H          ;段码存储区清0
            MOV     LED_BIT_2,#00H
            MOV     LED_BIT_3,#00H
            MOV     LED_BIT_4,#00H
            MOV     LED_BIT_5,#00H
            MOV     LED_BIT_6,#00H
            MOV     LED_BIT_7,#79H
            MOV     LED_BIT_8,#73H
            MOV     KEY_1,#00H              ;输入密码存储区清0
            MOV     KEY_2,#00H
            MOV     KEY_3,#00H
            MOV     KEY_4,#00H
            MOV     KEY_5,#00H
            MOV     KEY_6,#00H
            MOV     WORD_1,#6               ;设置初始密码为"123456"
            MOV     WORD_2,#5
            MOV     WORD_3,#4
            MOV     WORD_4,#3
            MOV     WORD_5,#2
            MOV     WORD_6,#1
            MOV     TMOD,#01H
            MOV     TH0,#(65536-700)/256
            MOV     TL0,#(65536-700)MOD  256
```

```
            MOV         IE,#82H
A0:         LCALL       DISP
;***************************************************************
;以下为键盘扫描程序,计算键值并存入 VAL
LSCAN:      MOV         P3,#0F0H                ;扫描行码
    L1:     JNB         P3.0,L2
            LCALL       DLY_S
            JNB         P3.0,L2
            MOV         LINE,#00H
            LJMP        RSCAN
    L2:     JNB         P3.1,L3
            LCALL       DLY_S
            JNB         P3.1,L3
            MOV         LINE,#01H
            LJMP        RSCAN
    L3:     JNB         P3.2,L4
            LCALL       DLY_S
            JNB         P3.2,L4
            MOV         LINE,#02H
            LJMP        RSCAN
    L4:     JNB         P3.3,A0
            LCALL       DLY_S
            JNB         P3.3,A0
            MOV         LINE,#03H
RSCAN:      MOV         P3,#0FH                 ;扫描列码
    C1:     JNB         P3.4,C2
            MOV         ROW,#00H
            LJMP        CALCU
    C2:     JNB         P3.5,C3
            MOV         ROW,#01H
            LJMP        CALCU
    C3:     JNB         P3.6,C1
            MOV         ROW,#02H
CALCU:      MOV         A,LINE                  ;计算键值
            MOV         B,#03H
            MUL         AB
            ADD         A,ROW
            MOV         VAL,A
;***************************************************************
;以下为按键处理程序,对不同的按键作出响应
            CJNE        A,#0AH,J1               ;是否为"CLR"键
            MOV         R1,KEY_CNT
```

```
        CJNE    R1,＃00H,J2
        LCALL   ALARM_1
        LJMP    START
J2:     LCALL   SHIFTR
        DEC     KEY_CNT
W00:    LCALL   DISP                ;等待按键抬起
        MOV     A,P3
        CJNE    A,＃0FH,W01
        LJMP    A0
W01:    MOV     A,P3
        CJNE    A,＃0F0H,W02
        LJMP    A0
W02:    SJMP    W00
J1:     MOV     A,VAL
        CJNE    A,＃0BH,J3          ;判断是否为"ENTER"键
        MOV     R1,KEY_CNT
        CJNE    R1,＃06H,J4
        MOV     A,WORD_1            ;比较密码
        CJNE    A,3EH,J5
        MOV     A,WORD_2
        CJNE    A,3FH,J5
        MOV     A,WORD_3
        CJNE    A,40H,J5
        MOV     A,WORD_4
        CJNE    A,41H,J5
        MOV     A,WORD_5
        CJNE    A,42H,J5
        MOV     A,WORD_6
        CJNE    A,43H,J5
        CLR     P1.0
        LCALL   DLY_L
        LJMP    FINI
J5:     LCALL   ALARM_2
        LJMP    START
J4:     LCALL   ALARM_1
        LJMP    START
J3:     INC     KEY_CNT             ;按下数字键
        MOV     A,KEY_CNT
        CJNE    A,＃07H,K1
        LCALL   ALARM_1
W10:    LCALL   DISP                ;等待按键抬起
        MOV     A,P3
```

```
            CJNE    A,#0FH,W11
            LJMP    START
    W11:    MOV     A,P3
            CJNE    A,#0F0H,W12
            LJMP    START
    W12:    SJMP    W10
            LJMP    START
            LJMP    START
    K1:     LCALL   SHIFTL
    W20:    LCALL   DISP                    ;等待按键抬起
            MOV     A,P3
            CJNE    A,#0FH,W21
            LJMP    A0
    W21:    MOV     A,P3
            CJNE    A,#0F0H,W22
            LJMP    A0
    W22:    SJMP    W20
            LJMP    A0
ALARM_1:    SETB    TR0                     ;操作错误报警
            JB      TR0,$
            RET
ALARM_2:    SETB    TR0                     ;密码错误报警
            JB      TR0,$
            LCALL   DLY_L
            RET
;*****************************************************
;定时器中断服务程序,用于声音报警
INT_T0:
            CPL     P1.7
            MOV     TH0,#(65536-700)/256
            MOV     TL0,#(65536-700)MOD   256
            INC     CNT_A
            MOV     R1,CNT_A
            CJNE    R1,#30,RETUNE
            MOV     CNT_A,#00H
            INC     CNT_B
            MOV     R1,CNT_B
            CJNE    R1,#20,RETUNE
            MOV     CNT_A,#00H
            MOV     CNT_B,#00H
            CLR     TR0
RETUNE:     RETI
```

```
;*********************************************************
;段码,输入密码左移子程序
SHIFTL:   MOV        LED_BIT_6,LED_BIT_5
          MOV        LED_BIT_5,LED_BIT_4
          MOV        LED_BIT_4,LED_BIT_3
          MOV        LED_BIT_3,LED_BIT_2
          MOV        LED_BIT_2,LED_BIT_1
          MOV        LED_BIT_1,#40H
          MOV        KEY_6,KEY_5
          MOV        KEY_5,KEY_4
          MOV        KEY_4,KEY_3
          MOV        KEY_3,KEY_2
          MOV        KEY_2,KEY_1
          MOV        KEY_1,VAL
          RET
;*********************************************************
;段码,输入密码右移子程序
SHIFTR:   MOV        LED_BIT_1,LED_BIT_2
          MOV        LED_BIT_2,LED_BIT_3
          MOV        LED_BIT_3,LED_BIT_4
          MOV        LED_BIT_4,LED_BIT_5
          MOV        LED_BIT_5,LED_BIT_6
          MOV        LED_BIT_6,#00H
          MOV        KEY_1,KEY_2
          MOV        KEY_2,KEY_3
          MOV        KEY_3,KEY_4
          MOV        KEY_4,KEY_5
          MOV        KEY_5,KEY_6
          MOV        KEY_6,#00H
          RET
;*********************************************************
;以下为数码显示子程序
DISP:     CLR        P2.7
          MOV        P0,LED_BIT_8
          LCALL      DLY_S
          SETB       P2.7
          CLR        P2.6
          MOV        P0,LED_BIT_7
          LCALL      DLY_S
          SETB       P2.6
          CLR        P2.5
```

```
            MOV     P0,LED_BIT_6
            LCALL   DLY_S
            SETB    P2.5
            CLR     P2.4
            MOV     P0,LED_BIT_5
            LCALL   DLY_S
            SETB    P2.4
            CLR     P2.3
            MOV     P0,LED_BIT_4
            LCALL   DLY_S
            SETB    P2.3
            CLR     P2.2
            MOV     P0,LED_BIT_3
            LCALL   DLY_S
            SETB    P2.2
            CLR     P2.1
            MOV     P0,LED_BIT_2
            LCALL   DLY_S
            SETB    P2.1
            CLR     P2.0
            MOV     P0,LED_BIT_1
            LCALL   DLY_S
            SETB    P2.0
            RET
;*************************************************
DLY_S:      MOV     R6,#10
D1:         MOV     R7,#250
            DJNZ    R7,$
            DJNZ    R6,D1
            RET

DLY_L:      MOV     R5,#100
D2:         MOV     R6,#100
D3:         MOV     R7,#248
            DJNZ    R7,$
            DJNZ    R6,D3
            DJNZ    R5,D2
            RET
FINI:       NOP
            END
```

11.1.3 基于 PROTEUS 的简易电子密码锁仿真

在 PROTEUS 环境中仿真密码锁电路,仿真结果如图 11-3 所示。

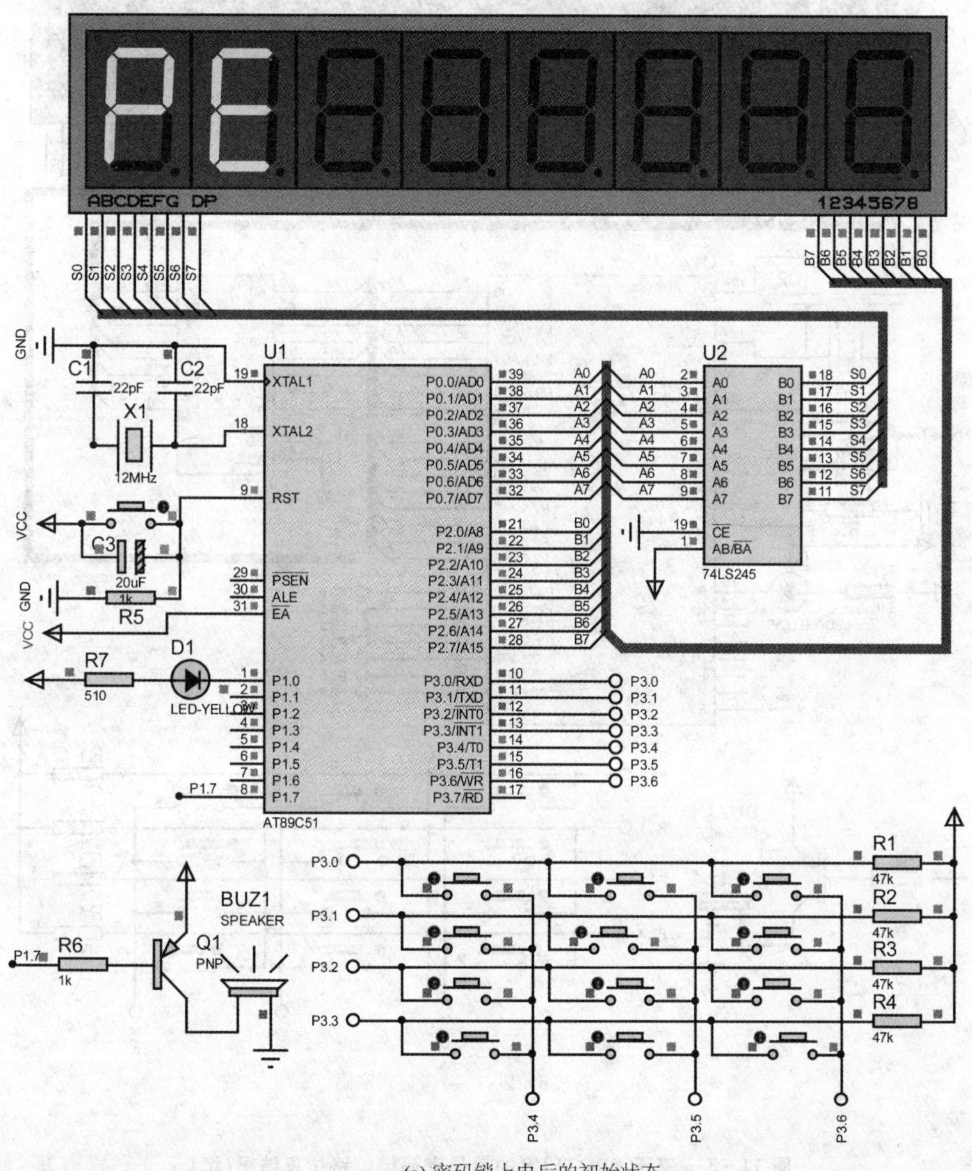

(a) 密码锁上电后的初始状态

图 11-3 基于 PROTEUS 的简易密码锁电路仿真结果

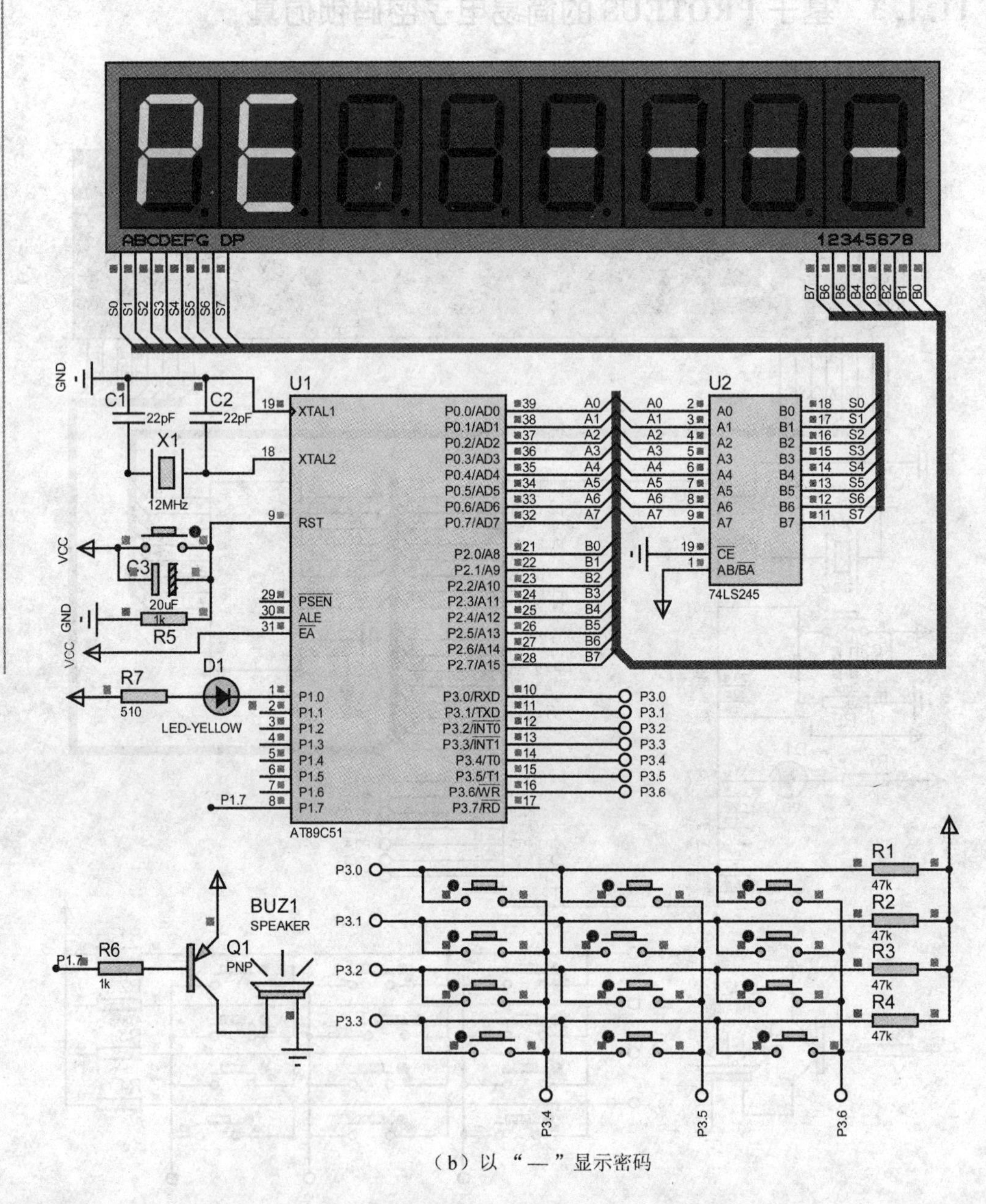

（b）以“—”显示密码

图 11-3　基于 PROTEUS 的简易密码锁电路仿真结果(续)

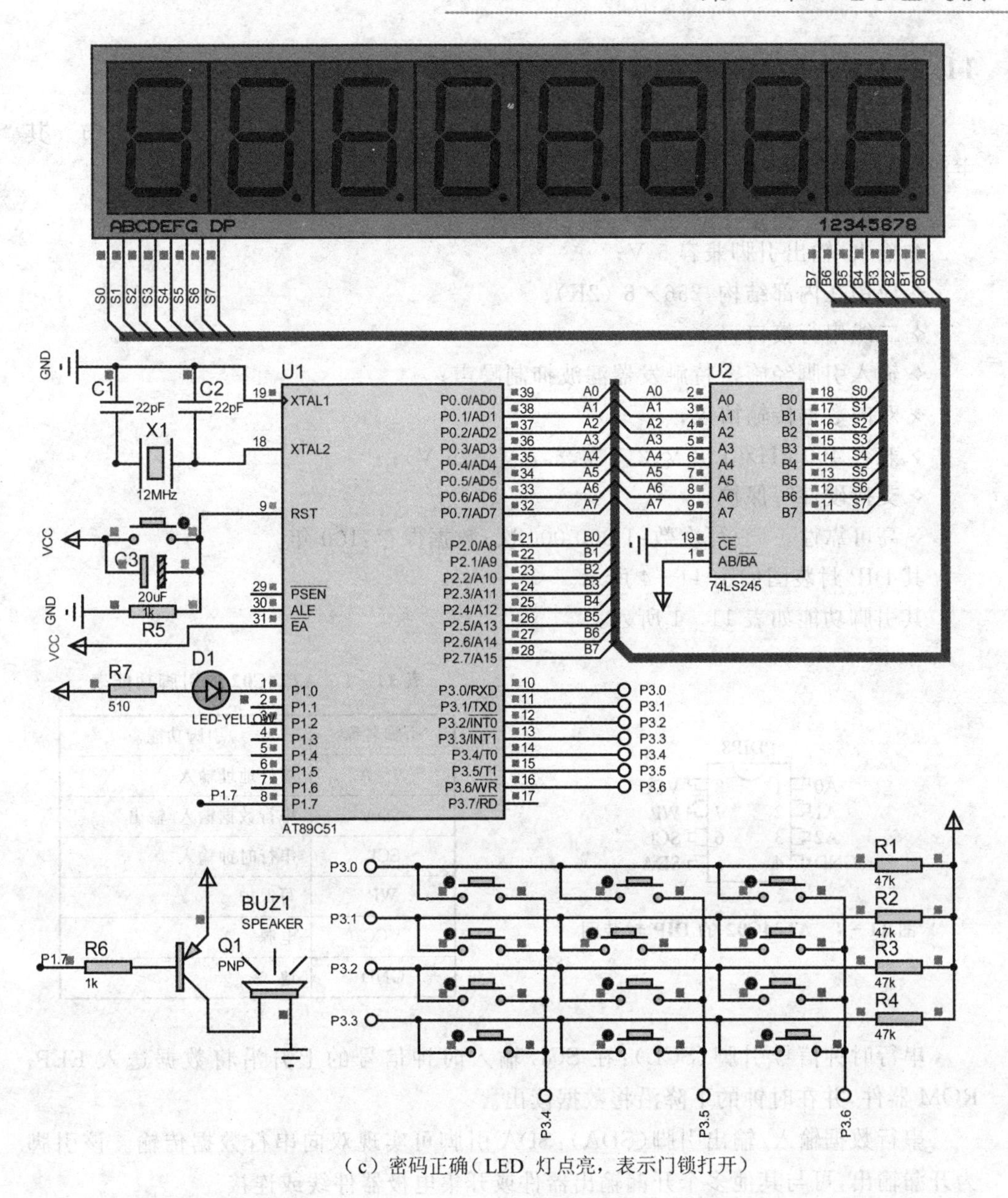

（c）密码正确（LED 灯点亮，表示门锁打开）

图 11－3　基于 PROTEUS 的简易密码锁电路仿真结果（续）

11.2　启发式设计——基于 AT24C02 的电子密码锁设计

简易电子密码锁存在一个很明显的漏洞，即若用户在使用密码锁时更改了系统的初始密码，密码锁系统断电后，则修改后的密码就会丢失。为增加密码锁的安全性，可采用低功耗 CMOS 型 AT24C02 作为数据单元，储存密码。

11.2.1 AT24C02 EEPROM 存储器

AT24C02 是一个 2 Kbit 串行 CMOS EEPROM，内部含有 256 个 8 位字节。其主要特性如下：

✧ 工作电压：1.8～5.5 V；

✧ 输入/输出引脚兼容 5 V；

✧ 应用在内部结构：256×8 (2K)；

✧ 二线串行接口；

✧ 输入引脚经施密特触发器滤波抑制噪声；

✧ 双向数据传输协议；

✧ 兼容 400 kHz(1.8 V、2.5 V、2.7 V、3.6 V)；

✧ 支持硬件写保护；

✧ 高可靠性。读/写次数：1 000 000 次；数据保存：100 年。

其 DIP 封装图如图 11-4 所示。

其引脚功能如表 11-1 所列。

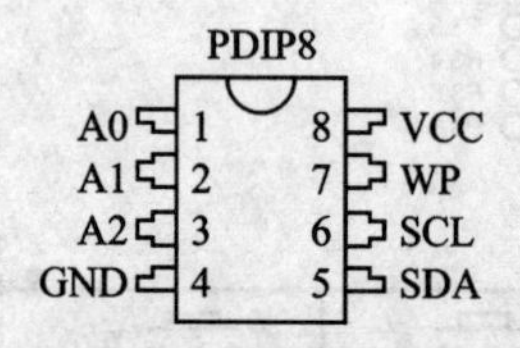

图 11-4 AT24C02 的 DIP 封装图

表 11-1 AT24C02 的引脚功能表

引脚名称	引脚功能
A0～A2	器件地址输入
SDA	串行数据输入/输出
SCL	串行时钟输入
WP	写保护
VCC	电源
GND	地

串行时钟信号引脚(SCL)：在 SCL 输入时钟信号的上升沿将数据送入 EEPROM 器件，并在时钟的下降沿将数据读出。

串行数据输入/输出引脚(SDA)：SDA 引脚可实现双向串行数据传输。该引脚为开漏输出，可与其他多个开漏输出器件或开集电极器件线或连接。

器件/页地址脚(A2、A1、A0)：A2、A1 和 A0 引脚为 AT24C02 的硬件连接的器件地址输入引脚。

写保护(WP)引脚：AT24C02 具有用于硬件数据写保护功能的引脚。当该引脚接 GND 时，允许正常的读/写操作。当该引脚接 VCC 时，芯片启动写保护功能。

AT24C02 的操作方法如下：

时钟及数据传输：SDA 引脚通常被外围器件拉高。SDA 引脚的数据应在 SCL 为低时变化；当数据在 SCL 为高时变化，将视为一个起始或停止命令。

起始命令：当SCL为高时，SDA由高到低的变化被视为起始命令，必须以起始命令作为任何一次读/写操作命令的开始。

停止命令：当SCL为高时，SDA由低到高的变化被视为停止命令，在一个读操作后，停止命令会使EEPROM进入等待态低功耗模式。

应答：所有的地址和数据字节都是以8位为一组串行输入和输出的。每收到一组8位的数据后，EEPROM都会在第9个时钟周期时返回应答信号。每当主控器件接收到一组8位的数据后，应当在第9个时钟周期向EEPROM返回一个应答信号。收到该应答信号后，EEPROM会继续输出下一组8位的数据。若此时没有得到主控器件的应答信号，则EEPROM会停止读出数据，直到主控器件返回一个停止命令来结束读周期。

等待模式：AT24C02特有一个低功耗的等待模式。可以通过以下方法进入该模式：① 上电；② 收到停止位并且结束所有的内部操作后。

器件复位：在协议中断、下电或系统复位后，器件可通过以下步骤复位：① 连续输入9个时钟；② 在每个时钟周期中确保当SCL为高时SDA也为高；③ 建立一个起始条件。

AT24C02的时序图如图11-5所示。

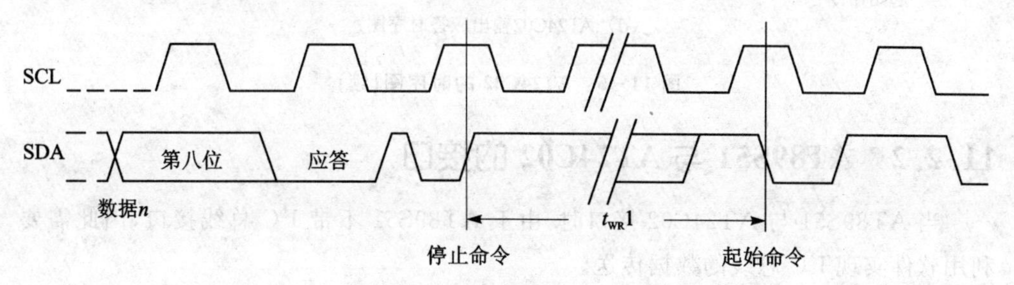

（SCL：串行时钟输入，SDA：串行数据输入/输出）

（a）AT24C02写周期的时序图

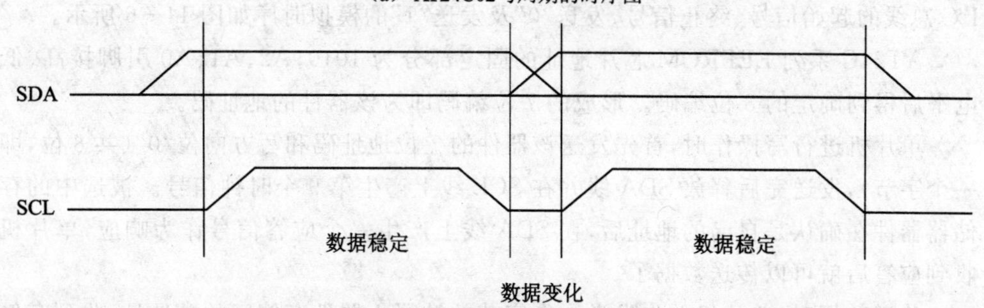

（b）AT24C02数据有效时序图

图11-5 AT24C02的时序图

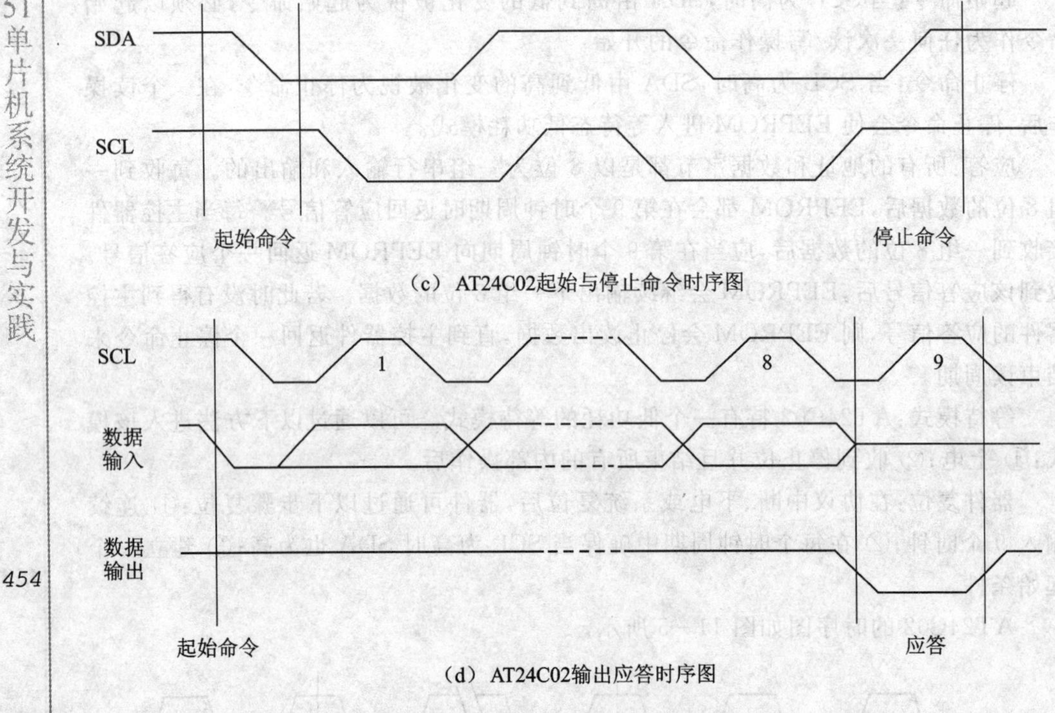

图 11－5　AT24C02 的时序图(续)

11.2.2　AT89S51 与 AT24C02 的接口

当 AT89S51 与 AT24C02 接口时，由于 AT89S51 不带 I²C 总线接口，因此需要利用软件实现 I²C 总线的数据传送。

为了保证数据传送的可靠性，标准的 I²C 总线的数据传送有严格的时序要求。I²C 总线的起始信号、终止信号、发送“0”及发送“1”的模拟时序如图 11－6 所示。

AT24C 系列 EEPROM 芯片地址的固定部分为 1010，A2、A1、A0 引脚接高、低电平后得到确定的 3 位编码。形成的 7 位编码即为该器件的地址码。

单片机进行写操作时，首先发送该器件的 7 位地址码和写方向位“0”(共 8 位，即一个字节)，发送完后释放 SDA 线并在 SCL 线上产生第 9 个时钟信号。被选中的存储器器件在确认是自己的地址后，在 SDA 线上产生一个应答信号作为响应，单片机收到应答后就可以传送数据了。

传送数据时，单片机首先发送一个字节的被写入器件存储区的首地址，收到存储器器件的应答后，单片机就逐个发送各数据字节，但每发送一个字节后都要等待应答。

AT24C 系列器件片内地址在接收到每一个数据字节地址后自动加 1，在芯片的“一次装载字节数”(不同芯片字节数不同)限度内，只需输入首地址。当装载字节数

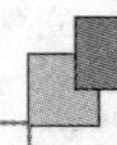

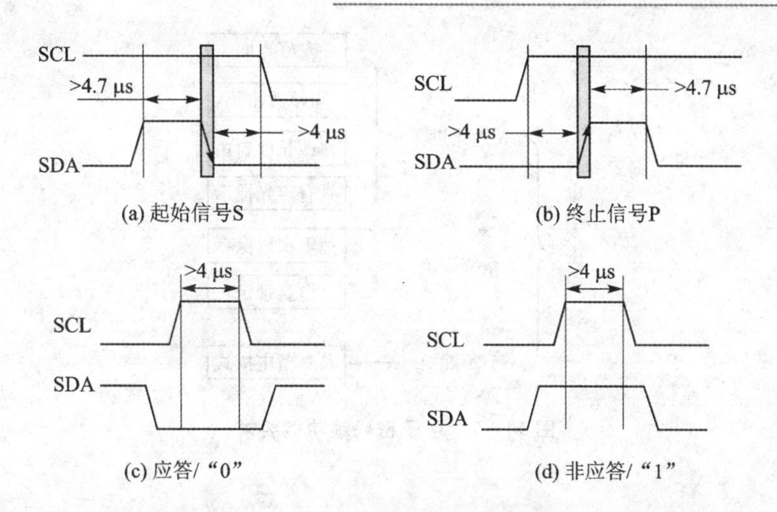

图 11-6　I²C 总线的模拟时序图

超过芯片的“一次装载字节数”时，数据地址将“上卷”，前面的数据将被覆盖。

当要写入的数据传送完后，单片机应发出终止信号以结束写入操作。写入 *n* 个字节的数据格式如下：

S	器件地址+0	A	写入首地址	A	Data 1	A	……	Data *n*	A	P

当从 AT24C02 读出数据时，单片机先发送该器件的 7 位地址码和写方向位“0”（“伪写”），发送完后释放 SDA 线并在 SCL 线上产生第 9 个时钟信号。被选中的存储器器件在确认是自己的地址后，在 SDA 线上产生一个应答信号作为响应。

然后，再发一个字节的要读出器件的存储区的首地址。收到应答后，单片机要重复一次起始信号并发出器件地址和读方向位（“1”），收到器件应答后就可以读出数据字节。每读出一个字节，单片机都要回复应答信号。当最后一个字节数据读完后，单片机应返回以“非应答”（高电平），并发出终止信号以结束读出操作。读出 *n* 个字节的数据格式如下：

S	器件地址+0	A	读出首地址	A	器件地址+1	A	Data 1	A	……	Data *n*	/A	P

11.2.3　基于 AT24C02 的电子密码锁硬件电路设计

在简易电子密码锁的基础上，根据用户需要，进一步完善密码锁的功能，完善后的功能要求如图 11-7 所示。

根据上述要求，搭建基于 AT24C02 的电子密码锁硬件电路，电路如图 11-8 所示。

其中，使用 LCD1602 作为显示设备，输出字符提示信息。

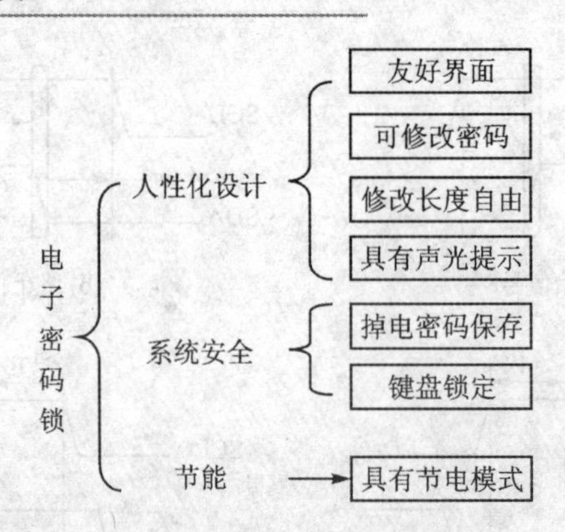

图 11-7　电子密码锁功能要求

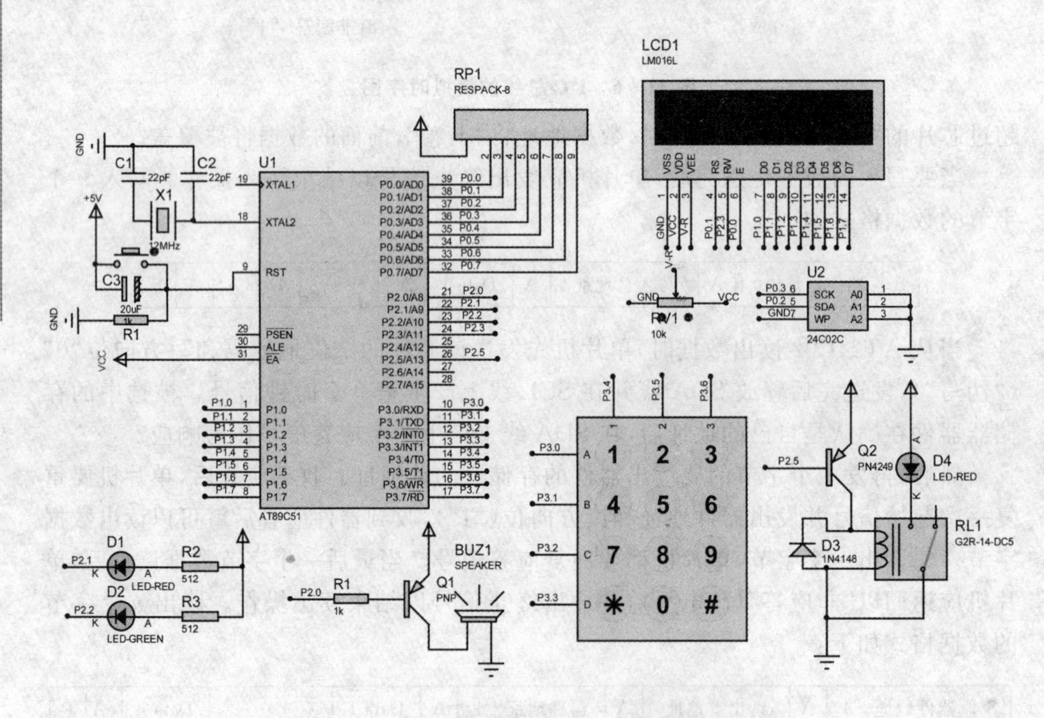

图 11-8　基于 AT24C02 的电子密码锁硬件电路

11.2.4　基于 AT24C02 的电子密码锁软件程序设计

根据功能分析，列出软件性能需求如下：

① 初始密码由程序固化到 AT24C02 中。

② 用户通过矩阵键盘输入任意位数密码，并以确定键（“#”键）结束，每次按键时有短“滴”声提示。若需要修改密码，则按修改键（“*”键）进入修改状态。

③ 允许密码输入错误的最大次数为三次，口令错误次数超过三次则进入死锁状态，并发出警报，系统将锁定键盘一段时间（5 分钟）。

④ 初始密码由系统设定,用户可根据自己的要求设定密码。修改密码时需要首先匹配旧密码,如果输入旧密码错误,则系统报警并自动退出密码修改状态。若旧密码正确,则可以输入新密码,新密码的输入需要两次对比确认。

⑤ 密码输入以"*"键显示。系统的当前状态由 LCD 字符实时提示。

⑥ 当无密码输入时,系统自动进入节电模式。

根据上述设计要求编写程序,程序如下:

```
#include<reg51.h>
#include <string.h>
#define uint unsigned int
#define uchar unsigned char
#define T 5
uchar code TABLE[] = {1,2,3,4,5,6,7,8,9,10,11,12};
uchar code table0[] = "  input   your    ";
uchar code table1[] = " old number       ";
uchar code table2[] = "   try  again     ";
uchar code table3[] = " you have three   ";
uchar code table4[] = " you have two     ";
uchar code table5[] = " you have  one    ";
uchar code table6[] = " wait for five    ";
uchar code table7[] = "     minutes      ";
uchar code table8[] = "      times       ";
uchar code table9[] = "  changed  key    ";
uchar code table10[] = "      open        ";
uchar code table11[] = "       ^_^        ";
uchar code table12[] = "   succcedd!     ";
uchar code table17[] = " ********** ";
uchar code table18[] = "      number      ";
uchar code table19[] = "   new  number   ";
uchar code table20[] = "   input again   ";
uchar code table21[] = " you can not      ";
uchar code table22[] = "  change  key     ";
uchar data mc = 4;
uchar data sh = 0;
uchar KEY[15] = {0};
uchar Key1[15] = {0};
uchar a[15] = {0};
uchar b[15] = {0};
uchar data ke = 12;
sbit lcdrs = P0^1;
sbit lcden = P0^0;
```

```
sbit I2C_SDA = P0^2;
sbit I2C_SCL = P0^3;
sbit sp = P2^0;
sbit  red = P2^1;
sbit  green = P2^2;
sbit  xs = P2^3;
sbit  jd = P2^5;
void delay(a)
    {
    uint i,j;
     for(a;a>0;a--)
        for(i = 10;i>0;i--)
            for(j = 100;j>0;j--);
    }
 void delay2(j)
    {
    uint i,a;
     for(a = 1;a>0;a--)
          {
        for(i = 54;i>0;i--)
              for(j;j>0;j--);
          }
    }
void delayss(uint z)
    {
    uint x,y;
    for(x = z;x>0;x--)
        for(y = 110;y>0;y--);
    }
void  Delayn(unsigned int i)
    {
     while(i--);
    }
bit I2C_Start(void)
    {
     Delayn(10);
     I2C_SDA = 1;
     Delayn(10);
     I2C_SCL = 1;
     Delayn(10);
     if ( I2C_SDA == 0) return 0;
     if ( I2C_SCL == 0) return 0;
```

```
      I2C_SDA = 0;
      Delayn(10);
      I2C_SCL = 0;
      Delayn(10);
      return 1;
    }
void  I2C_Stop(void)
    {
      Delayn(10);
      I2C_SDA  =  0;
      Delayn(10);
      I2C_SCL  =  1;
      Delayn(10);
      I2C_SDA  =  1;
      Delayn(10);
    }
bit I2C_Send_Byte( uchar d)
    {
      uchar i  =  8;
      bit bit_ack;
      while( i-- )
          {
           Delayn(10);
           if ( d &0x80 )      I2C_SDA  = 1;
           else                I2C_SDA  = 0;
           Delayn(10);
           I2C_SCL  =  1;
           Delayn(10);
           I2C_SCL  =  0;
           d  =  d << 1;
          }
     Delayn(10);
     I2C_SDA  =  1;
     Delayn(10);
     I2C_SCL  =  1;
     Delayn(10);
     bit_ack  =  I2C_SDA;
     I2C_SCL  = 0;
     Delayn(10);
     return bit_ack;
    }
uchar I2C_Receive_Byte()
```

```
    {
      uchar i = 8, d = 0x00;
      Delayn(10);
      I2C_SDA = 1;
      while ( i-- )
          {
            I2C_SCL = 1;
            Delayn(10);
         d<<=1;
         d| = I2C_SDA;
         Delayn(10);
         I2C_SCL = 0;
         Delayn(10);
       }
      return d;
}
void writebyte_24c02(uchar add,uchar data_24c64)//写入单个数据
    {
      I2C_Start();
      I2C_Send_Byte(0xa0);//存储器位置
      I2C_Send_Byte(add);
      I2C_Send_Byte(data_24c64);
      I2C_Stop();
      Delayn(1000);

    }
uchar readbyte_24C02(uchar add)//读入单个字节
    {
      uchar temp;
      I2C_Start();
      I2C_Send_Byte(0xa0);//写指令
      I2C_Send_Byte(add); //写高位地址
      I2C_Stop();
      I2C_Start();
      I2C_Send_Byte(0xa1);//写读指令
      temp = I2C_Receive_Byte();
      I2C_Stop();
      return temp;
    }
void write_com(uchar com)
    {
```

```
        lcdrs = 0;
        P1 = com;
        delayss(5);
        lcden = 1;
        delayss(5);
        lcden = 0;
        }
    void write_data(uchar date)
        {


        lcdrs = 1;
        P1 = date;
        delayss(5);
        lcden = 1;
        delayss(5);
        lcden = 0;
        }
    void init()
        {
        lcden = 0;
        write_com(0x38);
        write_com(0x0c);
        write_com(0x06);
        write_com(0x01);
        write_com(0x80 + 0x01);
        }
     void dispsc(sh)
        {
        int i;
        init();
        delayss(100);
        for(i = 0;i< = sh;i ++ )
            {
            write_data(table17[i]);    //显示 * *
            delayss(20);
            }
            write_com(2);
        }
    void xiang(m,n,t)                         //蜂鸣器
        {
        while(m -- )
            {
```

```
            uint k = n;
               while(k -- )
                {
                  sp = 1 ;
                delay2(t);
                 sp = 0;
                }
                delay(10) ;
            }
            sp = 1;
        }
    void scan()                                          //键盘扫描
        {
        uchar t,r = 1,key;
        while(r)
            {
            P3 = 0xfe;
            delay(T);
            t = P3;
            t = t&0xf0;
            if(t! = 0xf0)
                {
                delay(T);
                t = P3 ;
                t = t&0xf0;
                if(t! = 0xf0)
                    { t = P3;
                    switch(t)
                        {
                        case 0xee:key = 0;break;
                        case 0xde:key = 1;break;
                        case 0xbe:key = 2;break;
                        }
                    while(t&!0xf0)
                        { t = P3;
                          t = t&0xf0;
                        }
                    ke = key;
                    dispsc(sh ++ );
                    r = 0;
                    xiang(1,100,0);
```

```
                }
            }
        P3 = 0xfd;
         delay(T);
         t = P3;
         t = t&0xf0;
         if(t! = 0xf0)
             {
             delay(T);
             t = P3 ;
             t = t&0xf0;
             if(t! = 0xf0)
                 { t = P3;
                 switch(t)
                     {
                     case 0xed:key = 3;break;
                     case 0xdd:key = 4;break;
                     case 0xbd:key = 5;break;

                     }
                 while(t&!0xf0)
                 { t = P3;
                   t = t&0xf0;
                 }
                 ke = key;
             dispsc(sh ++ );
              r = 0;
             xiang(1,100,0);

               }
         }
        P3 = 0xfb;
         delay(T);
         t = P3;
         t = t&0xf0;
         if(t! = 0xf0)
             {
             delay(T);
             t = P3 ;
             t = t&0xf0;
             if(t! = 0xf0)
                 { t = P3;
```

```
                switch(t)
                    {
                    case 0xeb:key = 6;break;
                    case 0xdb:key = 7;break;
                    case 0xbb:key = 8;break;
                    }
                while(t&!0xf0)
                    { t = P3;
                      t = t&0xf0;
                    }
                    ke = key;
                    dispsc(sh ++ );
                     r = 0;
                    xiang(1,100,0);
                   }
             }
        P3 = 0xf7;
         delay(T);
         t = P3;
         t = t&0xf0;
         if(t! = 0xf0)
             {
            delay(T);
            t = P3 ;
            t = t&0xf0;
            if(t! = 0xf0)
                { t = P3;
                switch(t)
                    {
                    case 0xe7:key = 9;break;
                    case 0xd7:key = 10;break;
                    case 0xb7:key = 11;break;
                    }
                while(t&!0xf0)
                    { t = P3;
                    t = t&0xf0;
                    }
                ke = key;
                dispsc(sh ++ );
                xiang(1,100,0);
                r = 0;
                }
```

```
            }

        }
    }
void jidianqi()
    {
    jd = 0;
    delay(300);
    jd = 1;
    }
main()
    {
    P1 = 0x00;
    P3 = 0X00;
    lcdrs = 0;
    lcden = 0;
    xs = 1;
    while(1)
    {
        uchar al = 0,bl = 0,num = 0,dat = 0,i,c = 4,q = 1,rh = 0,k = 1,j,admn = 1,flag =
1,s = 0,tm = 3,ne = 0,q1,q2,ch = 0,ld = 0x2f,temp;
        uint u = 1;
        sh = 0;
        scan();
          xs = 0;
        delay(1);
        if(ke! = 12)
            {
            init();
            delayss(100);
            while(u -- )
                {
                for(num = 0;num<14;num ++ )
                    {
                    write_data(table0[num]);      //开机提示
                    delayss(20);
                    }
                 write_com(2);
                 write_com(0x80 + 0x40);
                for(num = 0;num<16;num ++ )
                    {
                  write_data(table18[num]);
```

```
            delayss(20);
            }
        }
    ld = 0x00;
    mc = readbyte_24C02(ld);              //读 24C02,地址 0x00(密码数)
    for(i = 0;i<mc;i ++ )
        {
         Key1[i] = TABLE[readbyte_24C02(ld + 0x01)]; //读 24C02,地址 0x01
                                                    //(密码)
         KEY[i] = Key1[i] ;
         ld ++ ;
          }
    while(c)
        {
        sh = 0;
        s = 0;
        flag = 1;
        while(q)
              {
            scan();
            a[s ++ ] = TABLE[ke];                //扫描键盘,存键值
            if(ke == 11)
            q = 0;                               //确认键
            if(ke == 9)                          //修改密码键
                {
                ch = 1;q = 0;
                }
            }
        q = 1;
        if(ch == 0)     //读 24C02,地址 0x01(密码)或调整密码键
            {
              for(i = 0;i<s - 1;i ++ )
                {
                  if(a[i]! = KEY[i])
                  flag = 0;
                  }                              //密码错误标志
            if(s - 1<mc)
            flag = 0;
            }
        if(ch == 1)                              //修改密码
            {
            if(rh ++ )
```

```
                {
                flag = 0;
                for(i = 0;i<mc;i ++ )
                    {
                    if(Key1[i]! = a[i])
                     admn = 0;
                    }
                if(admn == 0)
                {
                for(i = 0;i<s - 1;i ++ )
                    {
                     if(KEY[i]! = a[i])
                     flag = 1;
                    }
                if(s - 1<mc)
                flag = 1;
                }
                }
              }
        if(ch == 1)
            {
            if(rh == 1)
                {
                init();
                delayss(100);
                u = 2;
                while(u -- )
                    {
                    for(num = 0;num<14;num ++ )
                         {
                          write_data(table0[num]);//显示键入旧密码
                          delayss(20);
                          }
                     write_com(2);
                     write_com(0x80 + 0x40);
                    for(num = 0;num<16;num ++ )
                         {
                       write_data(table1[num]);
                       delayss(20);
                         }
                    }
                }
```

```
if(rh>0&rh<3&flag == 0)               //键入新密码
    {

        init();
         delayss(100);
        u = 2;
        while(u-- )
            {                                    //输入新密码
            for(num = 0;num<14;num ++ )
                {
                 write_data(table0[num]);
                 delayss(20);
                 }
              write_com(2);
              write_com(0x80 + 0x40);
             for(num = 0;num<16;num ++ )
                {
               write_data(table19[num]);
                 delayss(20);
                 }
             }

     q = 1;
     i = 0;
     sh = 0;
    memset(a,0,sizeof(a));
    while(q)
          {
          scan();
        a[i ++ ] = ke;
         if(ke == 11)
         q = 0;
         }
      init();
      delayss(100);
      u = 2;
      while(u -- )
        {
        for(num = 0;num<14;num ++ )
             {
```

```
                write_data(table20[num]);     //再次输入
                delayss(20);
                }
            write_com(2);
            }
        q = 1;
        i = 0;
        sh = 0;
        memset(b,0,sizeof(b));
        while(q)
            {
            scan();
          b[i++] = ke;
           if(ke == 11)
              {
              temp = i;
               q = 0;
              }
             }
      i = 0;
      do
      i++;
      while(a[i]! = 11);
      al = i;
      i = 0;
      do
      i++;
      while(b[i]! = 11);
      bl = i;
      if (al == bl)
      {for(j = 0;j<i;j++)
          {
          if(a[j]! = b[j])
              {
              init();
              delayss(100);
              u = 2;
              while(u--)
                 {
                 for(num = 0;num<14;num++)
                      {
                       write_data(table21[num]);
```

```
                                    //显示不能更改密码
                                    delayss(20);
                                    }
                                write_com(2);
                                write_com(0x80 + 0x40);
                               for(num = 0;num<16;num ++ )
                                  {
                                  write_data(table22[num]);
                                    delayss(20);
                                    }
                                  }
                         xs = 1;
                         c = 0;
                         break;
                         }
                     }
                 if (c! = 0)
                 {writebyte_24c02(0x00,al);
                 ld = 0x00;
                 for(j = 0;j<al;j ++ )
                     {
                      writebyte_24c02(ld + 0x01,a[j]);
                      ld ++ ;
                     }
                     }
                     }
                 else break;
                 init();
                 delayss(100);
                 u = 2;
                 while(u -- )
                     {
                     for(num = 0;num<14;num ++ )
                           {
                            write_data(table9[num]);        //请按修改键
                            delayss(20);
                            }
                       write_com(2);
                      }
                 xs = 1;
                 c = 0;
                 }
```

```
            if(rh>1&flag == 1&admn == 0)
                {
                xiang(3,40,100);
                 init();
                 delayss(100);
                while(u-- )
                    {
                    for(num = 0;num<14;num ++ ) //显示不能修改密码
                        {
                        write_data(table21[num]);
                        delayss(20);
                        }
                      write_com(2);
                      write_com(0x80 + 0x40);
                      for(num = 0;num<16;num ++ )
                         {
                          write_data(table22[num]);
                          delayss(20);
                          }
                    u = 0;
                    }
                 c = 0;
                xs = 1;
                }
            }
        if(ch == 0)
            {
            if(flag == 1)
                  {
                   xiang(5,100,0);
                   green = 0;
                   init();
                   delayss(100);
                   for(num = 0;num<14;num ++ )
                     {
                     write_data(table11[num]);     //显示笑脸
                     delayss(20);
                    }
                 write_com(2);
                 write_com(0x80 + 0x40);
                 for(num = 0;num<16;num ++ )
                    {
```

```
                write_data(table12[num]);      //显示修改成功
                  delayss(20);
                }
              delay(200);
             green = 1;
             jidianqi();
             c = 0;
             xs = 1;
             ke = 12;
             }
           if(flag == 0)
              {
             xiang(3,40,100);
             red = 0;
             delay(10);
             init();
             delayss(100);
             if(tm! = 0)
                {
                for(num = 0;num<14;num ++ )
                    {
                    write_data(table2[num]);      //显示再试一遍
                    delayss(20);
                    }
                 write_com(2);
                 write_com(0x80 + 0x40);
                 for(num = 0;num<16;num ++ )
                      {
                       write_data(table11[num]);      //显示笑脸
                       delayss(20);
                      }
                 write_com(0x80);
                 }
               for(num = 0;num<14;num ++ )
                {
                 if(tm == 0)
                    {
                    q1 = table6[num];      //提示过 5 分钟后再试
                    }
                 if(tm == 3)
                    {
                    q1 = table3[num];      //提示还有三次机会
```

```
        }
    if(tm == 2)
        {
        q1 = table4[num];      //提示还有两次机会
        }
    if(tm == 1)
        {
        q1 = table5[num];      //提示还有一次机会
        }
     write_data(q1);
     delayss(20);
    }
  write_com(2);
  write_com(0x80 + 0x40);
  for(num = 0;num<16;num ++ )
     {
    if(tm == 3)
        {
        q2 = table8[num];
        }
    if(tm == 2)
        {
        q2 = table8[num];
        }
    if(tm == 1)
        {
        q2 = table8[num];
        }
     if(tm == 0)
        {
        q2 = table7[num];
        }
     write_data(q2);
     delayss(20);
     }
red = 1;
c -- ;
tm -- ;
if(c == 0)
     {
     red = 1;
     xs = 1;
```

```
                        delay(3000);
                        }
                       }
                   }
                  }

              }
          }
    }
```

11.2.5　基于 PROTEUS 的密码锁电路仿真

在 PROTEUS 环境下仿真电路。首先将初始密码固化到 AT24C02 中。设初始密码为“1234”,则固化初始密码程序如下:


```
#include<reg51.h>
#define uint unsigned int
#define uchar unsigned char
#define T 5
uchar code a[] = {0,1,2,3};
sbit I2C_SDA = P0^2;
sbit I2C_SCL = P0^3;
sbit  red = P2^1;
void  Delayn(unsigned int i)
    {
     while(i--);
    }
bit I2C_Start(void)
    {
     Delayn(10);
     I2C_SDA  = 1;
     Delayn(10);
     I2C_SCL  = 1;
     Delayn(10);
     if ( I2C_SDA  ==  0) return 0;
     if ( I2C_SCL  ==  0) return 0;
     I2C_SDA  =  0;
     Delayn(10);
     I2C_SCL  =  0;
     Delayn(10);
     return 1;
```

```
    }
void  I2C_Stop(void)
    {
     Delayn(10);
     I2C_SDA = 0;
     Delayn(10);
     I2C_SCL = 1;
     Delayn(10);
     I2C_SDA = 1;
     Delayn(10);
    }
bit I2C_Send_Byte( uchar d)
    {
     uchar i = 8;
     bit bit_ack;
     while( i-- )
        {
         Delayn(10);
         if ( d &0x80 )    I2C_SDA = 1;
         else              I2C_SDA = 0;
         Delayn(10);
         I2C_SCL = 1;
         Delayn(10);
         I2C_SCL = 0;
         d = d << 1;
        }
    Delayn(10);
    I2C_SDA = 1;
    Delayn(10);
    I2C_SCL = 1;
    Delayn(10);
    bit_ack = I2C_SDA;
    I2C_SCL = 0;
    Delayn(10);
    return bit_ack;
    }
void writebyte_24c02(uchar add,uchar data_24c02)//写入单个数据
    {
      I2C_Start();
      I2C_Send_Byte(0xa0);//存储器位置
      I2C_Send_Byte(add);
```

```
        I2C_Send_Byte(data_24c02);
        I2C_Stop();
        Delayn(1000);

    }
main()
    {           uchar temp = 4,j,ld = 0x00;


                    writebyte_24c02(0x00,temp);
                    for(j = 0;j<temp;j ++ )
                        {
                         writebyte_24c02(ld + 0x01,a[j]);
                         writebyte_24c02(ld + 0x10,a[j]);
                         ld ++ ;
                        };
                    red = 0;
                    while(1);
 }
```


将固化初始密码的程序加载到单片机中进行仿真，电路运行结果如图 11 - 9 所示。

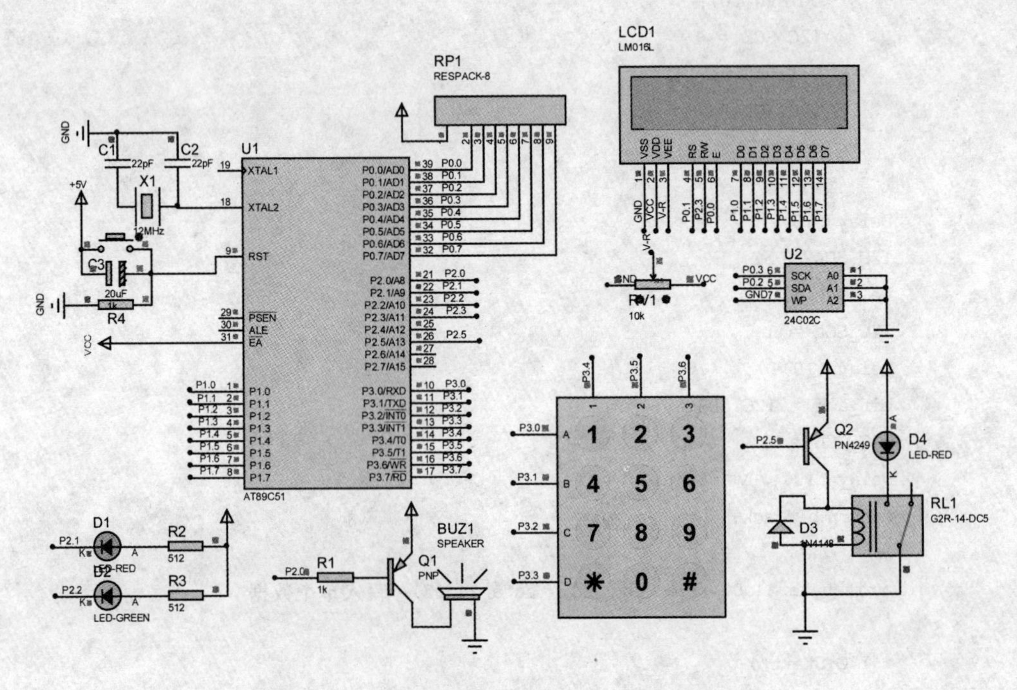

图 11 - 9　固化初始密码的程序运行仿真结果

从图中可以看到发光二极管 D1 点亮，即表示初始密码固化完成，暂停程序仿真，打开 AT24C02 存储器查看写入结果，如图 11－10 所示。

I2C Memory Internal Memory - U2

地址									
00	04	00	01	02	03	FF	FF	FF	....
08	FF	FF	FF	FF	FF	FF	FF	FF	....
10	00	01	02	03	FF	FF	FF	FF	....
18	FF	FF	FF	FF	FF	FF	FF	FF	....
20	FF	FF	FF	FF	FF	FF	FF	FF	....
28	FF	FF	FF	FF	FF	FF	FF	FF	....
30	FF	FF	FF	FF	FF	FF	FF	FF	....
38	FF	FF	FF	FF	FF	FF	FF	FF	....
40	FF	FF	FF	FF	FF	FF	FF	FF	....
48	FF	FF	FF	FF	FF	FF	FF	FF	....
50	FF	FF	FF	FF	FF	FF	FF	FF	....
58	FF	FF	FF	FF	FF	FF	FF	FF	....
60	FF	FF	FF	FF	FF	FF	FF	FF	....
68	FF	FF	FF	FF	FF	FF	FF	FF	....
70	FF	FF	FF	FF	FF	FF	FF	FF	....
78	FF	FF	FF	FF	FF	FF	FF	FF	....
80	FF	FF	FF	FF	FF	FF	FF	FF	....
88	FF	FF	FF	FF	FF	FF	FF	FF	....
90	FF	FF	FF	FF	FF	FF	FF	FF	....
98	FF	FF	FF	FF	FF	FF	FF	FF	....
A0	FF	FF	FF	FF	FF	FF	FF	FF	....
A8	FF	FF	FF	FF	FF	FF	FF	FF	....
B0	FF	FF	FF	FF	FF	FF	FF	FF	....
B8	FF	FF	FF	FF	FF	FF	FF	FF	....
C0	FF	FF	FF	FF	FF	FF	FF	FF	....
C8	FF	FF	FF	FF	FF	FF	FF	FF	....
D0	FF	FF	FF	FF	FF	FF	FF	FF	....
D8	FF	FF	FF	FF	FF	FF	FF	FF	....
E0	FF	FF	FF	FF	FF	FF	FF	FF	....
E8	FF	FF	FF	FF	FF	FF	FF	FF	....
F0	FF	FF	FF	FF	FF	FF	FF	FF	....
F8	FF	FF	FF	FF	FF	FF	FF	FF	....

图 11－10　AT24C02 存储器密码固化结果

其中，0x00 单元为密码数，0x01～0x04 及 0x10～0x13 存放初始密码。

接着将密码锁程序加载到单片机，单击仿真运行按钮，仿真电路，仿真结果如图 11－11 所示。

11.2.6　基于 AT24C02 的电子密码锁制作

在万用板上连接电路。其中以单片机为核心的运算单元、密码存储单元及继电器单元制作在一块电路板上，显示与输入部分放在一块电路板上，开门装置放在一块电路板上，如图 11－12 所示。

给系统上电，测试系统。系统测试结果如图 11－13 所示。

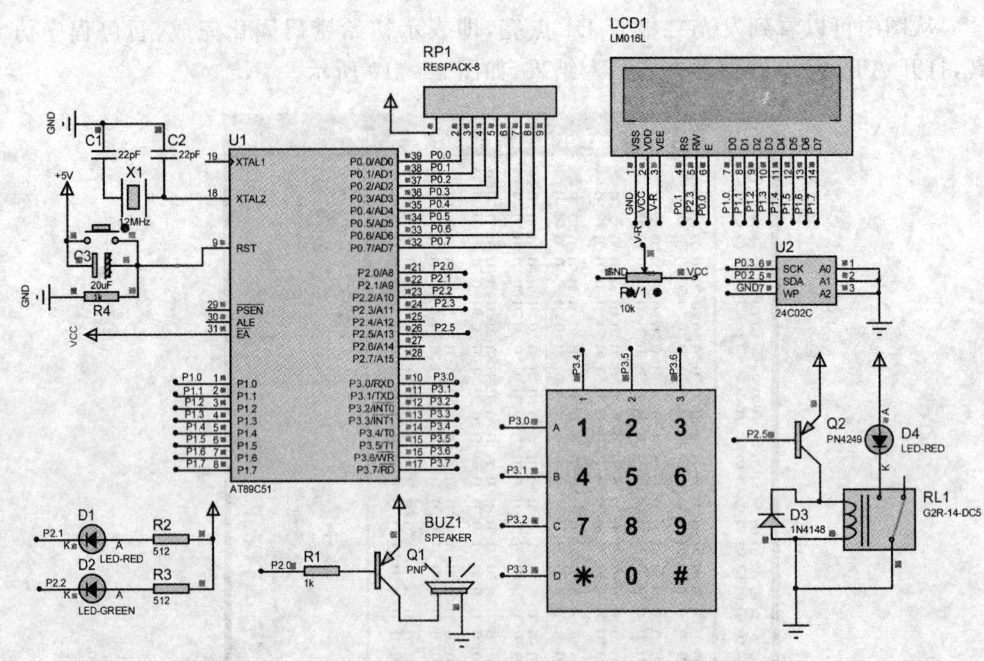

（a）当密码锁键盘没有输入时，系统处于节电模式

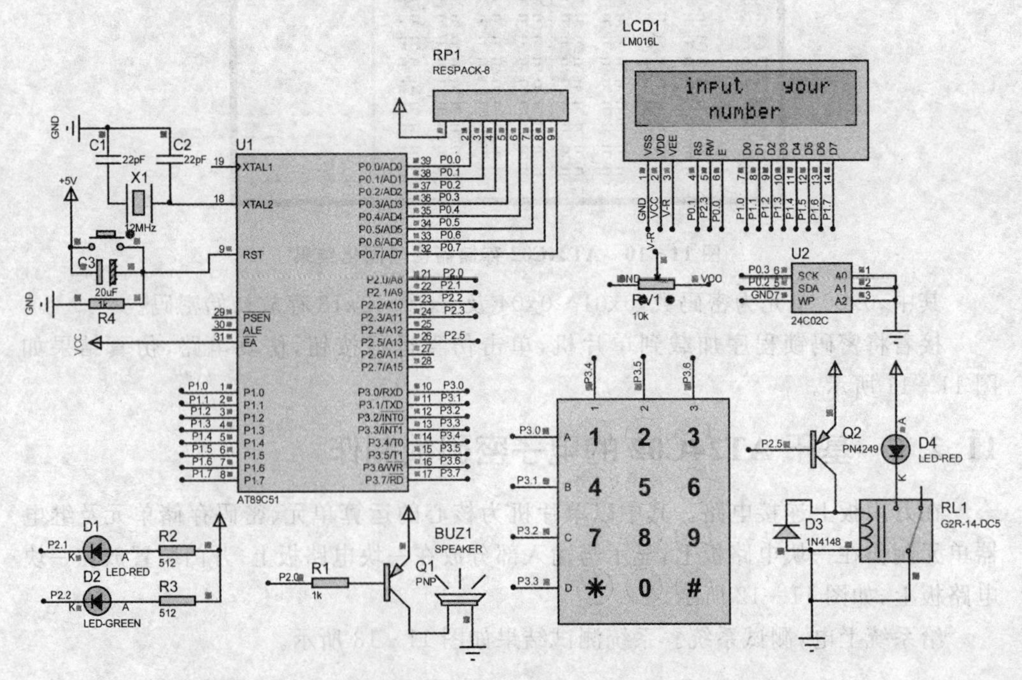

（b）当密码锁键盘有按键输入时，系统进入工作状态，提示“请输入密码”

图 11－11　密码锁电路仿真结果

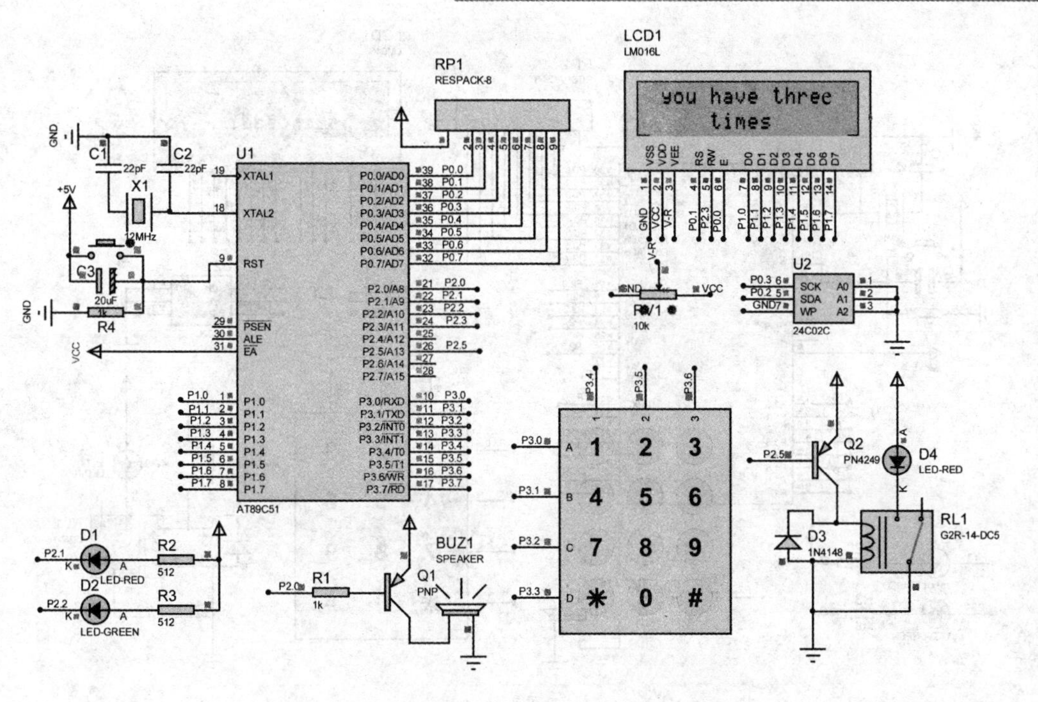

（c）当输入密码有误时，系统提示“还有三次机会”

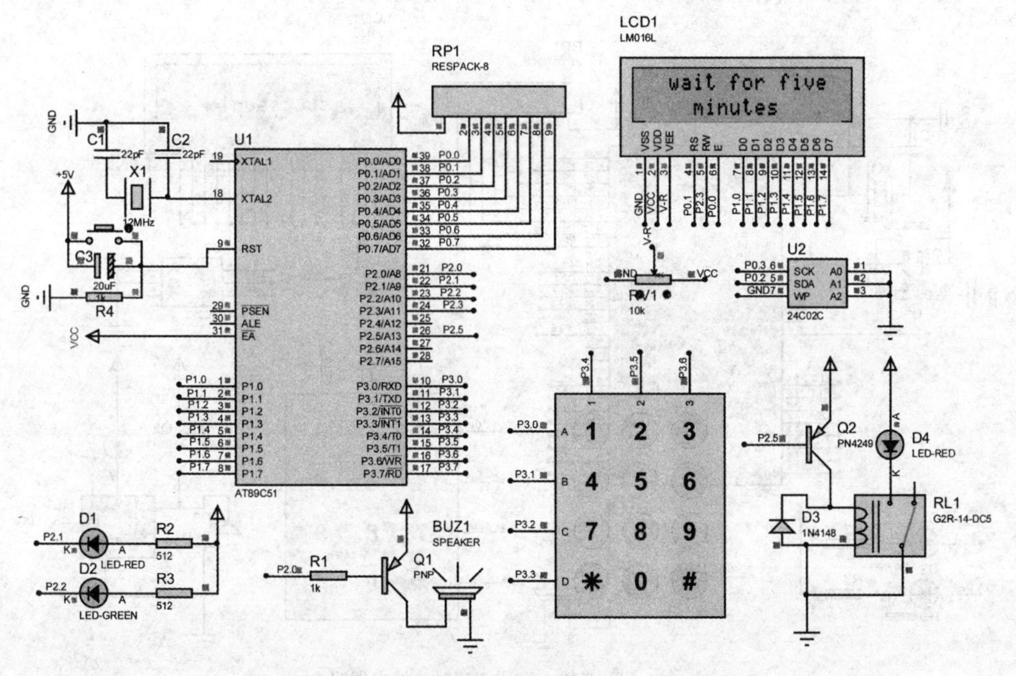

（d）当输入密码三次机会全部用完后，系统提示“请五分钟后再试”

图 11-11　密码锁电路仿真结果(续)

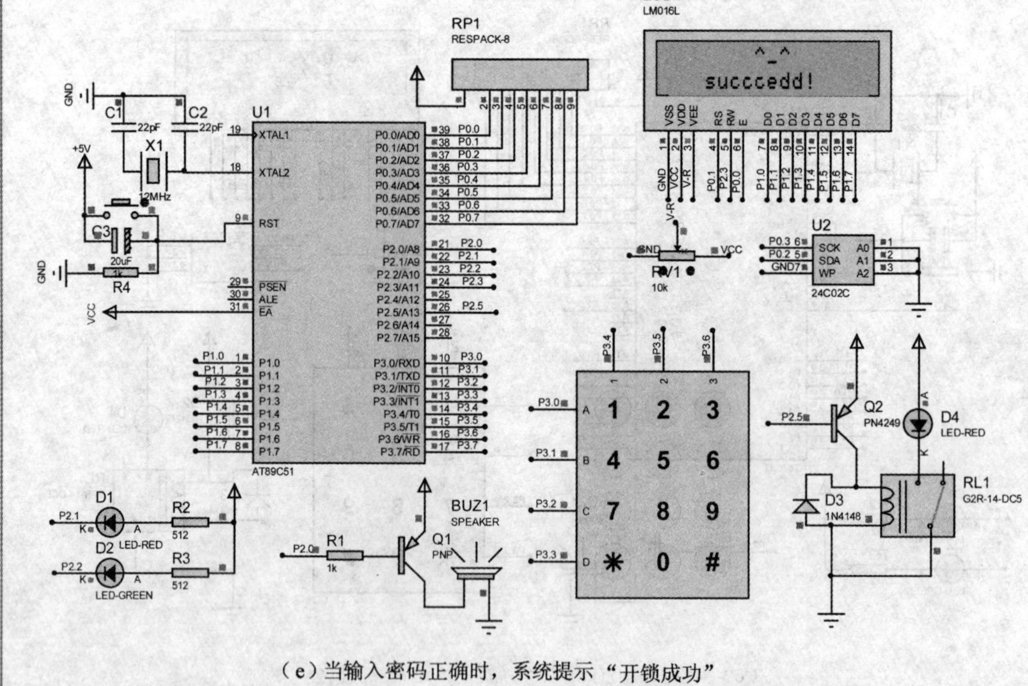

（e）当输入密码正确时，系统提示“开锁成功”

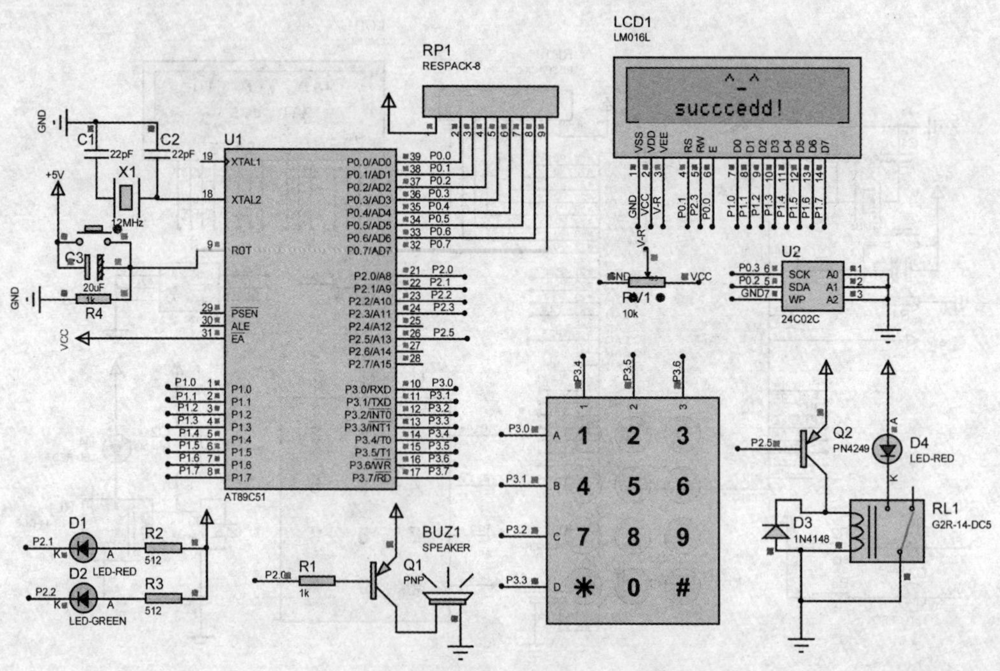

（f）当输入密码正确时，继电器吸合

图 11－11　密码锁电路仿真结果(续)

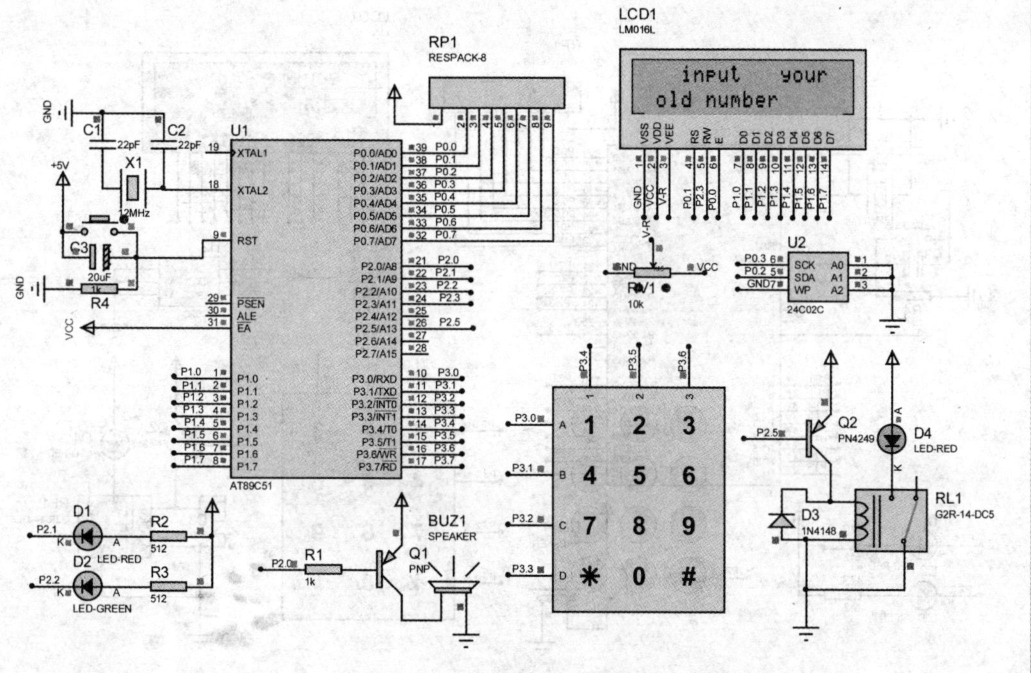

（g）按下 “*” 号键后，系统进入修改密码界面

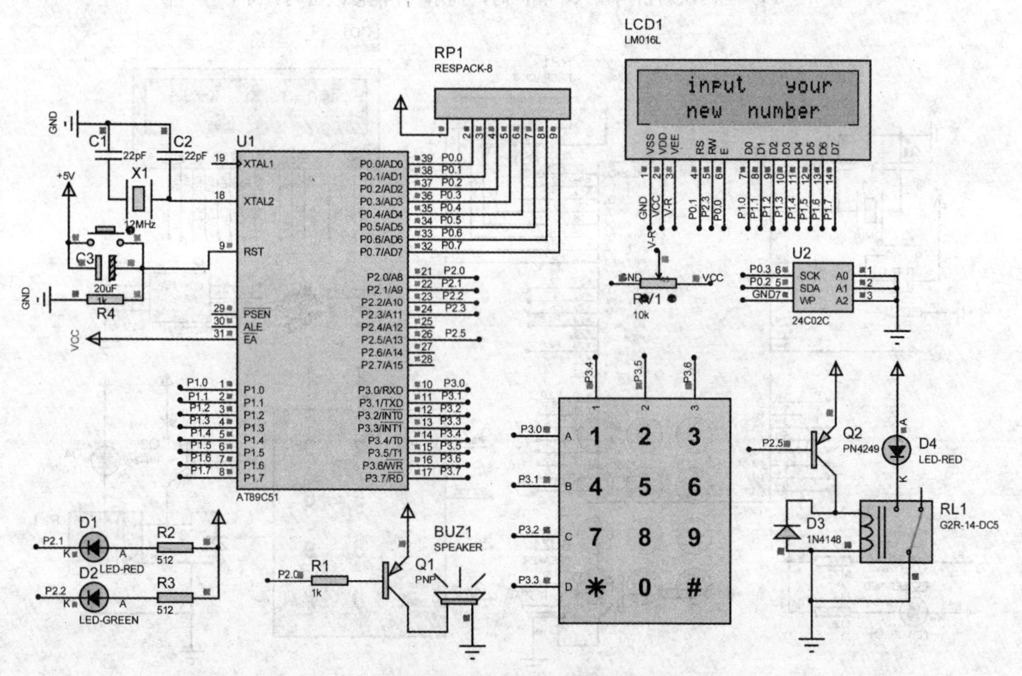

（h）使用旧密码启动程序到密码修改界面

图 11－11　密码锁电路仿真结果(续)

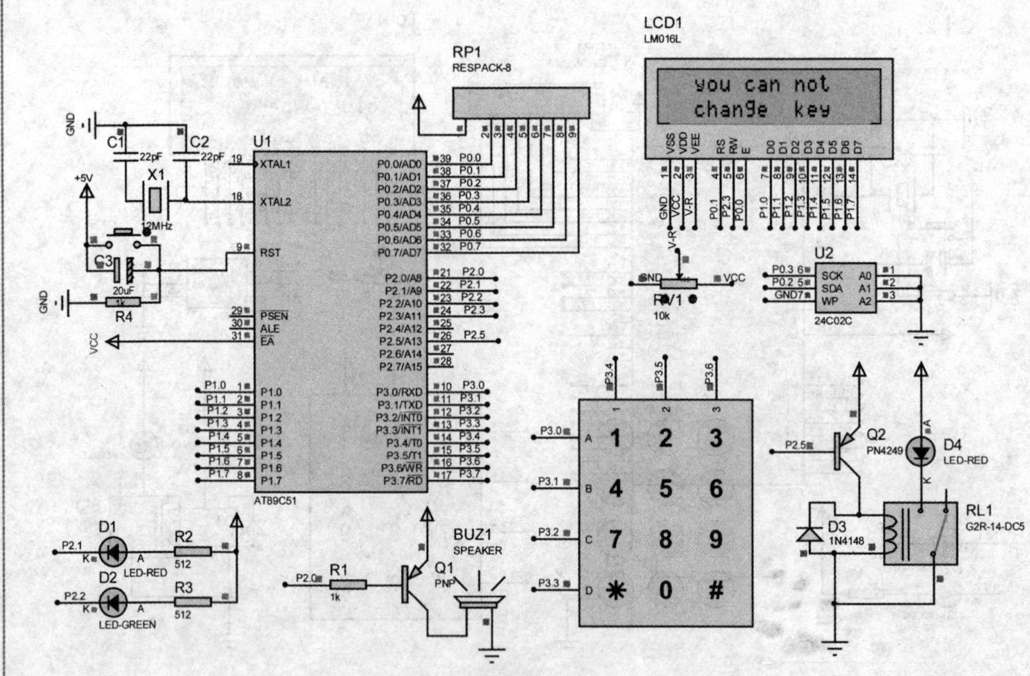

（i）当两次新密码输入不相同时，提示“不能修改密码”

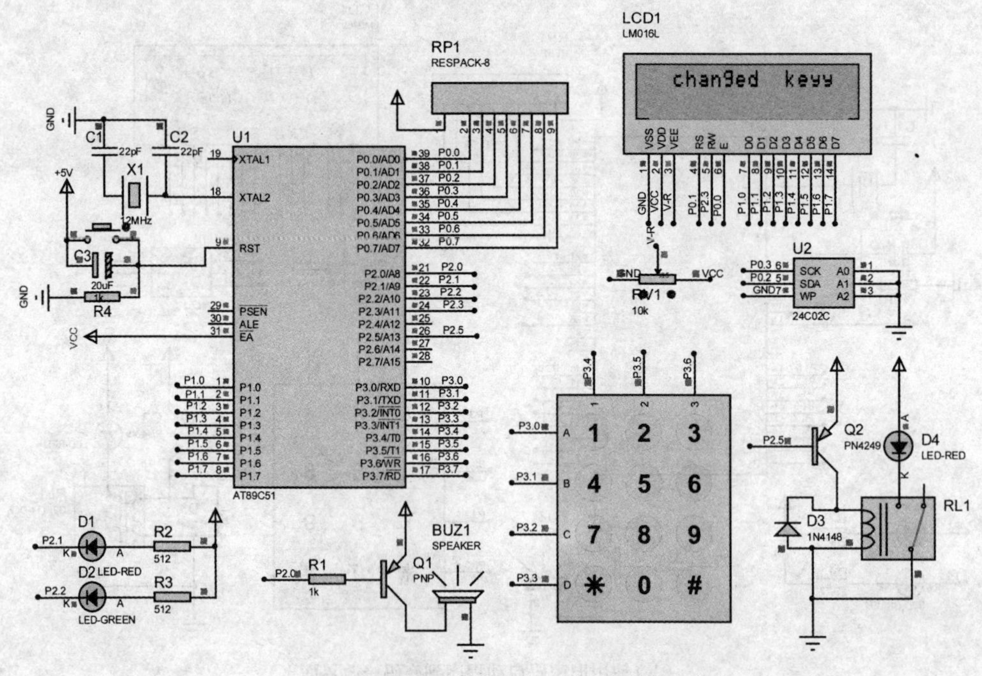

（j）当两次新密码输入相同时，密码修改成功

图 11-11　密码锁电路仿真结果(续)

I2C Memory Internal Memory - U2

00	06	01	04	07	02	05	08	FF	....
08	FF	FF	FF	FF	FF	FF	FF	FF	....
10	00	01	02	03	FF	FF	FF	FF	....
18	FF	FF	FF	FF	FF	FF	FF	FF	....
20	FF	FF	FF	FF	FF	FF	FF	FF	....
28	FF	FF	FF	FF	FF	FF	FF	FF	....
30	FF	FF	FF	FF	FF	FF	FF	FF	....
38	FF	FF	FF	FF	FF	FF	FF	FF	....
40	FF	FF	FF	FF	FF	FF	FF	FF	....
48	FF	FF	FF	FF	FF	FF	FF	FF	....
50	FF	FF	FF	FF	FF	FF	FF	FF	....
58	FF	FF	FF	FF	FF	FF	FF	FF	....
60	FF	FF	FF	FF	FF	FF	FF	FF	....
68	FF	FF	FF	FF	FF	FF	FF	FF	....
70	FF	FF	FF	FF	FF	FF	FF	FF	....
78	FF	FF	FF	FF	FF	FF	FF	FF	....
80	FF	FF	FF	FF	FF	FF	FF	FF	....
88	FF	FF	FF	FF	FF	FF	FF	FF	....
90	FF	FF	FF	FF	FF	FF	FF	FF	....
98	FF	FF	FF	FF	FF	FF	FF	FF	....
A0	FF	FF	FF	FF	FF	FF	FF	FF	....
A8	FF	FF	FF	FF	FF	FF	FF	FF	....
B0	FF	FF	FF	FF	FF	FF	FF	FF	....
B8	FF	FF	FF	FF	FF	FF	FF	FF	....
C0	FF	FF	FF	FF	FF	FF	FF	FF	....
C8	FF	FF	FF	FF	FF	FF	FF	FF	....
D0	FF	FF	FF	FF	FF	FF	FF	FF	....
D8	FF	FF	FF	FF	FF	FF	FF	FF	....
E0	FF	FF	FF	FF	FF	FF	FF	FF	....
E8	FF	FF	FF	FF	FF	FF	FF	FF	....
F0	FF	FF	FF	FF	FF	FF	FF	FF	....
F8	FF	FF	FF	FF	FF	FF	FF	FF	....

（k）密码修改成功的同时，将新密码固化到AT24C02

图 11－11　密码锁电路仿真结果(续)

（a）AT89S51最小系统、存储单元、继电器控制单元及声音提示部分

（b）键盘输入部分与LCD显示部分

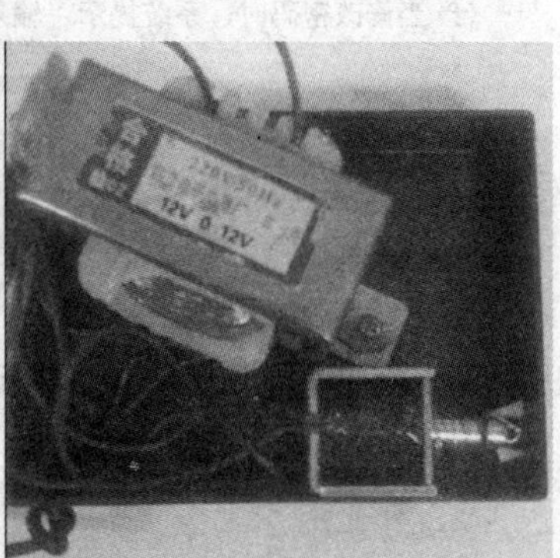

（c）变压器与电磁铁部分

图 11－12　基于 AT24C02 的电子密码锁

（a）系统上电，但未有按键输入时，系统处于节电模式

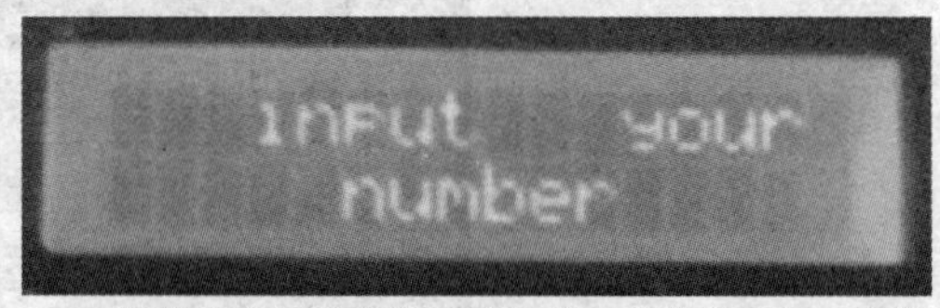

（b）系统上电，当有按键输入时，系统提示输入密码

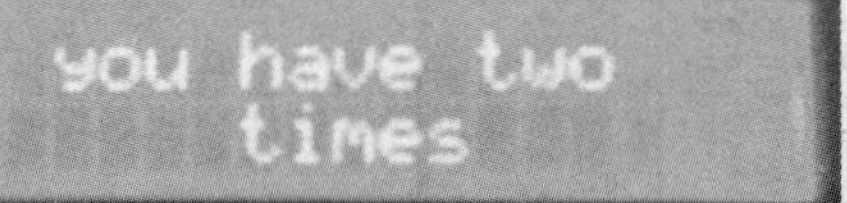

（c）当密码输入有误时，系统提示可试密码的次数

（d）当密码输入正确时，系统提示“成功”

“锁”状态

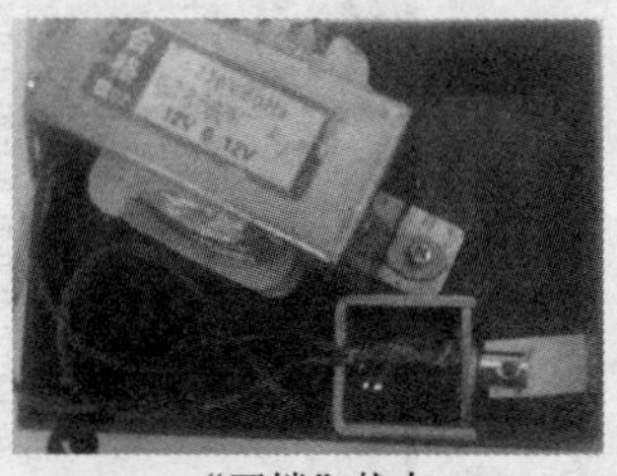

“开锁”状态

（e）当密码输入正确、系统提示“成功”后，继电器吸合，电磁铁开锁

input your
old number

（f）当修改密码时，系统提示“输入旧密码”

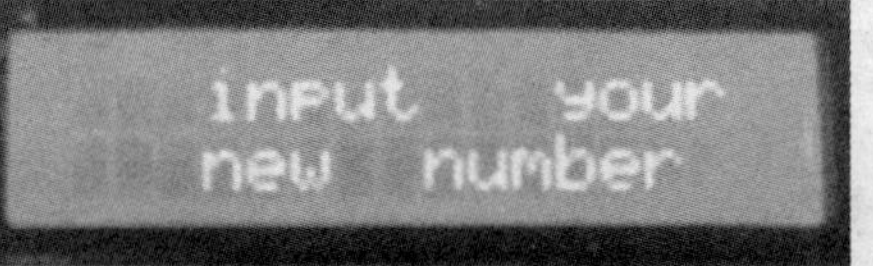

（g）进入密码修改界面

input a9ainn

（h）二次确认新密码

图 11－13　基于 AT24C02 的电子密码锁系统测试结果

第12章 电机控制系统设计

现在电气传动的主要方向之一是电机调速系统采用微处理器实现数字化控制。采用微处理器控制，使整个调速系统的数字化程度、智能化程度大大提高；采用微处理器控制，也使得调速系统在结构上简单化，可靠性提高，操作维护变得简捷，电机稳定运行时转速精度等方面达到较高水平。

12.1 基于AT89S51的直流电机控制系统设计

直流电机，即将直流电能转换成机械能的电机。直流电机由于具有速度控制容易，启动、制动性能良好，且能在宽范围内平滑调速等特点，而在电力、冶金、机械制造等工业部门中得到广泛应用。

直流电机的控制系统主要包括对直流电机的调速以及电机的正转、反转和急停，并且可以调整电机的转速，能够很方便地实现电机的智能控制。

12.1.1 直流电机工作原理

直流电机就是将直流电能转换成机械能的电机。直流电机由定子(磁极)、转子(电枢)和机座等部分构成，如图12-1所示。

直流电机的物理模型图如图12-2所示。

直流电从两电刷之间通入电枢绕组。由于换向片和电源固定连接，无论线圈怎样转动，总是S极有效边的电流方向向里，N极有效边的电流方向向外。电动机电枢绕组中通电后受力(左手定则)，按顺时针方向旋转。

直流电动机虽然比三相交流异步电动机结构复杂，维修也不便，但由于它的调速性能较好和启动转矩较大，因此，对调速要求较高的生产机械或者需要较大启动转矩的生产机械，往往采用直流电动机驱动。

12.1.2 直流电机调速原理

根据励磁方式不同，直流电机分为自励和他励两种类型。不同励磁方式的直流电机机械特性曲线有所不同。对于直流电机来说，人为机械特性方程式如下：

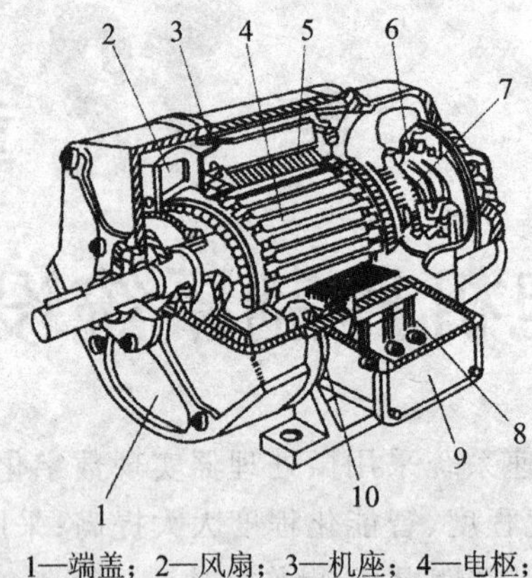

(a) 直流电机的结构图

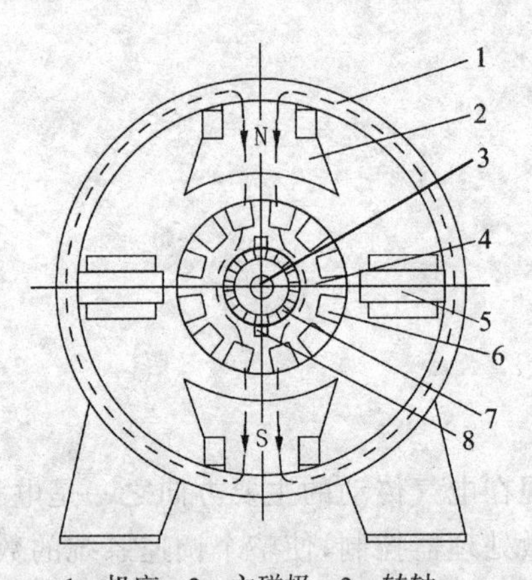

(b) 直流电机的轴向截面图

图 12-1　直流电机的构造图

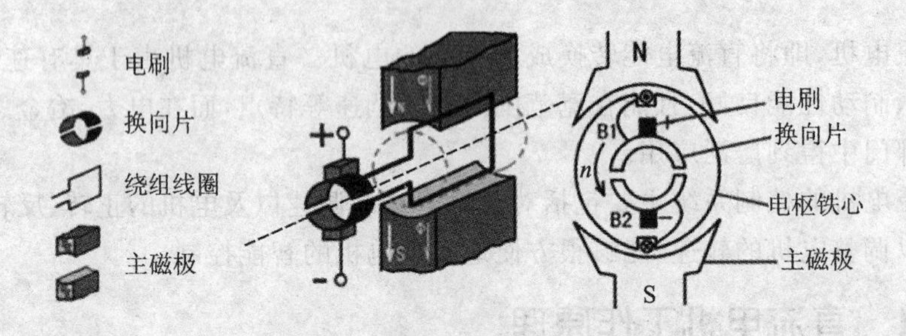

图 12-2　直流电机的物理模型

$$n = \frac{U_N}{K_e \phi_N} - \frac{R_{ad} + R_a}{K_e K_t \phi_N^2} T = n_0 - \Delta n \tag{12-1}$$

式中，U_N、ϕ_N 为额定电枢电压、额定磁通量；K_e、K_t 为与电机有关的常数；R_{ad}、R_a 为电枢外加电阻、电枢内电阻；n_0、Δn 为理想空载转速、转速降。

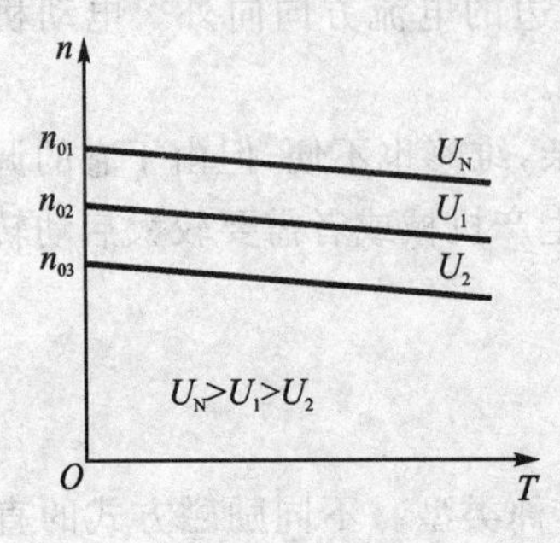

图 12-3　他励直流电机压降的人为机械特性曲线

当分别改变 U_N、ϕ_N 和 R_{ad} 时，可以得到不同的转速 n，从而实现对速度的调节。

通过改变磁通量 ϕ_N 的大小，可以达到变磁通调速的目的。但由于励磁线圈发热和电机磁饱和的限制，只能弱磁调速。而对于调节电枢外加电阻 R_{ad} 时，会使机械特性变软，导致电机带负载能力减弱。对于他励直流电机来说，当改变电枢电压 U_N 时，分析人为机械特性方程式，得到人为特性曲线，如图 12-3 所示。

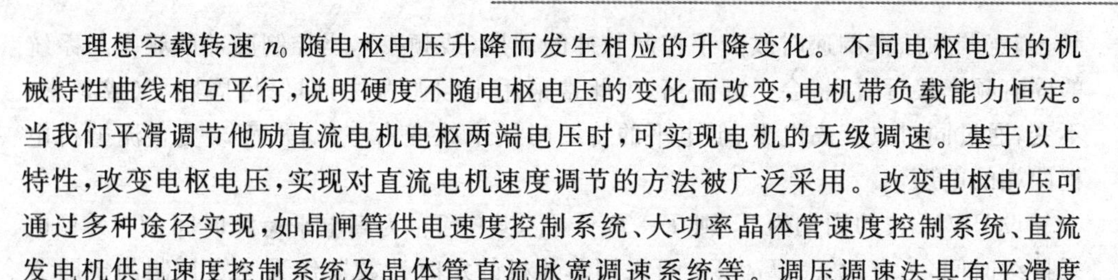

理想空载转速 n_0 随电枢电压升降而发生相应的升降变化。不同电枢电压的机械特性曲线相互平行，说明硬度不随电枢电压的变化而改变，电机带负载能力恒定。当我们平滑调节他励直流电机电枢两端电压时，可实现电机的无级调速。基于以上特性，改变电枢电压，实现对直流电机速度调节的方法被广泛采用。改变电枢电压可通过多种途径实现，如晶闸管供电速度控制系统、大功率晶体管速度控制系统、直流发电机供电速度控制系统及晶体管直流脉宽调速系统等。调压调速法具有平滑度高、能耗少、精度高等优点。在工业生产中，广泛使用脉宽调制(PWM)法。

脉宽调制利用一个固定的频率来控制电源的接通或断开，并通过改变一个周期内“接通”和“断开”时间的长短，即改变直流电机电枢上电压的“占空比”来改变平均电压的大小，从而控制电机的转速，因此，PWM 又被称为“开关驱动装置”。电枢电压占空比和平均电压的关系如图 12－4 所示。

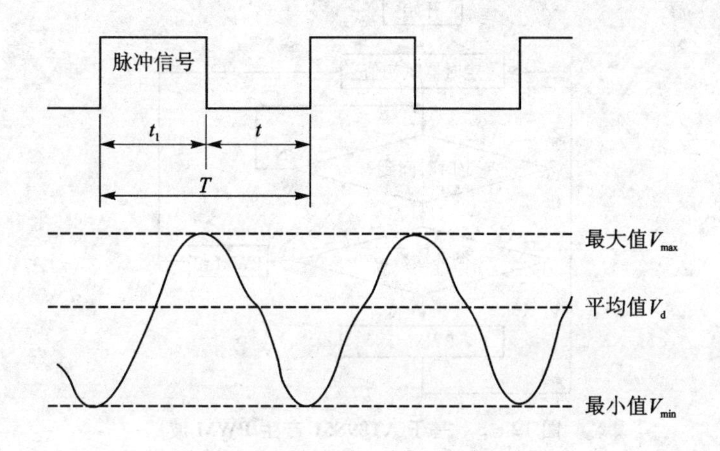

图 12－4　电枢电压占空比和平均电压的关系

如果电机始终接通电源，电机转速最大为 V_{max}，占空比为 $\lambda = t_1/T$，则电机的平均速度为 $V_d = V_{max} \times \lambda$。可见只要改变占空比 λ，就可以得到不同的电机速度，从而达到调速的目的。

与传统的直流调速技术相比较，PWM(脉宽调制)直流调速系统具有较大的优越性：主电路线路简单，需要的功率元件少；开关频率高，电流容易连续，谐波少，电机损耗和发热都较小；低速性能好，稳速精度高，因而调速范围宽；系统频带宽，快速响应性能好，动态抗干扰能力强；主电路元件工作在开关状态，导通损耗小，装置效率高。

12.1.3　基于 AT89S51 的 PWM 信号产生

PWM 信号可通过硬件方法或软件方法产生，如采用 NE555 可产生控制信号。基于单片机的调速系统可分为定宽调频法、调宽调频法及定频调宽法。其中定宽调频、调宽调频法在调速时改变了控制脉冲的周期(或频率),当控制脉冲的频率与系统的固有频率接近时,将会引起振荡,因此常采用定频调宽法,即保持周期 T(或频率)不变,通过同时改变高电平、低电平的持续时间来改变占空比,从而改变直流电机电枢两端的电压。

设 PWM 波的周期为 T,则 $T=T_H+T_L$,其中 T_H 为高电平持续时间,T_L 为低电平持续时间,占空比 $\lambda=T_H/T$。可采用单片机的定时计数器作为脉宽控制的定时方式。以产生 1 000 Hz 方波信号为例,信号周期为 $T=1$ ms,若 T0 工作于方式 2,即自动重装计数初值状态,则最大定时时间为 0.256 ms;若设定定时器的定时时间为 0.1 ms,则循环计时 10 次,即可实现输出频率为 1 000 Hz 的方波信号。令高电平持续时间为 t 次,则低电平持续时间为 10 t。基于 AT89S51 的 PWM 波产生流程图如图 12-5 所示。

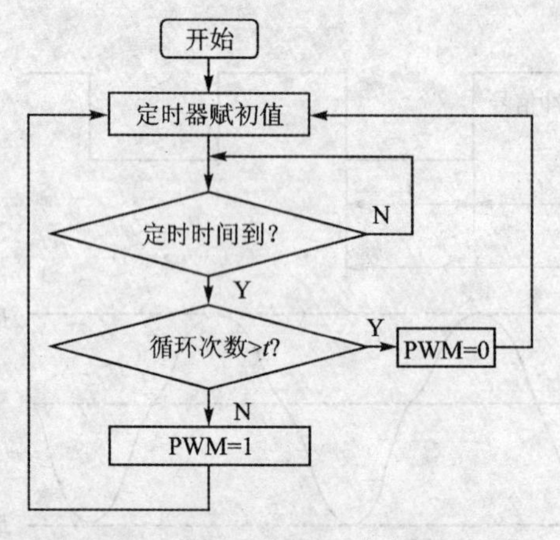

图 12-5 基于 AT89S51 产生 PWM 波

12.1.4 直流电机驱动 L298

由于单片机的带负载能力有限,因此,不能将电机直接接到单片机的输出引脚。设计中采用常用的电机驱动芯片 L298 驱动电机。

L298 为 SGS-THOMSON Microelectronics 所出产的双全桥电机专用驱动芯片,内部包含 4 信道逻辑驱动电路,是一种二相和四相电机的专用驱动器,可同时驱动 2 个二相或 1 个四相电机,内含 2 个 H-Bridge 的高电压、大电流双全桥式驱动器,接收标准 TTL 逻辑准位信号,可驱动 46 V、2 A 以下的电机;此芯片可直接由单片机的 I/O 端口来提供模拟时序信号。其内部逻辑图如图 12-6 所示。

L298 有 Multiwatt15 和 PowerSO20 两种封装,如图 12-7 所示。

其引脚功能如表 12-1 所列。

L298 与电机的连接方法如图 12-8 所示。

其中,8 个二极管分为两组,分别用于保护电机 A 和电机 B,以防电机反转时产生强大的冲击电流烧坏电机。L298 的逻辑功能如表 12-2 所列。

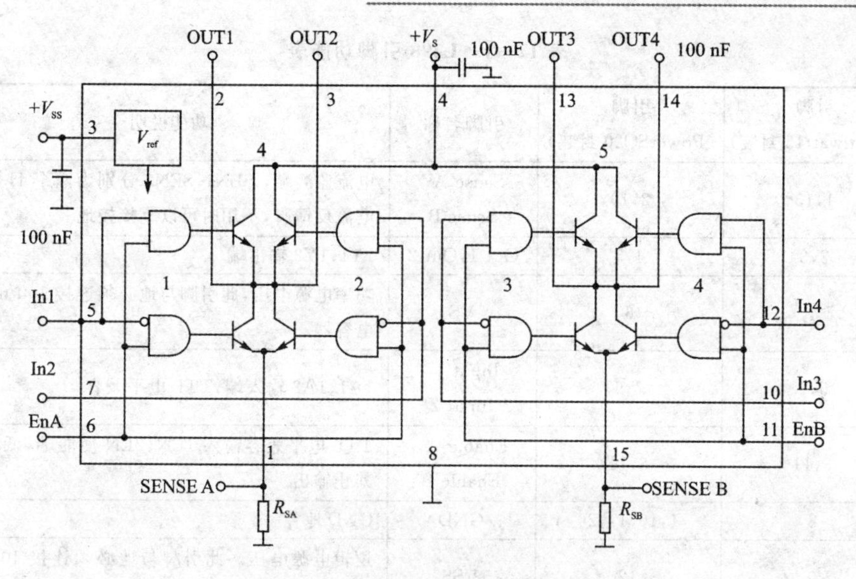

图 12－6　L298内部逻辑结构图

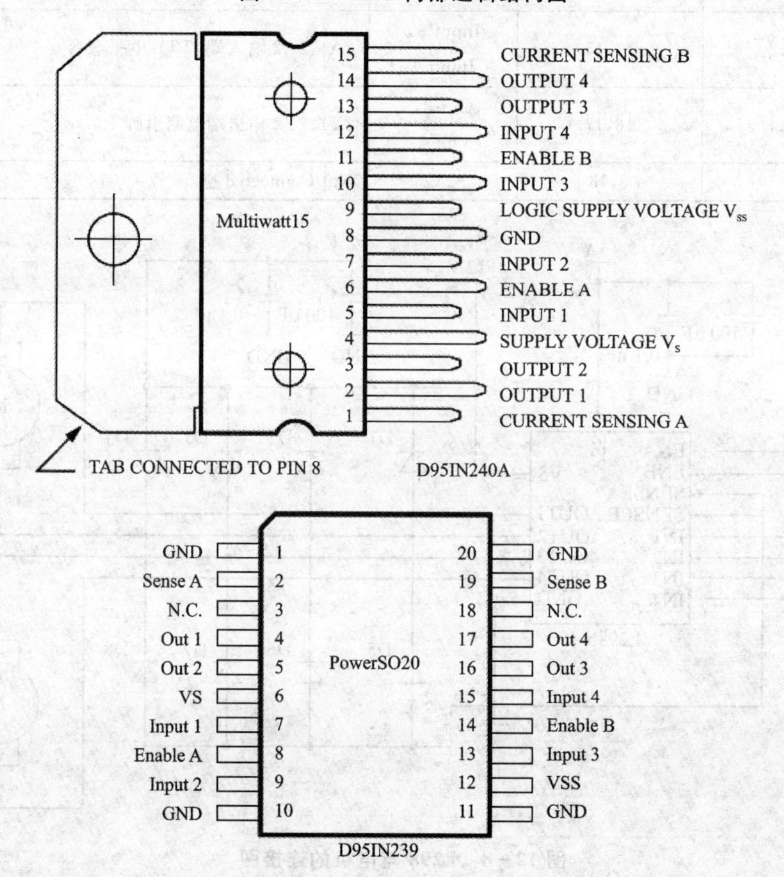

图 12－7　L298的两种封装形式

表 12-1 L298 引脚功能表

引脚（Multiwatt15 封装）	引脚（PowerSO20 封装）	引脚名称	功能说明
1,15	2,19	Sense A，Sense B	电流监测端，SEN1、SEN2 分别为两个 H 桥的电流反馈脚，不用时可以直接接地
2,3	4,5	Out 1,Out 2	1Y1、1Y2 输出端
4	6	VS	功率电源电压，此引脚与地必须连接 100 nF 的电容器
5,7	7,9	Input 1，Input 2	1A1、1A2 输入端，TTL 电平兼容
6,11	8,14	Enable A，Enable B	TTL 电平兼容输入 1EN、2EN 使能端，低电平禁止输出
8	1,10,11,20	GND	GND 地
9	12	VSS	逻辑电源电压。此引脚与地必须连接 100 nF 电容器
10,12	13,15	Input 3，Input 4	2A1、2A2 输入端，TTL 电平兼容
13,14	16,17	Out 3，Out 4	2Y1、2Y2 输出端监测引脚 15
—	3,18	N. C.	Not Connected 空

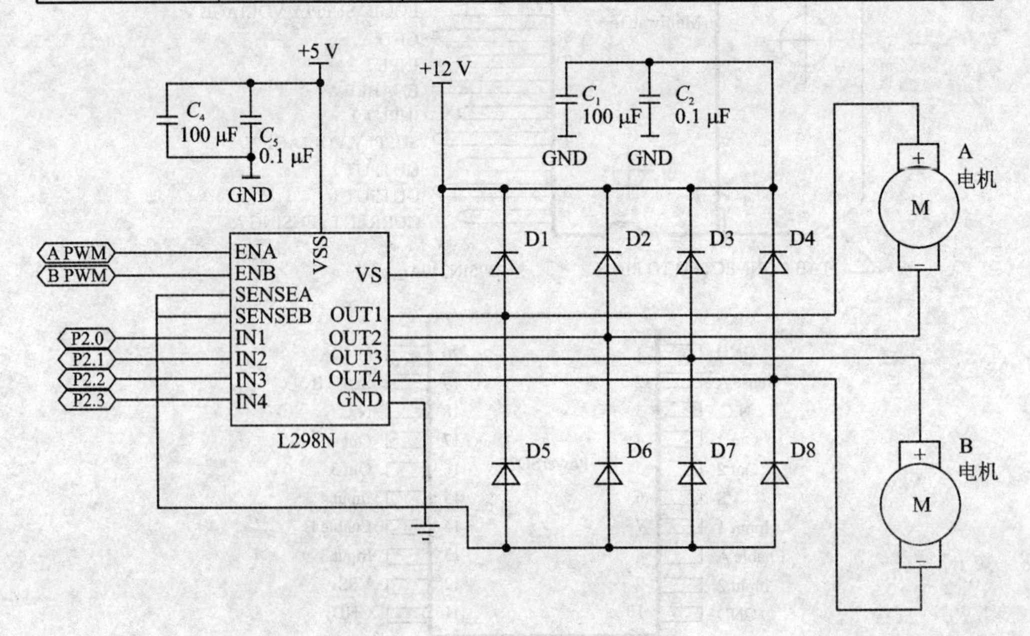

图 12-8 L298 与电机的连接图

表12-2 L298的逻辑功能表

电机 A		电机 B		电机 A	电机 B
IN1	IN2	IN3	IN4		
1	0	1	0	正转	正转
1	0	0	1	正转	反转
1	0	1	1	正转	停
0	1	1	0	反转	正转
1	1	1	0	停	正转
0	1	0	1	反转	反转

12.1.5 基于L298驱动的直流电机调速硬件电路设计

直流电机的控制包括正转、反转控制，速度增、速度减控制。用按键设定系统的工作状态，用LCD1602显示当前的工作状态。基于L298驱动器驱动的直流电机调速系统硬件电路如图12-9所示。

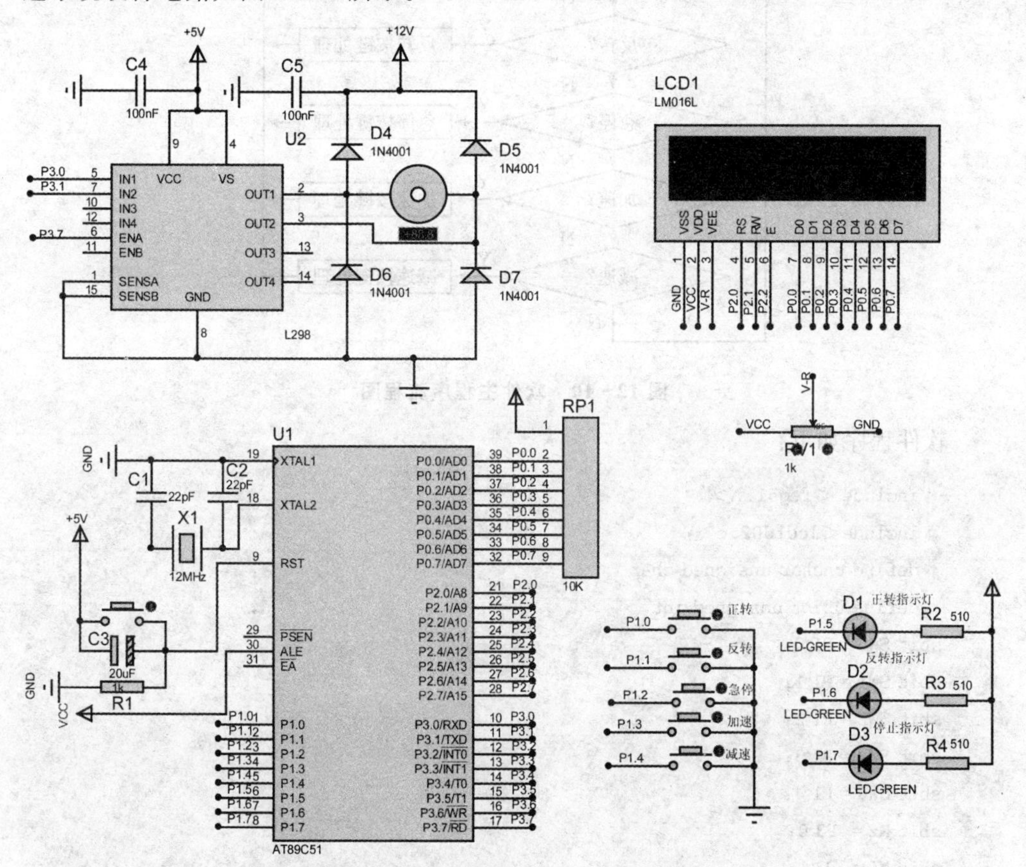

图12-9 基于L298驱动器驱动的直流电机调速系统硬件电路图

其中，5 个按钮分别为正转、反转、急停、加速、减速键，3 个指示灯分别为正转指示灯、反转指示灯及停止指示灯。

12.1.6 基于 L298 驱动的直流电机调速软件程序设计

基于系统的设计要求，绘制软件程序流程图。主程序流程图如图 12－10 所示。

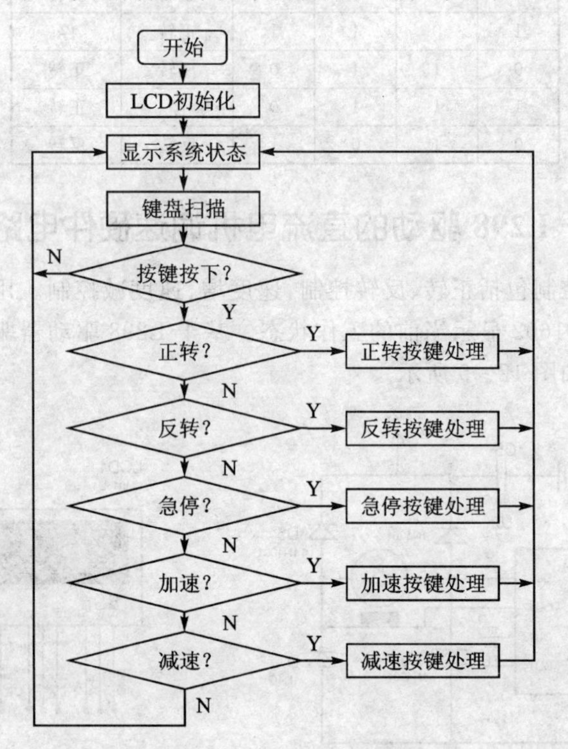

图 12－10 软件主程序流程图

软件程序如下：

```
#include <reg51.h>
#include<lcd1602.c>
#define unchar unsigned char
#define unint unsigned int
sbit SW0 = P1^0;
sbit SW1 = P1^1;
sbit SW2 = P1^2;
sbit SW3 = P1^3;
sbit SW4 = P1^4;
sbit Mz =  P3^0;
sbit Mf =  P3^1;
sbit Me =  P3^7;
```

```
sbit zheng = P1^5;  //正转指示灯
sbit fan = P1^6;    //反转指示灯
sbit ting = P1^7;   //停止指示灯
unchar data_v[16] = {'S','p','e','e','d',' ',' ',' ','
                    ',':','r','/','m','i','n','\n'};
unsigned char last_val[5] = {1,1,1,1,1},cur_val[5] = {1,1,1,1,1};
unsigned char dispbitcnt;
unint mstcnt;
unint i;
unint count = 0;
unchar tp = 5;
void keyscan();
void delay1();
void just();
void turn();
void motorstop();
void speedup();
void speeddown();
void main(void)
{
Mz = 0;
Mf = 0;
TMOD = 0x02;          //T0 工作于方式 2
TH0 = 0x06;
TL0 = 0x06;
TR0 = 1;
ET0 = 1;
EA = 1;
     LcdRw = 0;
     welcome();     //显示欢迎画面
     delay1();
      delay1();
     LCD_Initial();
while(1)
    {
    GotoXY(7,0);
    Print("Duty: /10");
    GotoXY(12,0);
    Dataconv((unsigned char)tp);
    Print(dis);
    GotoXY(0,1);
```

```
    Print(data_v);
    keyscan();      //键盘扫描
    }
}
/**************** 延时 10 ms 程序 ****************/
void delay1()
{
unsigned char i,j;
for(i = 20;i>0;i -- )
for(j = 248;j>0;j -- );
}
/**************** 键盘扫描程序 ****************/
void keyscan() //独立按键扫描
{
last_val[0] = cur_val[0];
cur_val[0] = SW0;
if((last_val[0]! = cur_val[0])&&cur_val[0] == 0)
{delay1();
if((last_val[0]! = cur_val[0])&&cur_val[0] == 0)
just();}
last_val[1] = cur_val[1];
cur_val[1] = SW1;
if((last_val[1]! = cur_val[1])&&cur_val[1] == 0)
{delay1();
if((last_val[1]! = cur_val[1])&&cur_val[1] == 0)
turn();}
last_val[2] = cur_val[2];
cur_val[2] = SW2;
if((last_val[2]! = cur_val[2])&&cur_val[2] == 0)
delay1();
{if((last_val[2]! = cur_val[2])&&cur_val[2] == 0)
motorstop();}
last_val[3] = cur_val[3];
cur_val[3] = SW3;
if((last_val[3]! = cur_val[3])&&cur_val[3] == 0)
delay1();
{if((last_val[3]! = cur_val[3])&&cur_val[3] == 0)
speedup();}
last_val[4] = cur_val[4];
cur_val[4] = SW4;
if((last_val[4]! = cur_val[4])&&cur_val[4] == 0)
```

```
delay1();
{if((last_val[4]! = cur_val[4])&&cur_val[4] == 0)
speeddown();}
}
/**************** 中断服务程序 ****************/
void t0(void) interrupt 1 using 0
{
  if(count>10)
    count = 0;
  if(count>tp)
    Me = 0;
  else Me = 1;

   count ++ ;
}
void just()
{
    Mz = 1;
    Mf = 0;
    zheng = 0;
    fan = 1;
    ting = 1;
    GotoXY(0,0);
    Print("just:");
}
void turn()
{   Mz = 0;
    Mf = 1;
    zheng = 1;
    fan = 0;
    ting = 1;
    GotoXY(0,0);
    Print("turn:");
}
void motorstop()
{   Mz = 0;
    Mf = 0;
    zheng = 1;
    fan = 1;
    ting = 0;
    GotoXY(0,0);
```

```
    Print("stop! ");
}
void speedup()
{   if(tp>9)
    tp = 10;
    else tp ++ ;
    GotoXY(5,0);
    Print(" + ");
}
void speeddown()
{   if(tp<1)
    tp = 0;
    else tp -- ;
    GotoXY(5,0);
    Print(" - ");
}
```


其中LCD1206的显示程序如下：

```
#include <reg51.h>
#include <intrins.h>
#include <stdio.h>
#include <string.h>
#include <absacc.h>
#include <math.h>
#define uchar unsigned char
#define uint unsigned int
/************ 1602液晶端口定义 ************/
sbit LcdRs =  P2^0;
sbit LcdRw =  P2^1;
sbit LcdEn =  P2^2;
sbit  ACC0 = ACC^0;
sbit  ACC7 = ACC^7;
uchar str[7];
uchar dis[1];
/************ 向LCD写入命令或数据 ************/
#define LCD_COMMAND          0        //Command
#define LCD_DATA             1        //Data
#define LCD_CLEAR_SCREEN     0x01     //清屏
#define LCD_HOMING           0x02     //光标返回原点
/************ 设置显示模式 ************/
#define LCD_SHOW             0x04     //显示开
```

```
#define LCD_HIDE              0x00          //显示关
#define LCD_CURSOR            0x02          //显示光标
#define LCD_NO_CURSOR         0x00          //无光标
#define LCD_FLASH             0x01          //光标闪动
#define LCD_NO_FLASH          0x00          //光标不闪动
/************ 设置输入模式 ************/
#define LCD_AC_UP             0x02
#define LCD_AC_DOWN           0x00          //default
#define LCD_MOVE              0x01          //画面可平移
#define LCD_NO_MOVE           0x00          //default
unsigned char LCD_Wait(void);
void LCD_Write(bit style, unsigned char input);
/************ 1602液晶显示部分子程序 ************/
void delay(uint z)
{
    uint x,y;
    for(x = z;x>0;x--)
        for(y = 110;y>0;y--);
}
void LCD_Write(bit style, unsigned char input)
{
    LcdRs = style;
    P0 = input;
    delay(5);
    LcdEn = 1;
    delay(5);
    LcdEn = 0;
}
void LCD_SetDisplay(unsigned char DisplayMode)
{
    LCD_Write(LCD_COMMAND, 0x08|DisplayMode);
}
void LCD_SetInput(unsigned char InputMode)
{
    LCD_Write(LCD_COMMAND, 0x04|InputMode);
}
/************ 初始化LCD ************/
void LCD_Initial()
{
    LcdEn = 0;
    LCD_Write(LCD_COMMAND,0x38);              //8位数据端口,2行显示,5×7点阵
    LCD_Write(LCD_COMMAND,0x38);
```

```
        LCD_SetDisplay(LCD_SHOW|LCD_NO_CURSOR);      //开启显示,无光标
        LCD_Write(LCD_COMMAND,LCD_CLEAR_SCREEN);     //清屏
        LCD_SetInput(LCD_AC_UP|LCD_NO_MOVE);         //AC 递增,画面不动
    }
    /************ 液晶字符输入的位置 ************/
    void GotoXY(unsigned char x, unsigned char y)
    {
        if(y == 0)
            LCD_Write(LCD_COMMAND,0x80|x);
        if(y == 1)
            LCD_Write(LCD_COMMAND,0x80|(x - 0x40));
    }
    /************ 将字符输出到液晶显示 ************/
    void Print(unsigned char * str)
    {
        while( * str! = '\0')
        {
            LCD_Write(LCD_DATA, * str);
            str ++ ;
        }
    }
    void Dataconv(unsigned char dat)
    {
        uchar temp;
        temp = dat;
        dis[0] = temp + 0x30;
    }
    void welcome()
    {
        LCD_Initial();
        GotoXY(0,0);
        Print("  Speed   ");
        GotoXY(0,1);
        Print(" Testing System");
        delay(200);
    }
```

12.1.7　基于 PROTEUS 环境的直流电机调速系统仿真

在 PROTEUS 环境中仿真直流电机调速系统,仿真结果如图 12 - 11 所示。从仿真结果可知,系统可实现对直流电机的速度控制。

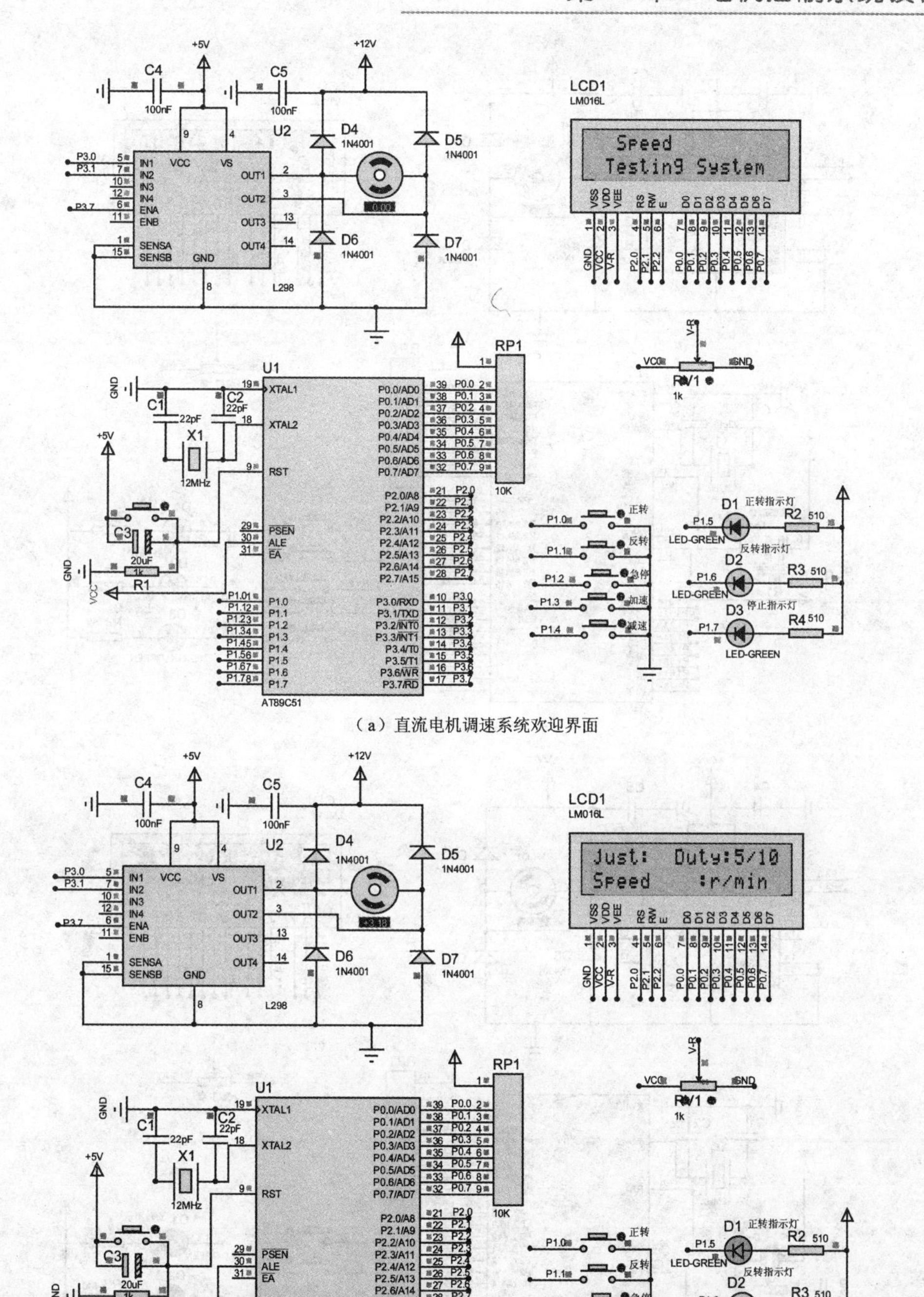

（a）直流电机调速系统欢迎界面

（b）直流电机按默认占空比正转

图 12－11　基于 PROTEUS 环境的直流电机调速系统仿真结果

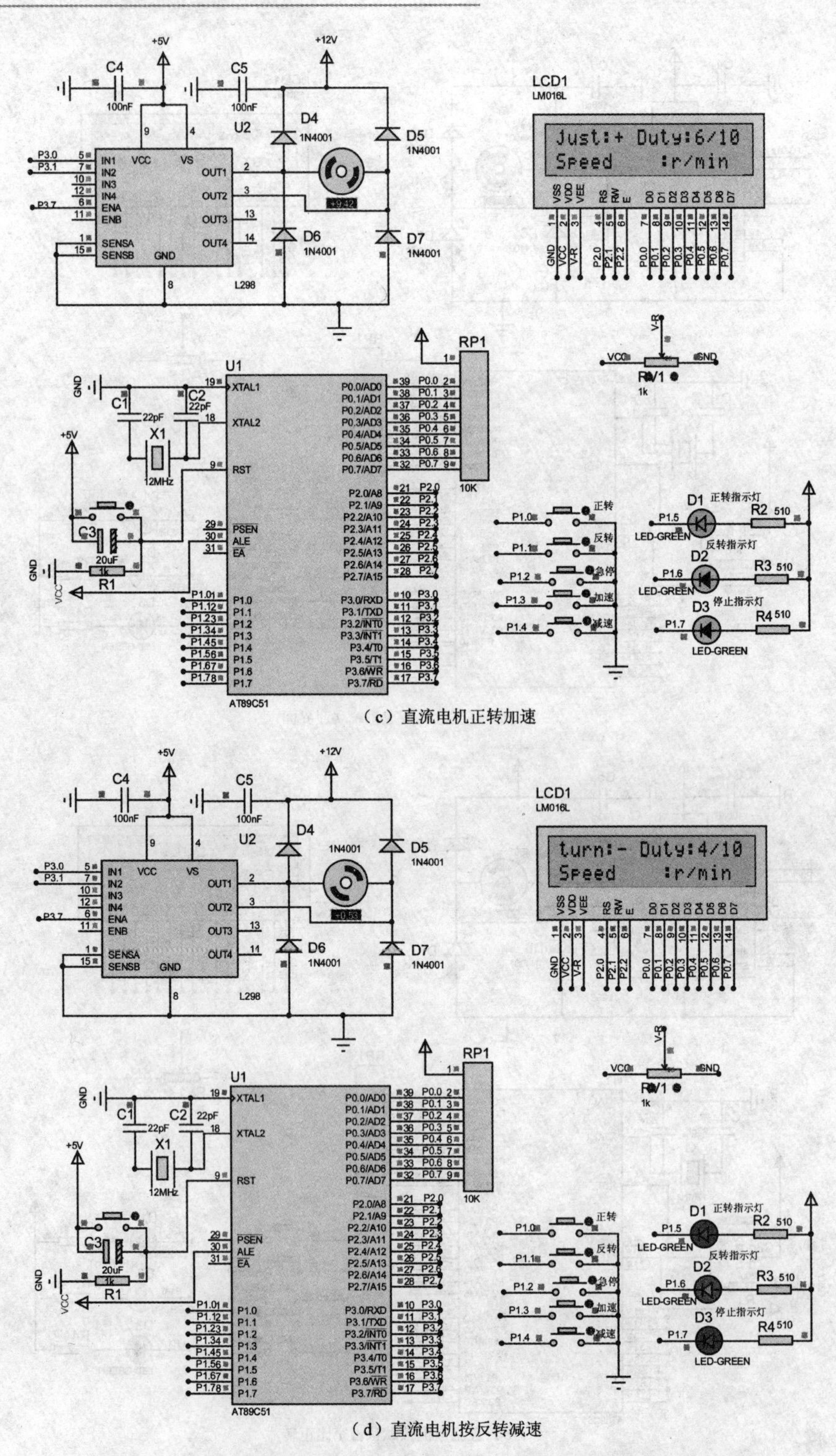

（c）直流电机正转加速

（d）直流电机按反转减速

图 12-11　基于 PROTEUS 环境的直流电机调速系统仿真结果(续)

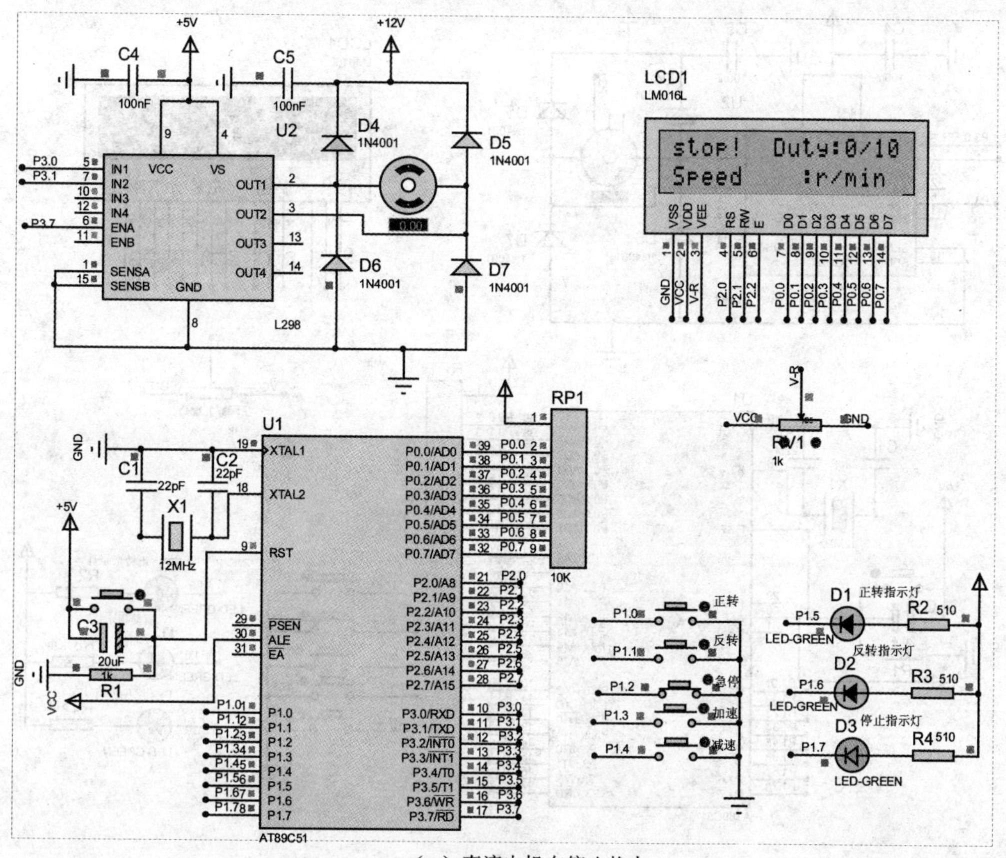

（e）直流电机在停止状态

图 12－11　基于 PROTEUS 环境的直流电机调速系统仿真结果(续)

12.1.8　直流电机调速系统的测速电路设计

上述直流电机调速系统预留了测速输出,用户可在上述电路的基础上增加测速电路。可选用旋转编码器作为测速传感器。旋转编码器不仅精度高,而且安全稳定,维护方便。在 PROTEUS 中有配套旋转编码器的直流电机 MOTOR－ENCODER。MOTOR－ENCODER 提供两路具有 90°相位差的编码脉冲,利用其中任何一个均可实现对转速的检测。直流电机测速电路如图 12－12 所示。

取配套旋转编码器的直流电机的编码输出信号,使用单片机的定时器/计数器 1 计数脉冲,即可获取速度信息。

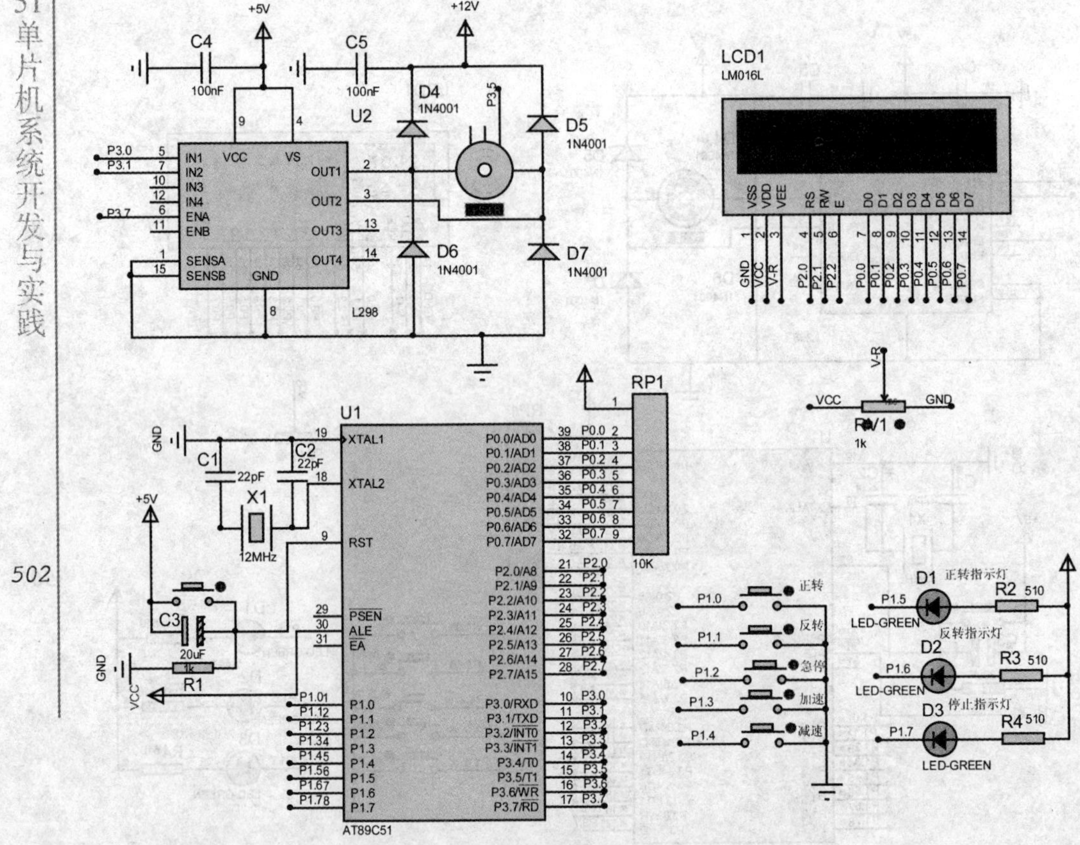

图 12-12 直流电机测速电路

12.2 基于 AT89S51 的步进电机控制系统设计

步进电机是现代数字控制技术中最早出现的执行部件，其特点是可以将数字脉冲控制信号直接转换为一定数值的机械角位移，并且能够自动产生定位转矩使转轴锁定。如果在机械结构中再配以滚珠丝杠，那么步进电机的高精度转角就可以转换为高精度直线位移，这在以精度为要求的现代机械控制中是极其重要的一点。

12.2.1 步进电机工作原理

步进电机本质上是一个数字/角度转换器。以二相步进电机为例，其结构原理如图 12-13 所示。

当一个绕组通电后，其定子磁极产生磁场，将转子吸合到此磁场处。若绕组在控制脉冲的作用下，通电顺序为 $A\overline{A} \to B\overline{B} \to \overline{A}A \to \overline{B}B$，四个状态周而复始进行变化，则电机可顺时针转动；若通电顺序为 $A\bar{A}\rightarrow\bar{B}B\rightarrow\bar{A}A\rightarrow B\bar{B}$，则电机逆时针转动。控制脉冲每作用一次，通电方向就变化一次，使电机转动一步，即90°、4个脉冲，电机转动一周。脉冲频率越高，电机转动越快。

步进电机分三种：永磁式(PM)、反应式(VR)和混合式(HB)。永磁式步进电机一般为两相，转矩和体积较小，步进角一般为7.5°或15°。反应式步进电机一般为三相，可实现大转矩输出，步进角一般为1.5°，但噪声和振动都很大。混合式步进电机是指混合了永磁式和反应式的优点。它又分为两相、四相和五相。两相步进角一般为1.8°，而五相步进角一般为0.72°。反应式步进电机的剖面结构图如图12-14所示。

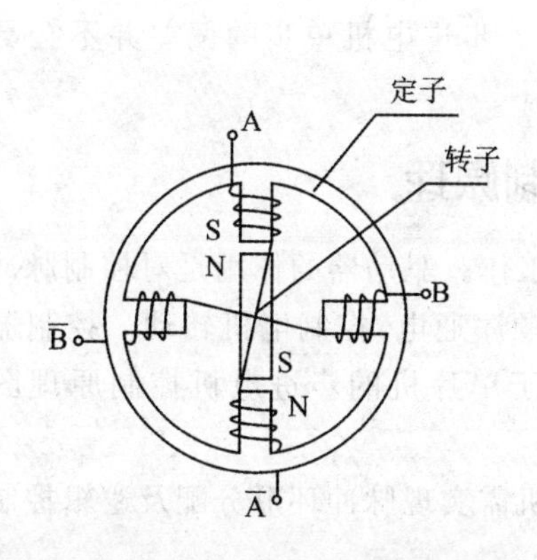

图12-13　二相步进电机原理图

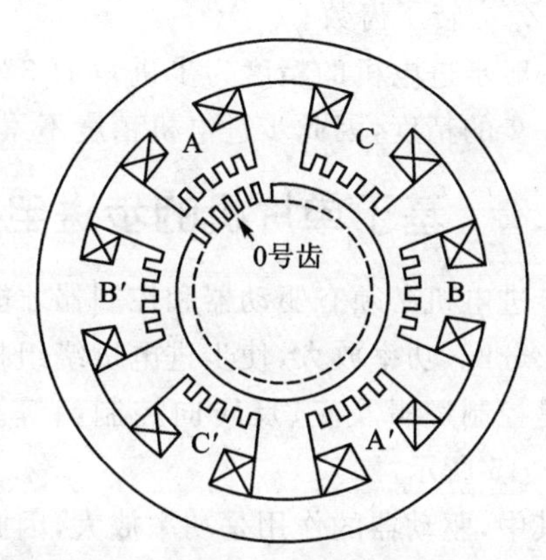

图12-14　反应式步进电机的剖面结构图

这是一台三相电机，定子上有6个磁极，每个磁极上又各有5个均匀分布的矩形小齿。三相电机共有三套定子控制绕组，绕在径向相对的两个磁极上的一套绕组为一相。转子上没有绕组，而是由40个矩形小齿均匀分布在圆周上，相邻两齿之间的夹角为9°。在单三拍运行方式中，当A相控制绕组通电，而B、C相都不通电时，由于磁通具有力图走磁阻最小路径的特点，所以转子齿与A相定子齿对齐。若以此作为初始状态，设与A相磁极中心磁极的转子齿为0号齿，由于B相磁极与A相磁极相差120°，且120°/9°=13.333不为整数，所以，此时13号转子齿不能与B相定子齿对齐，只是靠近B相磁极的中心线，与中心线相差3°。如果此时突然变为B相通电，而A、C相都不通电，则B相磁极迫使13号小齿与之对齐，整个转子就转动3°。此时称电机走了一步。

同理，A→B→C→A顺序通电一周，则转子转动9°。转速取决于各控制绕组通电和断电的频率(即输入脉冲频率)，旋转方向取决于控制绕组轮流通电的顺序。如上述绕组通电顺序改为A→C→B→A，则电机转向相反。这种按A→B→C→A方式运行的称为三相单三拍，“三相”是指步进电机具有三相定子绕组，“单”是指每次只有一相绕组通电，“三拍”是指三次换接为一个循环。

此外，三相步进电机还可以以三相双三拍和三相六拍的方式运行。三相双三拍就是按 AB→BC→CA→AB 的方式供电。与单三拍运行时一样，每一循环也是换接 3 次，共有 3 种通电状态，不同的是每次换接都同时有两相绕组通电。三相六拍的供电方式是 A→AB→B→BC→C→CA→A，每一循环换接 6 次，共有 6 种通电状态，有时只有一相绕组通电，有时有两相绕组通电。磁阻式步进电机的步距角可由下式求得，即

$$Q=\frac{360^\circ}{M_C C Z_r} \tag{12-1}$$

式中，M_C 为控制绕组相数；C 为状态系数，三相单三拍或双三拍时 $C=1$，三相六拍时 $C=2$；Z_r 为转子齿数。

一般步进电机的精度为步进角的 3%～5%。步进电机单步的偏差并不会影响到下一步的精度，因此步进电机精度不累积。

12.2.2 基于单片机的步进电机控制原理

步进电机必须有驱动器和控制器才能正常工作。驱动器的作用是对控制脉冲进行环形分配、功率放大，使步进电机绕组按一定顺序通电，控制电机转动。控制器的作用是控制逻辑及正、反转向控制门等。而基于单片机的步进电机控制原理图如图 12-15 所示。

其中，驱动器的作用是功率放大，因此单片机需实现脉冲环形分配及逻辑控制的功能。

以三相步进电机的单三拍、双三拍工作方式为例，电源通电时序与波形如图 12-16 所示。

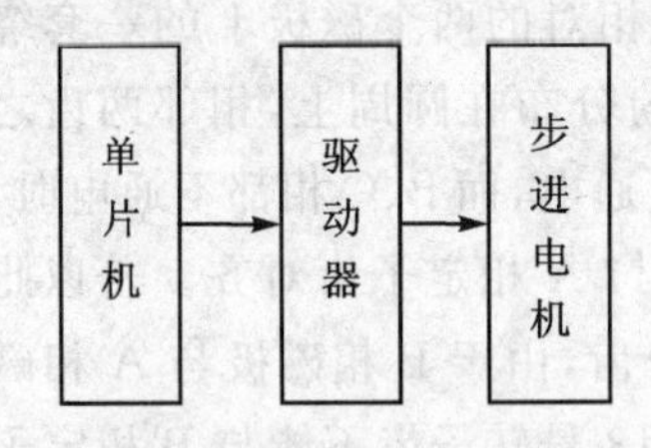

图 12-15 基于单片机的步进电机控制原理图

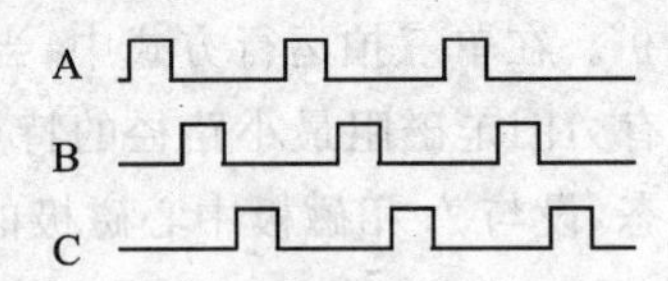

图 12-16 三相步进电机单三拍工作方式下电源通电时序与波形图

根据时序图，将单片机某输出引脚的 PX.0、PX.1、PX.2 分别控制 A、B、C 相，则步序与控制位的关系如表 12-3 所列。

只要负载满足要求，当步进电机脉冲输入线上获得脉冲时，就会按照方向控制信号所指示的方向“走”步。所以，由初始位置，只要知道步距角和走过的步数，便能得到电机最终的位置。

表 12-3 引脚状态与三相电机步序关系表

步 序	控制位								三相电机工作状态
	PX.7	PX.6	PX.5	PX.4	PX.3	PX.2 C相	PX.1 B相	PX.0 A相	
1	—	—	—	—	—	0	0	1	A
2	—	—	—	—	—	0	1	0	B
3	—	—	—	—	—	1	0	0	C

12.2.3 电机驱动芯片 ULN2003

ULN2003 电路是美国 Texas Instruments 公司和 Sprague 公司开发的高压大电流达林顿晶体管阵列电路，其功能图如图 12-17 所示。

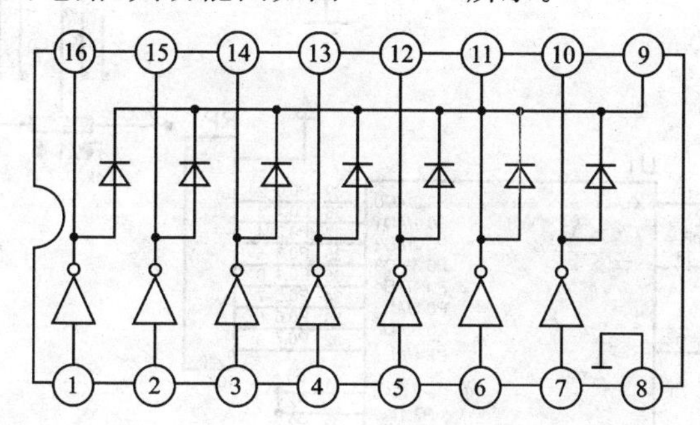

图 12-17 ULN2003 功能图

ULN2003 的每一对达林顿管都串联一个 2.7 kΩ 的基极电阻，在 5 V 的工作电压下，它能与 TTL 和 CMOS 电路直接相连，可以直接处理原先需要标准逻辑缓冲器来处理的数据。ULN2003 工作电压高，工作电流大，灌电流可达 500 mA，并且能够在关态时承受 50 V 的电压；输出还可以在高负载电流下并行运行。ULN2003 主要应用于伺服电机、步进电机、电磁阀等的驱动。

ULN2003 采用 DIP-16 或 SOP-16 塑料封装，各引脚功能如表 12-4 所列。

表 12-4 ULN2003 引脚功能

引出端序号	符 号	功 能	引出端序号	符 号	功 能
1	1B	输入	9	COM	公共端
2	2B	输入	10	7C	输出
3	3B	输入	11	6C	输出
4	4B	输入	12	5C	输出
5	5B	输入	13	4C	输出
6	6B	输入	14	3C	输出
7	7B	输入	15	2C	输出
8	E	接地	16	1C	输出

若 ULN2003 用于感性负载，则第 9 脚接负载电源正极，实现续流作用。若第 9 脚接地，则实际上就是达林顿管的集电极对地接通。

12.2.4　基于 ULN2003 驱动的步进电机控制

以驱动四相步进电机为例设计电机控制硬件电路，电路图如图 12－18 所示。

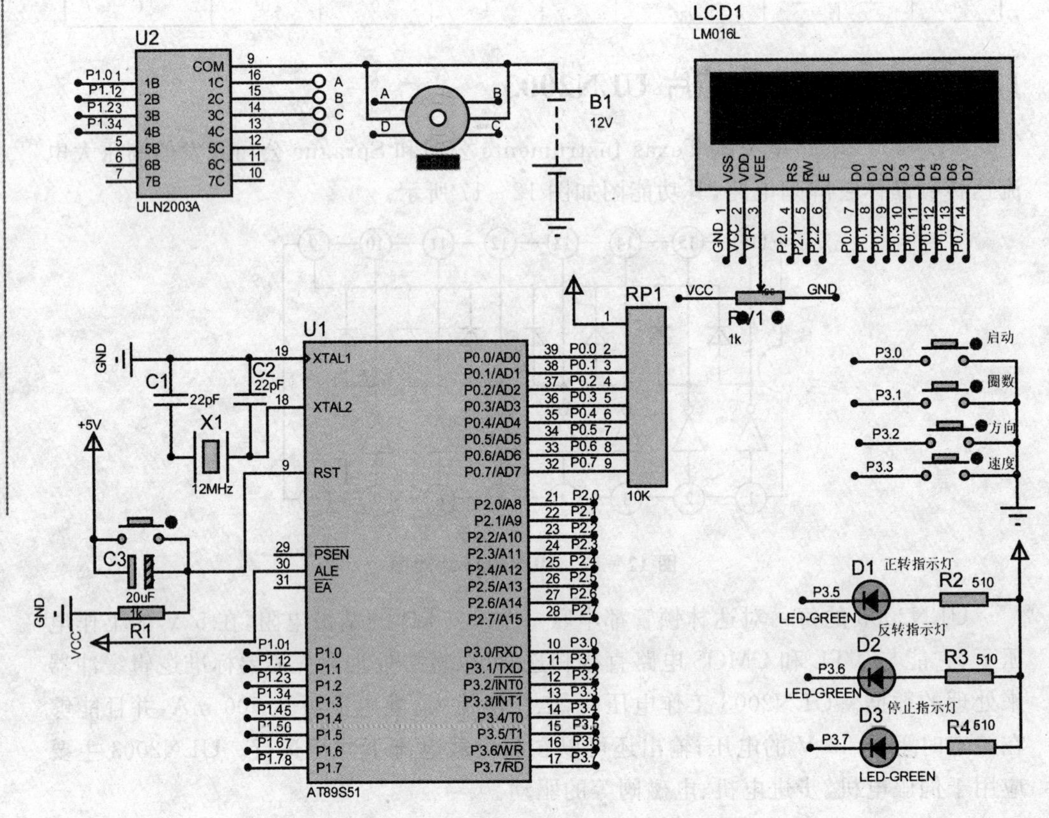

图 12－18　四相步进电机控制电路

其中，四个按钮分别实现启/停控制、圈数控制、正/反转控制及速度控制，三个指示灯分别用于指示电机的正转、反转及停转。

12.2.5　基于 ULN2003 驱动的步进电机控制程序设计

基于 ULN2003 驱动的步进电机控制程序设计流程图如图 12－19 所示。

对四相步进电机的驱动，可采用单四拍、双四拍、八拍三种工作方式。其中单四拍、双四拍的步距角相等，但单四拍的转动力矩小。八拍工作方式的步距角是单四拍和双四拍的一半，因此，八拍工作方式既可保持较高的转动力矩，同时又可提高控制精度。八拍方式下电源通电时序与波形图如图 12－20 所示。

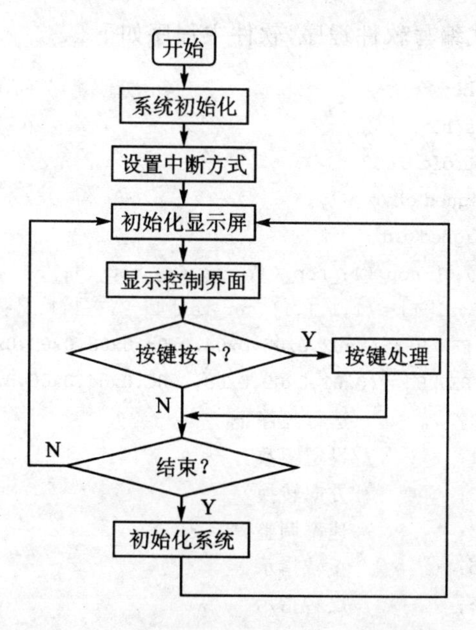

图12-19 基于ULN2003驱动的步进电机控制程序设计流程图

图12-20 四相步进电机八拍工作方式下的通电时序图

上述工作时序图可总结为如表12-5所列的相序表。

表12-5 四相步进电机八拍相序表

步 序	相 序				通电相
	PX.3	PX.2	PX.1	PX.0	
1	0	0	0	1	A
2	0	0	1	1	AB
3	0	0	1	0	B
4	0	1	1	0	BC
5	0	1	0	0	C
6	1	1	0	0	CD
7	1	0	0	01	D
8	1	0	0	1	DA

按照上述控制方式编写软件程序，软件主程序如下：

```
#include <reg51.h>
#include <intrins.h>
#include <stepmotrolcd1602.c>
#define uchar unsigned char
#define uint  unsigned int
#define delayNOP(); {_nop_();_nop_();_nop_();_nop_();};
unsigned char last_val[4] = {1,1,1,1},cur_val[4] = {1,1,1,1};
unsigned char code FFW[8] = {0x02,0x06,0x04,0x0c,0x08,0x09,0x01,0x03}; //正转
unsigned char code REV[8] = {0x01,0x09,0x08,0x0C,0x04,0x06,0x02,0x03}; //反转
sbit  K1     = P3^0;          //运行与停止
sbit  K2     = P3^1;          //设定圈数
sbit  K3     = P3^2;          //方向转换
sbit  K4     = P3^3;          //速率调整
sbit  L1     = P3^5;          //正转指示
sbit  L2     = P3^6;          //反转指示
sbit  L3     = P3^7;          //停转指示
sbit  LCD_RS = P2^0;
sbit  LCD_RW = P2^1;
sbit  LCD_EN = P2^2;
bit  on_off = 0;              //运行与停止标志
bit  direction = 1;           //方向标志
bit  rate_dr = 1;             //速率标志
bit  snum_dr = 1;             //圈数标志
uchar    m,v = 0,q = 0;
uchar    number = 0,number1 = 0;
uchar    snum = 1,snum1 = 1;  //预设定圈数
uchar    rate = 1;            //预设定速率
uchar    data_temp,data_temP0,ratel,rateh;
uchar    data_temp2[2] = {'0','0'};
void keyscan();
void delay1();
/******************* 主程序 ***************************/
void main(void)
 {
   TMOD = 0x01;               //T0 定时方式 1
   ratel = 0xb1;
   rateh = 0xe0;
   EA = 1;
   ET0 = 1;
   P1 = 0x03;
```

```
    L1 = 1;
     L2 = 1;
     L3 = 1;
    LcdRw = 0;
    welcome();                //显示欢迎画面
    GotoXY(12,0);
     Print(">>");
    while(1)
     {GotoXY(0,1);
     Print("Num:    ");
     GotoXY(5,1);
     Print(data_conv(snum));
     GotoXY(8,1);
     Print("Rate:   ");
     GotoXY(14,1);
     Print(data_conv(rate));
     keyscan();               //键盘扫描
     if(number1 == snum1)    //与设定圈数是否相等
      { number1 = 0;
        on_off = 0;
        TR0 = 0;
        TL0 =  ratel;
        TH0 =  rateh;
        snum = snum1;
        P1 = 0x00;
        GotoXY(0,0);
        Print("Stop!    ");
        L1 = 1;
     L2 = 1;
     L3 = 0;
      }
   }
  }

/****************** 延时 10 ms 程序 *****************/
void delay1()
{
unsigned char i,j;
for(i = 20;i>0;i--)
for(j = 248;j>0;j--);
}
/****************** 键盘扫描程序 *****************/
```

```
void keyscan() //独立按键扫描
{
last_val[0] = cur_val[0];
cur_val[0] = K1;
if((last_val[0]! = cur_val[0])&&cur_val[0] == 0)
{delay1();
if((last_val[0]! = cur_val[0])&&cur_val[0] == 0)
{on_off = ~on_off;
{if (on_off)
   {GotoXY(0,0);
    Print("Running!    ");
    TR0 = 1;
    TL0 = ratel;
     TH0 = rateh;
    if (direction)
    {L1 = 0;
    L2 = 1;
    L3 = 1;}
    else
    {L1 = 1;
    L2 = 0;
    L3 = 1;}
    }
    else
    {   GotoXY(0,0);
    Print("Stop!        ");
    TR0 = 0;
    TL0 = ratel;
     TH0 = rateh;
    L1 = 1;
    L2 = 1;
    L3 = 0;
    }
    }
    }
    }
 last_val[1] = cur_val[1];
 cur_val[1] = K2;
 if((last_val[1]! = cur_val[1])&&cur_val[1] == 0)
 {delay1();
 if((last_val[1]! = cur_val[1])&&cur_val[1] == 0)
 {if(snum_dr == 1)
```

```
    { snum ++ ;
        snum1 = snum;
          if(snum == 0x14)
            { snum_dr = ~snum_dr;}
    }else{
        snum -- ;
          snum1 = snum;
          if(snum == 0x01)
           { snum_dr = ~snum_dr; }
    }
    }
}
last_val[2] = cur_val[2];
cur_val[2] = K3;
if((last_val[2]! = cur_val[2])&&cur_val[2] == 0)
delay1();
{if((last_val[2]! = cur_val[2])&&cur_val[2] == 0)
{direction = ~direction;
        if (direction)
         {GotoXY(12,0);
    Print(">>");
    L1 = 0;
    L2 = 1;
    L3 = 1; }
    else {GotoXY(12,0);
    Print("<<");
    L1 = 1;
    L2 = 0;
    L3 = 1;}
    }
    }
last_val[3] = cur_val[3];
cur_val[3] = K4;
if((last_val[3]! = cur_val[3])&&cur_val[3] == 0)
delay1();
{if((last_val[3]! = cur_val[3])&&cur_val[3] == 0)
{if(rate_dr == 1)
    { rate ++ ;
      if(rate == 0x10)
            { rate_dr = ~rate_dr;}
    }
    else
```

```
        {
         rate--;
         if(rate == 0x01)
    { rate_dr = ~rate_dr; }
        }
        switch (rate)
        {
        case 1:   ratel = 0xb1;rateh = 0xe0; break;     //100Hz
         case 2:    ratel = 0xec;rateh = 0x78; break;     //200Hz
          case 3:    ratel = 0xf2;rateh = 0xb2; break;     //300Hz
           case 4:    ratel = 0xf6;rateh = 0x3c; break;     //400Hz
            case 5:    ratel = 0xf7;rateh = 0xb6; break;     //450Hz
             case 6:    ratel = 0xf8;rateh = 0x30; break;     //500Hz
              case 7:    ratel = 0xf8;rateh = 0xe6; break;     //550Hz
               case 8:    ratel = 0xf9;rateh = 0x7d; break;     //600Hz
                case 9:    ratel = 0xf9;rateh = 0xfe; break;     //650Hz
                 case 10:    ratel = 0xfa;rateh = 0x6d; break;     //700Hz
                  case 11:    ratel = 0xfa;rateh = 0xcd; break;     //750Hz
                   case 12:    ratel = 0xfb;rateh = 0x1e; break;     //800Hz
                    case 13:    ratel = 0xfb;rateh = 0x68; break;     //850Hz
                     case 14:    ratel = 0xfb;rateh = 0xa9; break;     //900Hz
                      case 15:    ratel = 0xfc;rateh = 0x18; //break;     //1000Hz
                       case 16:    ratel = 0xfc;rateh = 0x73; //break;     //1100Hz
                       }
        }
        }
}
/**************** 定时器T0中断 *****************************/
void  motor_onoff()  interrupt  1
 {
  number++;
  TL0 = ratel;
  TH0 = rateh;
   if(number == 64)                  //64个脉冲电机转一圈
    { snum--;
      number = 0;
            number1++;
    }                               //电机转动圈数
  else {
  if(direction == 1)                //方向标志
      { if(v<8)
        {P1 = FFW[v];
```

```
        v++;}                          //取数据,正转
       if(v==8)
       v=0;
        }
        else
      { if(v<8)
        {P1 = REV[v];v++;}             //取数据,反转
        if(v==8)
        v=0;
         }
       }
  }
```

LCD1602 显示程序如下：

```
#include <reg51.h>
#include <intrins.h>
#include <stdio.h>
#include <string.h>
#include <absacc.h>
#include <math.h>
#define uchar unsigned char
#define uint unsigned int
/************1602 液晶端口定义 ************/
sbit LcdRs = P2^0;
sbit LcdRw = P2^1;
sbit LcdEn = P2^2;
sbit  ACC0 = ACC^0;
sbit  ACC7 = ACC^7;
uchar str[7];
uchar dis[1];
/************ 向 LCD 写入命令或数据 ************/
#define LCD_COMMAND              0       //Command
#define LCD_DATA                 1       //Data
#define LCD_CLEAR_SCREEN         0x01    //清屏
#define LCD_HOMING               0x02    //光标返回原点
/************ 设置显示模式 ************/
#define LCD_SHOW                 0x04    //显示开
#define LCD_HIDE                 0x00    //显示关
#define LCD_CURSOR               0x02    //显示光标
#define LCD_NO_CURSOR            0x00    //无光标
#define LCD_FLASH                0x01    //光标闪动
#define LCD_NO_FLASH             0x00    //光标不闪动
```

```
/************设置输入模式 ************/
#define LCD_AC_UP                    0x02
#define LCD_AC_DOWN                  0x00    //default
#define LCD_MOVE                     0x01    //画面可平移
#define LCD_NO_MOVE                  0x00    //default
unsigned char LCD_Wait(void);
void LCD_Write(bit style, unsigned char input);
/************1602液晶显示部分子程序 ************/
void delay(uint z)
{
    uint x,y;
    for(x = z;x>0;x--)
        for(y = 110;y>0;y--);
}
void LCD_Write(bit style, unsigned char input)
{
    LcdRs = style;
    P0 = input;
    delay(5);
    LcdEn = 1;
    delay(5);
    LcdEn = 0;
}
void LCD_SetDisplay(unsigned char DisplayMode)
{
    LCD_Write(LCD_COMMAND, 0x08|DisplayMode);
}

void LCD_SetInput(unsigned char InputMode)
{
    LCD_Write(LCD_COMMAND, 0x04|InputMode);
}
/************初始化LCD ************/
void LCD_Initial()
{
    LcdEn = 0;
    LCD_Write(LCD_COMMAND,0x38);                 //8位数据端口,2行显示,5×7点阵
    LCD_Write(LCD_COMMAND,0x38);
    LCD_SetDisplay(LCD_SHOW|LCD_NO_CURSOR);  //开启显示,无光标
    LCD_Write(LCD_COMMAND,LCD_CLEAR_SCREEN); //清屏
    LCD_SetInput(LCD_AC_UP|LCD_NO_MOVE);     //AC递增,画面不动
}
/************液晶字符输入的位置 ************/
```

```
void GotoXY(unsigned char x, unsigned char y)
{
    if(y == 0)
        LCD_Write(LCD_COMMAND,0x80|x);
    if(y == 1)
        LCD_Write(LCD_COMMAND,0x80|(x - 0x40));
}
/************将字符输出到液晶显示 ***********/
void Print(unsigned char * str)
{
    while( * str! = '\0')
    {
        LCD_Write(LCD_DATA, * str);
        str ++ ;
    }
}
uchar *   data_conv(uint dtmp)
 {
  uchar dtmp2[2] = {'0','0'};
  dtmp2[0] = dtmp/10;                    //高位
  if(dtmp2[0] == 0)
  {dtmp2[0] = 0x20;}                     //高位为 0 不显示
    else
  {dtmp2[0] = dtmp2[0] + 0x30;}
   dtmp2[1] = dtmp % 10;                 //低位
   dtmp2[1] = dtmp2[1] + 0x30;
      return dtmp2;
 }
void welcome()
{
    LCD_Initial();
    GotoXY(0,0);
    Print(" Step Motor   ");
    GotoXY(0,1);
    Print(" Controller System");
    delay(200);
}
```

12.2.6 基于 PROTEUS 的步进电机控制系统仿真

在 PROTEUS 环境中仿真系统,系统仿真结果如图 12 - 21 所示。

从仿真结果可知,系统完成了对步进电机转速、转动圈数及转动方向的控制。

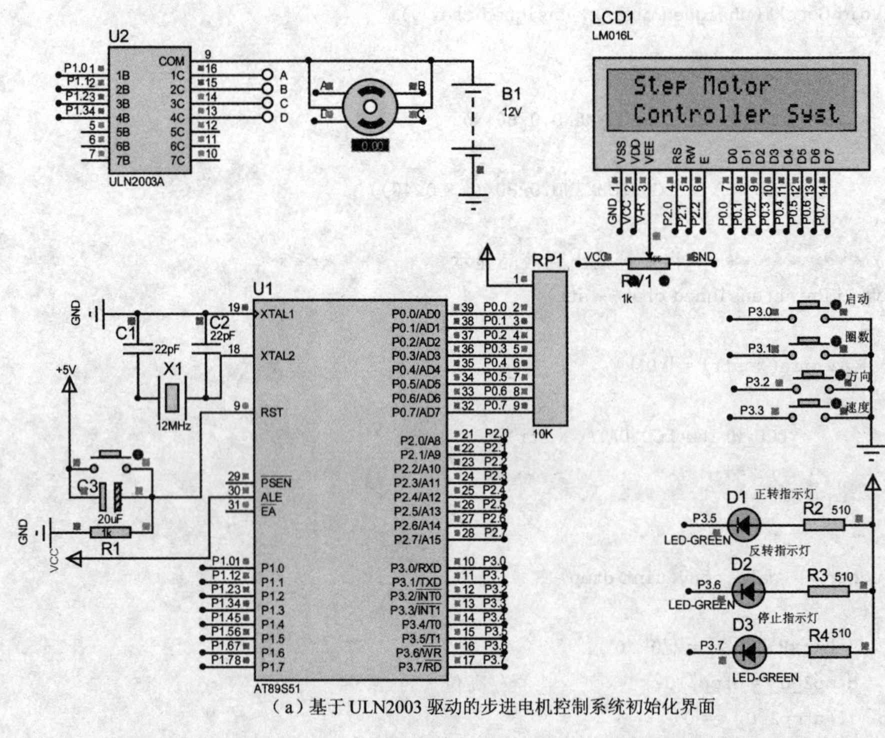

（a）基于 ULN2003 驱动的步进电机控制系统初始化界面

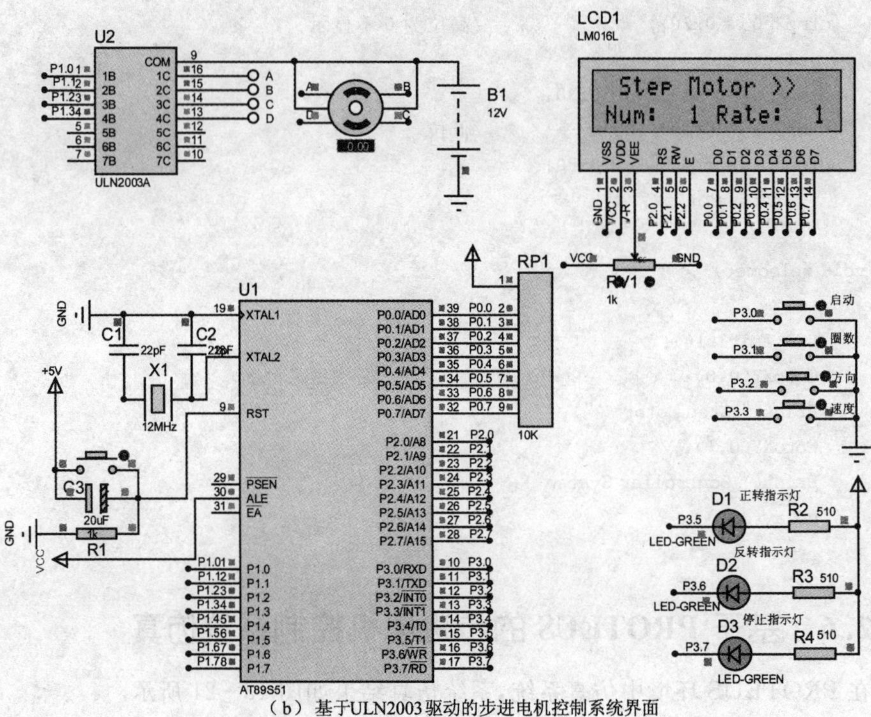

（b）基于ULN2003驱动的步进电机控制系统界面

图 12－21　基于 ULN2003 驱动的步进电机控制系统仿真结果

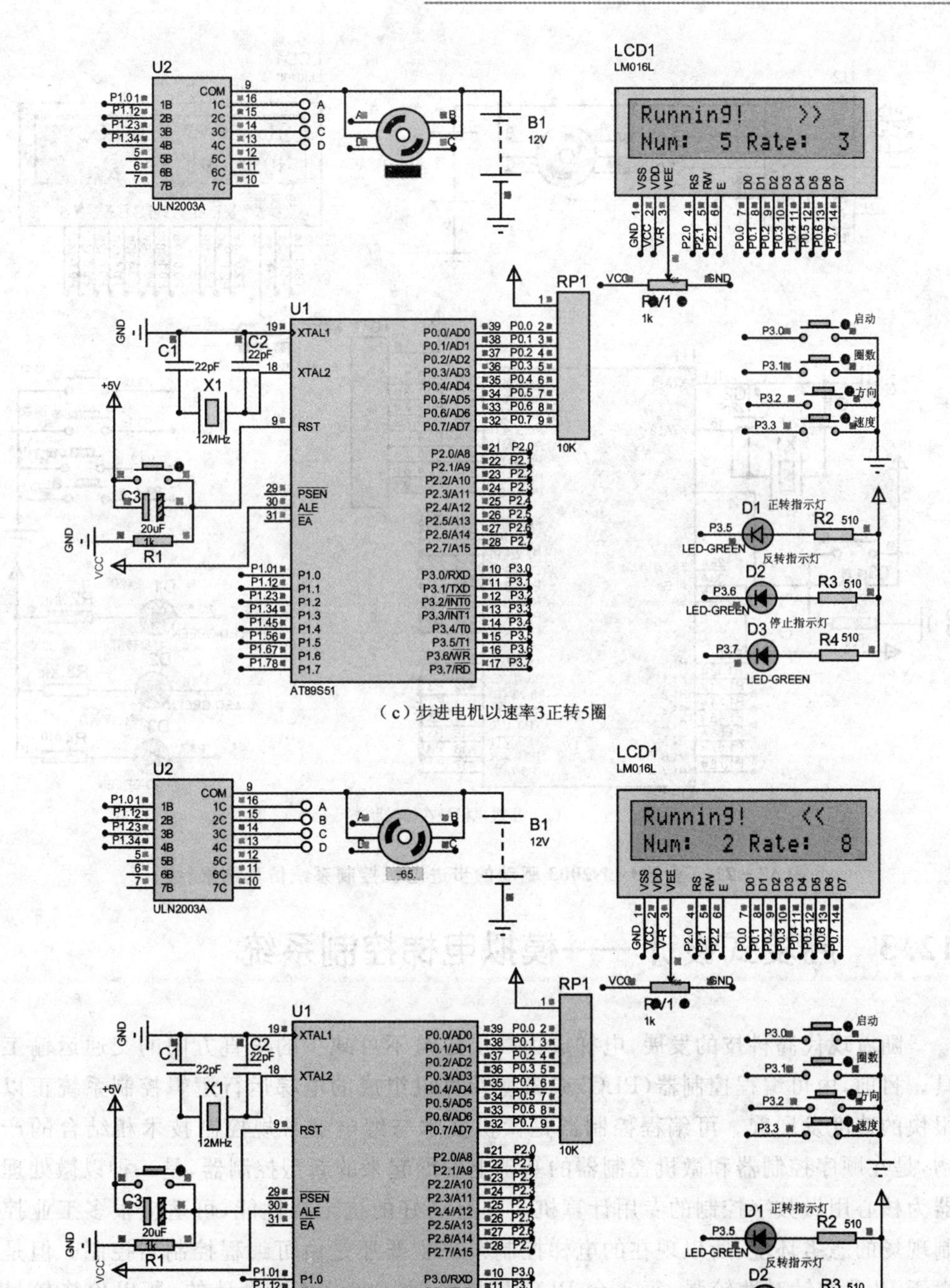

（c）步进电机以速率3正转5圈

（d）步进电机以速率8反转11圈

图 12－21　基于 ULN2003 驱动的步进电机控制系统仿真结果(续)

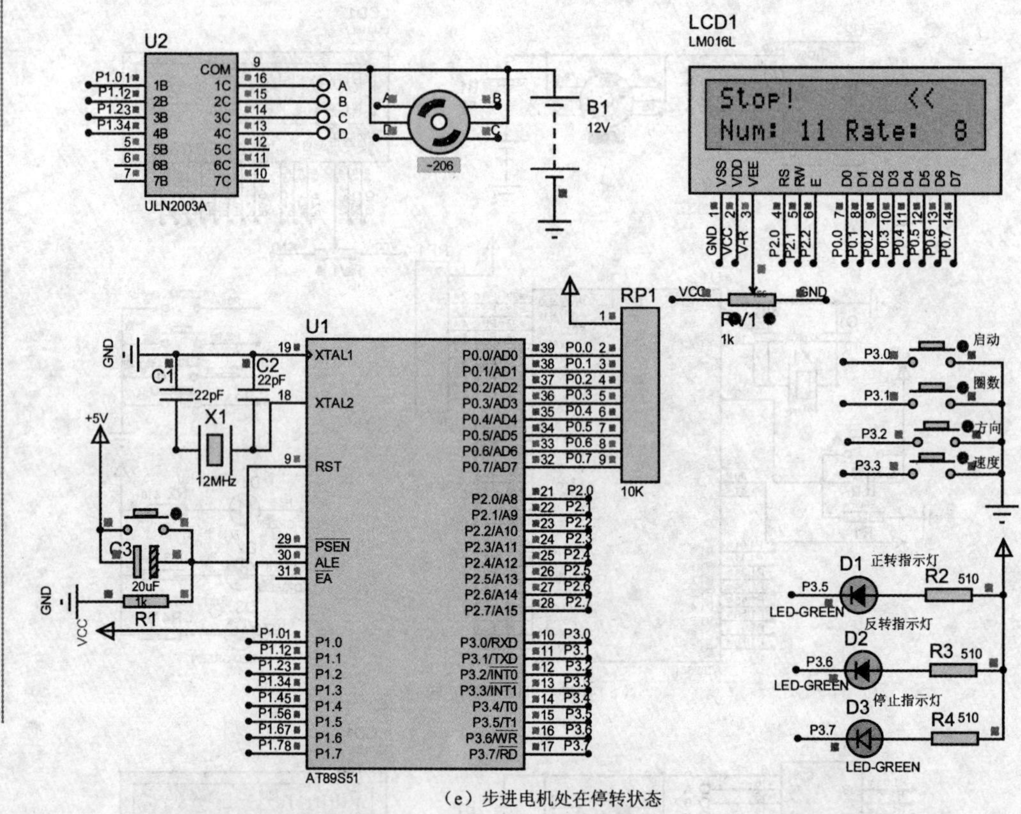

（e）步进电机处在停转状态

图12-21 基于ULN2003驱动的步进电机控制系统仿真结果（续）

12.3 启发式设计——模拟电梯控制系统

随着现代高科技的发展，电梯成为高层建筑不可缺少的垂直方向的交通运输工具。目前，由可编程控制器（PLC）或微型计算机组成的电梯运行逻辑控制系统正以很快的速度发展着。可编程控制器是微机技术与继电器常规控制技术相结合的产物，是在顺序控制器和微机控制器的基础上发展起来的新型控制器，是一种以微处理器为核心用做数字控制的专用计算机。它有良好的抗干扰性能，可适应很多工业控制现场的恶劣环境，所以现在的电梯控制系统主要还是由可编程控制器控制。但是由于PLC的针对性较强，每一台PLC都是根据一个设备而设计的，所以价格较昂贵。而单片机价格相当便宜，如果在抗干扰功能上有所提高，则完全可以代替PLC实现对工控设备的控制。当然，单片机并不像PLC那么有针对性，所以由单片机设计的控制系统可以随着设备的更新而不断修改完善，更完美地实现设备的升级。

12.3.1 基于 AT89S51 的模拟电梯控制系统设计要求

以六层楼高为例，模拟电梯控制系统的设计要求如下：

① 设置电梯按键，包括电梯外按键及电梯内按键。按下任一键，系统将根据当前的位置响应用户要求（上升/下降）。

② 可以显示电梯当前的运行状态，包括电梯目前运行到达楼层的实时显示、电梯升降的状态显示。

③ 电梯无人使用时，默认停在第一层。

根据上述设计要求，可绘制如图 12-22 所示的系统结构框图。

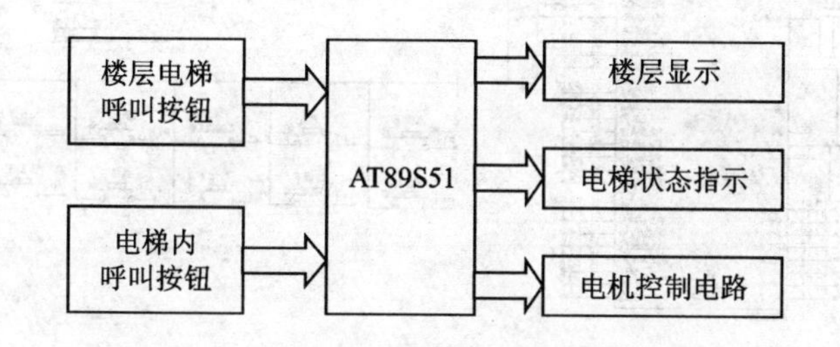

图 12-22 模拟电梯控制系统结构框图

楼层电梯呼叫按键就是楼层外面的上行、下行按键；电梯内呼叫按键就是电梯内部的数字按键；单片机就是整个系统的核心，接收到外部输入信息后，根据系统处理结果输出信息；电梯所处楼层通过数码管显示电梯上升、下降、停止的状态，使用发光二极管组显示。电机使用步进电动机进行控制，步进电机使用 ULN2003 驱动，单片机通过控制步进电机的通电相序进而控制电动机的正、反转，使电动机牵引电梯做上下运动。

12.3.2 模拟电梯控制系统硬件电路设计

由于一楼为最底层，因此在一楼仅有上升按键；而六楼为最高层，因此六楼仅设有下降按键。其他楼层则既有上升按键，也有下降按键。在电梯内部按键中设置有一～六楼的选择按键。为使系统能以最快速度响应按键的需求，拟采用外中断方式响应系统要求。模拟电梯控制系统的硬件电路如图 12-23 所示。

系统用 5 片双 4 输入与门 74LS21 实现 16 个按键的中断处理，并将处理结果送到单片机的外中断 0 端口。

12.3.3 模拟电梯控制系统软件程序设计

根据系统要求设计软件。软件的程序流程图如图 12-24 所示。

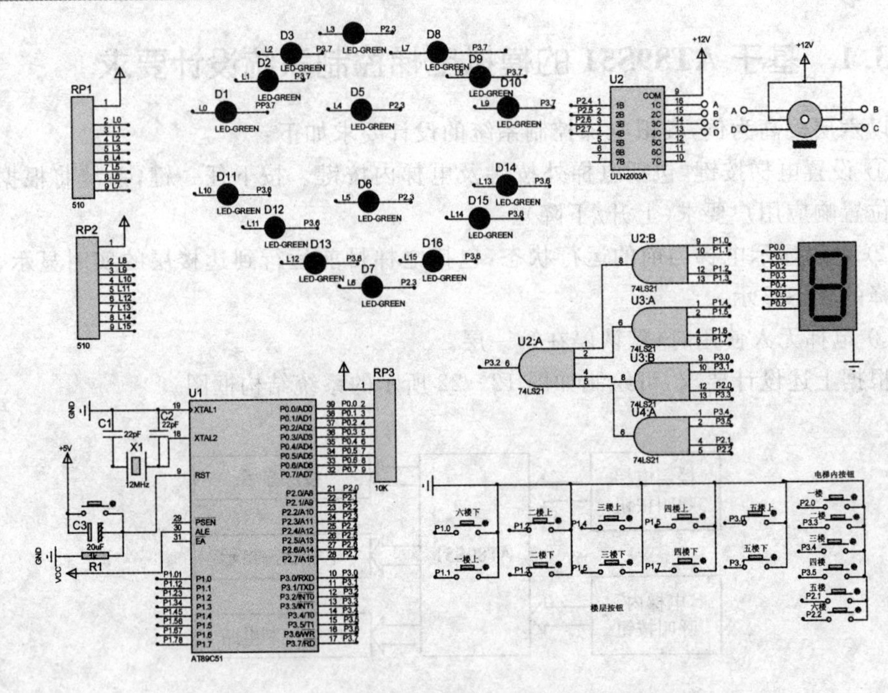

图 12-23　模拟电梯控制系统硬件电路图

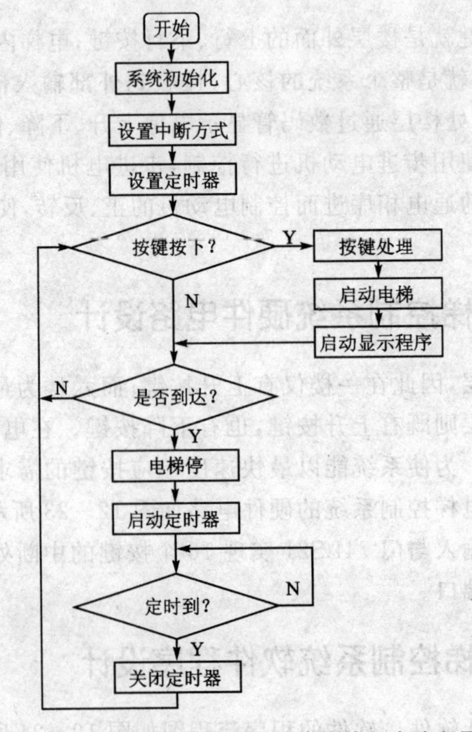

图 12-24　模拟电梯控制系统软件程序流程图

系统程序如下：

```
//源程序
#include<reg52.h>
#define MAXFLOOR 6
unsigned char code LED_CODES[] = {0x3f,0x06,0x5b,0x4f,0x66,0x6d,0x7d};
//电梯外面的按键上下键
sbit F6D = P1^0;
sbit F1U = P1^1;
sbit F2D = P1^2;
sbit F2U = P1^3;
sbit F3D = P1^4;
sbit F3U = P1^5;
sbit F4D = P1^6;
sbit F4U = P1^7;
sbit F5D = P3^0;
sbit F5U = P3^1;
//电梯内的按键
sbit F1 = P2^0;
sbit F2 = P3^3;
sbit F3 = P3^4;
sbit F4 = P3^5;
sbit F5 = P2^1;
sbit F6 = P2^2;
//指示灯
sbit ledu = P3^7;
sbit ledd = P3^6;
sbit ledx = P2^3;
//电动机的驱动接线
sbit a1 = P2^4;
sbit a2 = P2^5;
sbit a3 = P2^6;
sbit a4 = P2^7;
bit dir = 1,stop = 0;                 //dir表示1为向上,0为向下;stop表示电梯是否停止
unsigned char nf = 1;                 //当前楼层
unsigned char cf = 1;                 //要去楼层
unsigned char df;                     //楼层差(电梯停止依据):df = |cf - nf|
unsigned char tf;                     //暂存当前楼层(显示码指针):tf = nf
unsigned char flag,count = 0,i = 0; //flag = 1表示正在运行;count = 乘坐时计数值
unsigned int timer1 = 0,timer2 = 0; //timer1为楼层间运行时间计数值,timer2为等待
                                      //计数值
unsigned char call_floor[7] = {0,0,0,0,0,0,0}; //存储每层楼的信息,1为有人呼叫或者
```

```
                                                    //有人前往
//unsigned char const sequencea[8] = {0x2F,0x6F,0x4F,0xcF,0x8F,0x9F,0x1F,0x3F};
//主程序
void select_next();
void step(bit dir);
void delay(unsigned int z);

void main(void)
{P0 = LED_CODES[1];
TH0 = 0x3C;
TL0 = 0xB0;
TMOD = 0x01;                          //工作方式 1
ET0 = 1;                              //允许定时器中断
EA = 1;                               //中断总允许
EX0 = 1;                              //允许外部 0 中断
IT0 = 1;                              //为脉冲触发方式,下降沿有效
  while(1)
   { if(!flag&&!stop)
      {select_next();                 //决定电梯去哪一层
       step(dir);                     //电梯启动
       }
     else if(stop)
     {timer2 = 0;
      TR0 = 1;                        //启动定时器/计数器工作
       while(timer2<100&&stop);
       TR0 = 0;
       timer2 - 0;
       stop = 0;}
  }
 }
//选择当前要去的楼层子程序
void select_next()
{ char i;
  if(nf == MAXFLOOR)
   {
    dir = 0;
   }
  else if(nf == 1)
   {
    dir = 1;
    }
    if(dir == 0)
```

```
    {
        if(call_floor[nf] == 1)                //要去的为当前层,即只需延时 5 s
        {call_floor[nf] = 0;
         stop = 1;
         return;
         }
        for(i = nf - 1;i>= 1;i-- )             //向下运行时查找下一个要去的楼层
           if(call_floor[i])
           {cf = i;return;}
        dir = 1;
        for(i = nf + 1;i<= MAXFLOOR;i ++ )     //没有向下走的人,即反向运行
            if(call_floor[i])
            {cf = i;return;}
        dir = 0;
        cf = 1;          //经过上面的判断表示此处电梯没有人,默认停在一楼
}
       if(call_floor[nf] == 1)
        {
        call_floor[nf] = 0;
        stop = 1;
        return;
        }
      for(i = nf + 1;i<= MAXFLOOR;i ++ )
         if(call_floor[i])
            {cf = i;return;}
         if(i == 7)
          {dir = 0;
          }
}
//启动电梯子程序
void step(bit dir)
{
if(cf == nf)
   return;
 else if(!flag)
  {flag = 1;
   delay(50);
      if(dir == 1)
      {ledu = 0;
       ledx = 0;
       ledd = 1;
       { i = i<8 ? i+1 : 0;
```

```
            switch (i)
            {
            case 0:    a1 = 0;a2 = 1;a3 = 0; a4 = 0;   break;
            case 1:    a1 = 0;a2 = 1;a3 = 1; a4 = 0;   break;
            case 2:    a1 = 0;a2 = 0;a3 = 1; a4 = 0;   break;
            case 3:    a1 = 0;a2 = 0;a3 = 1; a4 = 1;   break;
            case 4:    a1 = 0;a2 = 0;a3 = 0; a4 = 1;   break;
            case 5:    a1 = 1;a2 = 0;a3 = 0; a4 = 1;   break;
            case 6:    a1 = 1;a2 = 0;a3 = 0; a4 = 0;   break;
            case 7:    a1 = 1;a2 = 1;a3 = 0; a4 = 0; }
        }
        }
        else
         {ledd = 0;
          ledx = 0;
          ledu = 1;
          { i = i>0 ? i-1 : 7;
           switch (i)
           {case 0:a1 = 1;a2 = 1;a3 = 0; a4 = 0;   break;
           case 1:a1 = 1;a2 = 0;a3 = 0; a4 = 0;   break;
           case 2:a1 = 1;a2 = 0;a3 = 0; a4 = 1;   break;
           case 3:a1 = 0;a2 = 0;a3 = 0; a4 = 1;   break;
           case 4:a1 = 0;a2 = 0;a3 = 1; a4 = 1;   break;
           case 5:a1 = 0;a2 =  0;a3 = 1; a4 = 0;   break;
           case 6:a1 = 0;a2 = 1;a3 = 1; a4 = 0;   break;
           case 7:a1 = 0;a2 = 1;a3 = 0; a4 = 0; }
         }
         }
    timer1 = 0;
     TR0 = 1;
    }
 }
void delay(unsigned int z)   //延时程序
{
unsigned int x,y;
 for(x = z;x>0;x--)
   {
   for(y = 125;y>0;y--)
   ;
   }
}
//定时 0 中断,可利用此发送电机 PWM 脉冲信号
```

```
void time0_int() interrupt 1
{
TH0 = 0x3C;
  TL0 = 0xB0;
  timer1 ++ ;
  timer2 ++ ;
  if(flag)
  {
      if(timer1 == 20)                    //到达一个楼层延时 1 s
       { timer1 = 0;
         if(dir)
           nf ++ ;
         else
           nf -- ;
         call_floor[nf] = 0;
         flag = 0;
         TR0 = 0;
         P0 = LED_CODES[nf];              //显示当前楼层
         if(cf == nf)                     //到达呼叫楼层,关电机
           {TR0 = 0;
            ledx = ledu = ledd = 1;
            stop = 1;
            return;
            }
        }
    }
 }
//外部中断 0 服务子程序
void int0() interrupt 0
{if(F6D == 0)
      call_floor[6] = 1;
 else if(F1U == 0)
       call_floor[1] = 1;
 else if(F2D == 0||F2U == 0)
       call_floor[2] = 1;
 else if(F3D == 0||F3U == 0)
       call_floor[3] = 1;
 else if(F4D == 0||F4U == 0)
       call_floor[4] = 1;
 else if(F5D == 0||F5U == 0)
       call_floor[5] = 1;
 else if(F6 == 0)
```

```
        {call_floor[6] = 1;stop = 0;}
    else if(F1 == 0)
        {call_floor[1] = 1;stop = 0;}
    else if(F2 == 0)
        {call_floor[2] = 1;stop = 0;}
    else if(F3 == 0)
        {call_floor[3] = 1;stop = 0;}
    else if(F4 == 0)
        {call_floor[4] = 1;stop = 0;}
    else if(F5 == 0)
        {call_floor[5] = 1;stop = 0;}
}
```

12.3.4　模拟电梯控制系统仿真

在 PROTEUS 环境中仿真电路,电路仿真结果如图 12－25 所示。

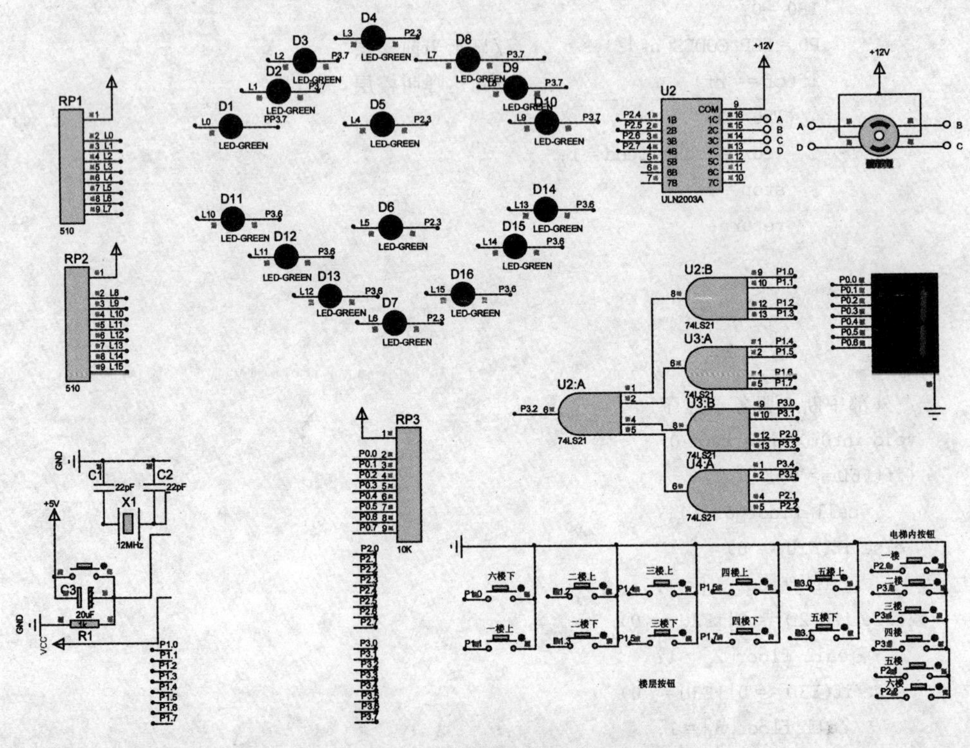

（a）模拟电梯控制系统初始状态

图 12－25　模拟电梯控制系统仿真结果

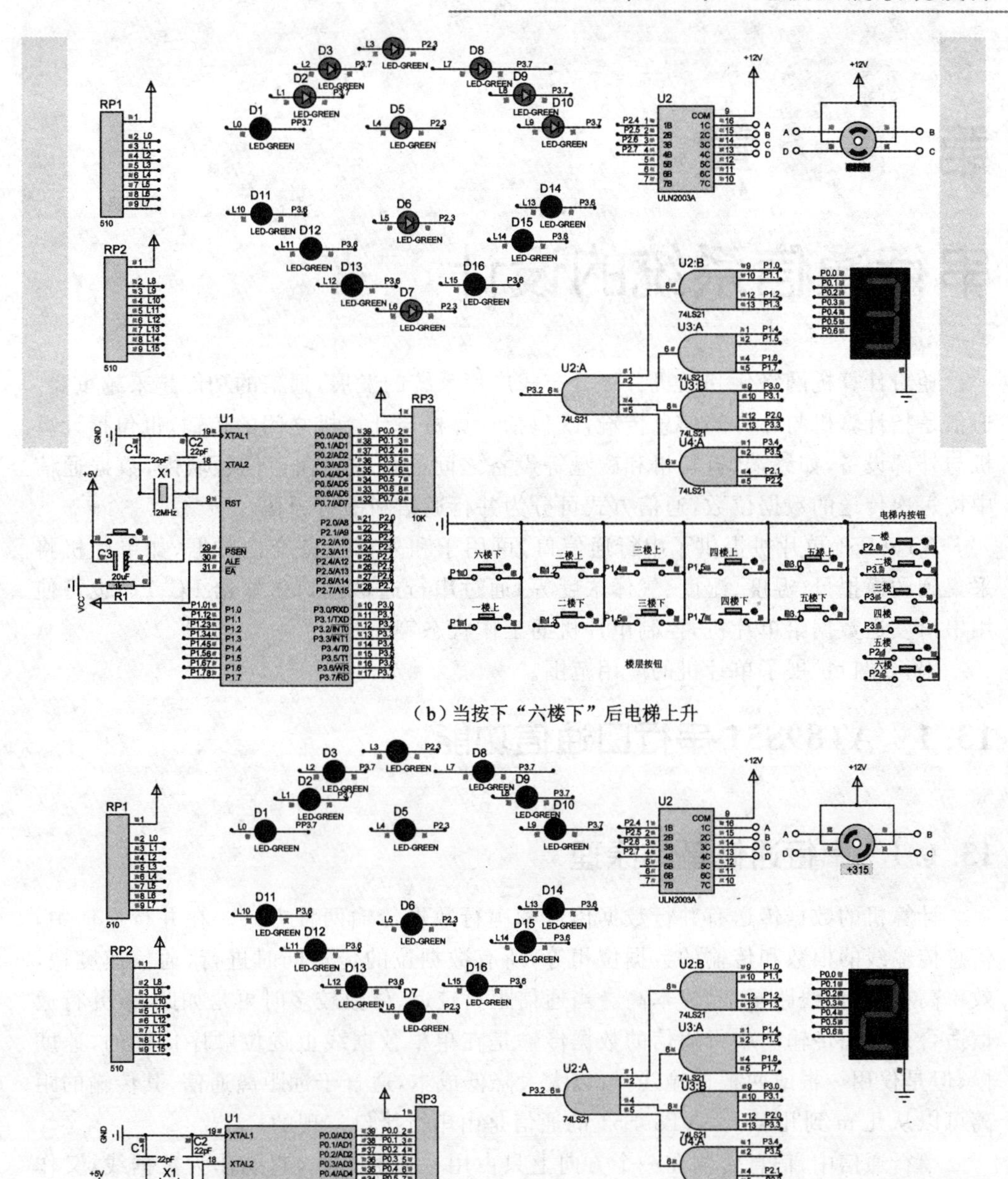

（b）当按下“六楼下”后电梯上升

（c）当按下“去二楼”后电梯停在二楼

图 12-25 模拟电梯控制系统仿真结果(续)

第 13 章

串行通信系统的设计

随着计算机网络化和微机分级分布式应用系统的发展，通信的功能越来越重要。通信是指计算机与外界的信息传输，既包括计算机与计算机之间的传输，也包括计算机与外部设备，如终端、打印机和磁盘等设备之间的传输。在通信领域内，数据通信中按每次传送的数据位数，通信方式可分为并行通信和串行通信。

AT89S51 单片机提供了串行通信口，可用于和外部设备交换数据，如单片机将采集到的模拟量(温度、湿度、气体浓度等)通过串行通信接口传输给 PC;PC 也可使用串口发送数据给单片机，控制单片机的工作状态等。

串行端口扩展了单片机的应用范围。

13.1 AT89S51 串行口通信功能

13.1.1 串行通信基本原理

计算机的数据传送有并行数据传输和串行数据传输两种方式。在并行通信中，信息传输线的根数和传输的数据位相等，所有数据位的传输同时进行，通信速度快，效率高;但通信线路复杂，成本高。当通信距离较远、位数较多时更是如此，故并行通信适合近距离传输。串行通信的数据传输是在单根数据线上逐位顺序传输的，速度慢，但是仅用一根或两根传输线，可以大大降低成本，适合于远距离通信，其传输的距离可以从几 m 到几 km。AT89S51 的通信是由串行接口实现的。

串行通信中，信息传输在一个方向上只占用一根通信线，它既作为数据线，又作为联络线。按消息格式划分，串行通信又分为异步通信方式和同步通信方式。在同步通信中，数据或字符开始处用一同步字符来指示(一般约定为 1～2 个字符)，以实现发送端和接收端同步，一旦检测到约定的同步字符，之后就连续按顺序接收数据。同步通信数据格式如图 13－1 所示。

同步字符1	同步字符2	数据块（若干字节）	校验符1	校验符2

起始　　结束

图 13－1　同步通信数据格式

同步通信方式下，通信在双方同步脉冲的控制下进行，双方时钟源需同步。

在异步通信方式中，两个数据字符之间的传输间隔是任意的，所以，每个数据字符的前后都要用一些数位来作为分隔位。图 13-2 为异步通信数据格式。

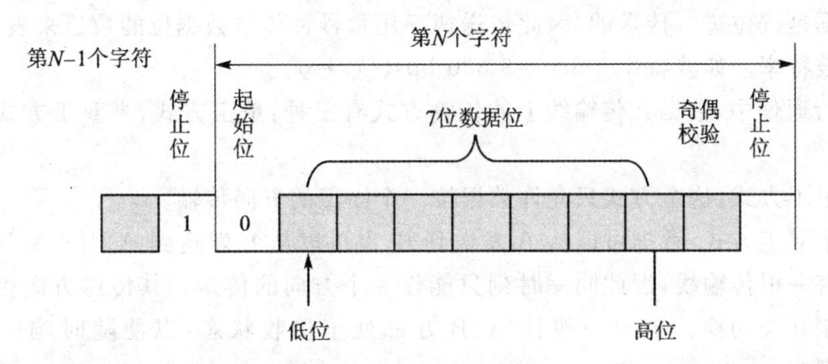

图 13-2　异步通信数据格式

按标准的异步通信数据格式（叫做异步通信帧格式），一个字符在传输时，除了传输实际数据字符信息外，还要传输几个外加数位。具体说，在一个字符开始传输前，输出线必须在逻辑上处于“1”状态，这称为标识态。传输一开始，输出线由标识态变为“0”状态，从而作为起始位。起始位后面为 5～8 个信息位，信息位由低往高排列，即先传字符的低位，后传字符的高位。信息位后面为校验位，校验位可以按奇校验设置，也可以按偶校验设置，或不设校验位。最后是逻辑的“1”作为停止位，停止位可为 1 位、1.5 位或者 2 位。如果传输完一个字符以后，立即传输下一个字符，那么，后一个字符的起始位便紧挨着前一个字符的停止位了，否则，输出线又会进入标识态。在异步通信方式中，发送和接收的双方必须约定相同的帧格式，否则会造成传输错误。在异步通信方式中，发送方只发送数据帧，不传输时钟，发送和接收双方必须约定相同的传输速率。当然，双方实际工作速率不可能绝对相等，但是只要误差不超过一定的限度，就不会造成传输出错。

在数据传输中涉及到了一些术语，各术语意义如下：

✧ 起始位：发送器是通过发送起始位而开始一个字符传送的，起始位使数据线处于逻辑 0 状态，提示接收器数据传输即将开始。

✧ 数据位：起始位之后就是传送数据位。数据位一般为 8 位一个字节的数据（也有 6 位、7 位的情况），低位（LSB）在前，高位（MSB）在后。

✧ 校验位：可以认为是一个特殊的数据位。校验位一般用来判断接收的数据位有无错误，一般是奇偶校验。在使用中，该位常常取消。

✧ 停止位：停止位在最后，用以标志一个字符传送的结束，它对应于逻辑“1”状态。

✧ 位时间：每个位的时间宽度。起始位、数据位、校验位的位宽度是一致的，停止位有 0.5 位、1 位、1.5 位格式，一般为 1 位。

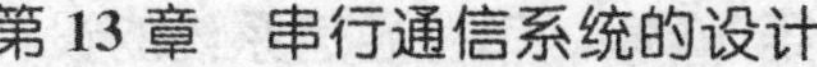

✧ 帧:从起始位开始到停止位结束的时间间隔称为一帧。

✧ 传输速率:所谓传输速率就是指每秒传输多少位,传输速率也常叫波特率。

✧ 波特率:串行通信的传送速率,用于说明数据传送的快慢。在串行通信中,数据是按位进行传送的,因此传送速率用每秒钟传送数据位的数目来表示,称为波特率。如波特率 9 600=9 600 bps(位/秒)。

串行通信中,数据在传输线上的传输方式有三种:单工方式、半双工方式和全双工方式。

✧ 单工方式:这个方式只允许数据按一个固定的方向传输。

✧ 半双工方式:数据可以从 A 发送到 B,也可以从 B 发送到 A。但 A、B 之间只有一根传输线,因此同一时刻只能作一个方向的传送。其传送方向由收发控制开关切换。平时一般让 A、B 方都处于接收状态,以便随时响应对方的呼叫。

✧ 全双工方式:数据可以同时在两个方向上传送。

图 13-3 为串行数据传输方式图。

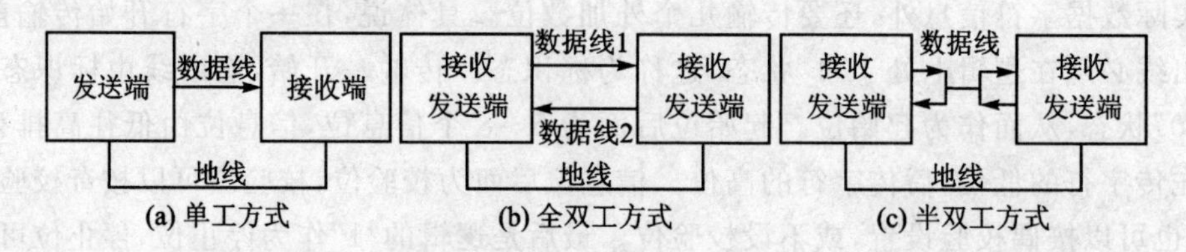

图 13-3 串行数据传输方式

13.1.2 串行通信接口电路

串行数据传输与通信需要借助串行接口实现。串行通信分为异步方式和同步方式,相应地支持这两种通信方式的接口电路在结构和功能上也可分为串行异步接口和串行同步接口。串行接口按电气标准及协议来分,包括 RS-232C、RS-422、RS-485 等。

RS-232 也称标准串口,是最常用的一种串行通信接口。它是 1970 年由美国电子工业协会(EIA)联合贝尔系统、调制解调器厂家及计算机终端生产厂家共同制定的用于串行通信的标准。它的全名是"数据终端设备(DTE)和数据通信设备(DCE)之间串行二进制数据交换接口技术标准"。传统的 RS-232C 接口标准有 22 根线,采用标准 25 芯 D 型插头座(DB25),后来简化为 9 芯 D 型插座(DB9),如图 13-4 所示。

DB-9 和 DB-25 的常用信号引脚说明如表 13-1 所列。

RS-232 采取不平衡传输方式,即所谓单端通信。由于其发送电平与接收电平的差仅为 2～3 V,所以其共模抑制能力差,再加上双绞线上的分布电容,其传送距离最大约为 15 m,最高速率为 20 kbps。RS-232 是为点对点(即只用一对收、发设备)

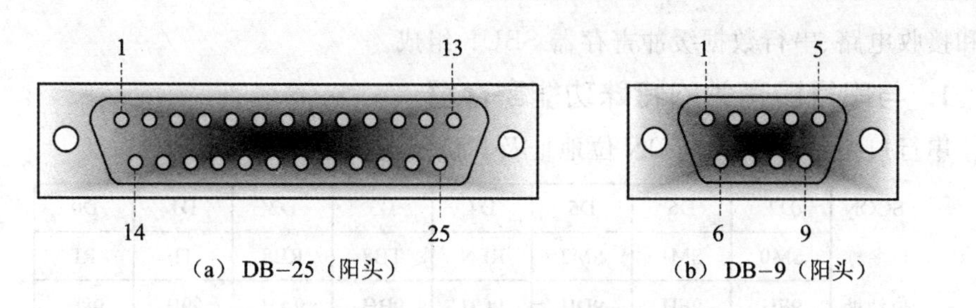

(a) DB-25（阳头）　　(b) DB-9（阳头）

图 13-4　DB-25(阳头)和 DB-9(阳头)插头座

通信而设计的，其驱动器负载为 3～7 kΩ。

表 13-1　DB-9 和 DB-25 的常用信号引脚说明

DB-9 引脚号	DB-25 引脚号	引脚名称	功　能
1	8	DCD	数据载波检测
2	3	RXD	接收数据
3	2	TXD	发送数据
4	20	DTR	数据终端准备
5	7	GND	信号地
6	6	DSR	数据设备准备好
7	4	RTS	请求发送
8	5	CTS	清除发送
9	22	RI	振铃指示

RS-232C 是一种电压型总线标准，以不同极性的电压表示逻辑值：－3～－25 V 表示逻辑“1”(mark)，＋3～＋25 V 表示逻辑“0”(space)。标准数据传输速率有 50、75、110、150、300、600、1 200、2 400、4 800、9 600、19 200 波特等。

串口传输数据只要有接收数据针脚和发送针脚就能实现。图 13-5 所示为三线制串行通信连接方式。

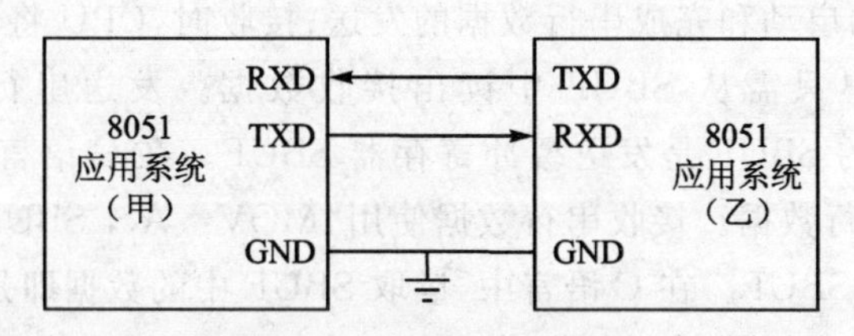

图 13-5　三线制串行通信电路连接

13.1.3　AT89S51 串行口

AT89S51 系列单片机有一个全双工的串行口，由串行口控制寄存器 SCON、发送和接收电路、串行数据缓冲寄存器 SBUF 组成。

1. 与串行口有关的特殊功能寄存器

串行口控制寄存器 SCON 位地址及其位定义如图 13－6 所示。

SCON	D7	D6	D5	D4	D3	D2	D1	D0
位名称	SM0	SM1	SM2	REN	TB8	RB8	TI	RI
位地址	9FH	9EH	9DH	9CH	9BH	9AH	99H	98H

图 13－6　串行口控制寄存器 SCON 位地址及其位定义

其中：

✧ SM0、SM1：串行口工作方式选择位，工作方式与功能如表 13－2 所列。

表 13－2　串行口工作方式与功能表

SM0	SM1	工作方式	功能说明
0	0	0	同步移位寄存器输入/输出
0	1	1	8 位 UART，波特率可变
1	0	2	9 位 UART，波特率固定
1	1	3	9 位 UART，波特率可变

✧ SM2：多机通信控制位。

✧ REN：允许接收控制位。REN＝1，允许接收。

✧ TB8：方式 2 和方式 3 中要发送的第 9 位数据。

✧ RB8：方式 2 和方式 3 中要接收的第 9 位数据。

✧ TI：发送中断标志。

✧ RI：接收中断标志。

串行数据缓冲寄存器 SBUF 在逻辑上只有一个，既表示发送寄存器，又表示接收寄存器，具有同一个单元地址 99H，用同一寄存器名 SBUF。其在物理上有两个，一个是发送缓冲寄存器，另一个是接收缓冲寄存器。发送时，只需将发送数据输入 SBUF，CPU 将自动启动和完成串行数据的发送；接收时，CPU 将自动把接收到的数据存入 SBUF，用户只需从 SBUF 中读出接收数据。发送串行数据使用“MOV SBUF, A;”，这里的 SBUF 是发送缓冲寄存器 SBUF。在 C 语言中，向 SBUF 中写入数据即可发送串行数据。接收串行数据使用“MOV　A , SBUF;”，这里的 SBUF 是接收缓冲寄存器 SBUF。在 C 语言中，读取 SBUF 中的数据即是接收串行数据。

此外，PCON 为电源控制寄存器，其位定义如表 13－3 所列。

表 13－3　电源控制寄存器 PCON

PCON	D7	D6	D5	D4	D3	D2	D1	D0
位名称	SMOD	—	—	—	—	—	—	—

其中,SMOD=1,串行口波特率加倍。PCON 寄存器不能进行位寻址。

AT89S51 的固定波特率由晶振分频产生。可变波特率由 T1 定时器溢出频分频产生。

2. 串行工作方式

AT89S51 串行通信共有 4 种工作方式,由串行控制寄存器 SCON 中 SM0 SM1 决定。

(1) 串行工作方式 0(同步移位寄存器工作方式)

将 SCON 中的 SM0 SM1 设置成 00 即可(SM2、TB8、RB8 不起作用,设为 0)。方式 0 下,串行口作为同步的移位寄存器来使用,波特率为机器周期($f_{osc}/12$)。RXD(10 引脚)上发送 8 位数据,TXD(11 引脚)上发送同步脉冲。发送数据在 TI=0 下通过向 SBUF 写入数据来完成。接收数据在 RI=0 且 REN=1 下来启动。其帧格式为

←	D0	D1	D2	D3	D4	D5	D6	D7	

移位数据的发送和接收以 8 位为一帧,不设起始位和停止位,无论输入/输出,均低位在前,高位在后。

(2) 串行工作方式 1

将 SCON 中的 SM0 SM1 设置成 01 即可(SM2、TB8、RB8 不起作用,设为 0)。方式 1 下,串行口作为 10 位异步收发通信,包括 1 个起始位、8 个数据位和 1 个停止位。RXD(10 引脚)上接收 10 位数据帧,TXD(11 引脚)上发送 10 位数据帧。发送数据帧在 TI=0 下通过向 SBUF 写入数据来完成。接收数据在 RI=0 且 REN=1 下通过读取 SBUF 中的数据来完成。其帧格式为

起始	D0	D1	D2	D3	D4	D5	D6	D7	停止

方式 1 波特率可变,由定时器/计数器 T1 的计数溢出率来决定。波特率 $=2^{SMOD}\times$(T1 溢出率)/ 32,其中 SMOD 为 PCON 寄存器中最高位的值,SMOD=1 表示波特率倍增。

在实际应用时,通常是先确定波特率,然后根据波特率求 T1 定时初值,因此上式又可写为

$$\text{T1 初值}=256-2^{SMOD}\times f_{osc}/12\times \text{波特率}\times 32$$

(3) 串行工作方式 2

方式 2 是一帧 11 位的串行通信方式,即 1 个起始位、8 个数据位、1 个可编程位 TB8/RB8 和 1 个停止位,其帧格式为

起始	D0	D1	D2	D3	D4	D5	D6	D7	TB8/RB8	停止

可编程位 TB8/RB8 既可作奇偶校验位用，也可作控制位（多机通信）用，其功能由用户确定。数据发送和接收与方式 1 基本相同，区别在于方式 2 把发送/接收到的第 9 位内容送入 TB8/RB8。

方式 2 波特率固定，即 $f_{osc}/32$ 和 $f_{osc}/64$。如用公式表示则为波特率 $=2^{SMOD}\times f_{osc}/64$。

(4) 串行工作方式 3

方式 3 同样是一帧 11 位的串行通信方式，其通信过程与方式 2 完全相同，所不同的仅在于波特率。方式 2 的波特率只有固定的两种，而方式 3 的波特率则与方式 1 相同，即通过设置 T1 的初值来设定波特率。

常用波特率通常按规范取 1 200、2 400、4 800、9 600…，若采用晶振 12 MHz 和 6 MHz，则计算得出的 T1 定时初值将不是一个整数，产生波特率误差而影响串行通信的同步性能。通常通过调整单片机的时钟频率 f_{osc} 来处理，采用 11.059 2 MHz 晶振。常用的波特率及定时器初值如表 13－4 所列。

表 13－4 常用的波特率及定时器初值

波特率	f/MHz	SMOD	定时器		
			C/T	方 式	重装值
方式 0：1 MHz	12	×	×	×	×
方式 2：375 kHz	12	1	×	×	×
方式 1、3：62.5 kHz	12	1	0	2	FFH
方式 1、3：19.2 kHz	11.059	1	0	2	FDH
方式 1、3：9.6 kHz	11.059	0	0	2	FDH
方式 1、3：4.8 kIIz	11.059	0	0	2	FΛH
方式 1、3：2.4 kHz	11.059	0	0	2	F4H
方式 1、3：1.2 kHz	11.059	0	0	2	E8H
方式 1、3：110Hz	6	0	0	2	72H
方式 1、3：110Hz	6	0	0	1	FEEBH

13.2 AT89S51 与 PC 串行通信

单片机的串行通信功能扩展了单片机的应用范围，以 AT89S51 与 PC 的通信为例，通过串行通信口，实现了消息互通。但在与 PC 的通信中，需要注意的是，PC 串口 RS－232 电平是－10～＋10 V，而一般的单片机应用系统的信号电压是 TTL 电平（0～＋5 V），因此，需要进行电平转换。

13.2.1　电平转换芯片 MAX232

MAX232 芯片是美信公司专门为计算机的 RS-232 标准串口设计的接口电路，使用+5 V 单电源供电。其内部结构如图 13-7 所示。

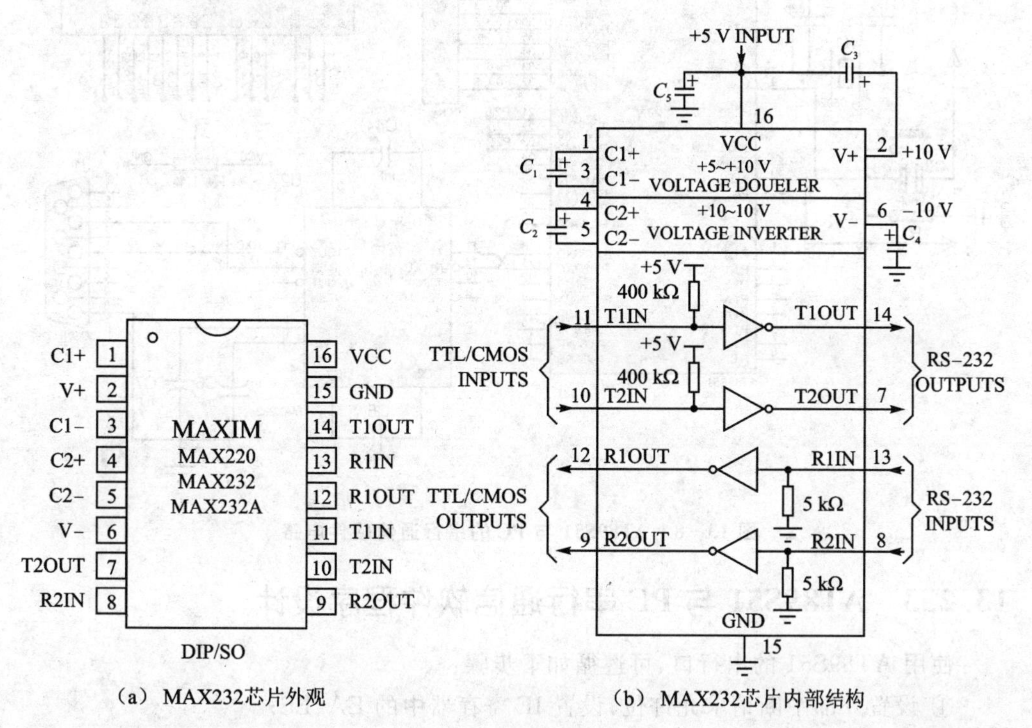

（a）MAX232芯片外观　　（b）MAX232芯片内部结构

图 13-7　MAX232 芯片

内部结构基本可分三个部分：第一部分是电荷泵电路，由 1、2、3、4、5、6 脚和 4 只电容构成。功能是产生+12 V 和-12 V 两个电源，提供给 RS-232 串口电平的需要。第二部分是数据转换通道，由 7、8、9、10、11、12、13、14 脚构成两个数据通道。其中 13 脚(R1IN)、12 脚(R1OUT)、11 脚(T1IN)、14 脚(T1OUT)为第一数据通道。8 脚(R2IN)、9 脚(R2OUT)、10 脚(T2IN)、7 脚(T2OUT)为第二数据通道。TTL/CMOS 数据从 T1IN、T2IN 输入转换成 RS-232 数据从 T1OUT、T2OUT 送到计算机 DB9 插头；DB9 插头的 RS-232 数据从 R1IN、R2IN 输入转换成 TTL/CMOS 数据后从 R1OUT、R2OUT 输出。第三部分是供电，15 脚 GND、16 脚 VCC(+5 V)。

13.2.2　AT89S51 与 PC 串行通信硬件电路设计

将 MAX232 用于电平转换，采用三线制连接方式连接电路，如图 13-8 所示。电路中使用 DB9 连接 PC 的串行端口。液晶 1602 用于显示 PC 发来的数据。

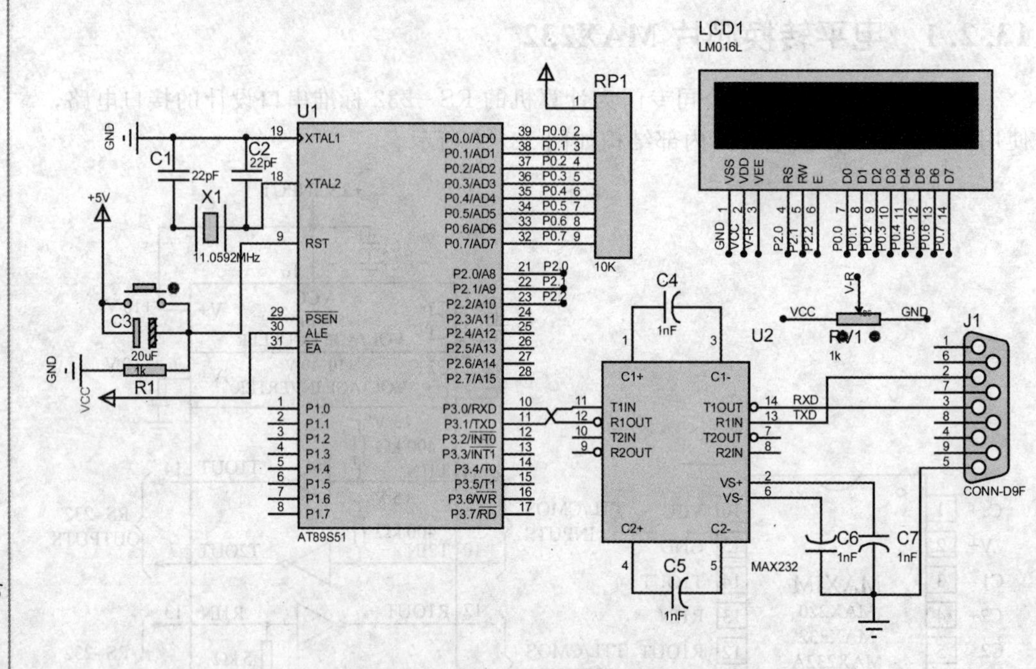

图 13-8 AT89S51 与 PC 的串行通信硬件电路

13.2.3 AT89S51 与 PC 串行通信软件程序设计

使用 AT89S51 的串行口，可遵循如下步骤：

① 设置外部中断请求允许位，设置 IE 寄存器中的 EA、ES；

② 根据需要设置 SCON 寄存器，确定串行口的工作方式并初始化标志位；

③ 若波特率与 T1 有关，则设置 TMOD 寄存器，设定 T1 的工作方式；

④ 推算出对应波特率 T1 寄存器的初值，传递到 T1；

⑤ 启动 T1 定时器，T1 便成为了波特率发生器；

⑥ 若将电源控制寄存器 PCON 最高位 SMOD 设置成 1，单片机系统的波特率将翻一倍；

⑦ 编写中断处理子程序，中断编号为 4。

按照上述步骤编写程序，程序如下：

```
#include <reg51.h>
#include <intrins.h>
#include <1602.c>
#define uchar   unsigned char
#define uint    unsigned int
uchar data  RXDdata[ ] = {0x20,0x20,0x20,0x20,0x20,0x20,0x20,0x20,
                         0x20,0x20,0x20,0x20,0x20,0x20,0x20,0x20};
```

```
uchar temp,buf,m,count,i;
bit   playflag = 0;
/***************** 延时子程序 ********************************/
void delay1(uint ms)
{
   uchar k;
   while(ms--)
   {
     for(k = 0; k < 120; k++);
   }
}
/***************** 发送数据函数 ********************************/
void senddata(uchar dat)
{
     SBUF = dat;
     while(!TI);
     TI = 0;
}
/****************** 串行中断服务函数 *************************/
void  serial() interrupt 4
{
   ES = 0;                                          //关闭串行中断
   RI = 0;                                          //清除串行接收标志位
   buf = SBUF;                                      //从串口缓冲区取得数据
   playflag = 1;
   switch(buf)
   {
      case 0x31:  senddata('O');senddata('K');break;//接收到1,发送字符"OK"给计算机
      default:    senddata(buf);break;          //接收到其他数据,将其发送给计算机
   }
   if(buf! = 0x0D)
   {
     if(buf!  = 0x0A)
     {
       temp = buf;
       if(count<16)
```

```
        {
          RXDdata[count] = temp;
          count ++ ;
        }else{
            for(m = 0; m<15;m ++ )
              RXDdata[m] = RXDdata[m + 1];
         RXDdata[15] = temp;
        }
      }
    }
   ES  =  1;     //允许串口中断
}
/******************** 主函数 *********************************/
void main(void)
{
     SCON = 0x50;                //设定串口工作方式
     PCON = 0x00;                //波特率不倍增
     TMOD = 0x20;                //定时器 1 工作于 8 位自动重载模式,用于产生波特率
     EA = 1;
     ES = 1;                     //允许串口中断
     TL1 = 0xfd;
     TH1 = 0xfd;                 //波特率 9 600
     TR1 = 1;
     LcdRw = 0;
     welcome();                  //显示欢迎画面
     delay1(20);
     LCD_Initial();
     while(1)
     {
     GotoXY(0,0);
     Print(RXDdata);
     }
}
```


其中 1602.c 程序如下：

```
                 # include <reg51.h>
 # include <intrins.h>
```

```
#include <stdio.h>
#include <string.h>
#include <absacc.h>
#include <math.h>
#define uchar unsigned char
#define uint unsigned int
/************ 1602 液晶端口定义 ************/
sbit LcdRs = P2^0;
sbit LcdRw = P2^1;
sbit LcdEn = P2^2;
sbit ACC0 = ACC^0;
sbit ACC7 = ACC^7;
uchar str[7];
uchar dis[1];
/************ 向 LCD 写入命令或数据 ************/
#define LCD_COMMAND            0       //Command
#define LCD_DATA               1       //Data
#define LCD_CLEAR_SCREEN       0x01    //清屏
#define LCD_HOMING             0x02    //光标返回原点

/************ 设置显示模式 ************/
#define LCD_SHOW               0x04    //显示开
#define LCD_HIDE               0x00    //显示关
#define LCD_CURSOR             0x02    //显示光标
#define LCD_NO_CURSOR          0x00    //无光标
#define LCD_FLASH              0x01    //光标闪动
#define LCD_NO_FLASH           0x00    //光标不闪动

/************ 设置输入模式 ************/
#define LCD_AC_UP              0x02
#define LCD_AC_DOWN            0x00    //default
#define LCD_MOVE               0x01    //画面可平移
#define LCD_NO_MOVE            0x00    //default
unsigned char LCD_Wait(void);
void LCD_Write(bit style, unsigned char input);
/************ 1602 液晶显示部分子程序 ************/
void delay(uint z)
{
    uint x,y;
    for(x = z;x>0;x--)
        for(y = 110;y>0;y--);
}
```

```
void LCD_Write(bit style, unsigned char input)
{
    LcdRs = style;
    P0 = input;
    delay(5);
    LcdEn = 1;
    delay(5);
    LcdEn = 0;
}
void LCD_SetDisplay(unsigned char DisplayMode)
{
    LCD_Write(LCD_COMMAND, 0x08|DisplayMode);
}
void LCD_SetInput(unsigned char InputMode)
{
    LCD_Write(LCD_COMMAND, 0x04|InputMode);
}
/************ 初始化 LCD ************/
void LCD_Initial()
{
    LcdEn = 0;
    LCD_Write(LCD_COMMAND,0x38);                 //8 位数据端口,2 行显示,5×7 点阵
    LCD_Write(LCD_COMMAND,0x38);
    LCD_SetDisplay(LCD_SHOW|LCD_NO_CURSOR);      //开启显示,无光标
    LCD_Write(LCD_COMMAND,LCD_CLEAR_SCREEN);     //清屏
    LCD_SetInput(LCD_AC_UP|LCD_NO_MOVE);         //AC 递增,画面不动
}

/************ 液晶字符输入的位置 ************/
void GotoXY(unsigned char x, unsigned char y)
{
    if(y == 0)
        LCD_Write(LCD_COMMAND,0x80|x);
    if(y == 1)
        LCD_Write(LCD_COMMAND,0x80|(x - 0x40));
}

/************ 将字符输出到液晶显示 ************/
void Print(unsigned char * str)
{
    while( * str! = '\0')
    {
```

```
        LCD_Write(LCD_DATA, * str);
        str ++ ;
    }
}
void welcome()
{
    LCD_Initial();
    GotoXY(0,0);
    Print("    SERIAL    ");
    GotoXY(0,1);
    Print("Communication");
    delay(200);
}
```

13.2.4　基于 PROTEUS 的串口通信电路仿真

PROTEUS 环境中提供了虚拟串口元件,可进行串口通信仿真。但在仿真前,需设置虚拟串口通信元件的属性,设置方式如图 13-9 所示。

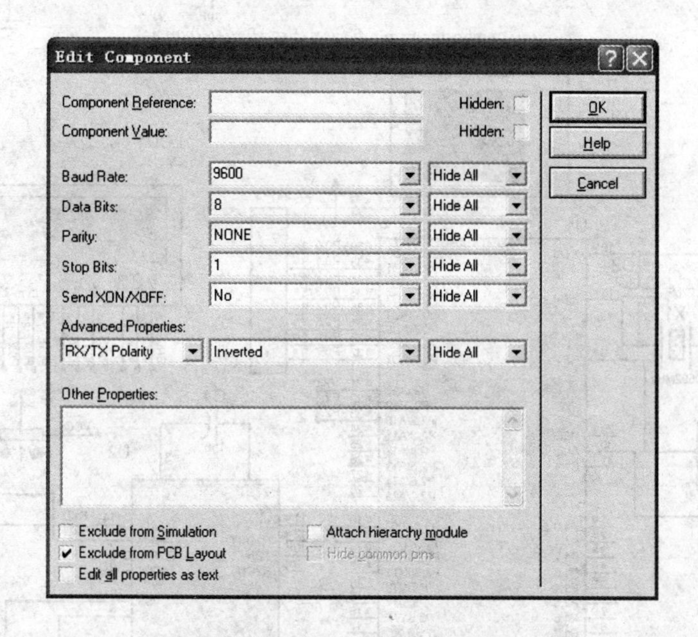

图 13-9　虚拟串口设置窗口

设置了上述参数后,进行电路仿真,仿真结果如图 13-10 所示。

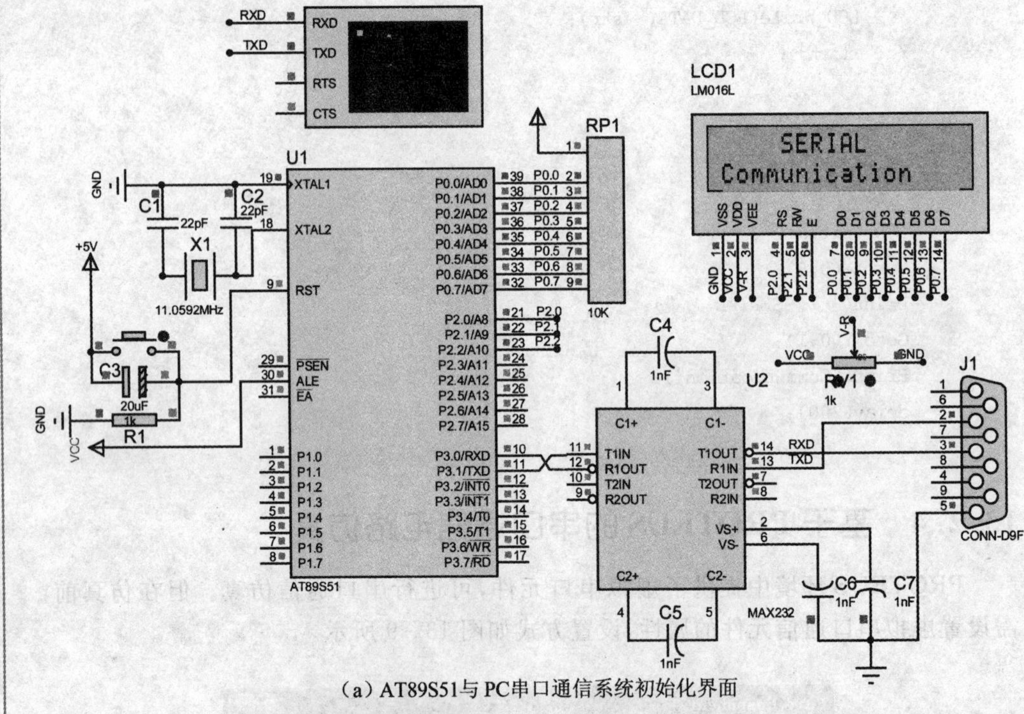

(a) AT89S51与PC串口通信系统初始化界面

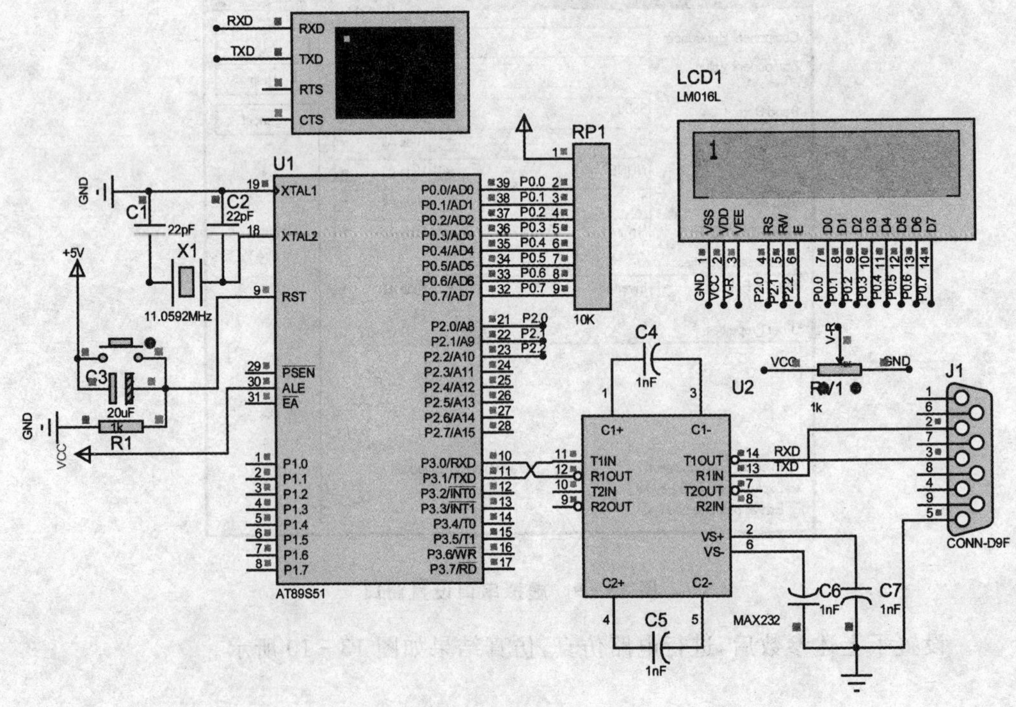

(b) PC向AT89S51写“1”

图13-10　AT89S51与PC串口通信仿真结果

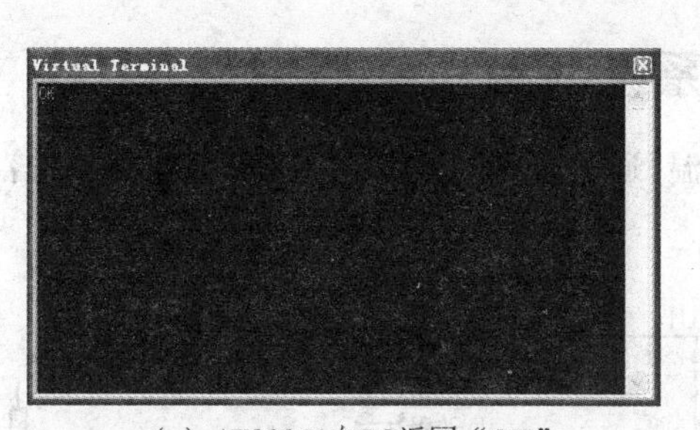

（c）AT89S51向PC返回“OK”

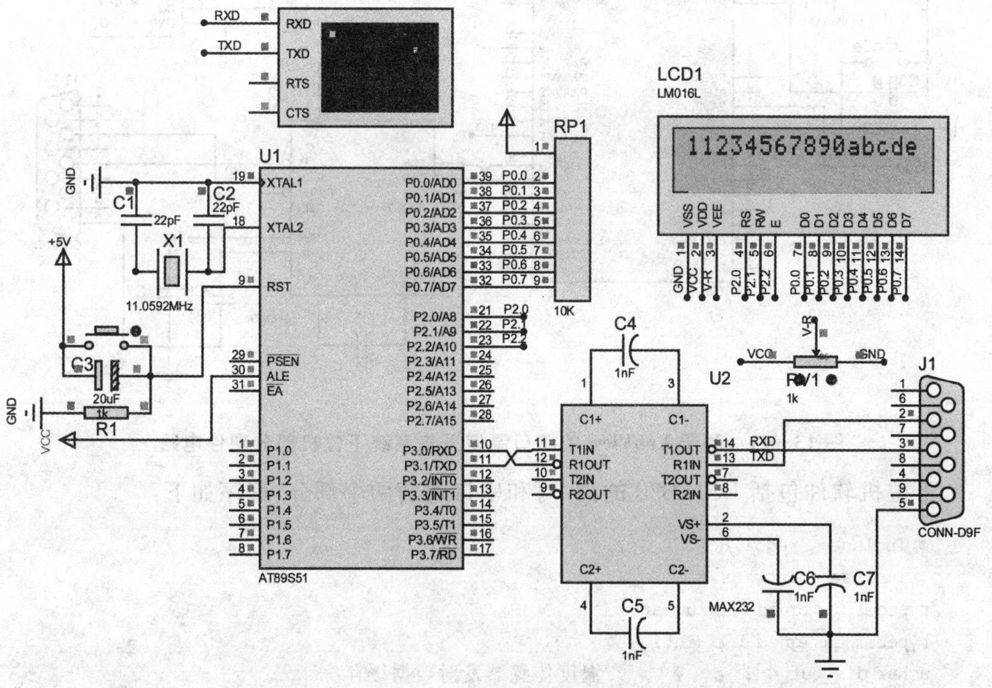

（d）液晶屏显示系统输入信息

图 13-10　AT89S51 与 PC 串口通信仿真结果(续)

13.3　启发式设计——基于 LabView 的串口温度采集监控系统设计

实时数据采集是工业控制系统中必不可少的组成部分，是进行工业分析、工业处理和工业控制的依据。本系统采用单片机作为温度数据采集和传输的主控芯片，将采集得到的数据经串口通信方式传输至计算机的串口。计算机上位机软件采用 LabView 软件编写，利用其所带的 VISA 驱动进行串口的数据采集和处理，实现基于 VISA 的串口温度采集监控。

13.3.1　下位机系统

使用 DS18B20 测温，通过单片机串口将温度信息传入计算机。下位机系统硬件电路如图 13－11 所示。

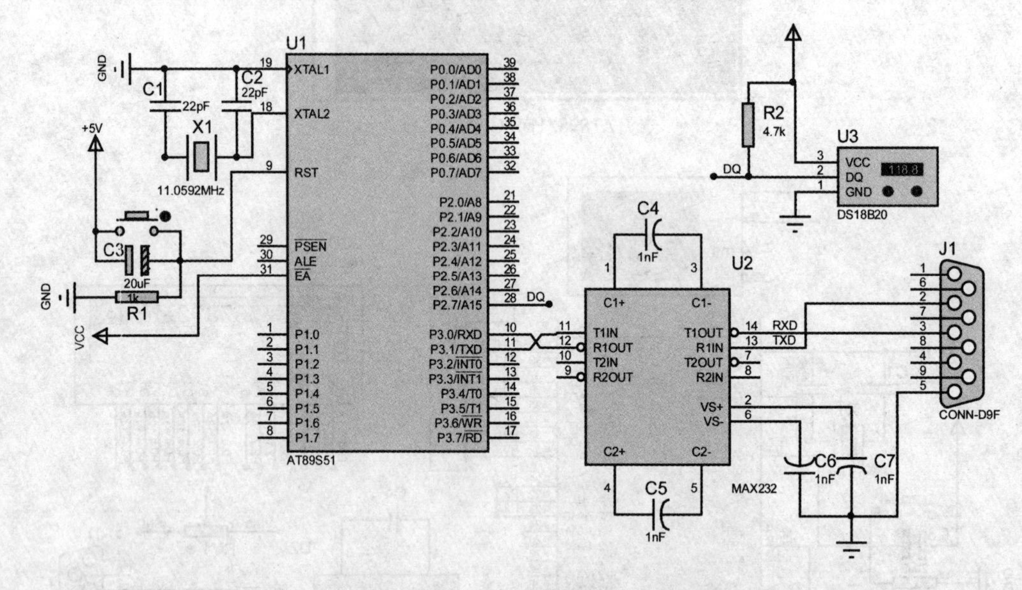

图 13－11　基于 LabView 的串口温度采集系统下位机部分硬件电路

下位机软件包括 DS18B20 的读/写和串口通信两个部分，程序如下：

```
#include <reg51.H>
#include <intrins.h>
typedef unsigned char uchar;
typedef unsigned int uint;
uchar dis_buf[4];            //温度传感器发射数据缓存
sbit DQ = P2^7;              //DS18B20 接在 P2.7
//----------------------------------------
void Init_MCU(void)
{
    SCON = 0x50;             //设定串口工作方式
    PCON = 0x00;             //波特率不倍增
    TMOD = 0x20;             //定时器 1 工作于 8 位自动重载模式,用于产生波特率
    TL1 = 0xfd;
    TH1 = 0xfd;              //波特率 9 600
    TR1 = 1;
}
//----------------------------------------------
void Send_PC(uchar mess)
{
 SBUF = mess;
```

```
 while(TI == 0); TI = 0;
}
//----------------------------
void delayUs(uchar us)//16 μs 延时
{
   uint s;
   for(s = 0;s<us;s ++ );
}
//------------------------------
uchar reset(void)//DS18B20 复位
{
  uchar yes;
  DQ = 0;
  delayUs(32);            //延时 480 μs
  DQ = 1;
  delayUs(3);
  yes = DQ;
  delayUs(25);
  return(yes);            //yes = 0 有芯片
}
uchar read_byte(void)//从单总线上读一个字节
{
  uchar i;
  uchar value = 0;
  for (i = 8;i>0;i -- )
  {
    value>> = 1;
    delayUs(1);
    DQ = 0;
    DQ = 1;
    delayUs(1);          //延时 15 μs
    if(DQ)value| = 0x80;
    delayUs(1);
  }
    return(value);
}
void write_byte(uchar val)//向单总线上写一个字节
{
  uchar i;
  for (i = 8; i>0; i -- )
  {
    DQ = 0;
    DQ = val&0x01;
    delayUs(5);
    DQ = 1;
    val = val/2;
```

```
    }
    delayUs(5);
  }
  //------------------------------
  uint Read_Temp(void)                          //读取温度
  {
    union{
          uchar tc[2];
          uint tx;
         }temp;
    reset();
    write_byte(0xCC);                           //Skip ROM
    write_byte(0xBE);                           //Read Scratch Pad
    temp.tc[1] = read_byte();
    temp.tc[0] = read_byte();
    reset();
    write_byte(0xCC);                           //Skip ROM
    write_byte(0x44);                           //Start Conversion
    return temp.tx;
  }
  void Do_Temp(void)                            //温度数据处理
  {
       uint tx;
       tx = Read_Temp();
     if (tx> = 0x0800)                          //温度为负值
     {
     tx = ~(tx) + 1;
     dis_buf[3] = (tx&0x000f) * 625/1000;       //小数部分
     tx = tx>> = 4;                             //负值符号和整数部分
     dis_buf[0] = 0x13;
     dis_buf[1] = tx/10;
     dis_buf[2] = tx % 10;
     }
     else
     {
     dis_buf[3] = (tx&0x000f) * 625/1000;       //小数部分
     tx = tx>> = 4;                             //正值整数部分
     dis_buf[0] = tx/100;
     dis_buf[1] = (tx % 100)/10;
     dis_buf[2] = (tx % 100) % 10;
     }
  }
  void main(void)
  {
      uint i;
      Init_MCU();
```

```
    while(1)
    {
    Do_Temp();
    for(i = 0;i<4;i++)
      Send_PC(dis_buf[i]);
    }
}
```

在 PROTEUS 中调试下位机程序，调试结果如图 13 - 12 所示。

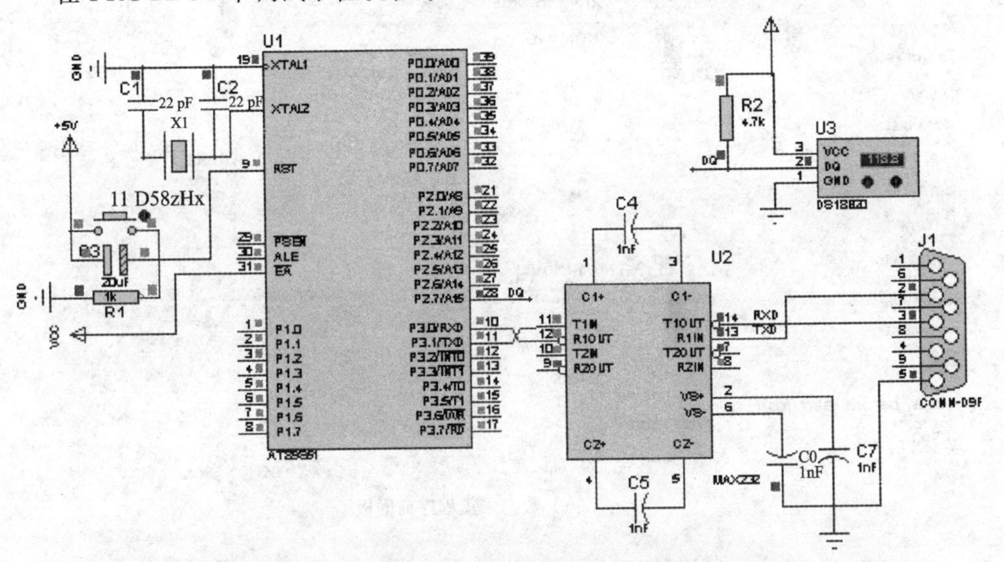

(a) 下位机电路测量DS18B20S数据（118.8℃）

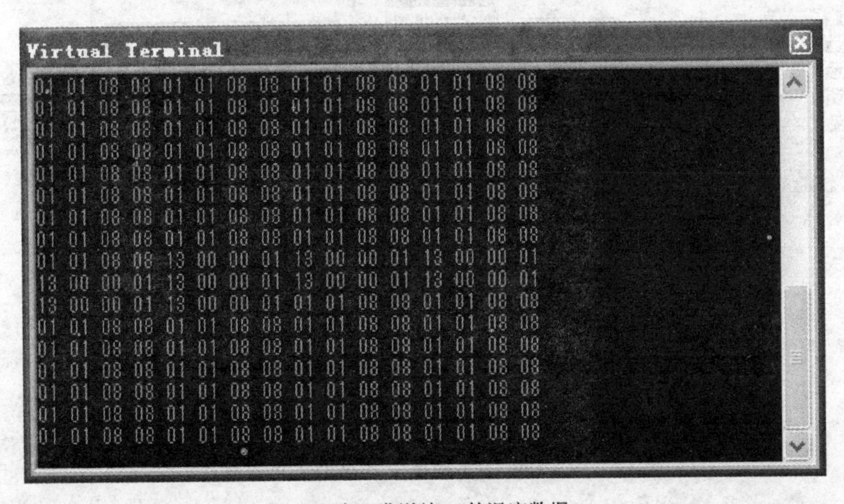

(b) 串口发送给PC的温度数据

图 13 - 12　下位机程序调试结果

13.3.2 上位机程序

上位机程序在 LabView 环境下开发。上位机程序包括串口数据采集、数据处理与记录两部分，程序如图 13-13 所示。

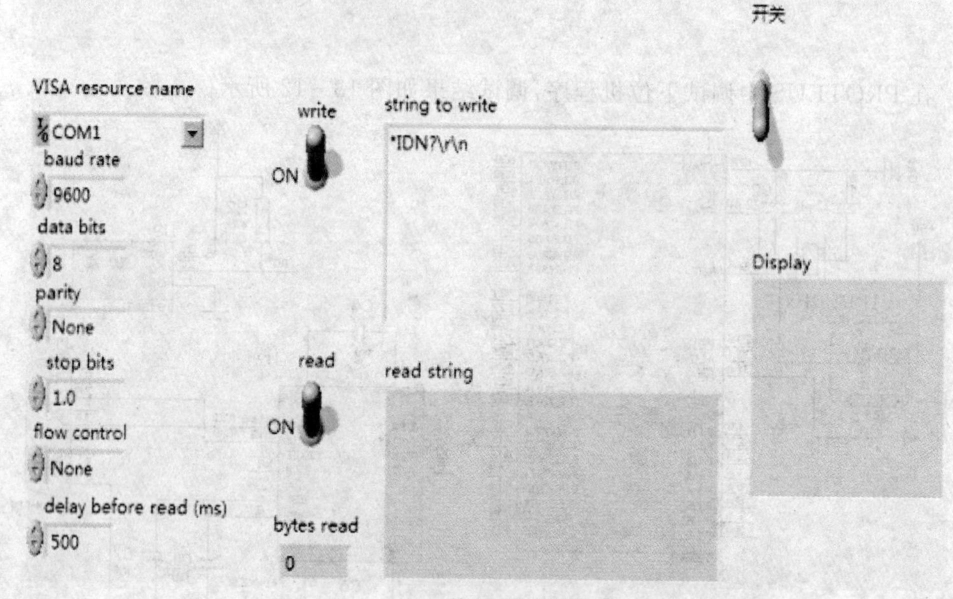

（a）数据采集程序前面板

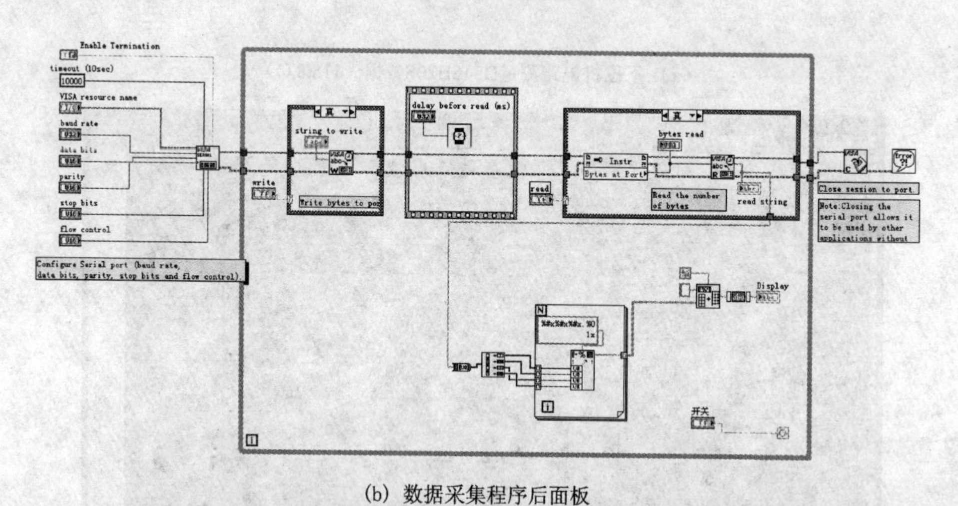

（b）数据采集程序后面板

图 13-13　LabView 环境下开发的上位机程序

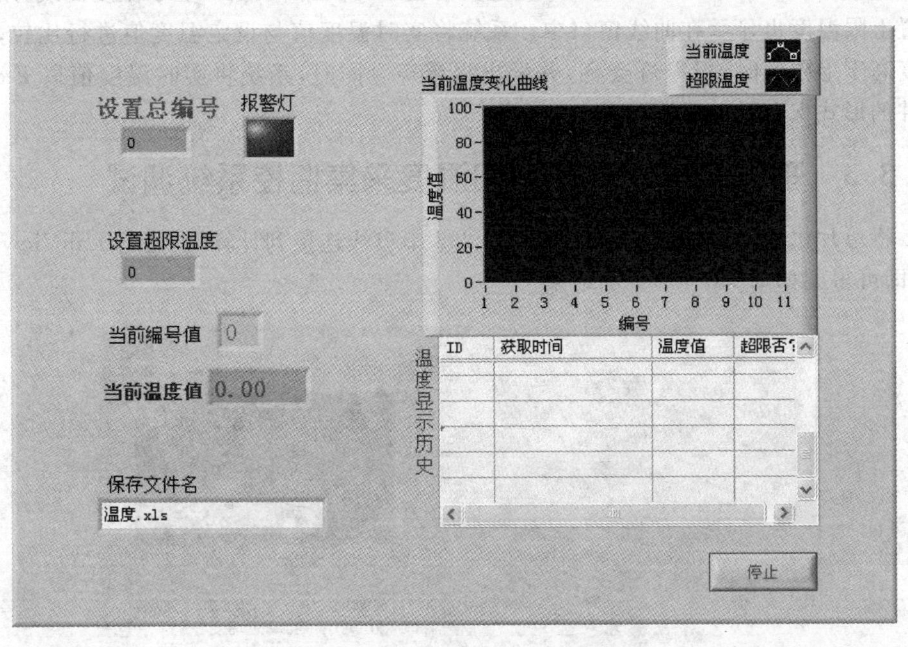

(c) 数据处理与记录程序前面板

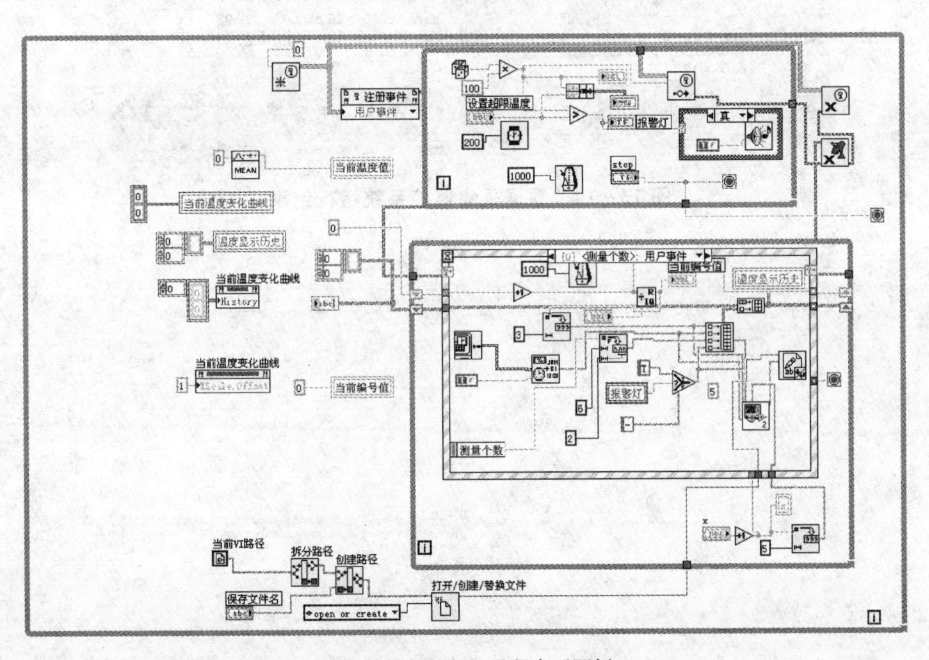

(d) 数据处理与记录程序后面板

图 13－13　LabView 环境下开发的上位机程序(续)

数据处理与记录程序将输入温度值实时显示，并在曲线窗口显示温度曲线，用户设置上限温度也显示在曲线窗口中。系统将实时温度值与设定温度值进行比较，当温度高于上限值时，报警灯会亮，并发出报警声。同时，系统将实时温度值以 Excel 文件的形式保存供以后调用。

13.3.3　基于 LabView 的串口温度采集监控系统调试

将单片机的串口输出信号通过 RS－232 串口线连接到计算机，运行 LabView 程序，即可得到如图 13－14 所示结果。

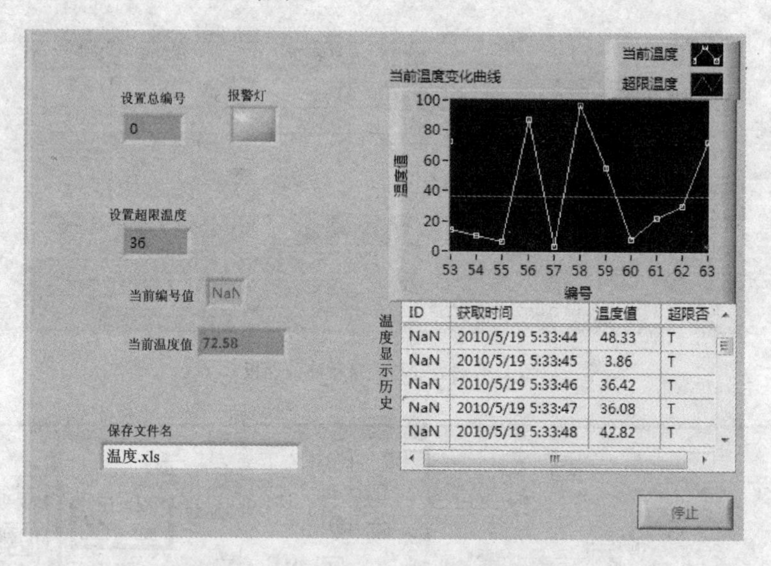

图 13－14　数据采集监控系统运行结果

第14章 AT89S51看门狗

看门狗定时器又叫 Watchdog Timer,简写为 WDT,是一个定时器电路,一般有一个输入,叫喂狗;一个输出到 MCU 的 RST 端。MCU 正常工作的时候,每隔一段时间输出一个信号到喂狗端,给 WDT 清零,如果超过规定的时间不喂狗(一般在程序跑飞时),WDT 定时超过,就会给出一个复位信号到 MCU,则 MCU 复位,这样就防止了 MCU 死机。

14.1 看门狗工作原理及使用方法

14.1.1 看门狗定时器

WDT 是为了解决 CPU 程序运行时可能进入混乱或死循环而设置的,它由一个 14 bit 计数器和看门狗复位 SFR(WDTRST)构成。外部复位时,WDT 默认为关闭状态,要打开 WDT,用户必须按顺序将 01EH 和 0E1H 写到 WDTRST 寄存器(SFR 地址为 0A6H)。当启动了 WDT 时,它会随晶体振荡器在每个机器周期计数,除硬件复位或 WDT 溢出复位外,没有其他方法关闭 WDT。当 WDT 溢出时,将使 RST 引脚输出高电平的复位脉冲。

14.1.2 使用看门狗

打开 WDT 需按次序写 01EH 和 0E1H 到 WDTRST 寄存器(SFR 的地址为 0A6H),当 WDT 打开后,需在一定的时候写 01EH 和 0E1H 到 WDTRST 寄存器,以避免 WDT 计数溢出。14 位 WDT 计数器计数达到 16 383(3FFFH),WDT 将溢出并使器件复位。WDT 打开时,会随晶体振荡器在每个机器周期计数,这意味着用户必须在小于每个 16 383 机器周期内复位 WDT,也即写 01EH 和 0E1H 到 WDTRST 寄存器。WDTRST 为只写寄存器。WDT 计数器既不可读也不可写,当 WDT 溢出时,通常将使 RST 引脚输出高电平的复位脉冲。复位脉冲持续时间为 $98\times T_{osc}$,而 $T_{osc}=1/f_{osc}$(晶体振荡频率)。

为使 WDT 工作最优化,必须在合适的程序代码时间段周期地复位 WDT,以防止 WDT 溢出。

14.1.3　掉电和空闲时的看门狗

掉电时期，晶体振荡停止，WDT 也停止。掉电模式下，用户不能再复位 WDT。有两种方法可退出掉电模式：硬件复位或通过激活外部中断。当硬件复位退出掉电模式时，处理 WDT 可像通常的上电复位一样。若由中断退出掉电模式，则有所不同，中断低电平状态持续到晶体振荡稳定，当中断电平变为高即响应中断服务。为防止中断误复位，当器件复位，中断引脚持续为低时，WDT 并未开始计数，直到中断引脚被拉高为止。这为在掉电模式下的中断执行中断服务程序而设置。为保证 WDT 在退出掉电模式时极端情况下不溢出，最好在进入掉电模式前复位 WDT。在进入空闲模式前，WDT 打开时，WDT 是否继续计数由 SFR 中 AUXR 的 WDIDLE 位决定。在 IDLE 期间(位 WDIDLE＝0)默认状态是继续计数。为防止 AT89S51 从空闲模式中复位，用户应周期性地设置定时器，重新进入空闲模式。当位 WDIDLE 被置位时，在空闲模式中 WDT 将停止计数，直到从空闲(IDLE)模式中退出重新开始计数。

14.2　激活看门狗及喂狗程序

根据看门狗的使用方法，在程序中向看门狗寄存器(WDTRST 地址 0A6H)中先写入 01EH，再写入 0E1H，即可激活看门狗。程序如下：

```
                ORG     0000H           ;开始
                LJMP    START
                ORG     0030H           ;到 0030H 处避开 00～30 的敏感地址
                LJMP    START
START:          MOV     0A6H,#01EH      ;在程序中激活看门狗
                MOV     0A6H,#0E1H
                …
                …
LOOP:           …
                …
TIME:           …
                MOV     0A6H,#01EH      ;在程序中喂狗
                MOV     0A6H,#0E1H
                …
LJMP            TIME
```

使用 C 语言编程时，需增加如下所示程序段：

```
sfr WDTRST = 0xA6;
    Main()
    {
```

```
        WDTRST = 0x1E;
        WDTRST = 0xE1;//初始化看门狗
    While (1)
    {
        WDTRST = 0x1E;
        WDTRST = 0xE1;//喂狗指令
    }
}
```

14.3　启发式设计——公交车报站系统设计(使用看门狗)

基于 AT89S51 设计公交报站系统，为防止程序跑飞，使用了 AT89S51 提供的看门狗定时器。公交车报站系统硬件电路如图 14－1 所示。

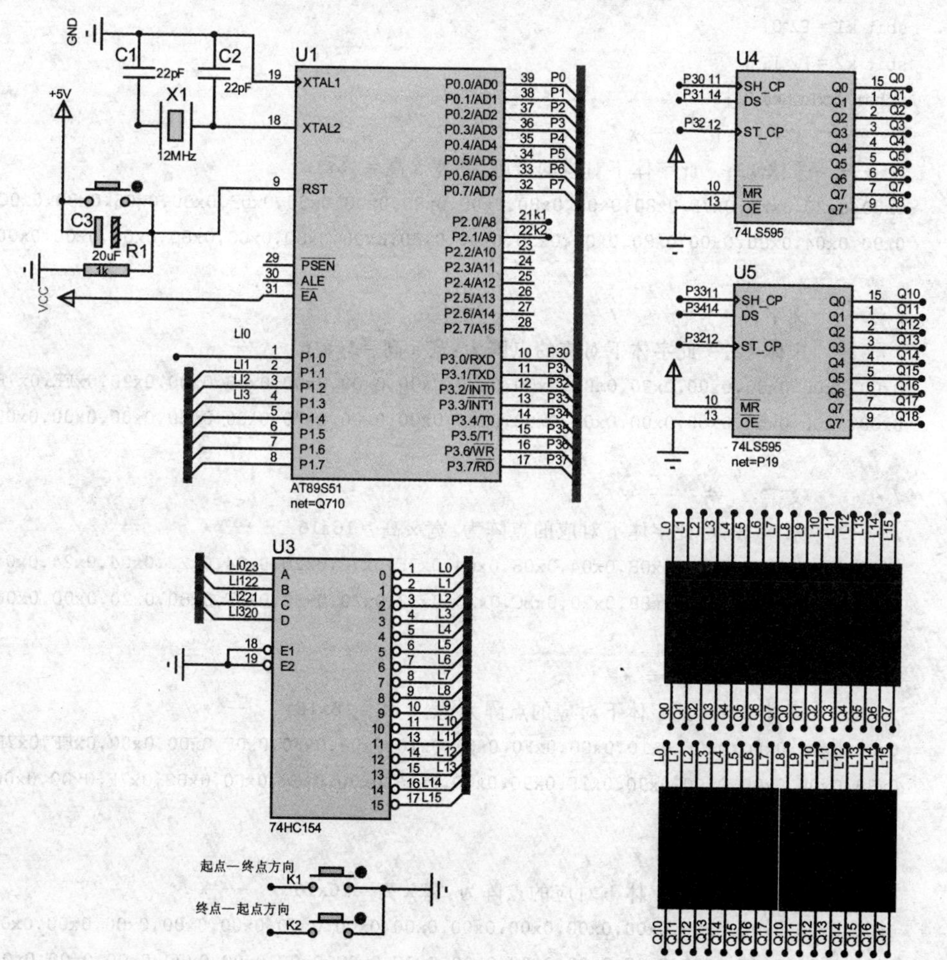

图 14－1　公交报站系统硬件电路

使用查询方式报站。按钮K1、K2分别为“起点—终点方向”、“终点—起点方向”选择按钮，程序如下：

```
#include <reg51.h>
#define uint unsigned int
#define uchar unsigned char
#define T 2
sfr WDT = 0xa6;
uchar data s = 0;
sbit sclk = P3^0;
sbit sda = P3^1;
sbit sda1 = P3^4;
sbit slck = P3^2;
sbit sclk1 = P3^3;
sbit k1 = P2^0;
sbit k2 = P2^1;
uchar code head[] = {
/* --   文字：  下    -- */
/* --   宋体 12；  此字体下对应的点阵为:宽 x 高 = 16x16      -- */
0x00,0x20,0xFE,0x7F,0x80,0x00,0x80,0x00,0x80,0x00,0x80,0x03,0x80,0x06,0x80,0x0C,
0x80,0x04,0x80,0x00,0x80,0x00,0x80,0x00,0x80,0x00,0x80,0x00,0x80,0x00,0x00,0x00,

/* --   文字：  一    -- */
/* --   宋体 12；  此字体下对应的点阵为:宽 x 高 = 16x16      -- */
0x00,0x00,0x00,0x00,0x00,0x00,0x00,0x00,0x00,0x00,0x00,0x00,0x00,0x20,0xFE,0x7F,
0x00,0x00,0x00,0x00,0x00,0x00,0x00,0x00,0x00,0x00,0x00,0x00,0x00,0x00,0x00,0x00,

/* --   文字：  站    -- */
/* --   宋体 12；  此字体下对应的点阵为:宽 x 高 = 16x16      -- */
0x00,0x04,0x04,0x04,0x08,0x04,0x08,0x04,0x7F,0x7C,0x20,0x04,0x22,0x04,0x24,0x04,
0x94,0x3F,0x94,0x20,0x88,0x20,0xBC,0x20,0x83,0x20,0x80,0x3F,0x80,0x20,0x00,0x00,

/* --   文字：  是    -- */
/* --   宋体 12；  此字体下对应的点阵为:宽 x 高 = 16x16      -- */
0x00,0x00,0xF0,0x0F,0x10,0x08,0xF0,0x0F,0x10,0x08,0xF0,0x0F,0x00,0x00,0xFF,0x7F,
0x80,0x00,0x90,0x00,0x90,0x1F,0x90,0x00,0xA8,0x00,0xC4,0x00,0x02,0x7F,0x00,0x00,

/* --   文字：  ：    -- */
/* --   宋体 12；  此字体下对应的点阵为:宽 x 高 = 16x16      -- */
0x00,0x00,0x00,0x00,0x00,0x00,0x00,0x00,0x00,0x00,0x00,0x00,0x00,0x00,0x00,0x00,
0x00,0x00,0x0C,0x00,0x0C,0x00,0x00,0x00,0x0C,0x00,0x0C,0x00,0x00,0x00,0x00,0x00,
};
```

```
uchar code shida[] = {
/* --   文字:  师   -- */
/* --   宋体12;  此字体下对应的点阵为:宽 x 高 = 16x16    -- */
0x10,0x00,0xD0,0x7F,0x12,0x04,0x12,0x04,0xD2,0x7F,0x52,0x44,0x52,0x44,0x52,0x44,
0x52,0x44,0x4A,0x44,0x4A,0x54,0x48,0x24,0x04,0x04,0x02,0x04,0x01,0x04,0x00,0x04,

/* --   文字:  范   -- */
/* --   宋体12;  此字体下对应的点阵为:宽 x 高 = 16x16    -- */
0x20,0x04,0x20,0x04,0xFF,0x7F,0x20,0x06,0x02,0x00,0x8C,0x1F,0x89,0x10,0x86,0x10,
0x92,0x10,0x90,0x1C,0x88,0x08,0x87,0x00,0x84,0x20,0x84,0x20,0x04,0x3F,0x04,0x00,

/* --   文字:  大   -- */
/* --   宋体12;  此字体下对应的点阵为:宽 x 高 = 16x16    -- */
0x80,0x00,0x80,0x00,0x80,0x00,0x80,0x00,0x80,0x00,0xFF,0x7F,0x80,0x00,0x40,0x01,
0x40,0x01,0x40,0x02,0x20,0x02,0x20,0x04,0x10,0x08,0x08,0x18,0x04,0x70,0x02,0x20,

/* --   文字:  学   -- */
/* --   宋体12;  此字体下对应的点阵为:宽 x 高 = 16x16    -- */
0x80,0x10,0x08,0x31,0x30,0x13,0x10,0x09,0xFE,0x7F,0x02,0x20,0xF1,0x17,0x00,0x02,
0x00,0x01,0xFE,0x7F,0x00,0x01,0x00,0x01,0x00,0x01,0x00,0x01,0x40,0x01,0x80,0x00,
};
uchar code neida[] = {
/* --   文字:  内   -- */
/* --   宋体12;  此字体下对应的点阵为:宽 x 高 = 16x16    -- */
0x80,0x00,0x80,0x00,0x80,0x00,0xFC,0x3F,0x84,0x20,0x84,0x20,0x84,0x21,0x44,0x22,
0x44,0x24,0x24,0x28,0x14,0x28,0x0C,0x20,0x04,0x20,0x04,0x20,0x04,0x28,0x04,0x10,

/* --   文字:  蒙   -- */
/* --   宋体12;  此字体下对应的点阵为:宽 x 高 = 16x16    -- */
0x20,0x04,0xFF,0x7F,0x20,0x04,0xFE,0x7F,0x02,0x20,0xF0,0x0F,0x00,0x00,0xFE,0x3F,
0x60,0x08,0x98,0x18,0x46,0x0D,0x30,0x03,0xCE,0x05,0x30,0x19,0x4E,0x71,0x80,0x20,

/* --   文字:  古   -- */
/* --   宋体12;  此字体下对应的点阵为:宽 x 高 = 16x16    -- */
0x80,0x00,0x80,0x00,0x80,0x00,0xFF,0x7F,0x80,0x00,0x80,0x00,0x80,0x00,0x80,0x00,
0xF8,0x0F,0x08,0x08,0x08,0x08,0x08,0x08,0x08,0x08,0xF8,0x0F,0x08,0x08,0x00,0x00,

/* --   文字:  大   -- */
/* --   宋体12;  此字体下对应的点阵为:宽 x 高 = 16x16    -- */
0x80,0x00,0x80,0x00,0x80,0x00,0x80,0x00,0x80,0x00,0xFF,0x7F,0x80,0x00,0x40,0x01,
0x40,0x01,0x40,0x02,0x20,0x02,0x20,0x04,0x10,0x08,0x08,0x18,0x04,0x70,0x02,0x20,
```

```
/*--  文字:  学  --*/
/*--  宋体12;  此字体下对应的点阵为:宽x高=16x16   --*/
0x80,0x10,0x08,0x31,0x30,0x13,0x10,0x09,0xFE,0x7F,0x02,0x20,0xF1,0x17,0x00,0x02,
0x00,0x01,0xFE,0x7F,0x00,0x01,0x00,0x01,0x00,0x01,0x00,0x01,0x40,0x01,0x80,0x00,

};
uchar code gongda[] = {
/*--  文字:  内  --*/
/*--  宋体12;  此字体下对应的点阵为:宽x高=16x16   --*/
0x80,0x00,0x80,0x00,0x80,0x00,0xFC,0x3F,0x84,0x20,0x84,0x20,0x84,0x21,0x44,0x22,
0x44,0x24,0x24,0x28,0x14,0x28,0x0C,0x20,0x04,0x20,0x04,0x20,0x04,0x28,0x04,0x10,

/*--  文字:  工  --*/
/*--  宋体12;  此字体下对应的点阵为:宽x高=16x16   --*/
0x00,0x00,0xFC,0x3F,0x80,0x00,0x80,0x00,0x80,0x00,0x80,0x00,0x80,0x00,0x80,0x00,
0x80,0x00,0x80,0x00,0x80,0x00,0x80,0x00,0x80,0x00,0xFF,0x7F,0x00,0x00,0x00,0x00,

/*--  文字:  大  --*/
/*--  宋体12;  此字体下对应的点阵为:宽x高=16x16   --*/
0x80,0x00,0x80,0x00,0x80,0x00,0x80,0x00,0x80,0x00,0xFF,0x7F,0x80,0x00,0x40,0x01,
0x40,0x01,0x40,0x02,0x20,0x02,0x20,0x04,0x10,0x08,0x08,0x18,0x04,0x70,0x02,0x20,

};
void delay(uint c)             //1 ms延时函数
{  unsigned char a,b;
 for(c;c>0;c--)
       for(b=142;b>0;b--)
             for(a=2;a>0;a--);
}
void  bit_dat(bit i)
    {
    sclk=0;
    sda=i;
    sclk=1;
    }
void  bit1_dat(bit i)
    {
    sclk1=0;
    sda1=i;
    sclk1=1;
    }
void dat(char i)               //给移位寄存器按位传送数据
```

```
        {
        slck = 0;
        bit_dat((bit)(i&0x80));
        bit_dat((bit)(i&0x40));
        bit_dat((bit)(i&0x20));
        bit_dat((bit)(i&0x10));
        bit_dat((bit)(i&0x08));
        bit_dat((bit)(i&0x04));
        bit_dat((bit)(i&0x02));
        bit_dat((bit)(i&0x01));
        }
void dat1(char i)
        {
        slck = 0;
        bit1_dat((bit)(i&0x80));
        bit1_dat((bit)(i&0x40));
        bit1_dat((bit)(i&0x20));
        bit1_dat((bit)(i&0x10));
        bit1_dat((bit)(i&0x08));
        bit1_dat((bit)(i&0x04));
        bit1_dat((bit)(i&0x02));
        bit1_dat((bit)(i&0x01));

        }
void show(uchar station_name[],uchar l,uchar k){ //站点播报函数,参数为站点名称 & 站
点名称字符数 & 显示速度
    uint i = 0,b = 0,a = k; //b:单个字符切换用 a:每个字符显示长短
    while(b<l){
        while(a)
            {
                for(i = 0;i<8;i ++ )      //显示左半部分
                    {
                    P1 = i;
                    dat(station_name[2 * i + 32 * b]);
                    dat1(station_name[2 * i + 16 + 32 * b]);
                    slck = 1;           //移位寄存器装满 8 位数据后发送到输出端
                      delay(T);
                    }
                for(i = 0;i<8;i ++ )    //显示右半部分
                    {
                        P1 = 0x08 + i;
                    dat(station_name[2 * i + 1 + 32 * b]);
```

```
                    dat1(station_name[2 * i + 17 + 32 * b]);
                    slck = 1;       //移位寄存器装满 8 位数据后发送到输出端
                    delay(T);

                    }


                a -- ;

            }
            dat(0x00);              //通过清零移位寄存器,使其关闭显示
            dat1(0x00);
            slck = 1;
            a = k;
            b ++ ;                  //显示下一个字符;

        }
}
void tim(void) interrupt 1
{
TMOD  =  0x01; //定时 15ms
TH0  =  0x0C5;
WDTRST = 0x1E;
   WDTRST = 0xE1;//喂狗指令
 }
void main()
    {
    TMOD = 0x01;
    TH0 = 0x0C5;
    TL0 = 0x68;
    EA = 1;
    ET0 = 1;
    TR0 = 1;
    char zc = 0;
    bit flg = 0;
    P0 = 0x00;
    P1 = 0x00;
    P3 = 0x00;
    while(1){
        if(k1 == 0){                //若按钮为上报按钮,则报上一站
            delay(10);
            if(k1 == 0){
                while(!k1);
```

```
                flg = 1;
                zc ++ ;                   //zc 代表站点数
                if(zc>3)zc = 1;
                }
            }
        if(k2 == 0){                      //若按钮为下报按钮,则报下一站
            delay(10);
            if(k2 == 0){
                while(!k2);
                flg = 1;
                zc -- ;
                if(zc<1) zc = 3;
                }
            }
    if(flg == 1){
        show(head,5,10)    ;              //播报:(下一站是:),显示速度为 10;
        if(zc == 1){
            show(shida,4,20);
            }
        else if(zc == 2){
                show(neida,5,20);
                }
            else{
                show(gongda,3,20) ;
                }
        flg = 0;
        }
    }
}
```

使用看门狗定时器时,需及时喂狗,当没有被定时喂狗时,将引起复位。这可防止程序跑飞。设计者必须清楚看门狗的溢出时间以决定在合适的时间喂狗。喂狗也不能太过频繁,否则会造成资源浪费。程序正常运行时,软件每隔一定的时间(小于定时器的溢出周期)给定时器置数,即可预防溢出中断而引起的误复位。当使用 12 MHz 晶振时,需每 16 ms 喂狗一次。

第 15 章

单片机系统设计中的常见问题

单片机系统的开发包括硬件电路的构建和软件程序的设计两部分，两者之间的关系被如此定位：硬件是躯体，软件是灵魂。这一定位既深刻，又形象，高度总结出单片机系统设计中应考虑的两大问题：硬件的搭建与软件的设计。

15.1 单片机系统设计中的端口驱动及接口电路

15.1.1 AT89S51 I/O 口驱动能力

所谓的驱动能力，指的是输出电流的能力。比方说，某型单片机通用 I/O 口在高电平时的最大输出电流是 20 mA，这个 20 mA 的指标，就表征了该 I/O 口的驱动能力。如果负载过大，则负载电流有可能超过其最大输出电流，这时就表现为驱动能力不足。当出现驱动能力不足的状况时，直接后果是输出电压下降，对逻辑电路来说，就是无法保持其高电平，以致出现逻辑混乱，不能实现预期的效果。

AT89S51 I/O 口在温度为－40～＋85 ℃、V_{CC}＝4.0～5.5 V 的测试环境下的 DC 参数如表 15－1 所列。

表 15－1 中关于 AT89S51 单片机 I/O 口的驱动数据将端口 Port0 与端口 Port1、Port2、Port3 分开列写，这是由于 P0 是个漏极开路接口，内部没有上拉电阻。AT89S51 单片机输出电流会影响输出电压，所以参数表中是结合输出电压来提供输出电流能力的。

在提到驱动能力时，常伴随两个概念："灌电流"和"拉电流"。所谓灌电流，即指 I/O 口为低电平时，从 I/O 口外面"灌"进单片机的电流；而拉电流是 I/O 口为高电平时，从单片机流出去给负载供电的电流。AT89S51 允许的高电平输出电流指：输出电压为 3.7 V 时，电流为 25 μA；允许的低电平输出电流（实际为灌入电流）指：输出电压为 0.45 V 时，电流为－1.6 mA。

在 AT89S51 I/O 口使用中，由于 P0 口无上拉，即漏极开路，其只对输出有影响，只能输出低电平，不能输出高电平，但不妨碍高低电平的输入。对 P0 口来说，输出为高电平时，其输出电流为 0，必须外接上拉电阻才能输出高电平；输出为低电平时，允许灌入电流为 0.4 mA×8＝3.2 mA。而 P1、P2、P3 口都是有上拉的准双向口，带负载能力为 4 个 LS 型 TTL 门，因此，高电平输出电流为 20 μA×4=80 μA，低电平允许灌入电流为 0.4 mA×4=1.6 mA。

表 15-1　AT89S51 I/O 口 DC 参数(T_A=-40～85 ℃，V_{CC}=4.0～5.5 V)

符号	参数	条件	最小	最大	单位
V_{OL}	输出低电压(Port1、2、3)	I_{OL}=1.6 mA		0.45	V
V_{OL1}	输出低电压(Port0)	I_{OL}=3.2 mA		0.45	V
V_{OH}	输出高电压(Port1、2、3)	I_{OH}=-60 μA，V_{CC}=5(1±10%)V	2.4		V
		I_{OH}=-25 μA	0.75V_{CC}		V
		I_{OH}=-10 μA	0.9V_{CC}		V
V_{OH1}	输出高电压(Port0)	I_{OH}=-800 mA，V_{CC}=5(1±10%)V	2.4		V
		I_{OH}=-300 μA	0.75V_{CC}		V
		I_{OH}=-80 μA	0.9V_{CC}		V
I_{IL}	逻辑 0 输入电流(Port1、2、3)	V_{IN}=0.45 V		-50	μA
I_{TL}	逻辑 1 到 0 输出电流(Port1、2、3)	V_{IN}=2 V，V_{CC}=5(1±10%)V		-650	μA
I_{LI}	输入漏电流(Port0)	0.45<V_{IN}<V_{CC}		±10	μA

注：在稳定状态(无输出)条件下，I_{OL}有以下限制：

- 每一引脚最大 I_{OL}：10 mA。
- 每一 8 位端口：P0：26 mA，P1、P2、P3：15 mA。
- 全部输出引脚最大 I_{OL}：71 mA。

15.1.2　AT89S51 I/O 接口电路

I/O 接口是指单片机与外部设备间的连接电路的总称。AT89S51 共有 4 组×8=32 个 I/O 接口，但在系统设计中，I/O 接口不能满足相关的设计要求，因此，需外接 I/O 接口电路。

1. 实现和外部设备的速度匹配

在单片机的应用中，数据的传送方式有：同步传送方式、查询传送方式和中断传送方式。由于速度上的差异，使得数据的 I/O 传送难以以异步方式进行。系统只能在确认外设已为数据传送准备好的前提下，才能进行 I/O 操作。而要知道外设是否准备好，就需要通过接口产生或传送状态消息，以协调单片机与外设间的速度。常见的接口芯片有 8255A。

2. 输出数据锁存

以 AT89S51 的晶振电路频率为 12 MHz 为例，单片机的机器周期为 1 μs，换句话说，单片机输出的数据在总线上保留的时间是短暂的，如果单片机输出口长时间占用数据总线，则会导致系统效率下降。为了满足单片机系统慢外设对数据的要求，可在接口电路中设置数据锁存器。

锁存器是一种对脉冲电平敏感的存储单元电路，它们可以在特定输入脉冲电平作用下改变状态。锁存，就是把信号暂存以维持某种电平状态。锁存器的最主要作用是缓存，完成高速控制与其慢速外设的不同步问题；其次是解决驱动的问题；最后是解决一个 I/O 口既能输出也能输入的问题。

以 16×16 LED 点阵显示电路为例，若使用 AT89S51 控制，则需要 16×2＝32 个 I/O 口，即单片机系统的 I/O 口将全部被占用，且 AT89S51 的驱动能力不足，可考虑使用锁存器。

常用的数据锁存器有：74LS373、74LS573 等。

3. 输入数据三态缓冲

数据输入时，输入设备向 CPU 传送的数据也要通过数据总线，但数据总线是系统的公用数据通道。为了实现数据只在传送数据时占用数据总线，而其他数据源必须与数据总线处于隔离状态，则要求接口电路提供三态缓冲功能，即接口扩展三态缓冲器。

三态缓冲器，又称为三态门、三态驱动器，其三态输出受到使能输出端的控制，当使能输出有效时，器件实现正常逻辑状态输出（逻辑 0、逻辑 1）；当使能输入无效时，输出处于高阻状态，即等效于与所连的电路断开。

缓冲器是数字元件中的一种，它对输入值不执行任何运算，其输出值和输入值一样，但它在计算机的设计中有着重要作用。

常用的数据三态缓冲器有 74LS244、74LS245 等。

4. 变换功能

以温度瞬时测量为例。在本案例中，要求可以瞬间测量温度值，即要求温度传感器具有高灵敏度。热敏电阻是用半导体材料制成的，大多为负温度系数，即阻值随温度增加而降低，温度变化会造成大的阻值改变，因此它是最灵敏的温度传感器。应用时常根据其电阻的变化引起电路中电压的变化来计算当前温度值。在此案例中，由于电阻引起的电压的变化通常是模拟量，而单片机内部处理的是“0”、“1”信号，即数字量，因此需要采用 A/D 转换接口电路。

A/D 转换是把模拟量信号转换成与其大小成比例的数字信号。A/D 转换电路主要分为双积分型、逐次逼近型，其中双积分型 A/D 转换器转换速度慢、精度高，而逐次逼近型 A/D 转换器速度较快，精度较高。

单片机接口电路中常用逐次逼近型 A/D 转换器，如 ADC0808、ADC0809

(8位)、ADC1210(12位)及ADC574(12位)。

当单片机的输出信号需控制模拟设备时，由于单片机的输出信号为数字信号，因此需要使用D/A转换器将数字信号转换为模拟信号。

常用的D/A转换器的数字输入是二进制或BCD码形式的，输出可以是电流，也可以是电压，而多数输出信号为电流。常用的D/A转换器有DAC7520、DAC7521、DAC0832等。其中DAC7520、DAC7521内部不带锁存，因此，当其与P0接口时，需加锁存器。

此外，在单片机的设计中，数码管是使用频率非常高的器件。当电路中使用多个数码管时，常采用动态扫描方式点亮。在动态扫描中常使用串行输入/输出共阴极显示驱动器MAX7219。MAX7219也可作为8×8 LED点阵屏的驱动器。MAX7219采用串行方式传输数据，节省了动态刷新数码管或点阵程序对单片机资源的占用。

键盘作为单片机系统与人的重要交互组件，是单片机系统的常用外设。但按键较多时，可将按键接为矩阵键盘形式。4×4的矩阵键盘包含16个按键，减少了对单片机口线资源的占用。此外，还可使用键盘扩展专用芯片HD7279。

液晶显示器也是单片机系统开发中常用的器件。由于液晶控制需要专用的驱动电路，一般不会单独使用，而是将LCD面板、驱动与控制电路组合成模块一起使用，因此，在单片机系统中，直接将其与单片机的I/O端口相连即可。

15.2 单片机系统的可靠性及抗干扰技术

可靠性是指在规定的条件下、规定的时间内，完成规定功能的能力。作为被广泛应用于工业自动化、产品智能化、交通管理等领域中的单片机系统，由于其体积小、功能强、功耗低，备受人们青睐；但在这些领域中，由于工作现场的环境复杂，对单片机的可靠性也提出了严峻的挑战。

影响单片机系统可靠运行的主要因素有内部的电气干扰、外部的电气干扰，以及系统结构设计、元器件选择、安装、制作工艺等。系统不能可靠工作带来的后果主要表现在如下四个方面：

① 数据采集误差加大；

② 控制状态失灵；

③ 数据受干扰失灵；

④ 程序运行失常。

影响系统可靠性的因素可分为内部和外部两个方面。针对外部因素，采取有效的软件、硬件措施，是可靠性设计的根本任务。

15.2.1 元器件本身的可靠性

元器件是单片机系统的基本部件，元器件的可靠性是单片机系统可靠性的基础。

因此，元器件的质量和可靠性需首先保证。对于元器件可采取下列措施：

① 精心选择元器件，选择抗干扰能力强、功耗低的电子器件。

② 湿度会使密封性差的元器件腐蚀，造成退化失效；环境温度升高将使半导体器件的最大允许功耗下降；温度变化将引起电容器介质损耗变化，从而影响寿命；机械振动与冲击会使内部有缺陷的元器件加速失效，造成灾难性的故障；机械振动还会使焊点、压线点发生松动，导致接触不良。因此，在元器件储运中要严格管理。

③ 器件的降额使用。就是在低于额定电压和电流条件下使用元器件，这将能提高元器件的可靠性。但降额使用多用于无源器件(电阻、电容等)、大功率器件或电源模块等。TTL器件由于对工作电压范围要求较严，一般不能降额使用。

④ 选用集成度高的元器件。系统选用集成度高的芯片可减少元器件的数量，使得印刷电路板布局简单，减少焊接和连线，因而大大降低故障率和受干扰的概率。

⑤ 元器件的散热设计。系统中元器件之间会通过传导、辐射和对流产生热耦合，而热应力是元器件失效的一个重要因素，因此发热元件的散热设计需特别加以考虑。

⑥ 元器件在装配时，应注意对其引脚的保护。

15.2.2 单片机系统硬件抗干扰技术

硬件抗干扰技术是设计系统时首选的抗干扰措施，它能有效抑制干扰源，阻断干扰传输通道。常用的硬件抗干扰措施有：滤波技术、去耦技术、屏蔽技术、隔离技术及接地技术等。

(1) 滤波技术

滤波是为了抑制噪声干扰。在数字电路中，当电路从一个状态转换成另一个状态时，就会在电源线上产生一个很大的尖峰电流，形成瞬变的噪声电压。当电路接通与断开电感负载时，产生的瞬变噪声干扰往往严重妨碍系统的正常工作。

在抗干扰技术中，使用最多的是低通滤波器。

(2) 去耦技术

数字电路信号电平转换过程中会产生很大的冲击电流，并在传输线和共用电源内阻上产生较大的压降，形成严重的干扰。为了抑制这种干扰，可以在电路中适当配置去耦电容，即在门电路的电源线端与地线端加接电容，该电容称为去耦电容。

(3) 屏蔽技术

屏蔽是指用屏蔽体把通过空间进行电场、磁场或电磁场耦合的部分隔离开来，隔断其空间场的耦合通道。良好的屏蔽是和接地紧密相连的，因而可以大大降低噪声耦合，取得较好的抗干扰效果。屏蔽的方法通常是用低电阻材料作为屏蔽体，把需要隔离的部分包围起来。

从现场信号开关输出的开关信号，或从传感器输出的微弱模拟信号，可采用屏蔽信号线的办法传输。屏蔽信号线一种是双绞线，其中一根用做屏蔽线，另一根用做信号传输线；另外一种是采用金属网状编织的屏蔽线，金属编织网做屏蔽外层，芯线用来传输信号。一般的原则是：抑制静电感应干扰采用金属网的屏蔽线，而抑制电磁感应干扰则应该采用双绞线。

(4) 隔离技术

信号的隔离目的之一是从电路上把干扰源和易干扰的部分隔离开来。通常采用的隔离方法有光电隔离、变压器隔离、继电器隔离等。

在布线技术上，将微弱信号电路与易产生噪声污染的电路分开布线。

(5) 接地技术

单片机测控系统接地的作用基本有三点：

① 给计算机接地的故障电流提供一个低阻抗的入地通道，以防止人身触电伤亡和设备损坏事故。例如，若测控系统的电源线与外壳短路，则机壳上会出现危险的高电压；又如，在雷电直击机房或感应高电压沿电源线进入单片机系统时，也可能在机壳上引起高电压，这些情况都可能危及操作人员和设备的安全。

② 消除各电路电流流经一个公共地阻抗时所产生的噪声电压，避免受磁场和地电位差的影响，即不使其形成地环路，抑制干扰。

③ 给单片机系统建立一个基准电压，以保证测控系统稳定、正常工作。

一个单片机测控系统的硬件常包括电源、数字器件、模拟器件、功率器件等，它们都有各自的接地引脚，加上安全防护。归纳起来，基本的接地有以下几种：

① 安全保护地：测控系统金属外壳的接地。

② 屏蔽地：为防止电磁辐射的接地。

③ 交流地：交流电路的零线，应与保护地严格区别开。

④ 直流地：直流电路的"地"，零电位的参考点。

⑤ 模拟地：模拟器件(如放大器、A/D转换器、比较器等)的零电位参考点。

⑥ 数字地(也叫逻辑地)：是数字电路的零电位参考点。

上述6种，第①、②种必须接大地电位；第③种接电力系统的零线；第④、⑤、⑥种统属于系统地(也叫工作地)，又称参考地，它可以是大地电位，也可以不是大地电位，仅是零电位的参考点。

具体的单片机系统，可采取如下措施：

① 要给单片机电源加滤波电路或稳压器，以减小电源噪声对单片机的干扰。

② 如果单片机的I/O口用来控制电机等噪声器件，则应在I/O口与噪声源之间加π形滤波电路。

③ 晶振与单片机引脚尽量靠近，用地线把时钟区隔离起来，晶振外壳接地并固定。

④ 电路板合理分区，如强、弱信号，数字、模拟信号。尽可能把干扰源(如电机、继电器)与敏感元器件(如单片机)远离。

⑤ 用地线把数字区与模拟区隔离。数字地与模拟地要分离，最后在一点接于电

源地。

⑥ 单片机和大功率器件的地线要单独接地，以减小相互干扰。大功率器件尽可能放在电路板边缘。

⑦ 在单片机 I/O 口、电源线、电路板连接线等关键地方使用抗干扰元件，如磁珠、磁环、电源滤波器、屏蔽罩，可显著提高电路的抗干扰性能。

⑧ 加复位电压检测电路。

15.2.3　单片机系统软件抗干扰技术

由于干扰信号产生的原因很复杂，且具有很大的随机性，很难保证系统完全不受干扰，因此，往往在硬件抗干扰措施的基础上，采取软件抗干扰的技术加以辅助。软件抗干扰的方法有：数字滤波、看门狗等。

① 数字滤波：数字滤波器是将一组输入的数字序列（模拟信号经采样和 A/D 转换后得到，或计算机的输出信号）执行一定运算而转换成另一组输出序列的装置。

✧ 程序判断滤波：判断两次采样允许的最大偏差 ΔY，差值大于 ΔY，说明输入是干扰信号，应当删除，上次采样值作为本次采样值；若小于 ΔY，则本次采样值有效。程序如下：

```
#define MAX 15
char cValue;
char Filter()
{ char cNewValue;
cNewValue = GetFromAD();
if((cNewValue - cValue>MAX)||(cValue - cNewValue>MAX))
return cValue;
return cNewValue;
}
```

注：GetFromAD()为 8 位 A/D 中读取数据子程序。

✧ 中值滤波：对某一参数连续采样 N 次（一般为奇数），然后按从大到小的顺序排列，取中间为本次采样值。此方法有效地克服了偶然因素引起的波动干扰。对温度、液位等变化缓慢的被测参数可以收到良好的效果。程序如下：

```
#define MAX 15
#define N 5                                      //N值可以根据时间情况调整
char Filter()
{ char Databuf[N];
char cCount,i,j,cTemp;
for(cCount = 0;cCountDatabuf[i + 1])             //相邻两个采样值比较
{ cTemp = Databuf[i];//调换
Databuf[i] = Databuf[i + 1];
```

```
Databuf[i+1] = cTemp;
}
}
}
return Databuf[(N-1)/2]; //取中间值作为本次采样值
}
```

✧ 算术平均值滤波:连续采样 N 个值,然后计算算术平均值,这种方法适用于对一般具有随机干扰的信号进行滤波。此类信号的特点是有一个平均值,信号在该值范围附近上下波动。但对于测量速度较慢或要求数据计算速度较快的实时控制系统则无法使用。当 N 值较大时,信号的平滑度高,但灵敏度低;N 值较小时,信号的平滑度低,但灵敏度高。应视具体情况选 N 值,以达到既节约时间,又可获得好的滤波效果的目的。程序如下:

```
#define N 12
char Filter()
{ int sum = 0;
char count;
for(count = 0;countvalue_buf[i+1])
{ temp = value_buf[i];
value_buf[i] = value_buf[i+1];
value_buf[i+1] = temp;
}
}
}
```

② 看门狗技术。看门狗技术已在第 14 章中介绍,这里不再赘述。

除看门狗技术外,当软件程序跑飞时,也可采用指令冗余技术或软件陷阱技术,使程序步入"正轨"。

③ 按键识别采用软件消抖技术及边沿检测技术。

参考文献

[1] Atmel公司. AT89S52单片机用户手册.
[2] 周润景，张丽娜. PROTEUS入门使用教程. 北京：机械工业出版社，2007.
[3] Keil Software公司. Keil uvision4用户手册.
[4] 周润景，张丽娜. Protel 99 SE原理图与印刷电路板设计. 北京：电子工业出版社，2008.
[5] 汪清明. LED点阵显示牌的设计与动态显示控制. 微计算机信息，2001，17(2).
[6] 王幸之，王雷，翟成，等. 单片机应用系统抗干扰技术. 北京：北京航空航天大学出版社，2002.
[7] 刘爱琴，邢永中. 单片机应用系统中元器件的可靠性设计. 电子元件与材料，2002，21(3).
[8] 王月姣，朱家驹. 单片机测控系统接地技术的探讨. 电气自动化，2004(6).